"8+"

—2018—

联合毕业设计

山水相连 城乡一体

当代山地城市与建筑空间营造

The construction of contemporary mountainous urban place and building space

二〇一八年『8+』联合毕业设计作品

Works of『8+』Joint Graduation Design 2018

龙灏 黄耘 韩孟臻 朱渊 王一 张昕楠 浦欣成 晁军 周宇舫 李勇 编

中国建筑工业出版社

图书在版编目（CIP）数据

山水相连 城乡一体：当代山地城市与建筑空间营造 二〇一八年"8+"联合毕业设计作品 / 龙灏等编．—北京：中国建筑工业出版社，2018.11
ISBN 978-7-112-22897-3

Ⅰ．①山… Ⅱ．①龙… Ⅲ．①山区城市—城市规划—建筑设计—作品集 - 重庆 - 现代 Ⅳ．① TU984.271.9

中国版本图书馆 CIP 数据核字（2018）第 242674 号

责任编辑：杨 琪 陈 桦
责任校对：王雪竹

山水相连 城乡一体 当代山地城市与建筑空间营造
二〇一八年"8+"联合毕业设计作品
龙 灏 黄 耘 韩孟臻 朱 渊 王 一
张昕楠 浦欣成 晁 军 周宇舫 李 勇 编
*
中国建筑工业出版社出版、发行（北京海淀三里河路9号）
各地新华书店、建筑书店经销
北京雅盈中佳图文设计公司制版
天津图文方嘉印刷有限公司印刷
*
开本：880×1230毫米 1/16 印张：18¼ 字数：563千字
2018年11月第一版 2018年11月第一次印刷
定价：128.00元
ISBN 978-7-112-22897-3
（32981）

2018 年“8+”联合毕业设计作品编委会

重庆大学　龙灏　左力

四川美术学院　黄耘　李勇　刘川　任洁

清华大学　韩孟臻

东南大学　朱渊　李飚　夏兵

同济大学　王一　孙澄宇　李翔宁

天津大学　张昕楠　辛善超　孔宇航

浙江大学　浦欣成　罗卿平　贺勇

北京建筑大学　晁军　马英　汤羽扬

中央美术学院　周宇舫　李琳　刘文豹　苏勇　王环宇　王文栋　王子耕　程启明

沈阳建筑大学　李勇　黄勇　付瑶　孙洪涛　赵伟峰

序　一

一年一度，又一届全国建筑学专业“8+”联合毕业设计画上了句号。

年年岁岁花相似，岁岁年年人不同。

今年的“选校”与“出题”，突出的是对“今年有何不同”这一问题的思考。首先，主办单位的“八校”中，除了中央美术学院以外，均属于我国传统的工科类建筑院校，本质上生源以及对学生的培养体系都是相似的，而“8+”的参与院校也还没有例外的；其次，之前所有的联合毕设选题，除了2011年本校作为主办单位的选题以外，无一例外都是平原地形环境。基于此，2018全国建筑学专业“8+”联合毕业设计的合作选校与出题就有了思路——四川美术学院建筑艺术系、典型的“8D魔幻山城”地形环境，自然而然成了不二之选。

果然，川美的加入、场地中矗立的曾经亚洲第一高的发电厂烟囱、尺度巨大的厂房与机器、高低起伏的地形以及川美黄桷坪老校区的涂鸦街和老茶馆等，不仅让每年“鹤立鸡群”却也“形单影只”的央美不再是孤单的“艺术校”，还带来了本年度“8+”联合毕设“艺术介入城市”的主题，让所有十校一起来“玩儿艺术”，让工科院校的同学们尝试着跳出工程的思维、专业的圈子，部分设计成果进入四川美术学院每年的艺术盛宴“开放的六月”毕业季大展，用艺术的手法向普罗大众来传达自己为改善城市环境而提出的设计理念，这实在是一个不可多得的机会。

除了课题的特色，今年的不同还在于上海天华在长期支持“8+”联合毕设活动的基础上积极探索了校企合作的新形式。天华不仅派出了由总建筑师黄向明先生领衔的总师团队参与各阶段评图教学活动，还在联合教学活动结束后邀请各校教师与学生到上海总部举办了“8+”联合毕设夏令营，从各校选出的优秀方案中评选了今年“8+”联合毕设的年度优秀大奖，组织师生们参观了天华公司以及上海市内的部分优秀城市更新与建筑设计项目，给予了参与联合教学活动的各校学生极大的鼓励。

从个人第一次全面参与“八校联合毕业设计”就是主办单位和出题人之一，到又一次轮到“8+”活动的联合主办与出题，作为一枚经历了从“八校”到“8+”全过程的“老炮儿”，对这一首开国内高校建筑学院之间联合毕业设计先河的活动的认知，也产生了不小的变化。“8+”的意义，已不仅仅是通过联合教学让参与各校的教学双方都能有机会从不同的角度去审视自己的工作在同行眼中的位置，更多的是每年新增一个不同学校参与，使得这一联合教学活动的地域性、多样性和传播性得以极大地拓展，具有了几乎“无穷的”可能性，成为国内一个具有标志性品牌效应、真正可持续的联合教学活动。

在这里，必须感谢上海天华和中国建筑工业出版社的长期支持！感谢参与各校师生的努力、坚持以及对联合主办单位——重庆大学建筑城规学院和四川美术学院建筑艺术系所有工作不足的包容！让我们一起期待，2019年“浙江大学＋厦门大学”的组合，能给已经走过了12个年头的全国建筑学专业“8+”联合毕业设计带来新的不同吧。

重庆大学建筑城规学院

2018.6.24

序 二

全国建筑学专业“8+”联合毕业设计是一个非常有创意的联合教学平台，参与的高校既有传统的优秀院校，又有地方性的代表院校，还有美术院校的加盟，大家互相激发，碰撞出思想的火花。特别是参加联合毕业设计的团队，又是好中选优，是各参与院校的优秀代表，因此说这个教学平台代表了全国建筑学教育的最高水平之一也不为过。这些参与院校各有特色，自成一格，丰富了我国建筑学教育的多样性。而联合毕业设计用同一个课题、教学平台和评价标准来教学，使大家得以互相启发、激励，取长补短。设计成果也丰富多样，风格各异，呈现出更广泛的视角和更多样的表达。我们在观摩和探讨这次教学成果时得到了深刻的印象。

天华作为国内建筑设计行业的一个代表性成员，始终关注并支持建筑领域的理论、实践和教育活动。天华与全国建筑学专业“8+”联合毕业设计平台合作已有九个年头了，逐渐发展成校企合作的重要平台。特别是近几年来在合作的深度和模式上都取得了很好的发展，这次毕业设计之后的夏令营就是一种新的探索，通过夏令营的交流活动，更好地加深了学生、老师和设计企业之间的相互了解，提供了更好的交流机会。

建筑作为一种与人的生活、工作空间息息相关的建造活动，其理论与实践之间的关系非常重要，建筑院校承担着理论研究和教学育人的重大责任，而设计企业更多是从综合建筑理论及方法，社会及经济实践和工程学、建造技术等方面进行建筑实践，二者之间相辅相成，不可或缺。一方面，院校为企业提供了不尽的思想源泉和人才，另一方面，企业通过在复杂社会环境下实践建筑思想理论及方法，不断进行修正，并结合其他学科和实践的知识为院校提供新鲜的经验，为教育提供实践的背景，丰富学生的知识面，帮助他们了解并适应社会和工作环境。

天华和全国建筑学专业“8+”联合毕业设计在过去九年里进行的合作富有成效，我们决心在今后进一步提升合作的质量，使之真正成为探索全新人才培养模式的有效途径。

黄向明
总建筑师
上海天华建筑设计有限公司
2018.6

2018 年“8+”全家福

目　录

教学成果

2018 年“8+”联合毕业设计课题任务书

山水相连、城乡一体——当代山地城市与建筑空间营造

（一）选题意义

重庆地处我国西南，是我国的四个直辖市之一。重庆以其良好的自然山水骨架，适宜的自然环境条件，丰富的植物资源，悠久的历史文化，构成了以山、水、林为自然要素的独特“山城”和“江城”形象，长江、嘉陵江是城市重要的生命之源。渝中区是重庆市的母城和中心城区，地处长江和嘉陵江交汇处，是重庆城市的发源地，其独特的山地城市形象和城市夜景享誉中外，是“山城”“江城”“不夜城”的典型代表，它拥有 3000 多年历史，是巴渝文化、抗战文化和红岩精神的发源地。

由于山城地形地貌的丰富变化，重庆城区形成了“多中心、组团式”的城市布局结构，组团之间以河流和山体相分隔，既相互独立又彼此联系。这种既分散又聚集的城市结构也是当前世界上众多特大城市所共同追求的目标。在重庆市历次总体规划中，“多中心、组团式”是一贯坚持并得到高度评价的城市空间结构发展策略。多中心组团式的城市结构，既顺应了重庆城市发展的自然条件特征，又是一种可持续的城市发展形态。

在我国城市建设高速发展的同时，许多城市的旧城改造与更新成为城市发展的首要任务，旧城改造更新具有重要的现实意义。旧城改造更新是以城市土地的合理利用，改善城市环境质量、强化城市整体功能为主要目的的，研究城市地域的文脉、关注城市功能和交通发展、探讨城市空间、提高环境品质等等都是城市更新改造的关键问题。因此，在城市旧城区有计划地对原有资源合理的整合利用，实施城市空间再开发，将对整个城市的发展起到重要作用。

在科学技术高度进步、人类生产和生活方式急剧变化、城市迅速发展的今天，重庆主城旧区的基础设施不健全，土地利用率低下，布局混乱，环境恶化等问题日益突出地表现，社会矛盾尖锐，城市老化无法适应社会发展的要求。如今，城市的快速发展又带来了机遇，各种优越的条件为充分挖掘区域人文、自然资源的潜力，实现区域的整体完善与复兴提供了可靠的保证，对完善城市功能，延续历史文化，提高城市空间环境品质，加强地区的城市活力，具有重要的意义。

（二）场地概况

本次设计基地位于重庆主城九龙坡区长江环绕而成的“九龙半岛”，紧临长江滨江地带，地块所处的区域集中了丰富的文化、历史和景观资源，是城市重点控制区。基地一侧是有悠久历史文化传统、享有盛誉的四川美术学院老校区，另一侧是矗立着两座曾经的亚洲最高烟囱的发电厂厂房，片区内既有与山地自然地形紧密结合的城市空间、山地城市特有的“竖街”，也有连接城市与滨水空间（码头）的重要通道，梯道、平台、堡砍等等展示了城市空间与市民的生活状态，而既有建筑的退台、吊脚、架空等手法体现了建筑与地形的有机结合，反映了重庆山地传统建筑文化。

场地内现存以下几处特征区域：

1）四川美术学院黄桷坪校区

黄桷坪老校区位于重庆市九龙坡区黄桷坪正街 108 号，占地 200 亩。校园毗邻长江，青山环绕，绿树和雕塑点缀其间。校园内设立有重庆美术馆和坦克仓库。

其中，重庆美术馆占地面积 1500m^2，建筑面积 7000m^2，目前正在整体翻修中。

坦克仓库是“坦克库 · 重庆当代艺术中心”的简称，坐落在四川美术学院黄桷坪校区内，占地 1.2 万 m^2，由一个废弃的军事仓库改建而成。自 2005 年初，四川美术学院开始推出青年艺术家工作室和常驻艺术家工作室计划，随着一些艺术设计公司和艺术家先后入驻，坦克仓库社会影响力逐步扩大。“坦克仓库艺术中心”、是以拓展和深化中国当代艺术体制改革而首创的一个学术性的艺术交流机构，目的是建立有益的学术交流机制，更好地把握国际和国内当代艺术的发展脉络，达建国际的艺术交流和艺术门类间交流的平台，实现当代艺术同受众的联姻。

2）黄桷坪涂鸦街：

黄桷坪涂鸦艺术街位于重庆九龙坡区黄桷坪辖区，起于黄桷坪铁路医院，止于 501 艺术库，全长 1.25km，总面积约 5 万 m^2，设置雕塑小品 18 座，是当今中国乃至世界最大的涂鸦艺术作品。

3）交通茶馆：

1987 年建立，现今重庆保留 20 世纪风貌最完整的近 30 年历史的老茶馆，在茶馆中，可以充分探寻并感受到传统山地城市的生活足迹。

4）501 艺术基地：

501 艺术基地是昔日的战备物流仓库，建于 1950 年，建筑面积近万 m^2，现已建成一个艺术家创作和交流的平台，目前，入驻艺术家有 75 位，艺术家工作室 62 间，独立艺术机构 2 家，分别从事绘画、雕塑、摄影、设计、培训等方面的艺术活动。

5）重庆九龙发电厂

重庆九龙发电厂的前身是重庆发电厂，始建于 1952 年，是“一五”期间苏联援建我国的 156 项重点工程之一。从 1996 年建成投产至今，九龙电厂共计运营了 18 年零 10 个月，最终于 2014 年 10 月停止运营。现厂区内保存有部分工业厂房建筑以及两根高耸的烟囱。

6）传统山地住区

场地中存在一块具有浓烈西南山地特征的居住区域，该区域展示了传统山地城市中居住建筑的空间特征与人群活动特点。无论是叠台、梯道、堡坎，还是当地居民在此类建筑空间中产生的各类生活活动，都极大地展现了西南山地的文化特质。

（三）选题主张：艺术介入城市

作为一块具有浓烈艺术氛围的场地，本次设计将同时面临城市区域更新的重大抉择，这既是一次关于艺术、城市、人与生活的思考和对话，更是一次对于艺术如何介入城市升级、艺术如何衔接城市生长等的探讨。在这一命题下，值得我们关注的问题将有很多：

艺术如何推进城市更新?

封闭的旧街巷如何融入现代城市肌理?

场地在主城区的区位

场地在黄桷坪的区位

"黄漂"艺术家的生存空间如何妥协?

老茶馆的生活状态如何延续?

传统山地街巷的居住空间如何优化?

（四）基本目标

本项目包括重庆主城某片区城市空间与结构设计和 3~5 公顷用地建筑方案布局以及单体建筑设计三部分内容。学生应该从整体区域研究出发，通过现场调研、资料整理，结合场地地形特征，对城市功能、空间、交通、景观进行分析，选定具体的设计区域，组织项目策划，制订片区改造的总体目标定位和空间结构策划，对设计地段的功能、交通、景观进行总体空间与结构策划，特别关注山地城市街道空间（竖街）、节点空间、建筑空间、艺术文脉等等与自然地形的结合，然后选择 3~5 公顷用地进行间环境与建筑方案总体布局设计，直至做到单体建筑方案（更新改造与新建）深度，并对建筑空间与细部节点构造有一定的表达。

注意：调研、城市空间与结构设计和 3~5 公顷用地总体间环境与建筑布局以小组集体成果形式完成，个人完成单体建筑设计部分，但必须融入在小组 3~5 公顷用地的总体建筑布局中。

1. 研究该地区城市空间的历史、发展和变化，研究山地地形条件，认真探讨合理有效的山地片区改更新造的可能性与方式、方法。

2. 在分析研究的基础上提出改善城市空间的方案，提高该地区活力的策略。

3. 进行建筑项目策划，对该地区建设项目提出具有可行性的设想，选定设计地块。

4. 探讨山地城市旧城区功能、设施改造与空间组织的合理模式，结合山地特征，配置合适的城市功能，强化场地特有的艺术文脉和社会和谐的价值与意义。

5. 结合地上、地下空间开发利用，探讨山地城市旧城改造中城市空间、交通、建筑、景观等关键问题与地形结合的解决途径。

（五）整体教学安排

阶段	时间	工作进度	地点	备注
准备阶段	2017.12.23 – 2018.03.02	开题考察，定题。各校熟悉任务书要求，分析了解地形图现状条件，收集相关资料，制定工作计划；划分工作小组，安排工作内容	各校	
第一阶段	2018.03.03 – 2018.03.07	现场调研、相关讲座 各校学生组合分组，讨论制定调研提纲，从整体到局部，进行现场调研，完成调研报告，3 月 7 日以 PPT 形式进行成果汇报。（前期调研成果共享）	四川美术学院及场地	以文字和图示表达方式完成场地现状空间与节点环境等分析图和剖面图（若干），包括场地区位，周边条件，城市规划要求，场地地形条件、环境特征、公共空间特色、交通流线组织、景观视线、建筑形态与特征、活力源要素、行为与活动方式、生活气息、街道空间和节点空间特色等，重点理解山地空间与建筑的构成以及交通组织方式等
第二阶段	2018.03.08 – 2018.04.12	各校自行安排讲课、收集案例、策划整理、理念构思、片区整体城市空间与结构策划；选择 3~5 公顷用地进行具体场地空间环境和建筑布局以及单体建筑方案设计	各校	1. 完成片区整体城市空间与结构策划； 2. 完成 3~5 公顷场地空间环境、建筑布局、建筑单体策划及工作模型
第三阶段	2018.04.13 – 2018.04.15	中期评图	中央美术学院	由中央美术学院具体安排，另行通知
第四阶段	2018.04.18 – 2018.06.08	深入 3~5 公顷场地地空间环境和建筑布局，完善、深化单体建筑方案设计，完成建筑设计成果和模型	各校	小组及个人成果
	2018.06.09 – 2018.06.11	终期评图、展览	重庆大学及四川美术学院	具体安排另商
第五阶段	2018.06.12 – 2018.09	成果整理，出版图书	重庆大学	

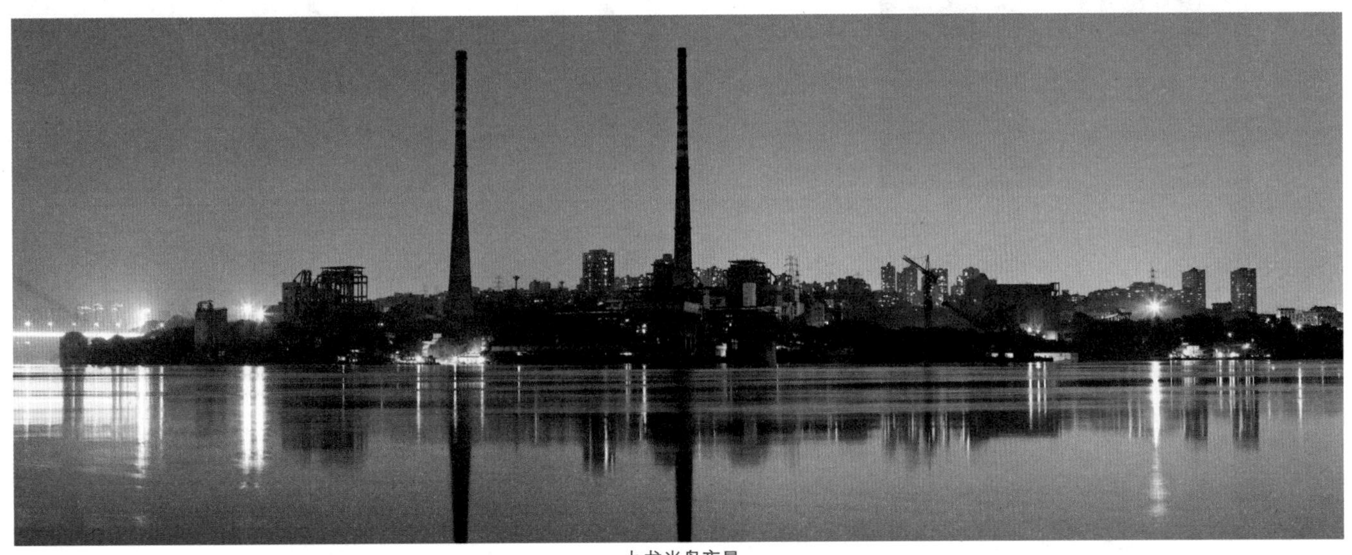

九龙半岛夜景

大事记

2017.12.23，参与联合设计的各校教师来渝踏勘现场，选定九龙半岛作为 2018 年“8+”联合设计的课题选址

2018.3.6，经过一周的现场调研，四川美术学院大学城校区举行 2018 年“8+”联合设计开题调研

选题调研
2017.12.23

开题调研
2018.3.6

2018 年 1 月

2018 年 2 月

2018 年 3 月

2018 年 4 月

2018.4.14，北京中央美术学院举办 2018 年“8+”联合设计中期汇报和“8+”联合毕业设计优秀作品交流展

2018.6.9，重庆大学建筑城规学院举办 2018 年“8+”联合设计结题答辩

2018.6.23，上海天华建筑设计有限公司举办 2018 年“8+”联合设计“天华十强赛”

中期答辩
2018.4.14

结题答辩
2018.6.9

天华十强争霸
2018.6.23

2018 年 5 月

2018 年 6 月

2018 年 7 月

CHONGQING UNIVERSITY

重庆大学

学生团队

1 步至江上，且听风吟

以重庆山地特色交通为导向的城市更新

林文涵

孙婉玲

刘念成

2 VALCANO

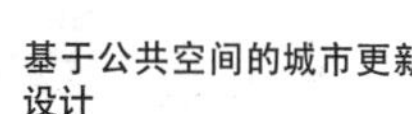

基于公共空间的城市更新设计

薛珂

金文斗

叶珍光

3 ARTOD

基于公共交通导向下的艺术介入式城市更新

汤艳妮

罗通强

冉佳珞

龙灏

左力

艺术介入城市更新进程的可能性

2018“8+”联合设计是重庆大学第二次作为出题和主办学校参与全国建筑类高校联合毕业设计。八年前，重庆大学以“走在十八梯”为题，聚焦渝中半岛，探讨山地城市老旧城区的城市更新问题。半岛复杂的山地空间和独特的城市形态给各校的设计团队带来很大的挑战，几十组充满创意的城市设计方案也为当地政府的城市更新实施提供了有益的思路。

新一轮“8+”联合设计选址重庆主城另一处有着厚重发展历史的老城区——九龙半岛。作为重庆主城重点发展的十大片区，九龙半岛在近十年的城市快速发展过程中，是唯一一个仍未有明确城市发展方向和较大规模更新项目实施的片区，城市发展相对滞后。九龙半岛曾有过辉煌的工业发展历史，四川美院作为国内最为著名的四大地方艺术院校之一，给半岛注入了独特的城市文化基因，九龙港码头一度是重庆市最为繁忙的货运码头，随着主城两江四岸城市职能和发展模式转变，半岛滨江片区电厂关闭、美院搬迁、码头衰落，作为城市“退二进三”模式转型的典型片区，原有的城市功能外迁或衰落，新的城市发展动力尚未成熟，九龙半岛的城市发展未来如何书写？

近些年来，随着社会公众对城市空间的发展和生活环境的改善有了更高期望，城市更新的范式也发生转变，有机更新逐渐替代了大拆大建的传统更新模式，这既是空间发展的趋势也是社会经济发展到一定阶段的必然结果。面对纷繁复杂的城市问题，建筑学应当回归本体价值，设计研究应当从概念化、符号化的宏大叙事中抽离出来，重点放在对城市发展过程中个体需求、公共领域、文化传承以及环境可持续等方面的探讨，倡导面向社会公众和日常生活的城市设计，建筑学不仅是研究城市和改造环境的学科，也可以成为传播文化与沟通大众的桥梁。基于以上的总体认识，重庆大学设计组经过了多次现场调研和集体讨论提出了“艺术介入城市”的核心命题，将设计研究关注的重点放在四川美院老校区的空间活化、城市滨水空间的弥合、新型产业空间地融入和城市环境景观的修复四个相关主题上，经过历时四个月的设计推进，逐步形成了“步至江上，且听风吟”“Valcano”“ArTod”三组各具特色的毕业设计方案。三组方案在空间结构、功能布局、交通组织、景观意向和建筑形态等方面各自不同，但都对“艺术介入城市”这一共同的主题做了充分的回应。

左 力

步至江上，且听风吟——黄桷坪更新设计体悟

Step to the river, and hear the wind blow

重庆大学
作者：林文涵 / 孙婉玲 / 刘念成

林文涵：

黄桷坪之于重庆的感觉，就像是一个早已走过辉煌岁月的老人，就仿佛罗中立院长笔下的《父亲》中那个沟壑纵横的父亲，你能从他浑浊的眼睛中读到过去时光的沧桑，你能从他的捧起那碗水的粗糙的手中读到年华剥蚀后的灰烬。你能触碰到他沟壑纵横的皮肤、闻到他夹杂着汗水的烟叶味道。

黄桷坪也正如他一般。

在重庆呆了近五年的我，从不敢说自己真正了解过黄桷坪。当初踏进重庆，就被神奇魔幻的地形、说不尽的市井气、街巷弥香的麻辣味道所吸引。作为建筑学子的我们，往往在打卡完了重庆的网红景点之后，便尝试去深一步地了解重庆的气质，总是想要探索一些不同于常人所看到的重庆。便是这样，我才第一次踏足黄桷坪。

黄桷坪于我而言，是断层的记忆。在做这个设计之前，我曾共去过三次黄桷坪，每次就像是黄桷坪的一个小小的零碎的拼图。每一次都有惊喜，但总是拼不成一个完整的黄桷坪。

第一次去，我是为着“艺术”去的。那时川美“开放的六月”毕业设计展还在黄桷坪举办，我对美院充满好奇，总觉得那儿的老师学子们都是艺术家。沿街有着大大小小的画材商店，个性的涂鸦街，拿着画笔写生的学生。那时，我以为黄桷坪就是重庆艺术的森林。

第二次去，我是为着“市井气”去的。突然在网上看到了一组交通茶馆的照片，斑驳的铅笔，氤氲的烟气，热气腾腾的盖碗茶，和惬意打牌的市民们。寻找着交通茶馆，它荫蔽的入口也着实给人一种柳暗花明又一村的惊喜感。那时我也惬意地点一杯茶，在茶馆消磨了一整个下午。那时，我对黄桷坪又多了一点认知，我喜欢这种自在的市井气。

第三次去，我是为着“铁轨”去的。在绿皮火车已经渐行渐远的动车高铁时代，听说黄桷坪还在江边运行着绿皮火车，你甚至还可以踏着铁轨的枕木走过。于是便约上几个好友去寻找隐藏在黄桷坪的老铁路。一路往下，感受到了江风与轮船的声音，第一次看到了两根高高的电厂烟囱。才明白，黄桷坪原来是临着长江的。

可是我很困惑，从艺术，到市井，再到铁路、江水与烟囱。我曾见识过的，都不是黄桷坪的全部。但黄桷坪确实太难读懂了，很少有游客会知道，黄桷坪是一个半岛，一路往下是可以触摸到长江的。也很少有人会认真审视大烟囱的历史，即使它在主城区是如此特别的标志。黄桷坪似乎在重庆的板块中一直那么低调，漫长的岁月中，他曾在工业、航运、艺术的带动下分别繁荣过，但最终都开始走向没落。

沧桑的黄桷坪保持着平静，它未再认真期待过繁荣。

但今年，我们开始认真面对黄桷坪。开始走过它内部的每一条路径，开始打破它固有的边界，开始自上而下地，用脚步感受这片土地。

我惊讶与重庆电厂内的厂房充满工业感和力量感的厂房建筑，惊讶于两根 240m 的烟囱的尺度，惊讶于工业与艺术之下还藏匿着这样一片江水。

我们想做的，就是将黄桷坪的气质延续下来，让走到这里的人，不再像从前的我一样，总是错过很多惊喜，我们想延续漫步的路径，让人们不知不觉中就步至江上，伴随着高高的烟囱和新生的厂房的身影，且听风吟。

孙婉玲：

五年的时间，让我认识了重庆，认识了建筑学。我也开始不断地用建筑学的眼光，去打量这座城市。毕业在即，我也非常荣幸能够被选中参加此次的 8+ 联合毕业设计，题目正好是重庆，也是在这即将离开的最后时刻，这也算是对重庆的最好的一种方式，来诉说离别。

作为一个新来的重庆人，山水相连，城乡一体，关于山的体验已成为日常，而水，却仿佛除了隔岸相望，竟有些陌生，时常坐公交过滨江路时望着裸露的河床和荒芜的堤岸，竟有些凄凉，重庆，离那个江城有些远了。

于是我们想将这种还江于民的渴望寄托在设计中，旧的东西，旧的生活，在其中有所体现，比如旧的缆车索道，依江而建的吊脚楼生活，同时，希望生活在内部的人民，工作之余，除了茶馆，除了 KTV，除了商场里逛街，还能方便到达江边——曾经城市的发源的地方，将来的都市呼吸之处，从而使得它真正回到那种山水相连的状态。

过程中我们不止一次抱怨过题目出得太难，场地太复杂。而重庆，不就是处在这种混杂的状态下吗，湖广移民，抗战陪都，重庆这座开放的城市所具有的包容性，让一切在这里都变得合理。近到隐于市井仿佛旧小区入口的 B 区中门，远到被抖友捧得火热的穿楼而过的李子坝轻轨站，重庆，无不在诉说着他的粗野、随性、生猛、复杂。这也使我对重庆这座城市感到深刻的眷恋。评图时被老师指点说对这块场地保留太多，大概也是觉得存在这种复杂性，也是合理的罢。

最后，很感谢我的指导老师龙灏老师与左力老师，我的队友林文涵和刘念成同学，以及其他对我帮助很大的朋友们，耿老师，光光等等。感谢大家的共同努力，毕业快乐。

刘念成：

本次 8+ 联合毕业设计的选址为地处中国西南地区的山城重庆，场地位于重庆九龙半岛，滨水岸线延绵，场地内存在大量极具历史价值的工业建筑物和构筑物，见证了三线建设时代九龙半岛的辉煌过去。但时过境迁，随着现代社会生产的变革，传统的工业生产已经没落，九龙半岛的工业也早已停摆，可其遗留下来的历史痕迹却成为九龙半岛最独树一帜的文化特征，高耸于天际的两根烟囱现在仍旧是重庆市的城市地标，大量的工业建筑遗存虽然呈现闲置的状态，但其粗野极具张力的空间特征也具有极大的空间可能性，关键的问题是我们该如何使用它。

除此之外，川美老校区和涂鸦街也位于场地内部，虽然随着川美新校区的建设，大量川美师生的搬迁，导致黄漂的减少，艺术的衰落。但即使如此，每年依旧有大量的游客会慕名前来，居民、画家、游客、师生、山城棒棒、失业工人……各色人群混居于此，成就了场地的复杂性，也成为场地的契机。如何处理艺术、工业与各色人群的相互关系，也成为方案必须思考的问题之一。

本次毕业设计让我感受颇深，对于前期的城市设计可以说是让我们整组都进入了一种十分纠结的状态。场地的问题实在是过于复杂，设计面积也过大，如何寻求一种理念能让场地重获新生，并且解决场地内的多数问题，令我们绞尽了脑汁。

最终，我们通过分析重庆与场地的历史发展进程，以及重庆山水城市的格局，结合场地内滨水工业区的发展可能性，确定了以滨水旧工业区的改造更新为契机，打造 4 条纵向的各具特色的山城步道来连接上下半城，将艺术、生活与滨水工业有机地结合起来，同时也提高了滨水区的可达性和趣味性。

在建筑设计层面，我们通过选取了一条核心街道上的 3 个节点，分别设计了 3 栋建筑，每栋建筑都在城市设计导则的控制下进行设计，原则上都是为了提高滨水工业区的可达性和趣味性。并且为了强化重庆的 3D 立体交通特色，我们还引入了索道、缆车、有轨电车等多种交通模式，将其与建筑设计相结合，丰富了建筑空间，也丰富了人们去往滨江的体验。

在建筑设计的时候，可能是重大学生的特色，对于处理高差问题和交通问题，感觉我们相对还是得心应手，并没有什么太过于纠结的地方。能在即将毕业的时候，将自己在大学 5 年里所学到的知识一次性淋漓尽致地发挥出来，而且还是在“8+”联合毕业设计教学的平台上，感到无上的光荣与喜悦。

最后，感谢我的队友林文涵和孙婉玲同学、感谢我们的指导老师龙灏老师与左力老师，以及其他帮助过我们的同学，没有你们的帮助，就没有这次不留遗憾的毕业设计！

图 1 黄桷之眼模型照片

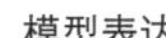

模型表达

选择了两种表达方式来呈现方案的最终效果。目的都是为了突出从场地制高点至滨江的整个路径设计。

剖面模型采用了剖透视结合剖面模型结合的方式，除了表达建筑内部的空间结构外，也表现了场地整体的高差变化处理以及建筑与场地的回应。

场地模型则是选取了整个一条街的范围，单体设计融合在场地内，重点突出城市设计对街道的影响。除了建筑本身内部结构的一些体现外，也表现了方案的整体肌理以及单体建筑对周边环境的关系。

林文涵

孙婉玲

刘念成

图 2 市民容器模型照片

图 3 滨水门户模型照片

图 4 剖面模型照片

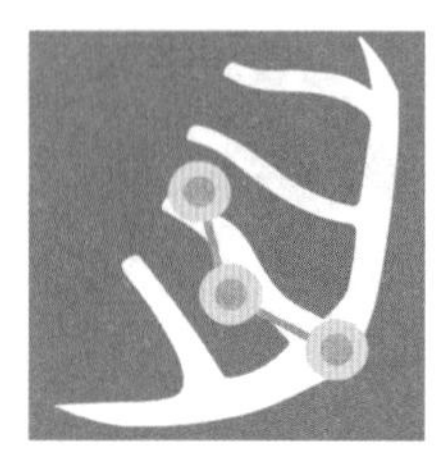

步至江上，且听风吟

Step to the river, And hear the wind blow

重庆大学
设计：林文涵/孙婉玲/刘念成
指导：龙灏/左力

基地调研

【Part1 城市整体策划】

1.1 研究背景

本次设计基地位于重庆主城九龙坡区长江环绕而成的"九龙半岛"，紧临长江滨江地带，地块所处的区域集中了丰富的文化、历史和景观资源。基地一侧是四川美术学院老校区，另一侧是矗立着两座曾经的亚洲最高烟囱的发电厂厂房，片区内既有与山地自然地形紧密结合的城市空间、山地城市特有的"竖街"，也有连接城市与滨水空间（码头）的重要通道，梯道、平台、堡砍等等展示了城市空间与市民的生活状态。

宏观定位与天际线特征

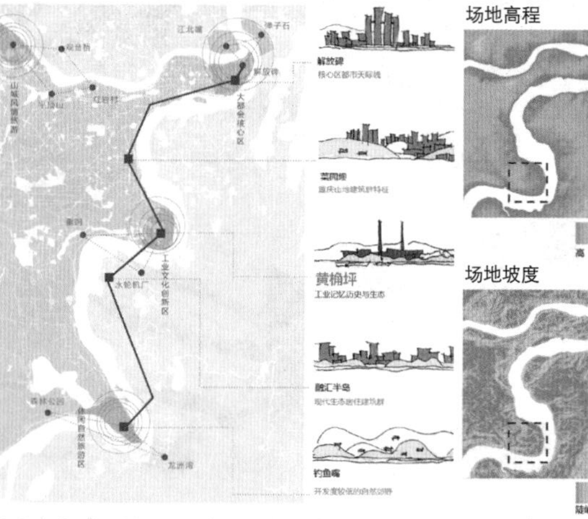

宏观定位：工业文化创新与艺术创意生活
天际线特征：工业文化特征

地形因素

场地高程

场地坡度

场地内高程分为三层
每层内地势较为平缓

场地具体问题

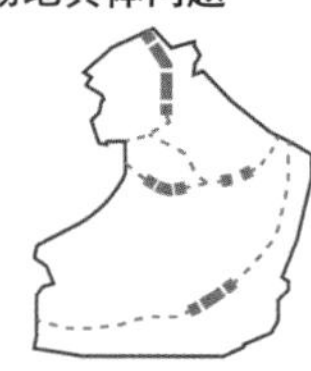

边界分明，可达性差

公共空间分散

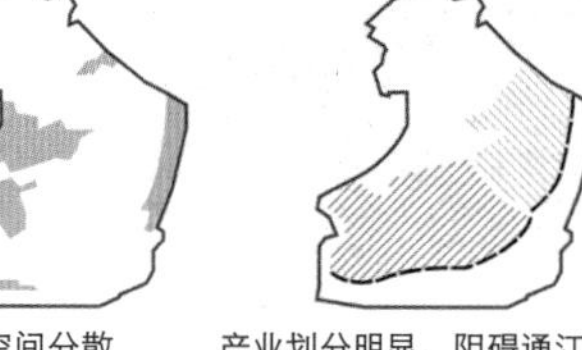

产业划分明显，阻碍通江路径

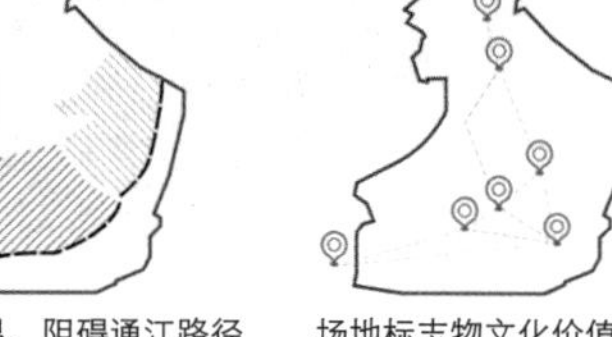

场地标志物文化价值保留

重庆特色景观：消落带、江岸棚户区

1.2 场地问题

设计基地最显著的问题是"割裂感"，这是一个综合的场所现象，不仅仅包括地形带来的高程场地与滨水地区的割裂感，也包括因为历史发展造成的平面上板块之间的割裂。因此作为重庆主城区的一块滨水区，其滨江特质却难以被市民所感知。

本设计以"步至江上"为题，梳理场地的历史发展特色，提出从场地特征出发，连接半岛的上下半城，提升滨江区的可达性，创造有黄桷坪特色的工业与艺术并存的都市滨江区。

1.3 现象分析

从宏观层面分析，黄桷坪一带被定位位工业文化创新区，引领工业文化创新与艺术创意生活，天际线也具有明显的工业文化特征；且距离各商圈较近，易聚集人气，与重庆其他半岛相比具有更好的区位条件。

在中微观层面上，小组借用了凯文•林奇的城市意象五要素对场地内部进行了梳理，并且绘制了城市意象地图。在区域上，主要存在功能区割裂、工业用地过多、滨江利用率低，居住密度和资源条件同样呈现出区域性差异；在路径上，由于场地未能建立完善舒适的步行系统，导致滨江可达性弱；在边界上，围墙和堡坎等硬性边界使工厂区更加封闭和消极。

城市设计鸟瞰图

评语：

重庆城发源于两江之滨，滨江航运的繁荣孕育了重庆特有的码头文化，从历史上的纤夫、栈道到近现代的缆车、索道、大扶梯等特色的交通方式逐渐形成了重庆个性鲜明的滨江城市空间，从而造就重庆城市沿江而上、纵深内陆发展的立体城市结构。

"步至江上"方案正是从历时性的维度梳理滨江街巷空间的动态演变，基于对重庆特有的滨江城市结构的再认识，通过重塑九龙半岛滨江特色步行空间和山地立体交通系统，激活滨江地带因功能变迁而日益衰落的公共空间，实现城市滨水空间的重构与滨水城市生活的复兴。

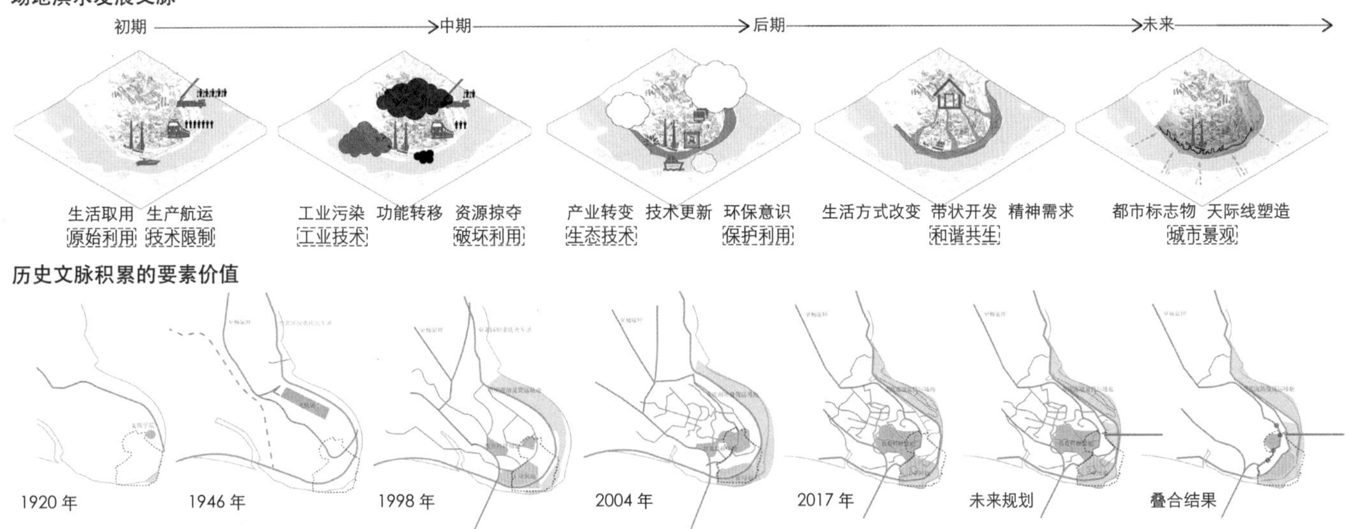

同时，我们探寻了黄桷坪自 1920 年代起的历史发展特征，梳理出了半岛道路与产业空间的结构发展，并将其与未来规划进行叠合分析。最终得到了几条重要道路、节点与场地标志物。

1.4 城市设计策略

宏观上，针对旧城更新策略，设计考虑到土地所属、更新成本、空间价值和实际需求等各方面的因素，将从原始场地的交通、公共设施、公共空间出发，希望通过这些相对公共的部分的开发和带动，打通场地内目前的封闭、阻塞现状，为更新改造提供良好的空间架构。

首先，梳理空间内原有的空间节点，如交通茶馆、501 艺术基地、南站货运楼、电厂厂房及烟囱等空间节点进行保留；再在保证市民步行舒适范围内，通过指向滨江的路径对节点进行纵连，形成了四条分别带有“市井 + 轨道”“市井 + 货运”“艺术 + 工业”和“工业遗址”特征的下滨江街道，贯通了上下半城；接着梳理横向车型道路，形成三个水平层次的城市主干道，分流场地交通；在进行纵横道路相交的节点建设；最后进行各个片区的区域开发。

中观上，设计提出相应的建筑保护更新策略，按照片区内建筑物的性质和现状进行评估，给予适宜的改造利用方式。

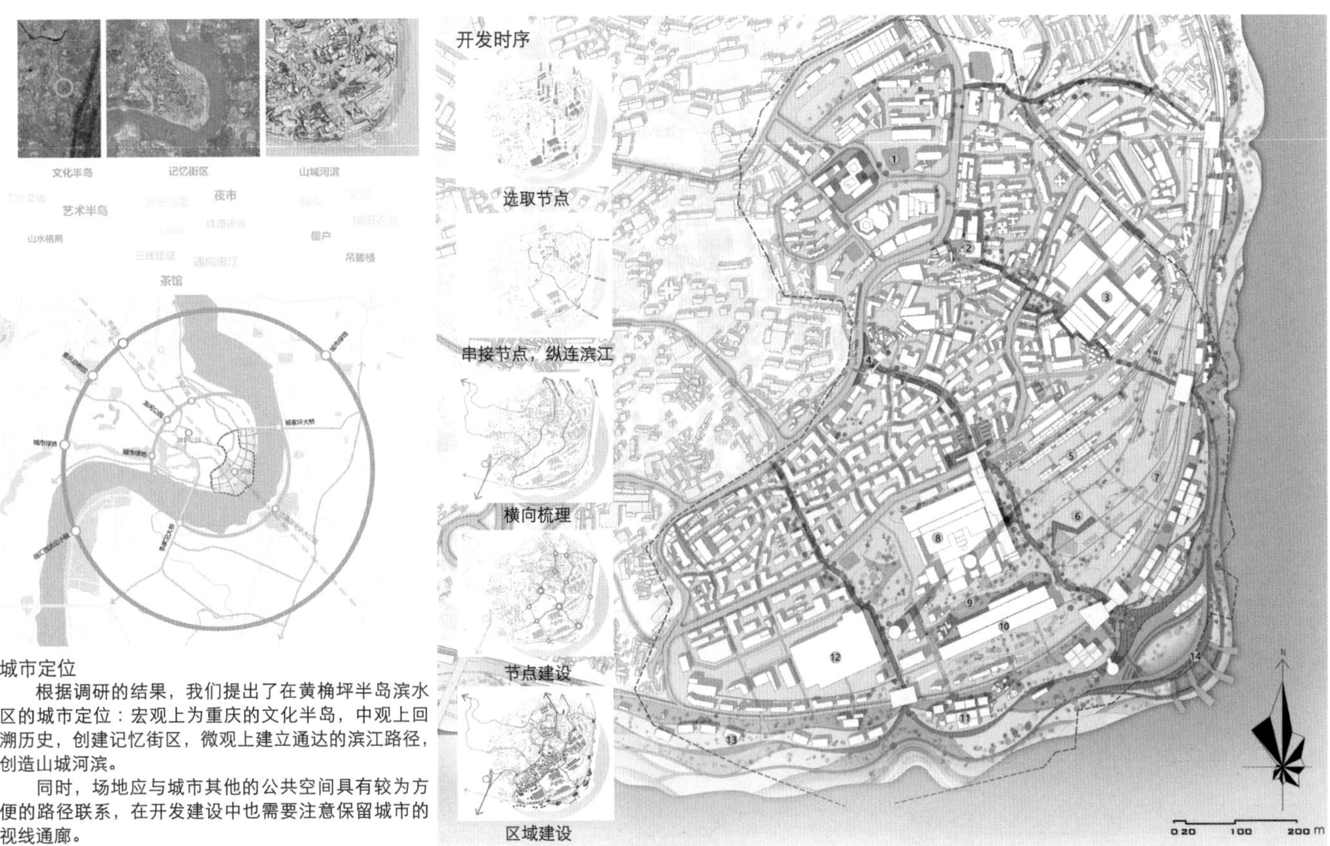

城市定位

根据调研的结果，我们提出了在黄桷坪半岛滨水区的城市定位：宏观上为重庆的文化半岛，中观上回溯历史，创建记忆街区，微观上建立通达的滨江路径，创造山城河滨。

同时，场地应与城市其他的公共空间具有较为方便的路径联系，在开发建设中也需要注意保留城市的视线通廊。

容纳场地中的多元要素，以黄桷坪为中心带动长江周边公共场地的活力。

城市设计总平面图

【Part2 城市设计导则与街道设计细则】

为了指导城市空间、建筑空间的设计，强化城市设计的滨水风貌，我们编制了城市设计导则。其内容包含有城市设计通则、城市设计细则、核心区导则控制。

并且，我们选取其中一条街巷作为详细地段进行设计，该地块复合了工业、艺术和轨道的元素，上位规划中有地铁站点的引入，且高差丰富，提供了建立滨江多维交通的基础，因此我们选取该地块进行详细设计。

在增加滨江可达性和趣味性的原则之下，我们参考凯文林奇的城市意象五要素，对该街道进行了更为细致的街道导则的编制。

同时，我们在这条街道上一共选取了三个节点，分别是涂鸦街末端、电厂旁、与滨江门户区。由于三处节点都具有鲜明的地形、交通要素、功能特征，因此我们将其作为后续建筑设计的场地，建筑设计都将在城市设计导则与街道设计细则的控制下进行，原则上都是为了增加滨水工业区的可达性与趣味性。其建筑功能强调交通复合、空间引导的特征。

2.1 城市设计导则

重要节点建筑

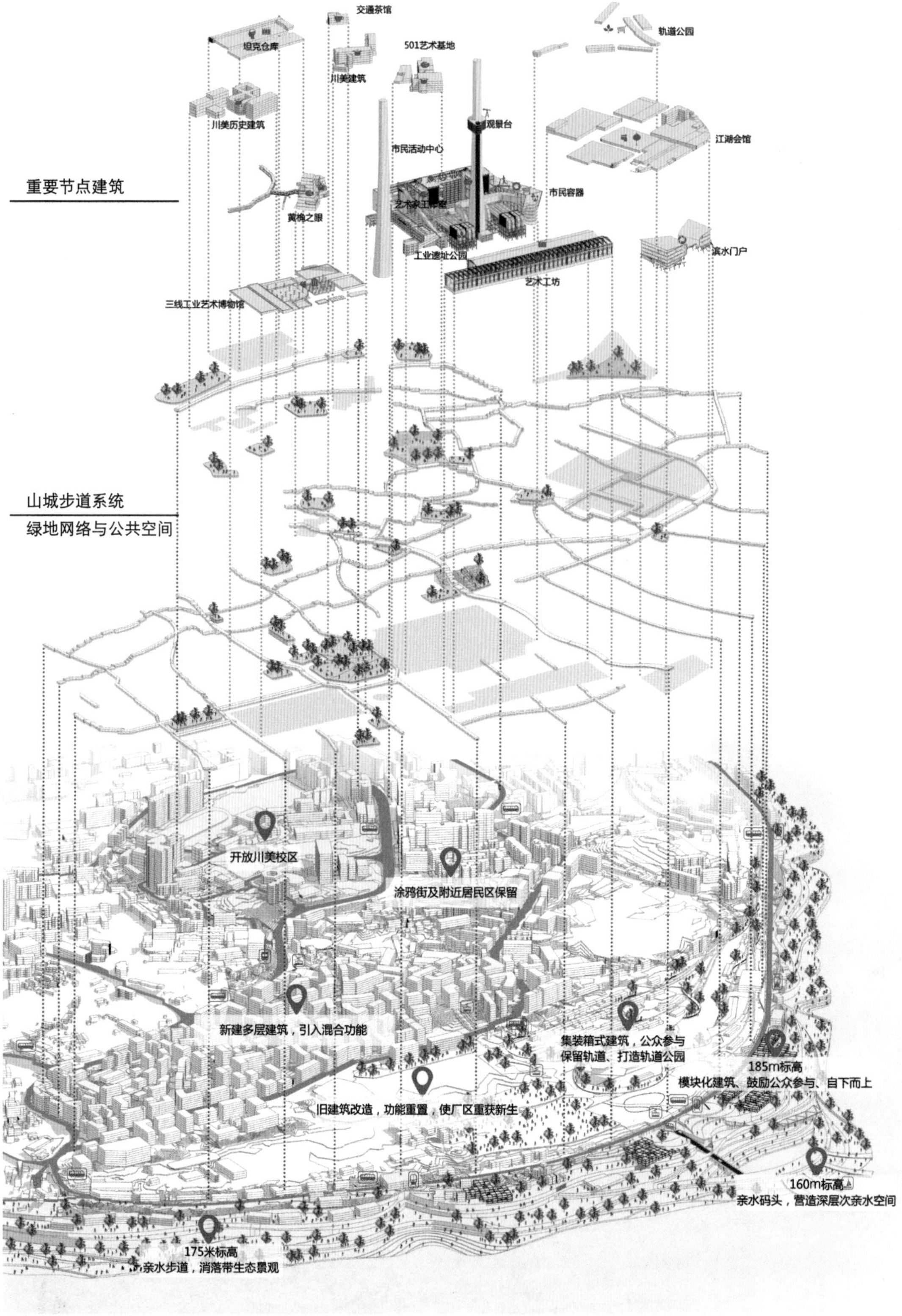

交通茶馆
坦克仓库
501艺术基地
轨道公园
川美建筑
川美历史建筑
观景台
市民活动中心
江湖会馆
市民容器
艺术家工作室
黄桷之眼
工业遗址公园
滨水门户
艺术工坊
三线工业艺术博物馆

山城步道系统

绿地网络与公共空间

开放川美校区
涂鸦街及附近居民区保留
新建多层建筑，引入混合功能
集装箱式建筑，公众参与
保留轨道、打造轨道公园
185m标高
模块化建筑、鼓励公众参与、自下而上
旧建筑改造，功能重置，使厂区重获新生
160m标高
亲水码头，营造深层次亲水空间
175米标高
亲水步道，消落带生态景观

保留区
新建区
工业区
滨水区

横向车行
纵向人行
特色交通
绿脉系统

1≤H/D≤2
12m≤H≤24m
6m≤D≤9m

文化建筑用地
会展中心用地
活动中心用地
公共空间用地
居住区用地
山城步道
重要节点
居住区
文化建筑
S≤500m
公共空间
S≤500m
活动中心
公共空间
会展中心
文化建筑
S≤500m

2.4m≤D≤7m

196m
185m
175m
145m

H≤16m
架空层
2m≤D≤6m

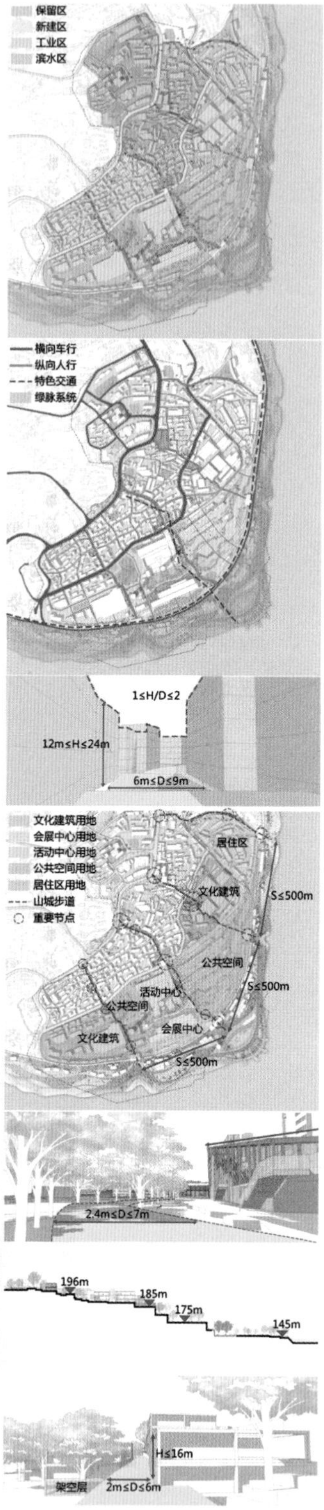

核心街道选择

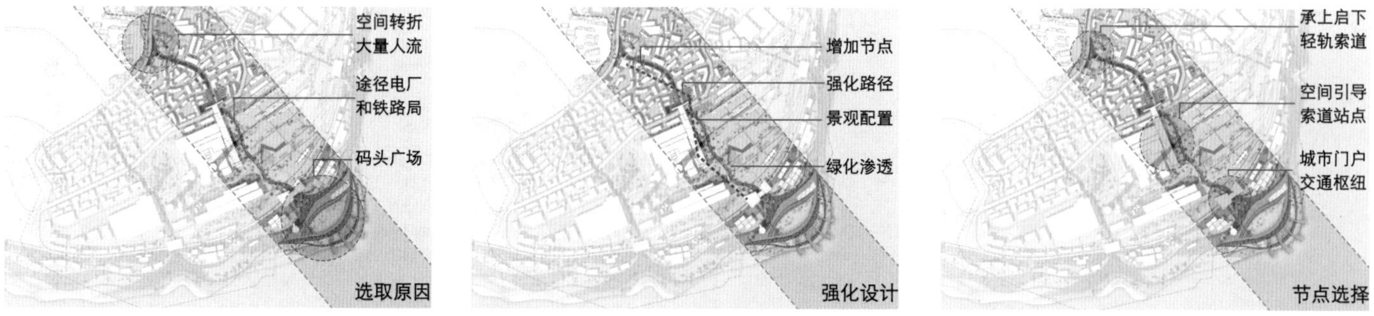

空间转折
大量人流
途径电厂
和铁路局
码头广场
选取原因

增加节点
强化路径
景观配置
绿化渗透
强化设计

承上启下
轻轨索道
空间引导
索道站点
城市门户
交通枢纽
节点选择

2.2 街道设计细则

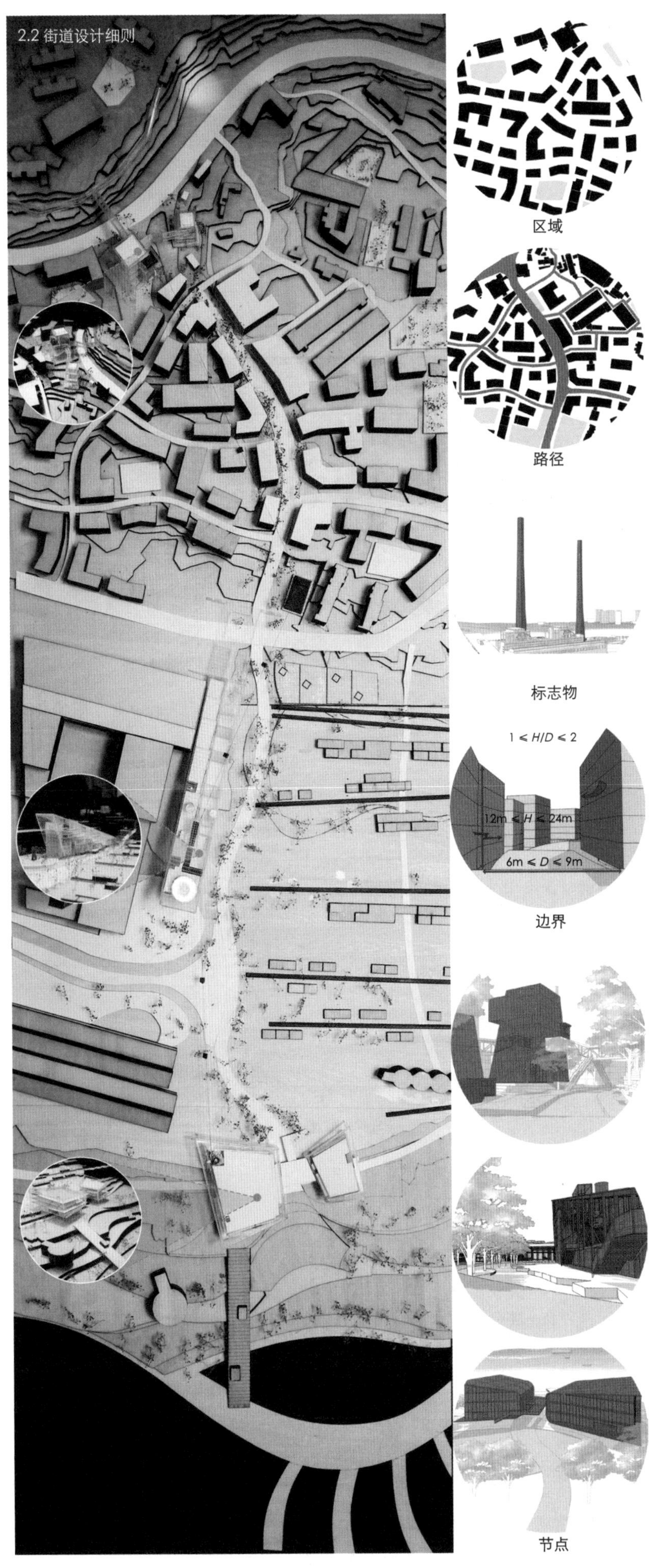

区域

路径

标志物

1 ≤ H/D ≤ 2

12m ≤ H ≤ 24m

6m ≤ D ≤ 9m

边界

节点

区域：

原则：区域内与主要干道的可达性

1. 街坊细分：

应通过组织城市支路将街坊细分为若干规模合宜的街块，提高土地使用效率并鼓励围合形成公共空间。

2. 地块联系：

街坊内道路功能应根据需要进行细分，人行通道与相邻街坊的人行通道、城市广场、街心绿地相连接，形成步行网络，通道之间距离不宜大于 100m。

3. 地块大小：

在支路围合形成的市区地块内，居住地块面积宜控制在 40000m^2 左右，商业地块面积宜控制在 5500~11000m^2，商务办公地块面积宜控制在 5500~11000m^2。

4. 空间形态秩序感：

同一街坊内的建筑应在高度、界面、风格上相互协调。

路径：

原则：提高滨水空间可达性

1. 车行：

城市主干道以横向交通为主，纵向设置少量城市支路，滨江路为减少车辆通行，也设置为次行车道。主干道设置 4 车道，宽度 ≥ 15m；次干道设置双车道，宽度 ≥ 6m。

2. 人行：

人行系统形成纵横交错的城市网络，横向与车行道并列设置，纵向以山城步道为主，步道宽度应控制在 2.4~7m 之间，步道间距宜控制在 500m 以下，5 分钟步行范围以内。

3. 路径转折点：

在转折处设置标志性公共空间或建筑，部分路径可结合公共建筑进行设计，搭建连续的步行系统。

4. 其他交通：

可考虑重庆 3D 城市交通模式，因地制宜，设置具有山城地域性的传统交通，作为丰富的山城特色交通体验，如索道，缆车，利用废弃的铁轨改造为有轨电车，提现地域特色，提升场地吸引力。

标志物：

原则：强化通向滨江的引导性

1. 标志建筑：

保留原场地的标志物烟囱，作为通向滨江路径上的参照物。

在特色区域鼓励设置标志性建筑，增强街区的可识别性。

2. 公共设施：

设置引导性强的公共设施，结合场地特色，如与涂鸦结合的标识引导设施，与艺术结合的休憩设施等。

边界：

原则：通向滨江的连续性

1. 建筑退距：

建筑退后街道不能太大，同一街道应统一退线，街墙部分退线不得多退，规定贴线率形成连续的"街墙"界面。主要街道贴线率应大于 75%。

对邻近公园、片区开放绿地、广场的建筑须进行特殊建筑界面控制按 100% 的贴线建造，以形成连续的空间界面。

2. 沿街建筑空间：

沿街公共建筑底层裙楼的高度应控制在 12~24m 之间，建筑高度与路径宽度之间的 H/D 比宜控制在 1~2m 之间。

若处于开敞空间无临街建筑的区域，应通过树木、矮墙、高差等软性要素进行界面控制，以保证街道空间的连续性。

3. 建筑立面：

建筑立面应保持连续性和完整性，材质宜尽量选用面砖、涂料、外挂石材、外挂金属板等装饰材料，色彩上宜选用灰色系或灰色系，应考虑为未来墙面涂鸦提供可能性；部分重要节点建筑可考虑使用饱和度较高的色彩，以增强街道风貌。

节点：

原则：通向滨江的趣味性

1. 交通复合：

对于处于纵横网络系统的交接点或转折点的节点，大多具有 2 种以上的交通方式，需处理多种交通之间的转换承接关系。可考虑重庆山地特色交通方式，也可结合公共建筑进行设计。

2. 建筑功能：

对于处于节点空间的建筑，应当具有更多公共空间和公共功能，满足周边人群的生活需求，具有更高的公共属性。

建筑设计应留有足够大的室外广场空间或灰空间，满足人们日常活动需求。

3. 空间引导：

节点处的建筑设计、景观设计、遮蔽物设计都应具有一定的标志性和引导性，强调空间节点以及指引滨江的特征。

4. 街道局部扩大节点：

这一类节点可单独设置，也可结合重要公共建筑的入口设置，采用开口宽度大深度小的空间，公共性强。面积与数量需要整体控制，避免处处都强调。

【Part3 单体建筑设计】

3.1 滨水门户

研究发现，重庆半岛在历史发展中，往往以城门为节点展开直达江水的步行路网。因此我们沿用历史中半岛“城门”的空间布局形式，在四条道路的滨江节点上分别设置了四个门户建筑。由于存在南站铁路与滨江路对电厂和亲水休闲区的分割且场地本身高差的存在，该建筑需要起到整合交通，组织滨江渗透的功能。

秉承着入江的设计理念，设计了滨江门户，功能上因为要处理索道、缆车、有轨电车等交通方式，所以功能上定位为交通枢纽，并且结合城门的意向，通过建筑体量的分置与架空，让出了通向滨江的路径，最后建筑形式上通过两翼的伸展和建筑立面的推拉，使体量感更轻盈，形成滨水门户的形象。

功能分解

实体空间　公共空间　卫生空间　垂直交通空间　交通工具等候空间

建筑概况

建筑占地面积为3050m²，总建筑面积为8710m²，由两个建筑体量构成，面向江水横向展开，获得更大的观江面。建筑屋顶两翼翘起，结合玻璃幕墙塑造出优雅的轻盈感。

左侧体量通过底层架空的手法引入有轨电车、公交车和缆车的站点，通过自动扶梯等垂直交通与顶部索道站点相联系，融合了复杂的滨江交通，成为一个滨江特色交通工具的换乘中转站。右侧建筑主要承担咖啡厅和书店功能。

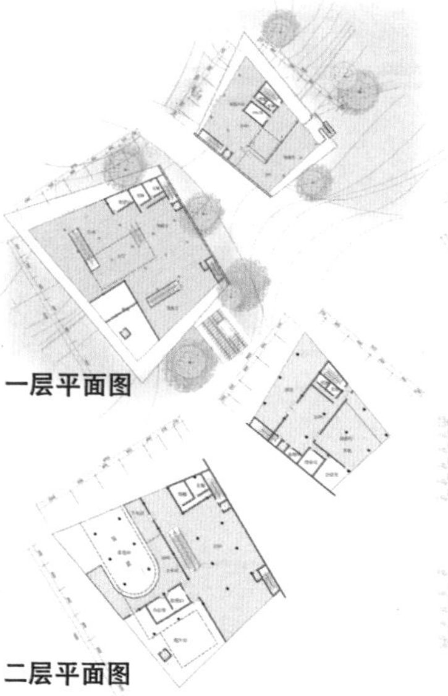

总平面图

一层平面图　三层平面图

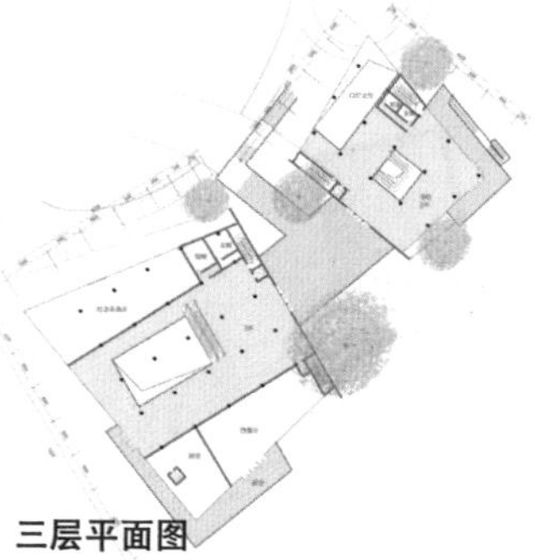

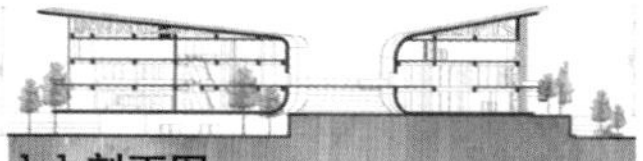

1-1 剖面图

二层平面图　2-2 剖面图

概念生成

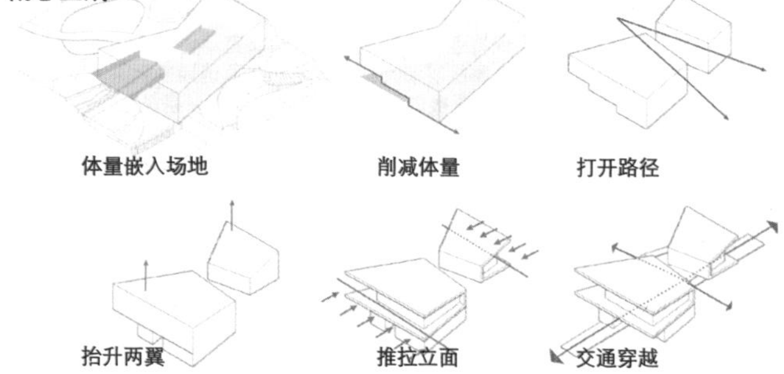

体量嵌入场地　削减体量　打开路径

抬升两翼　推拉立面　交通穿越

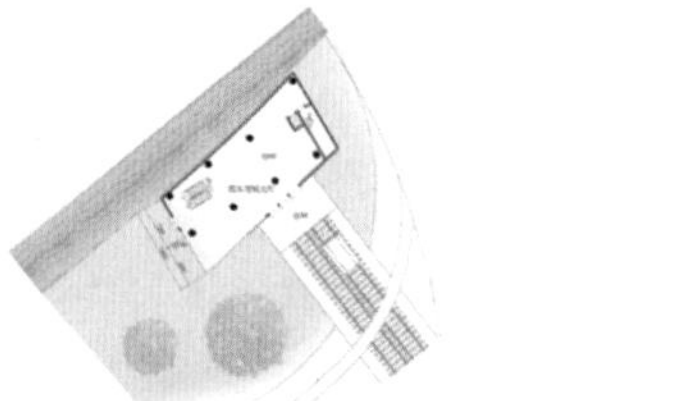

负一层平面图 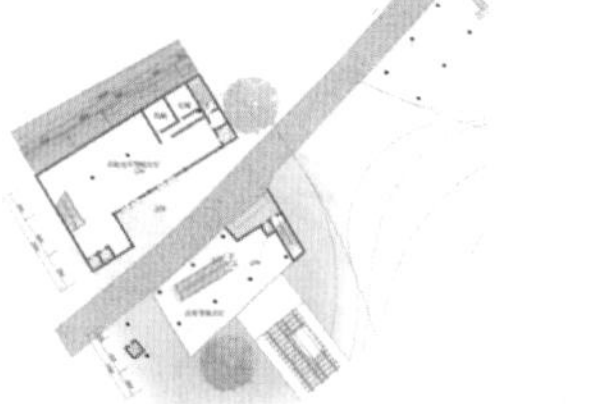　负二层平面图

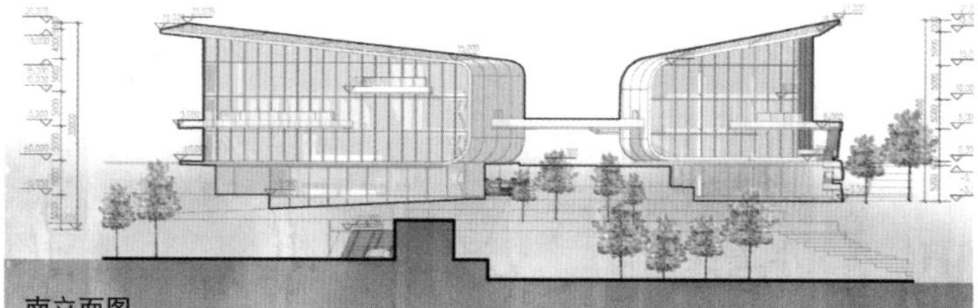

南立面图 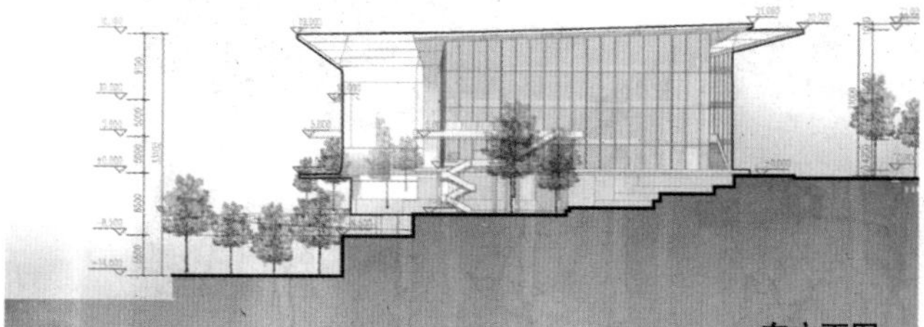　东立面图

3.2 市民容器

秉承着指江的理念，我们设计了市民容器，他通过过街天桥对人车进行了分流，通过大台阶和螺旋坡道等组成的景观流线将建筑、索道站和场地有机地联系起来，体量上通过大尺度的倾斜屋面强调对滨江的指引。

建筑主要需解决上部连续街道空间到工业区时，空间尺度突然放大，缺乏对滨江的引导性的问题。同时希望建筑拉近市民与电厂之间的关系，以及解决多维交通的问题。

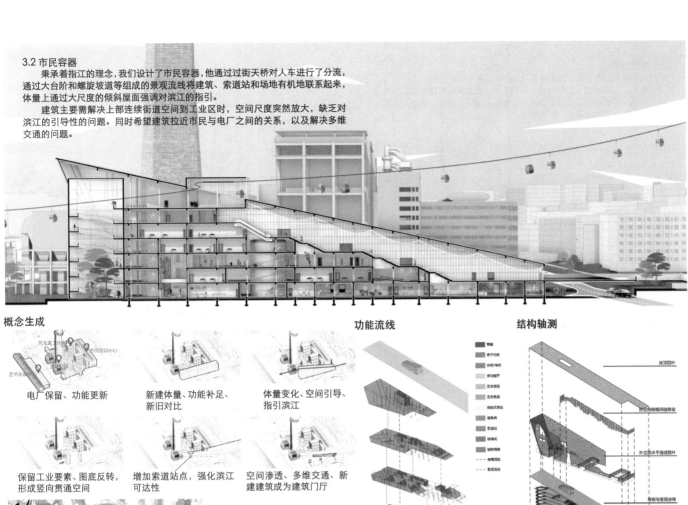

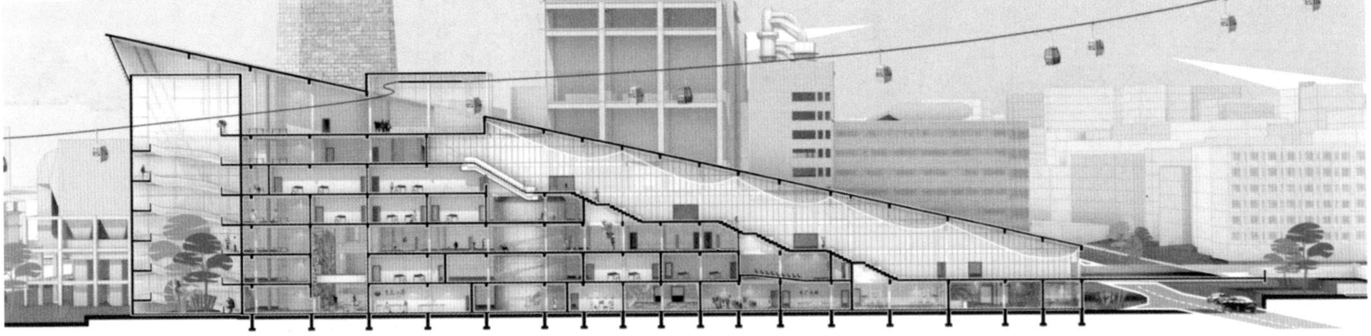

概念生成

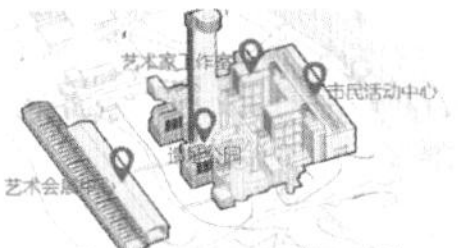

电厂保留、功能更新

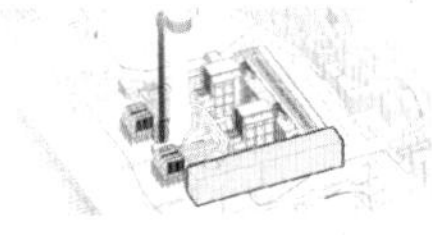

新建体量、功能补足、新旧对比

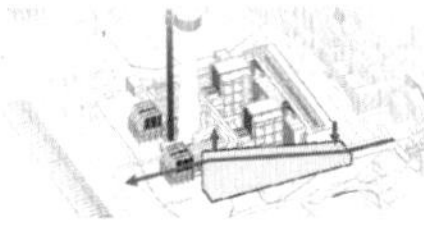

体量变化、空间引导、指引滨江

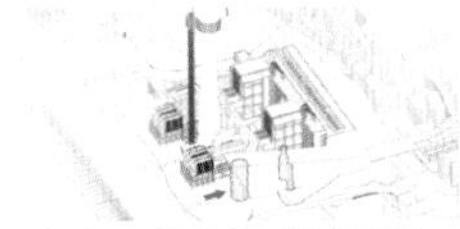

保留工业要素、图底反转，形成竖向贯通空间

增加索道站点，强化滨江可达性

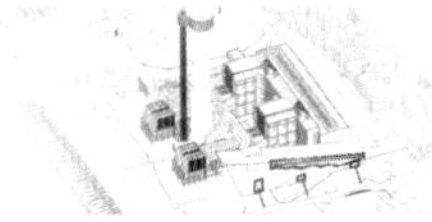

空间渗透、多维交通、新建建筑成为建筑门厅

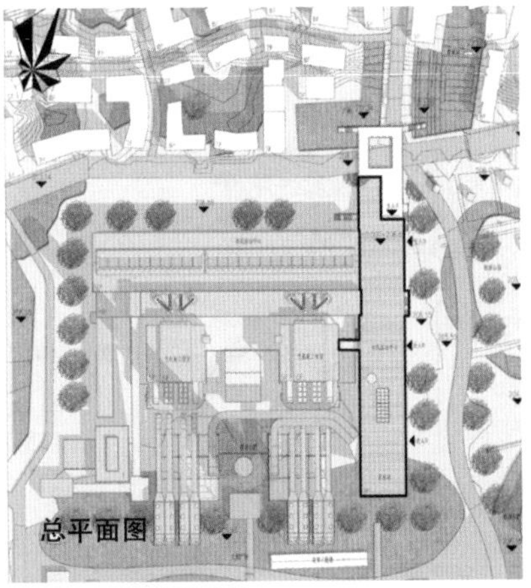

功能流线

结构轴测

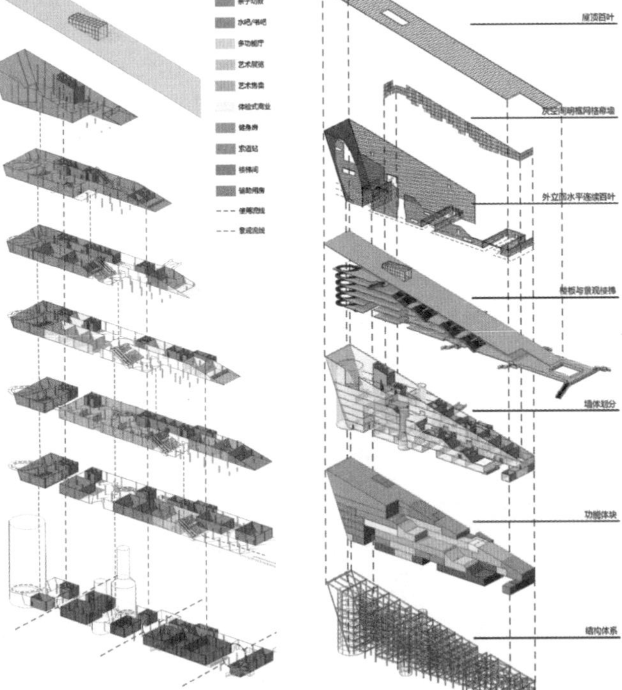

建筑概况

建筑占地面积为 2700m²，总建筑面积为 13000m²。建筑功能上主要是希望保留原厂房的大空间特征，将原电厂改造为羽毛球场、游泳馆、展览馆等仍具有大空间特征的市民活动中心。而将一些小空间市民活动功能移至新建建筑内。同时，将原厂房的一些圆柱体的设备实体空间进行图底反转，改造为新建筑内部的竖向虚空间，可作为螺旋楼梯等等，并且其周边空间也皆为公共休闲空间。

一层将新建筑打开，形成了向电厂渗透的门厅灰空间。

建筑造型上主要是结合索道站的设立，形成倾斜屋面和大台阶空间，强调对滨江的指引性。

总平面图

结构体系上以框架结构为主，因为斜屋面的存在，所以会形成一些类似于 loft 的空间，我们把它利用起来作为需要大空间的功能使用，如剧场，活动室等等。立面上以水平连续百叶为主，渗透到门厅的灰空间，强调对电厂的渗透感。

流线上除了普通的利用楼梯间路径以外，我们还设置体验感强的景观流线，将原先厂房的一些圆柱体竖向空间改造成螺旋坡道空间，配合植物种植，形成具有景观效果的公共交通空间，同时通向索道站的大台阶也是一条从场地进入建筑的重要交通流线。

功能上，顶上两层设置为索道站，中间各层设置为体验感、参与感强的一些市民活动功能、螺旋坡道附近为公共空间，如展厅、活动室、体验班、会议室、小型报告厅等功能，底层是一些商业和进入电厂的门厅灰空间。

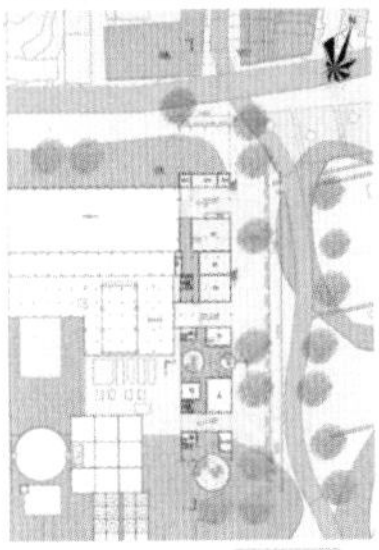

一层平面图 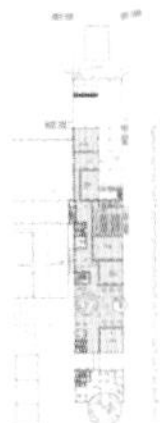　二层平面图 　三层平面图 　四层平面图 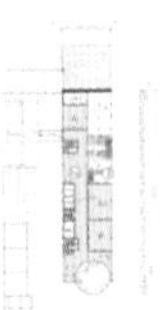　五层平面图 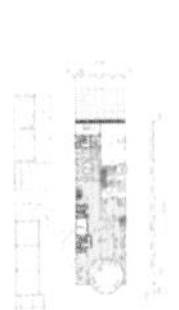　六层平面图

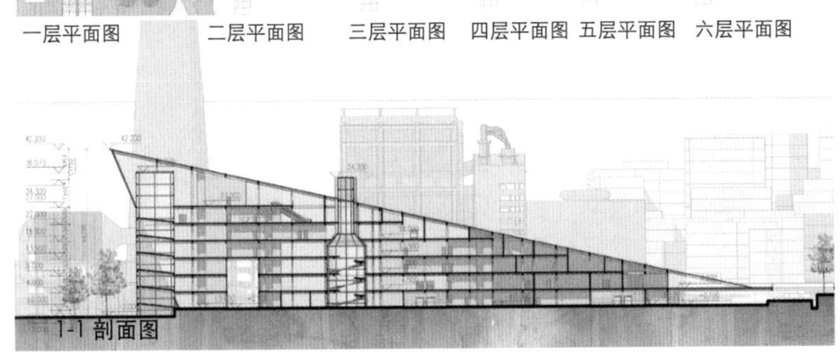

1-1 剖面图

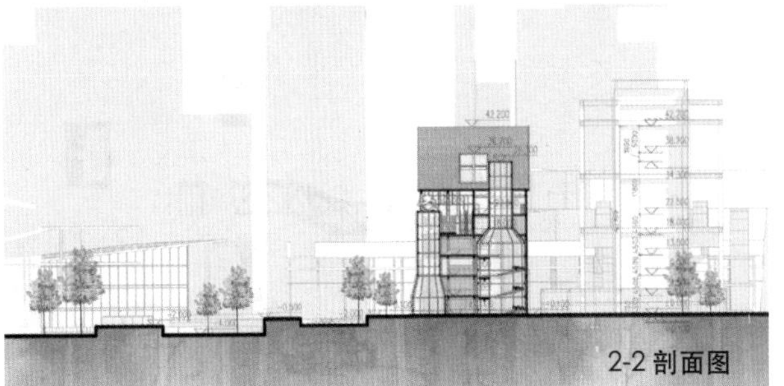

2-2 剖面图

3.3 黄桷之眼

由于轻轨站的设立，这里将成为人们对黄桷坪的第一印象。

秉承望江的理念，我们设计了黄桷之眼，建筑通过内部垂直交通与底部地铁站点相联系，通过室外连廊直接与川美校区相连，通过将建筑体量分置的手法让出路径，引导滨江。

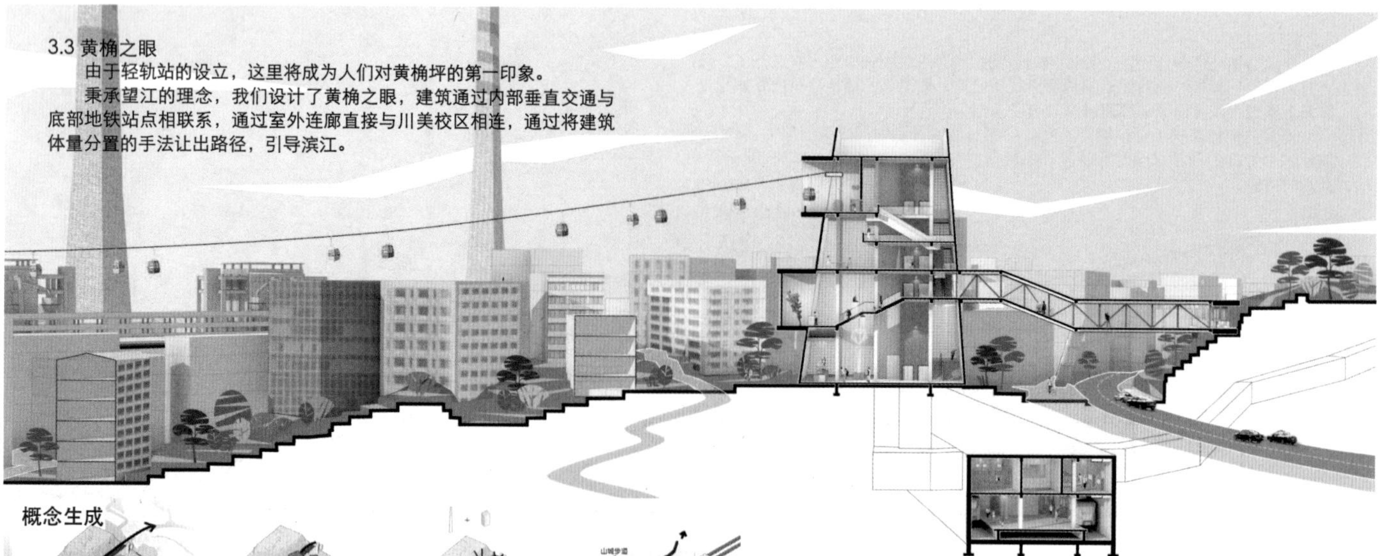

概念生成

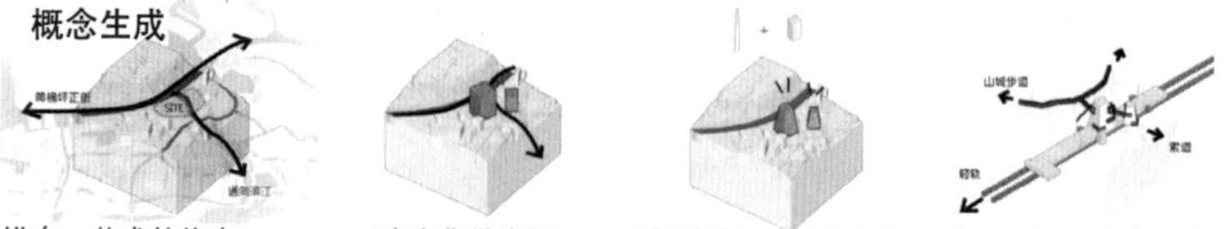

横向：艺术的终点
纵向：上连川美，下至滨江

流出集散空间

造型融合，标志突出

多元交通，功能复合

建筑场地位于涂鸦街的终点，上连川美，下至滨江，所以建筑设计需要考虑这种承上启下的关系。设计手法上，首先留出广场，引导滨江路径，建筑形式上结合上下半城典型建筑的造型，形成一定的标志性，强调这种空间的转折感。

功能上结合多元交通，设置观江和展览空间。建筑除了外连山城步道，下连地铁站，还在顶层设置了索道站点，在流线上是一个流通连续的展览空间，直通索道站。

总平面图

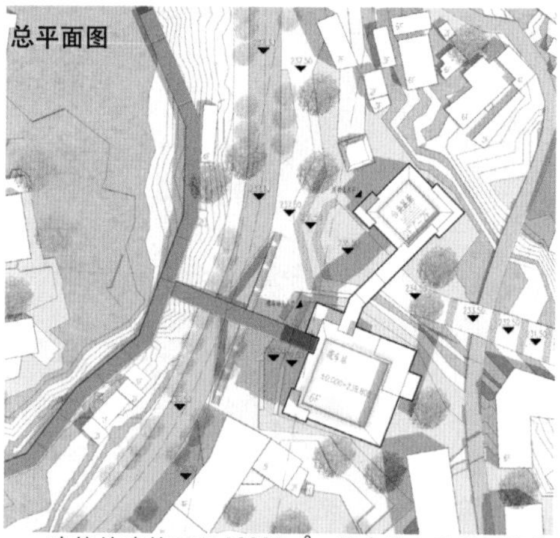

建筑总建筑面积 13336m^2，其中地上建筑面积为 5089m^2，轻轨站建筑面积为 8247m^2，由地上结合展览功能缆车站和地下的轻轨站两部分组成。

我们对地铁站点也进行了设计，通过剖面可以看出建筑垂直方向上的流动性和水平方向上廊桥的空间联动作用。

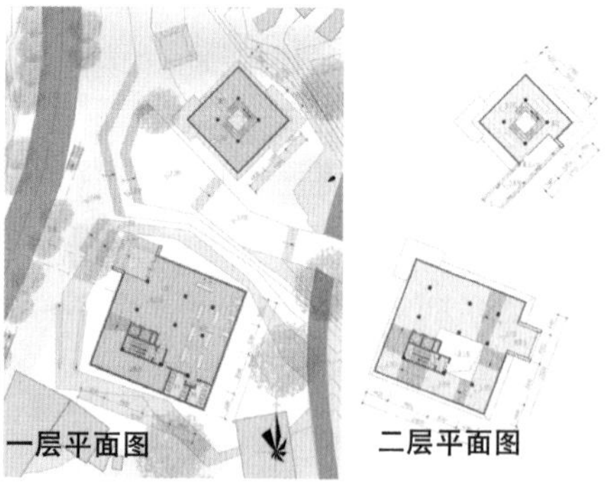

一层平面图

二层平面图

轴测分解

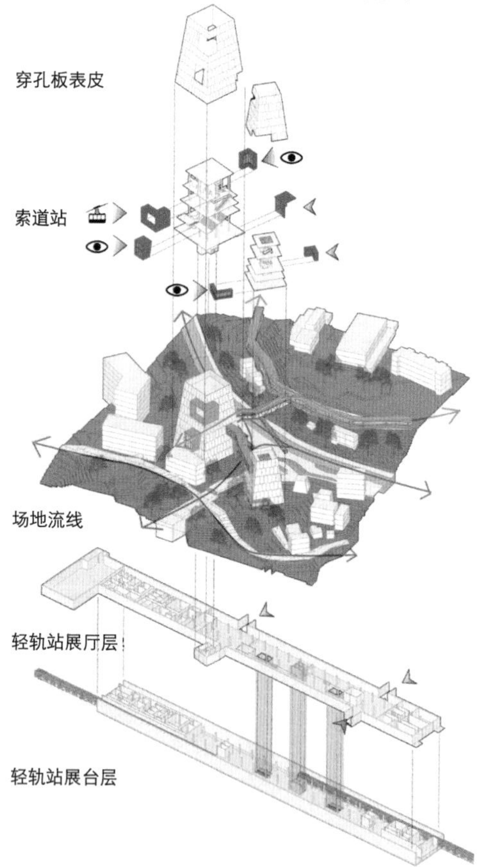

穿孔板表皮

索道站

场地流线

轻轨站展厅层

轻轨站展台层

功能流线

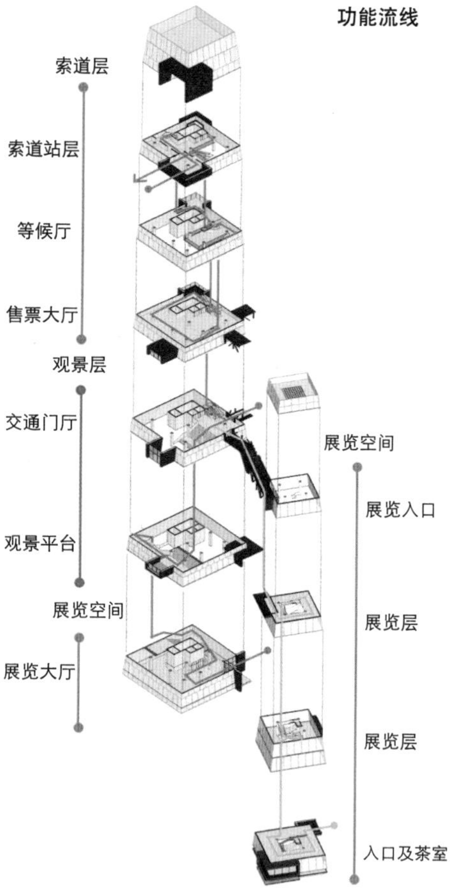

索道层

索道站层

等候厅

售票大厅

观景层

交通门厅

观景平台

展览空间

展览大厅

展览空间

展览入口

展览层

展览层

入口及茶室

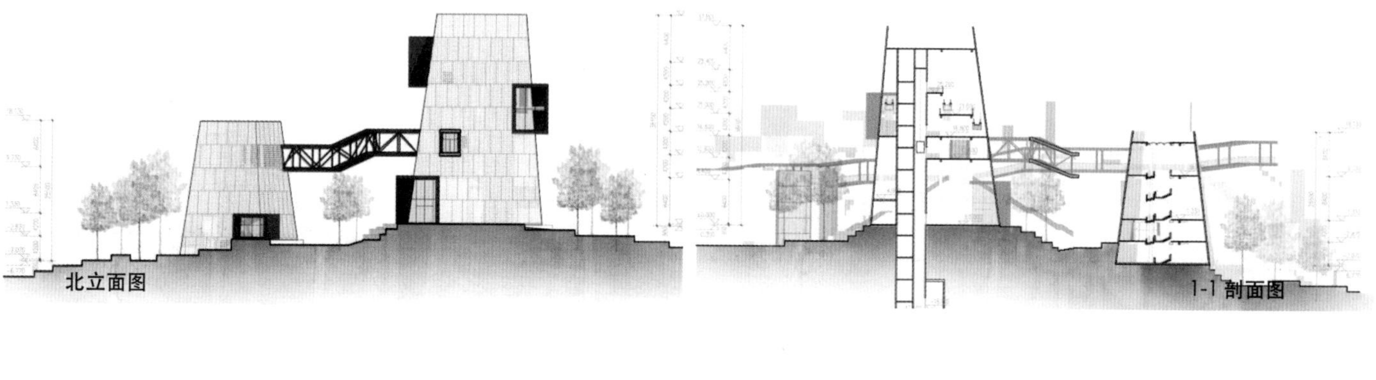

北立面图

1-1 剖面图

黄桷之眼

市民容器

滨水门户

VALCANO

VALCANO 基于公共空间的城市更新设计

重庆大学
设计：薛珂／金文斗／叶珍光
指导：龙灏／左力

【研究背景】

九龙半岛作为重庆九大主城区中为数不多的视野良好、地形开敞的区域，由于工厂、电厂、铁路等存在导致长期的更新停滞，其复杂的人文、独具特色的艺术和颇具盛名的工业遗址都因为未能合理利用而开始衰败。此外九龙半岛混杂居住、工业、教育、港口等各种功能，非常具有山地旧城代表性。目前场地主要存在公共空间不足、交通可达性弱、场地活力缺失等问题，因为川美和电厂的搬迁使得九龙半岛失去根基，铁路的修建隔绝了人们的亲水可能，若不重新加以处理，此地将会进一步颓败。而伴随工业和艺术兴起的城市，往往内部存在更为复杂的矛盾和潜力，一旦失去养分，便会迅速衰败，在不以人的意志为转移的客观规律驱使下，如何面对未来，如何进行产业转型，非常值得我们思考。

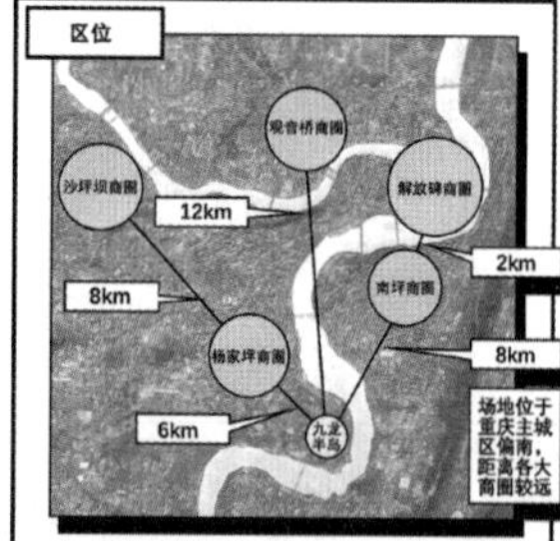

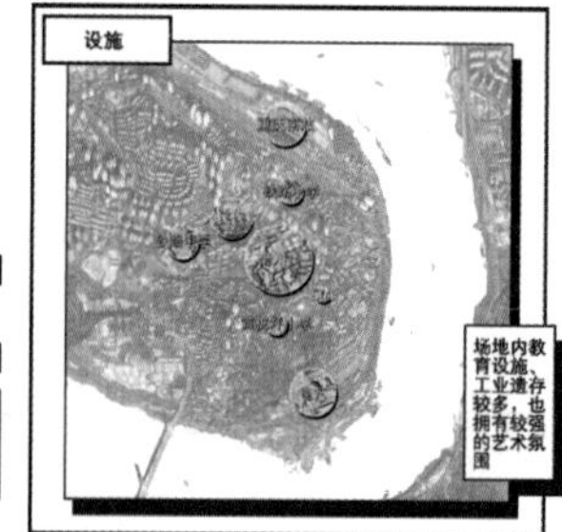

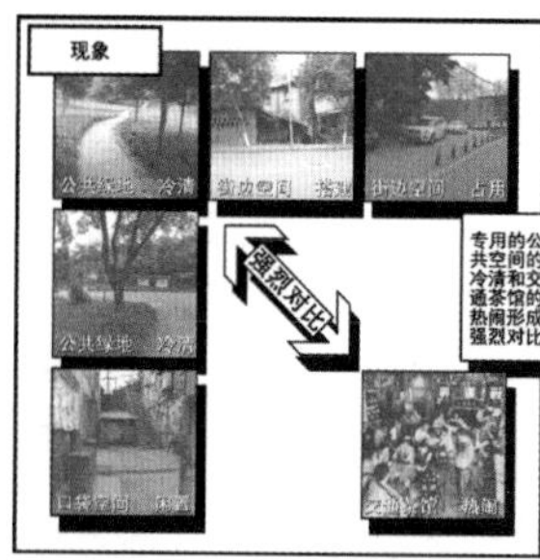

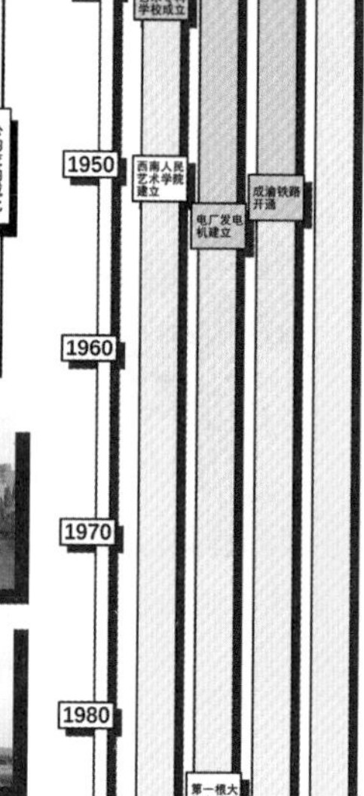

【场地调研分析】

场地调研中我们发现一些有趣的现象：场地中有大量设施完备的户外公共空间，但是基本无人问津，十分冷清，或是被占用；而街边一个名为交通茶馆的老茶馆，设施条件环境差，却人气很高，热闹非凡。

就此现象我们展开对场地内公共空间条件和使用情况的调研。从户外公共空间入手，首先找出符合条件的空间，并对其进行分类，按照其大致形态和面宽进深比划分为：公共绿地、口袋空间、街边空间。接下来我们建立了一套空间评分系统，对找出的空间进行评分并按照条件优劣划分了等级。我们整理了每个场地的分类和评分等级并标在图上后，通过一天内人群对场地的使用状况找出了人气高的户外公共空间和人气低的户外公共空间。

对比之前的图示，可以发现人气高的空间并不是条件好的，这也与最早的直观感受相同。深入来看，一方面是因为条件较好的公共空间与城市生活主要街道较为疏离，缺乏足够的人员活动基础；另一方面是因为虽然部分公共空间设施较为完善，但是没有强有力的吸引点，较为大众化，缺乏特色。

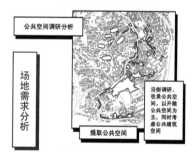

公共空间调研分析

场地需求分析

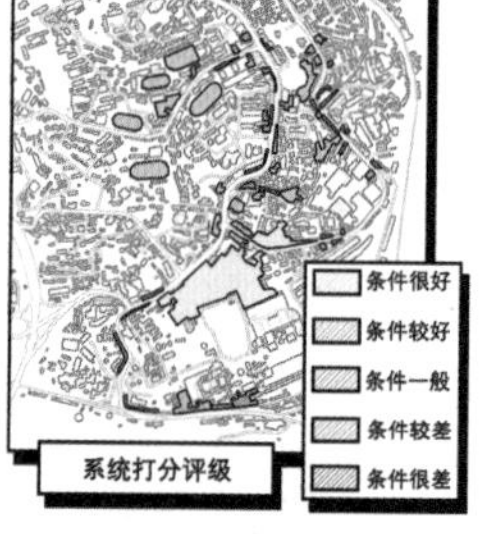

实际人气调研
人气较高
人气较低

公共空间斑块
河流

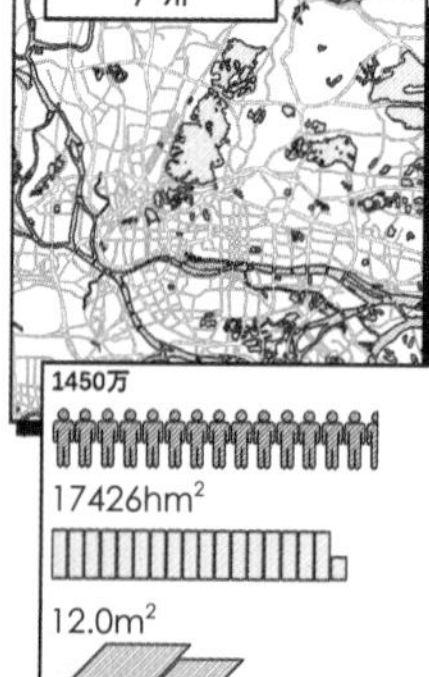

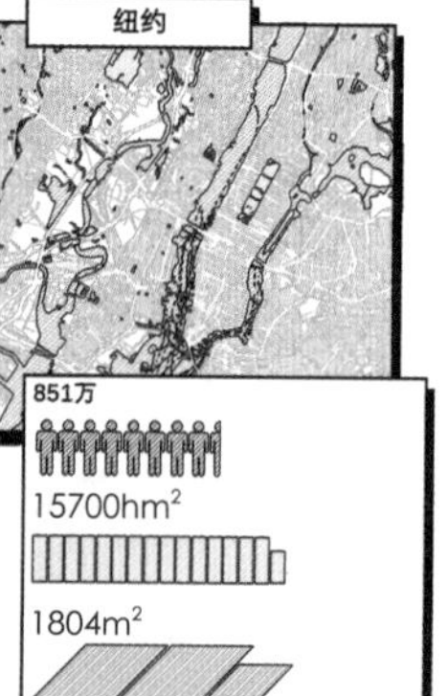

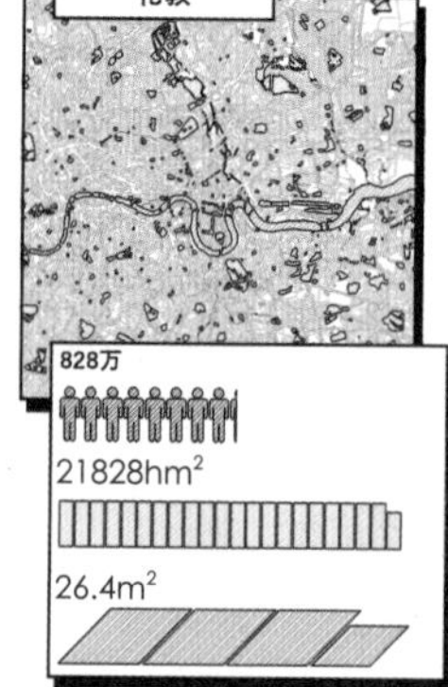

人口
公共空间面积
人均公共空间面积

【城市需求】

重庆，得益于大量的市政树木和山林，其绿化程度一直以来都在国内乃至国际名列前茅。但是重庆主城区发展迅速，地形崎岖，密度高，导致其没有足够多的开敞绿地或是说户外公共空间。通过将重庆主城区的人口、(户外) 公共空间面积、人均 (户外) 公共空间面积与广州、纽约、伦敦进行对比，可以发现重庆主城区仍然需要大量户外公共空间容纳更多的公共生活。

对比几个城市的地图，又可以发现重庆主城区的集中户外公共空间斑块较为缺乏，能够服务较大城市范围的城市公园数量还不足。

本案的场地正处在旧发展时代结束，新机遇还未抓住的停滞时期。在原先的城市设计功能定位含糊不清，大拆大建的模式已经宣告失败的情况下，本场地究竟需要走什么样的更新路线一直以来是让规划部门和参与设计者头痛的一个问题。

经过调研分析和思考，结合城市对相应功能的需求，我们认为本场地有成为重庆主城区一个重要的城市公园体系的潜力。

通过对市民的问卷调研，我们了解到此处居民对户外公共空间的认识，发现居民对当地户外公共空间的了解程度不高，使用意愿不高。通过整合公共空间可以有效解决这一问题。

通过对比重庆主城区其他主要的户外公共空间，也可以得出本案场地有成为一个城市公园的需求。

评语：

城市可以被看作处于社会群体与体制之间的生产性中介场域，屈米说过“城市空间是一个总有些事件正在发生的场所”，当抛开历史的“陈见”，处于城市演变进程中的建筑可以被看作是激发生产和生活行为的触发器，通过自身的对意向、符号和空间的重新建构而成为容纳事件发生的场所。矗立半岛之滨的两根烟囱无疑是最典型的城市意向，它指代了城市的历史事件，也成为工业记忆的符号。设计方案经过对其结构关系的深入分析建立了空间重组的技术可行性，在赋予新的意义和事件场域的同时，在历史中分裂了原有的组织系统，展开了一个扩张的时空场域，也创造了属于未来的半岛意向—Valcano。

【场地优势】

本场地在重庆主城区偏南的位置，临江。与其他临江场地相比，本场地更为平缓，坡向为东南向，光照条件较好。

场地在历史上有着教育、艺术、工业等多种富有特色的功能区域，人群混杂，主要有学生群体、艺术家、游客等人群。学生具有高度的活跃性，艺术家是场地内一大吸引力，游客能为场地带来商业机会。

场地内的建筑设施也具有很高的吸引力，历史遗存包括老电厂、老火车站，艺术基地如501、坦克库，这些都能为场地成为城市公园提供强有力的吸引点。

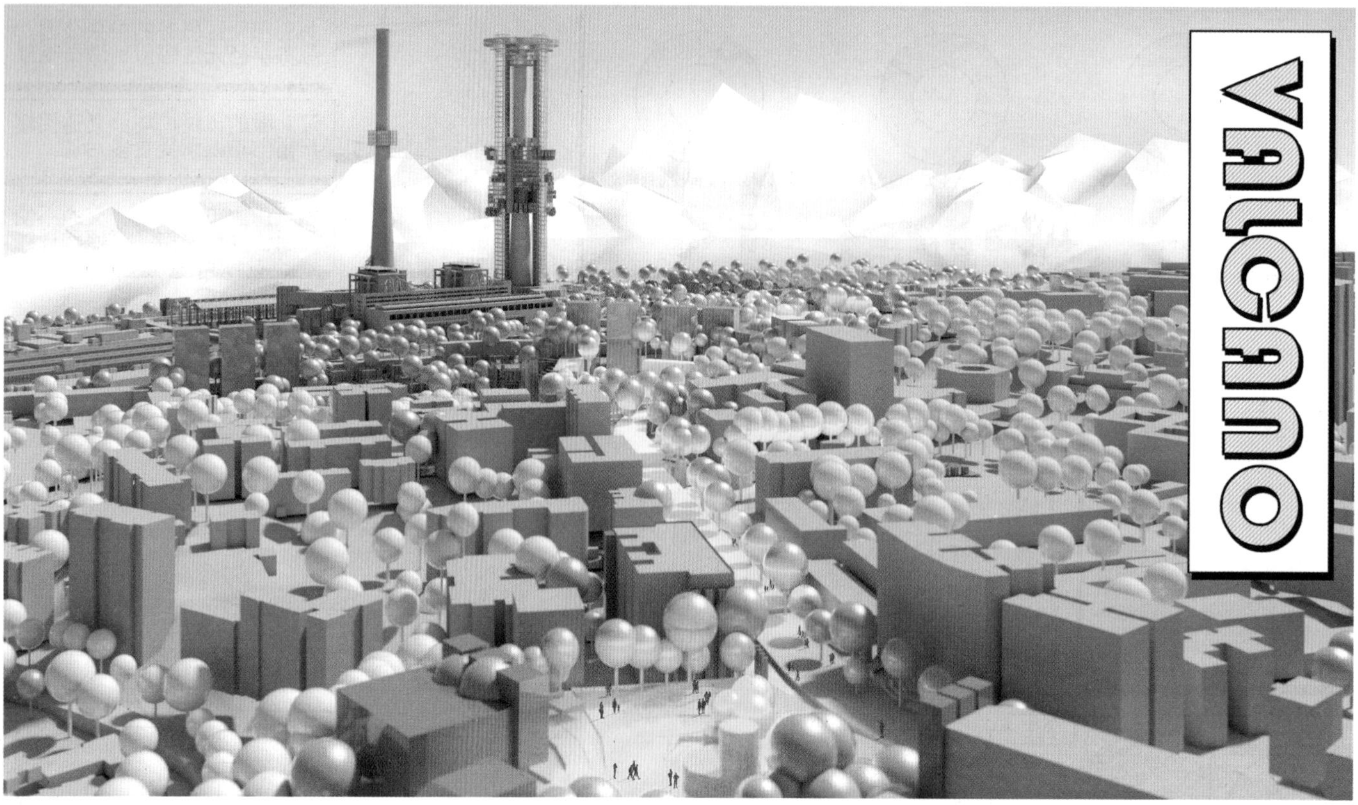

VALCANO

概念生成

冻洋冰川
凝滞

暖流裂隙
打破凝滞的状态

火山
标志物

熔岩
进一步融化冰川

形成更多火山
原火山变为温泉，更多火山引起连锁反应

旧城区
冷清

整合公共空间
打破冷清的状态

树立标志性塔楼
为进一步激活做准备

公共空间渗透
进一步激活场地中消极的空间

更多建筑参与
引起连锁反应

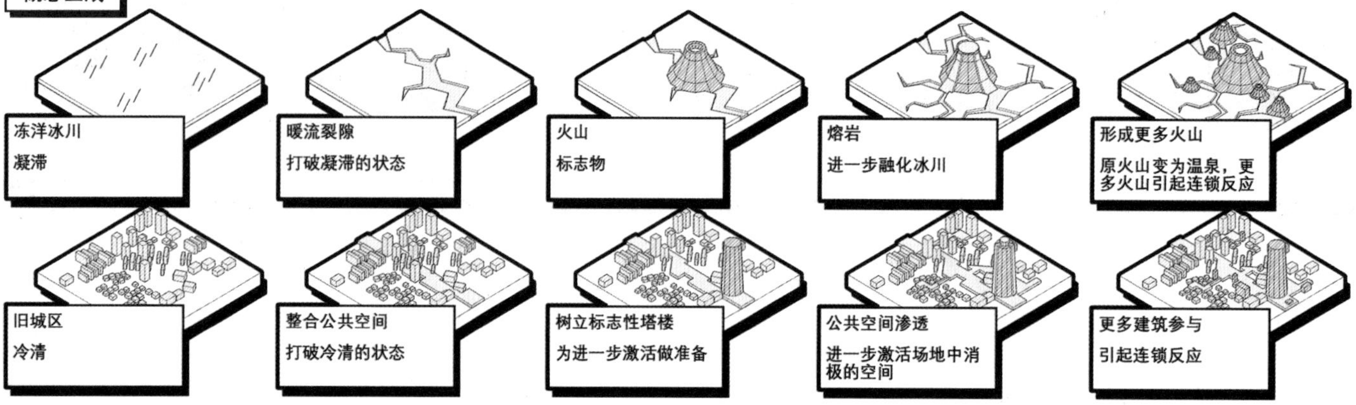

【概念生成】

方案选择使用火山熔岩融化冻洋冰川的方式安排城市更新进程，少量经过设计的户外公共空间体系（熔岩）与节点公共建筑（火山）成为整个进程的起点，互相促进激活，不断发展出更多的户外公共空间和公共建筑，最终将整个公共体系蔓延到整个设计区域以至其他城市区域。

【城市设计形态生成】

根据场地调研分析结果，对各个场地要素进行标记分析，分别研究考虑了户外空间、主要建筑、开敞空地。

对于户外空间，分析了其开敞程度和其与主要道路的联系程度，得到大致的外形，考虑与不同建筑的退让和接壤后确定了边界。

对于重要建筑，分析了其与主要公共空间的紧密程度和作为空间节点的可能性，设立了更完善的公共设施或将其改造建设为公共建筑。

对于开敞空地，分析其建设条件，进行建设量的补充，满足商住需求。

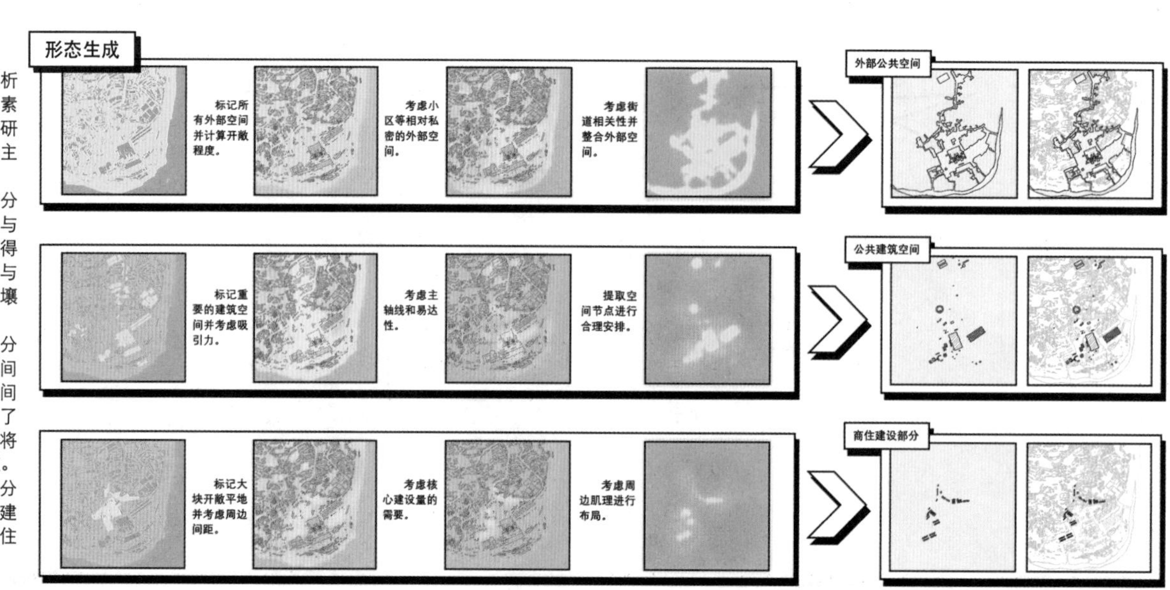

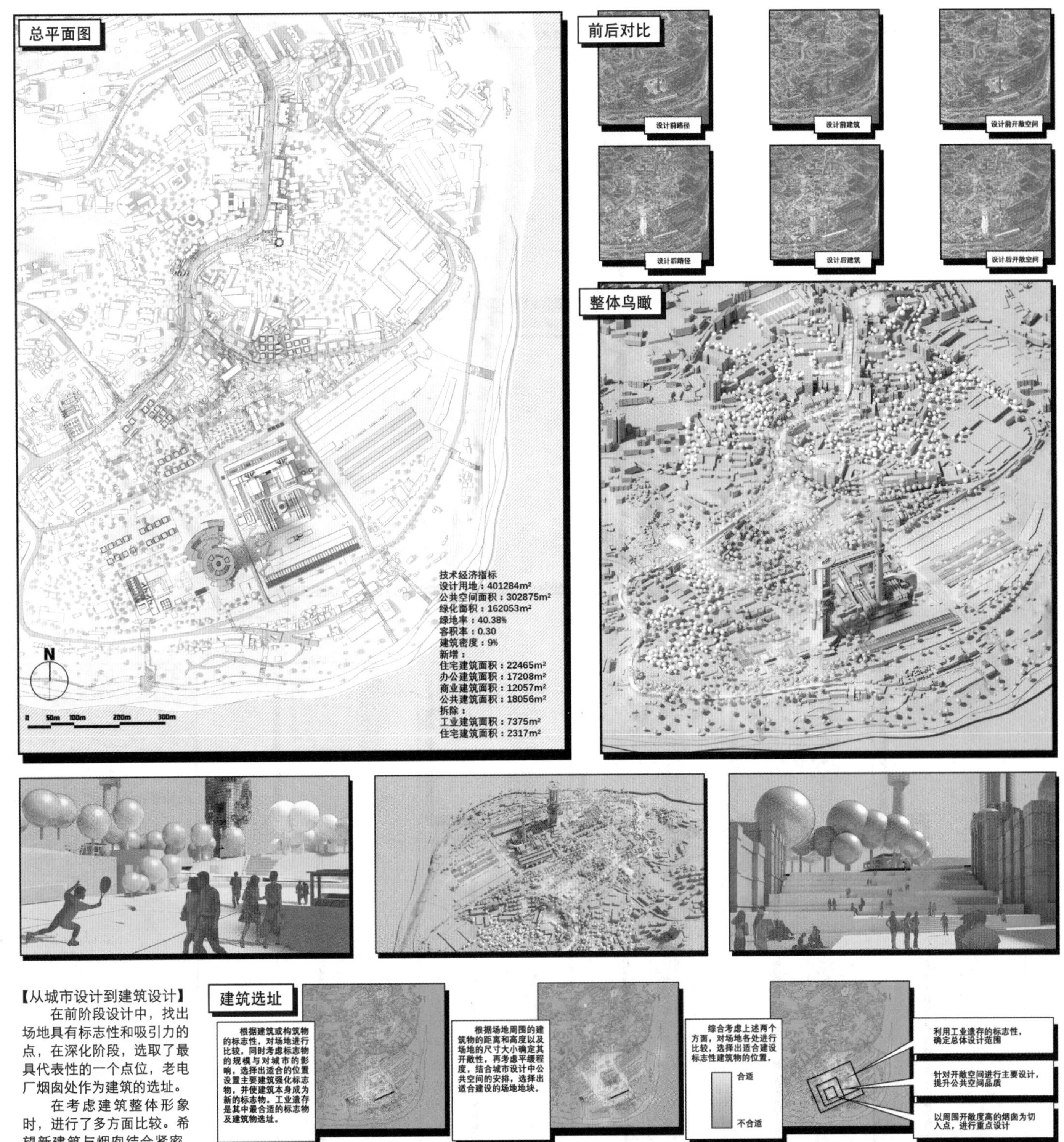

总平面图
技术经济指标
设计用地：401284m²
公共空间面积：302875m²
绿化面积：162053m²
绿地率：40.38%
容积率：0.30
建筑密度：9%
新增：
住宅建筑面积：22465m²
办公建筑面积：17208m²
商业建筑面积：12057m²
公共建筑面积：18056m²
拆除：
工业建筑面积：7375m²
住宅建筑面积：2317m²
N
0 50m 100m 200m 300m
前后对比
设计前路径
设计前建筑
设计前开敞空间
设计后路径
设计后建筑
设计后开敞空间
整体鸟瞰
建筑选址
根据建筑或构筑物的标志性，对场地进行比较，同时考虑标志物的规模与对城市的影响，选择出适合的位置设置主要建筑强化标志物，并使建筑本身成为新的标志物。工业遗存是其中最合适的标志物及建筑物选址。
根据场地周围的建筑物的距离和高度以及场地的尺寸大小确定其开敞性，再考虑平缓程度，结合城市设计中公共空间的安排，选择出适合建设的场地地块。
综合考虑上述两个方面，对场地各处进行比较，选择出适合建设标志性建筑物的位置。
合适
不合适
利用工业遗存的标志性，确定总体设计范围
针对开敞空间进行主要设计，提升公共空间品质
以周围开敞度高的烟囱为切入点，进行重点设计

方案对比
优点
缺点
造型较整体，现代感强，容量大。
没有体现烟囱的价值,造型的扭转没有有力依据。
通透性强，更好地表现烟囱。
造型较呆板，没有顾及到江面景观。
造型灵活且通透性强，照顾了江景和烟囱的价值。
结构较复杂，部分空间不够方正。
空间方正，利用率高。
空间单一，难以适应多种需求。
造型张力大，与烟囱形成强烈对比。
结构难以实现，对环境景观破坏大。
空间方正，单层空间更传统，适应更多功能。
烟囱没有参与建筑内活动，被边缘化。
空间方正，室外空间与烟囱互动多。
结构特殊，空间普通，形态较臃肿。
建筑生成
置入体量
与烟囱同高
照顾景观面
使用圆形平面
分段
露出烟囱
安置主副交通体
对平面大小进行相应调整
切割
体量变化考虑采光通风
旋转
增加露台面积
减少风阻
细化
添加附属空间

【从城市设计到建筑设计】

在前阶段设计中，找出场地具有标志性和吸引力的点，在深化阶段，选取了最具代表性的一个点位，老电厂烟囱处作为建筑的选址。

在考虑建筑整体形象时，进行了多方面比较。希望新建筑与烟囱结合紧密，不只把烟囱作为文物、展品，又不对烟囱产生较大的破坏，兼顾烟囱的结构。

这些建筑形象主要分为三类，整体的，上下分段的，主体和烟囱分离的。

最后选择了将建筑分为三段，整体为圆形、扇形的形象。分段的形象一方面展示出了烟囱的相当一部分外观，一方面可以减轻大体量建筑的压迫感，是体量通透。圆形考虑了延续烟囱的形象，又适合在最高处安置旋转餐厅。

此形象的生成过程见右图。

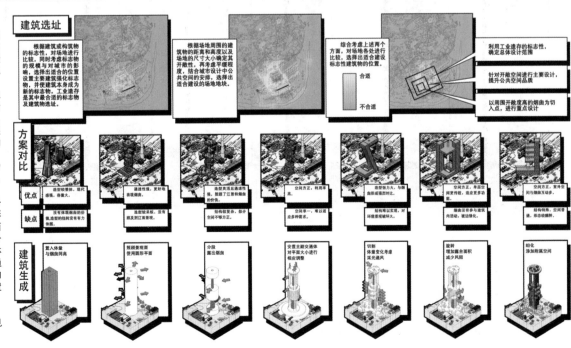

烟囱主体技术图纸资料

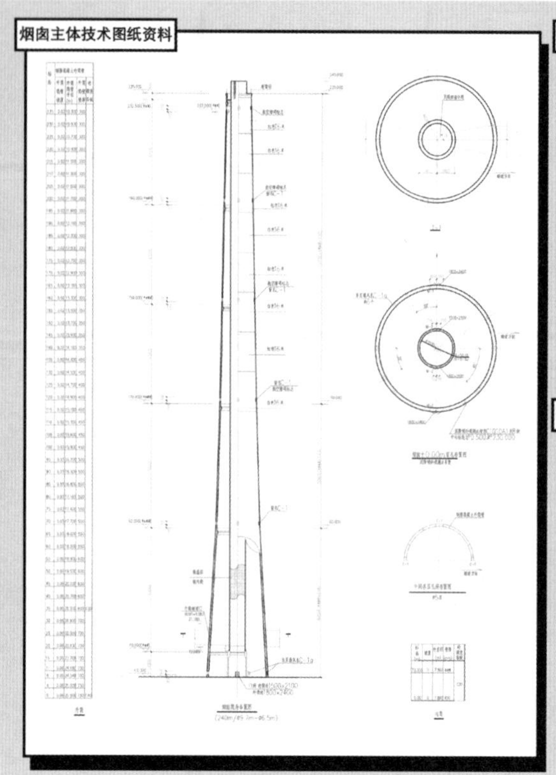

烟囱平台技术图纸资料

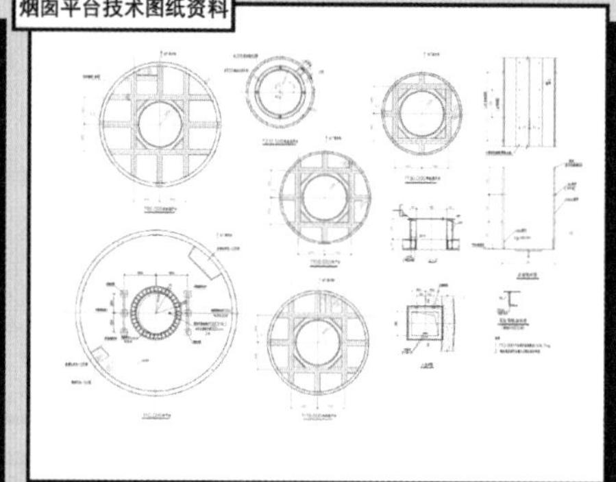

烟囱楼梯技术图纸资料

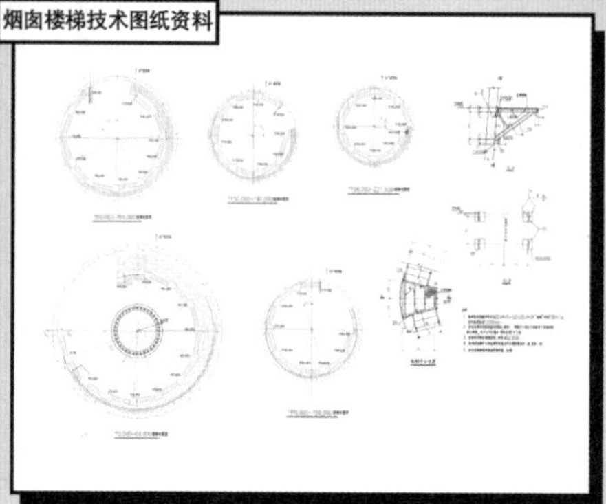

【烟囱设计】

设计过程中找到了烟囱的详细竣工图，得知烟囱为内外双筒结构，内筒为钢结构直筒，外筒为混凝土向上收束的筒。烟囱内有多个检修平台和检修楼梯，内外筒之间的空间是已知的可以有人进入并通行的空间，内筒内才是烟道。

方案对烟囱进行了合理的改造，替换部分平台并为钢化玻璃增加更多平台以扩展楼板，对内筒进行适当的开洞处理。最终营造一个通透并富有光影变化的烟囱内空间。

【建筑详细设计】

功能策划方面，上部分由于拥有极其优秀的景观视线条件，设立为城市观景台和旋转餐厅，又因为其可以俯瞰大片城区，可以设立城市规划展览馆。展览功能又可以扩展出工业、艺术等展览主题。中部为文创和科创公司提供办公场所、图书馆、旅店，增设外挂建筑以满足扩展需求。下部为商业娱乐休闲功能，在整个城市公园体系中作为一个强有力的人流吸引点。

烟囱改造

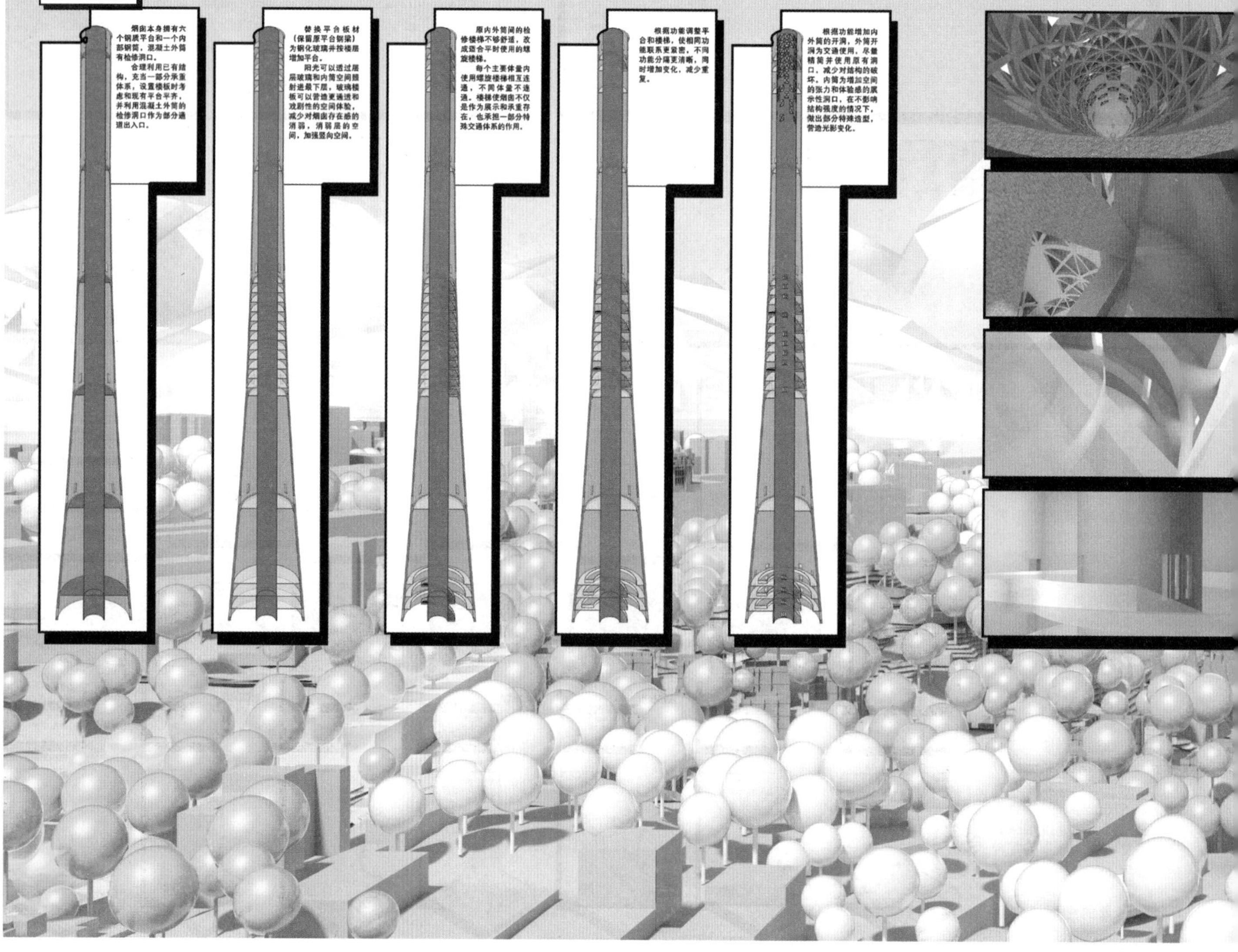

烟囱本身拥有六个钢质平台和一个内部钢筒，混凝土外筒有检修洞口。

合理利用已有结构，充当一部分承重体系，设置楼板时考虑和现有平台平齐，并利用混凝土外筒的检修洞口作为部分通道出入口。

替换平台板材（保留原平台钢梁）为钢化玻璃并按楼层增加平台。

阳光可以透过层层玻璃和内筒空间照射进最下层，玻璃楼板可以营造更通透和戏剧性的空间体验，减少对烟囱存在感的消弱，消弱层的空间，加强竖向空间。

原内外筒间的检修楼梯不够舒适，改成适合平时使用的螺旋楼梯。

每个主要体量内使用螺旋楼梯相互连通，不同体量不连通。楼梯使烟囱不仅是作为展示和承重存在，也承担一部分特殊交通体系的作用。

根据功能调整平台和楼梯，使相同功能联系更紧密，不同功能分隔更清晰，同时增加变化，减少重复。

根据功能增加内外筒的开洞，外筒开洞为交通使用，尽量精简并使用原有洞口，减少对结构的破坏。内筒为增加空间的张力和体验感的展示性洞口，在不影响结构强度的情况下，做出部分特殊造型，营造光影变化。

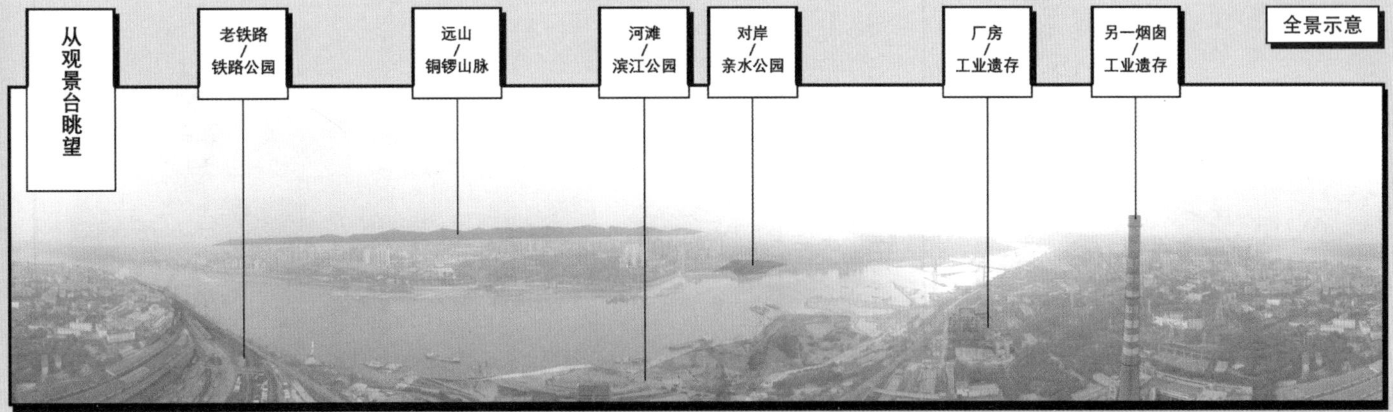

从观景台眺望

全景示意

老铁路/铁路公园

远山/铜锣山脉

河滩/滨江公园

对岸/亲水公园

厂房/工业遗存

另一烟囱/工业遗存

功能分区

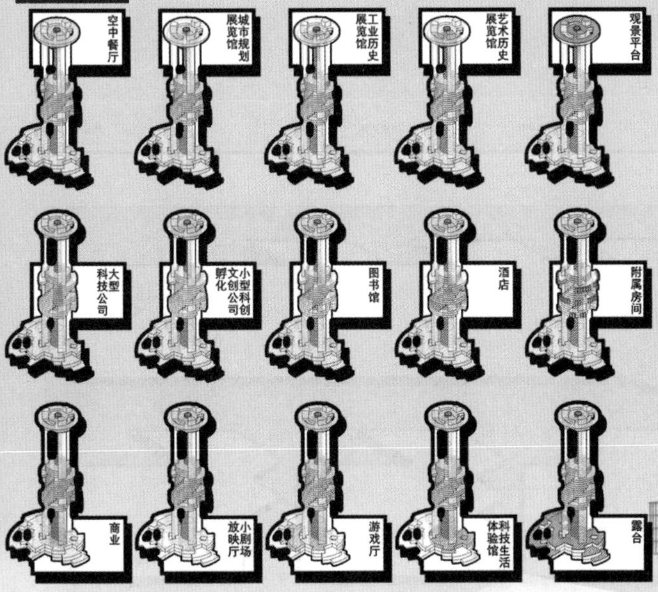

空中餐厅

城市规划展览馆

工业历史展览馆

艺术历史展览馆

观景平台

大型科技公司

小型科创文创公司孵化

图书馆

酒店

附属房间

商业

小剧场放映厅

游戏厅

科技生活体验馆

露台

展览和旋转餐厅

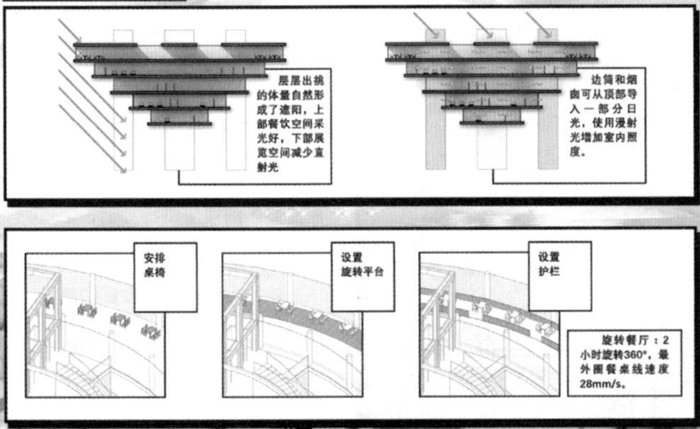

层层出挑的体量自然形成了遮阳，上部餐饮空间采光好，下部展览空间减少直射光

边筒和烟囱可从顶部导入一部分日光，使用漫射光增加室内照度。

安排桌椅

设置旋转平台

设置护栏

旋转餐厅：2小时旋转360°，最外圈餐桌线速度28mm/s。

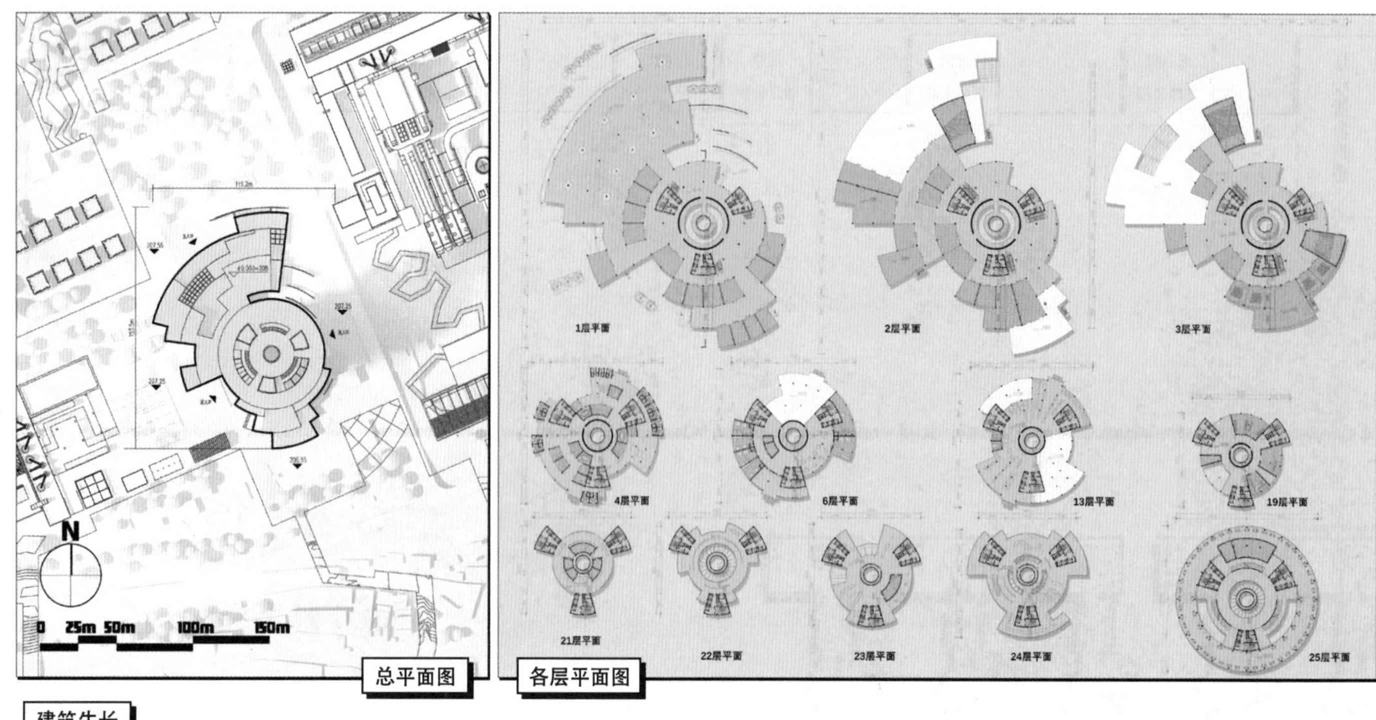

总平面图　各层平面图

建筑生长

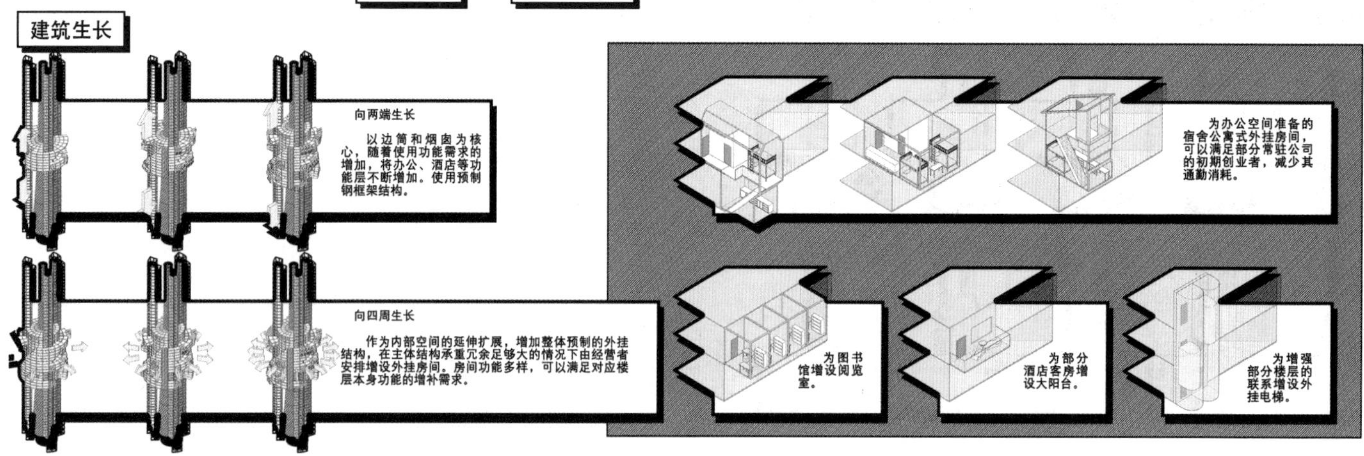

向两端生长
以边筒和烟囱为核心，随着使用功能需求的增加，将办公、酒店等功能层不断增加。使用预制钢框架结构。
向四周生长
作为内部空间的延伸扩展，增加整体预制的外挂结构，在主体结构承重冗余足够大的情况下由经营者安排增设外挂房间。房间功能多样，可以满足对应楼层本身功能的增补需求。
为办公空间准备的宿舍公寓式外挂房间，可以满足部分常驻公司的初期创业者，减少其通勤消耗。
为图书馆增设阅览室。
为部分酒店客房增设大阳台。
为增强部分楼层的联系增设外挂电梯。

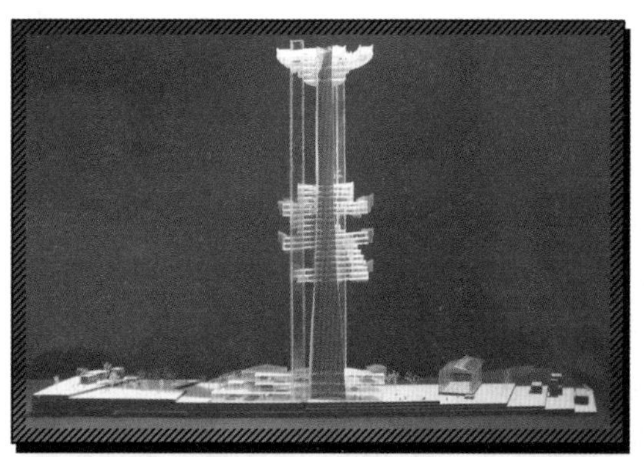

【生长的建筑】

建筑中部设定为可以不断生长的部分，上下可以适当增加层数，向外可以增设外挂房间，房间根据其依附的功能决定其本身的功能。

中部主要有文创科创公司的办公区域、住宿酒店、图书馆三个功能。随着公司的发展，可能需要更多的楼层进行办公，使用钢框架和预制结构，可以方便快速地向上下增加楼层。

外挂小房间根据楼层功能设置，办公区域外增设简易员工宿舍，供创业初期的文创科创公司偶尔加班前后居住使用；图书馆外设多功能阅览室；酒店外给部分客房增加大阳台。贯通整个中段外还要设额外的观景电梯，也增加了运载力。

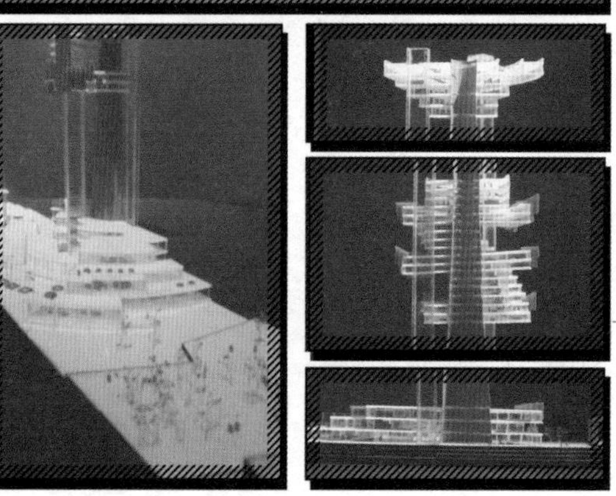
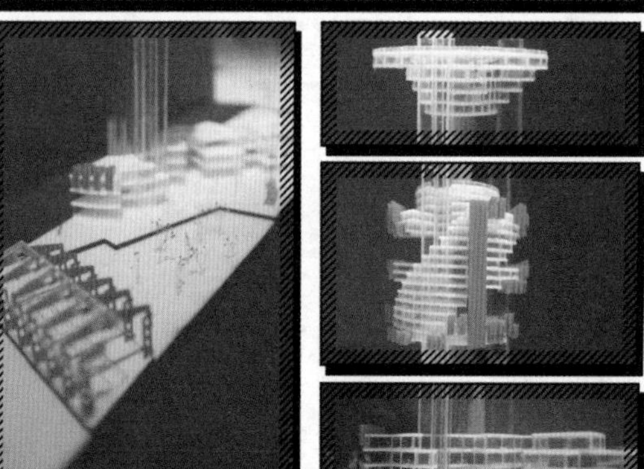

【模型策划】

使用剖切模型表达了内部空间以及建筑与烟囱的剖面关系。

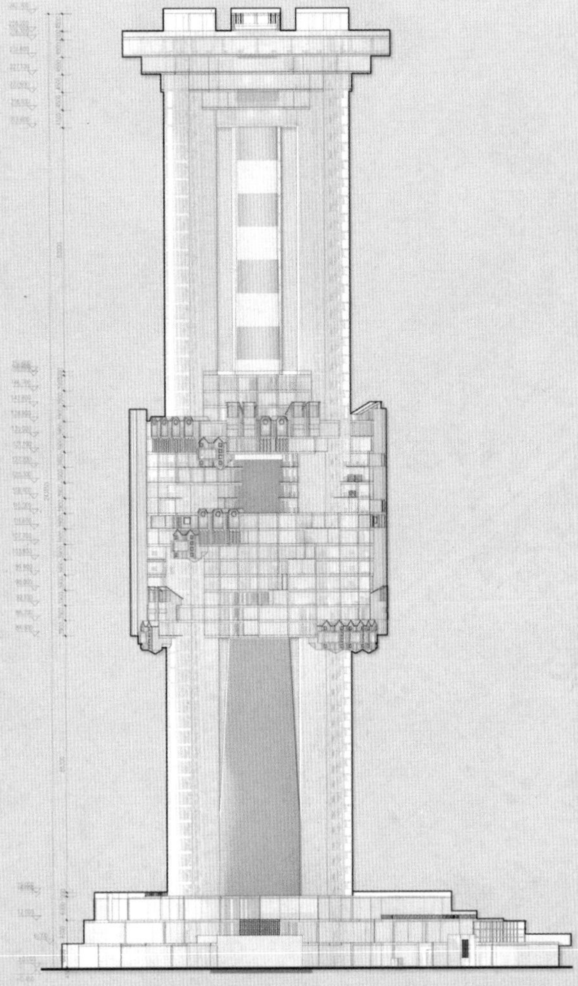

北立面图

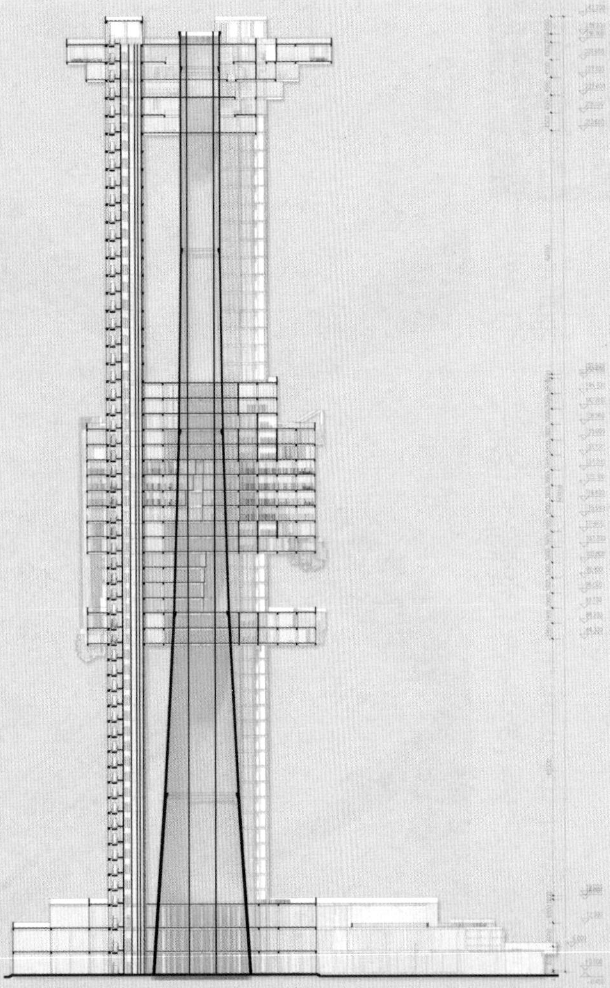

1-1剖面图

剖面立面

上段内部空间

中段内部空间

下段内部空间

ARTOD——公共交通导向的文化艺术介入式城市更新

Public Transport-oriented Cultural Arts Interventional Urban Renewal

重庆大学
设计：汤艳妮/罗通强/冉佳珞
指导：龙灏/左力

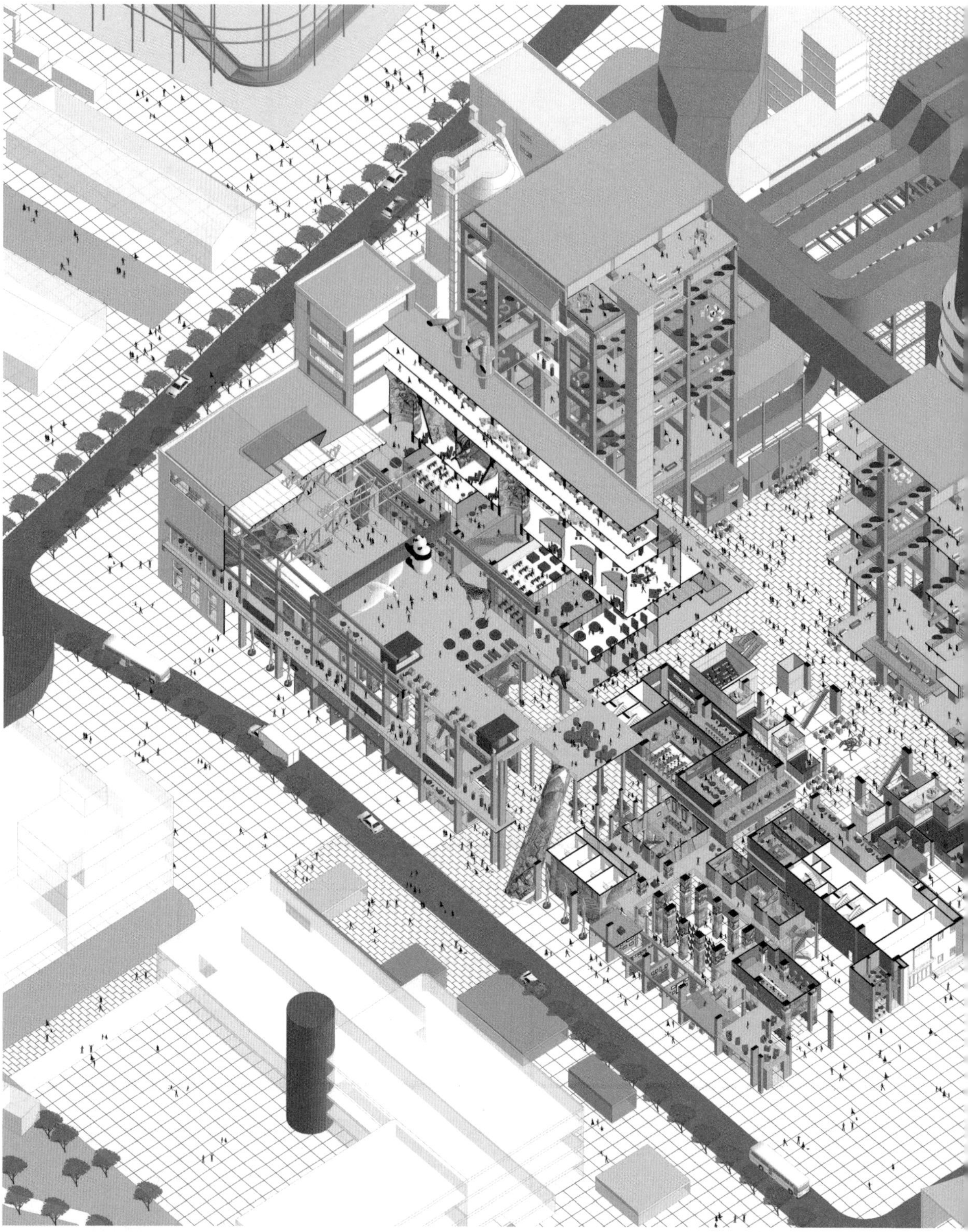

评语：

交通组织是城市更新的核心问题之一，对于交通系统更加复杂、空间更加紧凑的旧城区域，以公共交通为导向的城市空间组织方式是一种行之有效的城市更新模式。设计方案聚焦制约半岛发展的交通问题，面对城市未来的人口和空间增长需求，提出了依托城市轨道交通站点构建城市综合功能区域的总体思路，并在此基础上充分挖掘场地特有的文化特征，以“艺术介入城市”的设计理念对场地现存的建筑空间进行综合改造和利用，通过植入功能、扩展容量、提升品质等设计策略的操作，形成空间布局紧凑，艺术特色鲜明的城市空间形态。

PART 1 城市设计

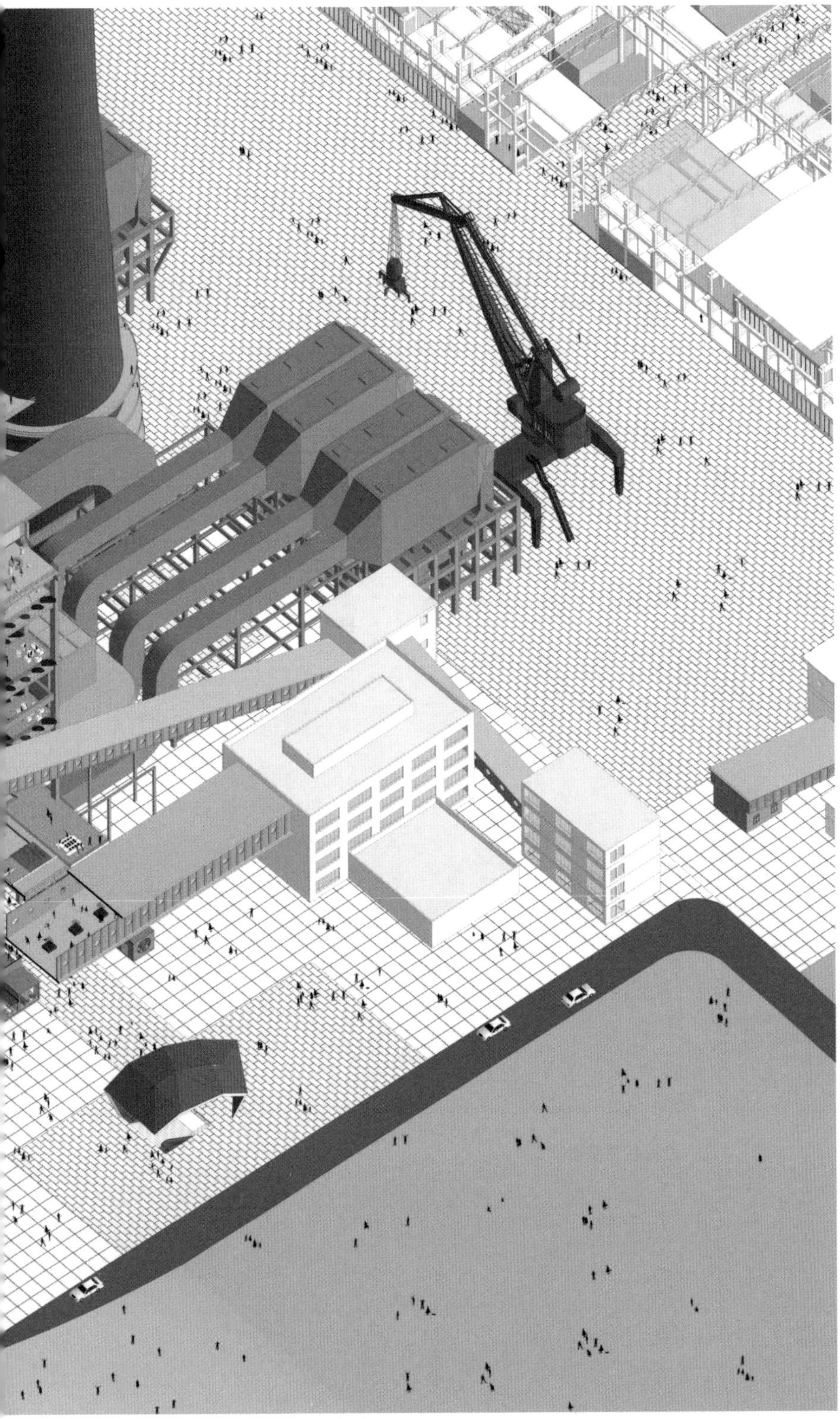

站点步行域界定

1. 两个地铁轨道站点

未来有两条轨道规划通过场地内部，并在黄桷坪正街与电厂设置两个站点。

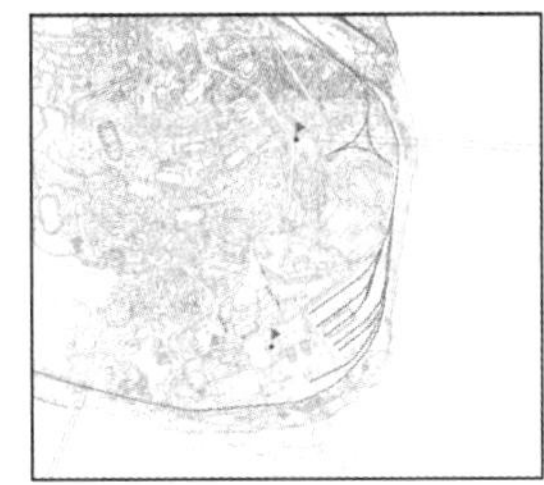

2. 理想状态站点影响域

在无复杂现实因素影响的理想状态下，步行影响域为同心圆。

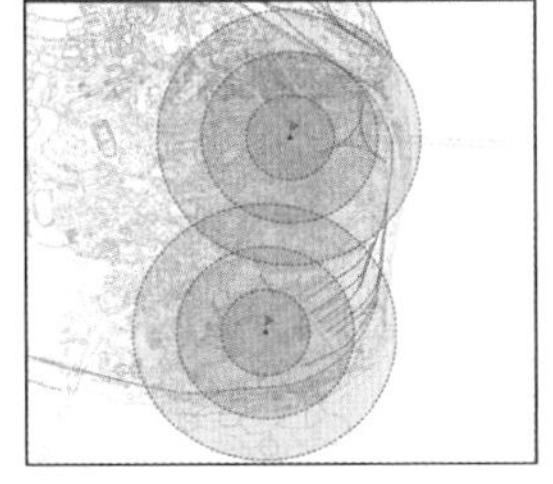

3. 初始状态站点影响域

基于设计后的场地空间路网格局，计算平均步行速度下单位时间所能到达的点位，并用直线连接相近的点（point）。

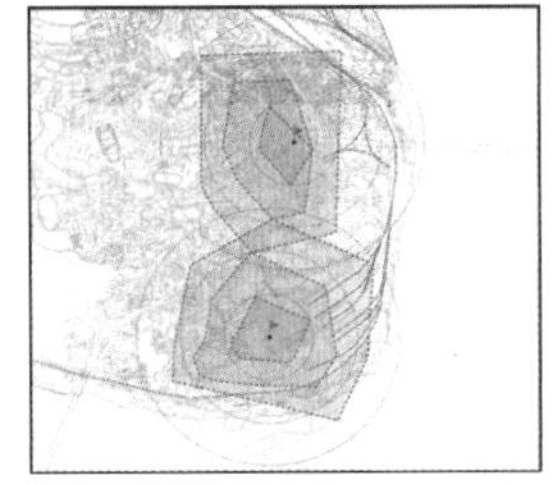

4. 站点影响域修正一

根据道路（line）特征（坡度、宽度、楼梯等），对上一步得到的范围进行修正。

5. 站点影响域修正二

根据空间的区位、权属、出入口等特征，对范围（area）进行深度修正。

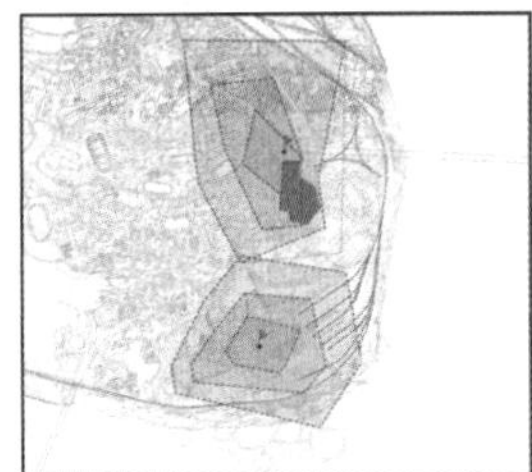

6. 站点影响域修正三

结合行人平均步行速度、地形或城市空间特征等，对边界进行模糊化，形成步行到达范围的环状模糊边界，建立影响域（realm）。

1. 概念生成

随着时代的发展，九龙半岛作为重庆最后一个未大力开发的半岛，仍保留着 20 年前的旧城面貌。九龙半岛发展至此，不仅是因为它作为半岛的地理特征所带来的交通问题，还有工业衰败与艺术活力源离开所带来的产业问题。

第一，交通问题。九龙半岛与渝中半岛作为重庆最重要的两个半岛，地理特征相似，如今却呈现截然不同的两种面貌。通过研究发现，半岛发展的瓶颈无疑是交通问题。进一步研究对比，轨道交通呈现出的便利性将会为半岛发展带来巨大优势。根据上位规划，将来场地内将设置黄桷坪正街站和电厂站，这将为九龙半岛发展带来宝贵机会，因此本设计决定探讨“公共交通导向下的旧城更新模式”。

第二，产业问题。九龙坡区曾是工业大区，在退二进三的大背景下，九龙半岛的工业功能逐渐迁出。同时，作为黄桷坪最大的招牌——川美也搬至新校区，老川美教学楼宿舍楼长时间闲置，艺术活力减弱。但是，电厂 240m 大烟囱仍是九龙半岛地标，全世界最长的黄桷坪艺术涂鸦街仍是重庆旅游打卡胜地，另外还有交通茶馆、梯坎豆花、胡记蹄花汤、501 艺术基地、特色鲜明的山地住宅等都在反映着不同的重庆的特色文化。

通过调研统计发现，拥有厚重历史文化的九龙半岛，重庆特色文化浓度高。设计试图将场地内部的各重庆特色文化价值连接起来，打造重庆的特色文化中心，即以“艺术介入式”的手段对场地进行旧城更新。

综上，本设计探讨有地域特色的旧城更新模式，着重解决旧城更新中如何利用现有资源，彰显场地特色，如何解决发展障碍，促进可持续发展的问题。由此引发思考：在 TOD 理念指导下形成围绕轨道站点的圈层式城市结构，并借助场地现有的川美老校区以及九龙电厂等资源发展艺术相关功能，以艺术介入的方式振兴九龙半岛，由此形成概念“ART+TOD”。

2. 设计过程

首先进行场地内路网梳理。基于改动之后的路网结构，根据模糊思维介入下影响域界定的“点—线—面—域 / 模糊化”PLAR（Point - Line - Area - Realm/Fuzzification）思路，界定出 2.5min 以内、2.5~5min、5~7.5min 站点步行域，并以此为设计的基础。

以“ART+TOD”理念为指导，在三个步行域基础上对区域进行以轨道站点为中心的岛状式开发，增加城市的功能空间使配套设施更加完善。2.5min 步行域内，容积率增加约 30%（由于两个轨道站点周边现状差异较大，设计后黄桷坪站区域增加 23%，电厂站增加 300%），功能以艺术、商业与公共空间为主，结合站点设置广场与综合体；2.5~5min 步行域内，容积率增加约 10%（设计后黄桷坪站区域增加 11%，电厂站增加 42%），功能以商业、办公为主，在节点处设置公共活动空间或社区活动中心；5~7.5min 步行域内，容积率基本保持不变（设计后黄桷坪站区域增加 2.3%，电厂站增加 17%），功能以住宅与绿化为主，设置绿地公园。艺术介入城市是设计的重点，其主要体现为 2.5min 步行域内，设置展览、剧场、陈列馆等文化艺术综合体功能；2.5~5min 步行域内，结合老旧居民楼设置艺术家工作室等文化艺术功能；5~7.5min 步行域内，设置文化艺术产业相关配套设施。

为延续区域文脉，充分利用现有资源，设计尝试在场地内现有建筑及公共空间基础上进行城市更新。通过调研分析，将场地内建筑分为以下几类：保留建筑、改造建筑、拆迁建筑，对于公共空间则采取整体优化的方式进行改造，在此基础上通过新建部分建筑完善城市功能配套，由此形成了城市设计改造地图。通过设计前后建筑肌理对比可以发现，设计延续了场地内建筑原有肌理特征。

由此场地内形成了八个主题功能区：艺术教育基地、黄漂艺术区、绿地公园、入口公园、临街商住区、高档住宅区、艺术商业区、滨江游乐场。艺术教育基地利用地铁站点将人流引入川美内部，以川美入口广场作为艺术展场，引入底商，楼上作为教育、办公等配套功能。黄漂艺术区保留涂鸦街，楼房定位为商住混合，临街设置零售餐饮，楼上 20% 面积设置家庭旅馆、酒店、商业，作为艺术教育基地学生培训的配套设施。绿地公园改造其中的仓库厂房，低矮楼房一层设置商业，楼上设置小旅馆，作为周边旅游的配套。临街商住区临街一层设置连续商业建筑界面，楼上设置住宅，建筑高度控制在 27m 内。入口公园打造台地绿化，园内设置山城步道，沿步道设置一二层退台商业建筑。高档住宅区结合原建筑布局，对建筑加层，临街设置商业，结合滨江景观与周边环境，上层设置高档住宅。艺术商业区保留并改造发电厂主厂房，将其打造成艺术综合体，与地铁站接驳，原集中绿地打造成中央绿化广场，地下一、二层设置音乐厅、停车场，地下三层设置接驳地铁的商业，同时连接到两栋超高层综合体。滨江游乐场保留铁轨，设置游乐设施，改造仓库设置配套商业与艺术。

城市设计总平面图

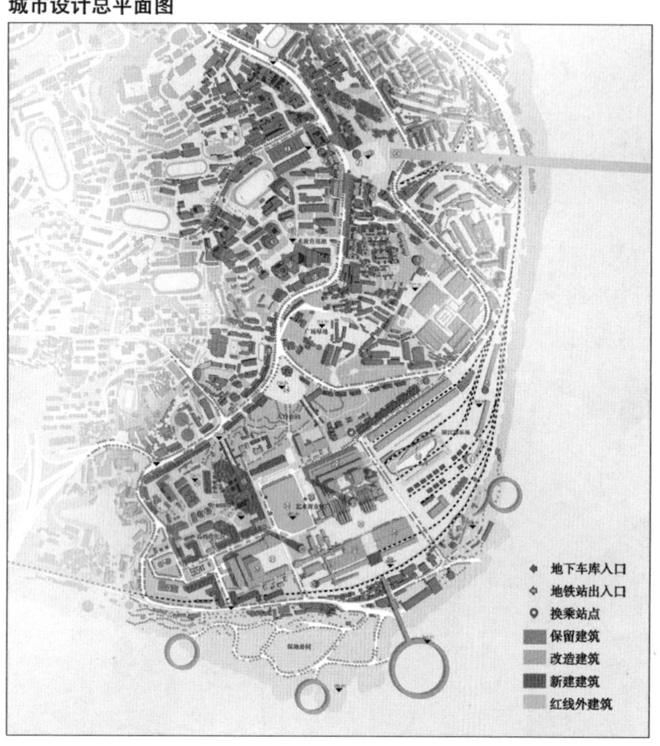

改造地图

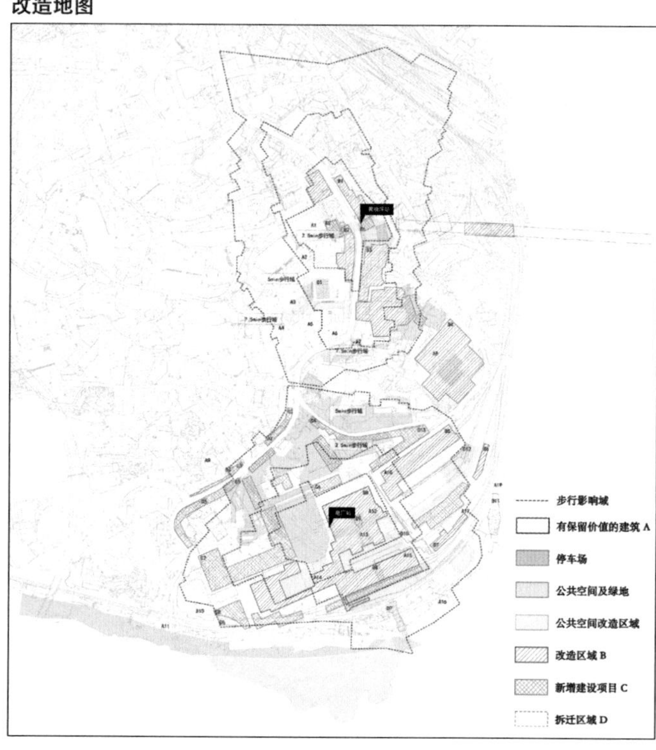

场地原始建筑肌理

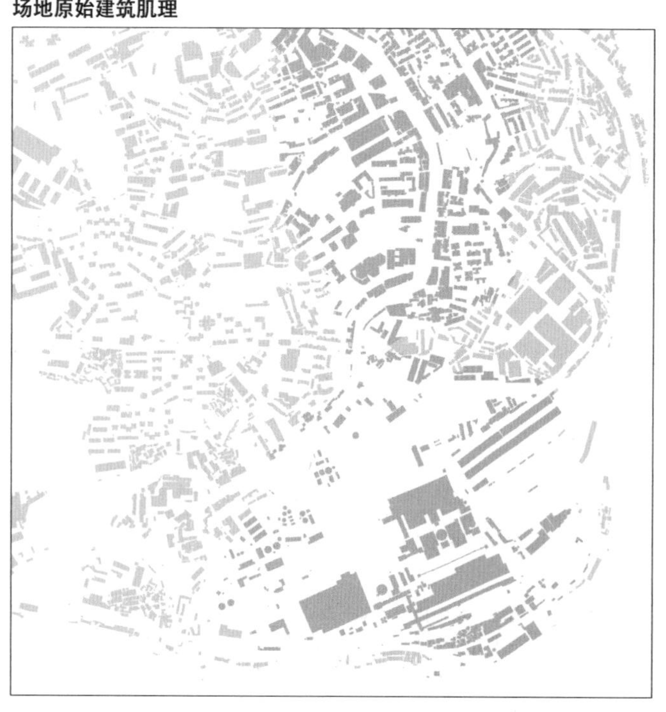

设计后建筑肌理

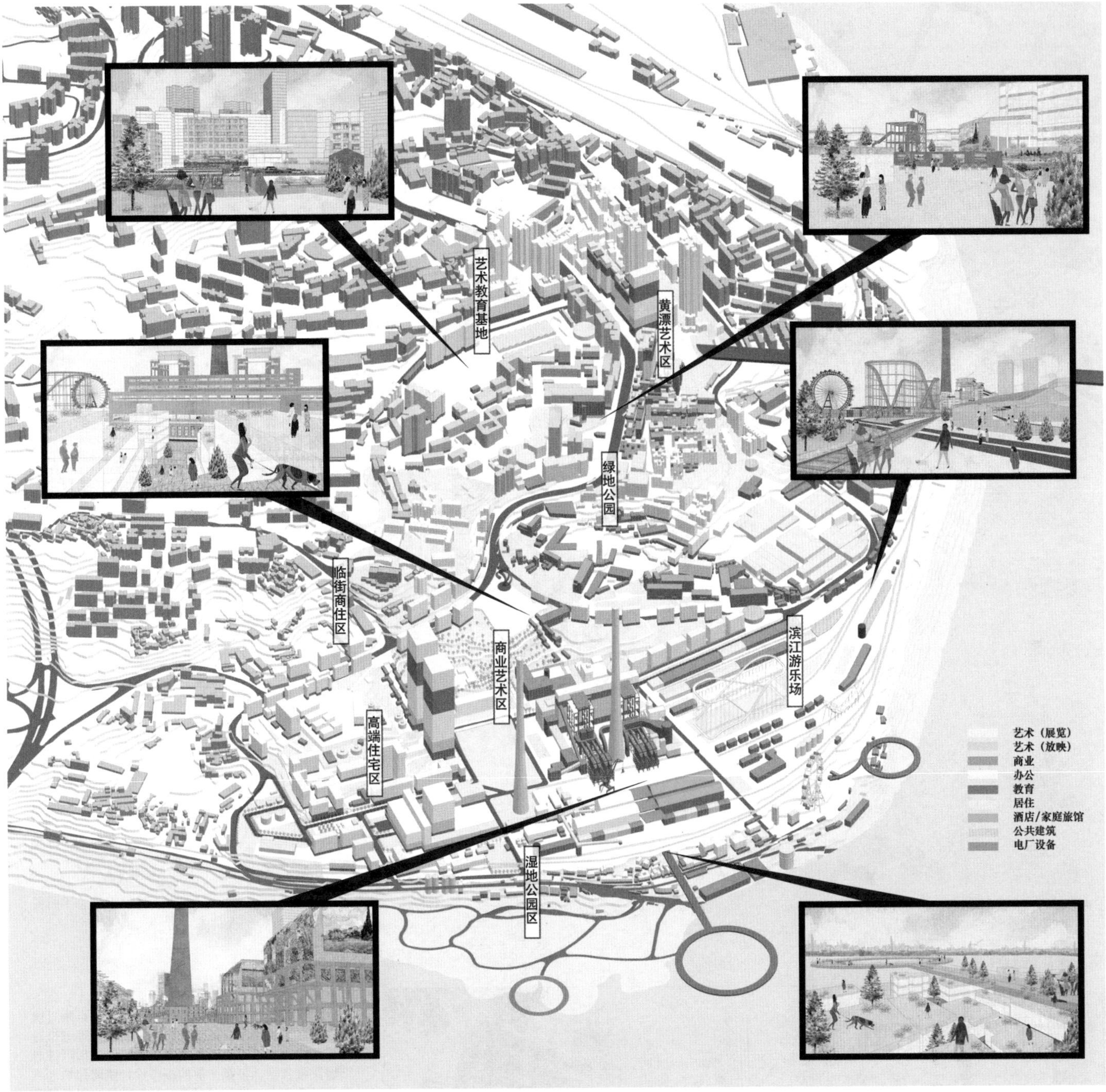

艺术教育基地

黄漂艺术区

绿地公园

临街商住区

商业艺术区

滨江游乐场

高端住宅区

湿地公园区

艺术（展览）
艺术（放映）
商业
办公
教育
居住
酒店/家庭旅馆
公共建筑
电厂设备

黄桷坪正街意象图

电厂站意象图

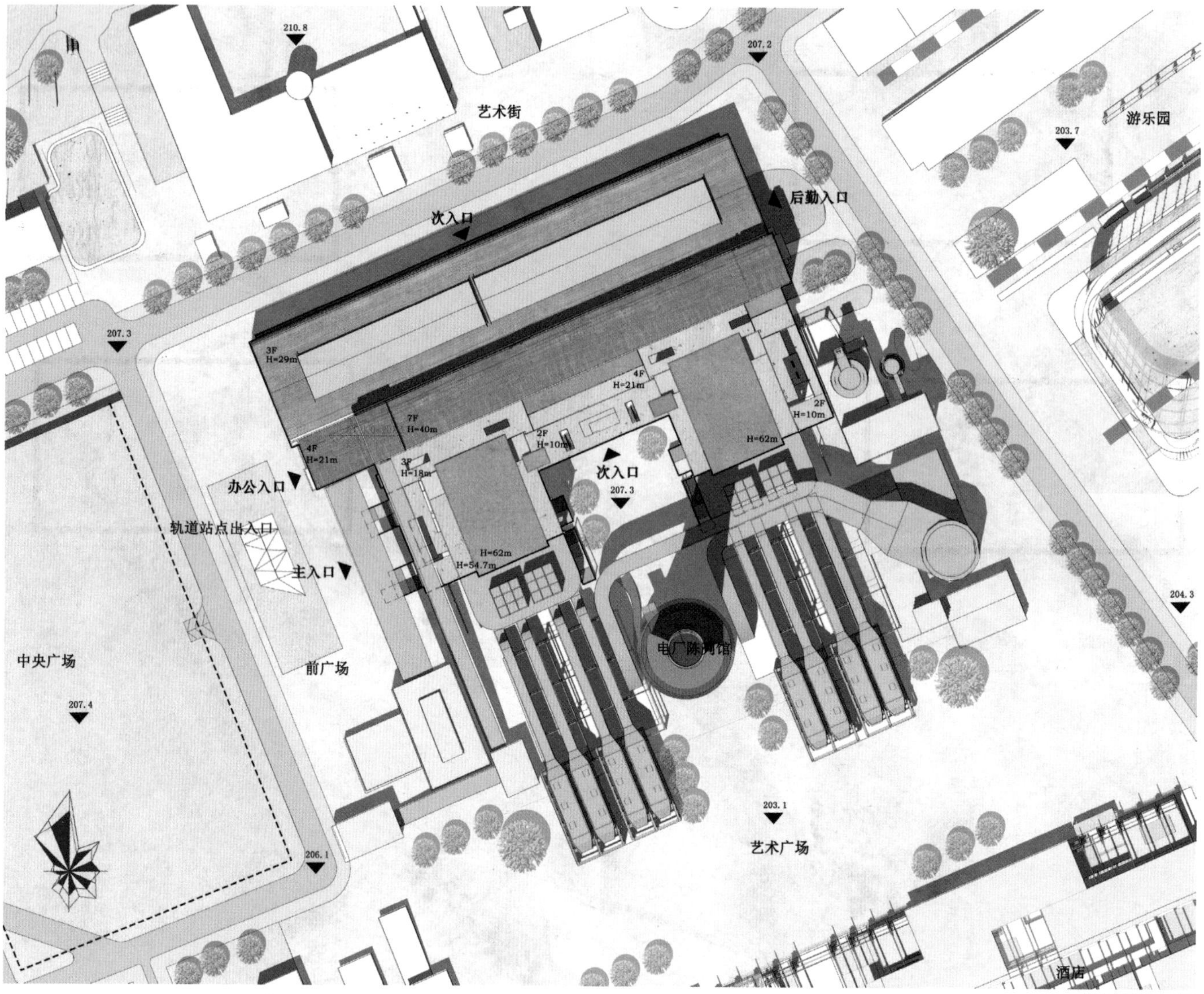

艺术街
游乐园
后勤入口
次入口
次入口
办公入口
轨道站点出入口
主入口
电厂陈列馆
中央广场
前广场
艺术广场
酒店

建筑设计总平面图

电厂主厂房照片

1. 建筑选址

建筑设计阶段，首先确定了在两个站点附近选择设计场地的原则，以更好地在此阶段体现城市设计策略的落实。对比两个站点，黄桷坪站附近被老旧居民楼包围，按照之前的城市设计策略那块区域改动不会很大，电厂站旁边有开阔的绿地以及代表旧工业文化的主厂房，按照之前的城市设计策略这块功能将被全部置换。考虑到设计自由度更大，工业建筑的吸引力强等因素，最终选择三人共同完成电厂主厂房改造设计。

电厂主厂房建造于20世纪80年代，由汽轮机房、煤粉仓、锅炉房三部分组成，结构为框架结构，部分砖混结构。厂房原有建筑面积为31500m^2。其中汽轮机房高约30m，分三层，三层为层高近20m原为放置汽轮机的大空间，下面两层为了支撑上部设备柱网密集，且柱子尺寸巨大。煤粉仓高约40m，分四层，三层有高约10m的碎煤设备。锅炉房为对称修建的两个构筑物，巨大的涂刷蓝色的混凝土框架中心撑起燃煤的锅炉。

在对场地进行调研时，电厂建筑巨大的尺度带给我们强烈的震撼，由此我们想象如果人们从地铁站出来就面对这样一群充满工业气息的建筑会感到多么震撼，而这也正好充分展现了该区域特色，给人们留下一个独一无二的九龙半岛形象。

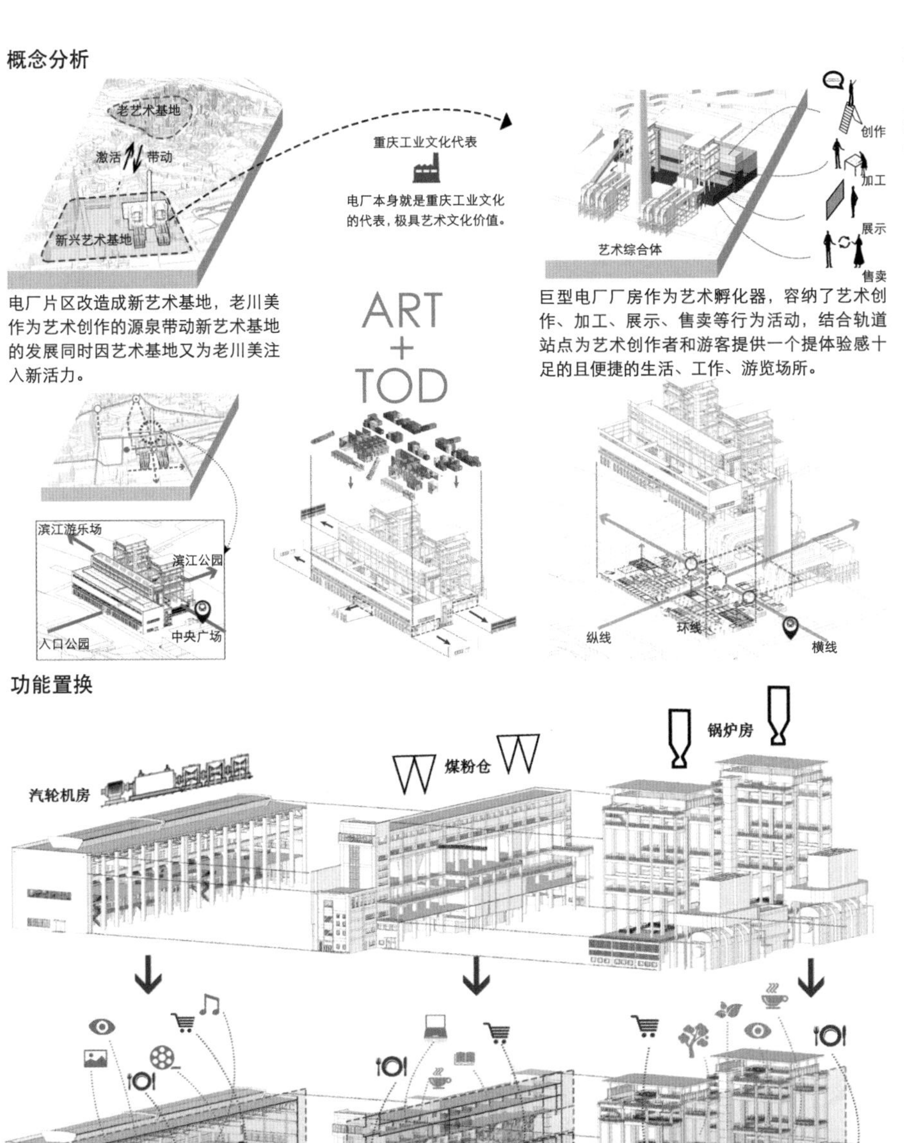

2. 设计过程

建筑设计作为城市设计的延续，首要任务是如何将之前的城市设计落实到建筑层面。参考城市设计策略，场地所在区域为 2.5min 步行域，由此形成以下建筑设计策略。

(1) 建筑紧邻电厂站，在主入口设置上，抛弃了原先的北侧主入口，以围绕轨道站点打造中心聚合的城市结构为原则，通过加建一条空中展廊强调建筑面向电厂地铁站出入口的西侧主入口，前方留出一个广场，使人们从地铁站出来便能看到建筑全貌。

(2) 由于要保留厂房建筑原先的大空间特征，在主厂房建筑的容积率上只有 6.5%，没有达到导则中设想的 30%,所以将不足的容积率转移到同在电厂站 2.5min 步行域内的两栋超高层综合体内。

(3) 在流线设计上，考虑建筑周边环境，设置了一横一纵十字形的两条主要道路贯穿建筑，横可连接地铁站出入口与东侧游乐园，两侧主要为零售、餐饮等功能，纵可连接黄桷坪正街与滨江广场，两侧主要为公园、艺术展览等功能，十字交点为东侧烟囱前的小广场，作为行进过程中的高潮。同时考虑到建筑的巨大体量以及内部功能的复杂多样会给人们带来辨别方向的困难，在建筑内部设置了一条环线，连接建筑各重要功能空间的同时便于人们在其中辨别方向。

(4) 建筑整体打开，只有各个独立的功能空间可封闭，采用开放的姿态面对城市。内部设置多个公共节点，为人们提供多样的公共空间。

(5) 在城市设计阶段，将电厂片区定位为新艺术基地，电厂本身就是重庆工业文化的代表，极具艺术文化价值，老川美作为艺术创作的源泉带动新艺术基地的发展。因此电厂主厂房功能确定为艺术综合体。

(6) 在改造过程中尊重原始建筑，尽量保留其特征，在建筑肌理上未做大的改动，周边建筑亦是如此，相互之间和谐融入。

遗憾的是，由于厂房基础原因，未在厂房地下设置接驳地铁的功能空间，只能将该部分功能移到中央广场地下。

电厂建筑的特征主要表现在其内部空间及结构上，因此进一步研究了厂房内部各种空间的特征，对于这些特征尽量保留，体现工业建筑特点，并以此为基础放入适合的功能。如汽轮机房一二层柱网密集，采用一层为展示售卖，二层为工作坊的艺术商业模式，而三层是原先放置汽轮机的层高近 20 米的大空间，将其设定为现代艺术展示区，利用其空间优势展示大型装置之类的展品。同时，尽量对现有设备进行再利用，如煤粉仓的巨大碎煤设备将整层空间分隔得比较零碎，设计中用涂鸦对设备进行装饰，并在零碎空间中加入咖啡、茶座等功能，形成独具工业特色的休闲观景空间。再如锅炉房底层 10m 高的半室外空间通过电厂旁的重庆南站货场将来搬迁后剩下的集装箱改造来进行填充。对于厂房外立面，主要通过在立面开洞的方式暴露内部空间与活动，强调其特征。设计希望通过以上方式，保留并强化主厂房的建筑特征，创造一个充满工业气息的艺术综合体。

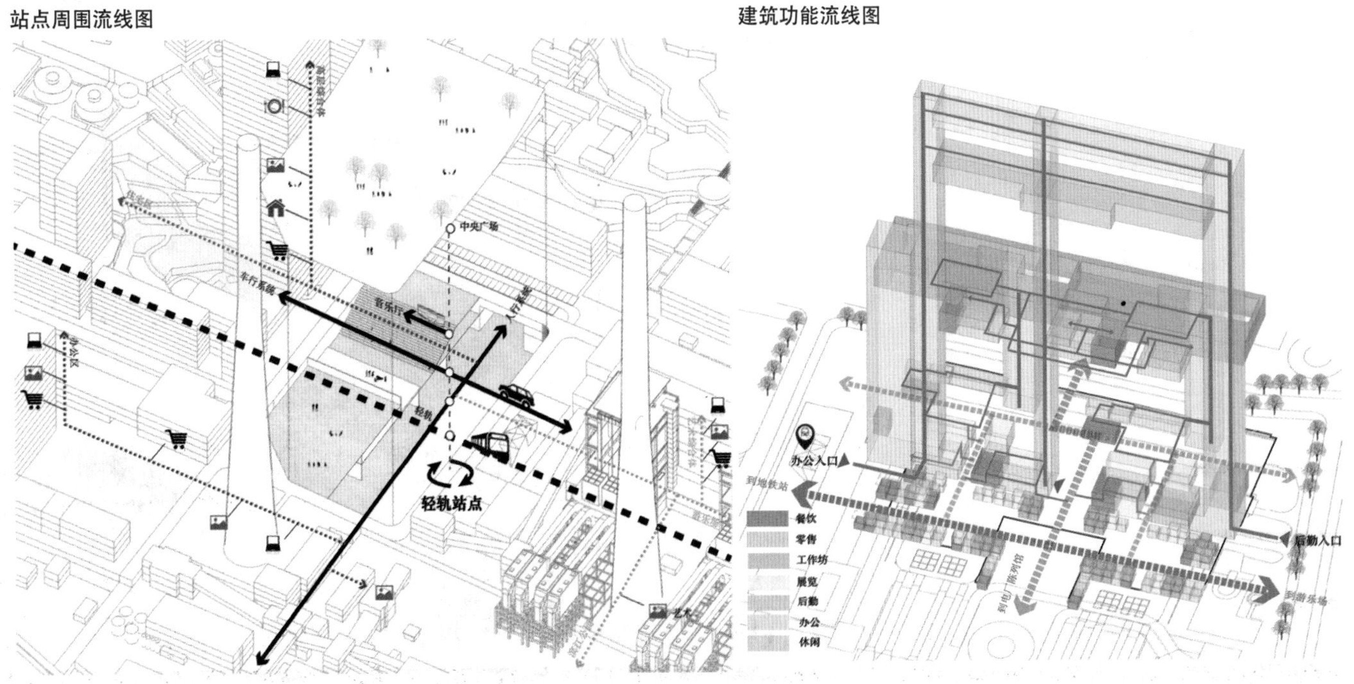

改造前后对比图

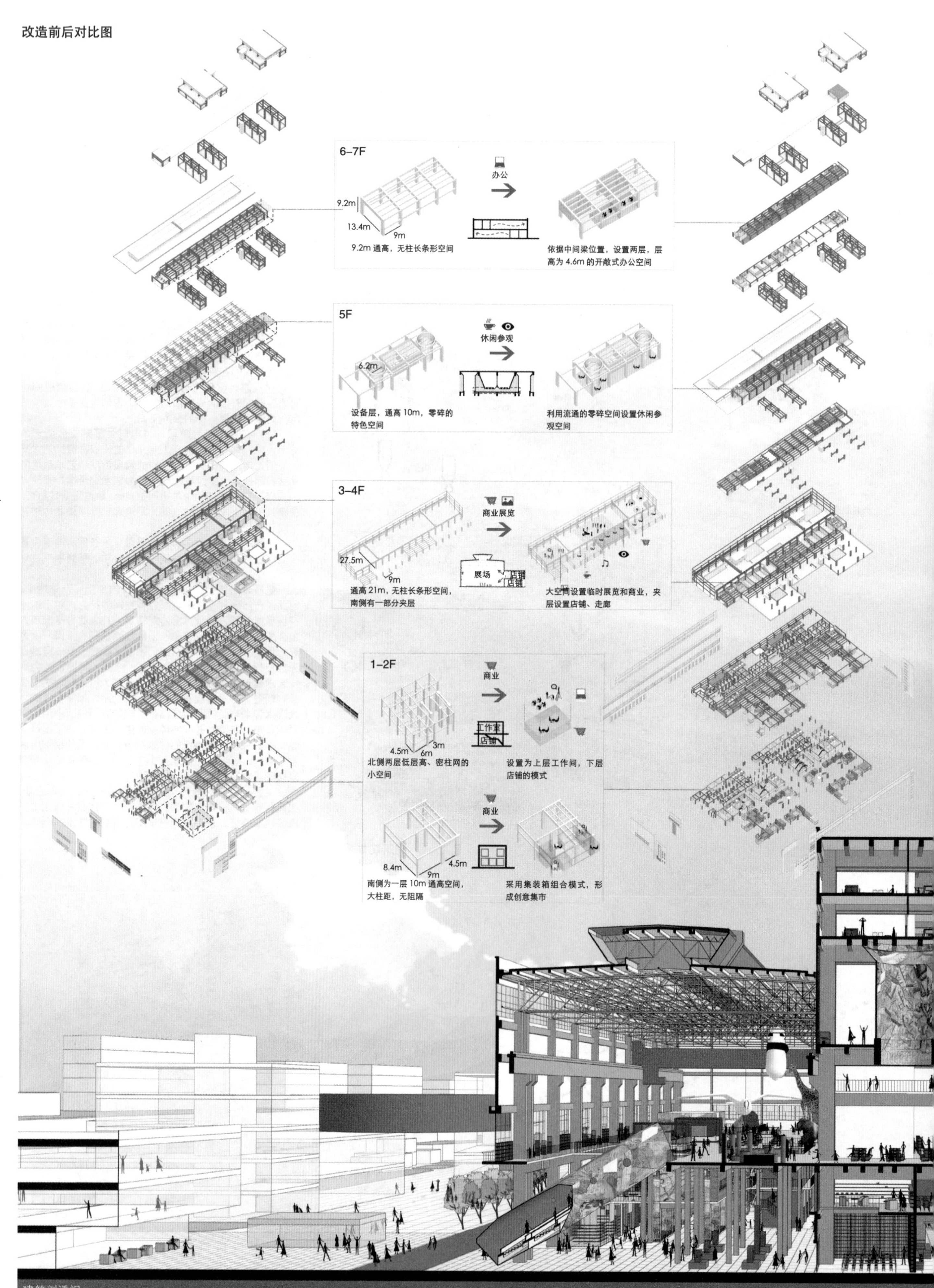

6–7F
9.2m
13.4m
9m
办公
9.2m 通高，无柱长条形空间
依据中间梁位置，设置两层，层高为 4.6m 的开敞式办公空间
5F
6.2m
休闲参观
设备层，通高 10m，零碎的特色空间
利用流通的零碎空间设置休闲参观空间
3–4F
27.5m
9m
商业展览
展场
店铺
店铺
通高 21m，无柱长条形空间，南侧有一部分夹层
大空间设置临时展览和商业，夹层设置店铺、走廊
1–2F
商业
工作室
店铺
4.5m
6m
3m
北侧两层低层高、密柱网的小空间
设置为上层工作间，下层店铺的模式
商业
8.4m
9m
4.5m
南侧为一层 10m 通高空间，大柱距，无阻隔
采用集装箱组合模式，形成创意集市

建筑剖透视

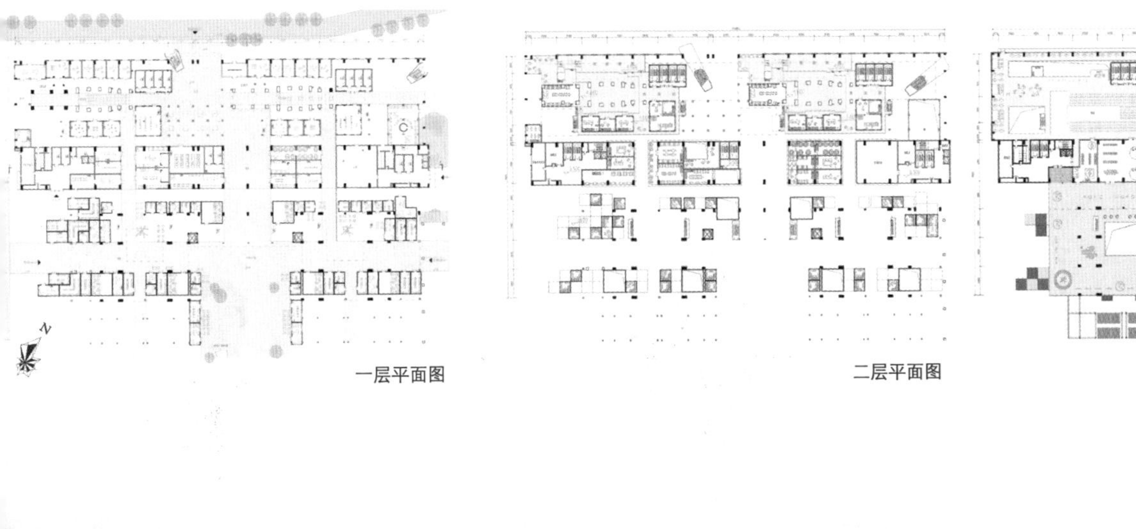

一层平面图

二层平面图

三层平面图

四川美术学院

SICHUAN FINE ARTS INSTITUTE

学生团队

1 异界
Interzone

新生态都市主义下的废止空间更新

张可欣

黄晓杰

王子宜

2 无相城
Utopia Sprawl

乌托邦蔓生城市实验——对于未来生活情景探索与尝试

师歌

魏琎瑢

翁雯倩

3 嫁接

基于艺术圈的城市激活策略

冯一如

谢育桃

吴晓洵

4 城市 · 镜 · 像
City Mirror Image

立足当代艺术基于镜像理论的城市设计

季山雨

高思梦

周令熙

指导教师

黄耘

任洁

刘川

李勇

四川美术学院建筑艺术系的特色在于既有严谨的设计，同时也有人文的情怀和艺术创作的突破。我们的学生会带来人文精神，带来空间创作、空间批评的一种精神状态。在当代艺术视野下，学生们在不断试错的过程中得以成长和进步。但也正是在这样的过程中，学生们所展现出的创新性、观念性也正是值得我们学习和推崇的。

随着城市的代谢，旧厂区的废弃与城市发展相继而生，工业的废弃、记忆的消失、人居的不宜成为我们亟待解决的问题。在过去城市发展模式中，传统工业区往往在商业趋利的背景下全盘推翻重建，导致了城市发展缺乏可持续性和不平衡性，导致城市与历史割裂，也导致艺术、人与生活的失语。

发电厂的大烟囱、川美、涂鸦街、货运站、交通茶馆等是人们关于黄桷坪印象中的标识，在如此多元素混杂、工业遗存与艺术糅合的九龙半岛颓变区域，如何将艺术作为激活旧有场所的具象媒介，辐射没落区域，以达到城市有机更新的目的是我们的同学需要去探索的。

城市设计是我们对城市未来的一种希冀，不同的人会有不同的希冀，也就造就了各种各样的乌托邦式方案。在过去、现在与未来的交相辉映中，寻求城市化发展进程中城市形态的合理演绎、有机再生。

我们未来的城市到底是发展重要，还是保护重要？其实平衡最重要。

——黄耘

异界 Interzone

四川美术学院
作者：张可欣 / 黄晓杰 / 王子宜

本次的设计的题目是“异界”，主要的讨论方面是生态与废置工业建筑的可依存关系。以工业建筑废置空间的再利用为目的，用生态介入的手法为突破点，去探索其废置空间自身发展的可能性和深入研究生态与空间的一种可依存关系。

产业的转移是城市化顺其发展的现象，不可避免。黄桷坪地区曾经是工业发展的重心。厚重的机械，强烈的工业感时刻宣示着工业主权。重庆山城独有的丰富森林绿植，没有像工业一样停滞不前，而是更为蓬勃的发展。生态的吞噬和对废置工业的侵蚀是我们对于场地更新的突破口，以此对城市展开设计。

一、场地背景

重庆作为中国西部第一工业重镇，历史文化丰富，地形复杂，基于其多样性，本次城市设计选址于重庆市坡区黄桷坪九龙电厂至河滨区域。位于九龙坡区黄桷坪的重庆九龙发电厂是我国“一五”期间苏联援建的 156 项重点工程之一。电厂烟囱至今保存完好，它是重庆工业发展史上的重要见证，其高度在当时亚洲同类建筑中排名第二，但因污染严重于 2014 年 10 月 31 日机组永久关停，不再向外供电。

同时作为西南地区最重要的通商口岸，九龙坡港建成迄今已有将近 80 年的历史，港口配合大面积工业区域以货运为主。随着运输业务的港口转移，2013 年 9 月发布公告，按照重庆市政府专题会议要求逐步取消了九龙坡港的港口功能。

从宏观上来看，黄桷坪作为工业文化创新区域存在于重庆，是极具特殊性的。与其他几个半岛核心区如现代都会的解放碑、自然旅游的钓鱼嘴、新城风貌的融汇半岛等相比较，其历史文化遗存更加丰富，文脉发达。

而占据黄桷坪巨大面积的九龙电厂如今却正处于废置状态，场地区域内高差巨大，每个功能板块边界划分生硬，独立封闭性过强，公共空间少，空间不够融合开放。围墙和堡坎等硬性边界使得工厂区更加封闭和消极，且成为人们进入滨水空间的一道巨大屏障，也使得滨江利用率极低。另一方面，九龙港作为曾经重要的货物运输节点，使用量早已大大减少，临石滩处住房多为无规划的自建房，绿植主要为居民自种菜地，问题渐渐凸显。

与此同时，随着第二产业逐渐搬离城市中心区，城中心逐渐趋于相似的现代化。解放碑等其他重庆中心区域的现代化发展也随着这个趋势丧失了其文化性，重庆特色的山水格局体现已不再明显。我们认为黄桷坪的城市更新不应该依然这样进行设计。

二、场地感知

1. 工业区生态遍布

随着时间的流逝，工业被废弃，人口迁移，城市趋于消亡。废旧的钢架被藤蔓缠绕，倒塌的厂房覆盖着茂盛的绿植，停滞的仅仅是发展，绿植还在不停地缠绕、侵蚀、吞噬着这里，四处种植着农田。

2. 人群认知差异

黄桷坪地区不同阶层类型的人们对电厂这块区域有着或深或浅的记忆，但都随着工业的废弃愈发的模糊，记忆正在逐渐远去。但现场却给了我们另一种惊喜，原本人们印象中钢筋水泥的工业区里确是另一番景象，这里丛林密布、虫鸣鸟叫。这样的生机是一种与废置相悖的希望。

三、场地分析

场地分析在城市设计和建筑设计过程中都是最开始的一步，场地分析的范围非常广泛，宏观上包括区位分析、历史文化背景分析、城市肌理分析、交通通达性分析自然环境等；微观上分为生态环境分析、内部交通分析、建筑风貌、尺度分析等各项要素，在本次实践中主要采用以下三种分析方法。

1. 生态因子分析

生态因子是指对生物产生影响的各种环境因子。它本身对生物会产生作用，同时作用于其他生态因子，互相产生影响。生态因子主要分为：生物因子和非生物因子，前者是指物种之间的相互关系，而后者则是城市设计中常用的，如气候因子、地形因子、土壤因子、植被因子和高程因子等。通过生态因子的分析，能很快得到对场地生态条件的评估，从而影响进一步的设计。

2. 肌理分析

城市肌理是长期的人类社会聚落发展的沉淀，它是人类聚落与自然生成博弈下形成的产物。一座城市的肌理直接反映了城市的发展过程、城市形态以及城市的功能布局。

图 1 场地感知

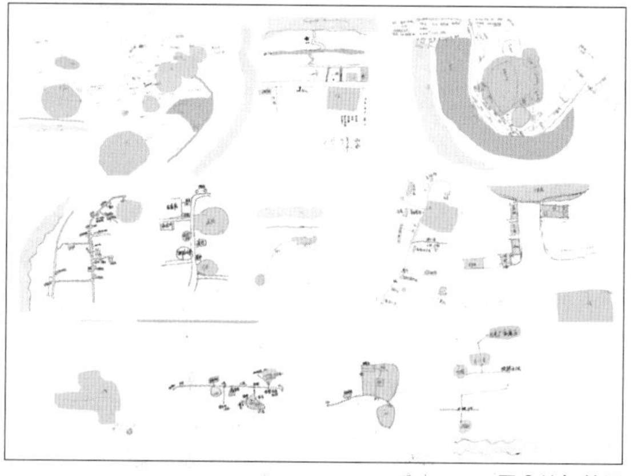

图 2 认知差异

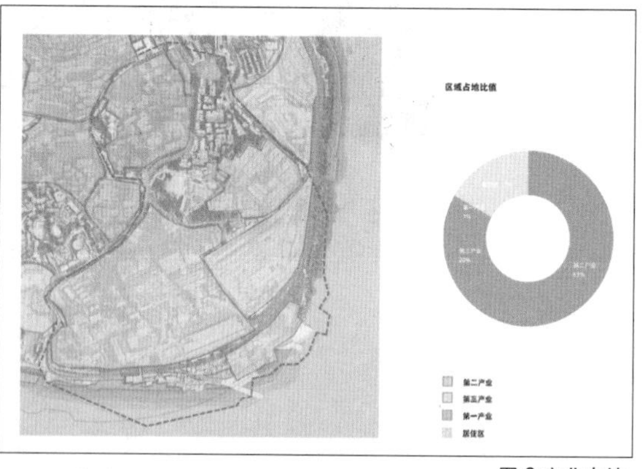

图 3 产业占比

图 4 城市设计模型

图 1 注释：

在场地上所发现的绿植侵蚀占领废置空间现象，与电厂区域内的工业与生态给人的差异感，以及一些有趣的小现象等等。

图 2 注释：

根据居住于此的人们对场地周边凭记忆所绘制出的认知地图，我们将之归纳总结，得出场地不同区域所存在的一些问题。

图 3 注释：

发现场地内多处自家菜地种植的情况存在，以及对场地产业结构分布与比重的调查分析。

图 5 展览现场

图 6 展览现场

图 7 展览现场

图 8 展览现场

3. 设计元素分析

设计元素主要包括建筑形态、材料、场地感知与体验等。建筑形态是功能的载体、同时也是建筑设计观念的体现，是时代的反应，通过区域建筑形态的分析可以帮助分析区域在城市中的地位。建筑材料通常由建筑功能决定，如居住建筑受到经济条件和耐久度的约束，材料多用红砖、钢筋混凝土等，而工业建筑通常要求更高的空间，更大的跨度，因此材料多选择钢架材料。场地感知和城市体验则是我们理解城市最直接的方式，而场地的感知主要受到道路、边界、地区、节点和地表等五要素的影响，导致每块场地都有其独特性和在地性。

四、设计理念

1. 新生态都市主义的由来

场地接近 20 年的发展停滞，使它成为一个可以得以窥视过去的窗口，但即使社会停止发展，黄桷坪逐渐没落，自然也依然在不断生长，人们仍然对美好生活充满着向往。

在现场，我们看到生态在逐渐占领废止的工厂，人们将生存环境改造成他们想要的样子，这使得场地矛盾混杂，但却又微妙平衡。异界的“异”便是由认知上和现实上的差异性，与生态发展和废置空间两者的独特关系所体现出来，而“界”指代一种场所同时也是场地的结界，在这个结界下无时不体现着一种在浅表无序下隐藏着的自发的有序性。

同时随着电厂衰落，依附电厂的巨大社会关系逐渐失衡，自然的生成属性与社会关系的衰落失衡形成了鲜明的对比，故欲利用蓬勃生长的自然的力量去修复因产业中心转移带来的活力失衡、社会关系失衡。生态都市主义正是恰如其分的切入点。

2. 概念解析

生态都市的理念始于“花园城市”运动，我们所倡导的新生态都市主义正是基于生态都市的理念。英国建筑学家霍华德在他的《明天的田园城市》中写到“理想的城市设计，应该让人与自然和谐相处，一个预定规模和人口的自足的共同体，周围是农田，兼得城市生活和乡村生活的经济和文化益处。”这正是当今时代所需要的城市理念。

随后哲学家费利克斯·加塔利在《三重生态》一书中将生态的内涵扩展到 3 个方面，即环境、社会及人的主体性。生态都市主义是这三个单体的共同交互关系。实现社会的自组织，生态的自循环。通过主体的参与和维护环境，利用其自组织和自循环，对于场地的城市更新，提出了以生态为主导的都市主张。

五、设计发展

在已有的生态基底和城市农田的基础上，对重庆气候土壤等生态因子进行分析，得出未来建筑的另一种可能性，并以此为目标，建立新的建筑生成规则，即反精英化、集约化建筑。

因此，在未来的时间里，这块场地依旧会保持这样的时空错乱感，同时将成为城市绿洲，也会是一个由公众高度参与的异世界。我们试图找寻无论是工业生产者还是其他生活在这里的居民，甚至是来黄桷坪游览的客人，他们对于工业的记忆和生态自然的认知。

用生态介入的手法为突破点，去探索其废置空间自身发展的可能性和深入研究生态与空间的一种可依存关系。提出工业废置建筑再利用的可能性，对工业美感的追求与保留。摸索创新生态空间结构的关系；进而提出新生态都市主义的主张。

我们想要保留其历史感和地域性，同时又创造一些特别的空间，找寻建筑的又或是空间的归属感和认同感，构筑一个有在地性和无相性的建筑理想。在生态都市的大环境下，建筑物自身空间秩序也有了更多生态秩序的可能性。当代建筑语境中，建筑既非绝对的存在，也非全然变化无常，这样一种连续的、能被感知的、又模糊个体界限的空间系统是未来建筑空间的一个发展方向。

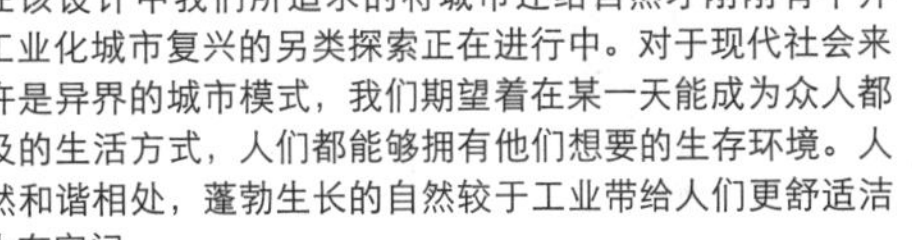

在该设计中我们所追求的将城市还给自然才刚刚有个开端，工业化城市复兴的另类探索正在进行中。对于现代社会来说或许是异界的城市模式，我们期望着在某一天能成为众人都可触及的生活方式，人们都能够拥有他们想要的生存环境。人与自然和谐相处，蓬勃生长的自然较于工业带给人们更舒适洁净的生存空间。

张可欣

黄晓杰

王子宜

图 5 注释：

引出城市设计主旨的三个问题方面。

图 6 注释：

城市设计部分与建筑设计缔生部分展陈。

图 7 注释：

前期调研与居住模式探索展陈。

图 8 注释：

城市设计模型与建筑设计着生与伲生部分。

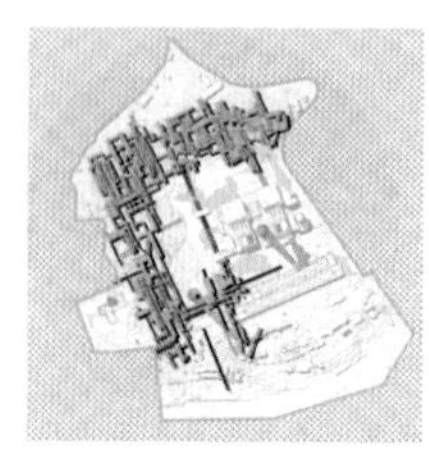

异界
Interzone

四川美术学院
设计：王子宜 / 黄晓杰 / 张可欣
指导：黄耘 / 任洁

/01 场地分析 SITE ANAL YSIS

1.1 建设背景

(1) 工业遗产留存问题

九龙坡区是重庆著名的老工业基地，这里坐落着重钢、重庆发电厂、货运站等具有悠久历史的大企业。在经历过“开埠建市一抗战陪都一‘一五’‘二五’时期一直辖市”四个重要时期，该地区的工业遗产呈现出两大特点：①以重工业为主、军工业占比大。②工业遗产区内部整体功能完整，封闭性强。

(2) 艺术底蕴

川美老校区极大地影响了黄桷坪的面貌。21 世纪初期，随着艺术市场的火热，政府的扶持，黄桷坪空前活跃。随着川美搬迁，核心创作力量流失；金融危机造成艺术市场的冷却，压缩了艺术家的生存空间，这片区域的艺术力量逐渐消失，但仍然具有深厚的艺术文化氛围。

(3) 自然力量

随着工业区停摆，功能被废置，自然的野蛮生长正在打破内部空间的平衡和外部的边界，逐渐缝合着黄桷坪分裂的板块，成长为这片区域仍然在不断发展的力量。

图 1 场地内电厂区
大烟囱
锅炉房
运煤管道

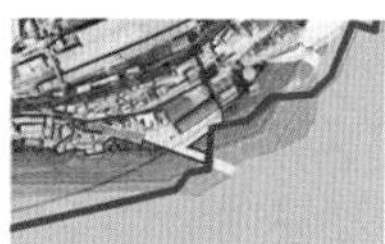

图 2 场地内河岸区
码头
九渡口
公交车站
滨江采砂

图 3 场地内艺术区
川美老校区
重庆市美术馆
坦克库
501、108 艺术家基地

图 4 认知地图热点区域

1.2.1 场地感知

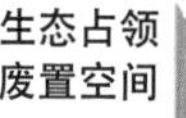

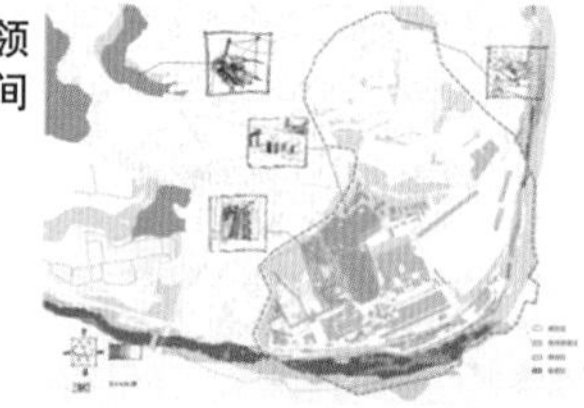

图 5 生态现状分析图

图 6、7 工业现状照片

图 8~11 现状分析图

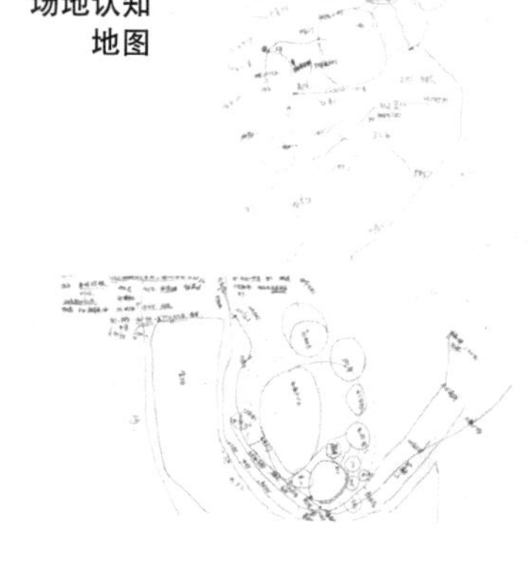

图 12、13 人群认知地图

1.2.2 场地肌理

图 14 场地建筑物肌理图

场地问题

地块割裂
缺乏公共空间
基础建设落后

1.3 概念生成

我们研究了…
边界、认知地图、自然生态、废置空间、居民自发性建设

再对城市肌理、场地生态基底、场地建筑功能、形态、材料等进行分析

回顾场地的特点、感受和问题
我们看到了场地蓬勃的生机一自然的力量。
场地不合时宜的即视感。

新生态都市主义为主导的未来工业废墟城市

1.4.1 何为异界

通过初步的考察，九龙半岛巨大的地形高差、尺度对比强烈、形态迥异的建筑物和停滞二十多年未曾建设的城市，给我们带来强烈的感官冲击，好似身处异界。

1.4.2 我们想做什么

然而即使社会停止发展，黄桷坪逐渐没落，自然也不会停止生长，生态逐渐占领废止的工厂；人们也不会停止对美好生活的向往，他们将生存环境改造成他们向往的悠然自在的田园生活。曾经的辉煌——电厂的衰落，依附电厂的巨大社会关系逐渐失衡，故欲利用蓬勃生长的自然的力量去修复因产业中心转移带来的活力失衡、社会关系失衡。

评语：

这是一次充满想象的设计议题，是从对场地表象的感悟出发，去感知、去描绘区域的内在状态，充分表达了学生的设计热情。城市设计部分试图探讨生态修复与工业遗产间的相互关系，通过整合多个场地要素，以生态介入的方式，探索了工业废置空间更新的多种可能性，创造出了具有创造力的“异界”空间。设计上，一方面尊崇于认知上和现实上的“差异”，体现生态修复和废置空间之间的据特性和差异性；一方面不断创造出多种类型的空间“边界”，探索在无序表象下的自发性和有序性。

同时，设计还强调对建筑空间及形态在地性的追求，强调以生态都市主义理念为先导，通过建筑空间的重塑，营造新的平衡关系和平衡状态。

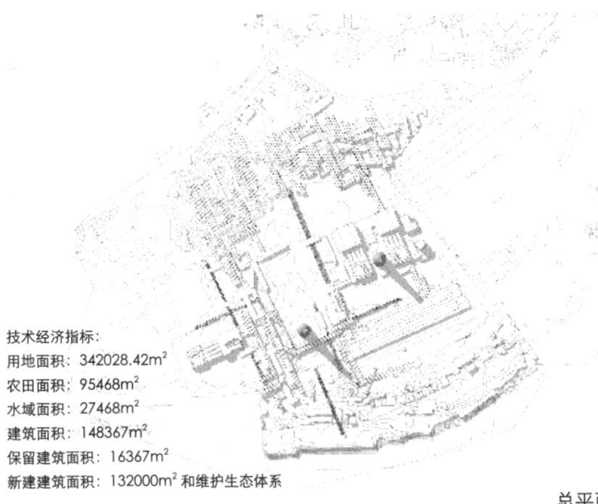

技术经济指标：
用地面积：342028.42m²
农田面积：95468m²
水域面积：27468m²
建筑面积：148367m²
保留建筑面积：16367m²
新建建筑面积：132000m² 和维护生态体系

总平面图

生态都市主义体系的构建方法
1. 梳理场地已有的生态基底
2. 利用场地已有的城市资源和基础设施完善生态基地系统
3. 利用现有材料改变场地
4. 想象新空间
5. 设计小尺度的动感空间
6. 将公众参与划入设计的一部分，利用居民完善和维护生态体系

工业区的具体手法

1. 功能恢复。修缮电厂设备、重新发电、电能供给九龙坡区域。

2. 废弃再利用。电厂管道加固改造成连接廊道、利用已有的电厂锅炉房产出的热水养罗非鱼、建立废水处理室、收集雨水、循环水供给电厂。

3. 修复场地。破坏厂房上嵌入新的体量，保存场地记忆的同时、带来全新的体验。

农业区的具体手法

需要对土壤破坏程度评级，对不可恢复土壤挖坑深埋，填新土、并种植耐污染的植物，通过植物呼吸作用提高空气质量；对于可修复的沉淀土壤，运用生态空间负载行、科学性逐步恢复成良性的生态空间循环。针对被污染的水体，首先严格把控从源头的用水排放，实现初步过滤；其次通过多层地形形成层级的污染沉淀，配以具有水体净化功能的水生植物，实现自然系统的自我修复。

工业区总图

工业区效果图

农业区总图

农业区效果图

生活区的具体手法

生活区平面上由基本的矩阵构成，将电厂大量出现的原型水塔、管道和矩形厂房作为平面基本的点线面构成。形态上采用方盒子构成在冰冷的钢筋铁架废墟城市，同时用覆盖建筑伤的绿化来柔化矩阵构成带来的约束感，使得整体更为自由。材料上采用电厂废弃的管道改造成廊道，作为功能空间之间的连接。

生活区总图

生活区效果图

效果图

生活区效果图

鸟瞰图

方案回顾

根据黄桷坪场地中，生态关系破坏、工业污染，导致黄桷坪地区长期处于高污染的状态；加上工业遗留因内部封闭性强、功能完整、占地面积大等特点导致一旦工业被废置，整个城市的社会关系逐渐失衡。工人失业、搬迁会带来大量的人口迁移、经济瘫痪以及基础设施建设不力、维护不当等种种弊端。

故我们提出以生态新都市的主张来改造黄桷坪场地，重新建立良性的生态系统给城市带来新的人口、新的社会结构，原有的以工人为主导的单一性社会关系将被替换成由多种人群构成的复杂地、合理地社会结构。在已有的生态基底和城市农田的基础上，对重庆气候土壤等生态因子进行分析，得出未来建筑的另一种可能性，并以此为目标，建立新的建筑生成规则，即反精英化、集约化建筑。因此，在未来的时间里，这块场地依旧会保持这样的时空错乱感，同时将成为城市绿洲，也会是一个由公众高度参与的异世界。

生态都市主义

生态都市主义是由莫森·莫斯塔法维(Mohsen Mostafavi)提出，它将城市看做是一个城市生态系统，试图从社会、经济、文化、规划和技术等多方面创造一个和谐、高效、绿色的城市时代的人类栖居地。该理论主张将目前脆弱的地球环境看成是城市发展的一个机遇，从中寻找全新的思路，拒绝维持现有的都市化状态，从都市化呈现出的问题中，找到能够包容和化解生态理念以及都市主义冲突的全新思想。

立面图

我们思考了未来在我们主张下，这个城市的形态、城市生态以及人们的生活状态，并将之以故事的形式呈现，最后形成这个漫画。

漫画 p1

漫画 p2

漫画 p3

漫画 p4

今天做点什么好呢
他们在做什么？
好像需要帮忙的样子……

烟囱冒出水气
工业
早啊
早呀！
自发搭建住宅
建筑

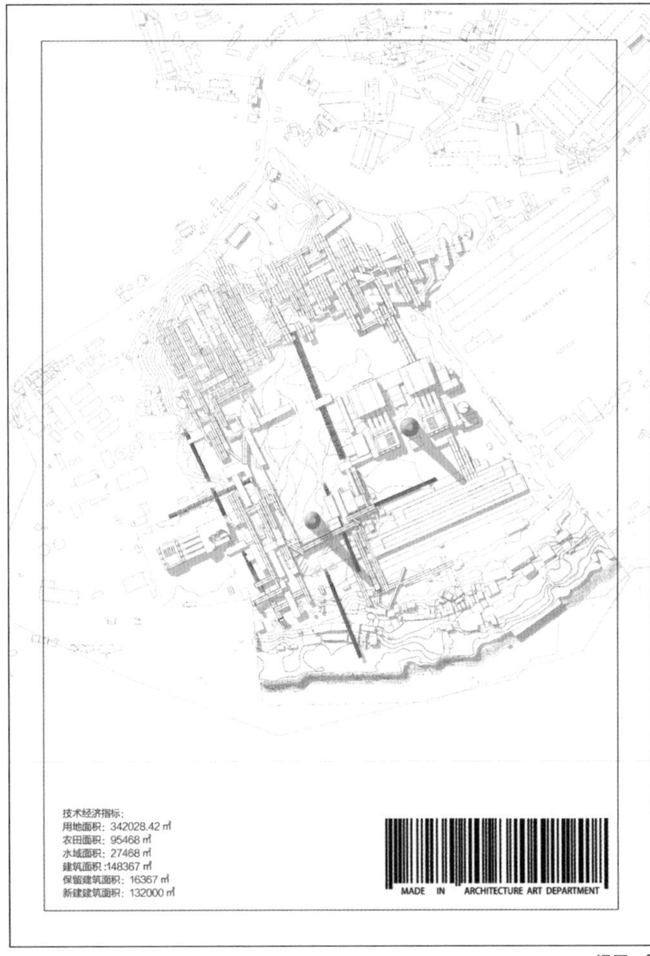

技术经济指标：
用地面积：342028.42 ㎡
农田面积：95468 ㎡
水域面积：27468 ㎡
建筑面积 :148367 ㎡
保留建筑面积：16367 ㎡
新建建筑面积：132000 ㎡
MADE IN ARCHITECTURE ART DEPARTMENT

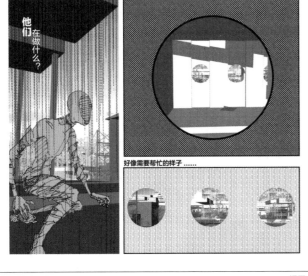

/02 **单体部分展示**
INTERZONE

生态空间设计
设计方法运用
具体深入方案

交通茶馆
生活叙事场
透明 & 半透明材质

缔生

图 5 剖面图

生态空间形态设计

生态的空间、形态的设计主要是围绕工业遗留的生态系统修复、社会关系的修复来进行的。通过对场地的分析，得到对工业遗留的生态系统评估，并针对工业遗留对土壤、水文、植被环境的影响进行修复。

(1) 生态系统修复

生态系统的修复不仅仅是停止人为对生态的破坏，更是依据生态自我调节修复的规律，提供人工辅佐，使遭到破坏的生态系统逐步恢复良性循环。需要对土壤破坏程度评级，对不可恢复土壤挖坑深埋，填新土、并种上耐污染的植物，通过植物呼吸作用提高空气质量；对于可修复的沉淀土壤，运用生态空间负载行、科学性逐步恢复成良性的生态空间循环。针对被污染的水体，首先严格把控从源头的用水排放，实现初步过滤；其次通过多层地形形成层级的污染沉淀，配以具有水体净化功能的水生植物，实现自然系统的自我修复。

(2) 社会关系的修复

工业遗留因内部封闭性强、功能完整、占地面积大等特点导致一旦工业被废置，整个城市的社会关系将会失衡。重新建立良性的生态系统给城市带来新的人口、新的社会结构，原有的以工人为主导的单性社会关系将被替换成由多种人群构成的复杂地、合理地社会结构。

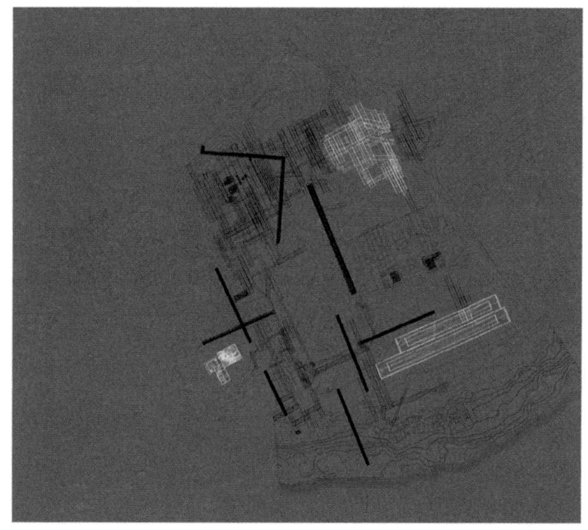

图 1 单体场地对应图

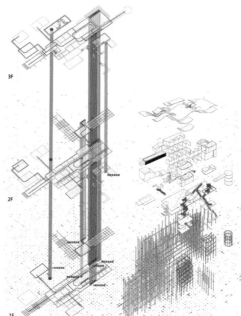

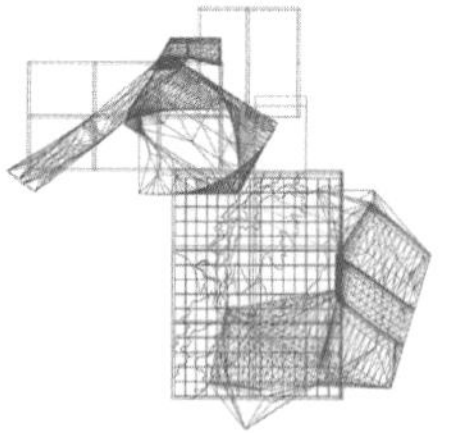

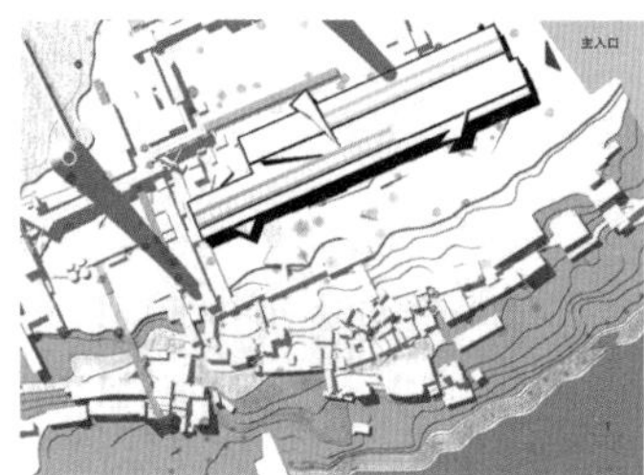

图 2（上左）缔生 - 单体场地总图
图 3（上右）着生 - 单体场地总图
图 4（左）侘生 - 单体场地总图

缔生

原意是指联结而生，在本案中体现为采用流动的空间设计手法将已被工厂隔绝的内部与社会相连，建筑群体本身发散的布局将充当交通体的功能将自身与工厂和其他建筑相连。建筑群体内部功能围绕交通通达性设计，通达性好的如与主干道相连的三层架空层、与底层外部建筑相连的一层平面布置为公共空间；与主体建筑相距较远、通达性弱的挑空单体布置为阅览室和展厅等独立空间。

图 6 爆炸图

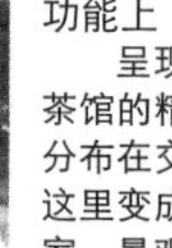

平面上

延续城市设计基本的矩阵构成，将电厂大量出现的原型水塔、管道和矩形厂房作为平面基本的点线面构成。

形态上采用大量曲面形体穿梭在冰冷的钢筋水泥城市中，打破矩阵构成带来的约束感，使得整体更为自由、轻盈。

功能上

呈现动静两大主要功能区，动区延续交通茶馆的精神，大量的公共休闲空间和商业空间分布在交通通道两旁，带来大量人流的同时将这里变成一个生活叙事场；静区由独立的读书室、景观台、展厅、艺术家工作室构成，这些区域具有良好的景观视野，与动区保持相对隔离同时保持视线上的对望。

空间上

整个建筑群，底层大量架空，构建在底层低矮建筑群之上，架空中通过廊道和楼梯与原有建筑群相连，采用几组钢架构成虚的曲面体与主建筑群形成虚实对比。

材料上

采用电厂废弃的管道改造成廊道，作为功能空间之间的连接，通过金属的屋顶与电厂设备相互呼应；并采用与笨重的厂房相反的轻盈的透明玻璃、半透明板材凸显建筑之间的区别。

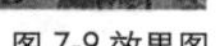

图 7-9 效果图

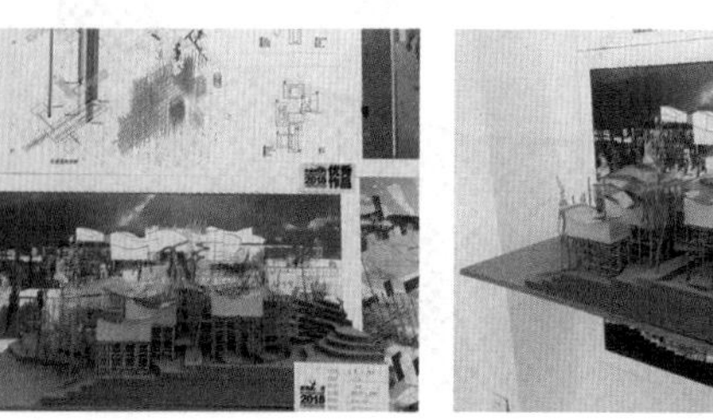

图 10 设计模型照片

着生　小剧场 公共活动室 阶梯广场

提取工业特征，保留工业的秩序感。自然生态的生长无序，对于停滞的工业，产生吞噬，侵蚀感，结合异形空间，打破原有的规律，形成割裂状。

在异形的内部，布置的空间，是交通。而交通系统不是独有的楼梯和道路，而是展览流线。是整个空间展览的一部分。

空间内部的功能定位是填充空间的暂时功能需求。可转变的活动空间，是为了满足人们使用的需求，提供改变空间的更多可能。

着生

个人部分主要的研究方向：生态与废置工业建筑的可依存关系。

以工业建筑废置空间的再利用为目的，用生态介入的手法为突破点去探索其废置空间自身发展的可能性和研究生态与空间的一种可依存关系。

图 1 设计模型照片

异形的空间内布置着交通和公共空间。交通，在我看来是积极空间。不仅有楼梯和走廊，而是让交通成为展示的一部分。展示空间的本身，展示人与人的交流。让交通成为互动的一个载体。新的对于交通体的定位，也是依附在旧的功能之上。

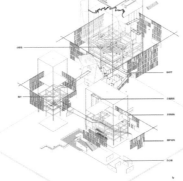

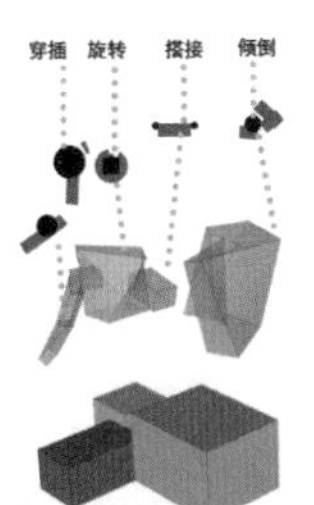

图 2 分析图

图 3 效果图

图 4、6 设计模型照片

图 5、7 室内效果图

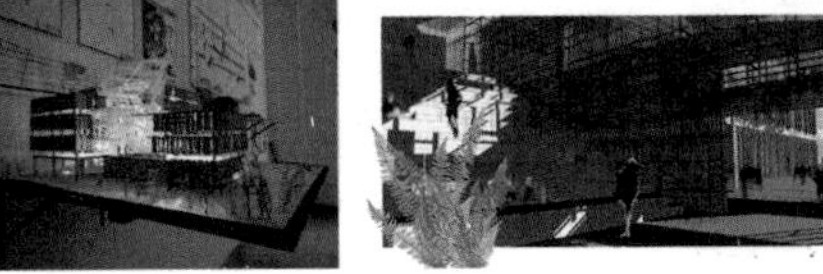

侘生　运动场 暧昧空间 三角元素

在这样的城市基础上，建筑内部秩序的建立亦将遵循新生态的原则。期以营造一种新旧空间相侘而存的暧昧空间，暧昧与重构是更新此空间的重要形式。

内部和外部作为自然环境与人工环境的区别，对建筑来说是最根本的部分，我想要实现在内部与外部之间创造出多样的层次，通过空间的不确定达到空间层次的丰富化，再而使人们对客观存在事物产生新的思考，并能进行持续性的再设计。

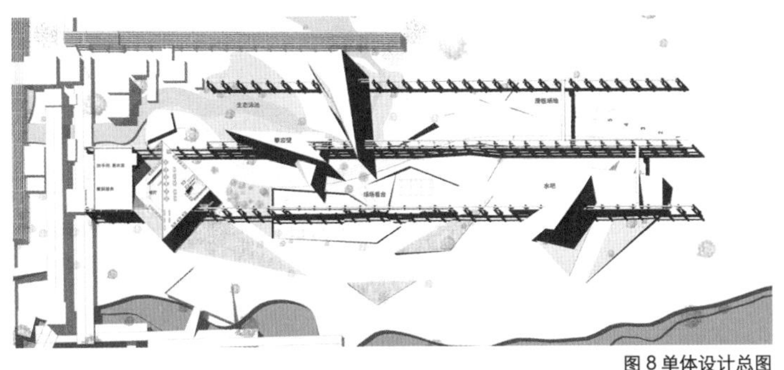

图 8 单体设计总图

因此将厂房改造成休闲运动的地方，并使之与河滨的旧居住区相连接，企图创造更加联通的城市结构与多样化的活动空间。运用类同于外星空间的不断穿插于厂房之间的几何体与厂房的原有空间相侘而存，看似随意地散落穿插于其中，但整体在屋顶空间下形成了亦内亦外的空间形态。

同时几何形体相互间的穿插更创造出了多种正负交融的暧昧空间。室内室外的模糊、功能的内外多样性、新建与留存的相互交融等都是在这样的穿插中所得。而这些暧昧的空间正是城市的异界。

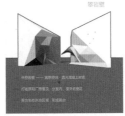

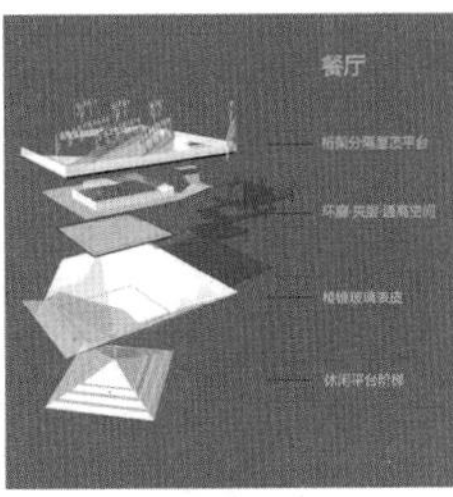

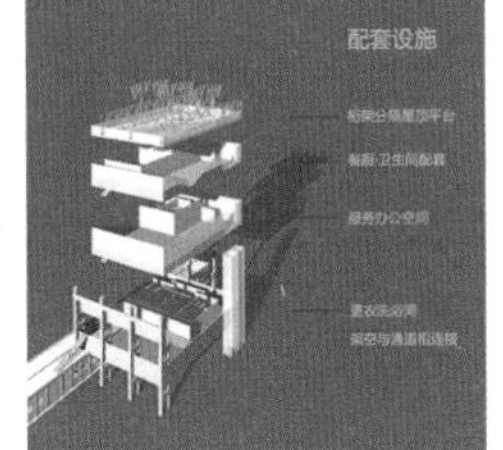

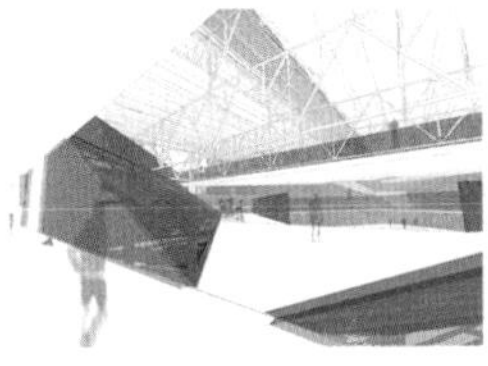

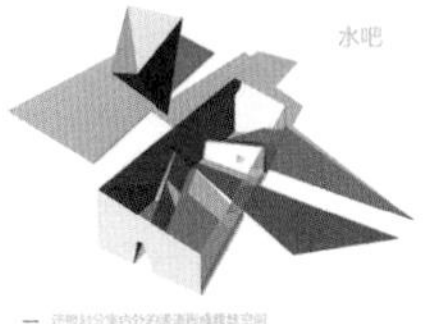

图 9-16 单体设计分析图和效果图

图 17 设计模型照片

图 18 立面图

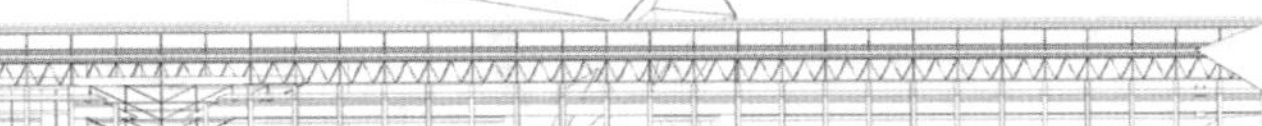

无相城
Utopia Sprawl

四川美术学院
设计：师歌 / 魏琎瑢 / 翁雯倩
指导：任洁 / 黄耘

Ⅰ 选题背景 SELECTED TOPIC BACKGROUND

基于对黄桷坪区域现状的调查和整理，我们发现黄桷坪地区已经基本脱离了现代城市进化，在二十年的城市发展进程中，该片区的样貌和状况几乎没有发生过改变，完全被现代城市生活所隔绝，逐渐沦为一座落后的城市“孤岛”。具体来说，其主要问题包括：缺乏商业和娱乐设施、经济发展滞后、人居环境恶劣且缺乏规划、公共活动空间不合理、整个区域呈现破败落后的状态，缺乏活力等。而其衰落的根本原因是人群的大量流失：首先电厂与火车南站被取缔之后，原有的工人被迫离开另谋出路；更重要的是艺术青年群体的流失，通过现状分析可以发现，黄桷坪的基础建设已经远远不能满足现代艺术青年的生活和创造需求，包括川美新校区转移了大量专业及学生、交通不便、供需不平衡等问题。

其实，黄桷坪与其他片区最大的不同之处也是其核心竞争力，就在于川美所带来的艺术氛围和艺术青年群体对于区域活力的贡献，和对相关产业和业态的巨大拉动力。所以要激活黄桷坪区域，打破“孤岛”现状，就要从艺术氛围的建设和艺术青年的需求两方面入手进行设计和思考。

评语：

无相城既是一次对“建筑、区域、功能”三者关系的探讨，更多的，是一次对未来生活图景构建模式的探索。通过搭建实验性的建筑群体，激发无相点间的连锁反应，设计被拆解为“建筑无形、区域无界、功能无常”。

设计充满想象力和创造力，通过移动、连接和漫步，实验了未来青年艺术家的居住空间；通过流通、贯穿和串联，回应了未来展示型商业空间；通过鱼缸、变形和流动的黑圆，将动态互动的方式融入了未来创作工作区域的空间实验。当代城市生活呈现出越发杂糅、复合和交织的状态，设计中的无相城也未尝不是一种探讨未来空间可能性的有效实验。

Ⅱ 概念切入 CONCEPT ENTRY

现如今，科技的迅猛发展致使着人类的生活发生着巨大的改变，这种冲击力不可逆地影响着城市人的生活节奏和生活方式，城市更新的进程势不可挡。

然而在过去的几十年里，建筑大部分时候充当的是一种并不能够包容人们生活全体的“器”——人们白天在办公室工作，晚上回到住宅休息，因此建筑仅仅承担了生活的一部分功能而已。人们的生活被建筑的功能和设定所分裂，长期的分裂也引发了人们的思考：未来的建筑不应该分裂生活，而将是能够包容生活的全部的“器”，人们可以在其中工作、生活、创作、娱乐……

毫无疑问，未来的城市生活空间将会与人们的关系更为紧密，与人们的生活和文化相互交融，空间也应该走向多元化，带来更多的可能性和包容性，适应多种人群，满足人们的真实城市生活需求。

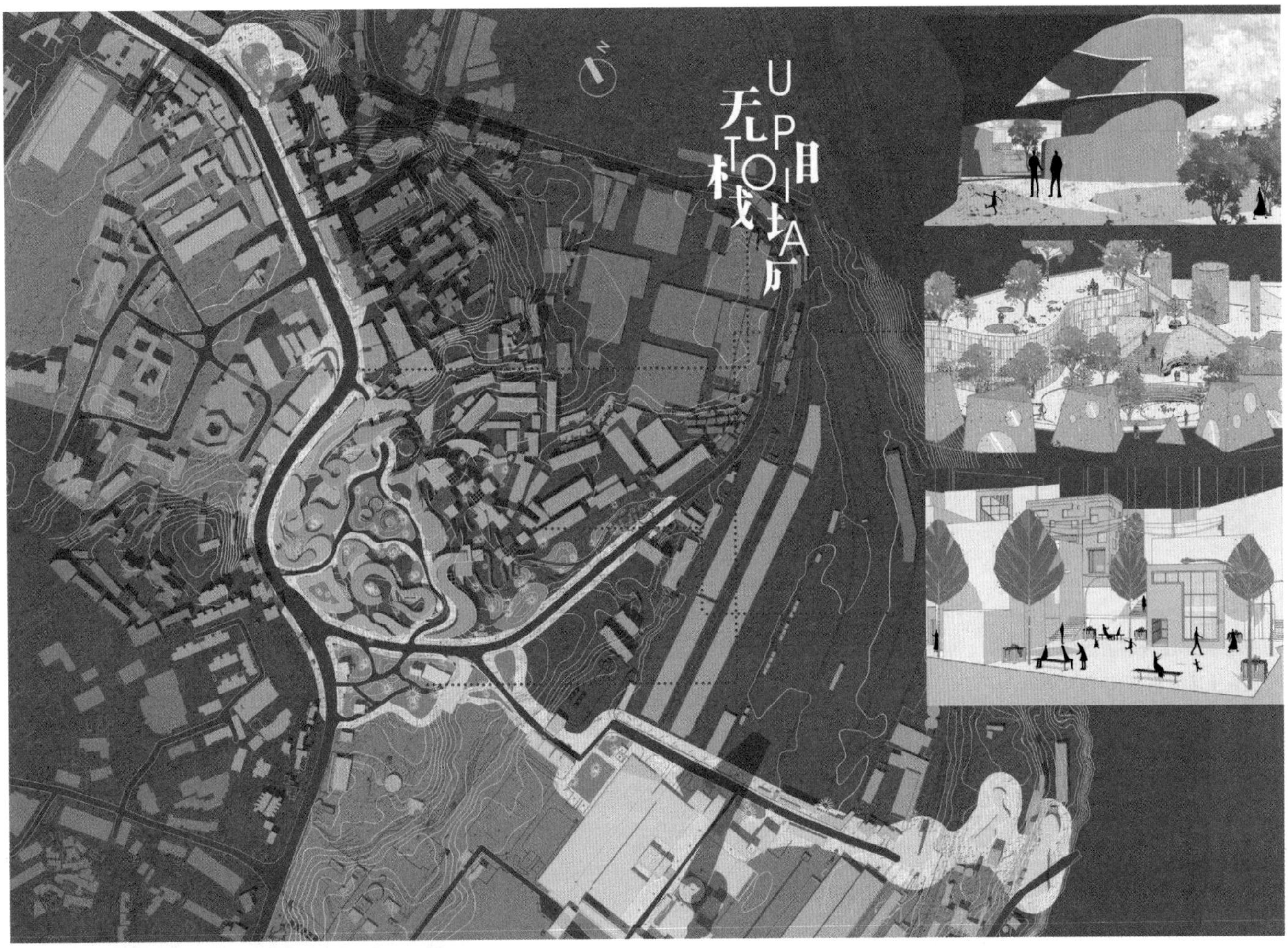

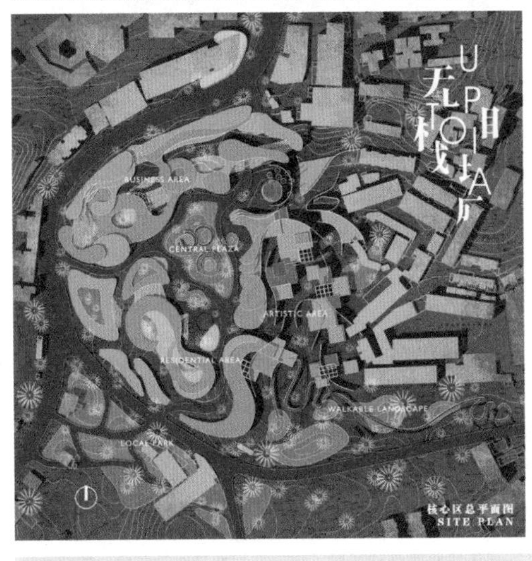

核心区总平面图
SITE PLAN

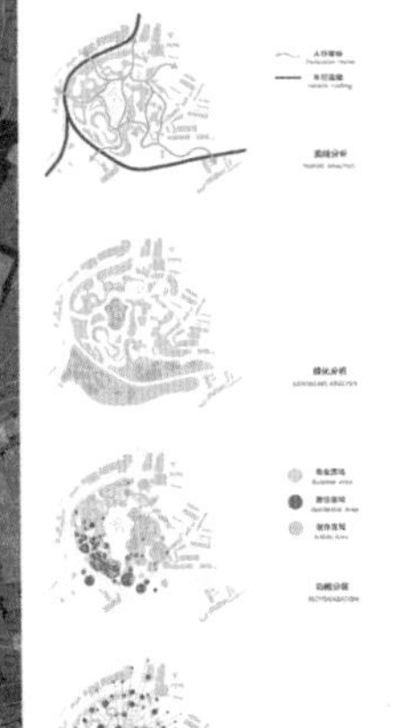

III 无相城概念分析 CONCEPTUAL ANALYSIS

我们提出了一个实验性的建筑群体概念——无相城设计。这一概念作为城市更新的一种介入手段，由 N 个无相点构建成无相系统，从而产生更广泛的连锁反应，甚至成为未来城市生活模式的一种可能性。针对艺术青年各种各样参差不齐的生活需求，包括更多的公共办公空间、廉价私密的青年居住社区、灵活多变的艺术创作空间、精简的家居空间需求、全地形高速的网络覆盖、高效的效率路线与闲庭漫步的休闲路线并存、健康绿色的生活环境、新型清洁能源的交通出行方式等等，我们通过将无相城的理念分解成三个部分来一一解决这些问题，即：建筑无形、区域无界、功能无常。具体来讲：

（一）建筑无形：由于传统以功能主义和经验主义为导向的建筑设计已经无法为新型城市生活模式提供更多的可能性，所以我希望的无相城里的建筑没有具体和固定的形态，无主无次，弱化建筑的体量感——是一个“没门”“没边”“没样”的建筑设计。

（二）区域无界：明确的区域划分对于城市空间的割裂，大大降低了人们的移动效率，人们将时间浪费在从一个区域穿越到另一个区域的过程中。所以我希望对于区域的划分进行模糊化，将多种功能区域糅合在一起，区域之间相互渗透，交叉、折叠、融合，并且模糊边界，自然过渡。

（三）功能无常：对于一个空间或者一个构筑物的使用，我们为什么要限定在一种可能的结果里？如果设计的使用功能赋予多重属性，根据时间和使用人群的改变而改变，适应万人万事，从而提高了空间的使用效率。

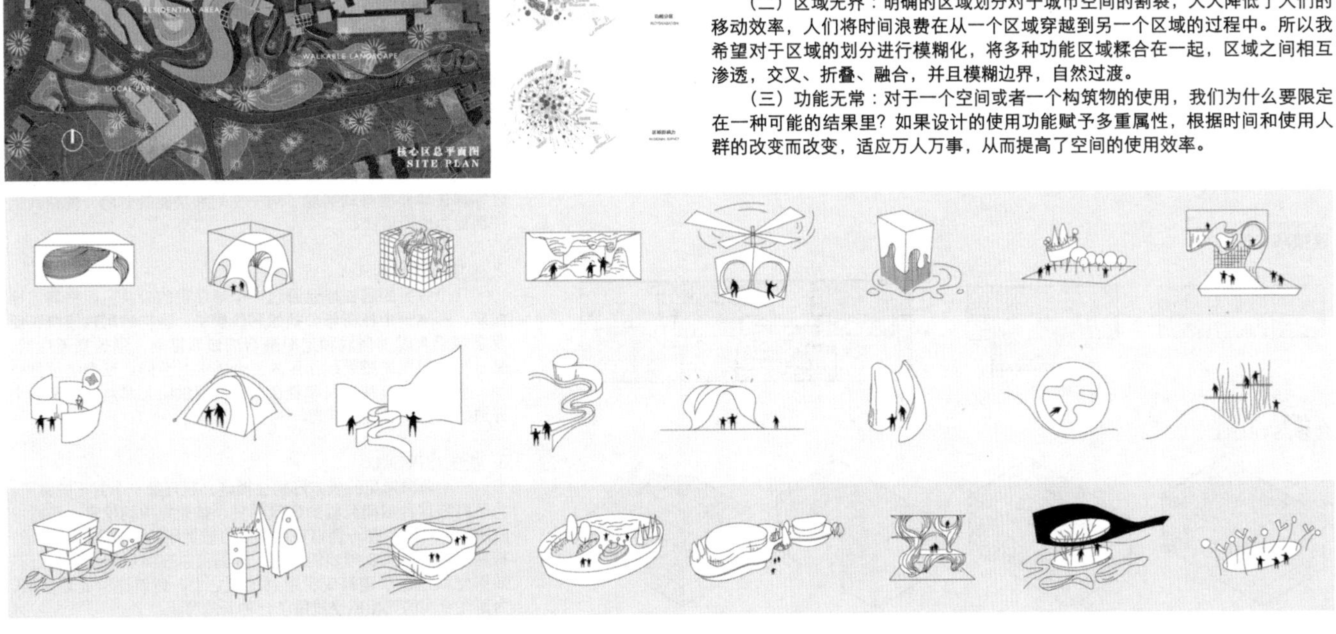

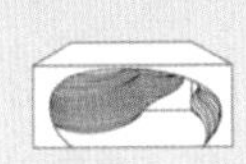
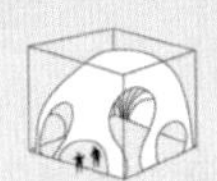

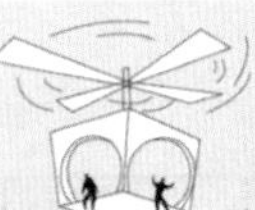

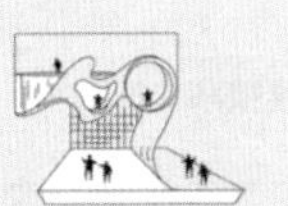

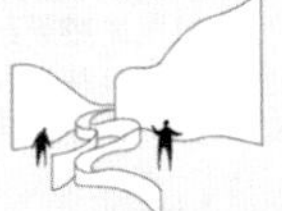

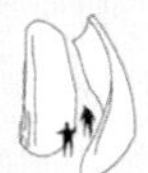
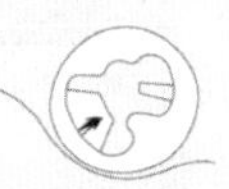
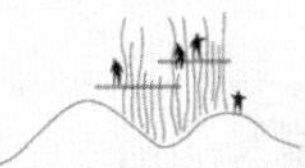

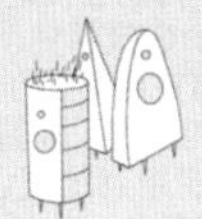
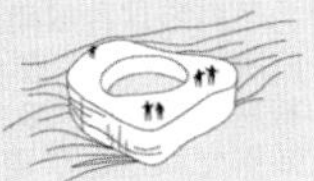
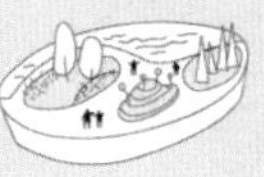
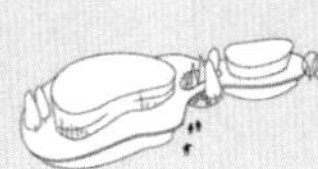
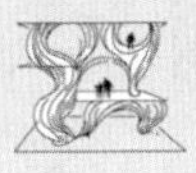
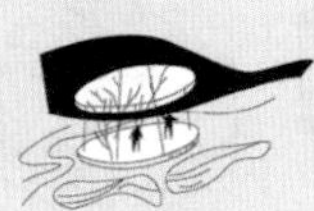
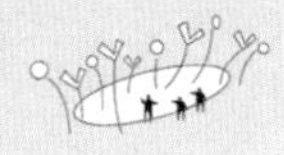

图 5 无相城居住生活区平剖面图与分析图

IV 居住生活区 RESIDENTIAL AREA

（一）青年艺术家的居住空间设计

对于青年艺术家的居住空间，我首先考虑的问题是青年艺术家的需求是如何。与城市大多数人群不同，青年艺术家的群体特性导致其对于居住空间明显需求更多的功能——除了满足基本的生活，他们可能还要在其中工作甚至进行创作。同时，他们生活的喜好和习惯更加个性、开放、多元、特征明显。因此我们对于艺术青年的居住空间的设计主要有以下几个想法：

首先，如果我们把睡觉和洗漱看做为纯粹的私密使用的空间，那么吃饭、办公、学习、交流、创作等活动就相对为可以公共使用的空间。所以我将私密空间设计成相对封闭的个人空间，而可以公共使用的空间设计成开敞的或者半开敞的空间，并且可以共享使用。

其次，青年艺术家的喜好是与大多数的普遍性规律不沾边的。对于他们而言，止步不前、甘于平庸、随波逐流这样的词语并不存在于他们的词典。可能在他们眼中，那些市面上常见的商品房，就像一个个流水线上的盒子，高效、统一但是因为千篇一律显得呆板无聊。所以，我希望设计一些与众不同的空间和场所，不仅如此，基于场所之上更多的是提供生活方式的创新。

最后，所谓的根据艺术青年需求的居住设计也仅仅能满足其在某一时刻对生活的某个要求而已，真正的生活是无法量身定做的：人们会在住宅里吃饭睡觉是必然会发生的活动，而如何吃饭，和谁一起吃饭却无法事先预料的。反之而言，如果所有生活中的活动都能被确定的话，那么生活本身也就变得很无趣乏味。我只能尽可能将居住空间设计得更加灵活而富有弹性，以满足艺术青年们当前及未来可能的种种需求。

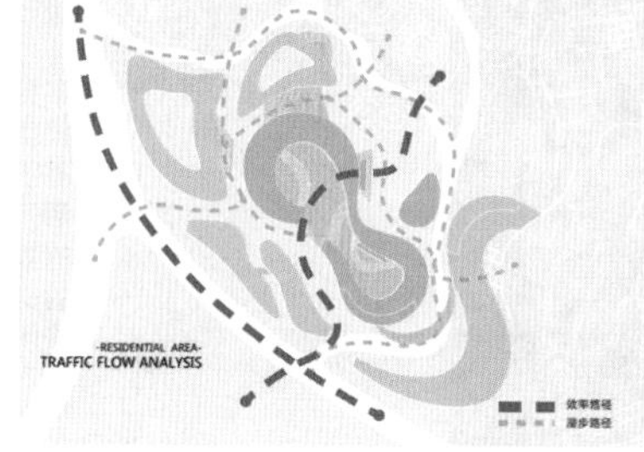

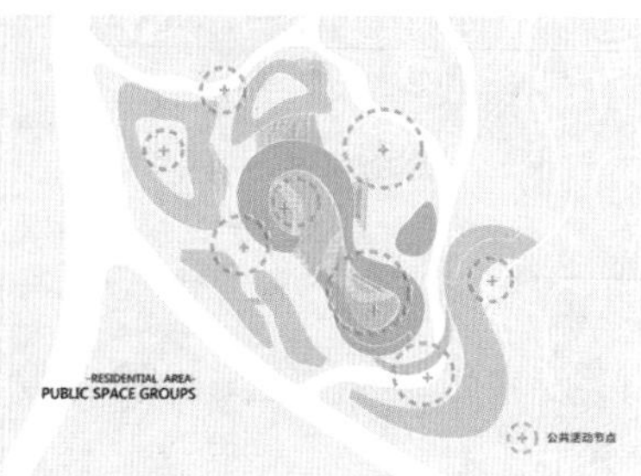

- RESIDENTIAL AREA -
移动/MOVE

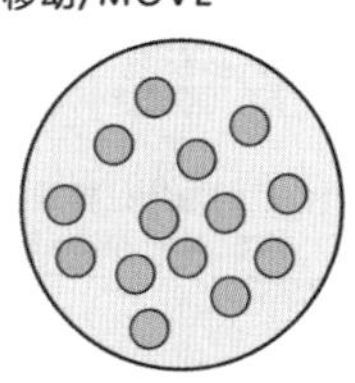
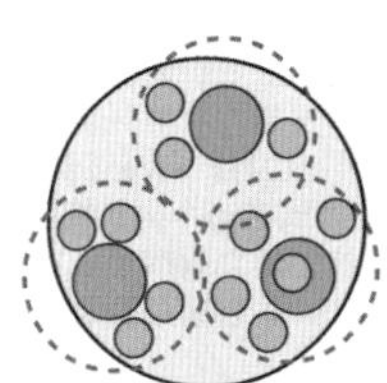
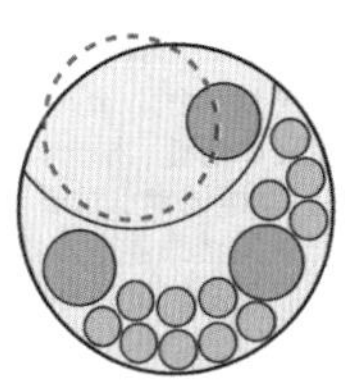
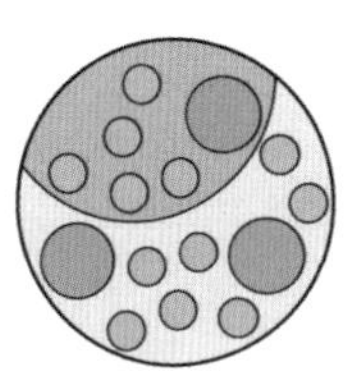

- RESIDENTIAL AREA -
连接/CONNECT

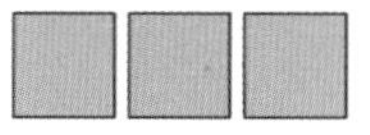
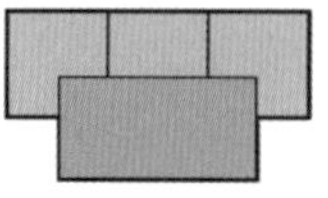
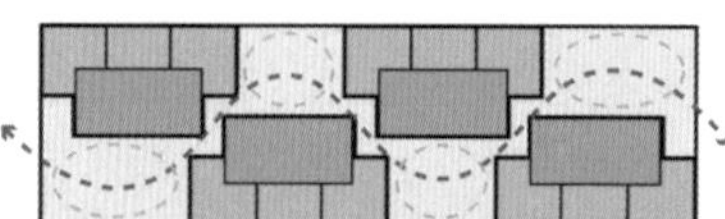

- RESIDENTIAL AREA -
漫步/STROLL

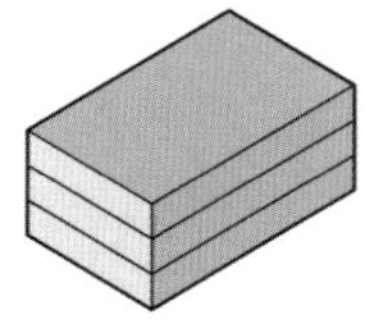
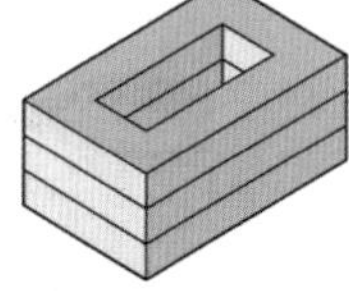
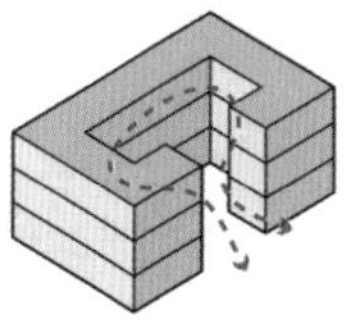

（二）具体设计策略

1. 移动 /MOVE

首先创造 N 个可移动的迷你居住单元，仅能满足私密的生活功能，像细胞一样在场地中处于游离状态。然后加入固定的公共空间隔断，居住单元围绕公共空间形成组团。将居住单元移动到边缘，加入更大的空间隔断，由此形成了一个非常开敞的公共活动区域，可以进行派对、聚会、表演等公共活动。在平时生活状态下，居住单元再次恢复到游离状态。这样，通过迷你居住单元的移动实现了对于空间和功能的分隔，使空间的使用更为灵活可变。

2. 连接 /CONNECT

几个并列的居住单元通过一个半私密的公共空间将其连接起来，形成一个私密与公共的居住模块。这样的居住模块在反复重复组合时使房间和走廊融合成过渡空间，既是交通空间，又是可以根据需要而起作用的复合的公共空间。私密的居住空间、半开敞的公共空间和复合空间，提供给艺术青年的是一个开放的、自由的居住可能。

3. 漫步 /STROLL

一个非常常见的长方形居住楼体，就好像一个封闭的盒子。为了打破这种封闭死板的建筑感受，首先将中间挖空，形成中庭空间。同时，在一侧打开中庭，打破封闭的围合空间。最后，将屋顶设计成可以漫步的坡道，人们可以在其中漫步穿梭，不知不觉就走进了建筑或者走到建筑之上。通过这种处理手法，为居住空间的无相感受提供了一种新的可能。

V 商业展示区

（一）问题切入

在对黄桷坪区域进行场地调研后发现黄桷坪附近并没有大型的综合类商业中心，距离最近的商圈杨家坪也要 5 公里，周边居民的购物休闲需求并没有得到满足。消费水平的提高带来的是对于商品需求的不满足，商业需求也由传统的物质消费逐渐转变为精神消费和物质消费齐头并进，甚至很多时候，精神消费的需求已经超过了物质消费的需求。人们购物不再仅仅是为了满足生活所需，同时承担起了休闲娱乐的功能，成为一种放松和消遣的方式。

黄桷坪区域作为一个成熟的生命体，也需要去关注城市更新以及对未来生活方式的设想。而商业空间作为人们日常生活和购物的空间载体，能够表现出人们生活积极的活力。传统的商业建筑模式很少会考虑到消费者的精神需求和审美需求，而是单纯地注重区域规划和商业运营，使得商业空间缺乏艺术品位。黄桷坪的独特性正是在于川美带来的艺术氛围，因此在城市改造的过程中，将艺术带入商业空间的设计，显得尤为重要。

（二）问题结论

商业建筑所体现出来的文化审美一定程度上代表了整个城市文化和内涵。基于黄桷坪地区浓厚的艺术氛围，所承载的商业建筑模式也应该是因地而生，自发生长出来，反平庸化并能和场地融为一体的商业建筑形态。而将艺术介入商业综合体，体现的也是在城市发展的背景之下，艺术如何去回归日常生活及带动消费兴起，因此最终所希望实现的商业区域也是能带给使用者便利和展现新鲜事物的场所，在最大程度的满足使用者购物需求的同时在功能上能够更加的丰富和多变，能够建立起人与人、人与空间、人与城市之间的联系。

（三）概念提出

在城市改造的核心区域，尤其是针对商业空间，与传统商业模式不同的是，希望使核心区域的商业模式更具有艺术代表性。首先商业建筑作为承载文化艺术的平台具有先天的优势，商业综合体在空间功能上可以成为电影、戏剧、舞蹈、美术展览、音乐、讲座等多种文艺活动的场所，并且从流动性、自由性和审美灵活度上有更多的选择性。商业综合体从艺术推广的程度上也十分具有推动力，能够对促进文化多元化起到积极的作用。无论是从建筑形态和内部空间氛围，融合艺术创作和居住。尝试提供一种更多元化的，互动式的商业场所，提供的服务也不是单纯的购物消费，同时也是艺术展览的表达空间，使整个商业综合体也能作为一个艺术体来呈现，融入到环境中。

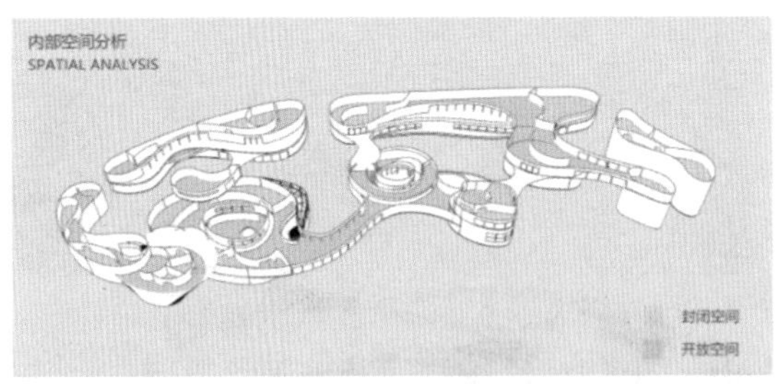

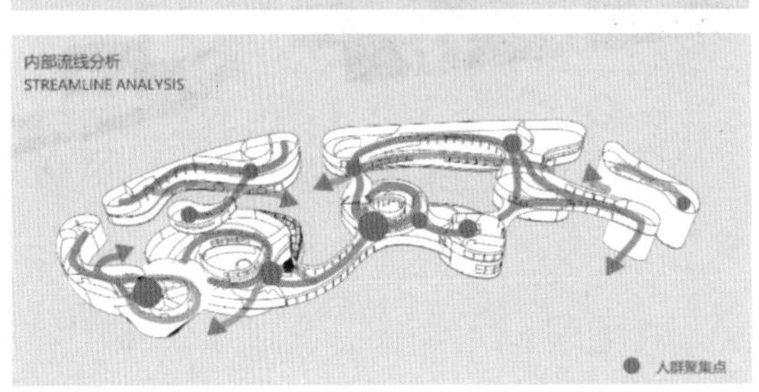

形态演变
MORPHOLOGICAL EVOLUTION

原有地形

加入建筑形态

建筑与场地契合

区域分析
REGIONAL ANALYSIS

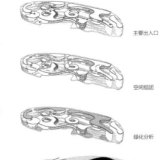

交通流线分析

主要出入口

空间组团

绿化分析

（四）商业空间设计表达

相比一般的商业空间设计的艺术性所体现的表现形式和内涵，核心区商业空间设计的艺术性更多注重在建筑体量外观的韵律感和雕塑感所产生的艺术性以及通过内部空间气氛、意境以及关注人的心理感受所呈现出的内涵。

在无相城设计规划理念中将无相的理念细化成三个方面来实现和表达，区域无界、建筑无形、功能无常，并将这三点落实到具体的单体上。通过单体到核心区最后到整个区域，形成一种融合交汇的无相系统，从而实现对旧城区的区域改造。商业区域所体现的无相具体表现在以下三个方面：

1. 区域无界。体现在整个商业综合体是道路的延伸，弱化了建筑和道路以及山体三者之间的边界感。并且通过坡道以及平台和廊道，将单体建筑之间进行连接，整个商业综合体的交通系统想要表达的是一种自由的，贯穿融合的状态。建筑体内部的交通流线也是相互连通，通过不同的路径会感受到不同的空间效果。

2. 建筑无形。体现在商业综合体与原本地形之间的契合关系上，是根据场地原有地形等高线的变化趋势所生长出来的建筑形态。整理后通过流线型和螺旋形的形态弱化了建筑体量的边界感。部分体量是嵌入地下，抬升起的部分也是随着等高线的变化层叠错落，整个商业综合体都是自下而上随着地形所生长出来的。

3. 功能无常。体现在内部空间的使用模式上，在内部空间设计的不同的封闭空间和开敞空间，可以根据使用需求不断变换功能。除了商业售卖的功能之外，可以作为艺术展示的活动空间为艺术创作者提供表达自己想法和作品的场所。内部空间的艺术介入更多的在于艺术氛围的制造，其中包括艺术展览、艺术教育和艺术商店等具有很强的互动性的使用方式，使购物者产生浸入式的购物体验，同时提供更新鲜的艺术空间感受。

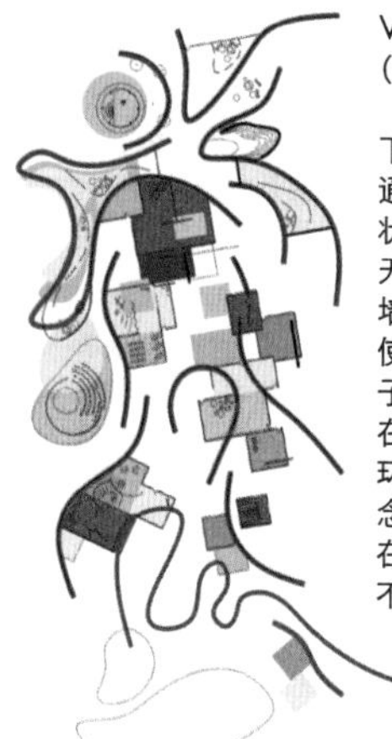

VI 创作工作区 ARTISTIC AREA

（一）青年艺术家的创作空间设计

对于创作区来讲，在无相城的概念之下，建筑形态主要以曲面墙和小盒子构成，通过曲面墙比较自由的半围合、半连续的状态形成了区域主要流线系统，并强调了无界无形无常的感受，小盒子生长在曲面墙两侧，随着时间的变化，小盒子可根据使用者的需求产生改变，各种类型的小盒子创造了不一样的空间感受和创作环境。在深入设计的时候，主要通过建筑与人与环境的互动来创造情景并回应无相城的概念，因为在我看来，无相在一定程度上是在描绘一种变化过程，这个设计不是一成不变的也不是终极的，是在变化中的。

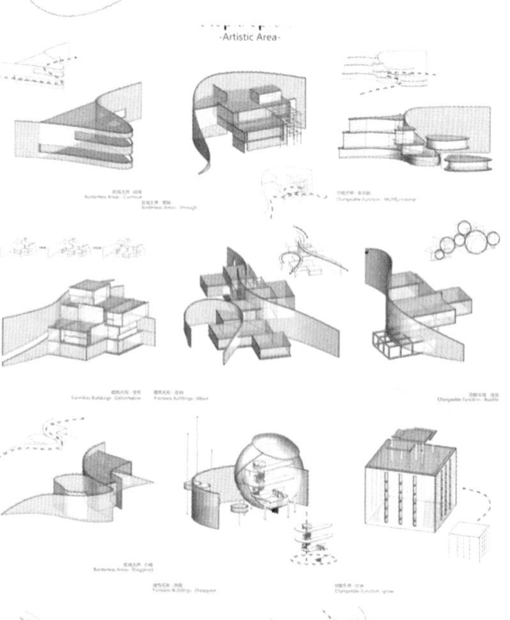

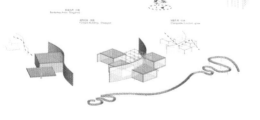

（二）具体设计策略

1. 鱼缸空间

对于鱼缸空间的情景探索在于，构想一个人物关系和外部环境构成的类似戏剧规定情景的场所，从来都是我们站在外面看鱼缸里的鱼，那么人是否可以置身其中当一个被观赏者，当置身其中向外看的时候，又会思考一个问题，何为真实？弧形玻璃与周围环境形成界线，但在视觉上并未彻底隔断，弧形玻璃的凹凸形态导致看出去的世界是一个放大而扭曲的世界，人的视角通过空间的改变无限缩小到金鱼视角，在这特定的场所发生的故事便构成了一部浸入式的戏剧表演，营造出一个既是假定又是真实的场景，否定了空间布局的凝固性。

2. 变形空间

对于变形空间的情景探索在于，在这个多重属性的空间里，建筑是可以切换组合的，移动所带来的更多偶然，使人们感觉到空间是无限的，是可以在他们意志的支配下构建自己对于创作环境的理想状态，可以根据自己的选择标准来决定空间的具体形态。

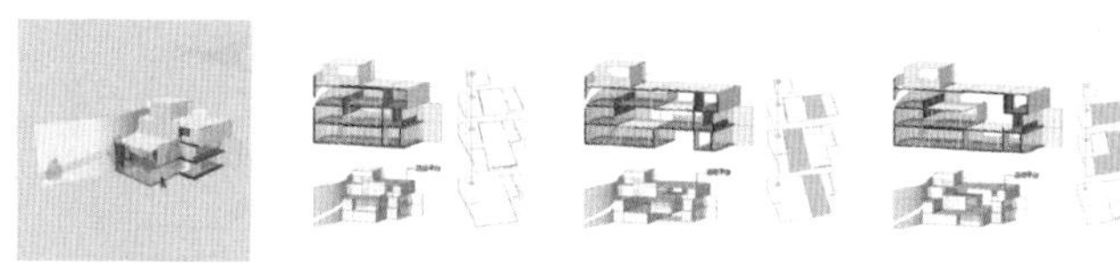

3. 流动的黑

对于流动的黑表皮的情景探索在于，赋予了建筑情绪，不再是一成不变的样子，他也可以说变脸就变脸，可以为人们创造多变、丰富、有趣的创作、生活环境来对抗现实的压抑、冷漠和严肃。

4. 镜面泡泡

对于镜面泡泡的情景探索在于，创造出来的情景可以让人们产生一种自我情感上的波动。对于建筑大面积使用镜面材料的目的在与，人们从远处走来能看到建筑具体形态，当走到建筑正前方对着镜面时，建筑形态消失不见，大面积的镜面倒映出周围的环境，再往外走便又看见建筑形态，这种消失又重见的东西作为“回忆”中出现的事物，往往可以打动人。当走进建筑内部红色球形空间和外部镜面空间所营造的氛围和使用元素形成强烈的对比，给体验者带来新奇的认知过程，给他的体验带来惊奇、未知、崭新、喜爱的感觉。

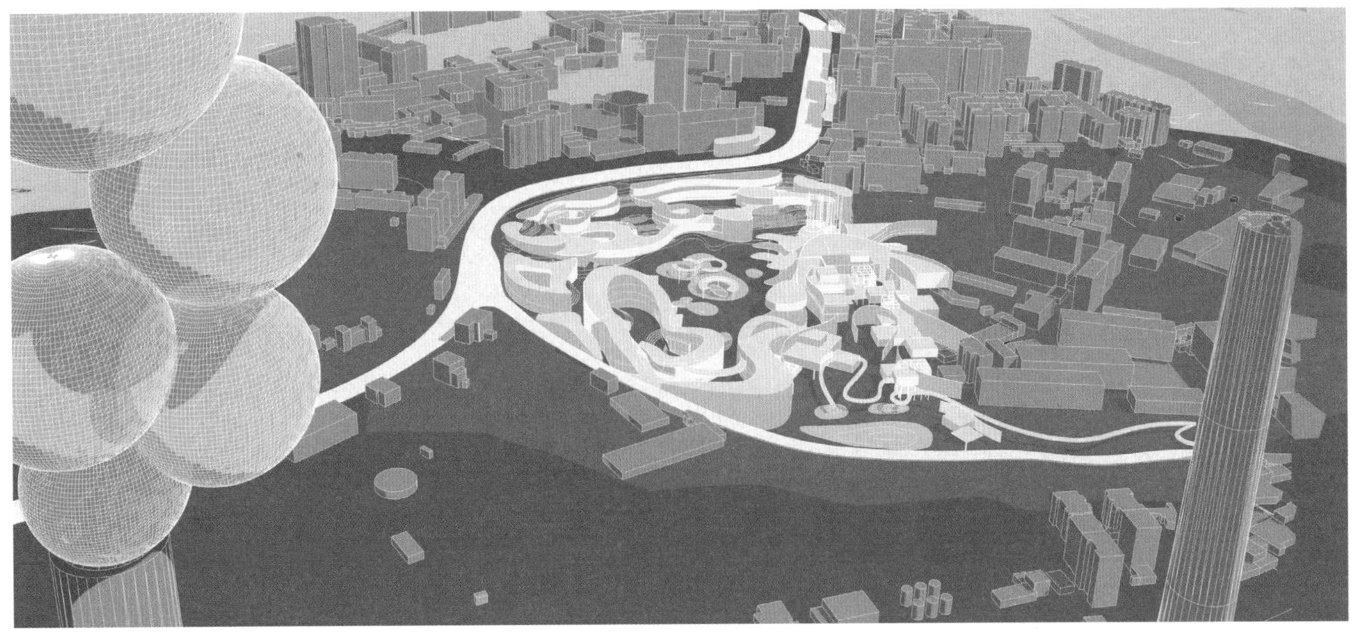

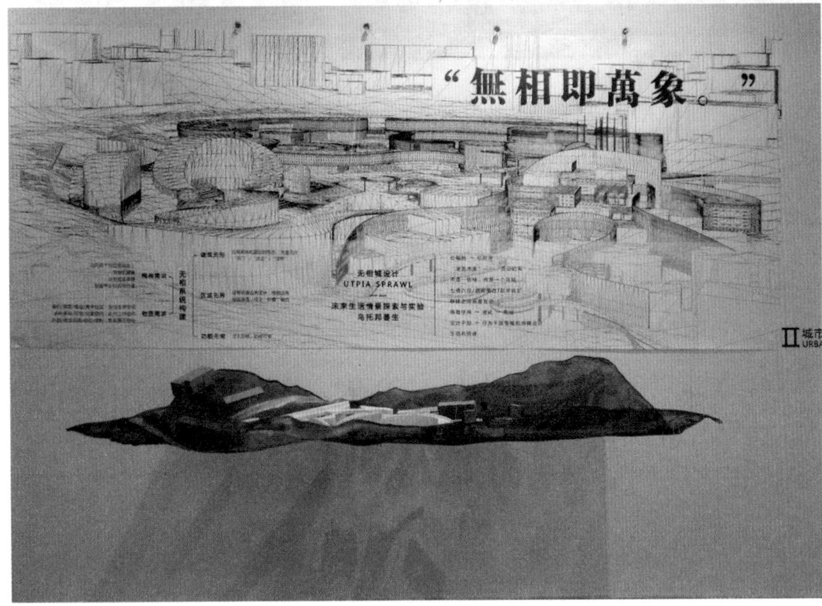

总结 EPILOGUE

对于黄桷坪的未来、城市发展的未来谁都无法做出准确的预估和判断；对于人们或者青年艺术家们的未来，我们同样不得而知。作为建筑设计师，我所能做的只是基于现状对未来展开一种可能的设想和探索。而无相未尝不是一种可能的趋势——城市生活越来越呈现杂糅、交织、多样的关系，与之相对应的设计也将不再有固定的模式和套路。因此，处理好艺术青年的人居关系，增加空间的可变性、可操作性和随机性，或者说是“无相性”，我们还需要做出更多的实验和探索。

嫁接
—基于艺术圈的城市激活策略

四川美术学院
设计：冯一如/谢育桃/吴晓洵
指导：李勇

01
前期分析

场地区位

（1）区位概况

重庆自古以来就是中国发展中非常重要的城市，1891 年重庆成为中国最早对外开埠的内陆通商口岸。1997 年，重庆正式成为中国第四个、西部地区唯一的直辖市，掀开了重庆建设与发展史上崭新的一页。

九龙坡区作为重庆主城的老区，集经济文化发展为一体。而位于九龙坡区东南端的黄桷坪片区，是九龙坡区重要的铁路、港口、码头、货运集散地，是未来的物流配运中心。同时，黄桷坪也是重庆最大的艺术基地，四川美术学院黄桷坪校区，坦克库艺术中心，501 艺术基地以及大型涂鸦文化等都是黄桷坪的名片。

（2）场地特征

黄桷坪是一个文化历史的集合体，有亚洲第二大烟囱的九龙坡发电厂；新中国第一条铁路——成渝铁路；西南唯一美术院校——四川美术学院；坦克库艺术中心；501 艺术中心；南站货场；九龙寺；苏联援建时期的水泵房；运输公司食堂改造的交通茶馆等。场地由工业、市井、历史、文化、艺术等多种元素组成，因此具有特色与多种改造可能性。

（3）关注方向

“城市更新中的发展与保留”

“过去、现在和未来存在时空上的断层”

基于对黄桷坪片区的调研，我们把关注方向落在了城市的发展与保留的问题上。黄桷坪片区的建筑和人文景观存在着时间和空间上的断层，我们采用“嫁接”的方式，把一些有意义值得保留的建筑留下来，用“艺术圈”串联和绿轴连接，嫁接到未来，形成对整个片区的激活体系进而与未来共生。之后再在重要的节点选择保留的建筑单体进行设计和改造，进一步强化对片区的服务和影响。

天际线分析

02
择优

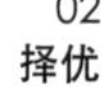

川美 胡记蹄花汤 501艺术基地 交通茶馆 红楼 梯坎豆花 涂鸦街 坦克库 老巢 水塔 贮灰库 电厂烟囱 电厂厂房 脱硫房 水泵房 码头 江滩 煤库 货仓 成渝铁路

标志性 艺术 工业 符号 铁路 水运 市井 搜索量 人气 互联网 年代 类型 历史性 走访调查 历史意义 现场 外观完整度 代表 结构稳固性 场地调研

通过对黄桷坪片区的数次调研，我们发现了特别多具有黄桷坪特色的建筑和景观。在此基础上尽可能的以一个客观的标准去制订选择保留的标准，比如建筑物的标志性，通过网络搜索量来判断人气，以及建筑的稳固性、外形完整程度等方面，进行综合的评定，从而来对保留建筑进行选择。

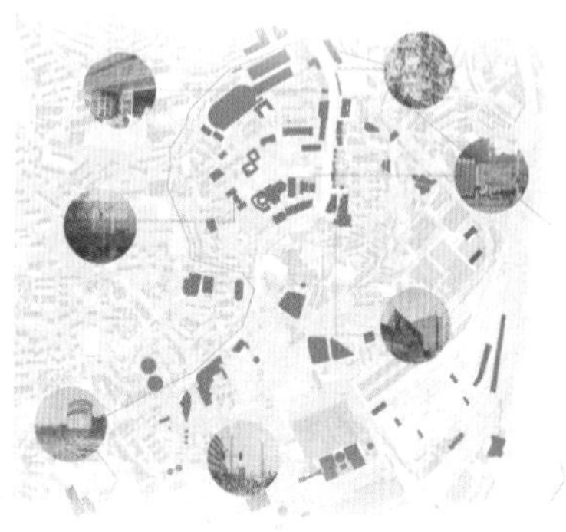

	标志性	人气	历史性	外形完整度	结构稳固性	综合
川美	★★★★☆	★★★★☆	★★★★★	★★★★★	★★★★☆	22★
涂鸦街	★★★★★	★★★★★	★★☆☆☆	★★★☆☆	★★★☆☆	18★
坦克库	★★★☆☆	★★★★☆	★★★★★	★★★★☆	★★★★☆	20★
交通茶馆	★★★★★	★★★★★	★★☆☆☆	★★★☆☆	★★★☆☆	18★
胡记蹄花汤	★★★★☆	★★★★☆	★★☆☆☆	★★★☆☆	★★★☆☆	16★
川美红楼	★★☆☆☆	★★☆☆☆	★★★★☆	★★★☆☆	★★★★☆	15★
梯坎豆花	★★★☆☆	★★☆☆☆	★★☆☆☆	★★★☆☆	★★★☆☆	13★
老巢	★★☆☆☆	★★☆☆☆	★☆☆☆☆	★★★★☆	★★★★☆	13★
501艺术基地	★★★★☆	★★★★★	★★☆☆☆	★★★☆☆	★★★★☆	18★
小烟囱	★☆☆☆☆	☆☆☆☆☆	★★☆☆☆	★★☆☆☆	★★★★☆	9★
大烟囱	★☆☆☆☆	☆☆☆☆☆	★★☆☆☆	★★☆☆☆	★★★★☆	9★
三角绿地	☆☆☆☆☆	★☆☆☆☆	★☆☆☆☆	★★★☆☆	☆☆☆☆☆	5★
休闲江滩	★☆☆☆☆	★☆☆☆☆	★☆☆☆☆	★★★☆☆	★★☆☆☆	8★

	标志性	人气	历史性	外形完整度	结构稳固性	综合
电厂水塔	★★☆☆☆	☆☆☆☆☆	★★★☆☆	★★★☆☆	★★★★☆	12★
南站货仓	★★☆☆☆	★★★★☆	★★★☆☆	★★☆☆☆	★★☆☆☆	13★
成渝铁路	★★★★★	★★☆☆☆	★★★★★	★★☆☆☆	★★★☆☆	17★
电厂烟囱1984	★★★★★	★★★☆☆	★★★☆☆	★★★★★	★★★★★	21★
电厂烟囱1994	★★★★★	★★★☆☆	★★☆☆☆	★★★★★	★★★★★	20★
电厂厂房	★★★☆☆	★★★☆☆	★★★★★	★★★☆☆	★★★☆☆	17★
电厂煤库	★☆☆☆☆	☆☆☆☆☆	★★☆☆☆	★★★★☆	★★☆☆☆	9★
电厂脱硫房	★☆☆☆☆	☆☆☆☆☆	★★☆☆☆	☆☆☆☆☆	★☆☆☆☆	4★
九龙寺	★☆☆☆☆	★★☆☆☆	★☆☆☆☆	★★★☆☆	★★★☆☆	10★
九龙湾码头	★★★★★	★★★☆☆	★★★★★	★★★★☆	★★★★☆	21★
水泵房	★★★☆☆	★★★★★	★★★★★	★★★☆☆	★★★★☆	20★
水泵站	★☆☆☆☆	☆☆☆☆☆	★☆☆☆☆	★★☆☆☆	★★★★☆	8★
贮灰库	★☆☆☆☆	☆☆☆☆☆	★☆☆☆☆	★★★☆☆	★★★★☆	9★

评级表格

评语：

城市设计是我们对城市未来的一种希冀，不同的人会有不同的希冀，也就造就了各种各样的乌托邦式方案。我们未来的城市到底是发展重要，还是保护重要？其实平衡最重要。“嫁接”这个方案正是试图对这个问题做出一个回答，只是这个回答她们不想通过她们偏见甚至傲慢的眼光做出。在发展方面，城市管理者其实已经做出了回答（上位规划）。那是他们的乌托邦，他们没有错。在保护方面，她们希望由在地的居留者（居民和艺术家），来做出选择，让他们来选择保护的内容和方式，这是他们的乌托邦，她们也没有错。作为设计师的她们，只是把两个乌托邦捏合在一起，这就是这个方案“嫁接”。她们在尝试把城市的发展和保护嫁接在一起，也在尝试把城市的过去和未来嫁接在一起。

筛选点评级前十

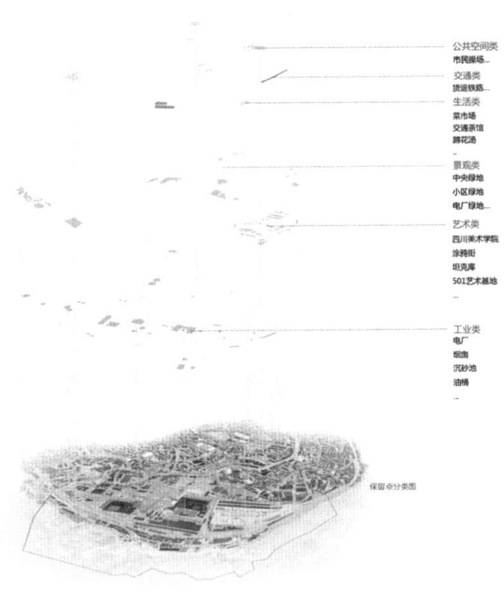

筛选点分类

(01) 坦克库
(02) 川美
(03) 川美红楼
(04) 交通茶馆
(05) 涂鸦街
(06) 胡记蹄花汤
(07) 梯坎豆花
(08) 老巢
(09) 501 艺术基地
(10) 小烟囱
(11) 大烟囱
(12) 三角绿地
(13) 电厂水塔
(14) 电厂厂房
(15) 电厂煤库
(16) 电厂烟囱 1984
(17) 电厂烟囱 1994
(18) 南站货仓
(19) 成渝铁路
(20) 水泵房
(21) 水泵站
(22) 灰筒
(23) 九龙寺
(24) 九龙湾码头
(25) 休闲江滩

保留点

筛选点分布

03

体系生成

一圈——艺术圈的生成过程

两轴——景观轴的生成过程

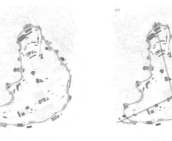

一圈两轴系统

艺术空间系统

绿化空间系统

交往空间系统

慢行游线系统

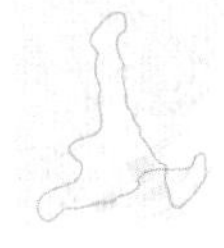

总平面图

04 激活策略

激活体系概念示意

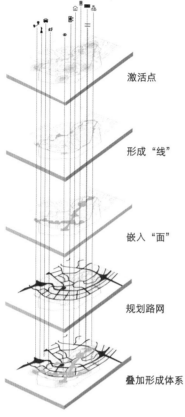

激活点

形成“线”

嵌入“面”

规划路网

叠加形成体系

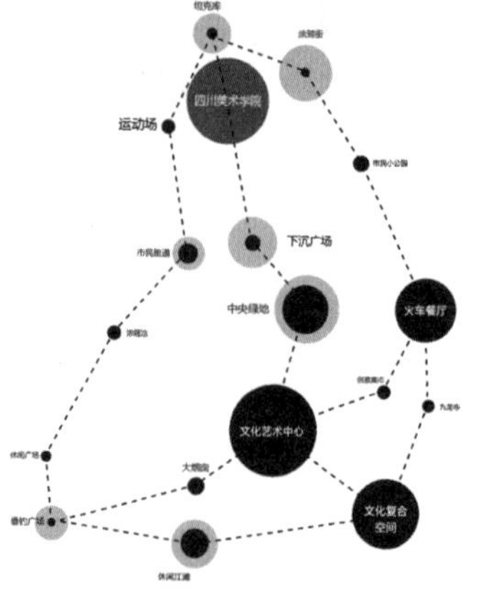

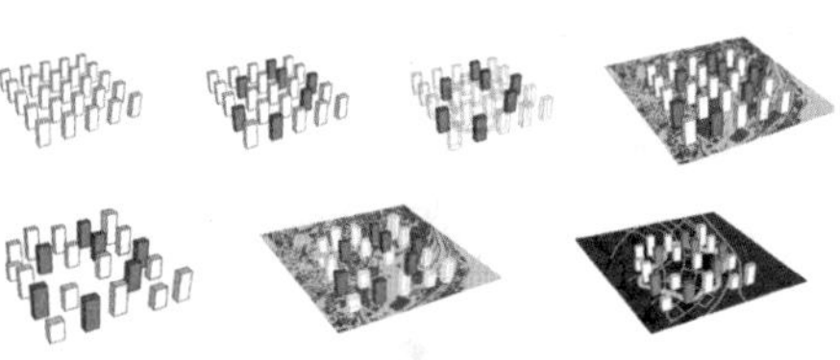

基于艺术圈的城市激活策略

切 入 点：城市更新中的发展与保留

场地问题：空心（无人、无功能）失活

策　　略：点、线、面分层次激活

点　　：通过对保留的点进行改造或置入新功能，形成场地活力点，吸引人群

线　　：相互连接活力点，形成路径体系

圈　　：便捷的步行游览区域和功能区的植入，形成功能联动，产生片区发展拉动力

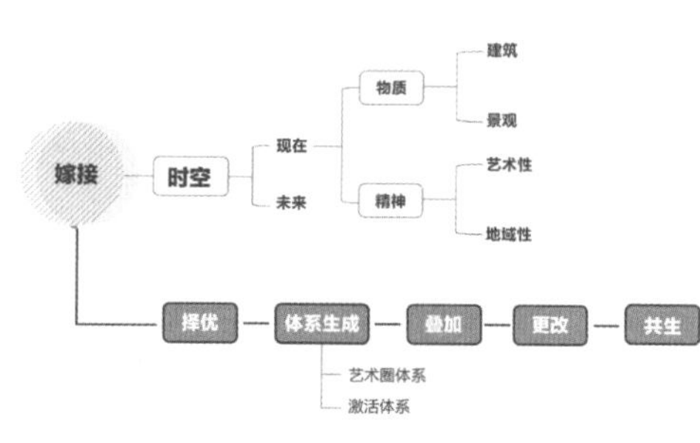

叠加·更改

05 叠加·强化

艺术圈沿途新增公共建筑点，以公共建筑体系进一步带动和激活。

与上位规划结合，重新布置和修改规划的功能区块。

通过艺术圈的辐射，激活功能地块，形成城市发展拉动力。

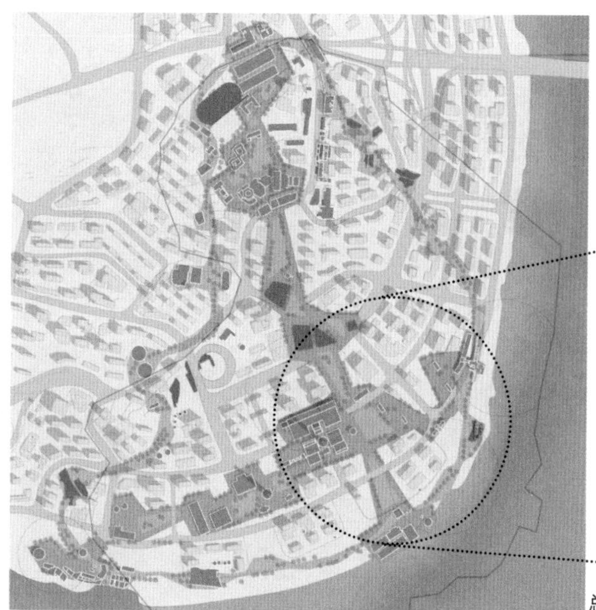

总平面图

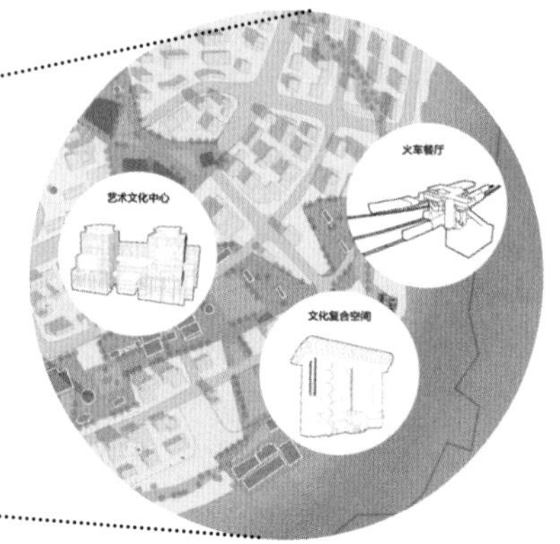

强化点部分示意

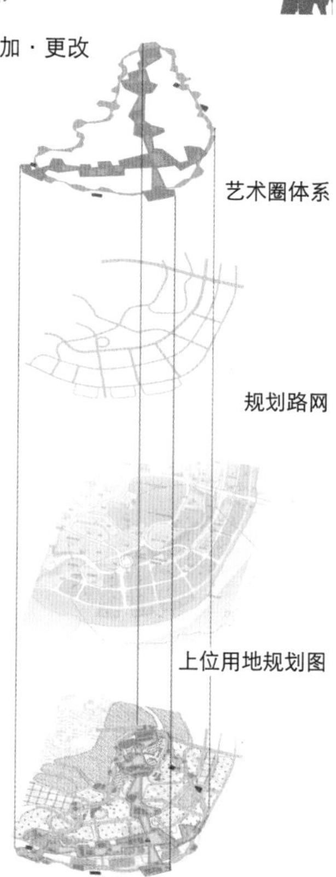

艺术圈体系

规划路网

上位用地规划图

叠加更交通·功能

火车餐厅设计——可移动工业构件改造的建筑

指导老师：李勇
学生：冯一如

01
现状区位

场地内有一处极长的货运铁路路线，几乎把红线内沿江的一面都经过了一遍。原本场地内有大量工业产品通过码头和铁路运输，然而现在电厂已经转移了，这些货运工具除了阻隔城市的发展之外，已经没有其他作用了。

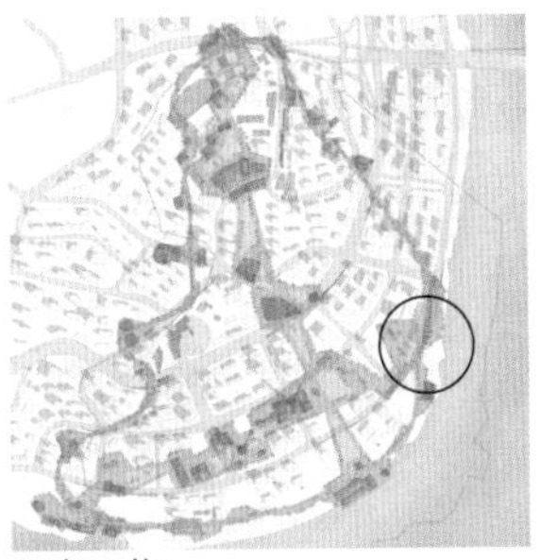
方案区位

02
元素提取

集装箱

货运火车

龙门吊

03
组合过程

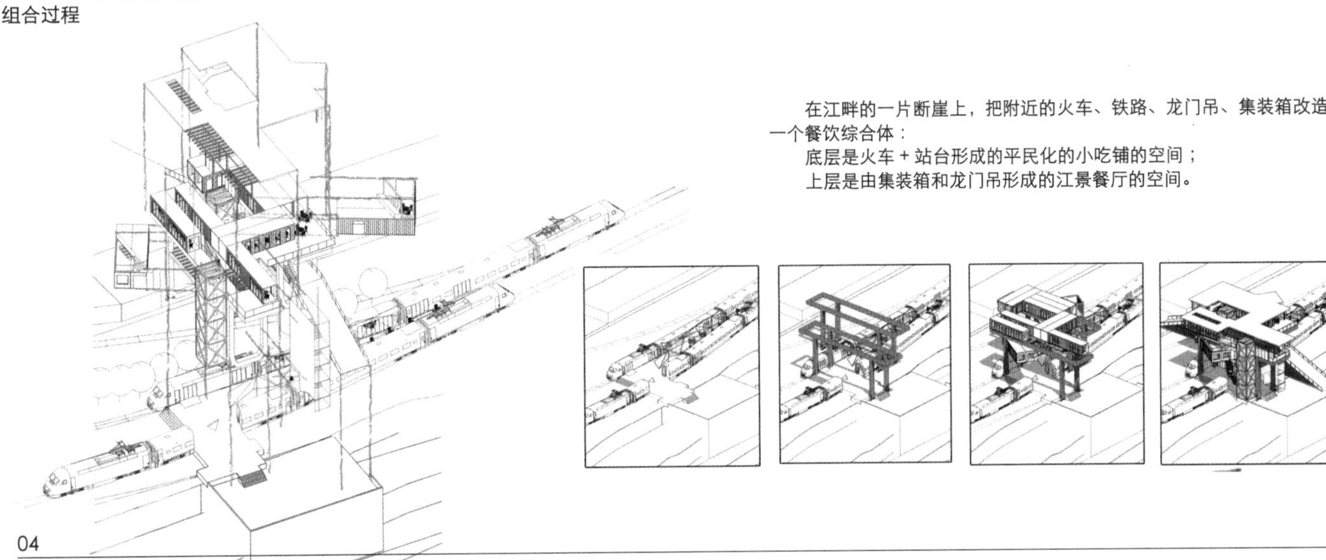

在江畔的一片断崖上，把附近的火车、铁路、龙门吊、集装箱改造成一个餐饮综合体：

底层是火车＋站台形成的平民化的小吃铺的空间；

上层是由集装箱和龙门吊形成的江景餐厅的空间。

04
细节展示

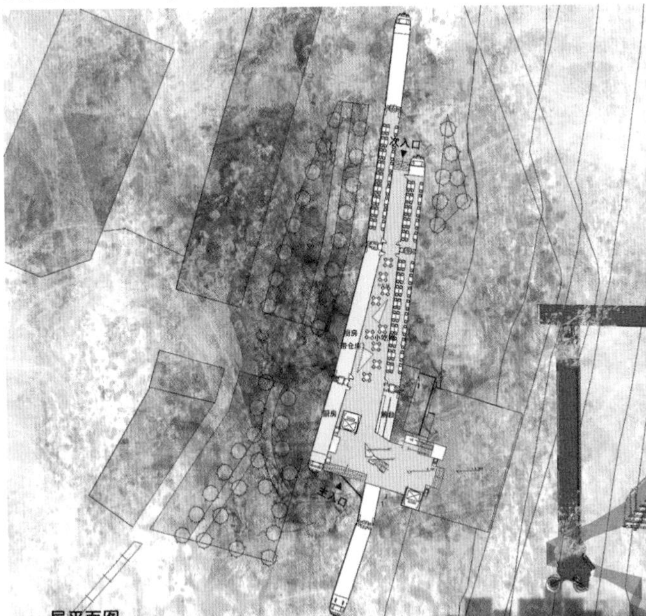

次入口

主入口

一层平面图

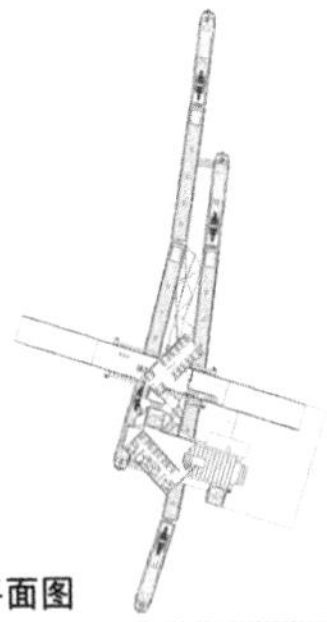

二层平面图

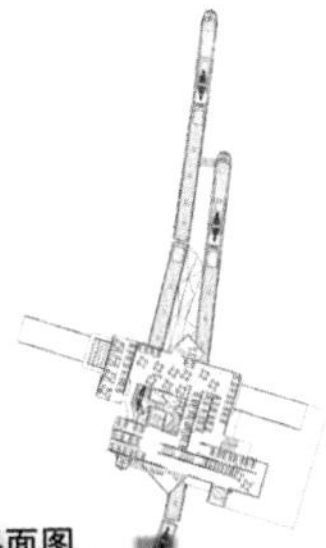

三层平面图

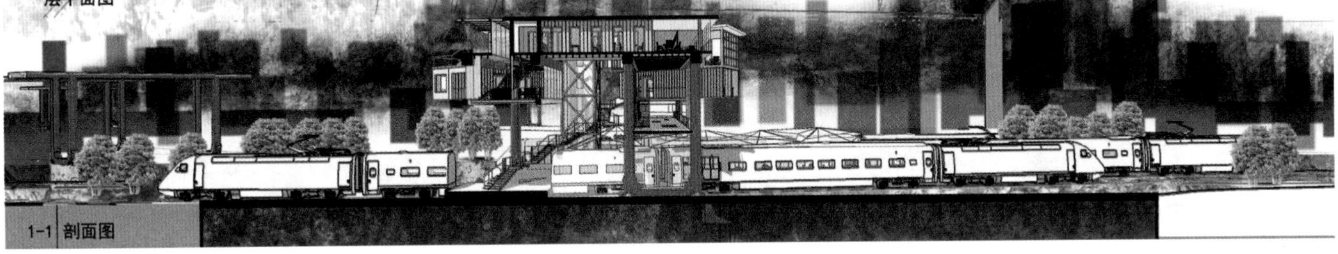

1-1 剖面图

电厂文化艺术中心——重庆九龙坡区发电厂主厂房改造

指导：李勇
设计：谢育桃

01 现状区位

方案区位

现状照片

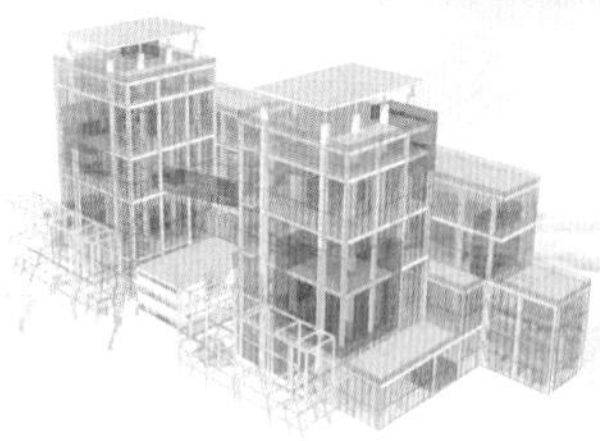

该方案是由发电厂主厂房改造而成的集多种文化艺术活动为一体的复合展览空间，其中作为最大的“展品”的是最精彩的电厂烟囱和锅炉房部分。希望通过红盒子空间功能和位置的串联，从入口开始形成一个带有艺术活动功能的交通空间，吸引人流进入，与厂房、烟囱发生互动和参与，以文化艺术中心的影响力从而激活电厂片区。

为了能与烟囱互动，和最大角度的观看，厂房的立面采用玻璃幕墙形成面向烟囱和江边最好的景观视野，同时也将电厂厂房的工业结构之美展现出来。红盒子的半透明空间的置入，与建筑体量相交、相溶、相离，形成不同的空间关系。半透明玻璃让盒子里面的活动与外面的观众发生互动，盒子与厂房也发生新与旧以及功能多元的碰撞。

02 各层平面

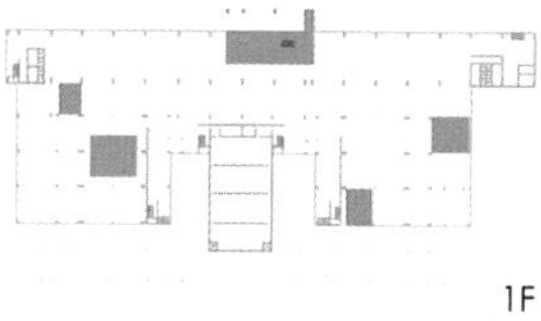

1F 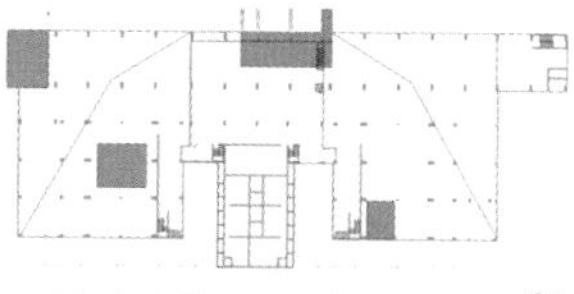　2F 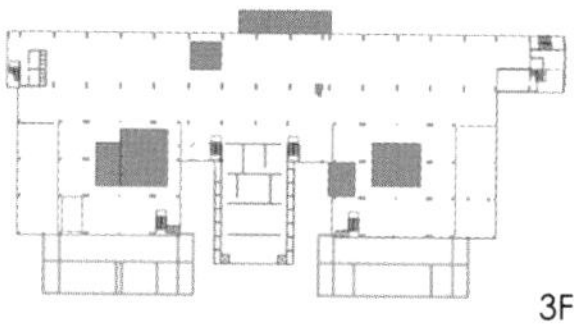　3F 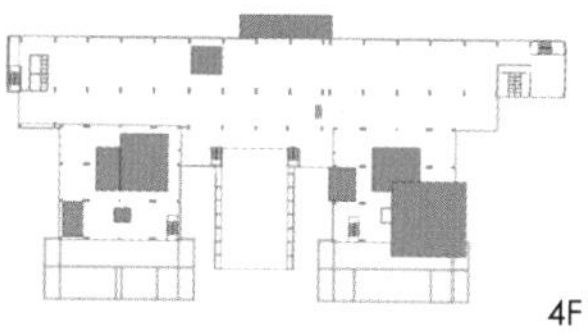　4F

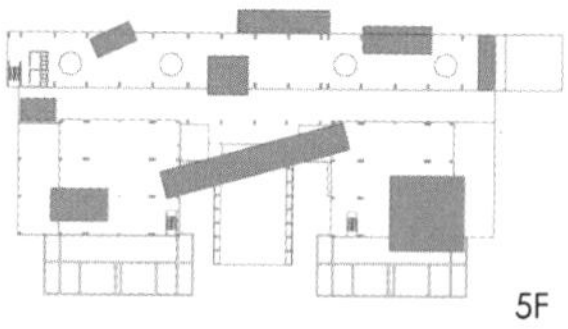

5F 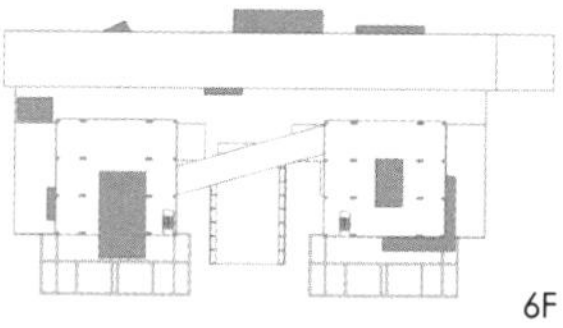　6F 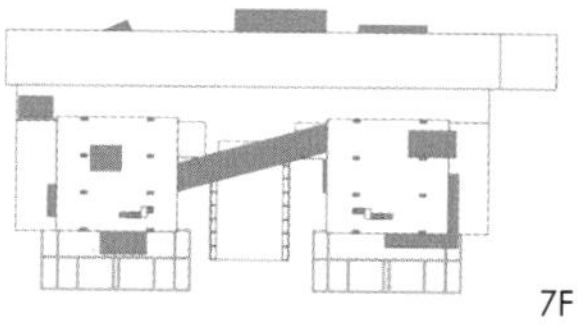　7F 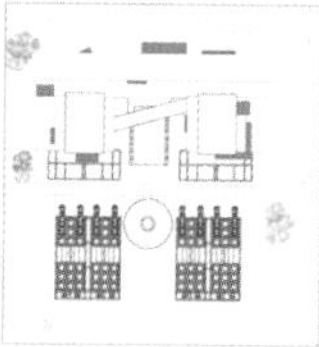　总平面图

03 空间组合

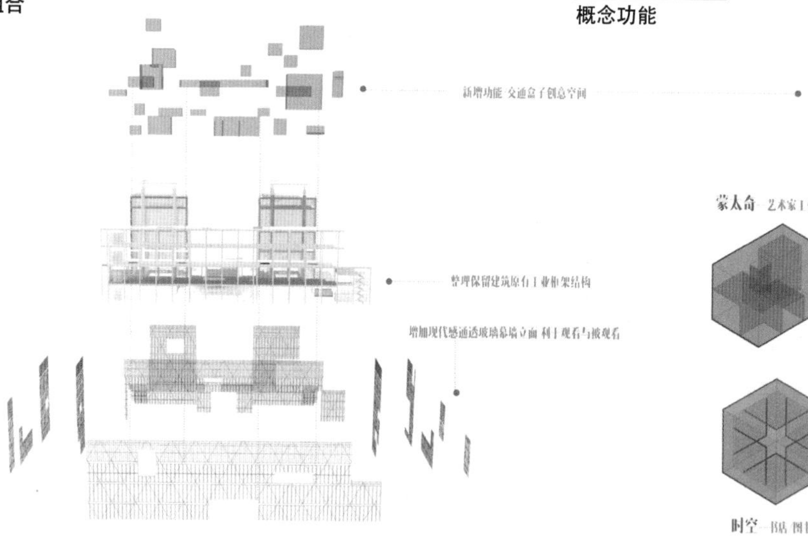

新增功能 交通盒子创意空间

整理保留建筑原有工业框架结构

增加现代感通透玻璃幕墙立面 利于观看与被观看

04 概念功能

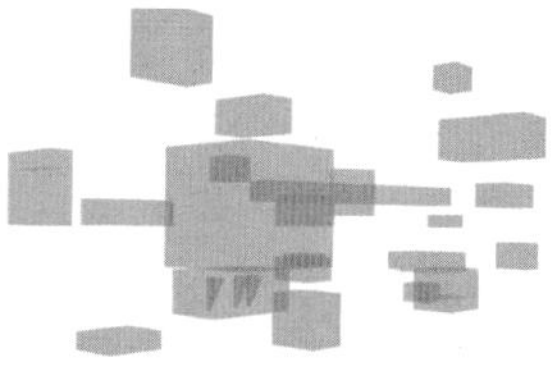

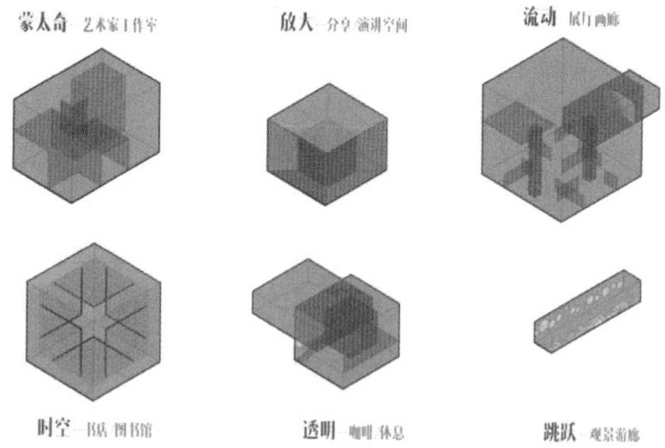

蒙太奇—艺术家工作室　放大—分享/演讲空间　流动—展厅画廊

时空—书店/图书馆　透明—咖啡/休息　跳跃—观景游廊

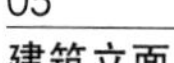

05 建筑立面

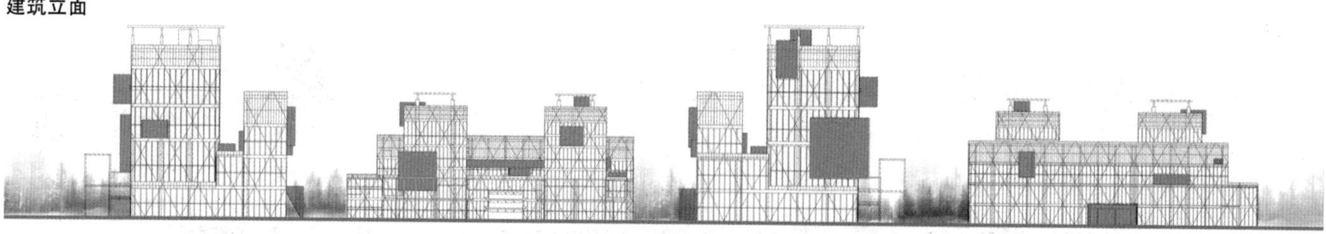
东立面图　南立面图　西立面图　东立面图

重庆发电厂贮灰库改造

指导老师：李勇
学生：吴晓洵

01
现状区位

重庆发电厂始建于1952年，位于九龙坡区黄桷坪。随着大气污染防治力度和相关标准的加严，该厂现有环保设施治理水平已达不到要求，为此列入“蓝天行动”2014年搬迁计划。

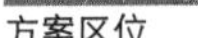
方案区位

现状照片

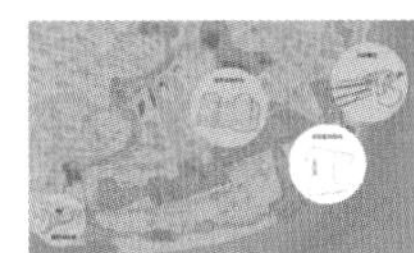

贮灰库作为发电厂除尘系统的末端，选址临江，目前已停运。

贮灰库因为特殊的功能要求，形成了并排圆筒的形态特征。虽然现在已经处于闲置状态，外部混凝土材料、斑驳的油漆涂装和裸露的传输管道，依旧散发着浓厚的工业气息。

02
功能组成

根据功能置换的设计方法，改造将贮灰库的仓储功能进行置换，使其重生为极限运动、生活休闲等功能组成的文化复合空间。根据建筑层高较高的特点，在三个竖筒中置入了对通高有要求的风洞、潜水、攀岩这类极限运动场地的功能。另一个竖筒置入楼梯、电梯等交通功能的设施，将代表活力与冒险的旧筒与新建横筒内空中餐厅、空中画廊休闲的日常活动联系起来，相互碰撞融合，和谐共生。

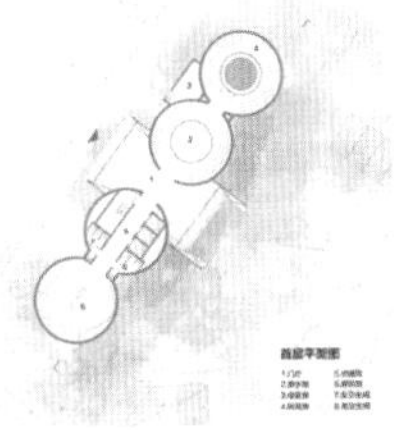
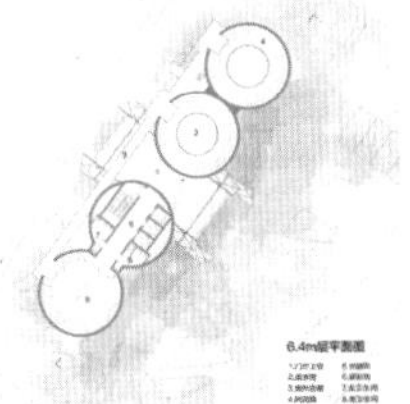
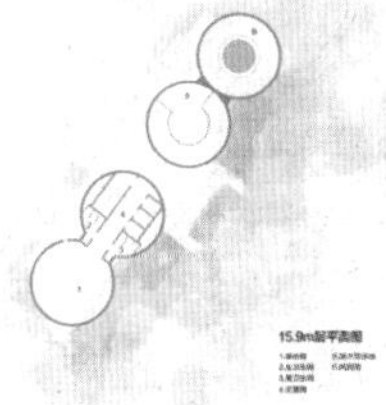
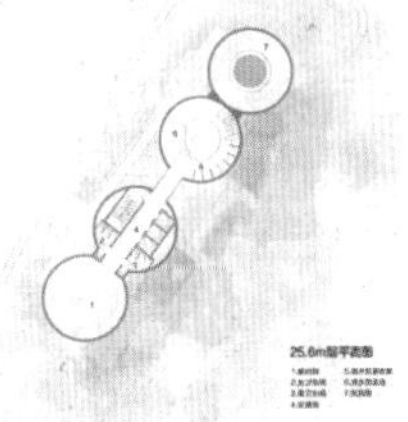
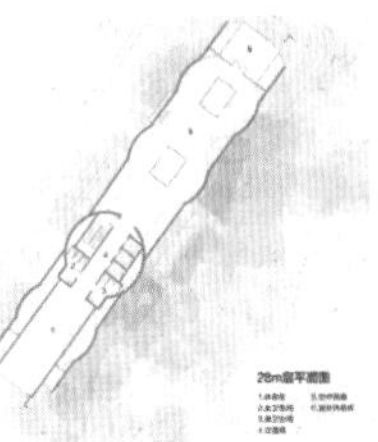
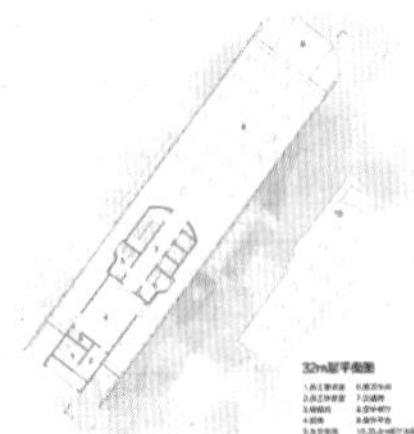
各层平面图

03
内部空间

由于贮灰库本身层高较高，通过垂直拓展的方式重新划分空间，在重塑内部空间的同时，于顶部底部新建横筒。内部重塑，外部新建，使特殊形态空间满足新的功能需求，丰富空间的层次。

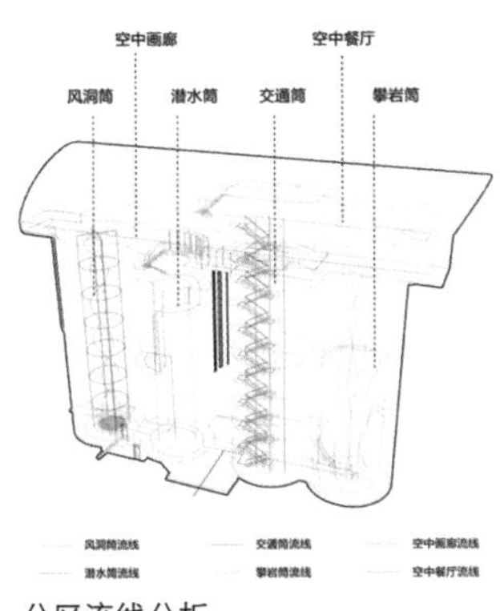

分区流线分析

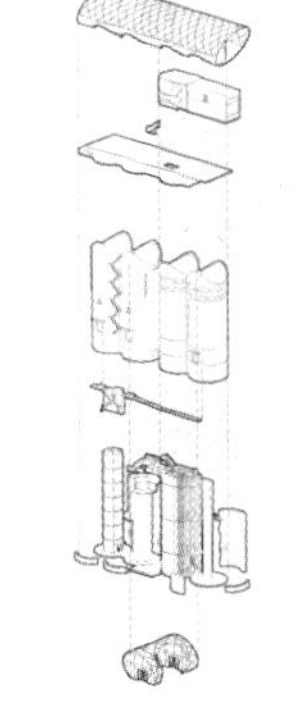
空间组合分析

04
建筑形态外观

为了在注入新活力的同时，遵从保留性与共生性的原则，对建筑形态外观进行整体外观优化。保留了原生材料与涂装，在顶部与底部加建以玻璃为主要材料的新空间，通过通透的玻璃材质，与原有粗犷质朴的混凝土形成强烈对比。

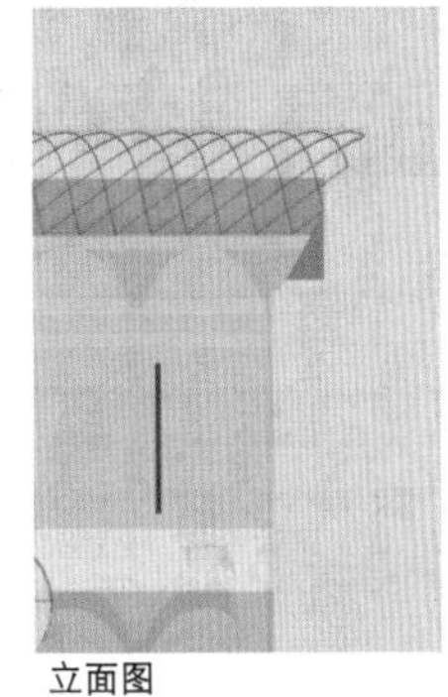
立面图

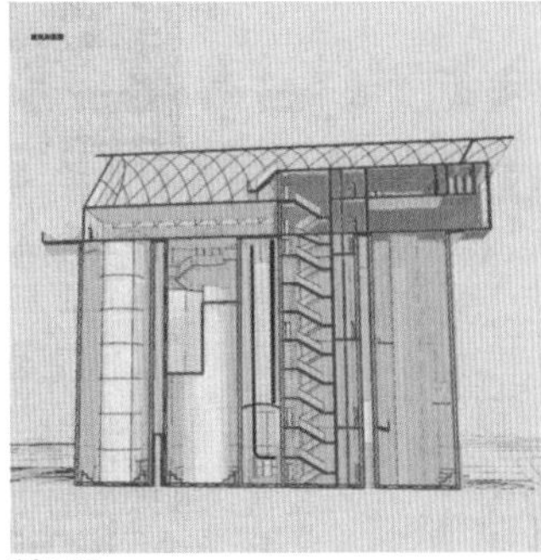
剖面图

横筒内的嵌套空间也采用了与旧工业建筑灰色所不同的橙红色进行涂装点缀，在确保色彩和谐的前提下，突出设计部分。

设计效果图

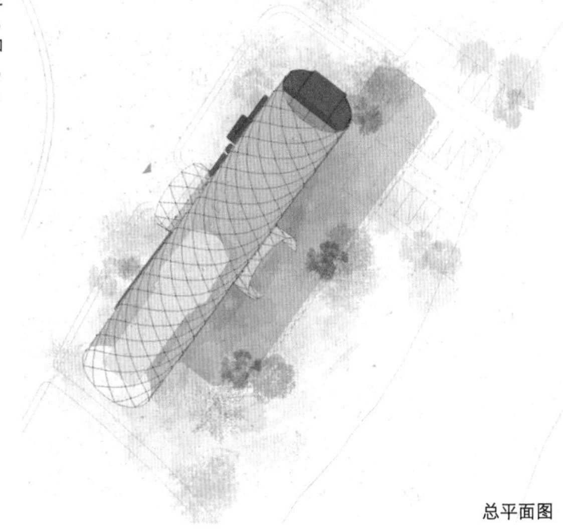
总平面图

城市·镜·像——立足当代艺术基于镜像理论的城市设计

City Mirror Image

四川美术学院
作者：季山雨 / 高思梦 / 周令熙

评语：

发电厂的大烟囱、川美、涂鸦街、货运站、交通茶馆等是人们关于黄桷坪印象中的标识，在如此多元素混杂、工业遗存与艺术糅合的九龙半岛颓变区域，如何将艺术作为激活旧有场所的具象媒介，辐射没落区域，以达到城市有机更新的目的。

一、选题背景

九龙半岛黄桷坪片区区位特点分析

九龙半岛黄桷坪片区隶属于九龙坡片区管辖，地处九龙坡区东部，是九龙坡区重要的铁路、港口、码头货运集散地，是长江环抱的九龙半岛的重要组成部分，具有极高的区位价值。同时，黄桷坪片区内有著名艺术高等院校——四川美术学院坐落其中，为其增添市井文化间浓郁的艺术氛围，是一个艺术、工业与传统民居生活交融的综合性场地。调研发现，场地不仅面临文化保留与发展的问题与瓶颈，也面临场地功能更新与转型的机遇和挑战。

在这样一个文化遗存与工业遗址杂糅的区域，通过“城市镜像”，从城市设计角度出发，利用艺术介入的手法实现传统工业片区城市化进程中的更新与转型。相较于传统城市发展模式中由于商业趋利造成的大拆大建千城一面的情况，能够在保留场地文化基质和氛围的情况下，辐射没落区域，以达到城市有机更新的目的。

二、设计主张

（一）拉康镜像理论

拉康·雅克是法国二战时期著名的作家、学者、精神分析学家。于 1949 年的苏黎世第 16 届国际精神分析学会上，他发表了一篇著名的论文著作——镜像阶段论（全称:“来自于精神分析经验的作为‘我’的功能形成的镜像阶段”）。

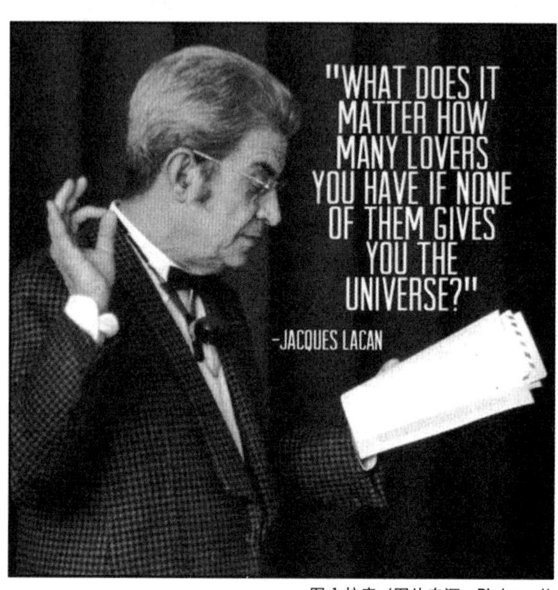

图 1 拉康（图片来源：Pinterest）

“镜像阶段”是镜像理论的主体部分。可以说，没有镜像理论的来源，就没有之后在此基础上发展成熟的“ISR”三界域说。在这篇饱受批评家争议的著作中，拉康多次强调“主体”这一概念，并且通过 6~18 个月的婴儿在镜子前的试验来解读关于本体的构成与本质以及自我认同观念形成的过程。“主体”形成的镜像理论是拉康理论学说的起点和归宿。他认为，认同是“主体在认定一个形象时，主体自身所发生的转换；而该形象在此阶段似乎注定更要产生一种影响。”诚然，在自我建构的过程中既离不开自身这一实体，同时也离不开自我的对应物——“他者”。而这个“他者”就是来自于镜中自我的虚像，他是通过与虚像的认同得到实现的。

图 2 孩童的镜像试验（图片来源：Pinterest）

简而言之，在镜像阶段即是“本我”与“他者”之间相互作用，从而完成“本体”自欺性建构的过程。

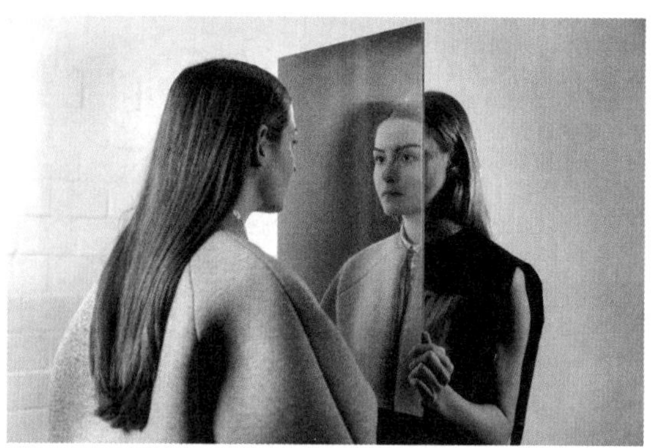

图 3 I IS AN OTHER by lucie marsmann（图片来源：thatsitmag.com）

（二）“ISR”三界域说

拉康后期基于“镜像理论”发展成熟的“ISR”三界域说其具体含义为：

1. 现实界（REAL）：原始的混沌一片，不能够被清晰地表达出来的世界。但他又是真实存在的，是一个超越理性的存在。

2. 想象界（IMMAGINARY）：是文化环境是个体形成其特征的所有一切。它产生于镜像阶段，并继续发展成“主体”与“他者”的关系之中。

3. 象征界（SYMBOLIC）：这一阶段是想象的主体向真实的主体过渡的阶段，实际上是主体被凝视的阶段。

三界域说虽然是基于精神分析提出，但在理论上却是对人类生存环境过程的建构，这三者之间仅有层次上的区别，由低到高依次为“现实界”——“想象界”——“象征界”，但究其本质实质上是一种相互包容的关系。

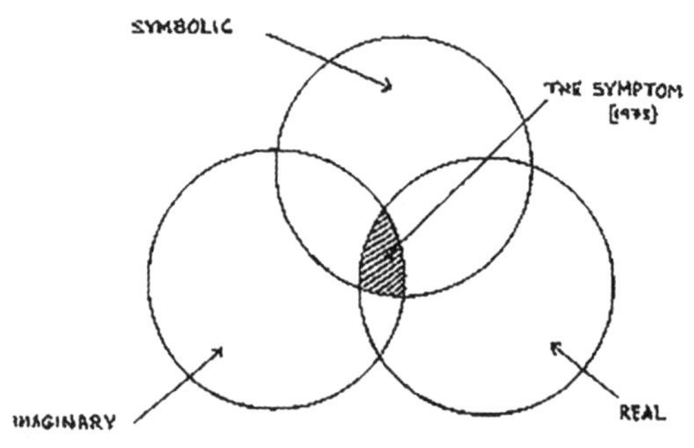

图 4 “ISR” 三界域说（图片来源 Google）

（三）艺术是生活的镜像

基于拉康提出的“镜像理论”及“ISR”三界域说，在进行场地多次的走访调研后，我们将这一精神学层次的议题纳入建筑学领域的思考中来。“城市·镜·像”，寓意为反映过去、映射未来。九龙半岛作为一个充满艺术氛围的工业遗存基地，它面临着过去浓厚文化元素的保存和未来产业更新发展的双重挑战。采用“镜像”这一虚像媒介的介入，其本意是为了通过艺术介入再激活没落的工业园区，从而达到艺术与生活的共生与再生。

艺术来源于生活，却高于生活。它需要对生活元素的加工和提炼从而得以升华和重生。基于此，我们提出了“艺术是生活的镜像”这一核心理念，希望通过对现实界中工业遗存的改造、镜像来重塑一个功能异同但是却能产生情绪共鸣的新兴艺术文化工业圈。在过去、现在与未来的交相辉映中，寻求城市化发展进程中城市形态的合理演绎，有机再生，从而昭示未来城市进程的发展轨道。它绝不是高屋建瓴的大拆大建，而是用一种更新的方式，自下而上做到真正意义上的保留场地特有的文化因子和记忆氛围，用“城市·镜·像”来缝合历史、时间、文化带来的断层现象，在虚实之间勾起人们对于实体虚境的共鸣。

三、设计策略

(一) 第一阶段——场地调研与镜像理论收集

在综合了多次场地调研的信息和相关资料的收集后，依次进行完善镜像相关理论、进行光学实验、检索当代艺术中镜像的应用方面的技术等准备工作。

在资料收集的过程中，我们面临如何将镜像这一较为“虚”的理论和城市设计这一相对“实”的操作结合起来；同时也面临如何将晦涩难懂的大篇幅精神学理论与建筑学本专业的理论逻辑相链接的问题。为了解决这一问题，首先将其从抽象的理论中剥离出较为核心的实质内容，找出他们之间相互关联的部分；其次，突破两者之间的单一关联，而是在虚景实像中引入当代艺术这一因子，使他们三者之间相互补充说明，互为平衡。如此而来，不仅为为何要选择城市镜像提供了理论与现实的依据，同时也为下一步我们怎样实现城市镜像提供了案例和参考。

1. 镜

镜本身有几种解释，可以映照形象，是利用光学原理制造的各种器具，它可以监察和借鉴，也能照耀。我们研究了词之外，还用镜子做了诸多实验，镜面成像的几种方式有：平面镜成像、凹面镜成像、凸面镜成像等。我们主要利用这三种成像原理进行设计。

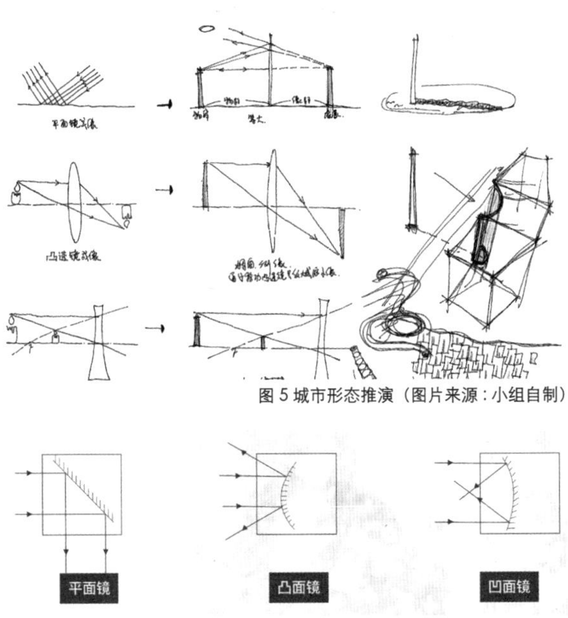
图 5 城市形态推演（图片来源：小组自制）

图 6 镜面成像理论（图片来源：小组自制）

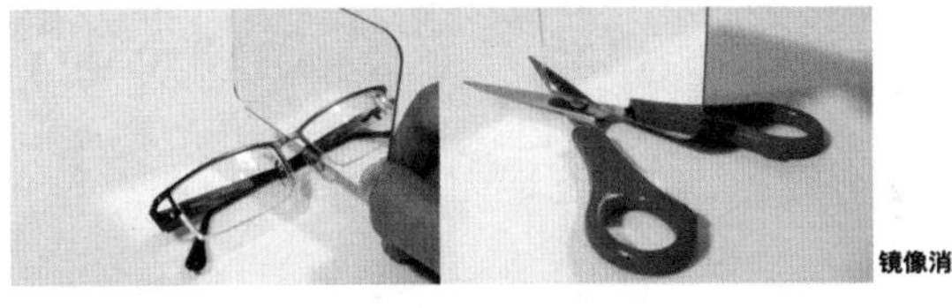

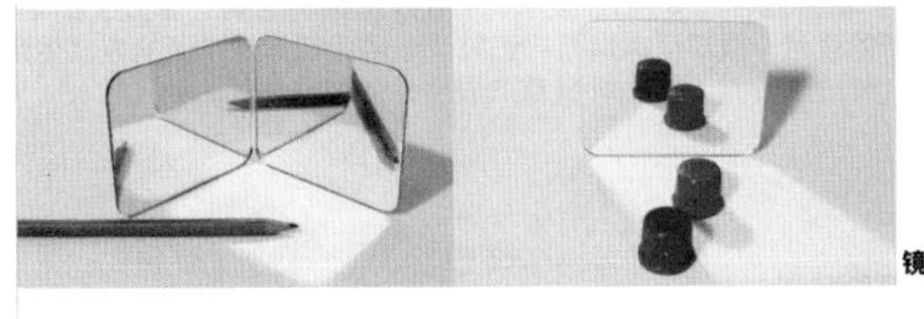

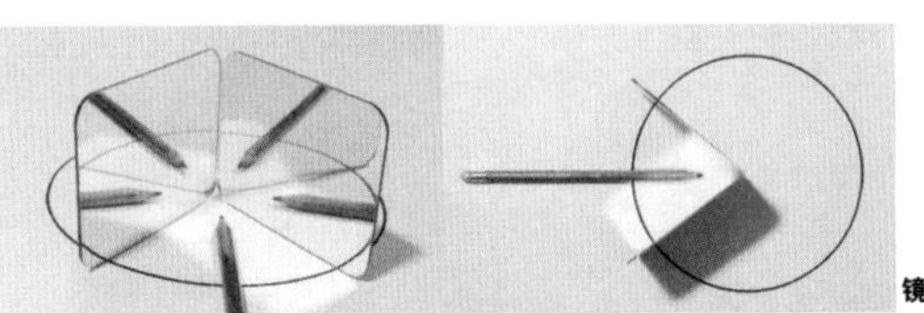

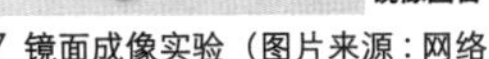
图 7 镜面成像实验（图片来源：网络）

2. 界

镜除了镜子这个物件本身，镜这个面是个“界”，有一个看不见的世界在另一端。

我们看到的，我们所在的世界是实，界面后的世界是虚，然而看到的未必是真的，于是我们推断出第二种可能，我们所在的世界是实，界面后的世界是虚。又或者都是实，都是虚呢？于是一共有四种可能。

3. 过去

镜像是镜“界”后的虚像，对于这个虚像是我们将要设计的部分，现实真实存在，而未来虚无缥缈，然而过去也是真实存在过的，因为时间线，它却变得虚无缥缈了。我们需要过去的参与，过去现在未来三者联系，这才是时间线。

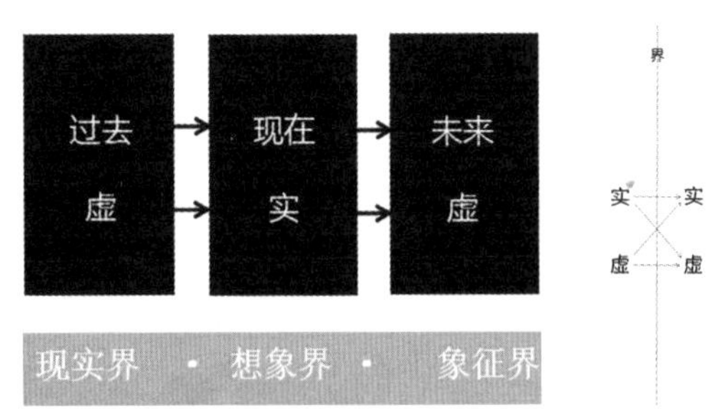

图 8 “ISR”三界域（图片来源：小组自制）

4. 三界域

二战著名心理学大师雅克·拉康曾由基本“镜子阶段”实验提出镜像理论（指出镜像的内在逻辑是：形象——意向——想象），而后的“ISR”三界域说“I”即想象界（immaginary）、“S”即象征界（symbolic）、“R”即现实界（real）进一步对此理论进行了拓展及完善。这三者相互包容贯通是组成人类所有经验的三大秩序。通过三界，通过镜像自省呈现出比真实的更真实的世界。

5. 城市碎片化

当今城市建设一味追求归整统一不一定正确，将镜子打碎——将其符号化，破碎、消解，可能更是一种回归的状态，我们将肌理比作破碎镜子，用一片片碎片去重塑城市形态。

图 9 城市荒蛮化发展（图片来源：小组自制）

(二) 第二阶段——平面序列推演

在明确了创作意图之后，从宏观的城市设计角度出发，试图通过梳理的逻辑综合考虑黄桷坪后街四川美术学院片区、电厂、货厂三个区域之间的演变进程，修整当下九龙半岛破碎混乱的场地秩序。城市设计中的平面布局是十分关键的一点，我们从立体主义和解构主义美学的角度出发，进行城市空间形态的改造。

破碎的九龙半岛犹如一面城市荒蛮发展中被打碎的镜子，苏联时期建成的具有保存意义的建筑散布其中。以此为前提，按照城市功能布局将破碎的斑块规整成几个几个完型区域，选定其中需要保留的历史建筑，并以电厂的两根烟囱为中心，引出一个辐射面积适当的中心节点增强区域的向心力，预示场地未来规划发展的重点区域；再辅以一条贯穿老川美和电厂的时间轴线作为当代艺术与工业遗产的通廊；最后，由于九龙半岛的发展离不开作为母亲河的长江。九龙半岛的兴衰皆是源于江，又归于江。于是引江水为镜，通过它的“镜像”“反射”，又在场地中置入了几条表达过去、现在与未来的带有虚实关系的镜像线。

高思梦

季山雨

周令熙

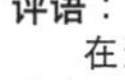
评语：

在过去城市发展模式中，传统工业区往往在商业趋利的背景下全盘推翻重建，导致了城市发展缺乏可持续性和不平衡性，导致城市与历史割裂，也导致艺术、人与生活的失语。为改善类似城市区块病态化发展，基于法国二战著名心理学家雅克·拉康提出的“ISR 镜像三界域学说”，提出“艺术是生活的镜像”这一核心设计主张，即从当代艺术视角出发，结合采用合理的技术和手段，将过去、现在与未来有机交织，“引镜为界”。

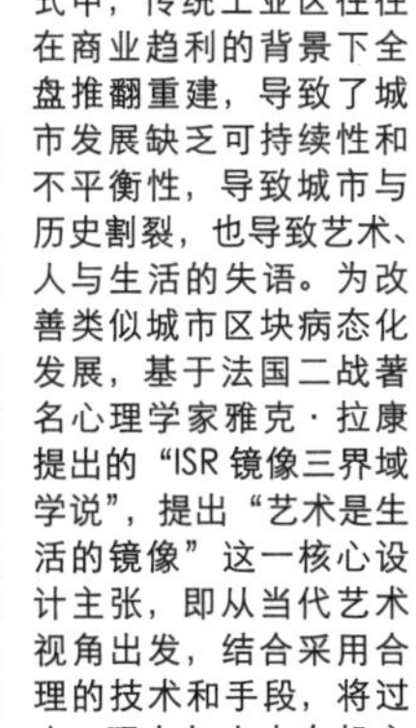

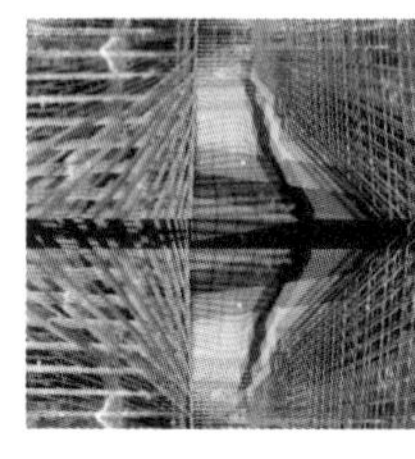

城市·镜·像——立足当代艺术基于镜像理论的城市设计

City Mirror Image

四川美术学院

设计：季山雨 / 高思梦 / 周令熙

指导：刘川

图 10 城市形态推演（图片来源：小组自制）

在平面的空间布置方面，我们还考虑突破旧有空间功能布局过于规矩死板的现象，而是想要采用更加自由、艺术、功能与形式兼具的极简式解构主义布局。由此，在场地总体控制轴线和风格基调初见雏形的情况下，接下来就是城市设计部分深入和单体建筑构思的阶段。

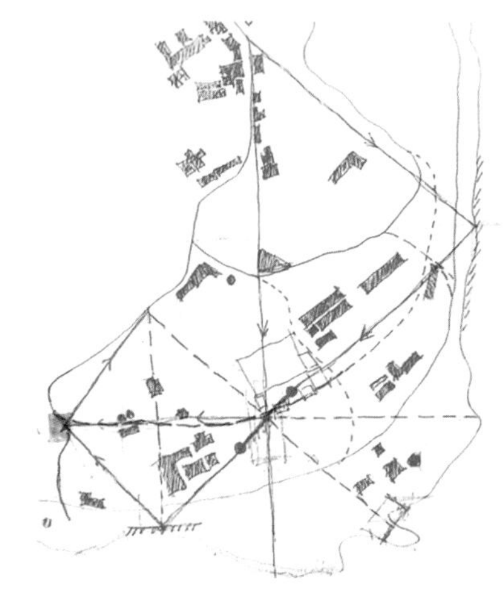

图 11 城市形态光影反射（图片来源：小组自制）

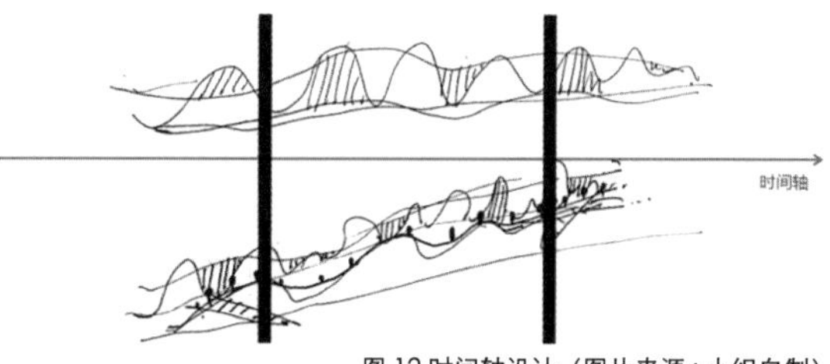

图 12 时间轴设计（图片来源：小组自制）

在平面的空间布置方面，我们还考虑突破旧有空间功能布局过于规矩死板的现象，而是想要采用更加自由、艺术、功能与形式兼具的极简式解构主义布局。由此，在场地总体控制轴线和风格基调初见雏形的情况下，接下来就是城市设计部分深入和单体建筑构思的阶段。

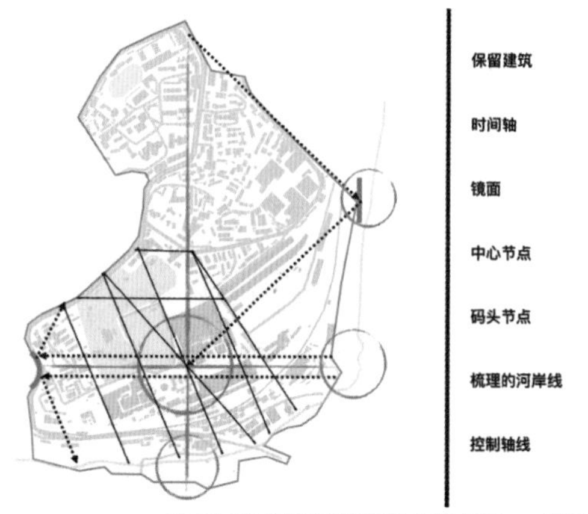

图 13 平面空间序列演绎图（图片来源：二草作图）

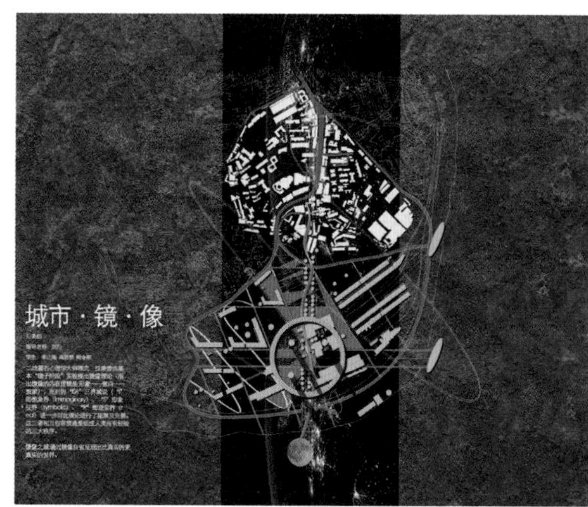

图 14 中期总平图（图片来源：二草作图）

城市镜像这一议题放在较为宏观的城市设计角度去辩证分析进行设计能够更好体现，于是在前期和中期我们花了较多的精力在城市设计的板块，后期建筑单体的部分，则更偏重于基于当代艺术视角下对传统建筑表现形式的一种实验性探索。

（三）第三阶段——单体建筑设计

在建筑单体设计中，我们分别从三个角度出发，结合前期调研成果，选出最具特色的场所，将更具多元的镜像艺术手法应用其中，突破传统建筑空间构成，呼应主题。

1. 寄望——文化体验馆设计

试图将主观的场地调研中最能打动人的部分提取出来，进行理性的、艺术的提炼，从而获得一个更新的、能够产生情感共鸣功能性场所。在场地调研中，最打动的场景有两个，分别为：住在水泥罐里的老婆婆和九渡口码头边鸟儿临时形成的鸟居。

站在一起不起眼的水泥罐下，四周全是老婆婆堆放的生活杂物和养的家禽。昔日的生产流线的功能在工业区的衰败中换来了最令人无奈的置换，但也无不体现着场地本身对生命体的一种包容。从倒立的锥台中向上仰望，人的视觉焦点聚集在顶点处蓝色的天空，那是一种充满仪式感的仰望。四周厚重的、发黑的壁岩凝结成历史的纹理，它带来的空间体验和视觉观感是充满惊喜的、震撼的。身处此处，“你”在观望，与此同时，“你”也成为被观望的一个存在。这和拉康在“ISR”中提出象征界主体被凝视的阶段有异曲同工之妙。

图 15 水泥罐实景图（图片来源：小组自摄）

河畔边无意间发现的鸟居，同样也是源自于生活中一个不经意的瞬间。居无定所的燕子在堆积起来等待搬运的河沙上临时筑起了自己的居所。外表看似单一的孔状深入进去内部却集合了上百只鸟儿居住的空间。它们和老婆婆一样，都昭示着曾经属于这一片土地的个体对于场地本身的归属感。“时代的滚轮下，工业可以搬迁移址，但生活不能。”身居这样的处境，他们本来可以选择移居到一个安全的场所开始新的生活，但却反其道而行选择了一条我们意想不到的方式生活，也许这样的不安定本身，才是获取安全感的最好方式。

图 16 河沙上的临时鸟居（图片来源：小组 自摄）

评语：

在现实界，结合场地肌理构成，通过现实工业元素提炼，将场地规划设计成艺术基地；在想象界，通过工业和艺术元素的认知，完成视觉与虚幻的转变，实现反映过去、映射未来的目的。

通过这两个细节场景，确定个人单体想要表达的主题：通过对原有情感实体元素的提炼和镜像元素的运用，采用寄居和回望的功能主题出发，设计一个文化体验展览馆。

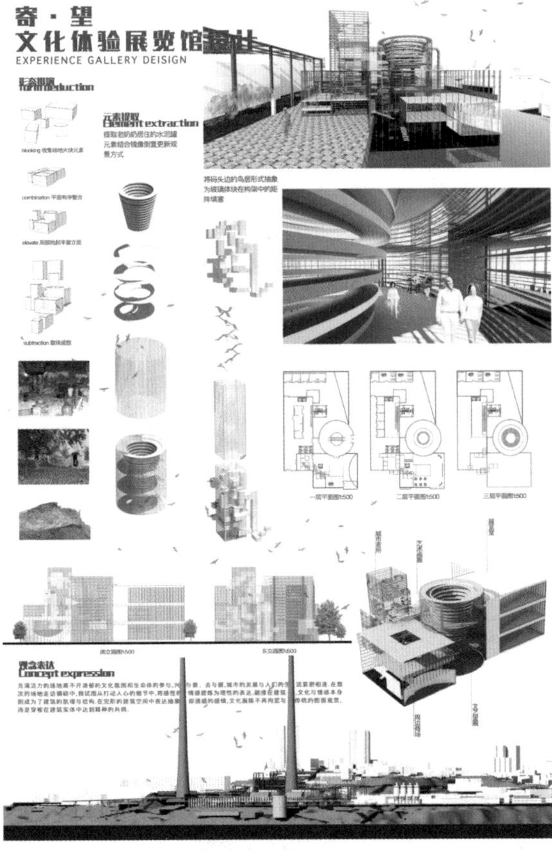

图 17 寄望——文化体验展览馆展板（图片来源：季山雨）

图 18 寄望——文化体验展览馆效果图（图片来源：季山雨）

2. 电厂厂房改造

此次改造的是电厂厂房设想把工业生产功能的厂房改造为艺术创作与展览功能的基地。设计选择保留原厂房坡屋顶结构，工业构架，大跨度的空间。打开北立面以层叠的平台作为开放游走的展览空间，面向江水的南立面一侧为较封闭的艺术家创作工作室，其中变化的大空间作为艺术交流活动空间穿插其中，使其整体形成左虚右实的镜像空间。

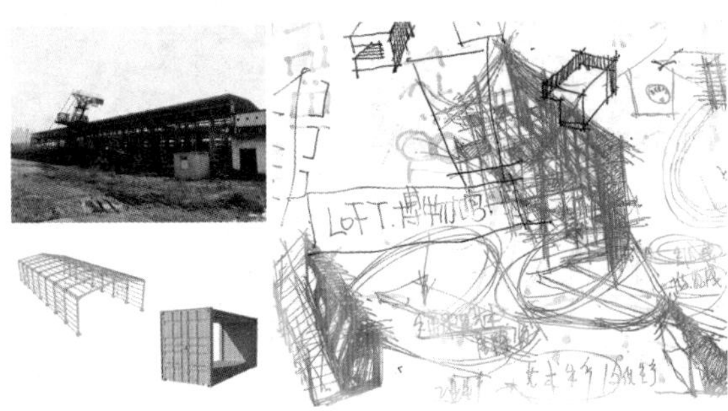
图 19 建筑空间草图构想（图片来源：高思梦）

建筑南侧空间较为封闭，面江而立。让驻留的艺术家每天都可以面对承载着这个城市过去，现在和未来的江水而创作，激发灵感。创作空间进深较大，便于给艺术家营造幽静自我的创作环境。北侧开放的展览空间既方面了艺术家办展，又为前来的观看者提供了大量的各种类型的展览作品，层叠的平台，开放的空间仿佛每天都在上演着一幕幕艺术盛宴，极具吸引力。其以楼梯，坡道和爬梯作为主要交通方式使观看体验乐趣倍增。

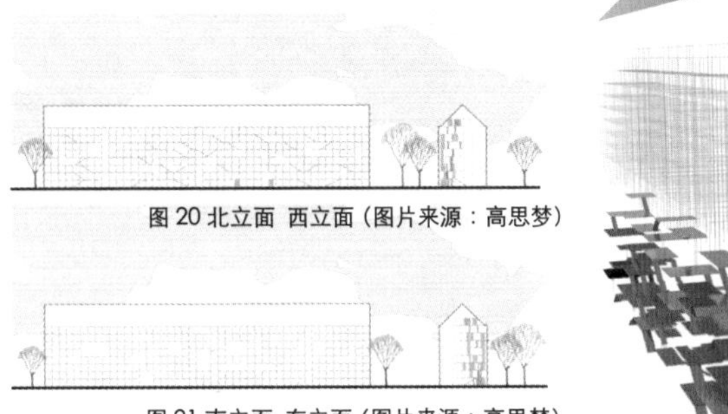
图 20 北立面 西立面（图片来源：高思梦）

图 21 南立面 东立面（图片来源：高思梦）

图 22 空间层次爆炸图（图片来源：高思梦）

图 23 艺术创作 · 展览中心效果图（图片来源：高思梦）

3. 艺术体验展览馆设计

立足于场地旧有的建筑框架，运用镜像包含的设计手法如映射、虚实、破碎、变形、消影、光影、序列等设计手法，在大的城市“镜像”背景下，构思如何将这些虚无缥缈的手法落实：

（1）以艺术展览馆作为其功能，将镜子打碎变成两块三角碎片，一条路在中间作为镜像线供人通行，建筑表面排列了玻璃方体，许多玻璃方体照出人的影子重重叠叠，不仅在室外，就连室内也都是重叠的幻像。

将建筑本身镜像、建筑元素空间镜像为实像，感受到的氛围如窗外景观为虚像，玻璃重叠、颜色变化等方式将感受到的世界弱化，制造一种能看见却看不真切，虚虚实实的场景氛围。

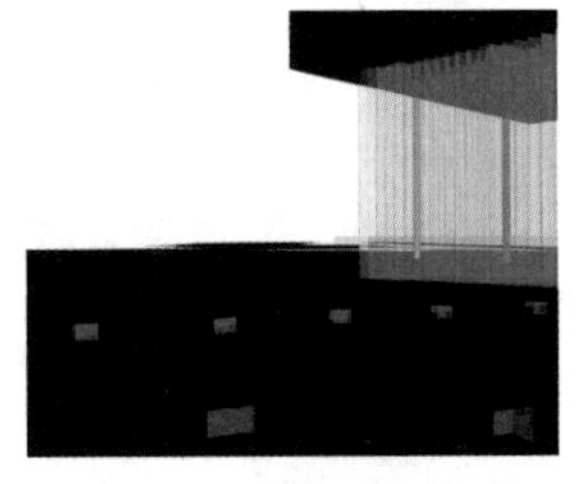
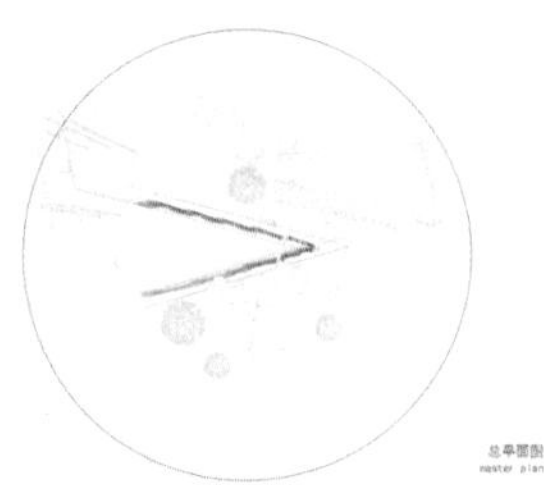
图 24 艺术文化体验馆平面图（图片来源：周令熙）

图 25 艺术文化体验馆效果图（图片来源：周令熙）

图 26 艺术文化体验馆效果图 1（图片来源：周令熙）

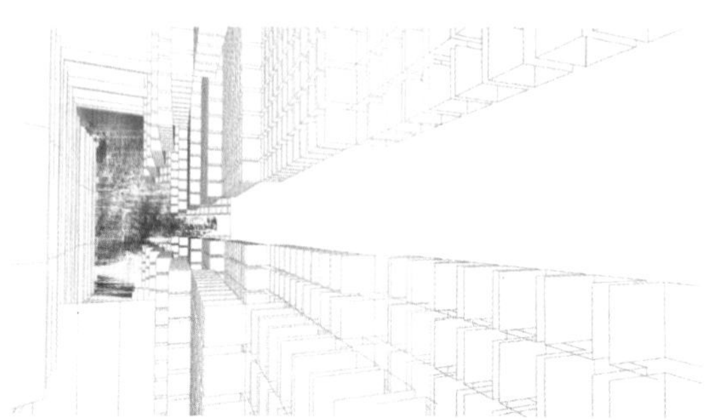

图 27 艺术文化体验馆效果图 2（图片来源：周令熙）

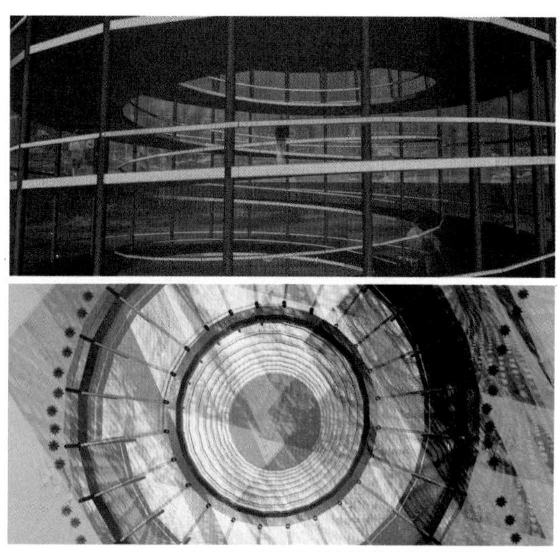

图 28 艺术文化体验馆效果图（图片来源：周令熙）

图 29 艺术文化体验馆分析图（图片来源：周令熙）

评语：

在象征界，通过建筑空间和表皮“镜面”的折射与反射中，将城市发展过程中的虚实具象的归纳于一个三维空间中，从而达到缝合城市机械发展带来历史文脉断层的境遇，实现“艺术介入城市”及推进城市更新的目的。在过去、现在与未来的交相辉映中，寻求城市化发展进程中城市形态的合理演绎、有机再生。

(2) 以工业元素中的烟囱作为镜像对象，设计螺旋楼梯，变形后扭曲成花瓣状，重叠在建筑周围作为建筑表皮，中心设灯光装置，似幻似真，窗外的一切笼罩在一片紫色的迷雾里。置身于其中仿佛走入一片梦境，分不清到底所见此景是真实的，还是凭空想象出来的幻象。建筑表皮如花瓣一般层层叠叠，室内照向室外的光，飘飘渺渺，投向地面的影子，和天空的光在不同时区产生不同视觉效果，反复置身于另外一个时空维度。

等走出建筑，天空仍然是蓝色的，星河是真实存在的。这样的尝试是一种突破性的探索：建筑不只是材料，更是艺术，它能够被使用，也能够表达，我们穿梭其中感受着，为它赋予名字，“一”即为虚实相生，即为负负得正。我所见所感，便是我所在的这世界。

四、设计成果

到了第三阶段，毕业设计也来到了尾声，对于最后作品的呈现，展陈的布局有了更多的思考。我们从当代艺术中获取了很多的灵感和情感的共鸣，并尝试化繁为简，在有限的时间、场地、经费的情况下，用更讨巧的方式结合当代艺术表达设计主张。

（一）在后期的出图阶段，突破传统效果图片面追求真实化、实景感的瓶颈，将图纸本身作为我们艺术呈现、主题呼应的方式，用一种更加自由夸张、充满表现力的方式营造城市镜像后所带来的场景氛围，突破传统建筑图纸图幅堆砌的表达，而是将每一张图纸作加入更多的艺术美感元素，来体现设计主张。

（二）在模型制作方面，我们刻意淡化传统建筑模型追求的 1：1 的真实感，而是采用了夸张的铁锈红寓意工业遗址、象征的几何形体表达立体构成，突出平面空间的序列演绎。

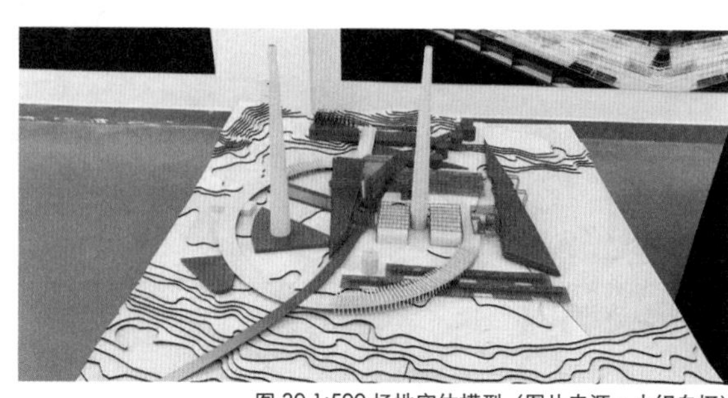

图 30 1:500 场地实体模型（图片来源：小组自摄）

在单体模型上，本着少即是多的原则，尝试较之传统模型带来的实景空间体验不同的方式，用来表达自己对当代艺术一些浅显的理解。如何让单体模型用一种讨巧的方式体现当代艺术下的镜像主题、满足观者的参与性和随机性从个体出发产生共鸣是思考最多的问题。最后，我采用了将从老奶奶居住的水泥罐提取的元素作为建筑的形态，并将这一形态进行提炼和再加工，形成一个结构完形，再用 ABS 材质进行模型制作。在实际展陈中，从当代艺术视点出发，传统建筑模型配合三棱镜、实景背景、灯光等虚实的元素通过多重镜像的方式重新构建出虚实镜像重叠的镜像世界，通过这样的方式，达到设计观念的一种直观传达。

图 31 运用光学原理形成模型的虚景实像（图片来源：小组自摄）

（三）在展陈布置上，我们运用印有城市镜像学术主张的长幅条状半透明蓝带进行空间的围合和氛围的营造，尝试将展陈空间本身也作为一个当代艺术装置体现“镜像”这一主题。

图 32 展陈实景图（图片来源：小组自摄）

五、总结启示

推进城市更新归根结底不能脱离于场地本身而进行凭空臆想的设计。基于此，针对特殊的场地特征，通过“艺术介入城市”从而达到艺术是生活的镜像这一核心理念的表达。镜像的本体，其实就是场地长久以来积淀的文化因子与历史脉络，而镜像的目的，则是通过一种更新的媒介，将过去、现在与未来有机串联，从而达到场地的更新转型，活力再生。

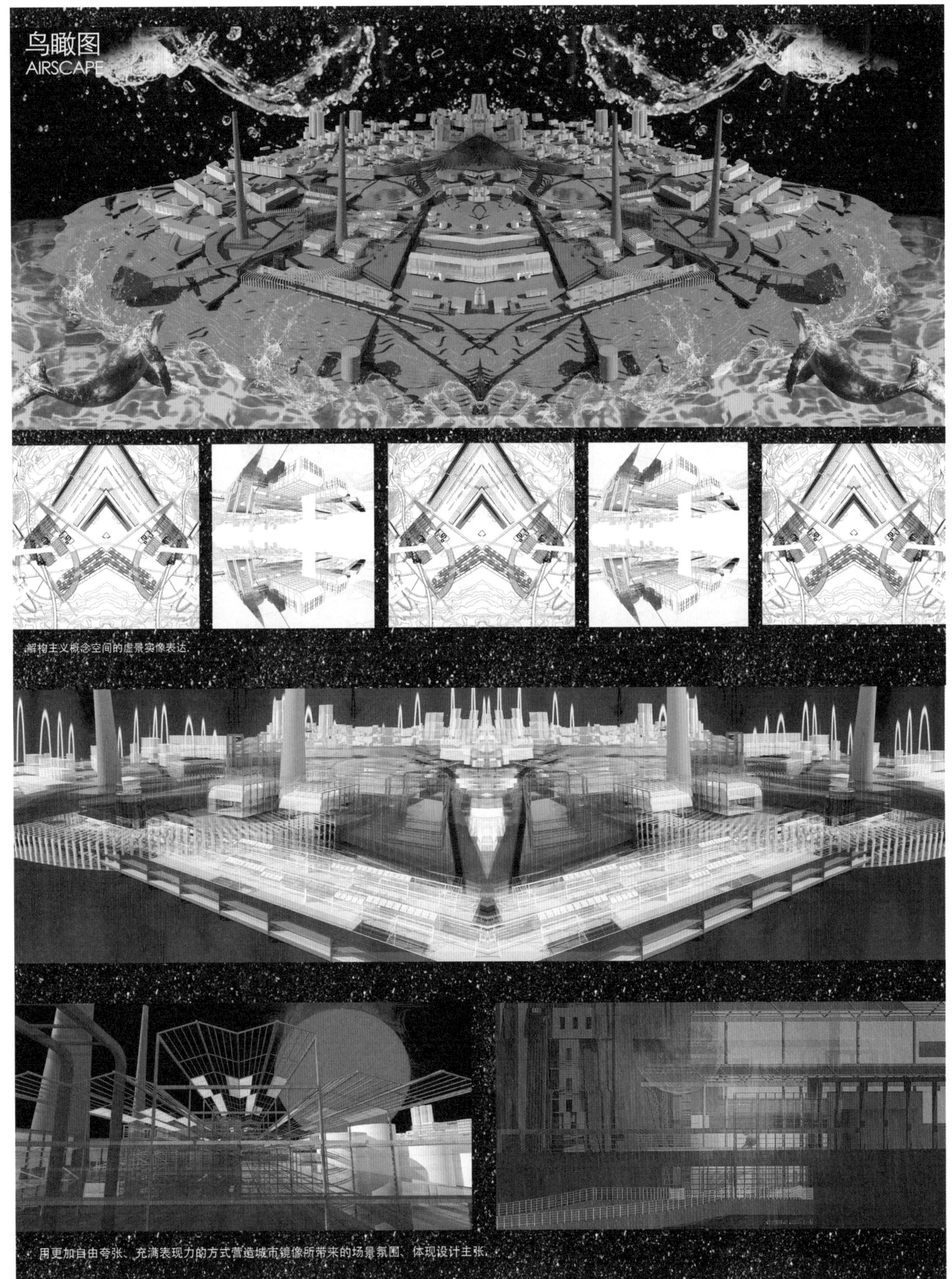

解构主义概念空间的虚景实像表达。

用更加自由夸张、充满表现力的方式营造城市镜像所带来的场景氛围，体现设计主张。

TSINGHUA UNIVERSITY

清华大学

学生团队

1 乐源
The Fountain of Joy

我们希望引入游乐园产业振兴黄桷坪，给当地带来活力。游乐园的定位是滨江的、开放的城市游乐园，以工业主题为特色。

孙羽谈

杨灿灿

曹昌浩

2 共生
SYMBIOSIS

从黄桷坪不同主体之间的互动关系出发，试图整合基地现有的产业和空间，增加不同人群之间的接触和联系。使得主体间相互促进，和谐共生。

刘铭佳

邓秋实

3 归乐园 2074
PARADISE FOUND

2074 年，人文主义最终建立了异托邦乐园；几乎摆脱了物质的限制之后，乐园内的行为都直接与人的本源欲望相关。

盛景超

指导教师

韩孟臻

城市、建筑、"城市建筑"

"在你的设计里，哪里是城市与建筑的边界？"吴唯佳教授在清华大学建筑学院毕业设计答辩会上对孙羽谈提出问题，使我进一步明确：参与 8+ 联合毕业设计课题的清华组设计成果的共同点是："城市建筑"。

设计选题位于重庆黄桷坪地区。四川美术学院主体搬离，电厂停产，货运铁路停运，三大产权主体的衰落导致整个城市片区的活力消退。另一方面，山地城市的高密度，涂鸦街上艺术与生活的交织，"交通茶馆""梯坎豆花"的市井生活，也给每位初来乍到的师生留下魔幻现实的深刻体验。仿佛戏中主角们的离场，反而使观众感知到配角与舞台的存在。

依据 8+ 联合毕业设计的标准流程，教师选题、地段调研、中期评图、终期评图 4 次大规模校际交流环节之外，实质性的设计与教学被分为城市设计、建筑设计前后两阶段。

面对如此复杂而真实的城市问题，在经济产业、社会结构等，这些对于城市更新更具决定性作用的因素缺席的情况下，基于建筑学的城市设计在物质环境层面上的努力与追求显得头重脚轻。这也正是建筑学在当下城市更新进程中所面临的困境之投影。然而，也正是在这样的摸索过程中，同学们逐渐聚焦建筑与城市的关系，开始理解并尝试突破建筑学的边界。因此，清华组同学们的城市设计成果，在某种意义上更像是为下一阶段建筑设计工作而做的城市研究，为毕业设计而开展的开题报告。

在其后的建筑设计阶段，同学们回到了浸淫 5 年、熟悉而安全的建筑学知识领域。值得欣慰的是，之前同学们对于城市问题的调研认知，基于此而设定的设计目标，被不约而同地继承和延续下来，并在各自的建筑设计过程与成果中淋漓尽致地体现出来：盛景超以虚拟的设计和文本，由内而外地对城市与建筑、社会与集体进行了诘问；邓秋实、刘明佳对该地域所特有的高密度城市共生生态进行了转译式的延续；曹昌浩、杨灿灿以垂直复合和水平流动两种截然不同的空间形态，对城市公共生活进行了重塑与彰显；孙羽谈通过在高度和时间两个维度上对"城市接触面"的增维处理，发展出新的黄桷坪建筑街区原型，试图延续当地生动的城市日常生活。最终被联合教学赞助方（天华建筑设计有限公司）组织评选为优秀作品的孙羽谈的作品，正是源于其在城市与建筑的空间过渡和渗透方面，做出了透彻而具有批判性的探讨。

在建筑学本科教学的最后，毕业设计应该鼓励具有自主性的设计探索。始于 2007 年的建筑学专业联合毕业设计，开创了通过校际交流促进设计教学的先河。希望书中展现的毕业设计作品，能够成为同学们学术成长的里程碑。期冀联合毕业设计教学不断推陈出新，成为师生自主学术探求的舞台。

——韩孟臻

城市生活 @INTERFACE

基于城市接触理论的重庆黄桷坪艺术工坊综合体设计

清华大学建筑学院 孙羽谈

指导教师 韩孟臻

Rome，1748（Giambattista Nolli）

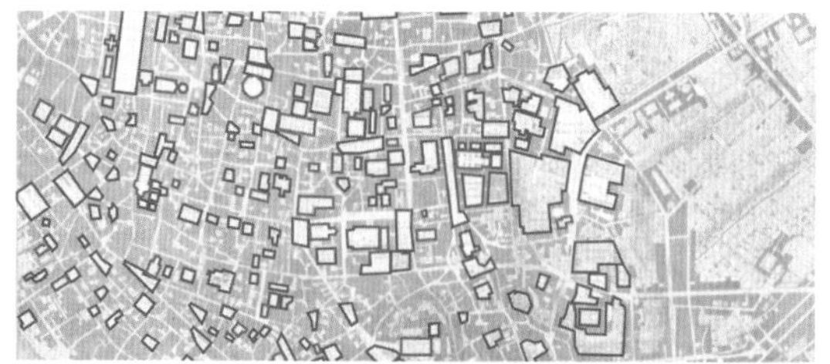

高渗透性的城市空间

重庆的立交桥和大阶梯

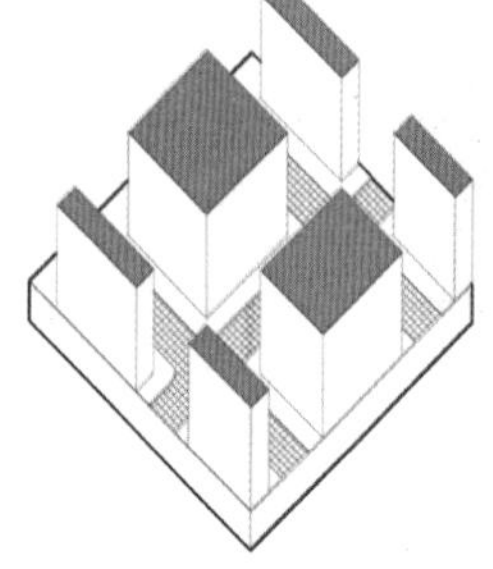

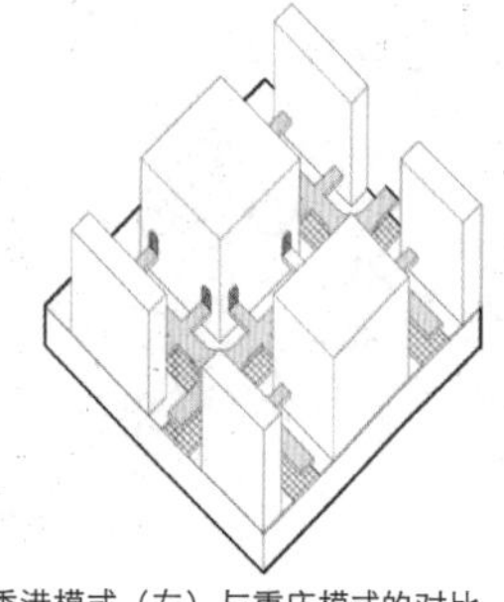

香港模式（左）与重庆模式的对比

城市区别于乡村的突出特点之一为城市具有更大的人口基数和更高的人口密度。人群之间的交流、物质之间的交换构成了城市存在发展的基础，城市设计的目标之一在于为人群和物质的流通创造高效快捷的流通网络。

渗透性是衡量城市交通便捷程度的重要概念。著名的城市规划师简·雅各布在其开创性著作《美国大城市的死与生》中，将城市多样性概括为：对于短区块的需求、基础功用的混合、旧有建筑和集中化。其中，短区块的概念可以直接与街道网络的渗透性相联系。雅各布认为，街道网络的渗透性是城市活力的关键特征，并进一步指出，具有更多短区块和更多转角的街道倾向于拥有更丰富的行人接触网络，这一概念被概括为“交界面来源区（interface catchment)”。

渗透性和来源区尺度之间具有显著的正相关关系：高渗透性创造出更大的来源区域。

对于以矩形为基本区块模式的城市来说，街道长度与渗透性的关系来源于简单的数学规律：即在相同几何面积下，矩形的长宽比和周长的负相关关系。对于具有不规则肌理的城市来说也存在相似的规律。区块形状越接近于正方形，行人需要通行的道路长度就越短，这意味着更高的渗透性。因而，以正方形为基本区块形状的城市相对以长方形为基本区块的城市具有更高的渗透性。

在这种意义下，如果将巴塞罗那和曼哈顿的城市肌理进行对比，那么巴塞罗那是具有更高渗透性的城市。除此之外，街道宽度对于交界面也有重要影响。比如，巴塞罗那的平均区块长度(AwaP）为450m，曼哈顿中城的AwaP值为550m，虽然巴塞罗那比曼哈顿的渗透性更高，但在交界面交通上却略逊一筹。交界面来源区会随着渗透性增长，也会随着街道变宽而缩减。

诺利绘制的罗马地图展示了一个高渗透性的城市平面。这张地图引入了一种全新的城市图底关系——室内或室外不再是划分的依据，而是从空间的开放性或私密性入手进行空间划分。地图上展示了以城市广场、城市花园为代表的室外公共空间，也展示了以教堂为代表的室内公共空间。由此，城市中形成了从完全开放到完全私密的多层级渐变。在这渐变的中间区域，正是城市接触面集中分布的区域，也是城市生活发生的场所。我希望创造的是一个建筑空间与城市空间相互渗透的建设模式，通过增加接触面面积的方式鼓励功能混合和人群互动，最终实现城市生活的复兴。罗马的城市肌理是第一个原型。

交界面来源区的应用也存在其局限性。对于平面城市，我们可以将交界面简化为建筑在地面投影的长度。在这一意义下，由于多数位于平坦区域的建筑以带状底商的形式与公共交通空间交接，因此平原城市的交界面来源区大小成为以街道长度和区块尺寸为参数的物理量。由此，我们可以从城市肌理图中大致推测交界面来源区的长度。以北京五道口区域为例，底商是最常见也最热闹的商业形式。行人可自由进出建筑的地面层，很大程度上增强了建筑内外的联系。

但是在现实中，行人通过立体交通与建筑立面接触的例子广泛存在，对于立体交通分布广泛的区域来说，交界面来源区不能只用街道立面长度来衡量。在充满立体交通的三维城市中，建筑的入口并非匍匐在道路平面上，而是出现在建筑的不同高度。交界面来源区不是单一的连续曲线，而是变成了多条线段构成的集合，其中可能出现交叠的部分，也可能在立面的某一位置与人群无法直接接触。这是一种极具山城特色的现象。

重庆市有名的山城，城市内垂直高差极大，道路与建筑的接舶方式众多。车行系统中存在以立交桥为代表的立交系统，步行系统中也存在大台阶等非典型形态。这些非典型的城市空间形态深刻改变了城市空间与建筑空间接触方式，进而对人们的生活、交通和交往方式产生了重要影响。然而，这些信息却无法从城市肌理图中得到，三维的信息在二维图纸上是缺失的。

以重庆市典型的高架桥为例。根据人行区域的位置，可将高架桥分为两种类型：一种为人行高架桥位于道路正上方，并通过支路与周围建筑相连；另一种为人行高架桥分为两部分依附道路两侧的建筑立面分布，道路上方为连接两条人行通路的横向天桥。重庆的高架体系以前一种方式为主。这种方式的优势在于，一方面建设单条人行通路更加经济集约，另一方面位于道路中央的人行路可以与轻轨站的人行交通结合，此外还有保持建筑立面完整的意义。然而，与道路与建筑平接的方式相比，这种方式显著降低了交界面来源区的数值。原因在于，它将建筑内外接触的部分从“线”缩小为“点”，即将二维接触一维化。行人与建筑接触面被连接主干道和建筑的支路限制在固定的有限区域，其余部分的建筑立面被封锁在半空中。行人失去了与建筑立面和建筑功能发生随机接触的机会，这一现象的直接结果是导致需要通过行人流量激活的艺术、商业、餐饮等功能处于被压制状态，区域活力不能到达最大值。

重庆的特殊性固然来源于其山城的身份，然而即使在同样为山城的一众城市中，重庆对于城市接触空间的处理方式也是独树一帜的。以同样为高密度、高容积率的香港为例，香港对于接触空间的处理多集中于屋顶。建筑的天台成为城市生活发生的场所，我们可以在香港电影中看到很多在天台上演的情节。对比之下，重庆对于空间的利用多集中于建筑中段。无论是建筑与建筑之间的高架通廊，还是建筑与城市道路之间的高架桥，都将交界面限制在了建筑中段。由此，一种“重庆式接触”的原型得以被概括，即高建筑密度下集中于建筑中段的点状接触。这是这次在设计中的第二个原型。

“罗马原型”与“重庆原型”的叠加得到了交界面上的城市生活模型。对于两者的叠加处理我采用了增维的设计方法，其一为增加 Z 轴，即平面空间的三维化；其二为增加时间轴，即静态空间的动态化。

平面空间的三维化：传统的接触面往往是水平向的，这是由于方便行人走动的空间是水平向的。然而，当有外界动力帮助行人运动时，行人在垂直方向上穿行的意愿明显提升，拓展垂直向交通空间变得可能。

设计成果：一种奶酪形式的建筑外形。建筑在中段被球体减缺，行人可以从高架步道上方便地进入被减缺掉的球体空间。两者位于同一平面高度，因而帮助行人克服了重力的阻碍，进入建筑灰空间变成了毫不费力的行为。球形空间天然的包围感既呈现出欢迎的姿态，又使室外空间具备了室内空间给人的心理感受。

静态空间的动态化：人群与建筑的接触不是凝结在一个时间点上的静态接触，而是在一段时间内能够发生接触可能的界面的集合。那么，能在行人交通空间和建筑空间之中建立一个乘法体系，行人可接触的建筑立面空间将成倍增长。

设计成果：一种摩天轮式的动态空间。该结构架设在人行平面之上，具有与摩天轮相似的结构。摩天轮包间的位置以建筑空间替代。该结构以几何中心为旋转中心进行旋转。齿轮和周围建筑进行咬合，建筑在交错的地方形成负形。齿轮上的建筑空间在旋转至建筑附近时，位于齿轮空间中的人可以进入旁边的主体建筑部分。由于齿轮上任意空间内的人可以进入建筑的任意楼层，因而接触面不再是静态的，而成为动态系统中所有可能性的累加值，从而获得远超静态时的数值的结果。摩天轮的形式来源于城市设计的主题。整个黄桷坪地区被改造成了工业主题的游乐园，建筑也被赋予了营造欢乐氛围、提升观览体验的使命。场地中巨大的摩天轮被缩小为适合建筑尺度的兼具功能性和设施性的空间。

建筑群的功能被定义为艺术工坊综合体，兼具艺术创作、居住、艺术售卖、艺术展览和商业的功能。建筑的主要使用人群分为艺术家、游客和当地居民三大类，他们各自对于黄桷坪的发展抱有不同的期待。艺术家渴望相对独立的创作环境，也渴望积极友好的市场环境，同时又能保证方便的生活；游客渴望完善的景区配套设施，浓厚的艺术氛围，具有区域特色的城市景观，多样新奇的游览体验；居民渴望更快的经济发展，更多的就业机会，和老朋友更亲密的社交关系。以上三种人群分别对应 LOFT 住宅、图书馆或美术馆等展览空间、商业空间和休闲空间。

进行区域划分的原则不再是根据人群划分，而是根据场所中对于接触面的需求程度划分。住宅空间对于接触面的需求最低，商业空间对于需求面的程度最高。因此将商业空间置于接驳层，住宅空间则被安排在建筑上端。走在步行高架桥上，接驳层的公共空间尽收眼底，丰富的城市生活有如画卷般在眼前展开。每个人既是城市生活的观察者，也是城市生活的创造者。当你站在接驳层享受社群生活的温情瞬间时，步行空间经过的人也会被你真诚的笑容所打动。登高望远，看到的是重庆全新的天际线。动态空间内无数的可能性正在发生：游客从茶馆里走下摩天轮，迎面而来的是图书馆；在接驳层休憩的市民进入摩天轮，恰巧进入了观览空间，一览黄桷坪的新气象。你永远不知道下一秒将身处何方，也永远不知道下一秒即将遇见什么人。这就是交界面上的城市生活，这就是似曾相识却又焕然一新的黄桷坪。

重庆 VS 香港：两种不同的空间利用方式

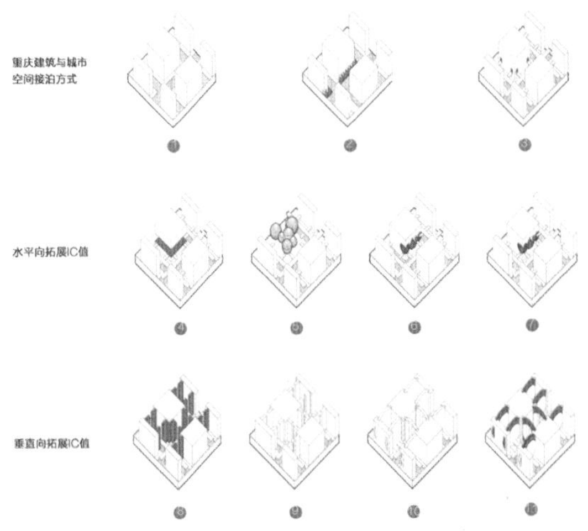

设计过程与方法，详见方案介绍页

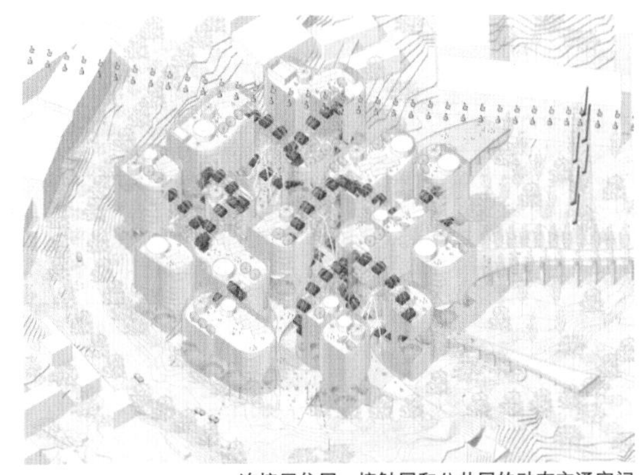

连接居住层、接触层和公共层的动态交通空间

城市生活在接触面中复兴

乐源

The Fountain of Joy

清华大学
设计：孙羽谈 / 杨灿灿 / 曹昌浩
指导：韩孟臻

设计思考

黄桷坪目前正面临着产业流失的问题，四川美术学院的离开使得当地辉煌一时的艺术产业以及川美带动的餐饮、旅游、商业日渐式微。我们认为，产业问题是黄桷坪迫切需要解决的问题。游乐园是针对产业问题的一个浪漫主义解决方式。

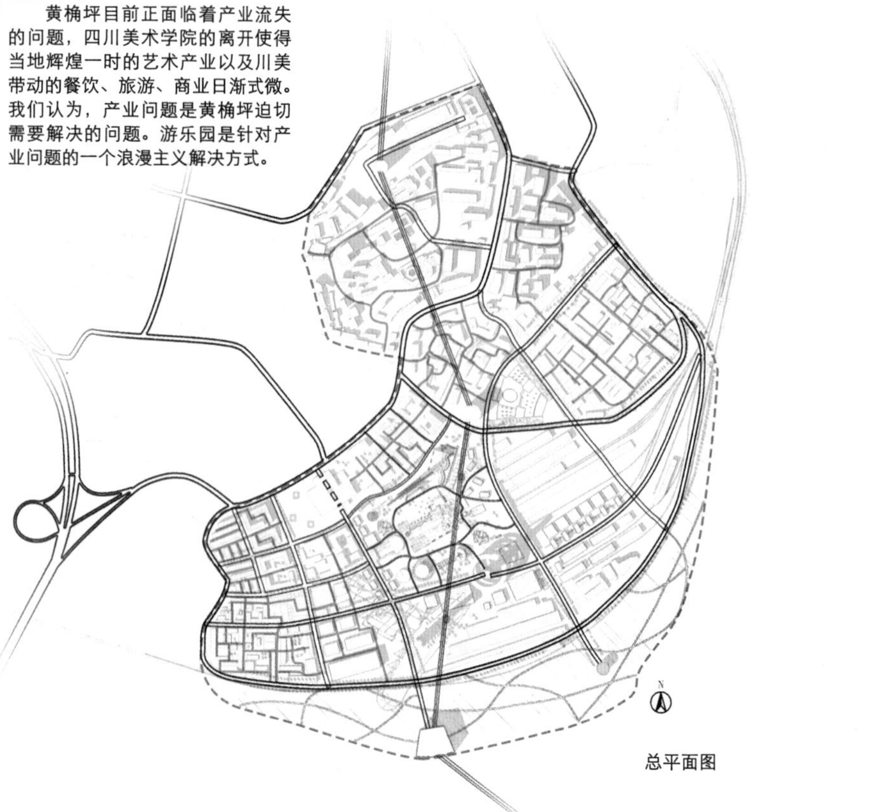

总平面图

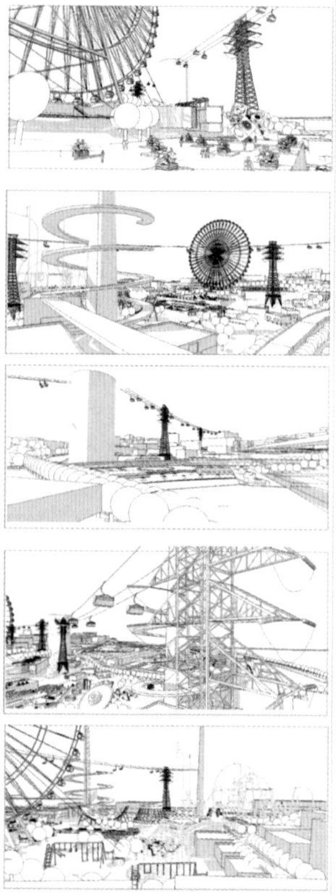

路网规划

绿带规划

景观轴线

功能分析

评语：

在引入“游乐园”产业的假设之下，三位同学的建筑设计聚焦不同问题，但其共同点是对于城市的关注。

引用密斯流动空间范式，杨灿灿将青年旅馆居住单元板楼作为墙体，在山地上围合限定出开放、含混的城市尺度空间，服务于社群的公共生活，仿佛焕发出十八梯的神韵。

孙羽谈试图通过增加“城市接触面”的手段，延续并发展重庆富有活力的城市生活。其设计中表现出的“高度”“时间”两个维度的“城市接触面”，以魔幻现实主义手法彰显出重庆的地域特色。

曹昌浩以高层综合体为原型，垂直复合了索道站、酒店、办公、美术馆、剧场等公共性城市功能。并以雕塑性的造型，与烟囱一起定义区域地标。

黄桷坪目前正面临着产业流失的问题，四川美术学院的离开使得当地辉煌一时的艺术产业以及川美带动的餐饮、旅游、商业日渐式微。因此，黄桷坪迫切需要引入合适的产业振兴经济。很多人主张以艺术产业为主，展开“艺术复兴”。但是我们的观察和访谈发现当地的艺术氛围并没有涂鸦街表面上的那种浓郁。当还留在这家里的艺术家在进行艺术创作时，大部分居民在喝茶聊天；当偶尔有人在参观艺术基地时，大部分居民在打牌娱乐。艺术与当地普通居民的关系并没有我们想象中的那么紧密。

尽管艺术产业已经不能作为当地的龙头产业，但也不意味着可以对这里进行全盘推倒重建。重庆规划局曾经请国外设计公司做过一个方案，几乎是抹杀了过去的一切。政府部门以及市民都希望一定程度上保留黄桷坪原有的一些历史文脉。 但是发展建设是必然的，引入什么样的产业便是一个重要的问题。

基于上分析，提出了一个有实现可能的想法——引入游乐园产业。游乐园的定位是一个滨江的、开放的城市游乐园，以工业主题为特色。希望利用现存的历史遗迹，通过片段的融合和编织进行景象再造，改造成适合产业和居民需求的功能空间，激活地区特色空间活力。在现有的城市总体规划下，黄桷坪的地理位置和土地规模适宜做大范围整体规划，形成整体产业。

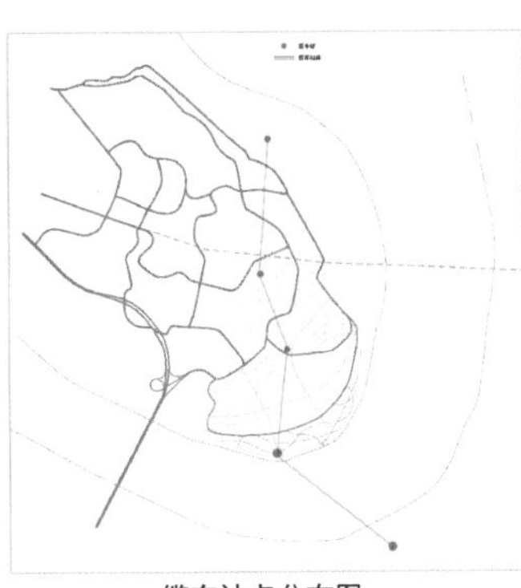

缆车站点分布图

缆车站的节点关系

索道规划

重庆有着建设索道的传统，长江隧道是重庆旅游必去之地，它是一个往复式索道。往复式索道则是常用于解决大规模运输，特别是货物的运输。循环式索道是比较常用于旅游区的索道。对黄桷坪索道的定位是偏向于旅游，因此选择循环式索道。结合游乐园设计的索道计划设立五个站点，从重庆南站出发，到达黄桷坪江对岸。

原有的视野狭窄，甚至看不到江面

引入索道之后可以从空中俯瞰黄桷坪

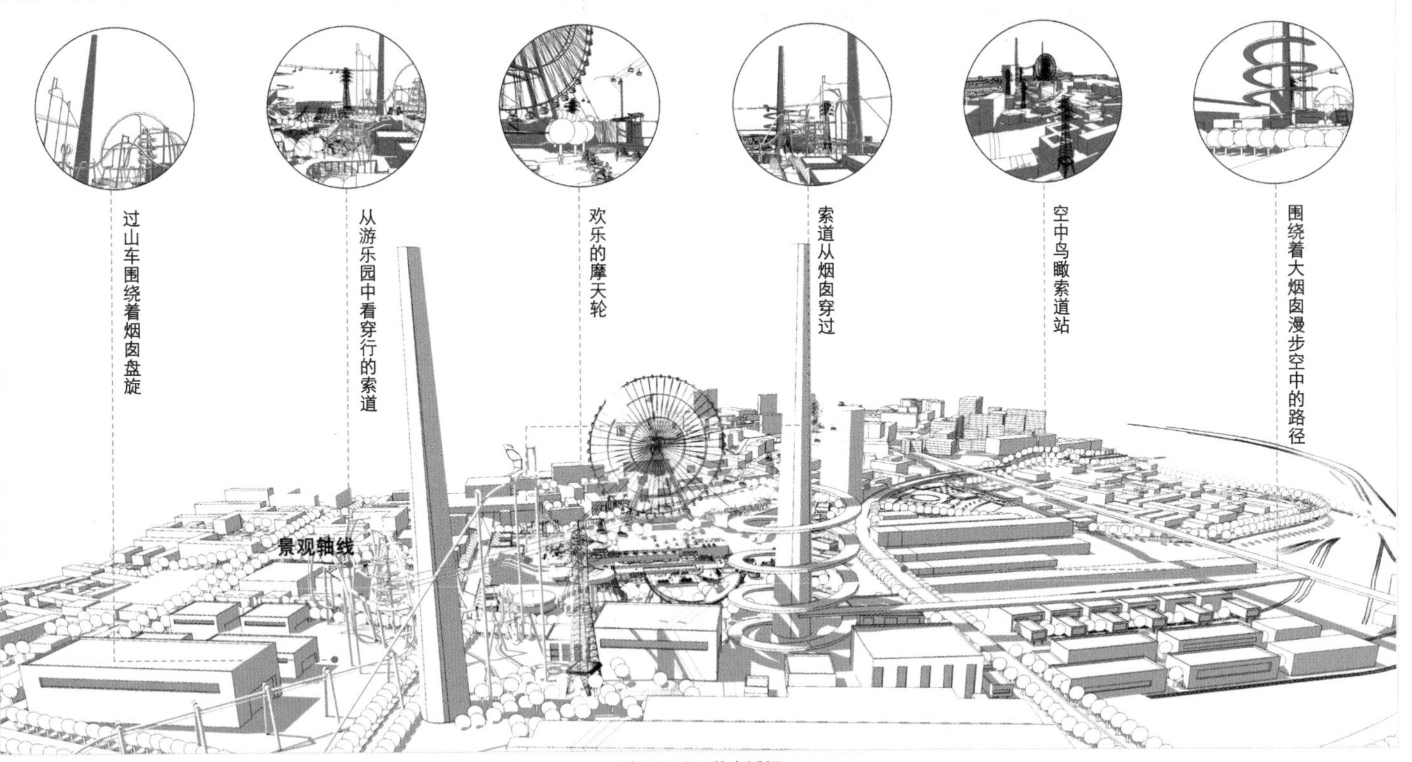

游乐园重要节点透视

目前滨江天际线的绝对控制点是发电厂的两个大烟囱，然后就是隐没于植被中的民房，两者之间缺乏中间尺度的构筑物或者景观，因而显得单调乏味。希望通过建筑以及景观的手段，增加“中间尺度”，比如建设游乐园设施、索道塔和索道站都是很好的处理方法。

YOUTH1024——营造流动公共空间意象的山地青年旅馆设计

杨灿灿

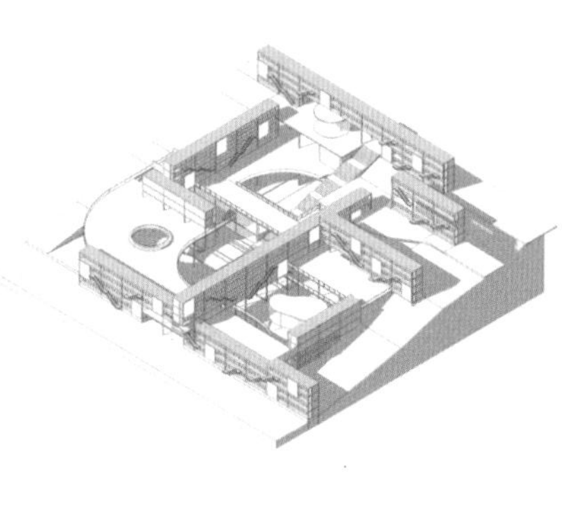

设计说明

设计出于对城市设计中游乐园产业的定位以及为游客和居民提供更多接触可能性的平台的考虑，将其功能定义成营造流动公共空间意象的山地青年旅馆。设计的主要人群定位是年轻游客人群和当地居民，从密斯提出的“自由平面”的概念出发，通过极限狭小的居住空间的塑造，将青年旅馆居住部分视为围合平面的“墙”，同时保留部分现状，利用重庆地区典型的山地地形特点，塑造出开敞丰富的流动公共空间，为目标人群提供沟通交流场所。

该设计概念是“绝对的封闭与绝对的开放”“私密空间与公共空间”以及“最小的居住空间与最大的公共领域”。

“绝对的封闭”“私密空间”和“最小的居住空间”是对青年旅馆居住功能空间的定义，“绝对的开放”“公共空间”和“最大的公共领域”是对同时开放给青年旅馆住客和城市居民的流动公共空间的定义。

城市生活 @INTERFACE——基于城市接触理论的重庆黄桷坪艺术工坊综合体

孙羽谈

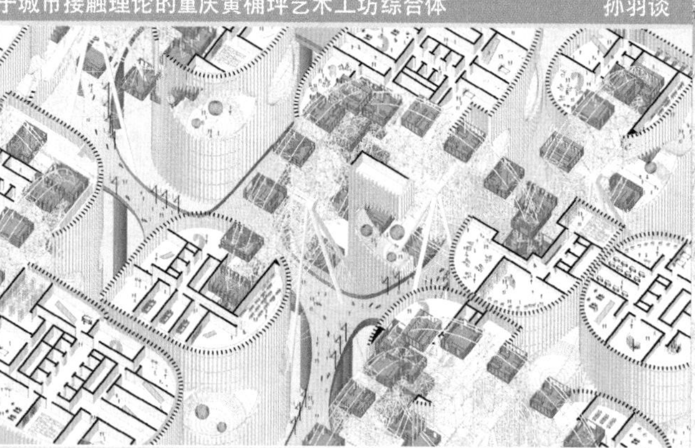

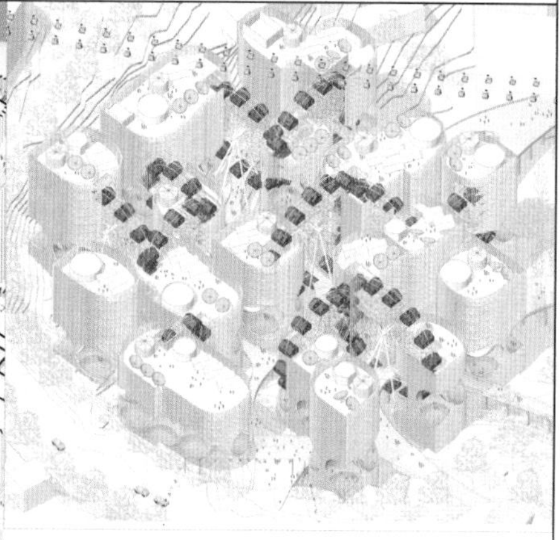

设计说明

该设计的位于黄桷坪正街与龙吟路交接地带。黄桷坪正街是著名的涂鸦街所在地，艺术氛围浓厚，本设计希望将涂鸦街的立面进行延伸，进而将艺术的影响范围扩大到九龙半岛腹地，融合场所中不同人群的活动，复兴城市生活。设计功能定位为艺术工坊综合体，结合了艺术创作、艺术展览、艺术售卖以及商业的功能，服务于艺术家、游客和当地居民三类不同的人群。设计尺度介于城市设计与建筑设计之间，呈现出建筑群落的意象。本设计从再造城市空间的交界面出发，通过扩张区域内的交界面，为城市生活提供舞台，进而实现区域活力的复兴。

设计整体形态沿用了城市设计中“游乐”的主题，提取摩天轮为原型元素，建立了一套新的城市接触系统。建筑通过一高架步行网络与周围道路接驳。

黄桷坪滨江索道站综合体设计

曹昌浩

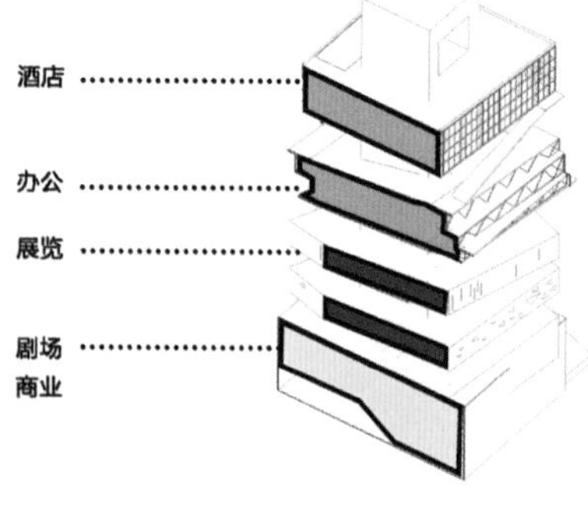

设计说明

该索道站综合体位于黄桷坪地段的长江边上，高 120m，是结合索道站设计的城市综合体。其处在十分重要的位置，在规划的景观轴末端，人行系统延伸向江岸延伸的尽端，也是最重要的景观节点之一。这个位置既可以回望黄桷坪，又可以远观江对岸，视野极佳。

同时它也是规划的五个缆车站点的一个过站，缆车线路从该站点跨越长江，经过 1100m 的水平距离才能到达对岸站点综合体的顶部实现上下站的功能，下部为复合的功能，有酒店、办公、艺术展览、剧场、商店、餐饮等。

索道站综合体的功能，从上到下依次是高端酒店、创意办公、艺术展览馆以及底层综合业态。底层综合业态包括剧场、商店、餐饮等。这样的设计出于以下几个方面的考量：首先是出于私密性的考虑。然后是出于消防疏散的考虑，最后是出于景观的考虑。

用地节点

设计概念

· 绝对的封闭与绝对的开放

重庆是一个人口和居住高密度的城市，最打动人的是那些市井生活。这些在公共空间进行的生活化的场景，是最让人印象深刻并怀念的。居住空间的特点也是高密度，是重庆地区典型的代表特色。

青年旅社居住单元——私密性及最小化

在此青年旅社的居住单元将只具备睡觉功能，满足居住所需的最低要求，用最少的面积创造出最多的居住单元数量，其目的是让公共空间成为人们能进行“活动”的唯一场所。居住功能密度最大化和公共空间利用效率最大化。

· 私密空间与公共空间

密斯平面：规律性的网格下，用墙体围合流动性的空间。

流动空间地主旨是不把空间作为一种消极静止地存在，而是把它看做一种生动的力量。在空间设计中，避免孤立静止地进行体量组合，而是追求连续的运动空间。为了增强流动感，往往借助流畅的极富动态的、有方向引导性的线型，从而创造一种流动的、贯通的、隔而不离的整体空间效果。

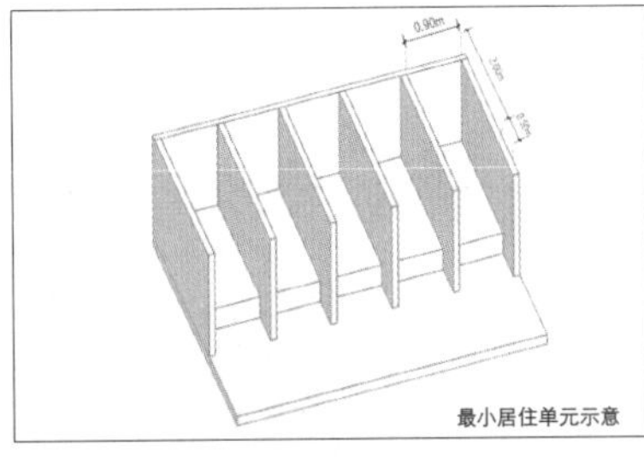

最小居住单元示意

· 最小的居住空间与最大的公共领域

保留地段现存景观大台阶，以8000mm×8000mm 为网格布置柱网，斯自由平面法则，围合出开放的公共空间，创造人与人之间接触的无限可能性。

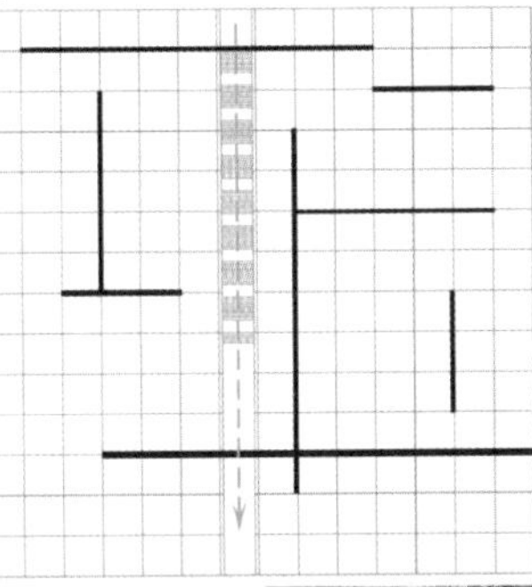

利用山地地形创造空间的流动

平面中的墙变成有居住空间的“厚墙”

墙内是私密空间，墙外是开放空间

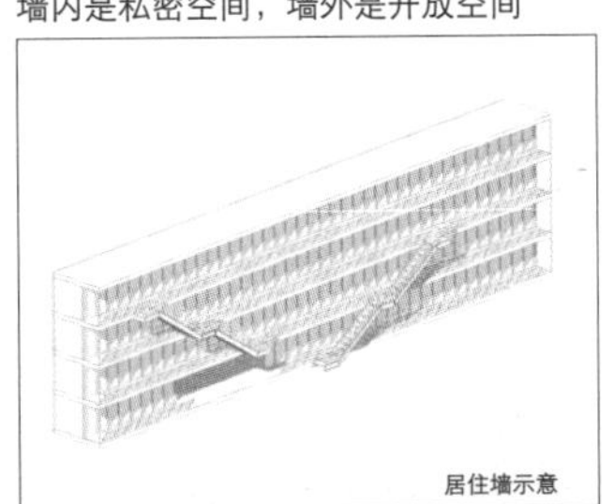

居住墙示意

剖透视

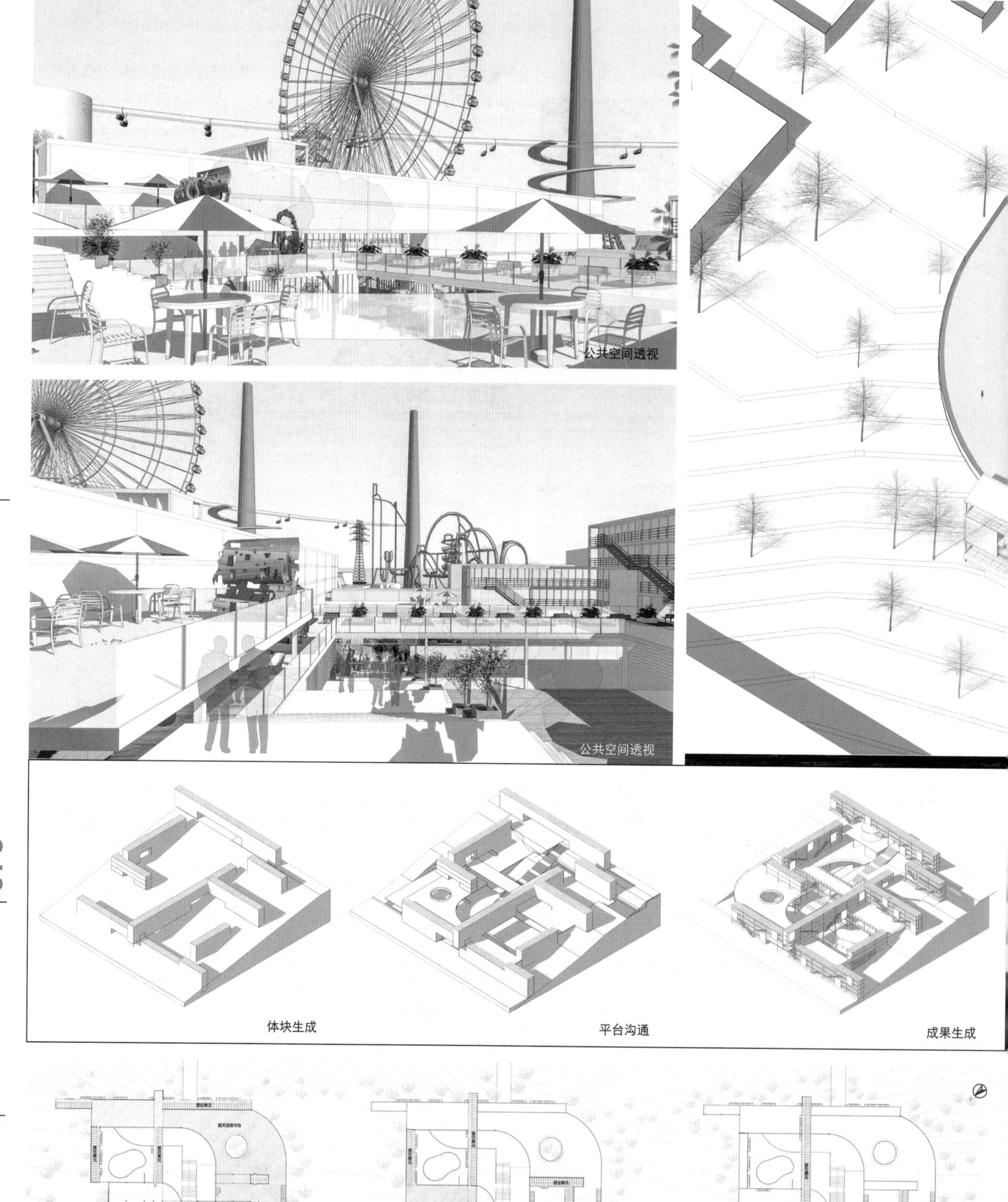
公共空间透视
公共空间透视
体块生成
平台沟通
成果生成
一层平面图
二层平面图
三层平面图

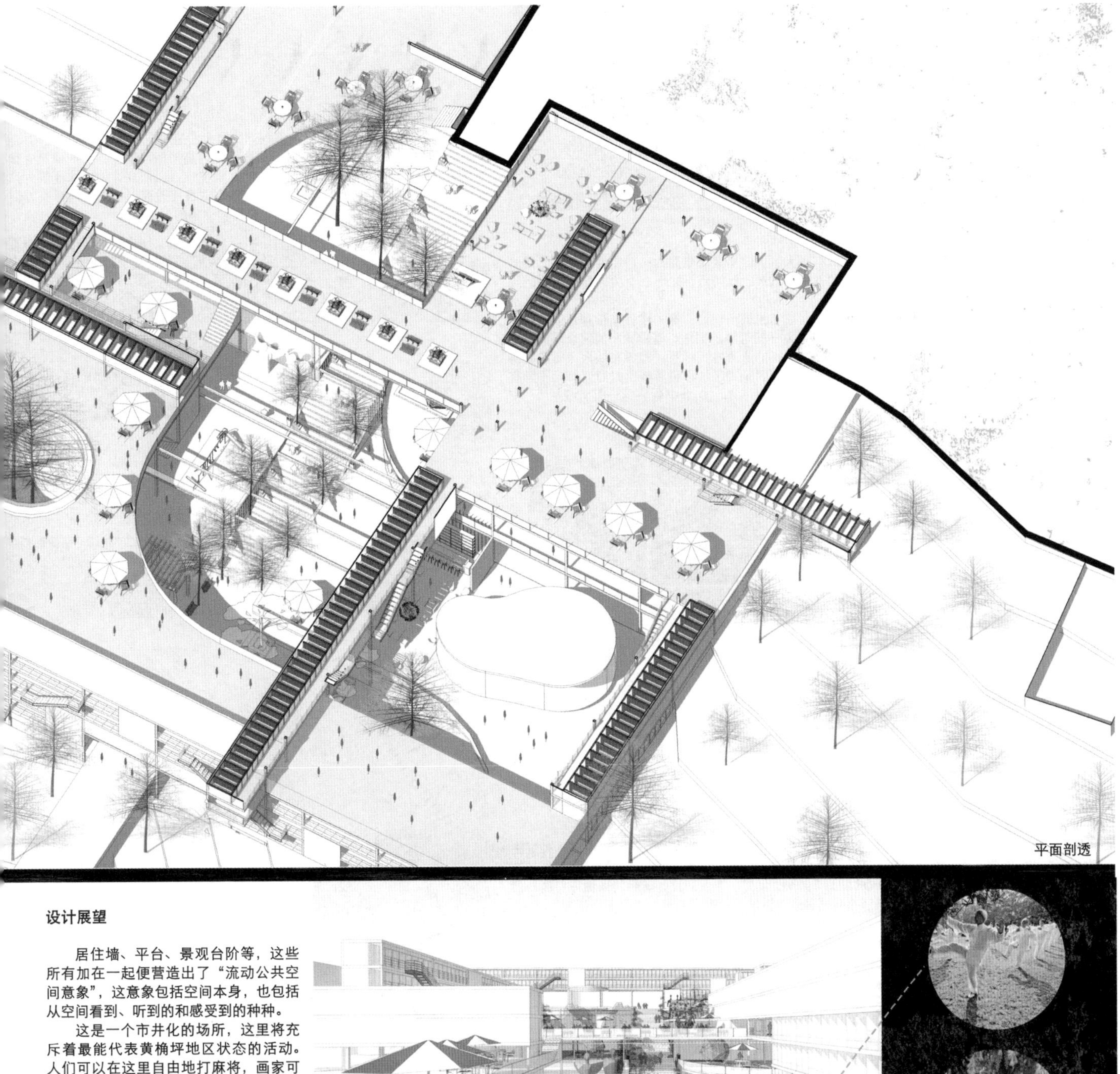

平面剖透

设计展望

居住墙、平台、景观台阶等，这些所有加在一起便营造出了“流动公共空间意象”，这意象包括空间本身，也包括从空间看到、听到的和感受到的种种。

这是一个市井化的场所，这里将充斥着最能代表黄桷坪地区状态的活动。人们可以在这里自由地打麻将，画家可以在这里肆意创作，艺术家们可以将自己的作品不定期放在这里展出。因它的存在，黄桷坪不再是一个只让人联想到衰败的场所，更多的年轻人会来此体验“流动公共空间”带来的感官和活动的丰富，用心去感受“意象”，而这“意象”是更新后的黄桷坪的代表。

人们称重庆是个“3D 魔幻城市”，不仅仅是因为山地地形复杂，更因为在这复杂地形下形成了很多不可思议的建筑。不可思议并不是奇怪，而是对地形利用的巧妙。设计需要回应地形，“流动公共空间”不仅回应了地形特征，也一定程度上缓解社会问题。通过将居住空间整合成密斯“自由平面”中的“居住墙”，更好地实现了“绝对的封闭与绝对的开放”“私密空间与公共空间”以及“最小的居住空间与最大的公共领域”的设计概念。本应属于青年旅馆的公共空间，进一步开放变成了城市公共空间，实际上为年轻人和居民交流提供了场所，创造了机会。“流动公共空间意象”，不是一个静态的场景，是吸引更多人参与的变化着的场景。

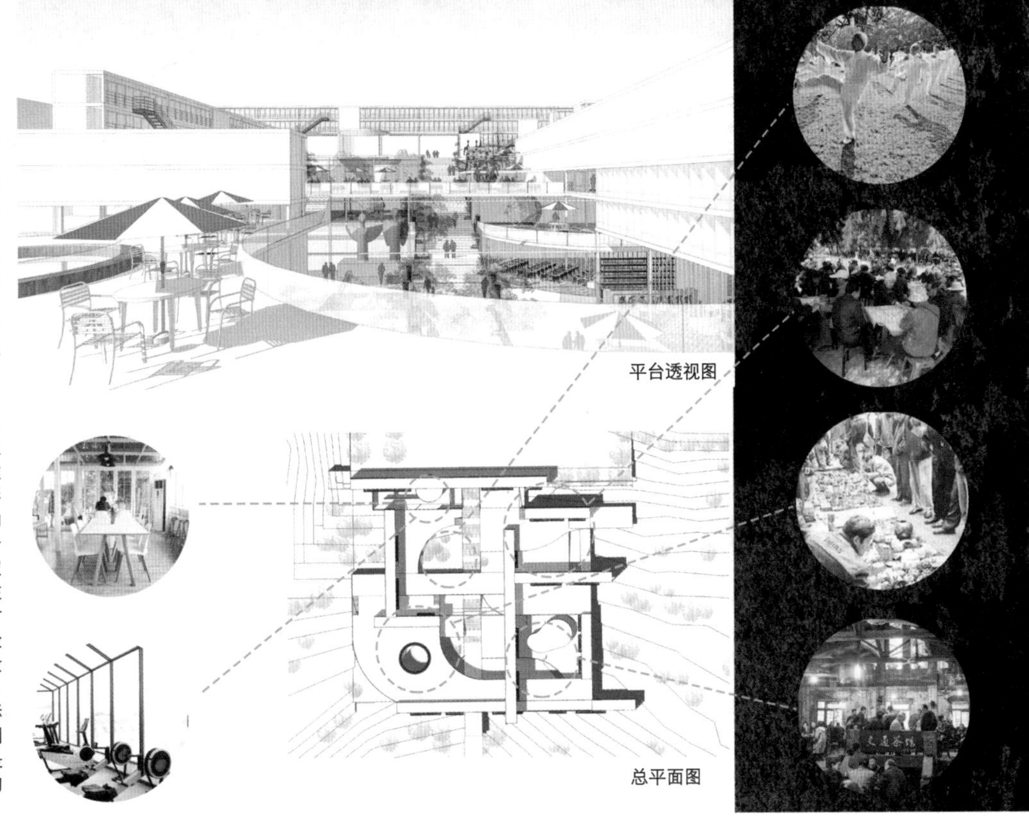

平台透视图

总平面图

城市生活 @INTERFACE——基于城市接触理论的重庆黄桷坪艺术工坊综合体

简 · 雅各布和她的著作《美国大城市的死与生》

Rome, 1748 (Giambattista Nolli)

城市区别于乡村的突出特点之一为城市具有更大的人口基数和更高的人口密度。人群之间的交流、物质之间的交换构成了城市存在发展的基础，城市设计的目标之一在于为人群和物质的流通创造高效快捷的流通网络。

渗透性是衡量城市交通便捷程度的重要概念。著名的城市规划师简 · 雅各布在其开创性著作《美国大城市的死与生》中，将城市多样性概括为：对于短区块的需求、基础功用的混合、旧有建筑和集中化。其中，短区块的概念可以直接与街道网络的渗透性相联系。雅各布认为，街道网络的渗透性是城市活力的关键特征，并进一步指出，具有更多短区块和更多转角的街道倾向于拥有更丰富的行人接触网络。Kim Dovey 在《Urban Design Thinking》一书中将这一概念概括为“交界面来源区（interface catchment）”。

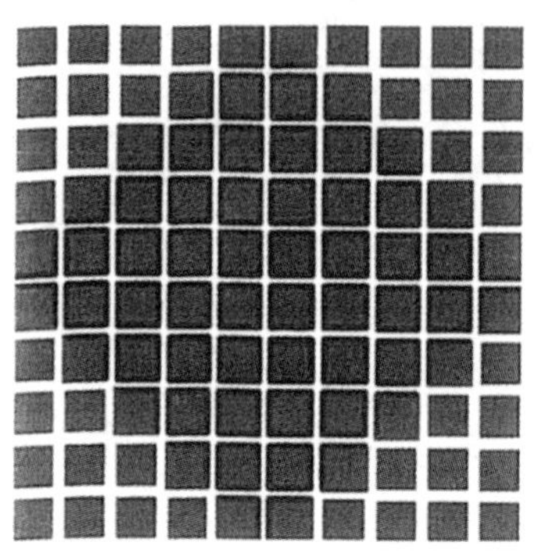

100 metre grid:
Access to 16 Km of interface
within 500 metres

渗透性和来源区尺度之间具有显著的正相关关系：高渗透性创造出更大的来源区区域。

在这种意义下，如果将巴塞罗那和曼哈顿的城市肌理进行对比，那么巴塞罗那是具有更高渗透性的城市。除此之外，街道宽度对于交界面也有重要影响。比如，巴塞罗那的平均区块长度（AwaP）为 450m，曼哈顿中城的 AwaP 值为 550m，虽然巴塞罗那比曼哈顿的渗透性更高，但在交界面交通上却略逊一筹。交界面来源区会随着渗透性增长，也会随着街道变宽而缩减。

① 曼哈顿 (Manhattan)

② 巴塞罗那 (Barcelona)

③ 名古屋 (Nagoya)

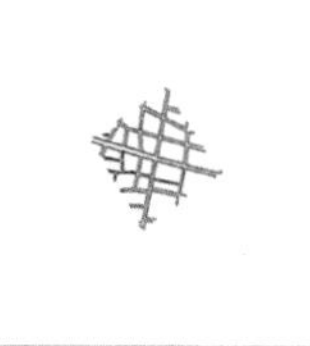

在现实中，行人通过立体交通与建筑立面接触的例子广泛存在，对于立体交通分布广泛的区域来说，交界面来源区不能只用街道立面长度来衡量。在充满立体交通的三维城市中，建筑的入口并非匍匐在道路平面上，而是出现在建筑的不同高度。交界面来源区不是单一的连续曲线，而是变成了多条线段构成的集合，其中可能出现交叠的部分，也可能在立面的某一位置与人群无法直接接触。这是一种极具山城特色的现象。

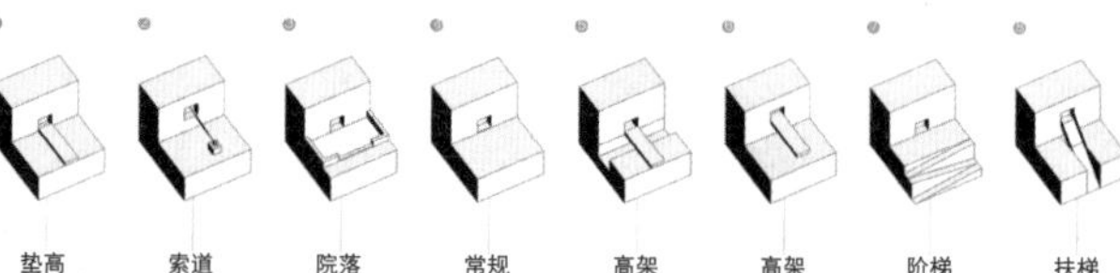

重庆是著名的山城，市区内高程起伏较大，道路与建筑常常难以正常接洽，重庆因而发展出多种独特的建筑入口形式，以高架桥、索道、长扶梯等最具地方特色。以下图纸展现了几种典型的重庆建筑入口形式。独特的建筑入口形式使重庆建筑具有极强的地域特征，这些形式直接改变了重庆的城市交界面形式，进而深刻地改变了重庆人生活、交往和交通的方式。

重庆随处可见的特殊交接方式：阶梯，轻轨，扶梯，桥梁，索道，渡口，立交，天桥。

重庆的独特性在于，即使与其他高密度的城市比较，重庆也是独树一帜的。下面几张图比较了香港和重庆对于交界空间处理的不同。香港的接触空间大多集中于屋顶，而重庆的接触空间多集中于中段。对于这一现象进行提炼，我们可以得到重庆特色的接触方式原型，并以此作为设计的出发点之一。

香港对于接触空间的处理多集中于屋顶。

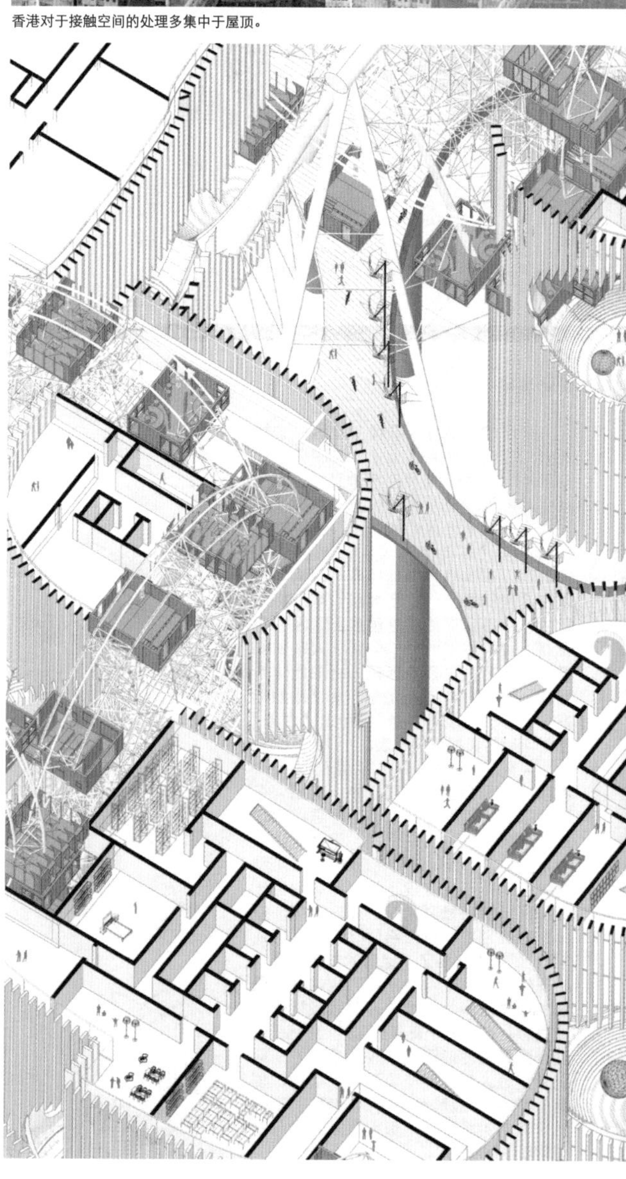

1. 城市街区尺度
2. 平地城市的 IC 值
3. 山地城市的 IC 值
4. 转变接触面方向
5. 以球体空间替代
6. 形成具有围合感的室外空间
8. 将接触点转变为接触体
9. 接触体的组合
10. 环形的动态交通空间
11. 增大后的 IC 值

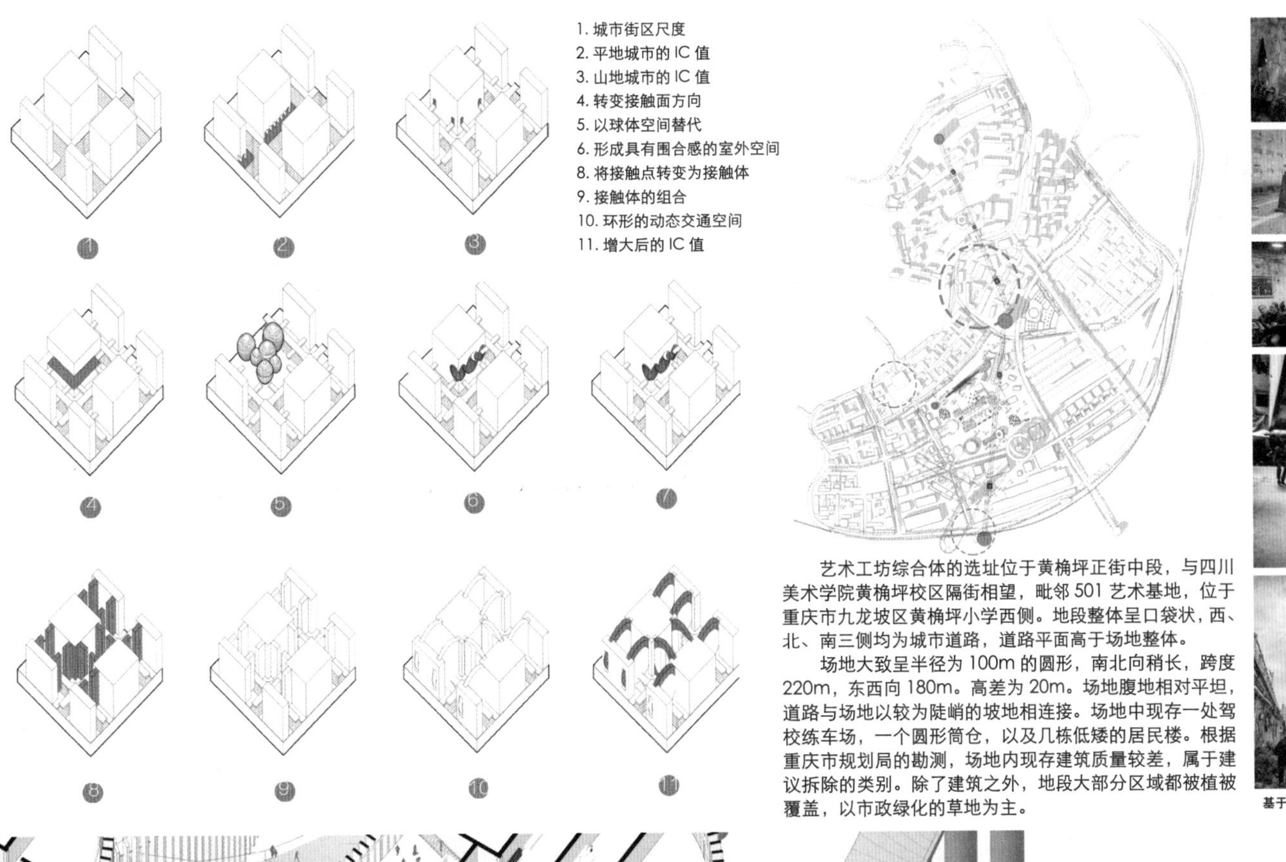

艺术工坊综合体的选址位于黄桷坪正街中段，与四川美术学院黄桷坪校区隔街相望，毗邻 501 艺术基地，位于重庆市九龙坡区黄桷坪小学西侧。地段整体呈口袋状，西、北、南三侧均为城市道路，道路平面高于场地整体。

场地大致呈半径为 100m 的圆形，南北向稍长，跨度 220m，东西向 180m。高差为 20m。场地腹地相对平坦，道路与场地以较为陡峭的坡地相连接。场地中现存一处驾校练车场，一个圆形筒仓，以及几栋低矮的居民楼。根据重庆市规划局的勘测，场地内现存建筑质量较差，属于建议拆除的类别。除了建筑之外，地段大部分区域都被植被覆盖，以市政绿化的草地为主。

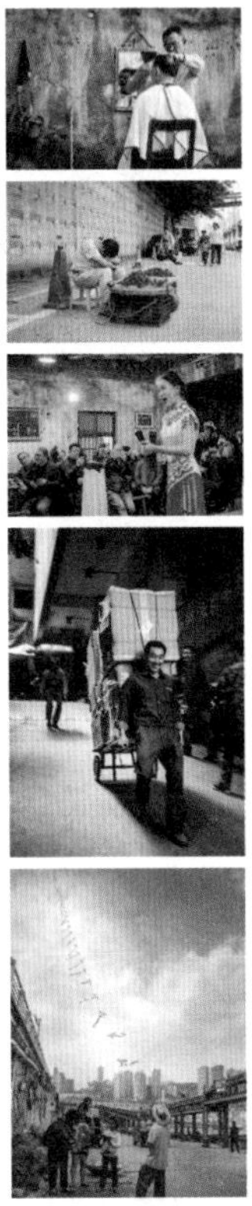

基于亲密关系的社群生活

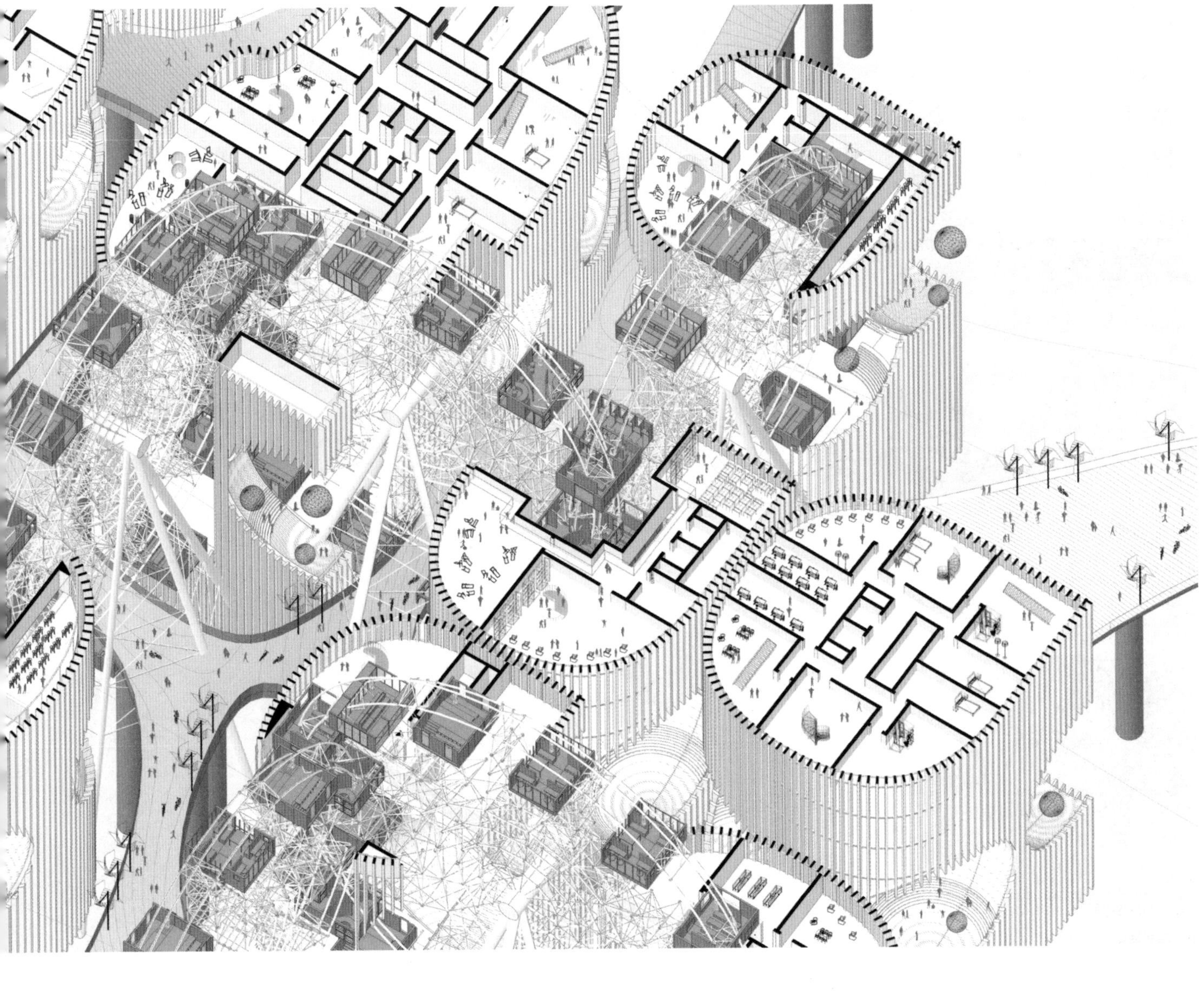

总平面图

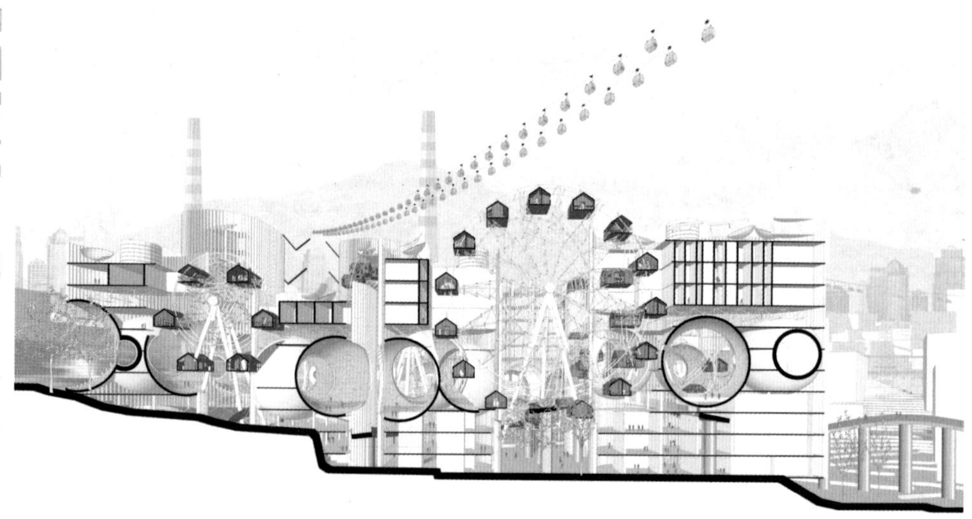
剖透视图

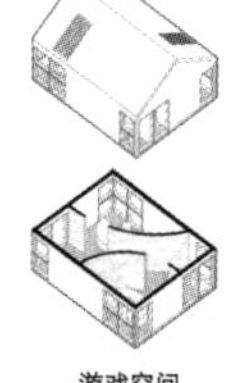
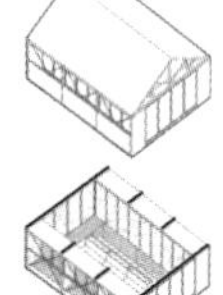
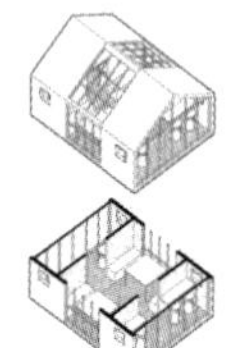
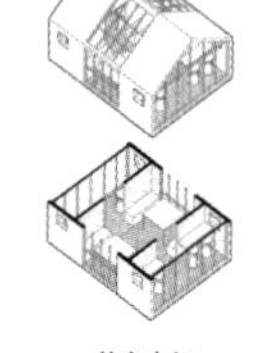

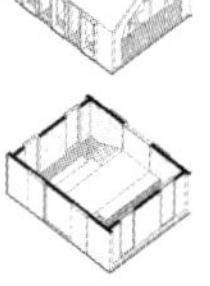
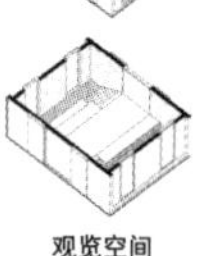
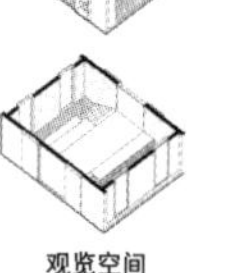

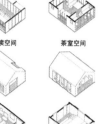

空间模块

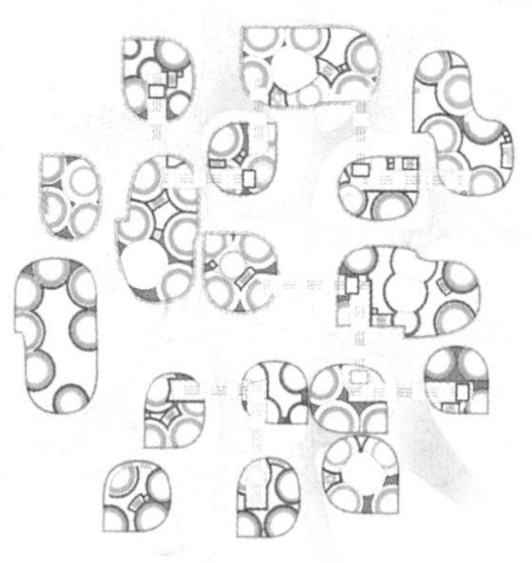
公共空间层平面

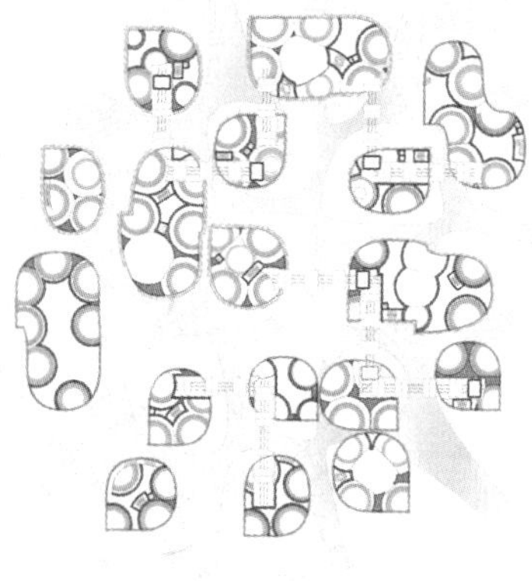
LOFT 层平面

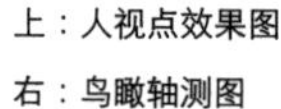
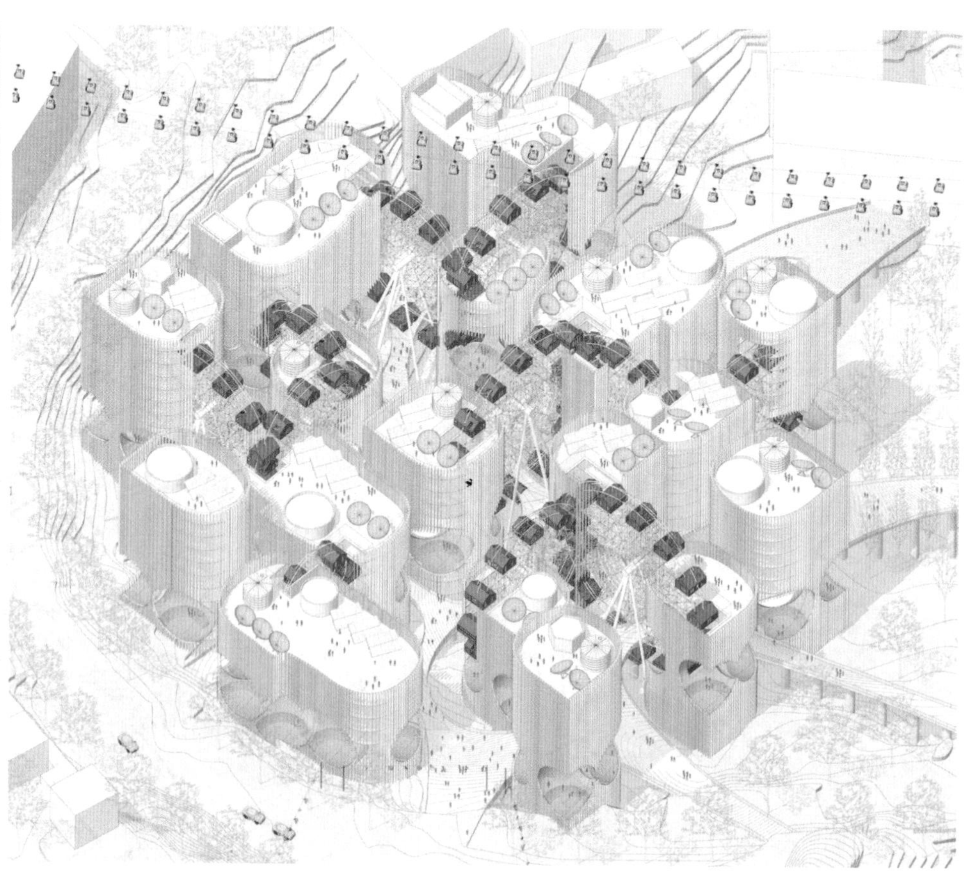

上：人视点效果图

右：鸟瞰轴测图

黄桷坪索道站综合体设计

设计说明

该综合体与索道站相结合，建筑的高度定为 120m，不仅是丰富滨江景观的需要，还是缆车站建设的需要。缆车索道设计的建议挠度为 5%~6%，也就是说，索道跨越长江将会产生大约 65m 的挠度，再加上通航高度的要求，建筑至少应该有 105m 以上，是一个超高层的建筑。

索道站建设在离地面 110m 高的位置，它是一个过站，需要的机组设备相对较小。实际上，长江索道这么壮观的索道的起始点站也只是二十米见方的体量。嘉陵江索道站为十五到二十米见方的体量。

另外，索道站建在 100 多 m 的高空，既是机遇也是挑战。垂直交通是一个巨大的问题，后文将会提到，用电梯解决快速交通，利用盘旋的体量解决人群步行游览的需要。

场地为一个带有坡度的地段，很轻松地实现了人车分流。人流沿着景观主轴向江边走，通过架设起来的天桥过路。车行道在天桥下面，同时通过平层进入的方式进入车库，有效地提高了建筑的使用效率。这也是重庆当地常用的建筑高差处理手法。

经过天桥以后，到了建筑的平台之上，既可以往上盘旋着往高空的索道站走，又可以往江面的方向走。往江边可以走向滨江公园以及一层大厅。

方案形态生成

从最简单的方形上升螺旋线出发，生成旋转的体量，然后根据功能需求以及雕塑感上的需要，继续进行调整。

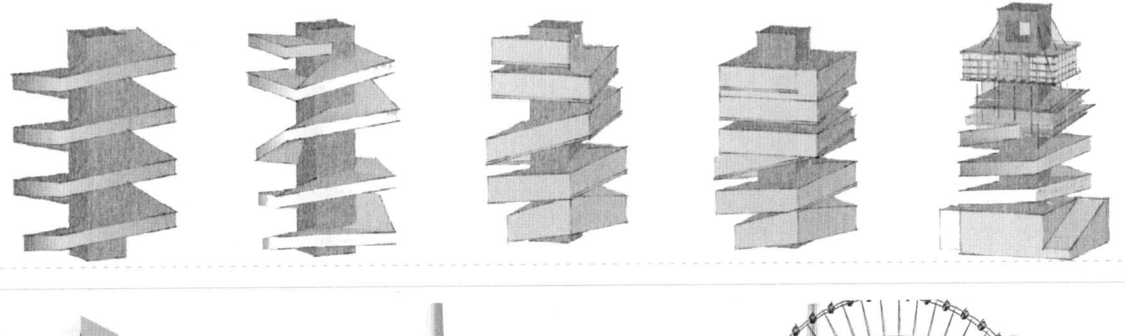

索道站构成的滨江天际线

目前滨江天际线的绝对控制点是发电厂的两个大烟囱，然后就是隐没于草丛中的民房，两者之间缺乏中间尺度的构筑物或者景观，因而显得单调乏味。希望通过建筑以及景观的手段，增加“中间尺度”，比如建设游乐园设施（尤其是摩天轮）、索道塔和索道站都是很好的处理方法。

索道站与摩天轮以及烟囱高度关系

建筑的高度不仅是丰富滨江景观的需要，还是缆车站建设的需要。缆车索道设计的建议挠度为5%~6%，也就是说，索道跨越长江将会产生大约65m的挠度，再加上通航高度的要求，建筑至少应该有105m以上，是一个超高层的建筑。

酒店大堂效果图

酒店大堂层平面

酒店客房效果图

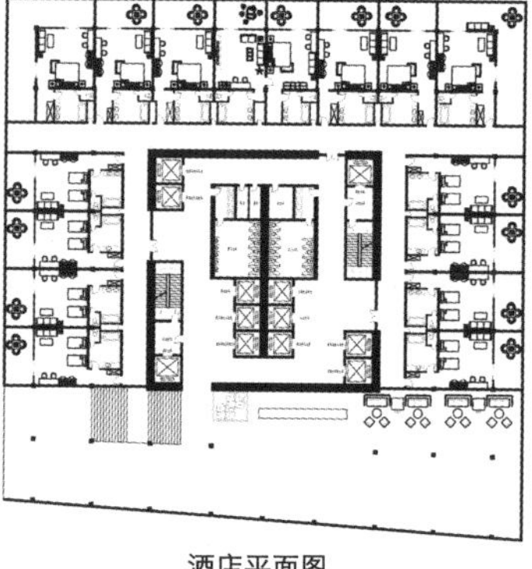

酒店平面图

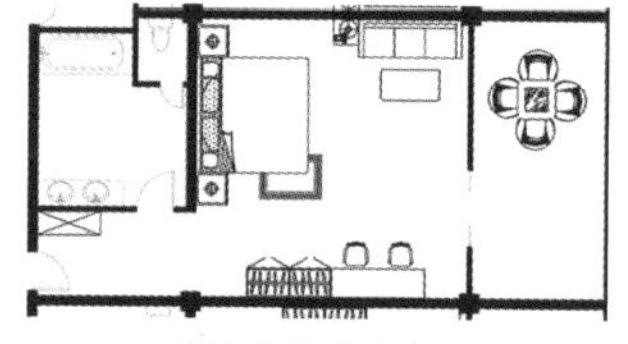

普通客房平面图

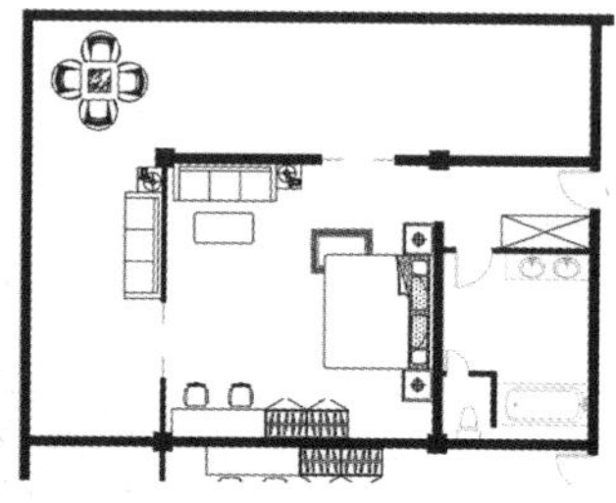

转角客房平面图

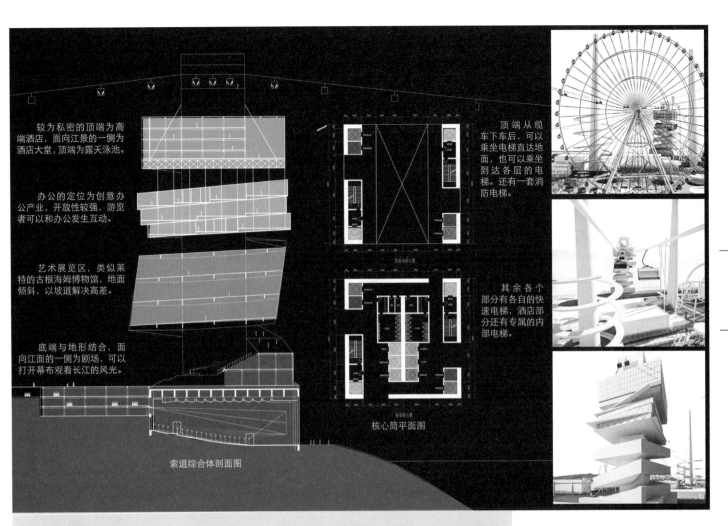

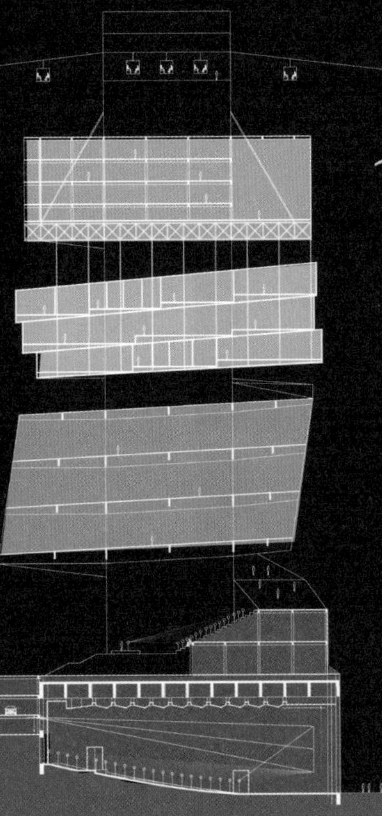

较为私密的顶端为高端酒店，面向江景的一侧为酒店大堂，顶端为露天泳池。

办公的定位为创意办公产业，开放性较强，游览者可以和办公发生互动。

艺术展览区，类似莱特的古根海姆博物馆，地面倾斜，以坡道解决高差。

底端与地形结合，面向江面的一侧为剧场，可以打开幕布观看长江的风光。

索道综合体剖面图

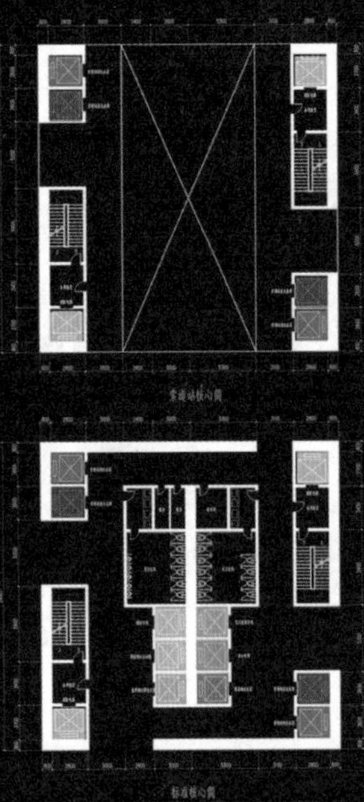

顶端从缆车下车后，可以乘坐电梯直达地面，也可以乘坐到达各层的电梯。还有一套消防电梯。

其余各个部分有各自的快速电梯，酒店部分还有专属的内部电梯。

核心筒平面图

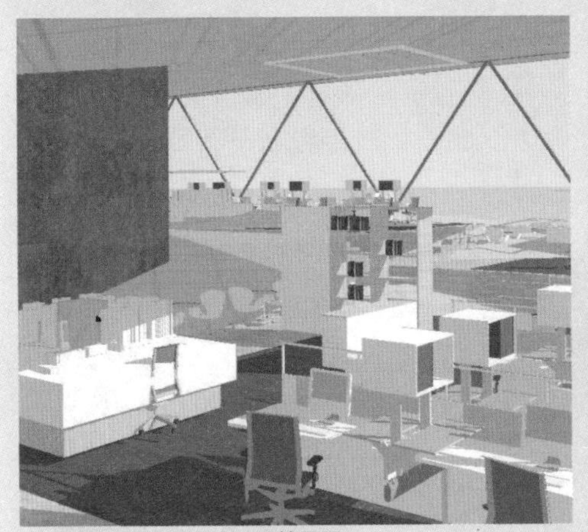

办公层效果图

艺术展览效果图

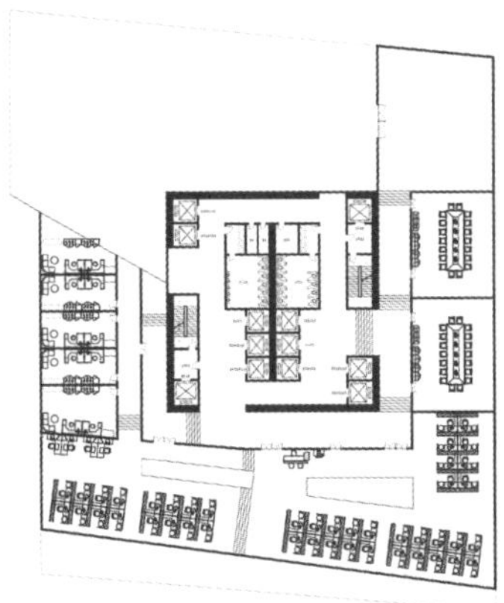

办公平面图

剧场效果图

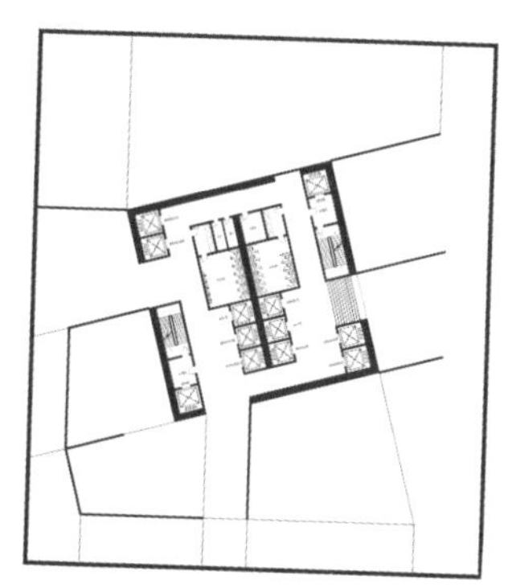

艺术展览区平面图

设计说明：

黄桷坪地区城市整体的发展、繁荣和衰落与相关产业的发展状况密不可分。四川美院、九龙电厂、重庆南站货运站场及周边物流仓库已经部分闲置，没有得到有效利用，况且与周边区域空间和功能上都形成隔离。本设计延续产业改良的设想，试图研究整合地段现存产业及空间。通过艺术创作、设计研发、货运物流、城市商业与仓储功能的结合，促进黄桷坪物流产业园区的转型和产业链整合，增加不同人群之间的互动，带动周边地区自我更新完善，使得主体间相互促进，和谐共生。从而激活地区经济，改善城市空间。

地段现状交通　　地段现状功能

共生 SYMBIOSIS

清华大学

设计：刘铭佳 / 邓秋实

指导：韩孟臻

场所精神下的多主体（人、物）共存

码头

工业建筑

整体策略

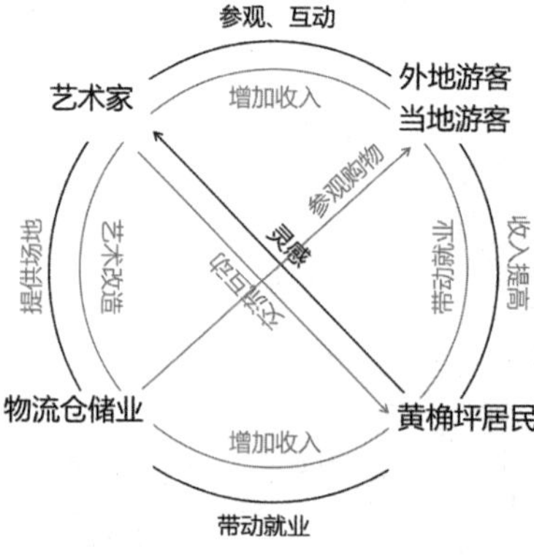

共生——交通、产业、人群

城市道路与地形

梳理城市道路、公共交通等，增加不同区域之间的联系。

功能分区

整合现有产业功能，形成整体的文创产业园区，激活地区经济。

人群热力分布

借助文创产业园区的相应功能，联系基地居民、艺术家、游客等。

主要游览景点

主要景点之间形成路线串联，南北贯通，激活整体地区 。

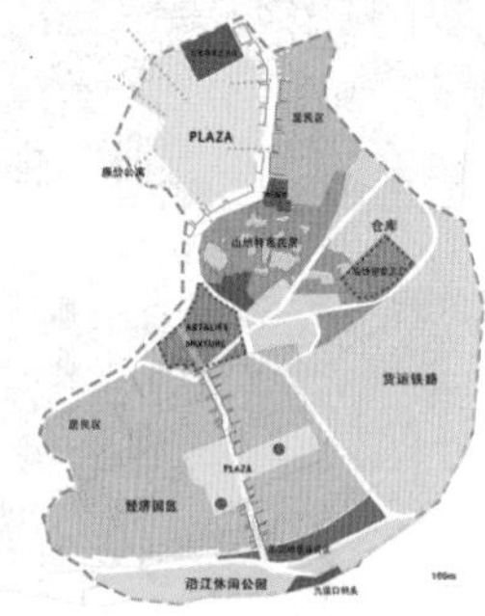

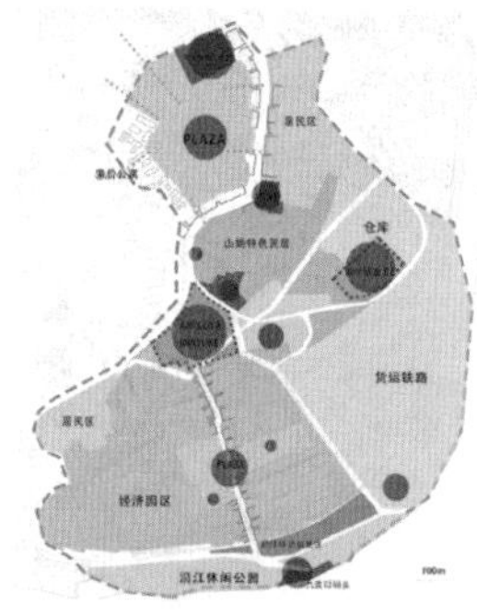

评语：

本组作品选取重庆令人瞠目的高密度城市共生生态作为研究对象，聚焦艺术家、居民、游客乃至物流的混合与相互作用。该“共生”经图示解析，转化为城市设计阶段混合城市功能片区的努力，和建筑设计阶段在平面、剖面上不同使用者的特定相互联系。

邓秋实的设计以类型学的方式，将上部居民高密度居住空间、底层的艺术家创作工坊，以及近地标高的游客漫步空间相互叠合、穿插，并使迥异的三者可以相互感知。

刘铭佳的大尺度地景建筑在整合、联系周边社区的同时，复合了艺术品生产与消费的全过程，不同人流、物流被戏剧性地组织并展现在其剖面之中。

黄桷坪艺术生活综合体设计
SYMBIOSIS

结合居民、艺术家、游客三者的活动。

黄桷坪发生器
MIXER

艺术研发工厂从黄桷坪的“人”与“物”的互动关系出发，尝试探讨艺术介入、工业流程与游客体验三种主体之间可能的空间关系，结合山城空间特点进行设计。

总平面图

黄桷坪艺术生活综合体设计 SYMBIOSIS

/ 结合居民、艺术家、游客三者的活动

黄桷坪街道位于重庆九龙坡区东南端，曾经是九龙坡区重要的铁路、港口、码头货运集散地。黄桷坪曾经因码头和铁路的存在而兴盛繁荣。新中国成立后，虽然九龙码头的历史地位有所下降，但是黄桷坪地区又出现了新的发电厂和四川美术学院。前者继续为地区经济和居民就业提供着支持，后者则彻底改变了黄桷坪的地域文化。

四川美术学院的存在吸引了大量与艺术相关的人群和产业。首先，川美的在校学生、教师和毕业生形成了一个庞大的艺术群体，将本身工业气息浓厚的半岛变成了一个充满艺术氛围的地方。黄桷坪正街居民楼的涂鸦墙、各种艺术基地和画室都是川美艺术影响该地区的见证。艺术的繁荣也催生了经济的发展。各类画材用品店、艺术培训班、小饭店兴盛一时。同时，艺术气息浓厚的黄桷坪也吸引了大量本地和外地的游客前来参观，拉动了当地的经济。

黄桷坪的衰落与川美的搬迁有很大关系。川美离开后，地区失去了艺术源头的支撑，艺术氛围逐渐消失。随之而来的，是相关产业和游客的减少。由于产业转型升级，之前为当地居民提供就业的电厂、码头和铁路现在都失去了其经济上的作用。这些因素综合起来造成了黄桷坪地区衰落的局面。居民收入低，艺术家没有创作土壤和氛围，游客觉得地区没有吸引力。

城市空间尺度上，黄桷坪地区的通达性很差，电厂、码头、铁路和各种权属大院的存在使得很多地区无法通达，地块变得十分割裂。间接影响了区域人员的流动和经济的发展。基于上文对黄桷坪地区衰落的分析，我希望在城市和建筑两个尺度上解决这一问题。首先，从城市更新的角度来说，黄桷坪地区衰落的根本原因是没有一个支柱性产业来支持当地经济。同时割裂的空间现状也应该被打破。基于这一点，我将原先封闭的发电厂改为开放的经济园区。园区以第三产业为主，为居民提供就业的同时向大众开放，让人群可以穿过并直接到达河口。之后我在打通两条南北向主要道路的同时着重选出了有特色的公共区域作为空间节点进行设计。开放川美校园为公共广场，设置观景平台和沿河公园，吸引人员流动。其中最重要的一个节点，即两条主要干道交叉的地方，我设计了一个艺术生活综合体。使得整个空间路径在这里形成一个高潮。

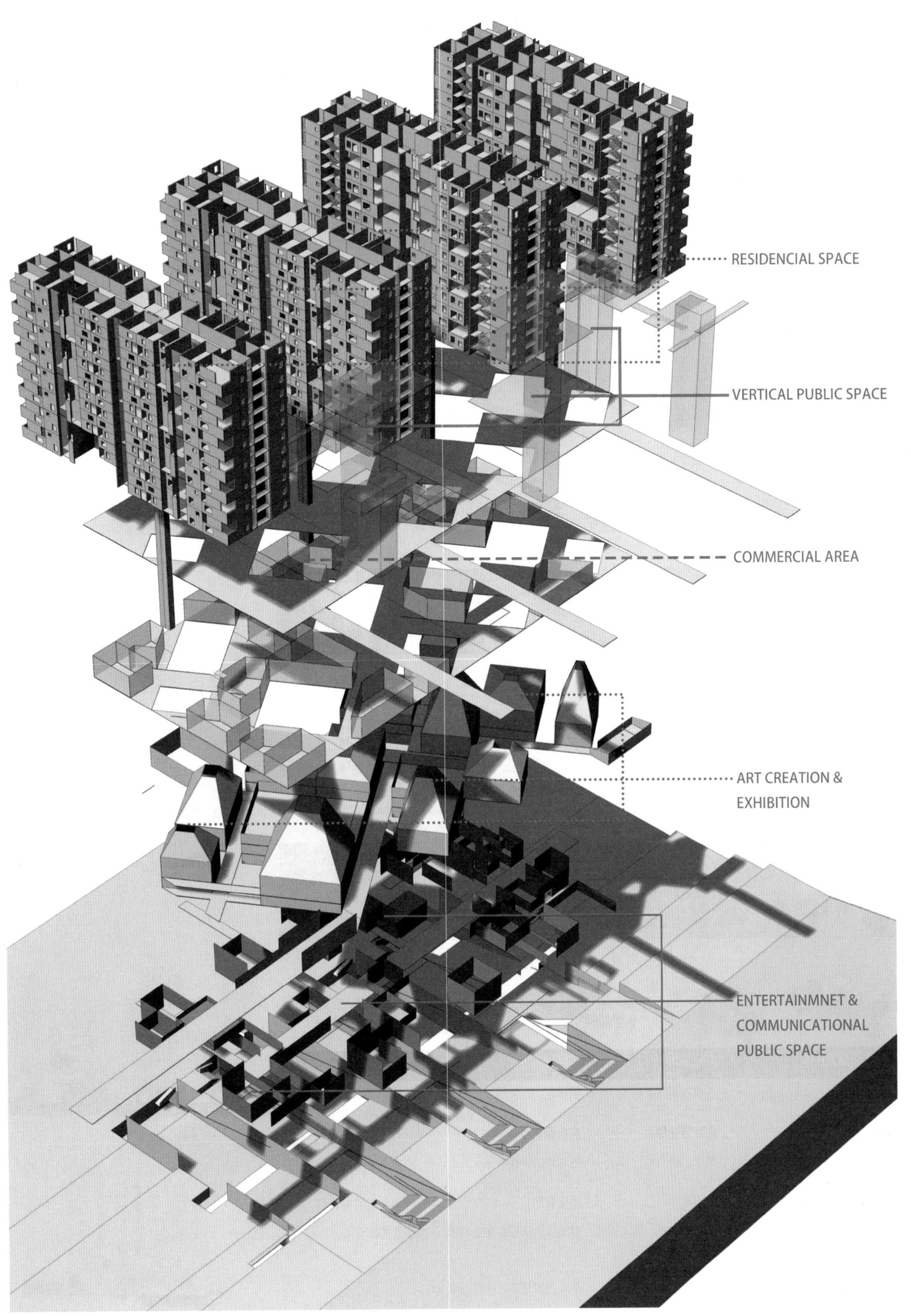
RESIDENCIAL SPACE
VERTICAL PUBLIC SPACE
COMMERCIAL AREA
ART CREATION &
EXHIBITION
ENTERTAINMNET &
COMMUNICATIONAL
PUBLIC SPACE

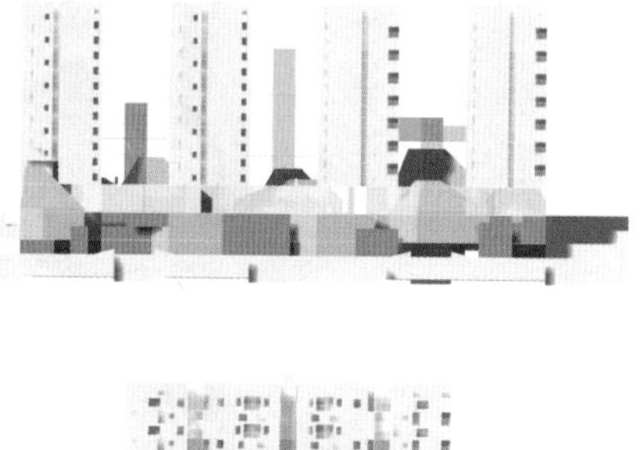

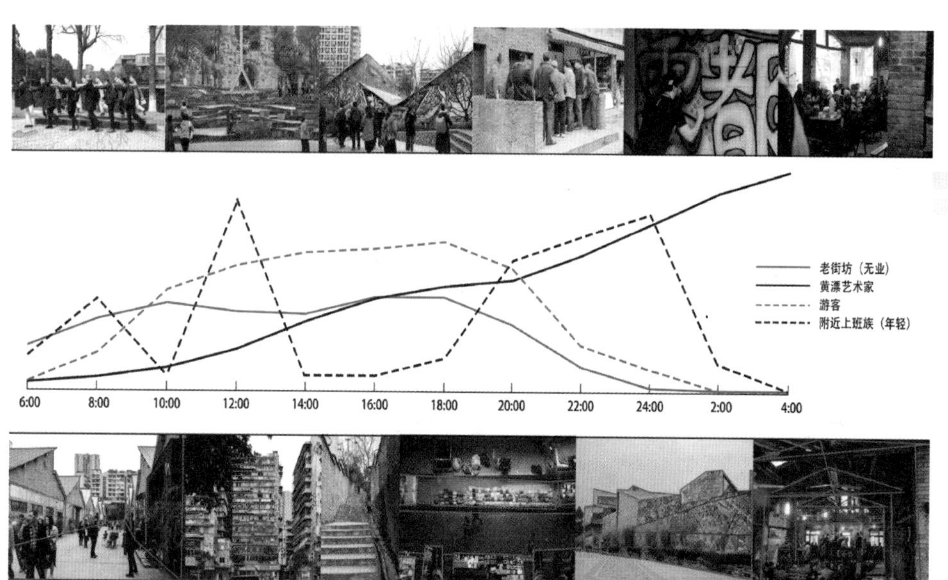

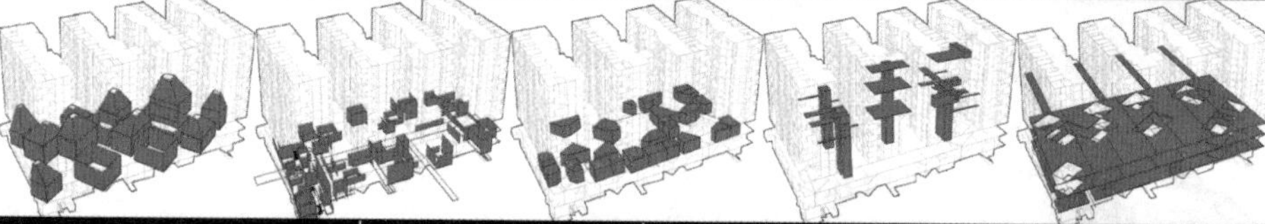

需求层级/主体	本地居民	黄漂（艺术家）	游客
Physiological needs	下棋抽烟喝茶聊天	创作空间（光线）	**餐饮** **休息空间**
Safety needs	**相对居住隐私**	**房租稳定性**	私有物品安全
Love and Belongingness	邻里信任关系	与邻里的信任关系	不被本地居民排斥
Esteem needs	**工作尊严**	**居住尊严**	快节奏游览被认可
Cognitive needs	地区凝聚力，认可程度	对地区的认识和融合程度	**探索的好奇心**
Aesthetic needs			
Self-actualization	**收入增加**	寻求艺术之道，作品被认可	

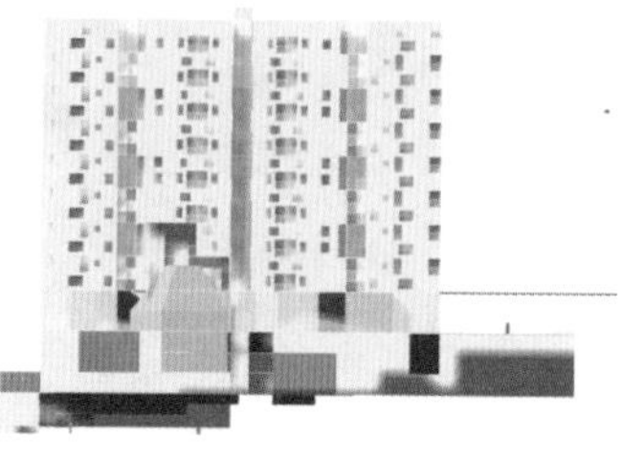

	艺术介入	工业生产	游客体验
艺术创作	创作		围观
社区研发	交流		定制
加工运输	加工	物流	体验
展览活动	展示		围观
城市景观	活动		参与
		……	

艺术家 - 垂直空间组织不同需求
工坊 - 水平大空间满足生产需求
城市 - 屋顶和地面层的点状空间

/ 艺术介入
/ 工业生产
/ 城市景观

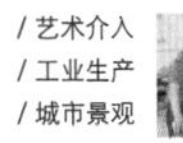

艺术研发工厂试图从黄桷坪的“人”与“物”的互动关系出发，结合重庆山城的空间特征，尝试探讨艺术介入、工业流程与游客体验三种主体之间可能的空间关系，进行艺术家研发工厂的设计。经济产业方面，艺术研发工厂为物流园区提供了艺术增值的环节，融合了艺术产业与物流园区的其他功能，组成整体的黄桷坪物流产业园区；城市空间方面，借鉴重庆的山地建筑特点，用立体三维的形式将城市中不同标高的空间联系起来，行人能够在不同的平面之间自由漫步；功能组织方面，为不同的使用者提供了综合多样的空间，为黄桷坪不同人群的互动提供了场所。

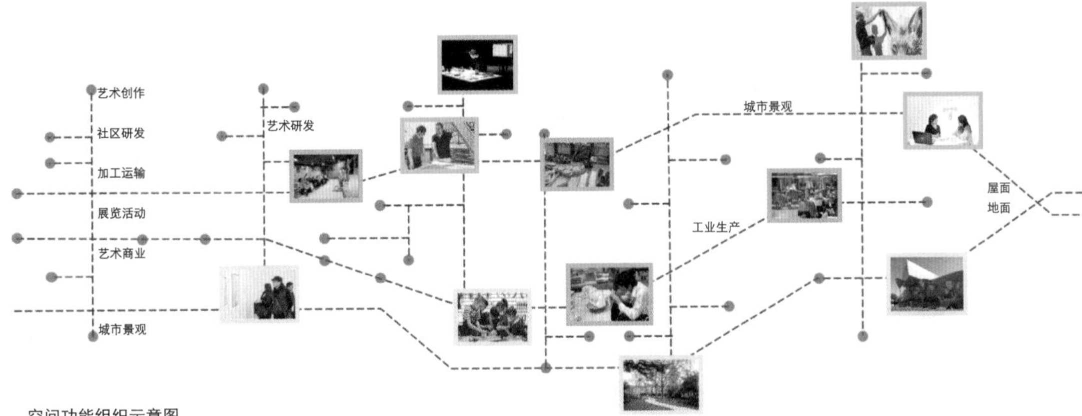

空间功能组织示意图

鸟瞰图

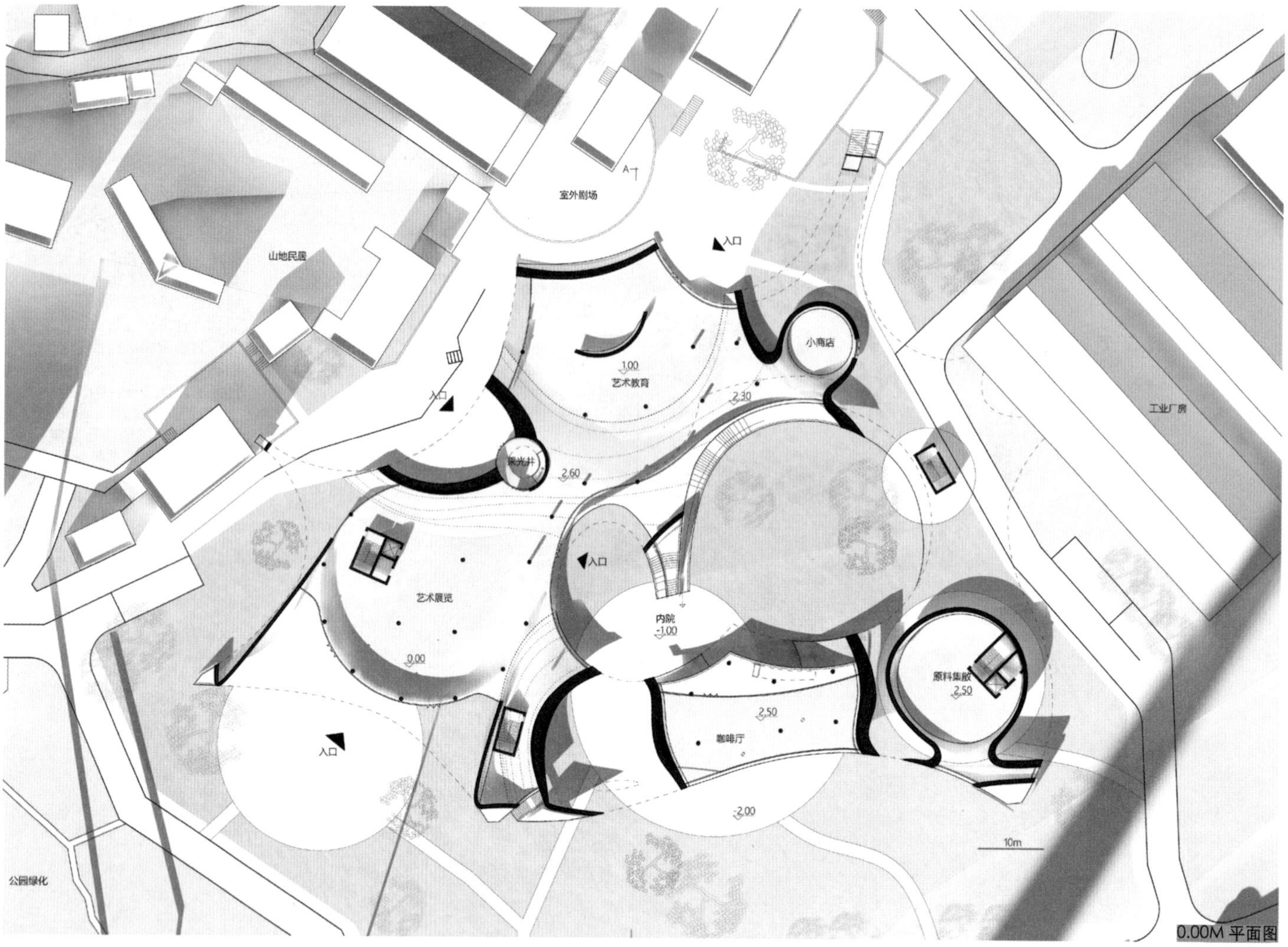

0.00M 平面图

街边小剧场

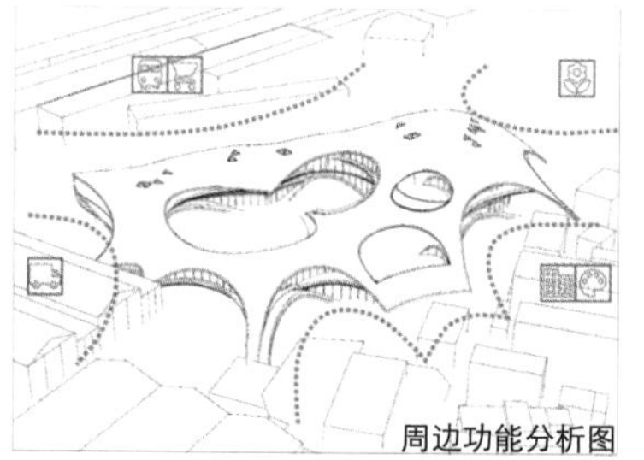
周边功能分析图

地面层以组团的形式呈点状分布，在实现组团内部自身功能的同时，增加与周围场地的接触面，同时适应建筑所在的坡地地形，为联系周边不同功能组团和人群提供可能。

在工业所在的工坊层和艺术家所在的创作空间层，分别对应着水平空间和岛状空间的不同空间形式。

室内空间

南侧广场前

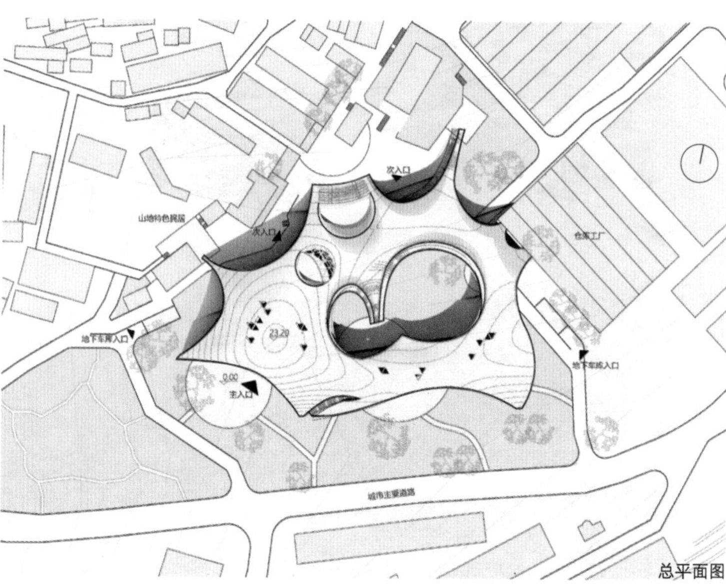

总平面图

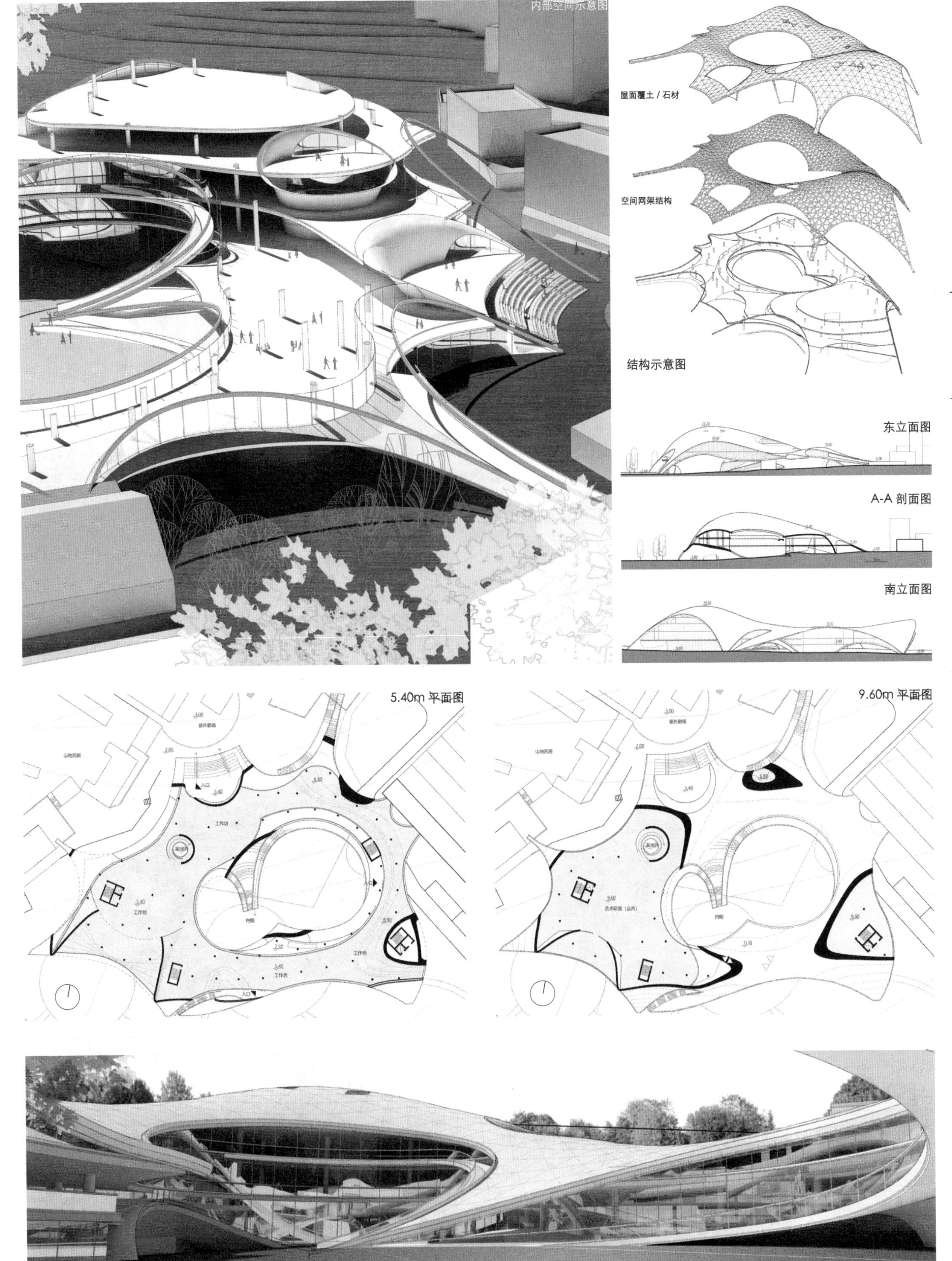
内部空间示意图
屋面覆土 / 石材
空间网架结构
结构示意图
东立面图
A-A 剖面图
南立面图
5.40m 平面图
9.60m 平面图
内院空间示意图

归乐园 2074
PARADISE FOUND

清华大学
设计：盛景超
指导：韩孟臻

2074 年，人文主义最终战胜了物质丰盈、非个性、逆社会性、超智慧、与永生，建立了异托邦乐园；几乎摆脱了物质的限制之后，人文主义乐园内的行为都直接与人的本源欲望相关。
该设计的解读方式是开放的。其内容包含杜撰的一段历史，城市空间随着历史的拼贴与重叠，以及小说中四人叙述的世事变迁。作者希望其使人反思艺术与生活的关系，与人文主义的未来。
死亡
超智能
数据宗教
永生
超人
Übermensch
理性
生命本能
知性
美
同理心
自由
支配
私欲
集体性
感官享乐
信仰
死亡本能
归属
共产主义
原始人
非个体
超人与归属的对立，造成了艺术家与居民间的隔阂；
同理心与私欲的对立，造成了贫富差距与阶级分化。
人文主义乐园内的行为，
都直接与人的本源欲望相关。
这些欲望们在乐园中相互作用，
形成丰富的、差异的、
自由的、“幸福”的生活。
从 2018 到 2074，
是人文主义依次战胜了
去个体的社会，
去社会性的原始人，
超人智能，
超越实体，
死亡与永生，
最终“胜利”的过程。
生产工具和原料
生产者
食物和日用品
钱
钱
AU
艺术品
人的服务
自循环
艺术家
居民
人的服务
生活艺术
哲学
人民
社区
数据
政府
学院
AU
生产者
乐园的经济和物质整体依附于外界；
乐园内的经济循环存在明显的层级。
大数据代表人民，政府只是大数据的
代理人

评语：

该作品由一套建筑（城市）设计图纸和一篇微小说构成，两者互为应和。黄桷坪的历史和现在，与作者的内在思考一起，转化为在虚拟未来的建筑和城市，人物与故事。设计图纸试图以建筑学语言，拷问社会与集体的意义，体现了具有一定当代性的思考深度。尽管晦涩的设计成果使得对该作品的评价呈现出极端的两极化，但作者内源性的思考，对既定方向的执着，与为了完成该作品而做出的努力，的确是值得鼓励的。期冀毕业设计的探索成为作者建筑学专业成长的里程碑。

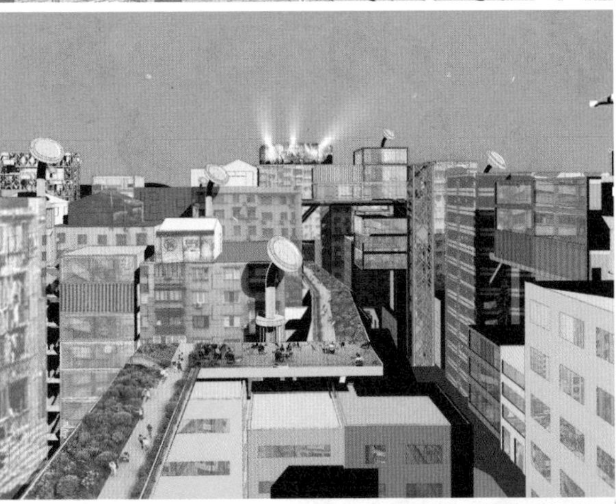

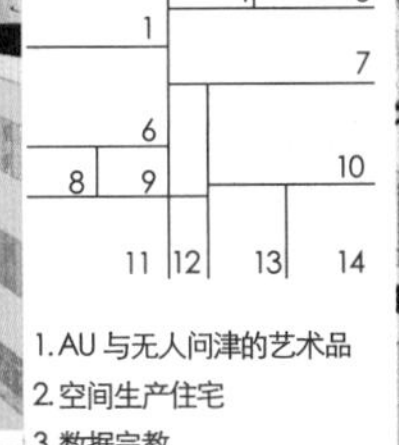

1. AU 与无人问津的艺术品
2. 空间生产住宅
3. 数据宗教
4. 哲学园
5. 自由之墙与政府立面涂鸦
6. AU、501、川美校徽
7. 疗养院与建筑大赛
8. 浪潮
9. 西西弗工厂
10. 旧街道办事处社区广场
11. AU 金字塔、教堂
12. 十五分钟剧场
13. AU、501、川美校徽
14. 交通茶馆 *3

SOUTHEAST UNIVERSITY

东南大学

学生团队

1 区域废弃空间的利用与活化
Reviving the Space

戴金贝

张雅楠

杨一鸣

2 新市界
Reform of Huangjueping

陈俐蓓

章杰

詹佳佳

3 山城下的数字模型构建
Hilly Mapping

梅琳丽

陈宇龙

张祺媛

陈富强

夏兵

朱渊

李飚

指导教师

从城市问题的关注到建筑设计的研究，已经逐渐成为建筑的重要途径，在经历了建筑与非建筑话语的研究设计过程，建筑学自治而开放的体系逐渐成熟。设计话语在不同层面的延展，让面向未来和在地的设计之间产生各种有趣的互动可能。

重庆，是个充满梦幻色彩的城市，九龙半岛，一个梦幻城市中历史的现实呈现。基于当下，面向未来，传统意义的建设已经不能满足该地区的定位与发展。如何让等待多年的半岛，获得具有跨越而冷静的重生机会，如何让设计思考引发半岛发展的开启模式，成为毕业设计一开始就需要思考的基本思考。

当面向未来的挑战在当下成为可以被反复谈论的话题，则其作为毕业设计的意义，将显得更为适合。在一个可以被无限拓展的迭代空间中，以建筑学的语境思考城市的未来的城市生活，作为五年的最后一次发力，也许可以为九龙带来乌托邦的未来，而乌托邦的一角将能成为未来的现实。期待！

——朱渊

如今，任何领域都无法逃脱数字化的蔓延，数字技术简化一切，并让一切触手可及，也因此，它让一切贬值，包括软件本身及其衍生物。偏好数字技术的设计师时常暗示自己数字设计的复杂性，而当今数字技术的根本问题在于：软件应用变得越来越容易。反过来讲，假设数字化产物若非日趋便捷，信息技术也不会如此成功。软件了解用户的需求，而非用户理解软件的潜质，简单点击，信息技术便将融入学科的方方面面，设计师被如此简洁的体贴麻醉得飘飘然。

设计面临数字时代的挑战，这种挑战将不再是一往前行的应用，而应加入更多的思考和更深的技术探讨，这种探索应缘起于高校教学，并时刻警醒未来的设计师在过度“创新”的当下寻找新的稳定和平衡。

——李飚

区域废弃空间的利用与活化

Reviving the Space

东南大学
作者：戴金贝／张雅楠／杨一鸣

毕业设计的场地位于重庆九龙半岛，虽然距离市中心渝中半岛只有约 7km，但是在整个城市快速发展的同时，黄桷坪地区的发展却几乎陷入了停滞，“近 20 年没有新的建设”。薄弱的交通条件限制了地区的发展，场地内的车行道路较少，沿交通网可大概被划分为艺术区（学校）、居民区、工业区——这是调研的开始，我们对场地留下的粗略印象。

随着调研的深入，我们发现了许多场所背后的故事，前世今生，兴衰流转，比如说艺术对于黄桷坪的意义。

1950 年底，由贺龙元帅任校长的西北军政大学艺术学院的部分骨干南下，在重庆九龙坡黄桷坪组建成立西南人民艺术学院。自此，川美扎根黄桷坪，创作出了一大批反映乡土文化、伤痕艺术的作品。黄漂艺术家们从黄桷坪的生活和工人那里汲取艺术的能量，形成了独特的平民化艺术。

艺术的发展，也影响了当地居民的生活方式和对艺术的态度。

在黄桷坪住了 18 年的同学这样描述黄桷坪：“小时候我们小区的小朋友基本上都学画画，因为上街去总是能看到很多川美的学生或是要考川美的学生对着街上的麻将桌什么的画人物速写。小朋友都耳濡目染了。现在完全没有这些场景了。”

“黄桷坪的‘空间’很重要，‘空间’中的自由，‘空间’上的平等，带来了身体上的平等和自由，这会让你十分的舒服。整个环境就是生活的多样性，所以取材很容易也很多样性。虎溪校区因为在大学城里，周遭的环境也大同小异，永远是来了一批年轻人，又走了一批年轻人，人生经验太单一。整个‘空间’也过于规矩、秩序。”——艺术家李一凡。

然而，根据我们在现场的观察，现在的黄桷坪，艺术氛围正在减弱，艺术街区也并不如想象那般和市井生活融合在一起。

现在的黄桷坪，艺术产业逐渐衰落，流水线式的生产方式使艺术产业流于低端，年轻的艺术家们也缺乏艺术展示的空间。不同于其他地区的艺术区，黄桷坪对于川美的文化氛围过度依赖，所以随着川美的搬迁，黄桷坪的艺术产业似乎已经成为一段历史。艺术产业未来如何发展，对我们来说是个需要慢慢思考的问题。

调研的后半段，我们又从更广阔的视角来考量了整个场地的问题——尽管我们看到了大量废弃的工厂铁路和空置的艺术商城，但其中还有交通茶馆的热闹，有川美给这个地块带来的奇思妙想和与众不同，还有在正月十五九龙寺旺盛的香火。即使这个地方的艺术和工业已经走向没落，但他们的遗存和人们在其中穿梭和生活的痕迹带着特有的气质。

所以我们在对待这个城市设计时，希望可以在改善人们生存条件的基础上保留他们生活的特点。在城市设计阶段，我们梳理了场地中存在的问题，而后提出交通和产业两个基本的应对策略，并在此基础上将步道和公共空间结合起来，提出我们自己的关于城市更新的概念。中期过后，我们将步道的几个重要的公共空间节点细化，利用地块带有山城特色或地块工业特色的废弃空间——包括梯坎、铁路和江滩，在保存场地原有特点的基础上引入复合的步道系统。

在总体城市设计阶段，小组成员首先梳理了我们发现的场地中存在的问题。主要是交通、公共空间、人群和产业方面的问题。首先，场地很难到达，地块内部交通割裂也很明显。地铁站点距离地块较远，基本只有公路和乘公交车可以到达，其中公交站点分布也很不均衡；地块内部断头路较多，联系这些断头路的是存在场地内的步行道。我们着重观察了其中的步行道路，发现其同时具有山城和工业区的特点，但存在问题较多：社区内的道路隐蔽而狭窄；梯坎缺乏基础设施和休息空间；人行道路拥挤狭窄；铁路线是地块特有的出行方式但缺乏周边的基础服务设施。其次是大面积设置的公共绿地未得到充分利用，反而是社区空地和临街空间更加活跃。第三是在这个地块，老年人生活很单一，年轻人缺乏活动场所，往往到附近商圈活动，游客的旅游体验比较单薄。公共空间与人群活动发生错位，需要得到重新整合。最后是黄桷坪地块虽然历史上艺术和工业非常出名，但随着川美搬迁，艺术产业逐渐没落；工业和铁路随着产业的升级而没落，需要在保存其作为集体记忆的基础上引入新的产业。

在发现问题的基础上我们提出了交通改善和产业置换两个基本的应对策略。

面对产业问题，根据上位规划，结合场地现有条件与内部资源，我们引入了一些新兴产业，并重新规划了整个区域的产业布局，与现有的产业相互促进，共同发展。

面对交通问题，我们首先根据规划与场地现状确定了地铁五号线和黄桷坪长江大桥的位置，保证基地的通达性得到改善。我们在查阅资料的时候发现轮渡曾经是市民过江的首选交通方式，但是随着李家沱跨江大桥的修建，这一出行方式渐渐成为黄桷坪居民的历史记忆甚至逐渐褪色。所以我们就调查了重庆市域现存及遗存的轮渡站点，希望重新利用这些站点，并新建部分码头站点，恢复轮渡的出行方式，成为游客和市民的新选择。另外，我们希望利用废弃的铁轨修建新的骑行绿道，与江对面的知名骑行路线接驳，形成骑行网络。对于场地的内部交通，在划分功能的基础上，首先连接部分断头路，增强步行系统的指示性，同时新增部分公共交通的站点，多种交通方式的复合改善了场地内部的通达性，一些重要的交通站点由此生成。

在产业置换和交通改善的基础上，我们引入了一套步道系统——其中包含在不同区域设计不同主题的线路，以整合场地内的要素，满足不同人群的需求。这套系统包括了串联交通站点与游览场所，形成一条完整的旅游线路的川美线；设置在高差较大的梯坎侧，方便居民回家与日常使用的生活线；连接游船码头与交通枢纽，穿越待振兴的电厂与铁路货场区域的工业线；以及作为骑行线路存在的铁路线等。我们希望通过对这些有着区域特色的步道线路的设计，从线到面的带动区域的发展。

线路的交汇处则有点，我们主要选择了三处节点重点设计：

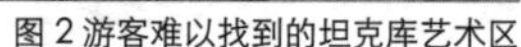

图 2 游客难以找到的坦克库艺术区

图 3 停工的电厂

图 1 九龙半岛，以电厂的两个大烟囱作为标志

山谷之间

黄桷坪的未来需要什么，与这片土地有着关联的不同人群可能会有不同的回答。居民关心的是自己生活条件的改善，比如是否有容易到达与使用公共服务设施，能不能出门不远就有地方跳广场舞；艺术家需要自己的作品更多地被看到；对游客来说，来到这里则希望有着更好的旅游体验，比如容易到达的参观场所，完善的配套服务……但要是说到制约场地未来发展的最重要的原因，我们认为是交通。规划中的轻轨站点五号线将经过黄桷坪，这将会大大改善场地的通达性，而人来人往的交通站点，也有机会复合多种功能，满足不同使用者的需求。因此，设计希望在步道系统的交汇处结合轻轨站点，复合居民与游客需求的不同功能，营造多功能的生活公园。

设计选址在区域内废弃的陡坎边，梯坎上是人流密集的黄桷坪正街，是黄桷坪的现在；梯坎下则是停工了的电厂与铁路站场区域，是黄桷坪的过去，也是未来将要发展的区域，复合的轻轨站点则将连接上下两个区域。在将来，居民在从这里上班下班，买菜回家，晚上在广场跳跳广场舞，周末在观景台上散散步，喝喝茶；游客坐地铁来到这里，在游客中心获得黄桷坪的更多游览信息，在 501 里看看展，在观景台上看看电厂与长江，决定要不要坐船回去……

一侧是自然的陡坎，另一侧是穿越场地的轻轨站，两者之间的区域，便是山谷之间，生活的内容在这里展开。

铁路公园

成渝铁路在历史上的影响很深远，是新中国自行修建的第一条铁路。在通车之时有着很大的车流和人流，黄桷坪地区曾因为成渝铁路而繁盛。而如今，成渝铁路停用，大片铁轨穿过的地块几乎废弃。所以在场地调研中，我发现铁轨及铁路站房占用的南部面积较大，但基本废弃。回去后调查了相关上位规划发现这块地未来将建成滨江公园、居住区等。但我认为，特殊的历史和铁轨这种特殊的物质存在形态使得这个场地非常特别，所以如何在保持场地原有物质空间的条件下利用和激活这块场地成为一开始思考的问题。

图 4 步道网络和设计改造的三处废弃空间

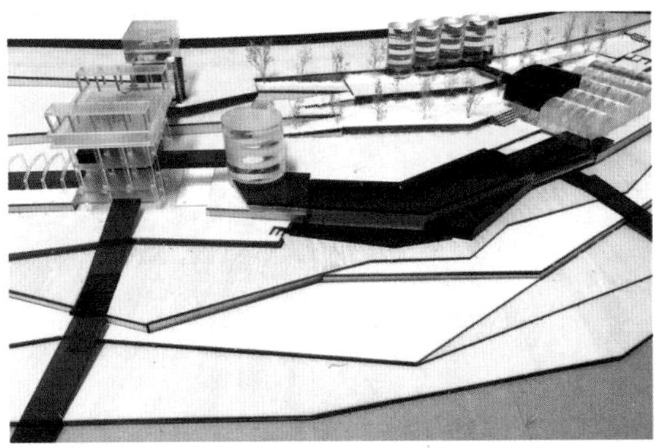

图 5 潮涨潮落 设计模型照片

步行在铁轨之间，零星看到在轨道旁边休憩和放风筝的人们、卖菜的阿姨、拍照的人们，穿过长长的铁轨到达江边的网红店，沿着铁轨行走偶然发现当地的奶奶庙……都是在场地之中特别的空间体验，我希望可以保留下这样沿着铁轨行走和休闲的空间感受。我采用的手段是在场地中的铁轨加入轻质的单元形式的装置，希望可以承载在铁轨边发生的活动，以及为这些活动提供服务装置。

现场还存在一个很大的铁路站房，铁轨穿过其中，两边是老旧的铁路厂房，还保留着一段月台。希望在这个线性的铁轨空间中保留这个大的节点形成一个综合的活动中心。一开始是在这个位置策划有一个连接道路到水边的“桥”，后来又将这个桥放大，复合了多中公共功能。从宏观的整个黄桷坪地块来看，这块场地在老城区内，周边很多老旧居民区。《全民健身计划》提倡充分利用场地原有老建筑和设施，在老城区和已建成的居住区改造成为全民健身设施。所以我在这块场地结合老厂房、新建筑、“桥”、铁轨、轻质装置、室外场地策划了一个体育综合活动场地。

总的来说，如何在保留原有废弃空间的基础上通过功能策划、旧物利用及新置入的建筑元素等手段，并将之形成整个的综合系统，这是在设计过程中一直思考的问题。

潮涨潮落

九渡口曾经是重庆长江北岸远近闻名的重要渡口，客渡车渡齐备，昔日码头上熙熙攘攘、车水马龙，繁忙异常，而如今辉煌不再，渐渐沉寂。

据当地老人回忆，“1950 年代初，九渡口不过三五十户人家，码头碎石铺成的公路坑坑洼洼，行旅过江都得靠木船摆渡。大约 1950 年代末，九渡口摆渡的小木船变成了轮渡，附近建起了工厂，重庆水上运输公司的驳船站也设在了小街上，冷清的九渡口渐渐热闹起来。自 1980 年代以后，九渡口步入了繁盛和辉煌，渡口老街店铺增至数十家，居民两百来户，小街也有了录像馆、台球馆、卡拉 OK 厅、电子游戏室……到了秋冬时节，江水退去，人们在江滩上搭起竹棚，经营日杂、竹木建材和餐饮，生意红火。但是到了 1990 年代，李家沱长江大桥竣工通车了，客渡车渡都停航了，小街上店铺大多关门歇业。这里的年轻人也大多外出找工作另谋出路，留下老弱妇孺慢慢地打发着时光，消度黄昏。”

漫步江滩，昔日的囤船改作了水上鱼庄，由于顾客稀少，生意颇为清淡，只有到河滩装运河沙石子的货车喇叭声和飞驰而过的火车的轰鸣声才打破了渡口的沉寂。223 路公交车也不再驶往九渡口，只到五龙庙就打转了，九渡口仿佛成了被人们遗忘的角落。

设计希望重新利用这片废弃的江滩，恢复轮渡的出行方式。首先，场地的问题是上下高差大，交通不便；工业遗址分布较多，有待更新再利用；再加上全年水位涨落高差较大，江滩的利用更加困难。本方案通过重塑地形，设计景观，打通了场地，解决了无障碍通行的问题，同时更新了部分有时代特色的工业建筑，创造了多样的城市滨水空间和公共空间。另外，建立了另一套平台系统应对场地的高差以及江水的涨落，保证建筑在丰水期的正常使用。

张雅楠

戴金贝

杨一鸣

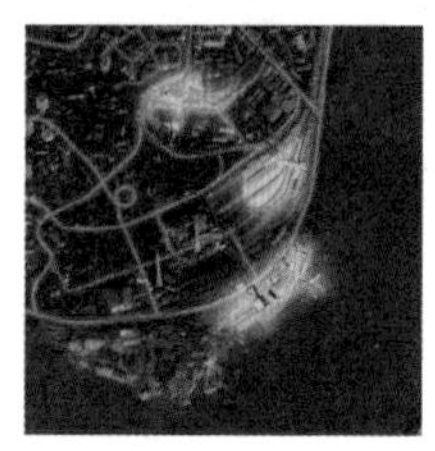

区域废弃空间的利用与活化
Reviving the Space

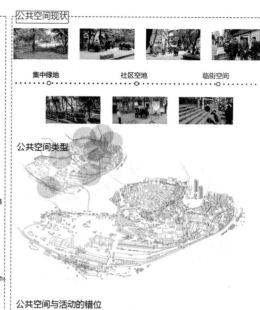

东南大学
设计：戴金贝/张雅楠/杨一鸣
指导：夏兵/朱渊/李飚

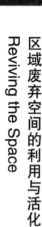

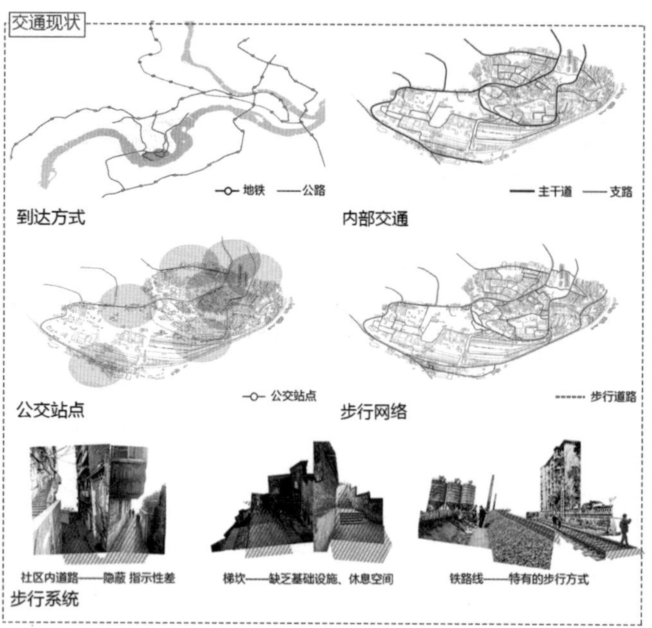

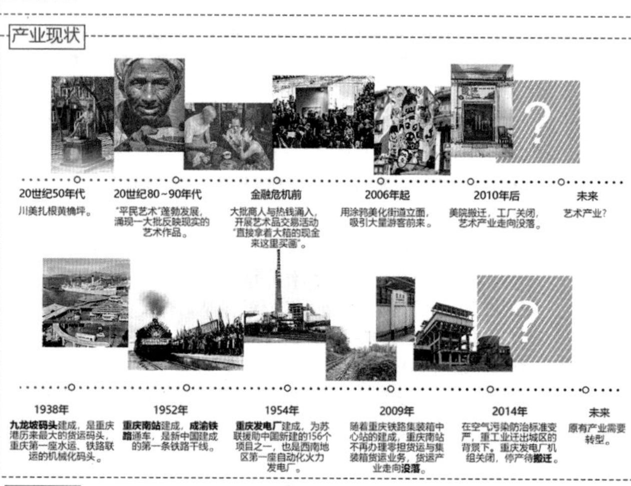

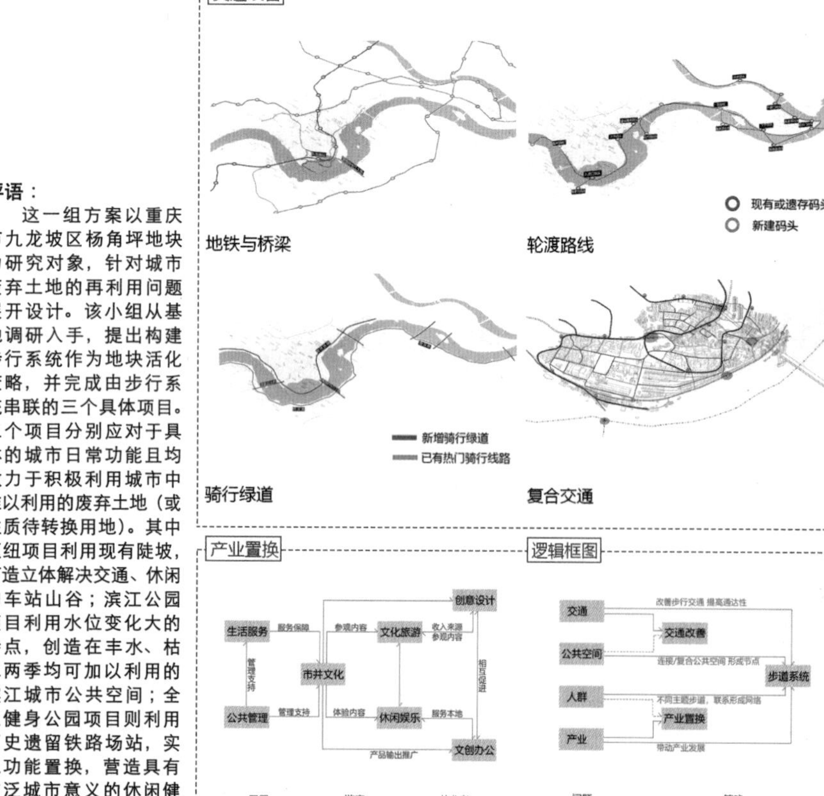

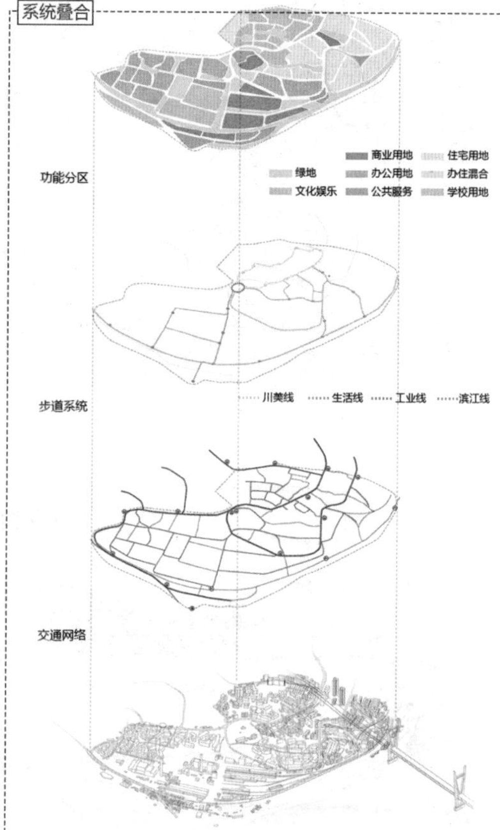

评语：

这一组方案以重庆市九龙坡区杨角坪地块为研究对象，针对城市废弃土地的再利用问题展开设计。该小组从基地调研入手，提出构建步行系统作为地块活化策略，并完成由步行系统串联的三个具体项目。三个项目分别应对于具体的城市日常功能且均致力于积极利用城市中难以利用的废弃土地（或性质待转换用地）。其中枢纽项目利用现有陡坡，打造立体解决交通、休闲的车站山谷；滨江公园项目利用水位变化大的特点，创造在丰水、枯水两季均可加以利用的滨江城市公共空间；全民健身公园项目则利用历史遗留铁路场站，实现功能置换，营造具有广泛城市意义的休闲健身场所。

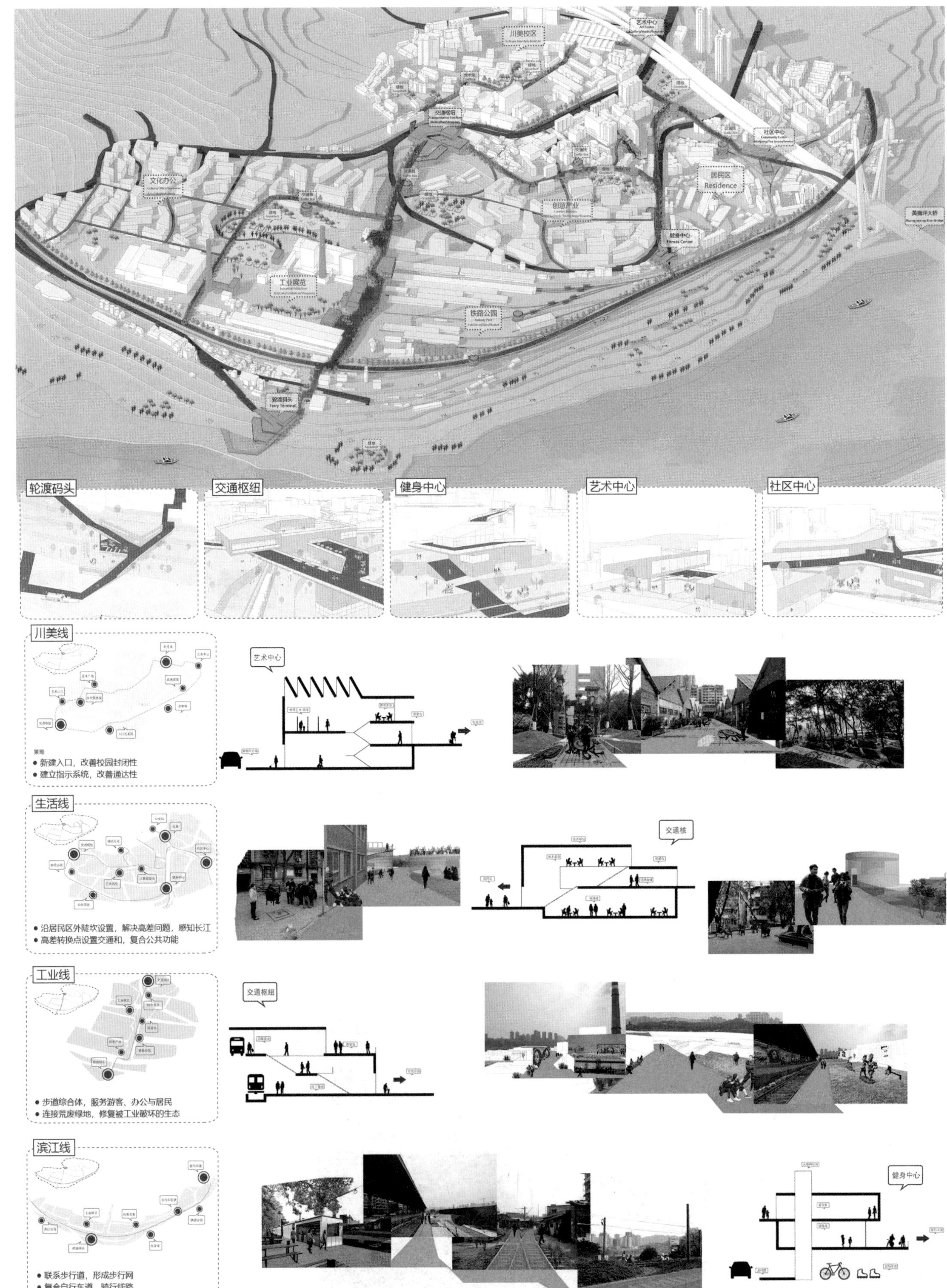

川美校区
艺术中心
交通枢纽
社区中心
文化办公
居民区
Residence
创意产业
健身中心
Fitness Center
黄桷坪大桥
工业展览
铁路公园
轮渡码头
Ferry Terminal
轮渡码头
交通枢纽
健身中心
艺术中心
社区中心
川美线
艺术中心
策略
• 新建入口，改善校园封闭性
• 建立指示系统，改善通达性
生活线
交通核
• 沿居民区外陡坎设置，解决高差问题，感知长江
• 高差转换点设置交通和，复合公共功能
工业线
交通枢纽
• 步道综合体，服务游客、办公与居民
• 连接荒废绿地，修复被工业破坏的生态
滨江线
健身中心
• 联系步行道，形成步行网
• 复合自行车道，骑行线路

山谷之间——区域废弃空间的利用与活化

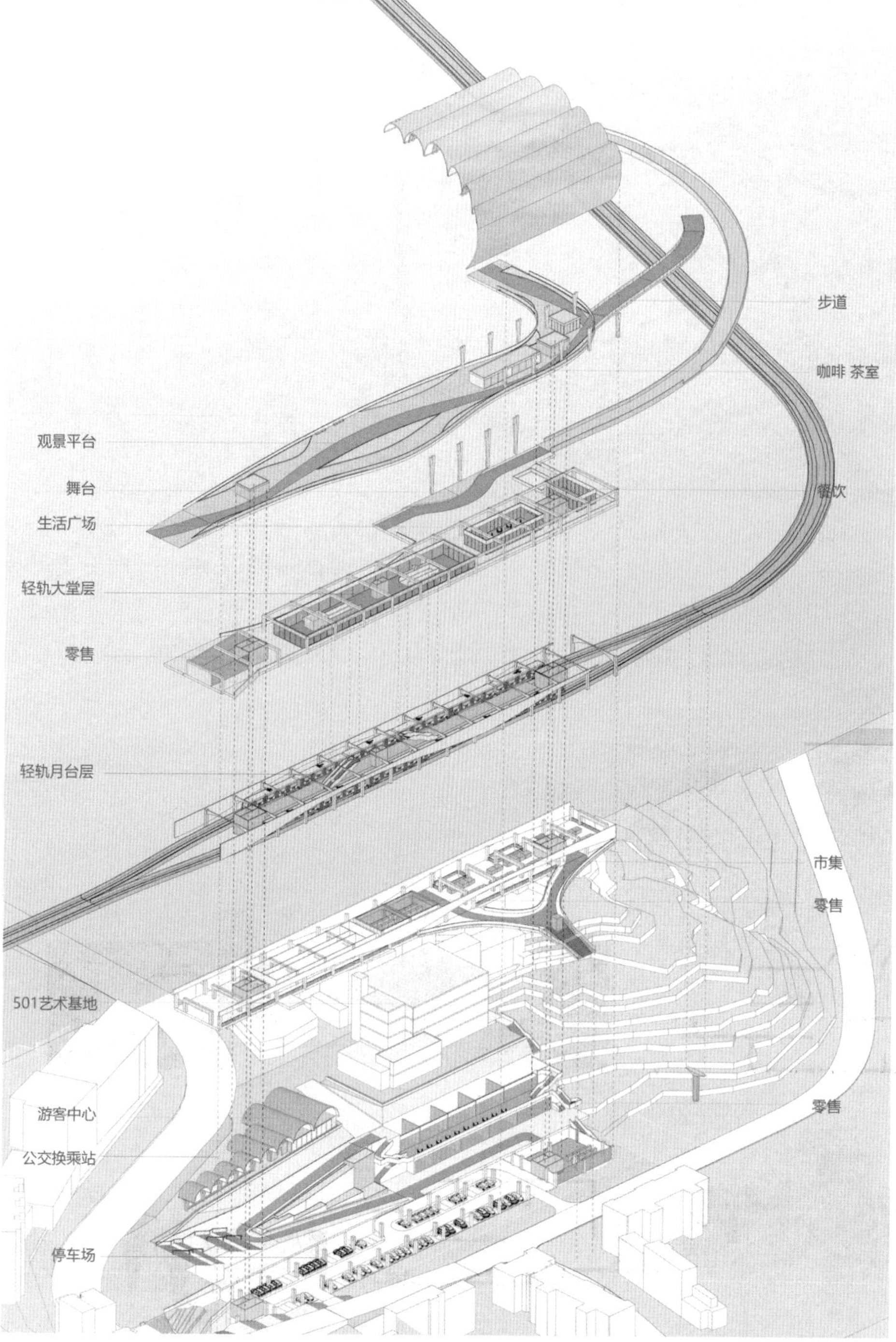

步道
咖啡 茶室
观景平台
舞台
餐饮
生活广场
轻轨大堂层
零售
轻轨月台层
市集
零售
501艺术基地
零售
游客中心
公交换乘站
停车场

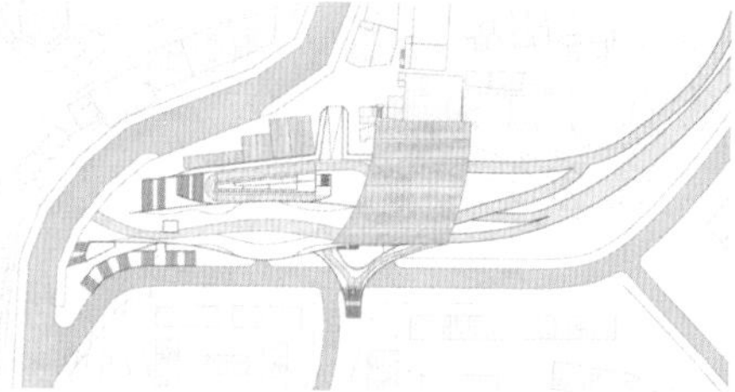

区域到达方式单一
公交站点上下分布不均
步行空间体验差

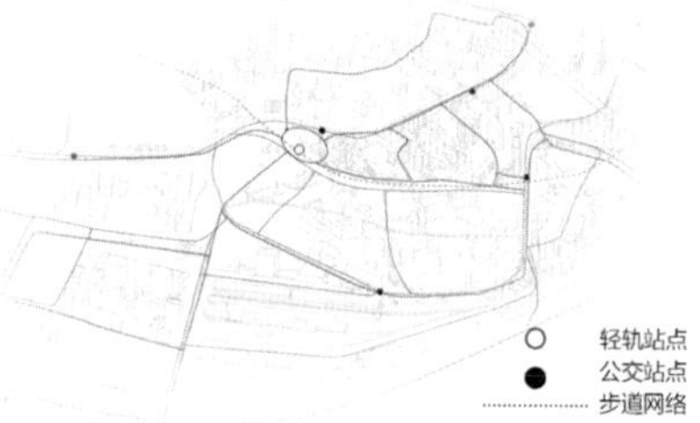

轻轨站点
公交站点
步道网络

交通复合

缺乏基础设施
缺乏休闲娱乐设施
公共空间与人群活动错位

散步
运动
买菜
吃火锅
上班
下班
喝茶闲聊
广场舞
表演

生活复合

旅游体验单一缺乏配套
旅游系统缺乏整合与标识
滨江、电厂区域难以被感知

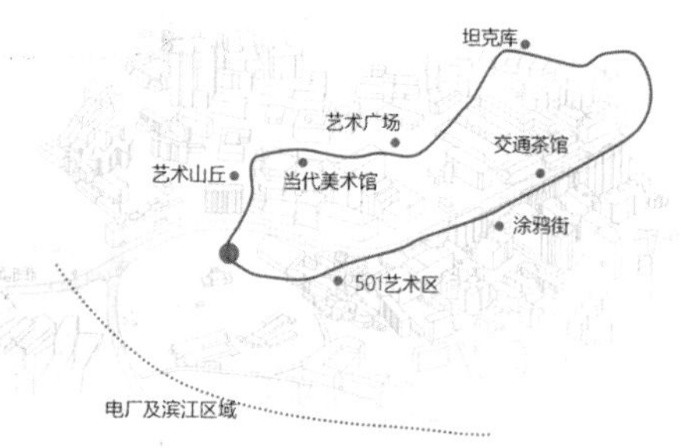

坦克库
艺术广场
交通茶馆
艺术山丘
当代美术馆
涂鸦街
501艺术区
电厂及滨江区域

游览复合

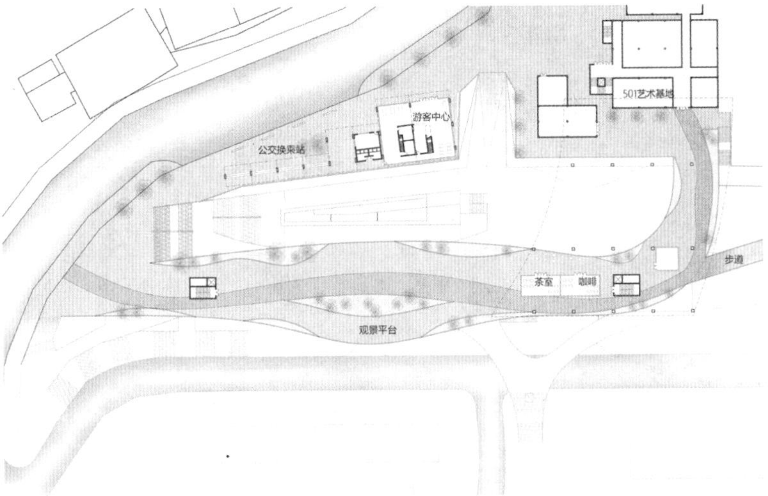

501艺术基地
游客中心
公交换乘站
步道
茶室
咖啡
观景平台

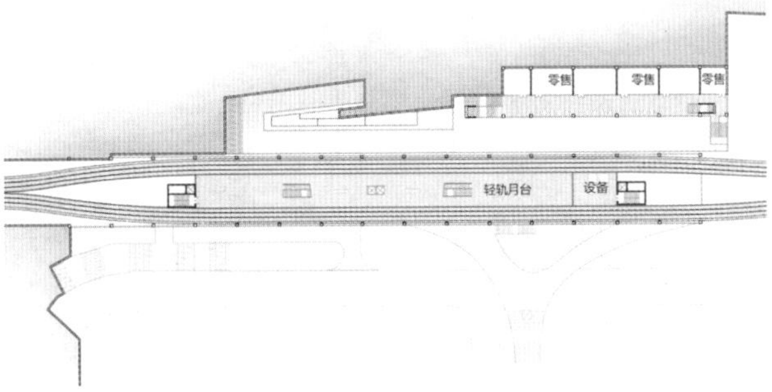

零售
零售
零售
轻轨月台
设备

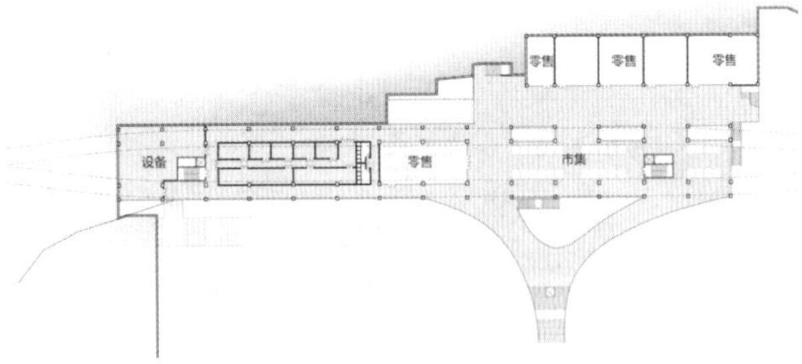

零售
零售
零售
设备
零售
市集

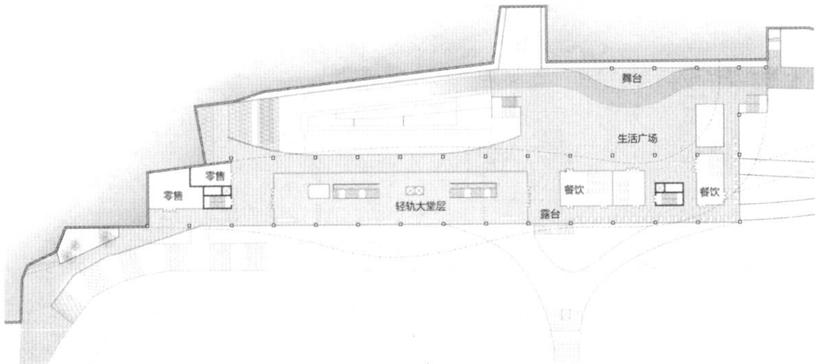

舞台
生活广场
零售
零售
餐饮
餐饮
轻轨大堂层
露台

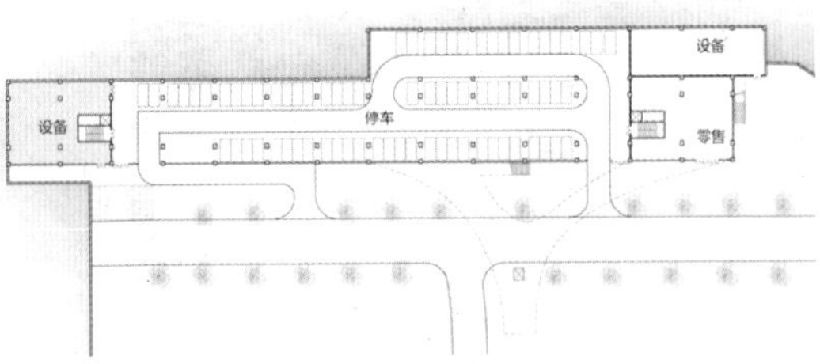

设备
设备
停车
零售

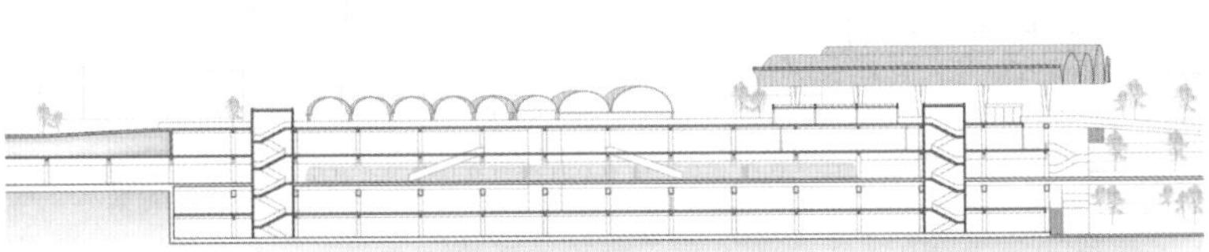

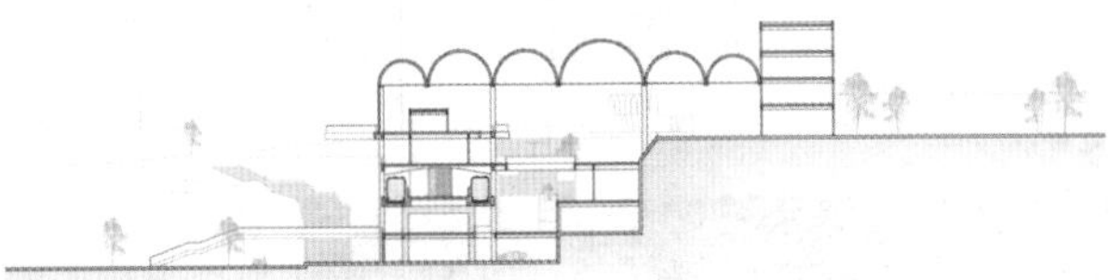

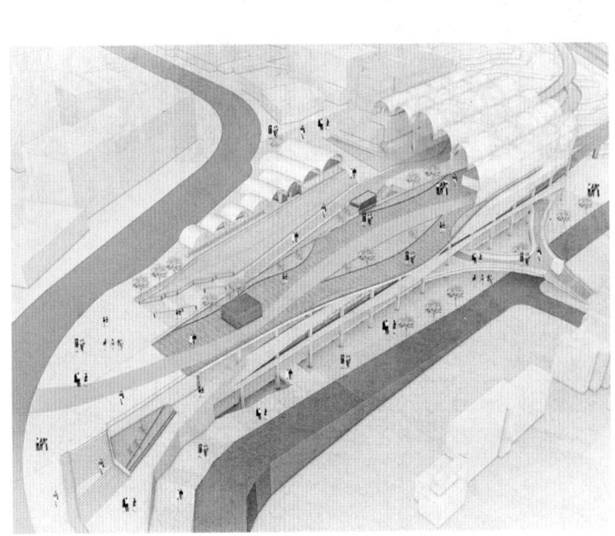

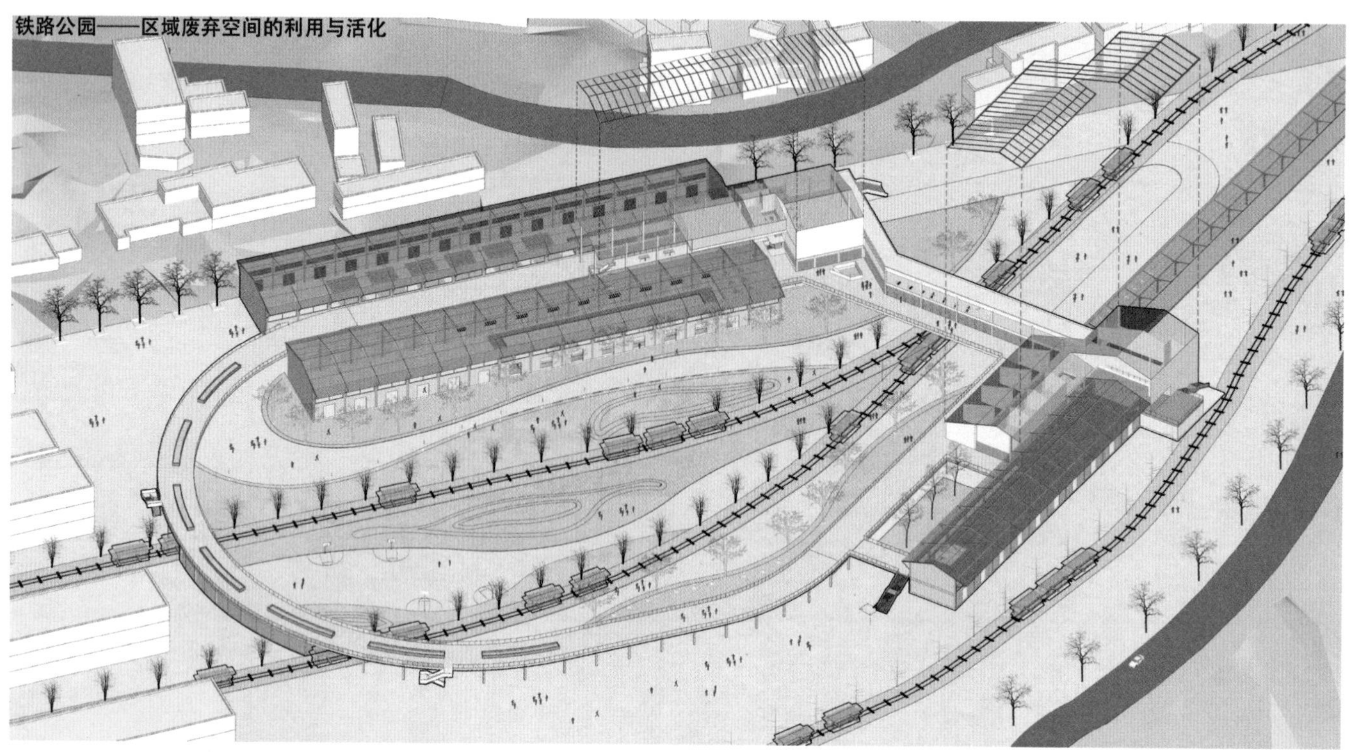

铁路公园——区域废弃空间的利用与活化

场地废弃设施亟待处理。

铁路周边的活动缺乏配套的硬件条件。

铁路沿线利用铁轨放置可动的轻质装置，为周边的公共活动提供设施。在铁路站房处依托老建筑，综合户外与室内场地形成铁路公共中心。

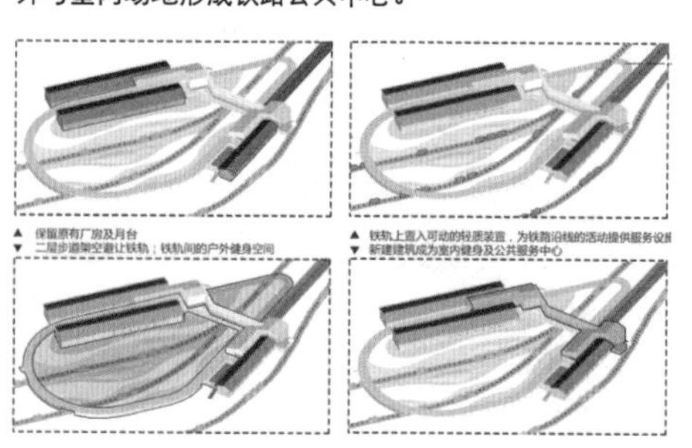

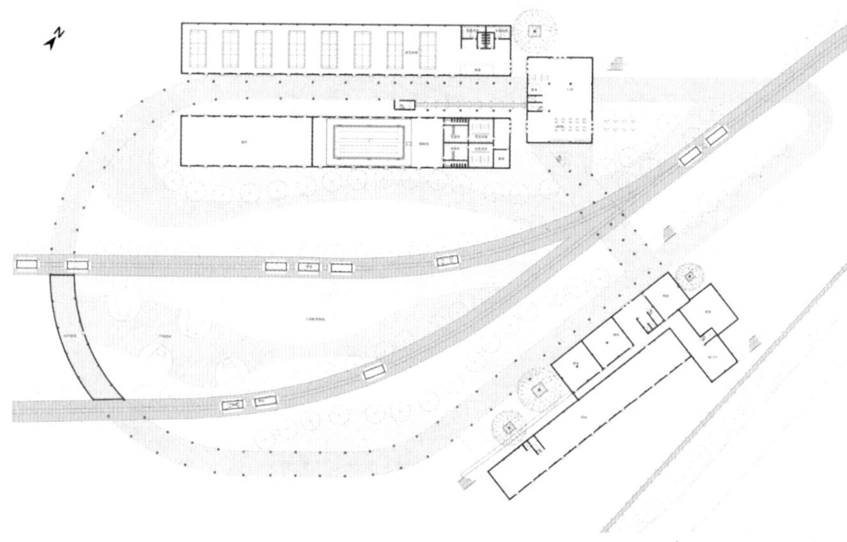

1F 平面图

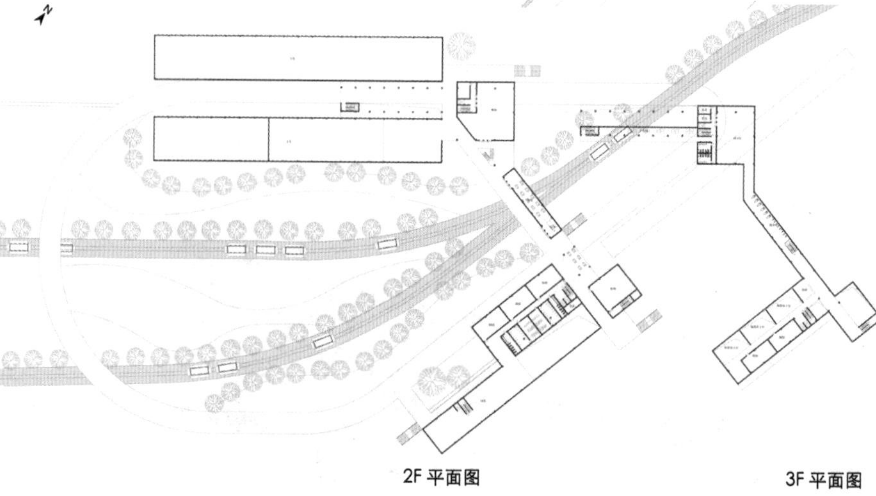

2F 平面图

3F 平面图

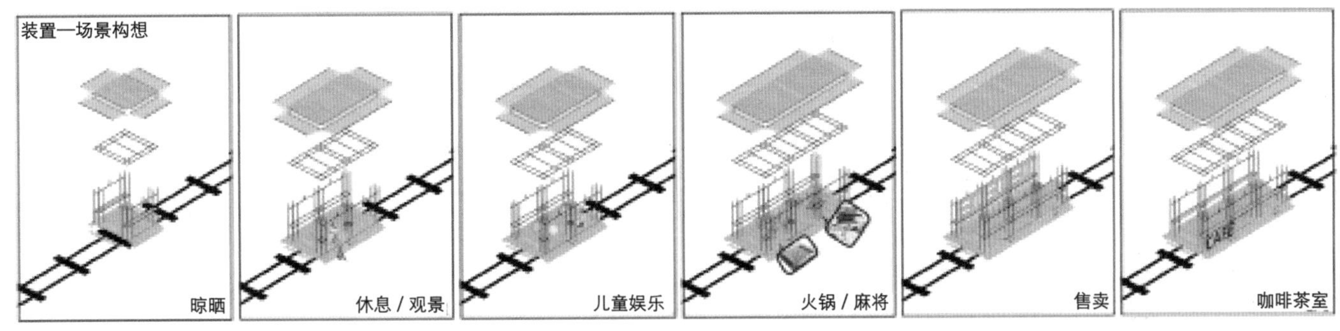

置于铁轨上的可动的轻质装置
单元形式 易于组合
临时搭建 便于使用及存储

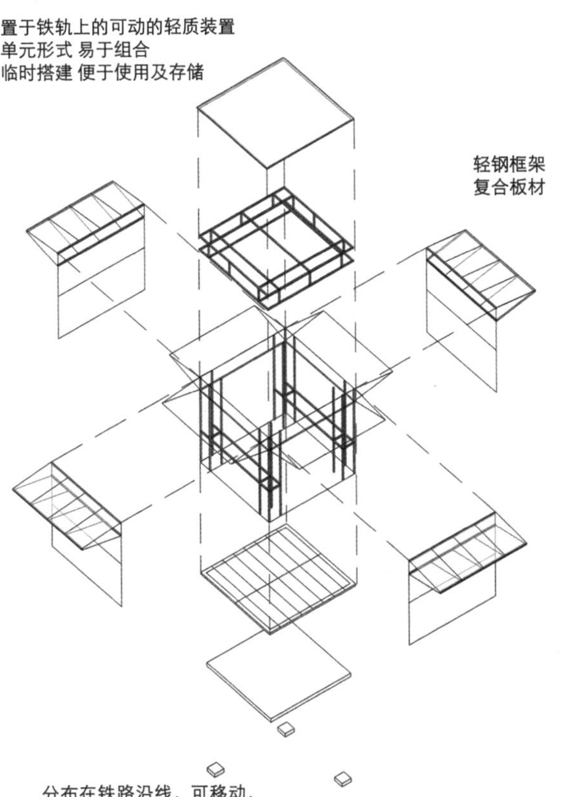

分布在铁路沿线，可移动，可组装，为铁路沿线的居民及游客提供灵活多样的服务设施。

单元轴测分解示意

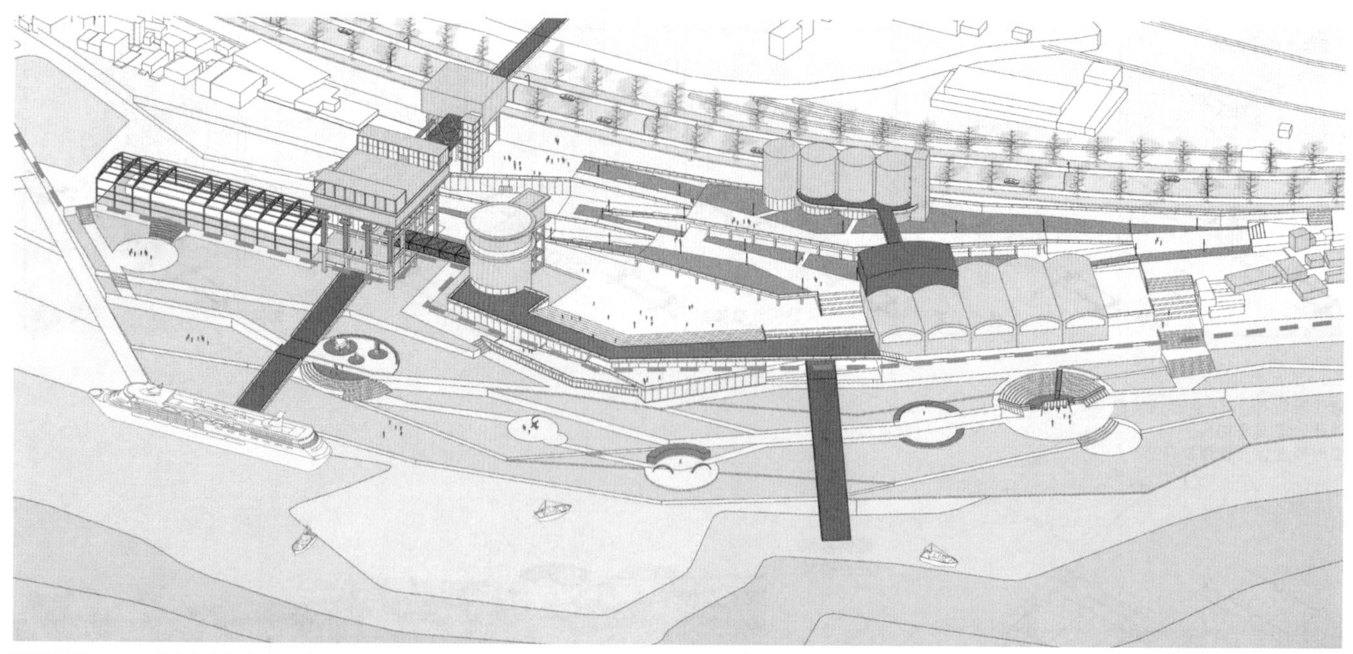

潮涨潮落——区域废弃空间的利用与活化

设计说明：

场地位于重庆九龙坡地区，濒临长江，其中高差与工业区的存在严重阻隔了居民与长江；另外，九龙坡码头的废弃以及电厂的搬迁使这片区域逐渐荒废，公共空间缺乏。设计旨在改善场地内的交通的同时结合景观设计，增加不同性质的公共空间与基础设施；同时建立一套平台系统，应对涨潮。

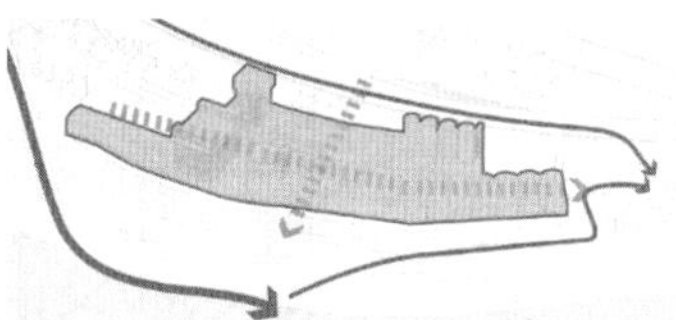

工业阻隔，交通不畅

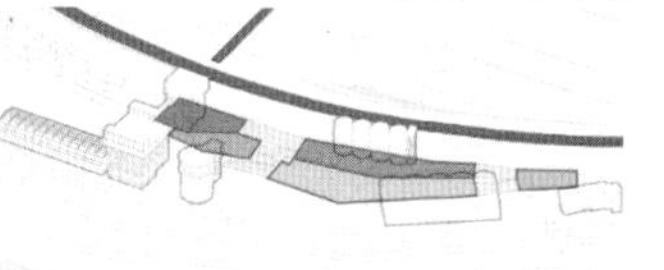

重塑地形，改善交通

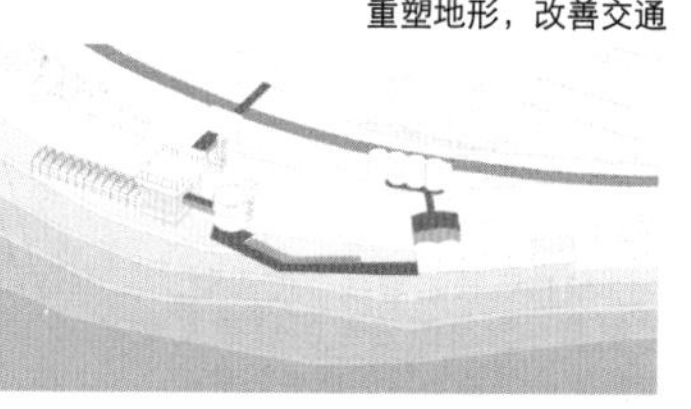

平台系统，应对涨潮

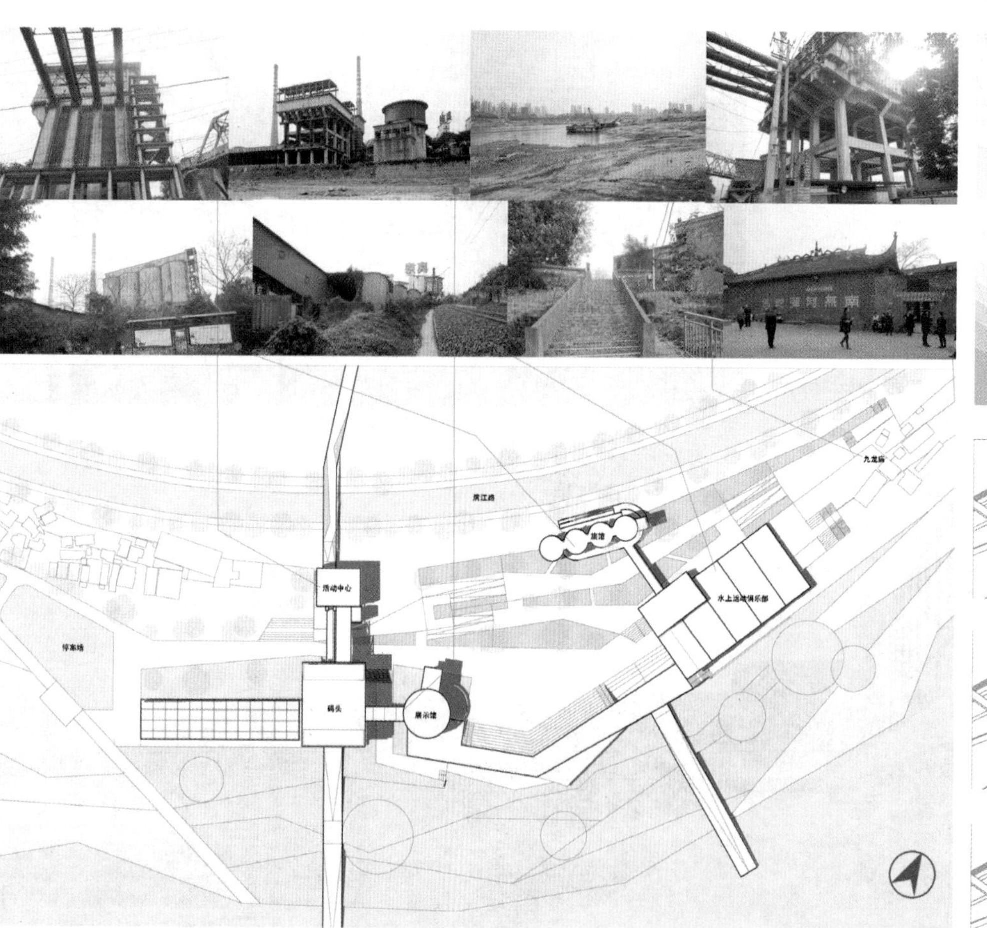

总平面图

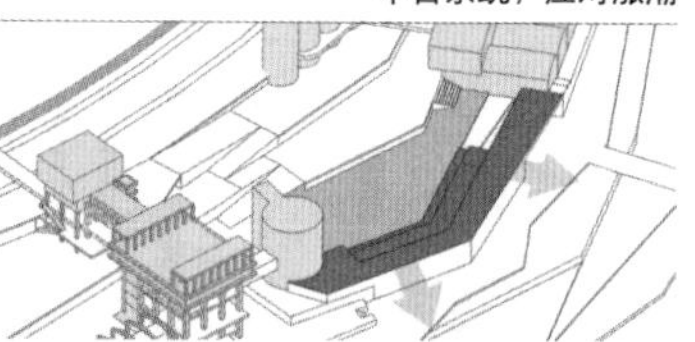

面向长江，围合广场

层层退进，应对潮水

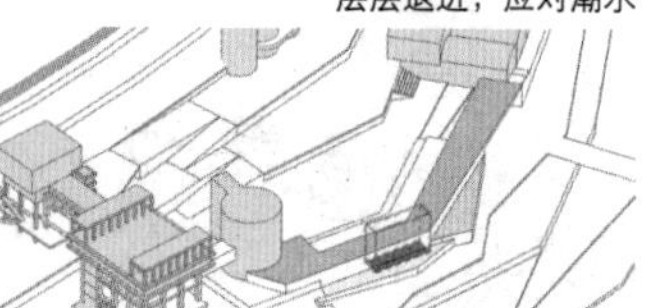

置入中庭，联结平台

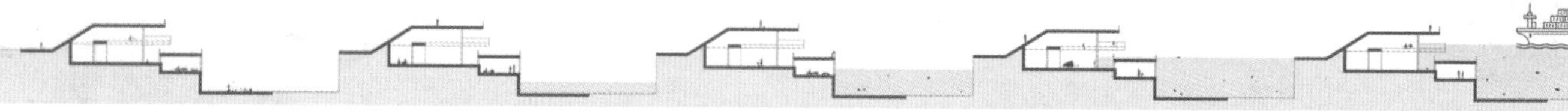

潮水涨落示意

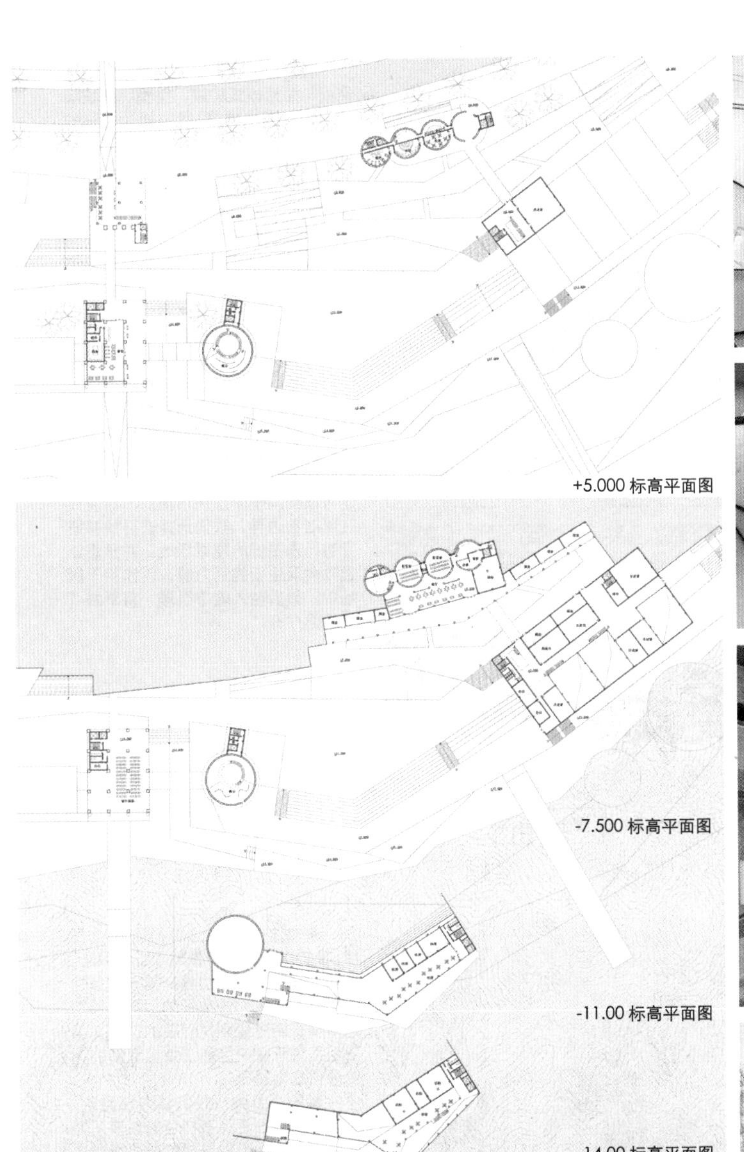

+5.000 标高平面图

-7.500 标高平面图

-11.00 标高平面图

-14.00 标高平面图

-17.00 标高平面图

新市界 Reform of Huangjueping

东南大学
设计：陈俐蓓 / 章杰 / 詹佳佳
指导：朱渊 / 夏兵 / 李飚

我们组的设计是面向未来的山城空间与生活模式构建。黄桷坪这块场地已经停滞发展 20 年，如今面临的是大规模的重新规划与建设。因此我们更希望在考虑场地现有状态，什么是根植的问题，什么又是这片场地值得保留的，再面向于未来设计。

课题前期我们提出场地的主要问题是断裂，这种断裂会体现在空间和生活上，比如空间上的地形以及由此引发的不可达和区块渗透少，生活中则可能是生活场景的差异和人们活动范围交叠少。虽然场地在处理一些问题时方式比较消极，但从重庆范围以及未来视角，其实它们都有值得发展的可能性。因此，我们希望探索一种新的生活模式，用这个模式去解决场地的断裂，它会有在地性和未来性，还可以面向整个重庆市推广。断裂往往伴随着边界，我们选择去寻找并研究边界来更好的理解场地，并预想让边界会诞生新的活力源，反作用于原场地，最后融入城市肌理，将新的可能性推广开。

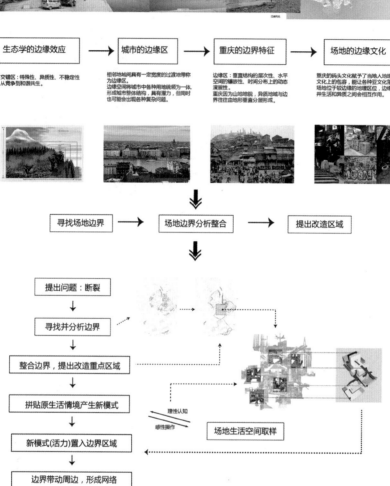

生态学的边缘效应 → 城市的边缘区 → 重庆的边界特征 → 场地的边缘文化

交错区：特殊性、异质性、不稳定性从竞争到和谐共生。

相邻地域间具有一定宽度的过渡地带称为边缘区。
边缘空间将城市中各种用地统领为一体，形成城市整体结构，具有潜力，但同时也可能会出现各种复杂问题。

边缘区：垂直结构的层次性、水平空间的镶嵌性、时间分布上的动态演展性。
重庆因为山地地貌，异质地域与边界往往由地形垂直分层形成。

重庆的码头文化赋予了当地人地理与文化上的包容，能让各种亚文化落脚场地位于较边缘的地理区位，边缘市井生活和异质之间会相互作用。

寻找场地边界 → 场地边界分析整合 → 提出改造区域

提出问题：断裂
↓
寻找并分析边界
↓
整合边界，提出改造重点区域
↓
拼贴原生活情境产生新模式
↓
新模式(活力)置入边界区域
↓
边界带动周边，形成网络

场地生活空间取样（理性认知 / 感性操作）

通过这一系列分析得到的边界线，我们将其进行了叠加分析和筛选，得到三组最重要的边界，第一组是划分川美、正街和住宅区的边界，第二组是从正街延续到龙吟路的边界，第三组是位于棚户区和工业区之间的大片绿化成为边界。

对于活力源，我们认为在重庆，非正式的市井生活有特色的重要活力源之一。所以我们寻找和分析场地上原有的活力空间，进行了取样，提取其空间模式，理解并作为后续设计的基础之一。而我们通过拼贴的方式，尝试寻找在原有场地上空间与生活的新可能。这是中期前所进行的拼贴和提取的一些空间模型。

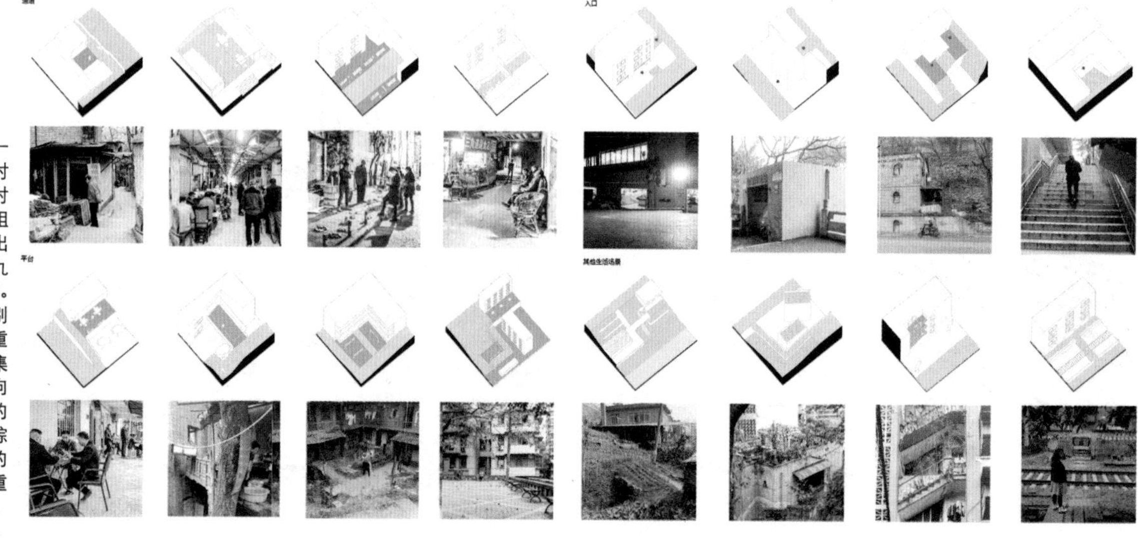

评语：

重庆九龙半岛，一个面向未来的半岛。在时代快速发展的有着跨时代的思考意义。本小组从九龙岛的边界特质出发，进行代表重庆，九龙半岛的场地要速分析。基于此，三个作业分别从不同的方向，分析重庆面向未来边界属性集中呈呈现，其中，面向未来的社区公共空间的设计、轨道站点空间综合设计以及边界空间的模式设计，成为理解重庆未来发展的多维要点。

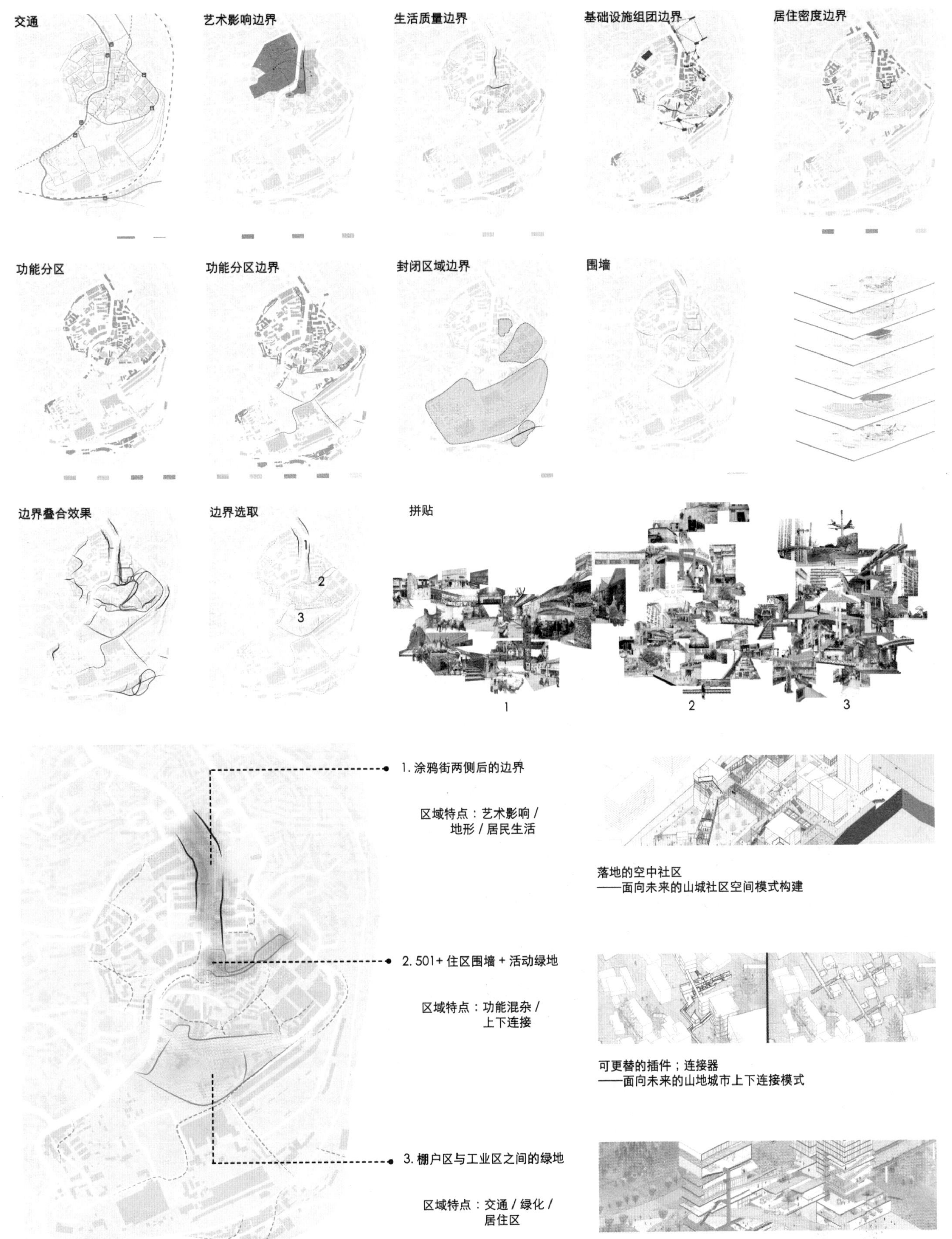

落地的空中社区
——面向未来的山城社区空间模式构建

可更替的插件；连接器
——面向未来的山地城市上下连接模式

轨道站点的垂直公园
——面向未来的山地城市轨道站点生活模式

轨道站点的垂直公园

——面向未来的山地城市轨道站点生活模式

姓名：陈俐蓓

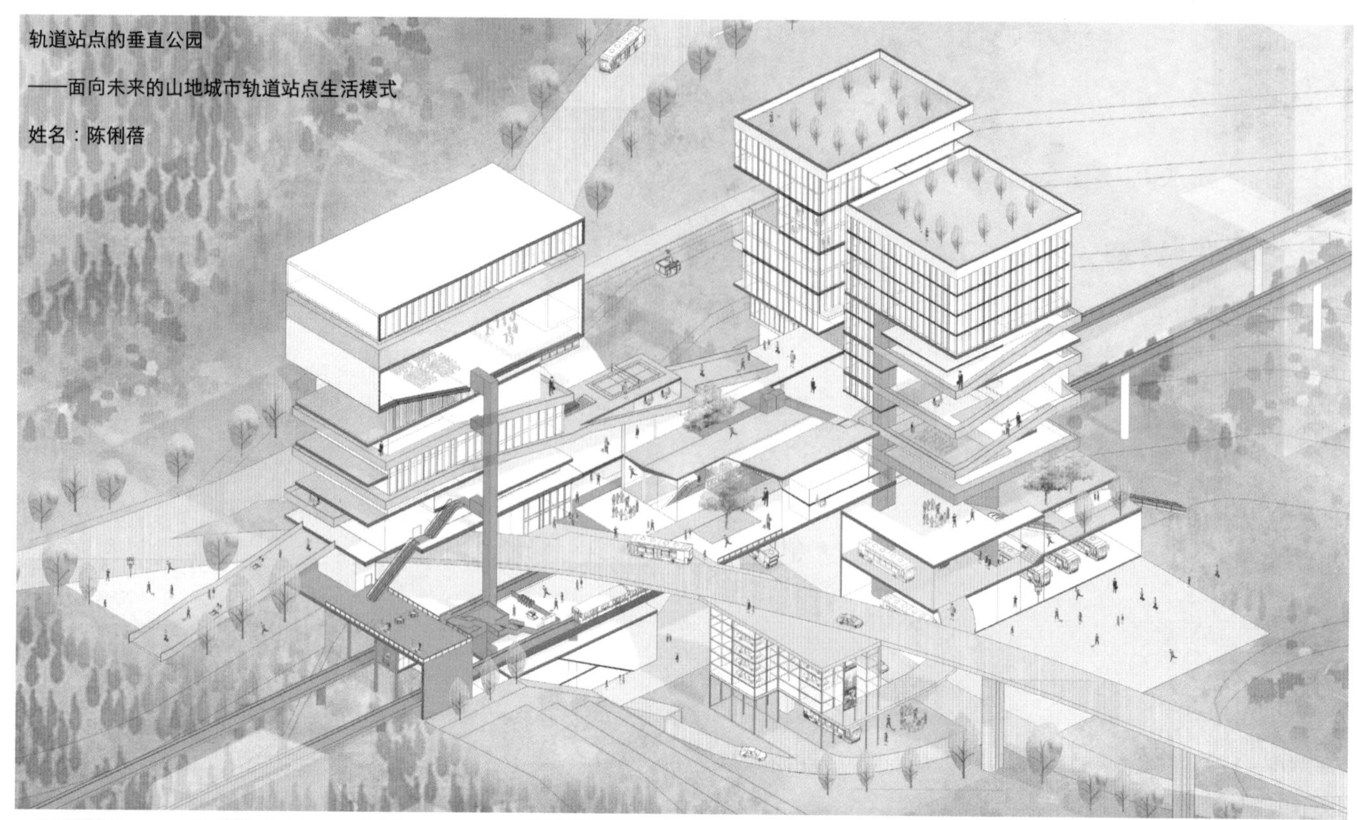

场地模式

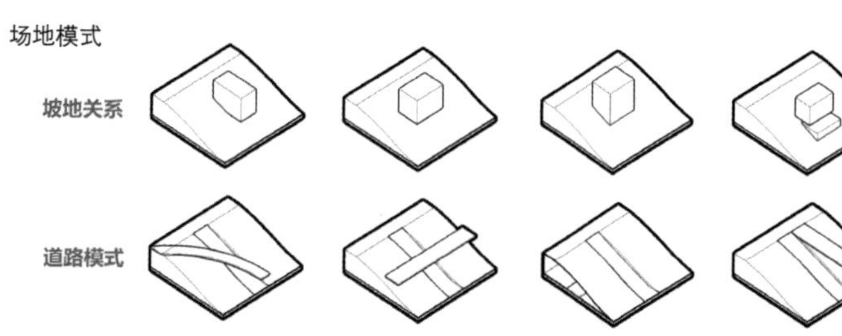
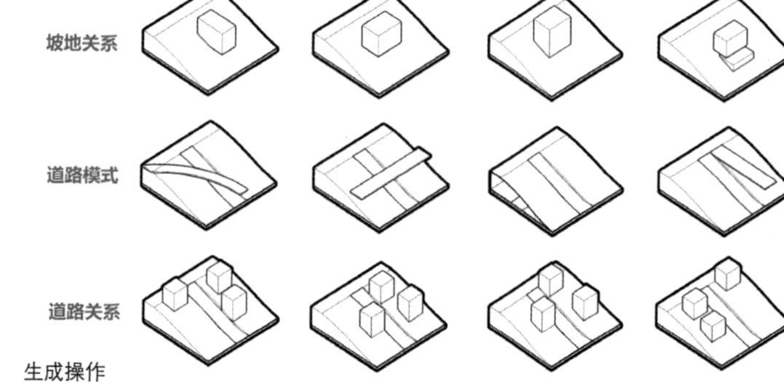

生成操作

①场地切片分层

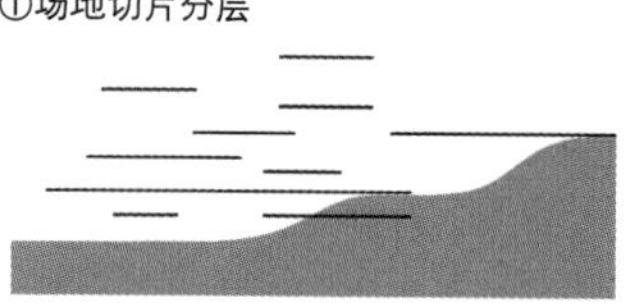

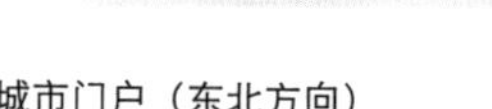

②各分层之间斜向连接，强调路径漫游

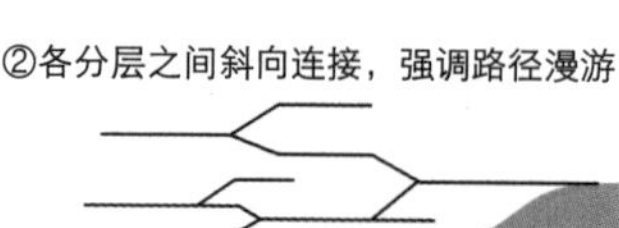

③划分虚实

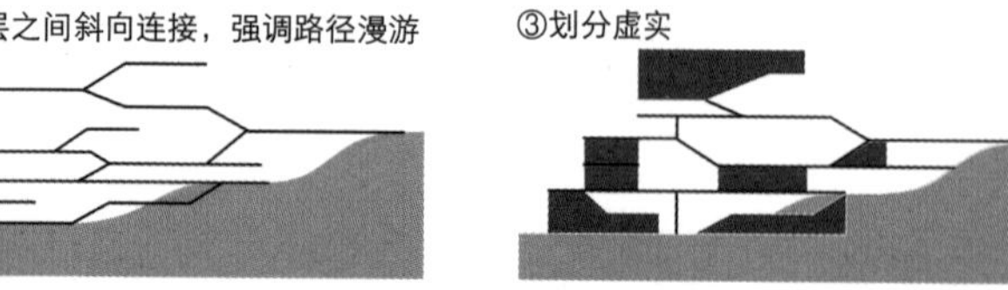

城市门户（西北方向）

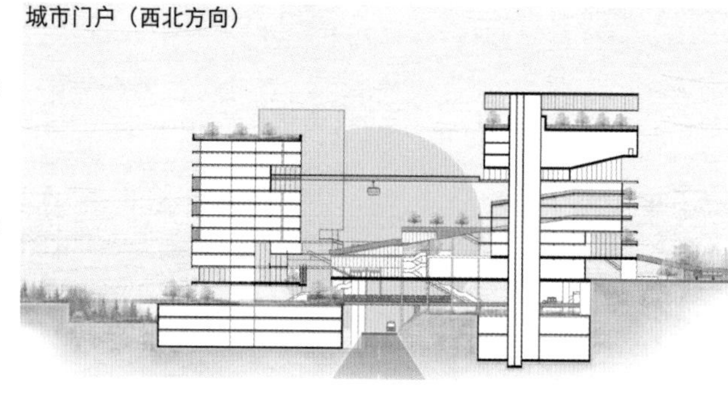

城市门户（东北方向）

场地应对

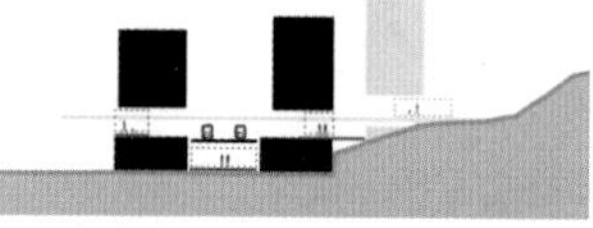

架空交通层，减少干扰的同时开放作为与周边（居民）区域的连接点。

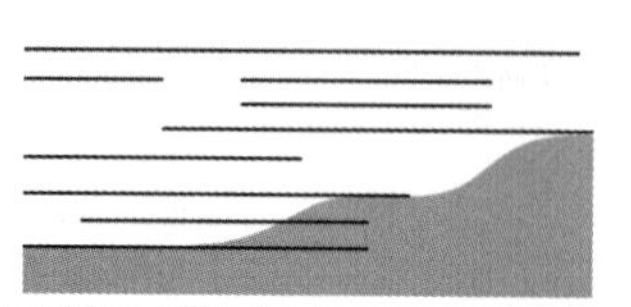

在坡地不同高度分层。

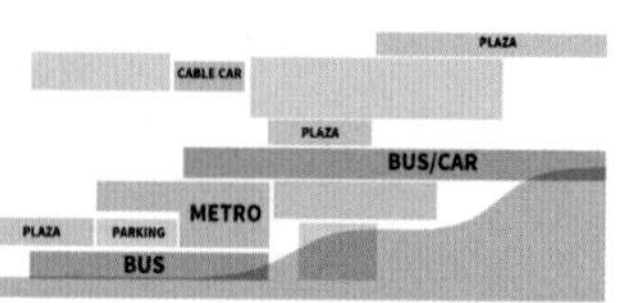

定义每层大致的功能主题。

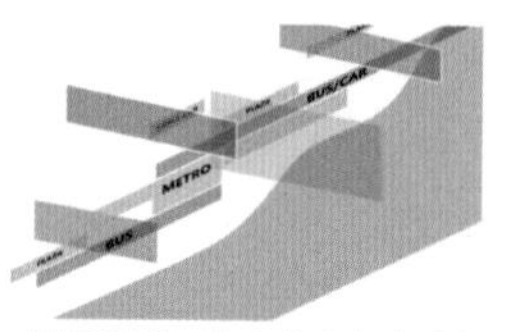

分层变形，在立体空间中穿插。

METRO-BUS 换乘

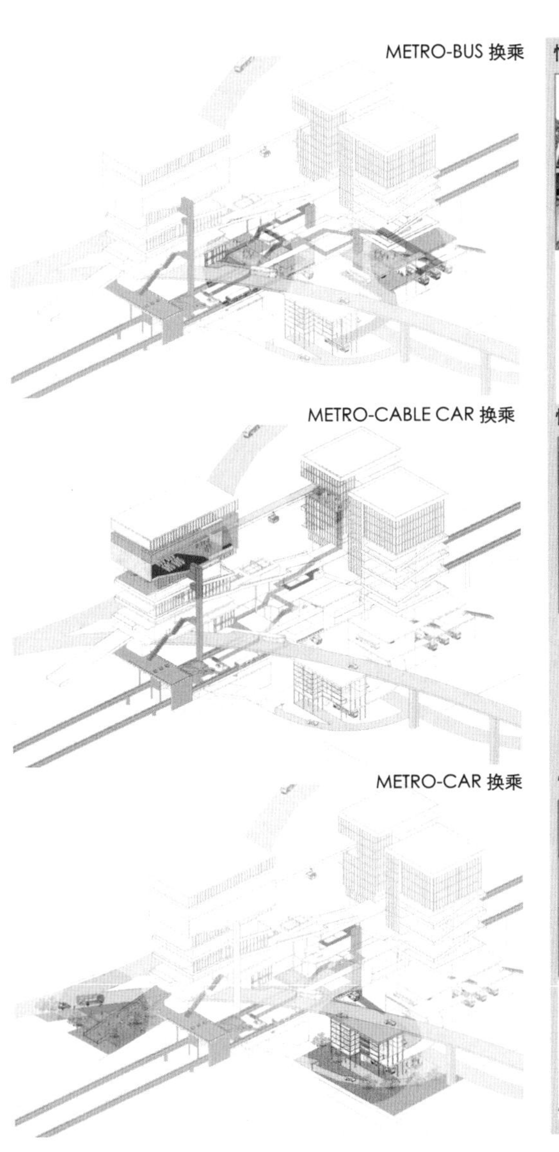

METRO-CABLE CAR 换乘

METRO-CAR 换乘

情境重构 1

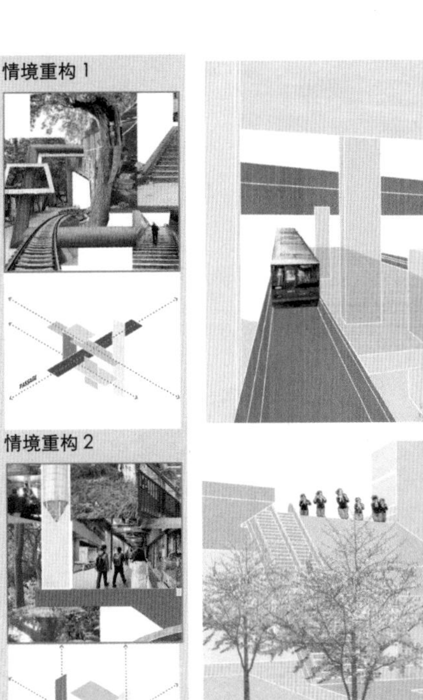

情境重构 2

情境重构 3

换乘体验

落地的空中社区
面向未来的山城社区空间模式构建

本设计方案选取居住区中的边界，尝试寻找重庆城市空间的特质，并从地形的层面，结合当地的原型提取，构建面向未来的山城社区公共空间模式，由此形成一种新的社区组织的类型。创造出的新社区具有以下特点：向城市开放与渗透；充分利用场地地形特点；充满艺术与生活活力；空间具有原场地记忆同时有所创新。

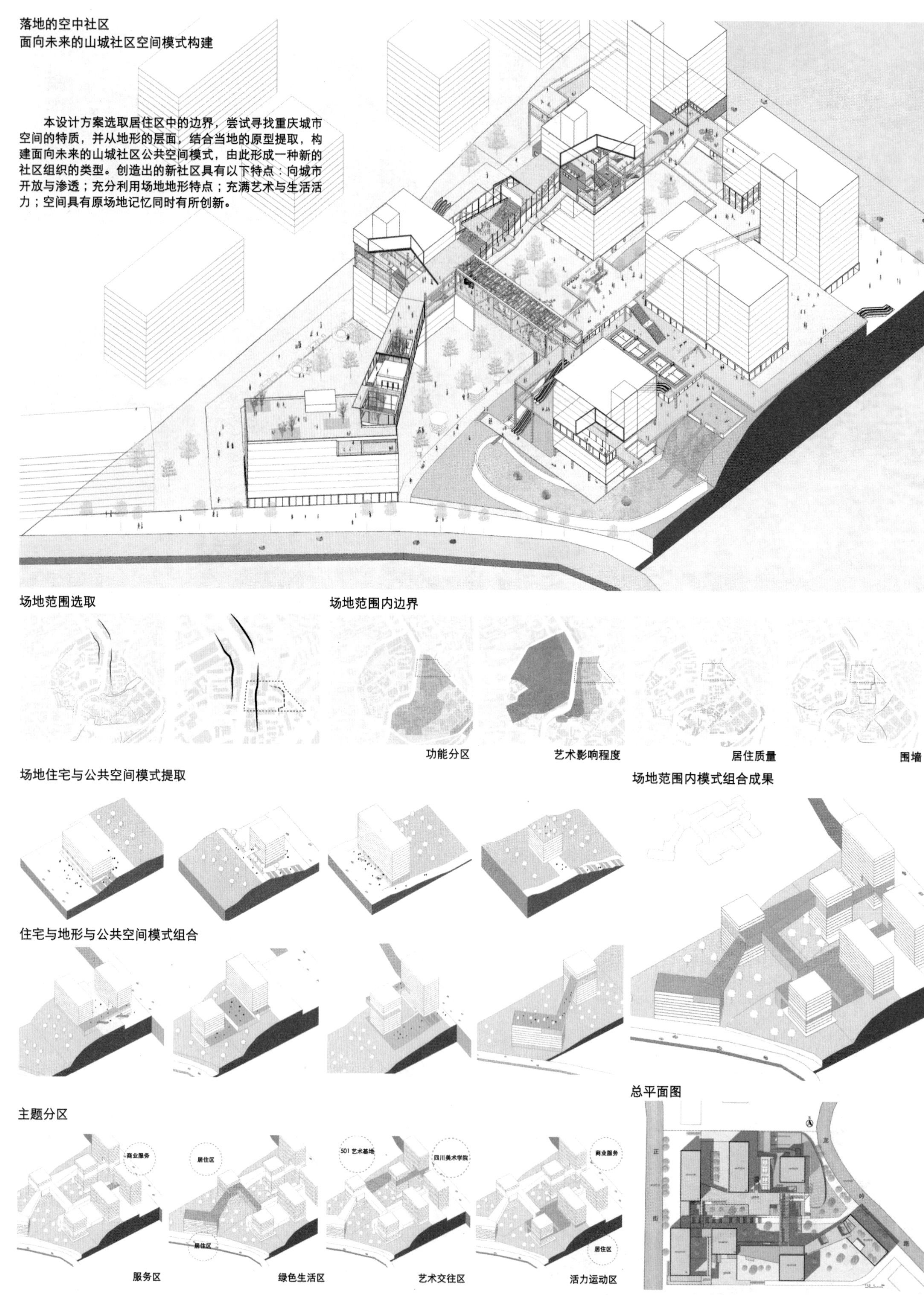

照片拼贴

艺术交往区

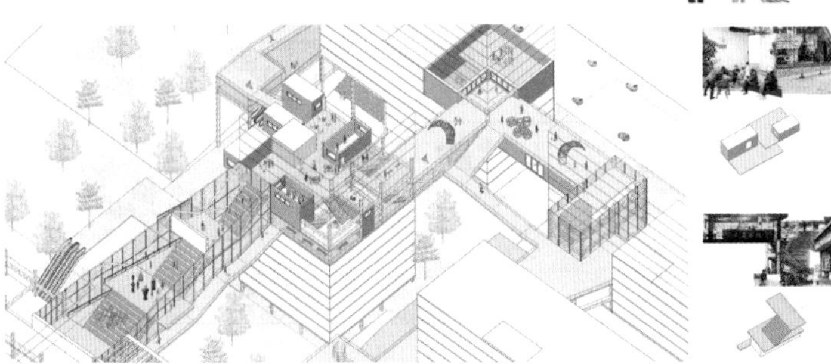

创新空间利用模式 地形利用模式：从城市进入，接地可经过表演与活动区到达住宅；接往空中可通过户外步道到达各艺术功能区。

绿色生活区

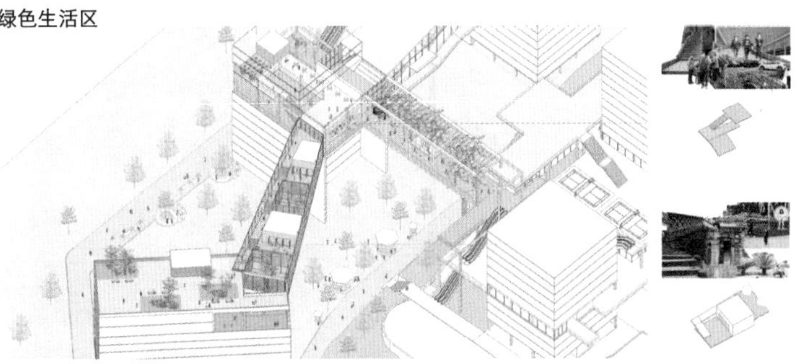

创新空间利用模式 地形利用模式：居民可以选择不同的从正街下到龙吟路的方式，而连接性的空中花廊成为居民交汇活动场所。

活力运动区

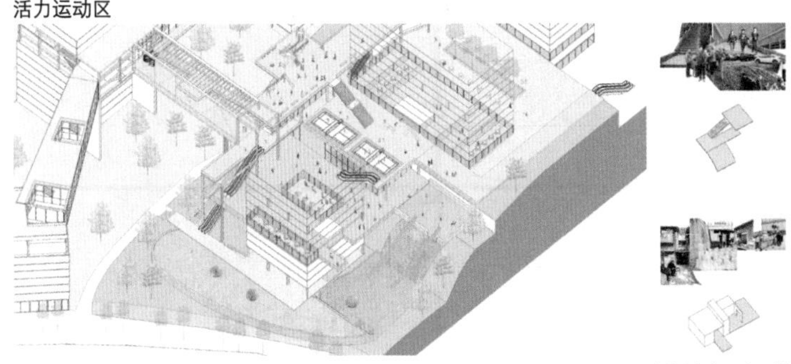

创新空间利用模式 地形利用模式：上部城市道路接来的平台、中间层挑出的看台空间以及通透的咖啡厅的设置，都与戏水空间形成互动，从空中到接地，形成了一体感。

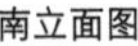

北立面图

南立面图

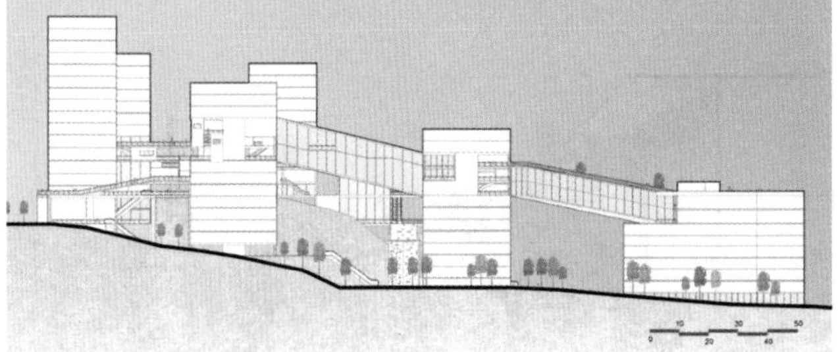

【逻辑过程】

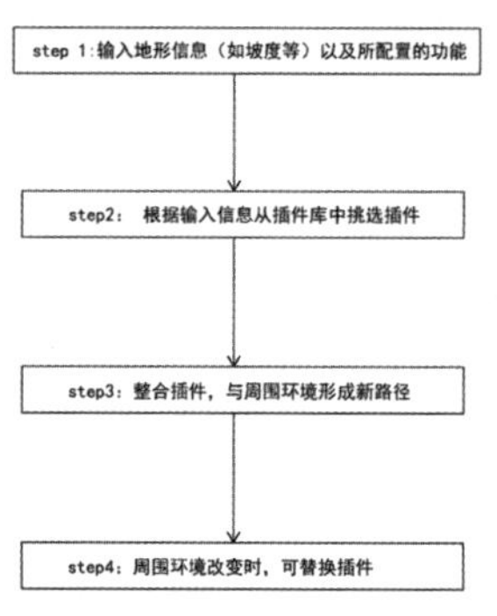
step 1:输入地形信息（如坡度等）以及所配置的功能
step2: 根据输入信息从插件库中挑选插件
step3: 整合插件，与周围环境形成新路径
step4: 周围环境改变时，可替换插件

【人群关系】

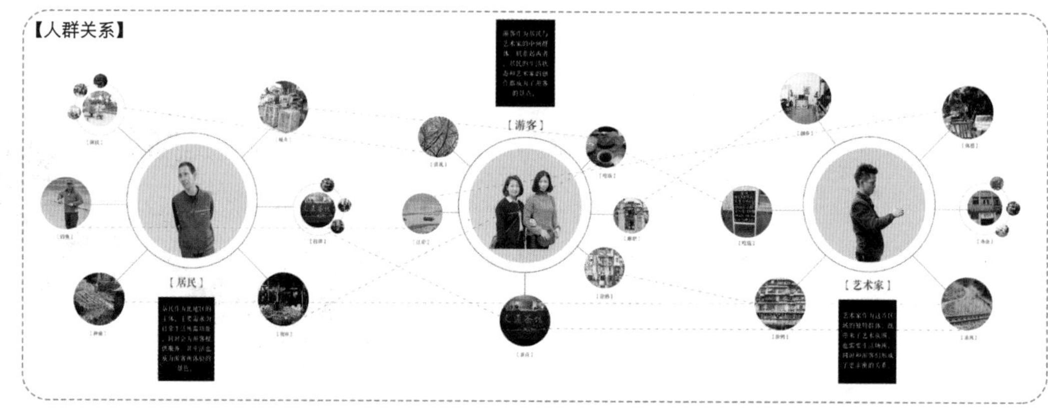
【游客】
【居民】
【艺术家】

【插件原型】

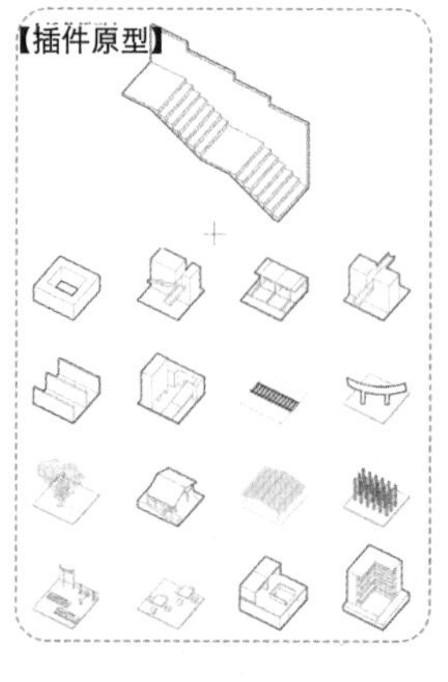

【模块列表】

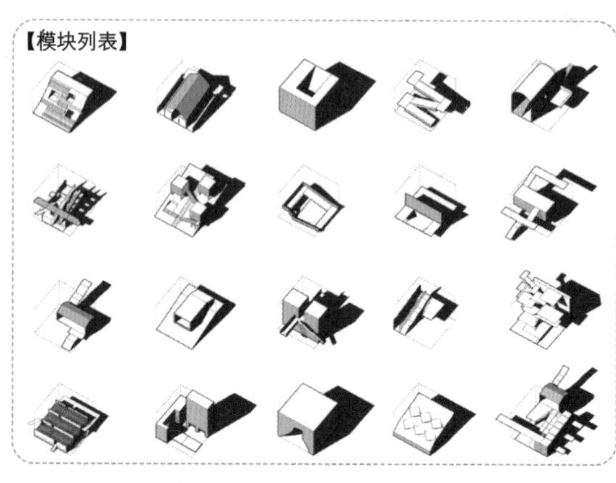

【模块与环境结合可能】

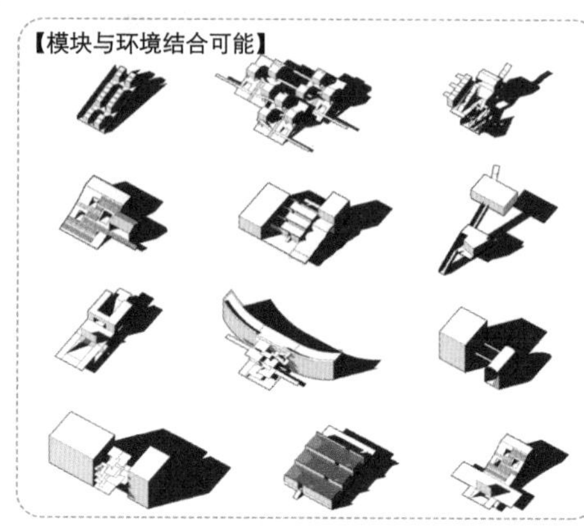

【方案介绍】

重庆的山地地形带来了大量的上下连接的问题。就现状而言，大多数连接的楼梯都仅仅起着交通功能，而无法与周边环境产生联系。在这次设计中，通过楼梯与场地多种在地元素的结合，产生新的连接方式，并将其模块化。这种模块化的空间利用方式与周围环境产生更紧密的联系，同时能够新陈代谢：随着时间的推移和周围环境的改变，模块可以被替换。

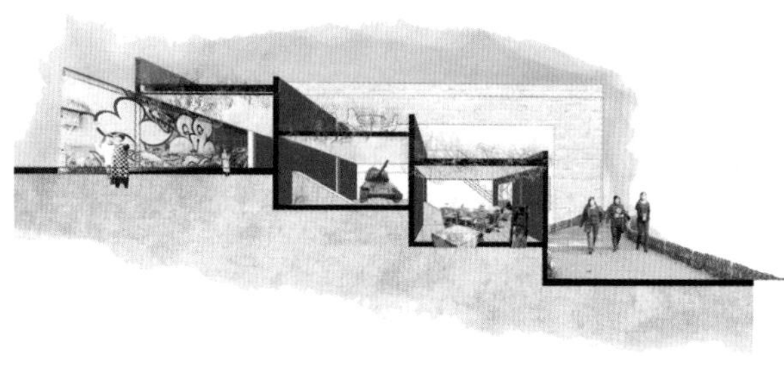

【可更替的插件转换器】

山城下的数字模型构建

Hilly Mapping

东南大学
设计：梅琳丽／陈宇龙／张祺媛／陈富强
指导：李飚／夏兵／朱渊

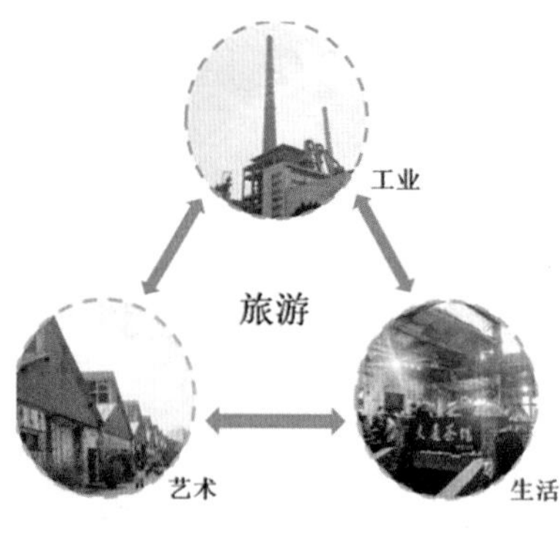

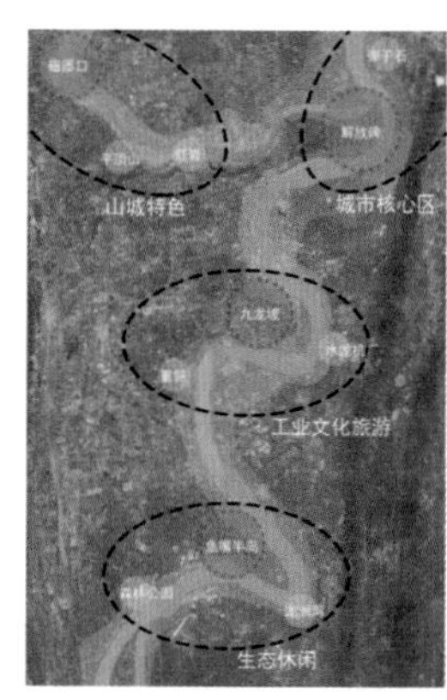

功能定位：随着城市化进程的不断加快，原有工业与商住混杂的城市空间已不能适应城 市发展的需要，需要进行新的功能置换。根据黄桷坪地区现有的历史文化、艺术院校、工业遗址及山地特色文化等资源，以及重庆整体旅游布局，将其定位为集工业遗产、特色艺术、山城生活于一体的旅游片区。艺术家、游客及当地居民三位一体，各得其乐。

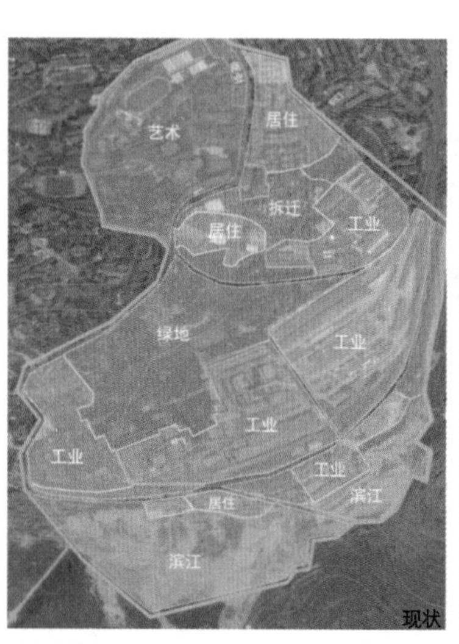

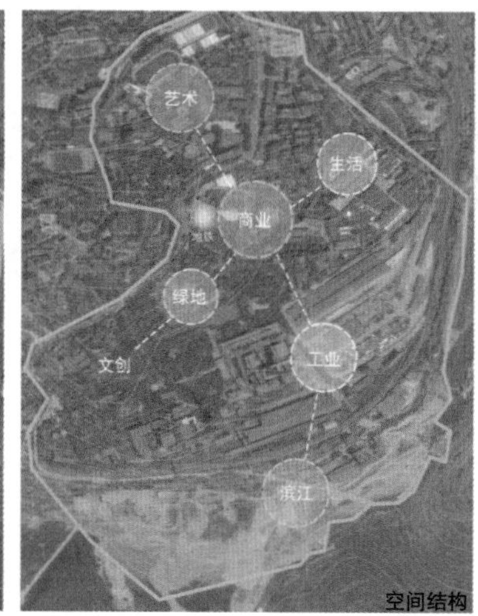

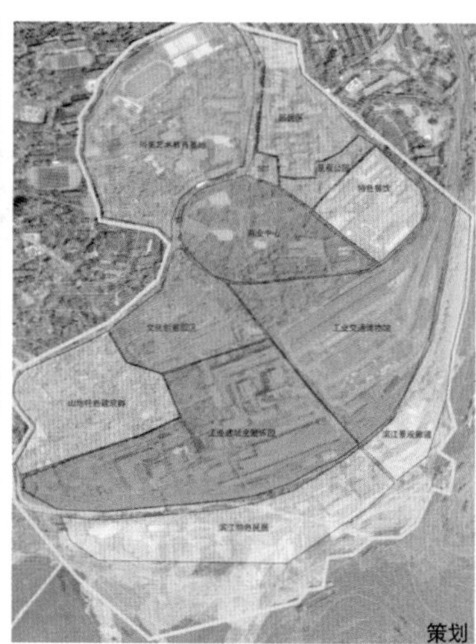

功能策划：
川美艺术基地：博物馆、画廊、艺术品交易、艺术教育等；
居住区：原住民居住、特色民居、廉租房等；
景观绿地：公园、露天音乐节等；
工厂：游乐场、工业博物馆、剧场、餐饮购物等；
江滨：公园、水上游乐园、游船码头、滨江步道、主题餐厅。

评语：

该组以重庆市九龙坡区杨角坪地块为模板，在传统设计方法上进行城市和建筑生成设计，目标为提出一个一般性的山地特色的城设模型，对于复杂山地空间中有关坡度、道路系统及建筑肌理等方面的解决策略进行了探索。

小组成员基于程序编写，构建了包括宏观控制、模型库构建到成果输出的参数化生成设计全流程系统。探索了建筑学中平面排布，路网规划的相关算法，进行了合理取舍及调整应用。构建了地形地区特点与建筑样式、高度、朝向的匹配系统，进行了山地建筑排布的一般性模型构建。采用了最短路径算法以及多智能体演化等方式，实现了路网生成设计以及步行系统生成设计，并对商业综合体的单体设计进行了探索。最终成果运行高效，并具广阔的应用前景。

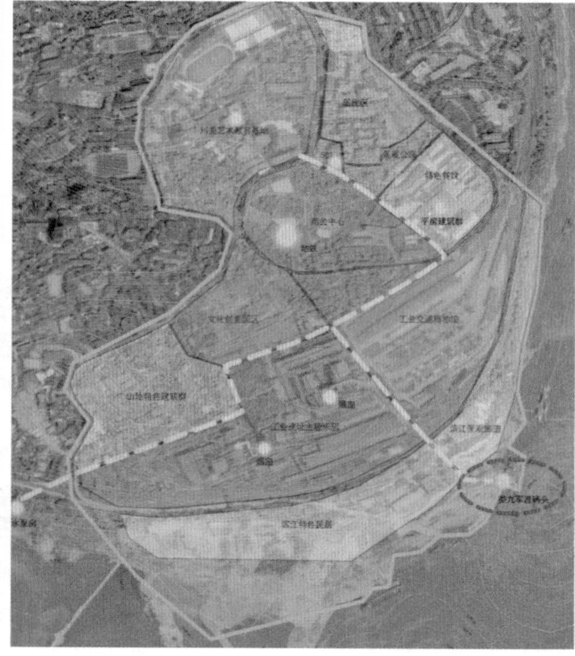

旅游路线：场地中散布着诸多的旅游文化资源没有得到充分利用，根据新的功能策划以及上位规划中的地铁站位置，在场地中置入旅游路线将资源点进行串联，使游客在游览产生“步移景异”的心理变化。旅游路线的尽端为楼九军渡码头，其面朝长江，背靠重庆电厂的两根“烟囱”，视野极佳。

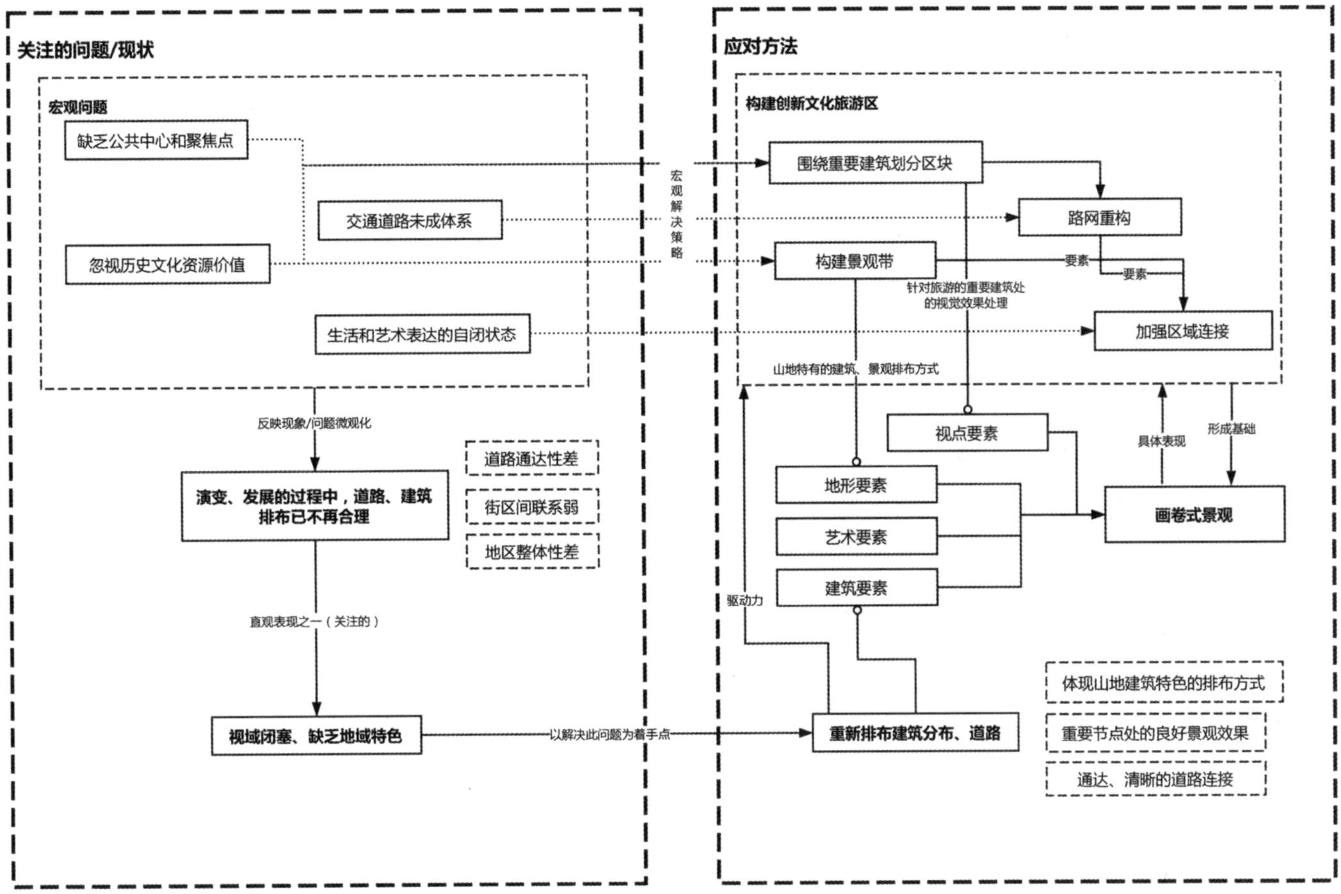

关注的问题/现状

宏观问题

缺乏公共中心和聚焦点

交通道路未成体系

忽视历史文化资源价值

生活和艺术表达的自闭状态

反映现象/问题微观化

演变、发展的过程中，道路、建筑排布已不再合理

道路通达性差

街区间联系弱

地区整体性差

直观表现之一（关注的）

视域闭塞、缺乏地域特色

以解决此问题为着手点

宏观解决策略

应对方法

构建创新文化旅游区

围绕重要建筑划分区块

路网重构

构建景观带

要素

要素

针对旅游的重要建筑处的视觉效果处理

加强区域连接

山地特有的建筑、景观排布方式

视点要素

具体表现

形成基础

地形要素

艺术要素

建筑要素

画卷式景观

驱动力

重新排布建筑分布、道路

体现山地建筑特色的排布方式

重要节点处的良好景观效果

通达、清晰的道路连接

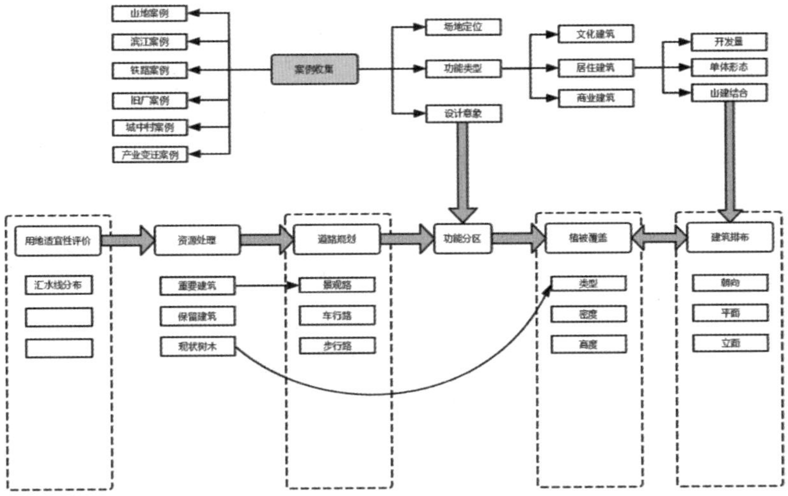

山地案例

滨江案例

铁路案例

旧厂案例

城中村案例

产业变迁案例

案例收集

场地定位

功能类型

设计意象

文化建筑

居住建筑

商业建筑

开发量

单体形态

山建结合

用地适宜性评价

汇水线分布

资源处理

重要建筑

保留建筑

现状树木

道路规划

景观路

车行路

步行路

功能分区

植被覆盖

类型

密度

高度

建筑排布

朝向

平面

立面

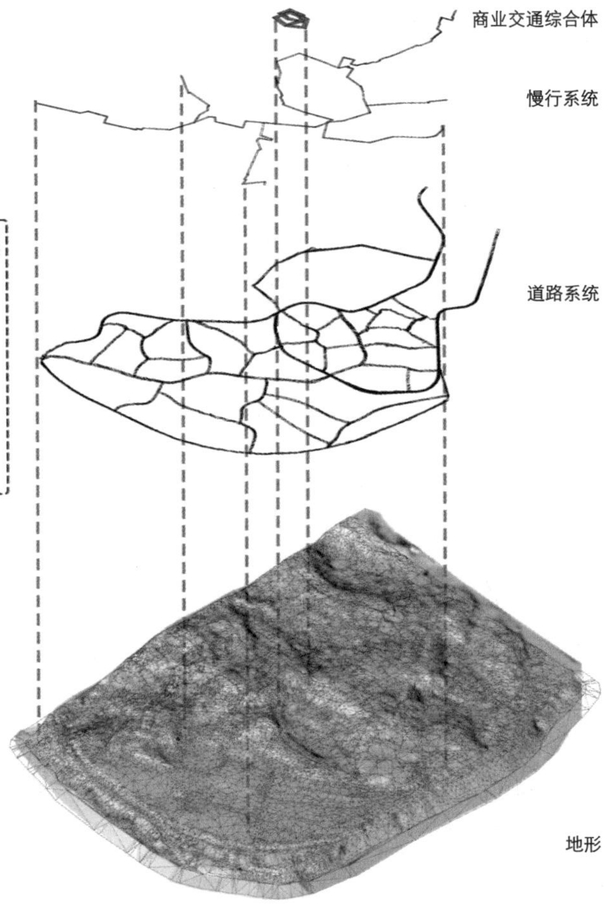

商业交通综合体

慢行系统

道路系统

地形

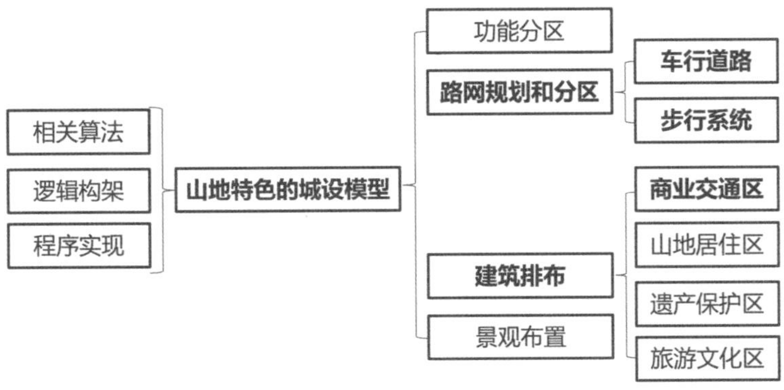

功能分区

路网规划和分区

车行道路

步行系统

相关算法

逻辑构架

程序实现

山地特色的城设模型

商业交通区

山地居住区

遗产保护区

旅游文化区

建筑排布

景观布置

场地问题

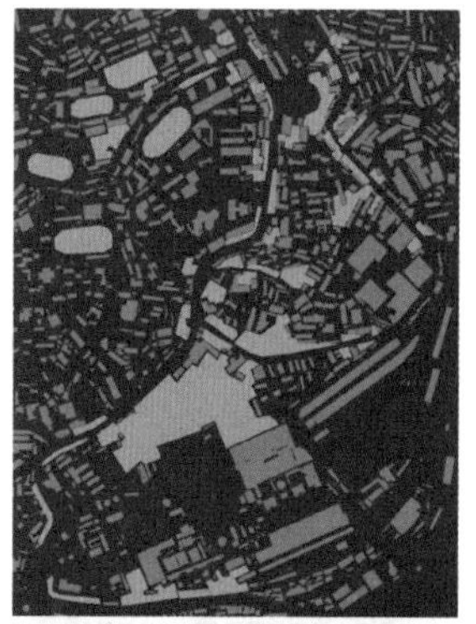

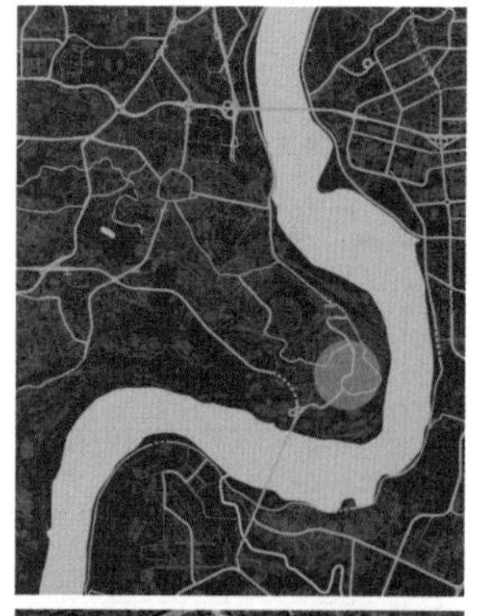

场地问题：
公共空间缺乏且肌理混乱，历史文化资源利用不足。

应对策略：
利用旅游景观道路将重要景观节点连接，生成合适的旅游线路。

场地问题：
道路闭塞，场地现存道路密度太低，难以形成网状结构。

应对策略：
建立参数化模型，利用相关算法，演化生成场地内的路网规划。

场地信息

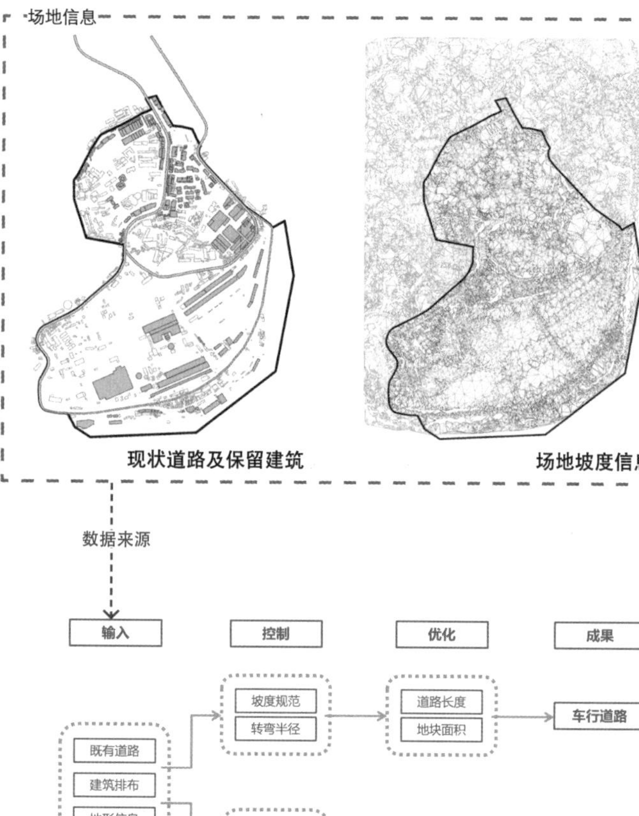

路网生成

相关规范：
1. 二级城市道路纵坡不超过 5%；
2. 车行道转弯半径，主干道为 20~30m，次干道为 15~20m；
3. 道路的平面线形需要保持平顺，转折不宜过多过急，避免影响人的视野。

旅游线路生成

优化规则：

1. 在网格中任意选择两点，得到一条最短的路径连接方式；

2. 加入坡度控制因素，保证所有车行道都符合规范。

一级道路划分

优化规则：

1. 设计师输入功能分区；
2. 保证适当的长宽比；
3. 留出道路位置；
4. 确定各地块面积；
5. 避让开既有道路以及重要建筑。

次级道路划分

优化规则：

1. 设计师输入功能分区的大体轮廓，或电脑自动生成；
2. 道路更加平滑；
3. 根据设定功能不同，调整面积；
4. 重要建筑不能位于道路上。

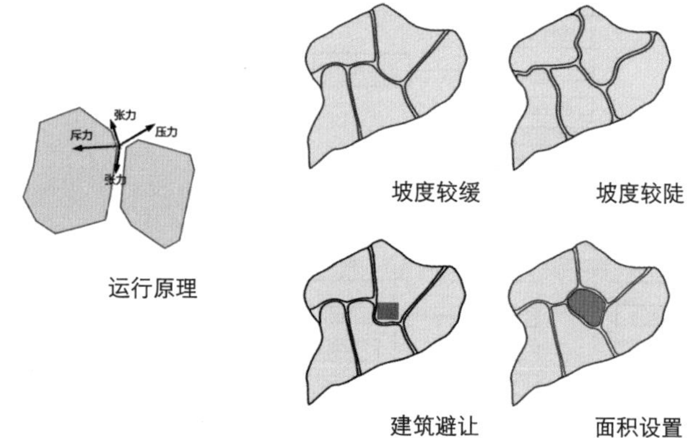

优化流程

优化流程

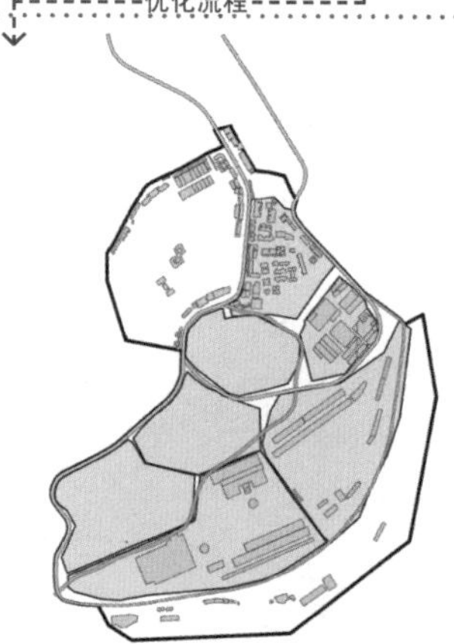
功能分区

一级道路优化

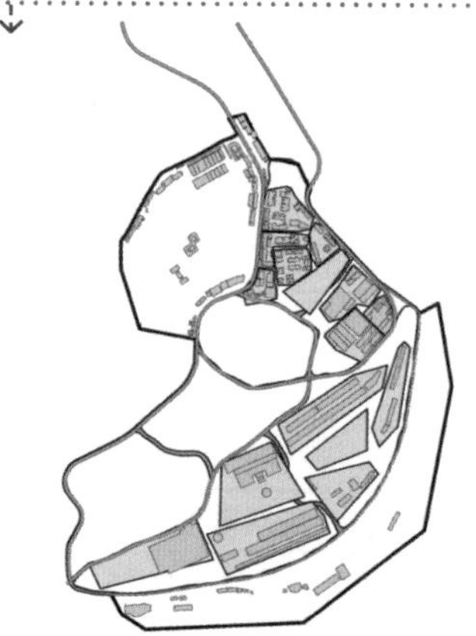
地块划分

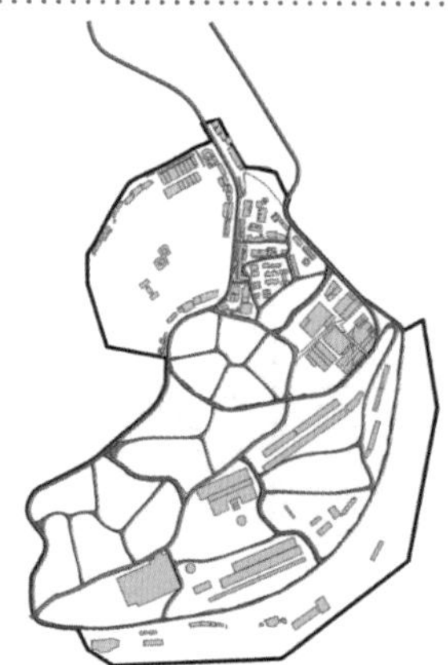
次级道路优化

步行系统

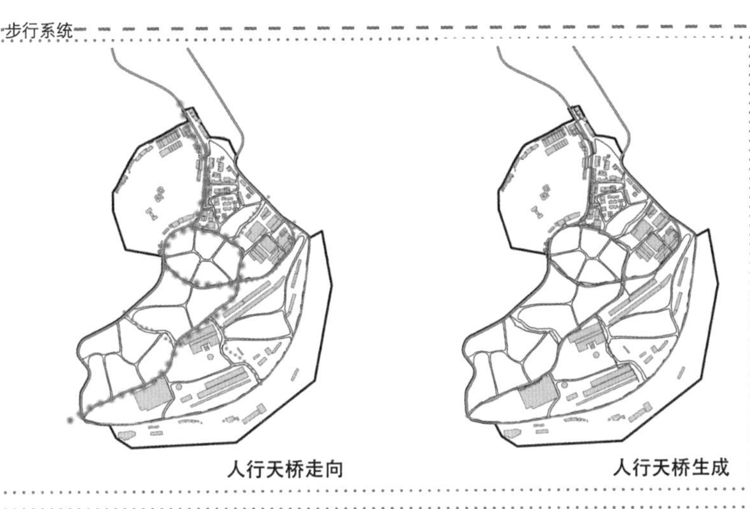

人行天桥走向　　人行天桥生成

场地问题：

步行系统舒适性较差；

大部分地区人车混行，公交车、货车、私家车、摩托车、非机动车以及人流混杂在一起，安全性差。

应对策略：

顺应建筑师设定的天桥走向，依据天桥高度、天桥最大长度等相关规定，利用相关算法，建立依附于周边建筑结构上的人行天桥系统。

依附建筑物　　连向屋顶平台

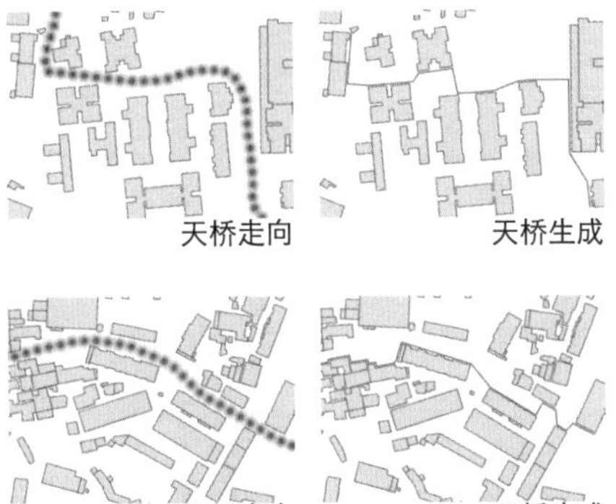

天桥走向　　天桥生成

天桥走向　　天桥生成

路网生成

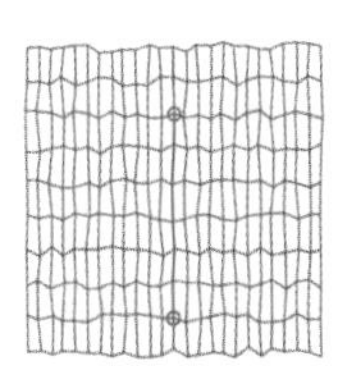

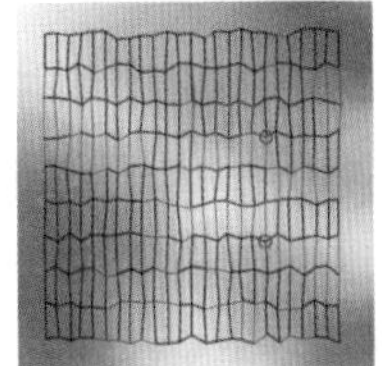

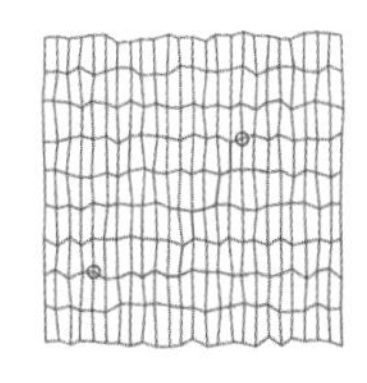

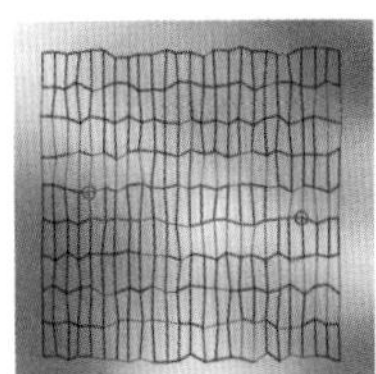

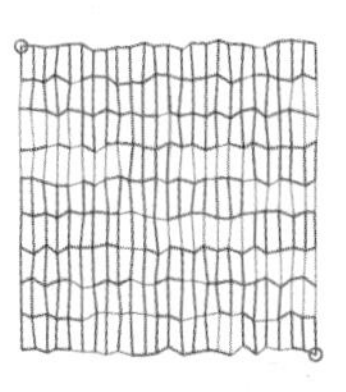

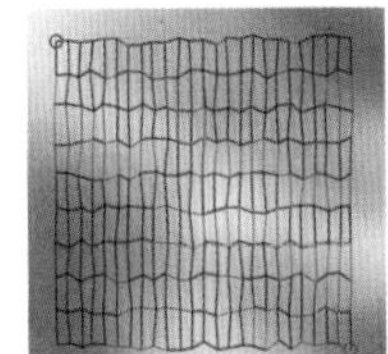

最短路径算法

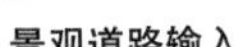

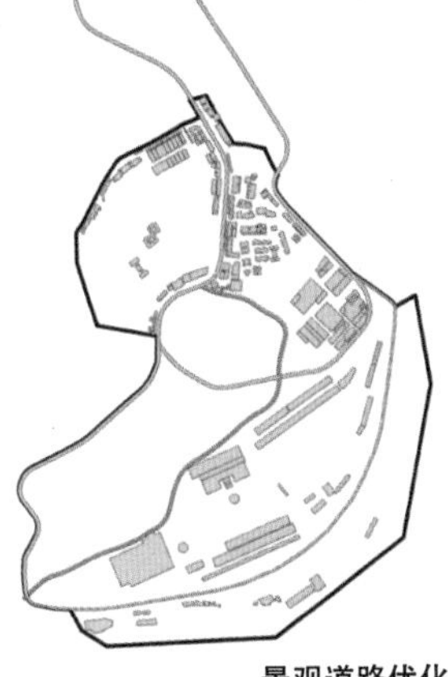

景观道路输入　　景观道路优化

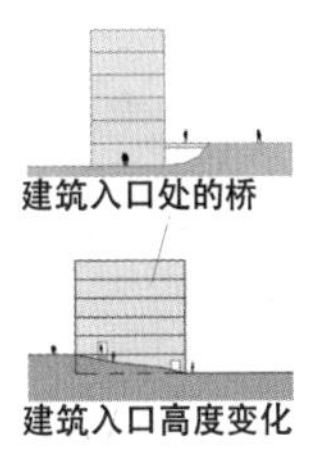

建筑入口处的桥

建筑入口高度变化

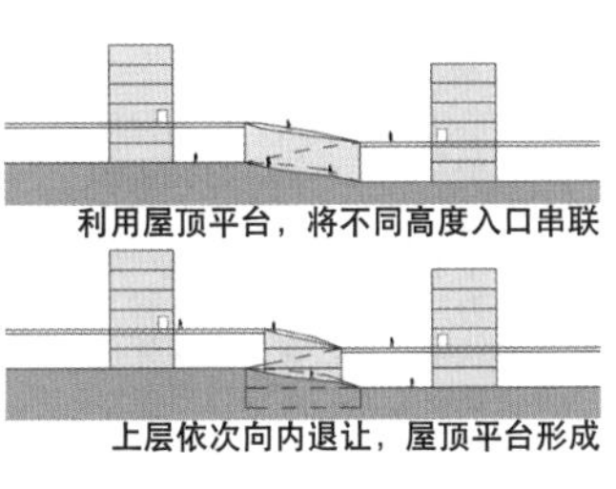

利用屋顶平台，将不同高度入口串联

上层依次向内退让，屋顶平台形成

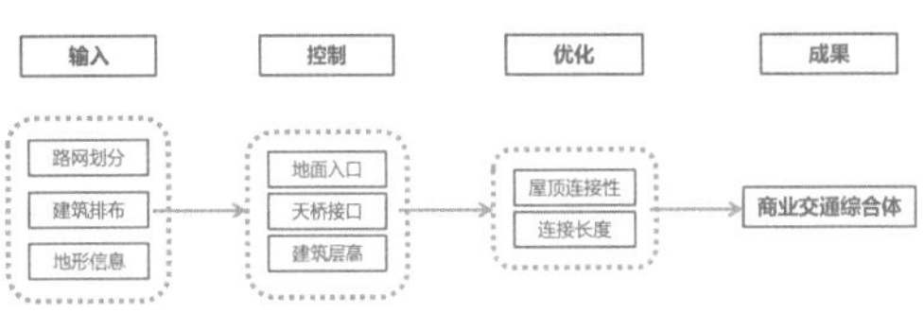

控制点设置

环形道路

屋顶形式

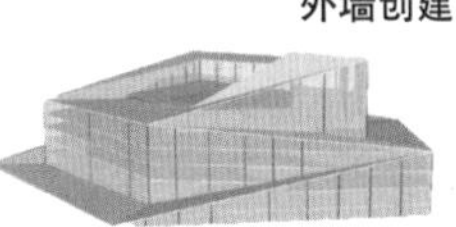

外墙创建

平面轮廓生成　　柱网形成

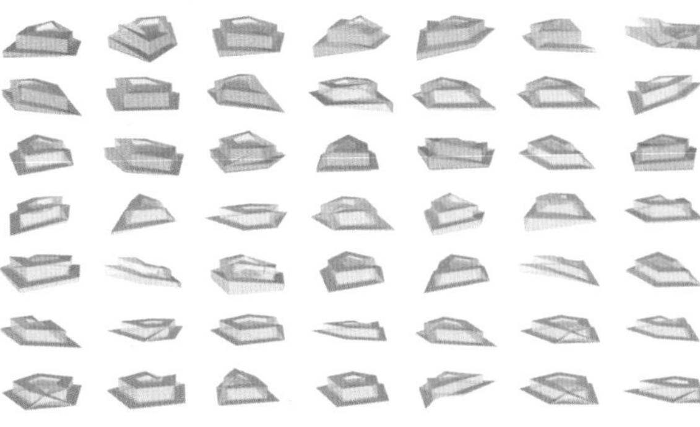

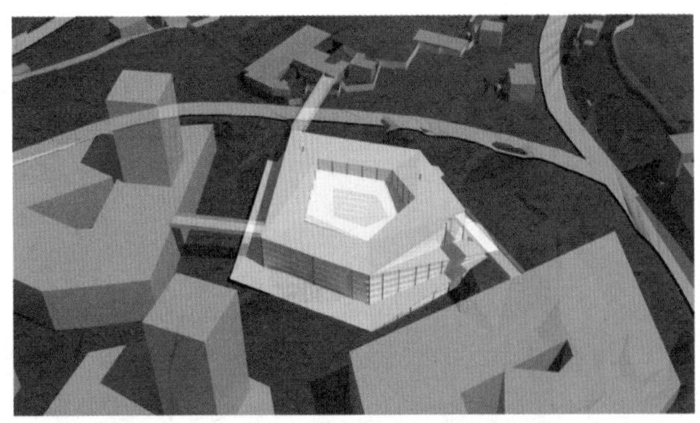

Hilly Mapping—— 山地住区更新模型的构建

1. 场地建筑位置

在城市设计的层面，小组为既有建筑设置了评价体系，包括居住价值、艺术价值、商业价值和旅游价值四个维度，从而决定当某一地块被设定为某一功能的时候，其上的建筑是否被保留。其中，居住价值主要由原有建筑功能、建筑保存状态和建筑位置决定。当地块确定为居住区域后，将根据保留程度和建筑居住价值的评分来决定某一建筑是否被保存。

在输入区块相关信息后，以区块的形状、既有建筑的位置、区块入口的位置作为限定。确定可能出现建筑的位置。每个建筑的位置的确定参考了建筑间距，设置为智能体从而保证尽可能满铺。将所有可能生成建筑的点带入下一步计算。将每个建筑可能生成的点用一个智能体模拟，受到周边建筑以及边界的约束，从而保证最基本的满铺。

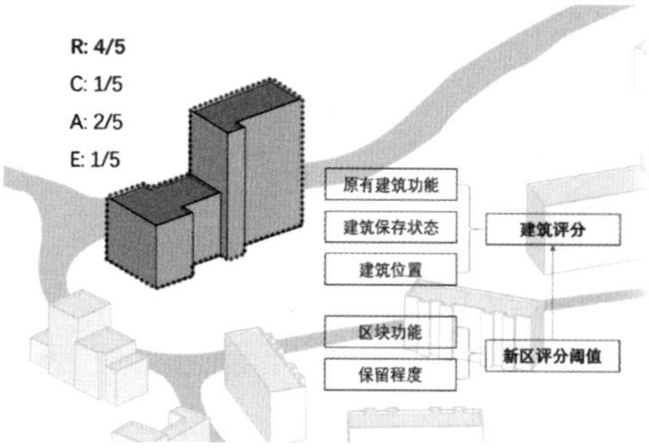

既有建筑评价

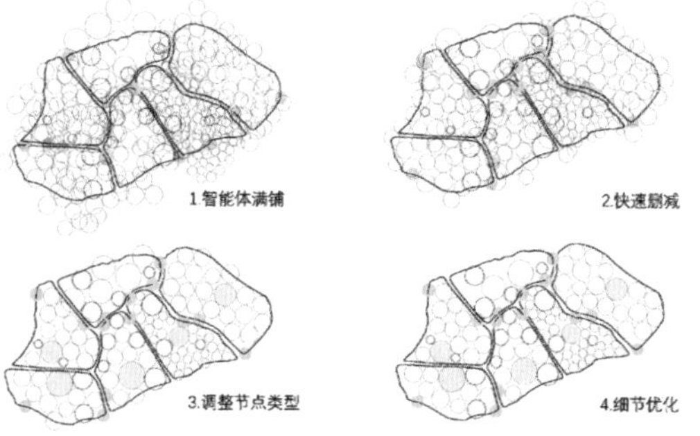

建筑排布流程

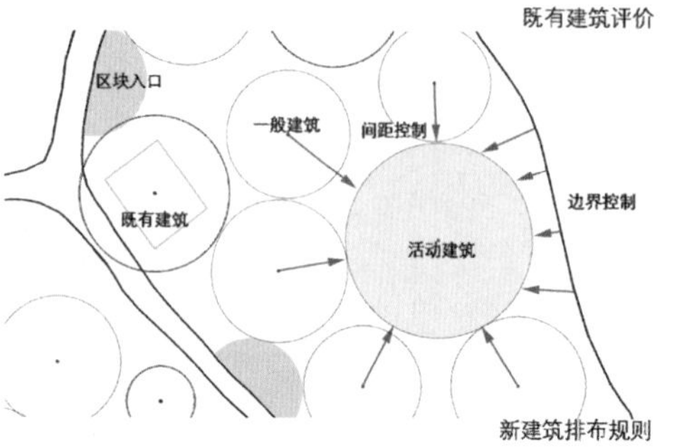

新建筑排布规则

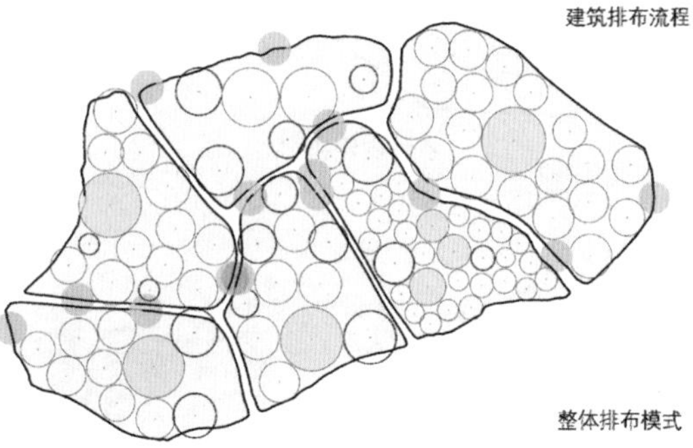

整体排布模式

2. 地形评价体系

在确定建筑位置之后，通过计算该位置周边地区的地形参数来进行地形评价，在进行一系列筛选和简化之后。选取了极差、平均海拔、方差、形状率四个参数。来评价区域地形的完整性以及复杂度，从而决定建筑样式和接地方式。建筑的接地方式，参考了重庆市现有的建筑接地方式，从中提取了定量化得要素。通过不同的建筑接地方式所需要的原有地形与当前的地形评价相匹配。从而达到通过地形评价决定底层建筑样式的效果。在对地形评价和建筑接地方式做了相应探索之后。通过地形评价的相关参数和建筑接地方式的地形需求，构建地形和建筑接地方式的匹配方法。

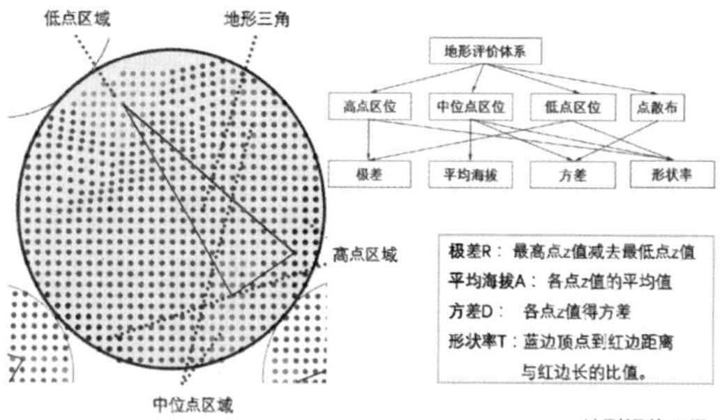

地形评价因子

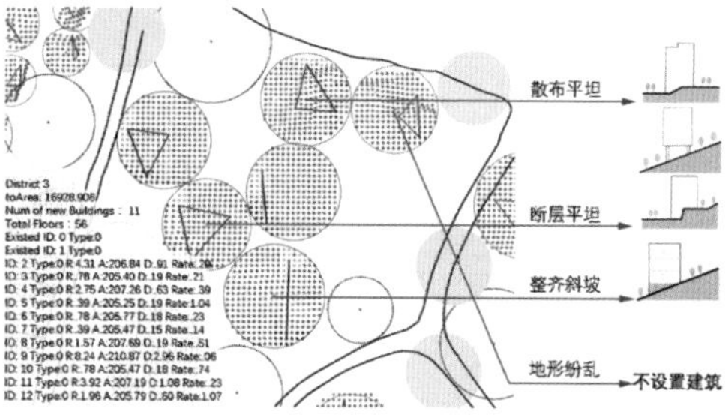

接地方式匹配

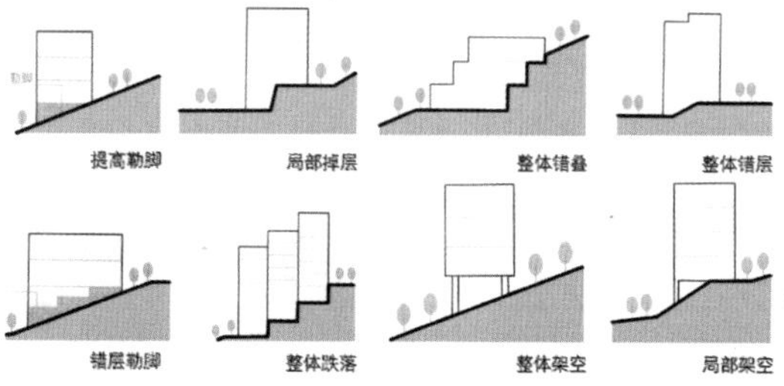

建筑接地方式

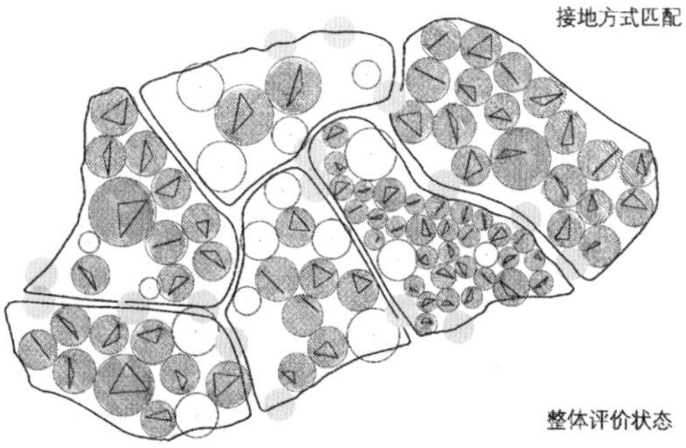

整体评价状态

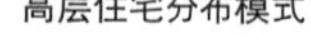

高层住宅分布模式

混合住宅分布模式

3. 路网构建与优化

在得到场地内所有建筑和入口点的位置之后，结合建筑红线来得到路网，并且分级。结合建筑红线进行路网优化，最后得到比较理想的结果。

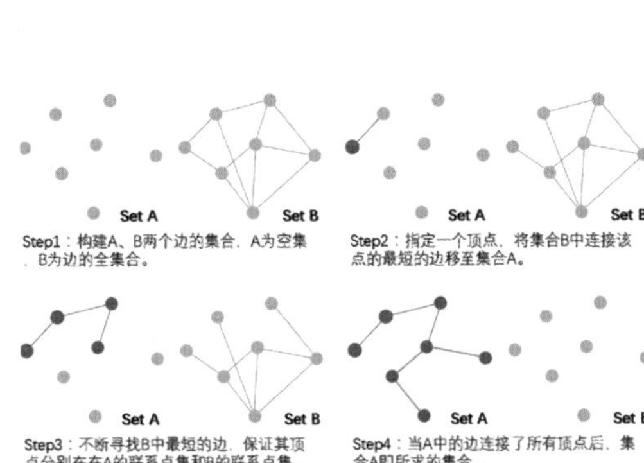
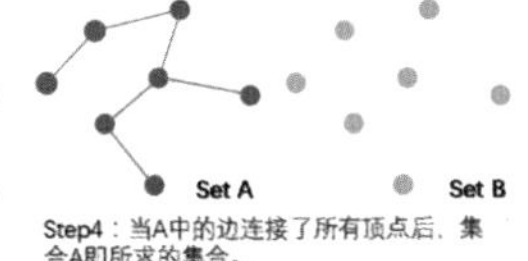

Set A
Set B
Step1：构建A、B两个边的集合，A为空集，B为边的全集合。
Step2：指定一个顶点，将集合B中连接该点的最短的边移至集合A。
Step3：不断寻找B中最短的边，保证其顶点分别在在A的联系点集和B的联系点集。
Step4：当A中的边连接了所有顶点后，集合A即所求的集合。

路网算法：Prim生成树

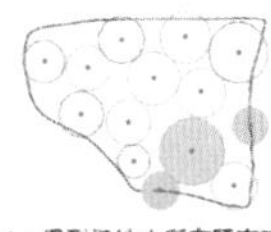
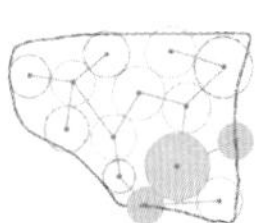
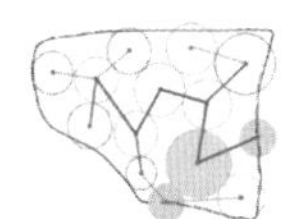

Step1：得到场地内所有既有建筑、新建筑以及入口点的位置。
Step2：相互连接场地内所有顶点，并依据地形起伏和距离来确定每个边的权值。
Step3：按照Prim生成树的方法生成场地内的路网。
Step4：以区域入口点为出发点，计算每条边走过的次数，从而确定路网分级。

路网构建过程

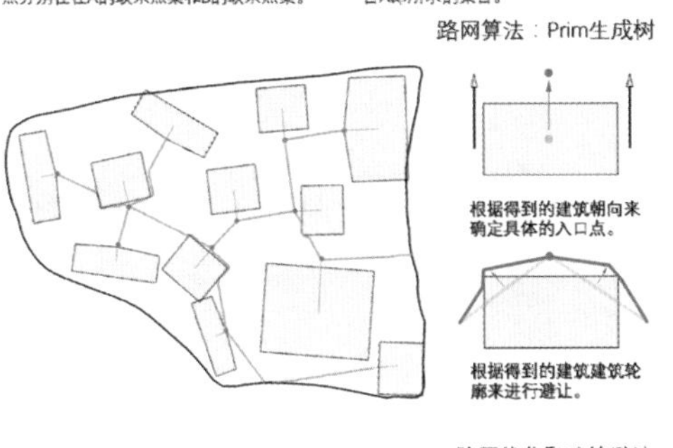

根据得到的建筑朝向来确定具体的入口点。
根据得到的建筑建筑轮廓来进行避让。

路网优化和建筑避让

整体路网规划

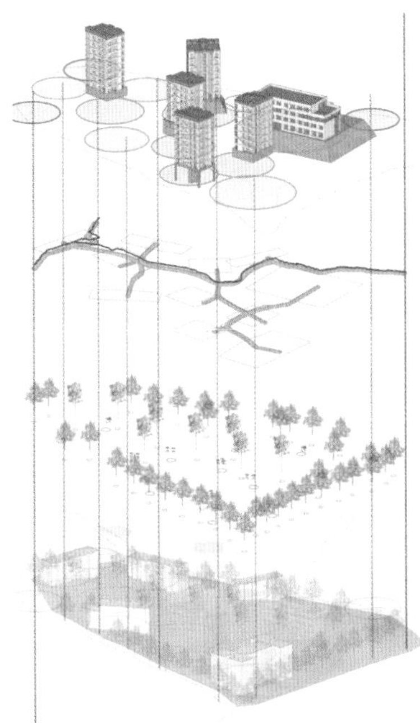

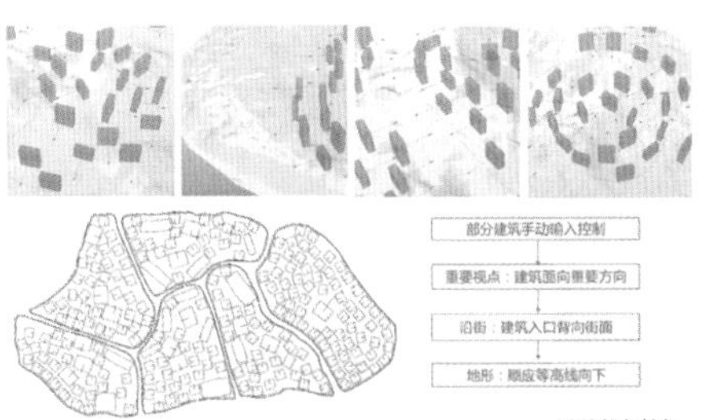

建筑朝向判定

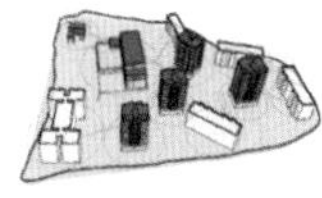

建筑高度序列

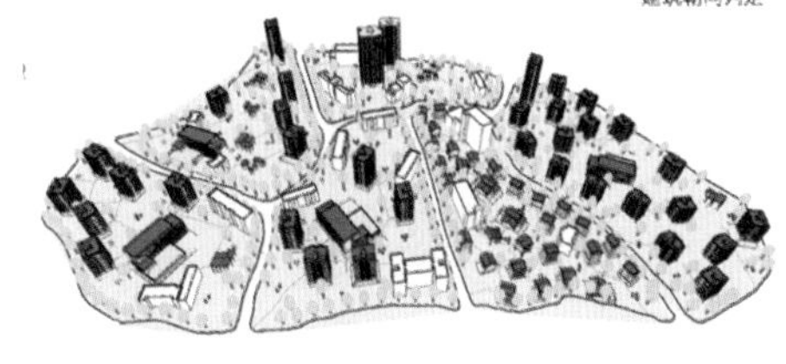

整体模型表现

景观布置

4. 景观节点设置

在建筑和路网基本确定后，尝试性加入景观节点和绿化。景观节点分布在靠近路的位置，并且避免与建筑距离过近。树的排布规则与节点同理，在避让建筑轮廓和节点的同时，会围绕区块周边设置行道树，并对区块入口做出退让性的标识。在各个元素设置完成后，即可形成一个较为整体的住区模型。

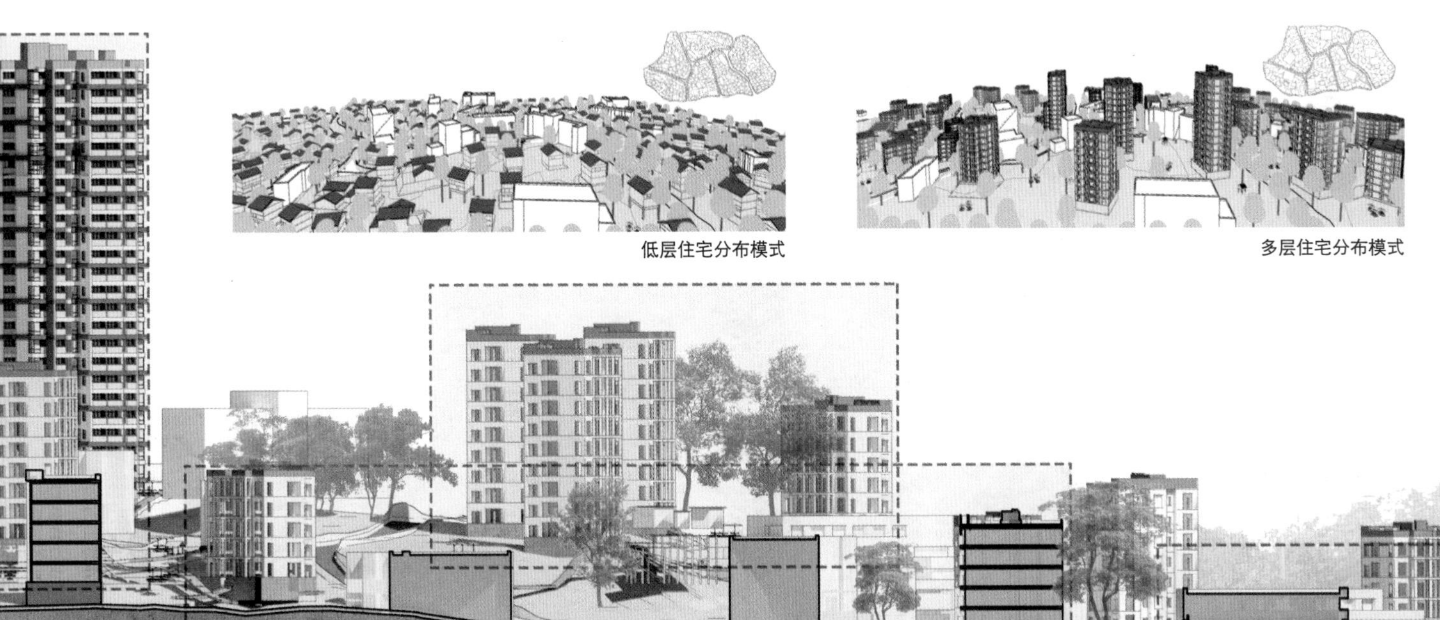

低层住宅分布模式

多层住宅分布模式

UniTopia——基与参数化系统的集群式社区生成设计

设计策略：以参数化系统为平台，生成由预制单元构成的集群住宅，可自发生长适应社会变化满足不同人群需求。

物质要素：山地特色建筑元素与高层建筑的叠加融合。

人群需求：寻找各类人群的需求交集和空间交集。

共享空间　　私密空间

参数调整

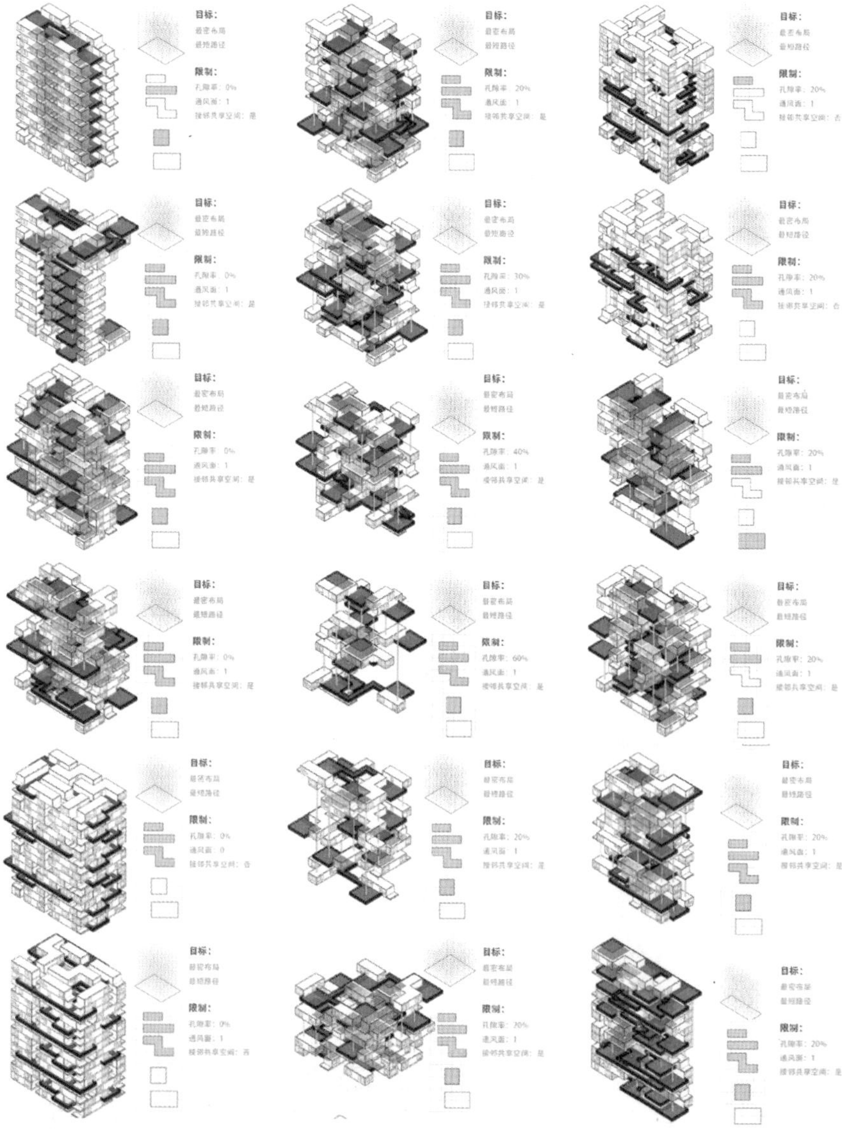

系统构建：

A 网络置入

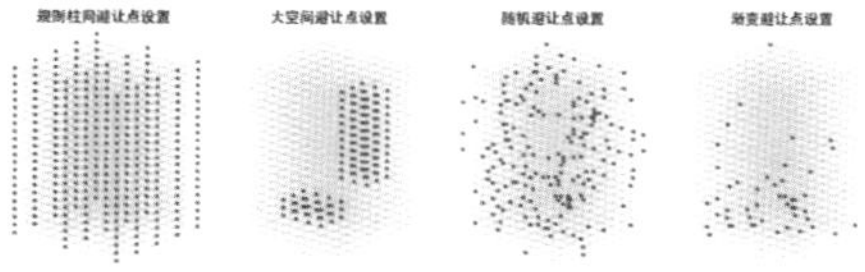

大空间避让点设置　　随机避让点设置　　渐变避让点设置

B 单层单元排布

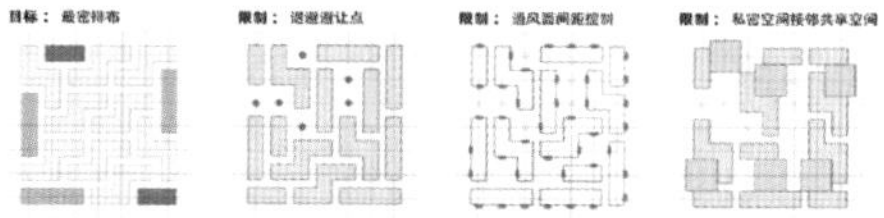

目标：最密排布　　限制：避避避让点　　限制：通风面间距控制　　限制：私密空间接邻共享空间

C 多层单元排布

限制：竖向分区计算　　限制：竖向相似度控制　　限制：中庭空间下邻共享空间

D 公共交通体系排布

限制：到达私密空间入口　　目标：路径最短　　交流性楼梯置入　　交通性楼梯置入

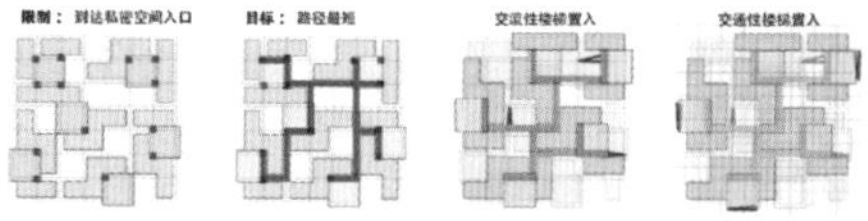

E 模型库构建

门窗库构建　　结构库　　楼梯库

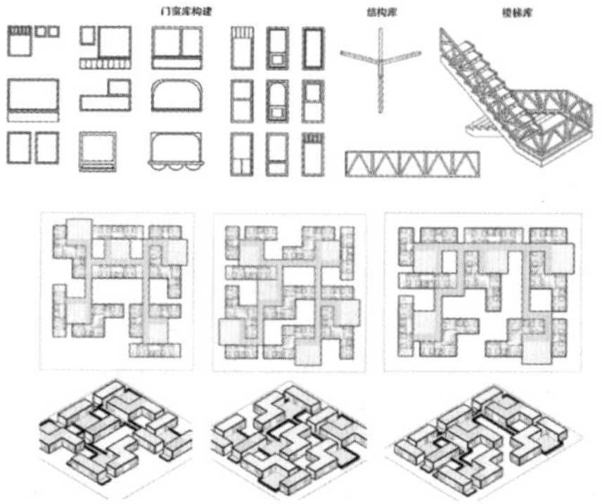

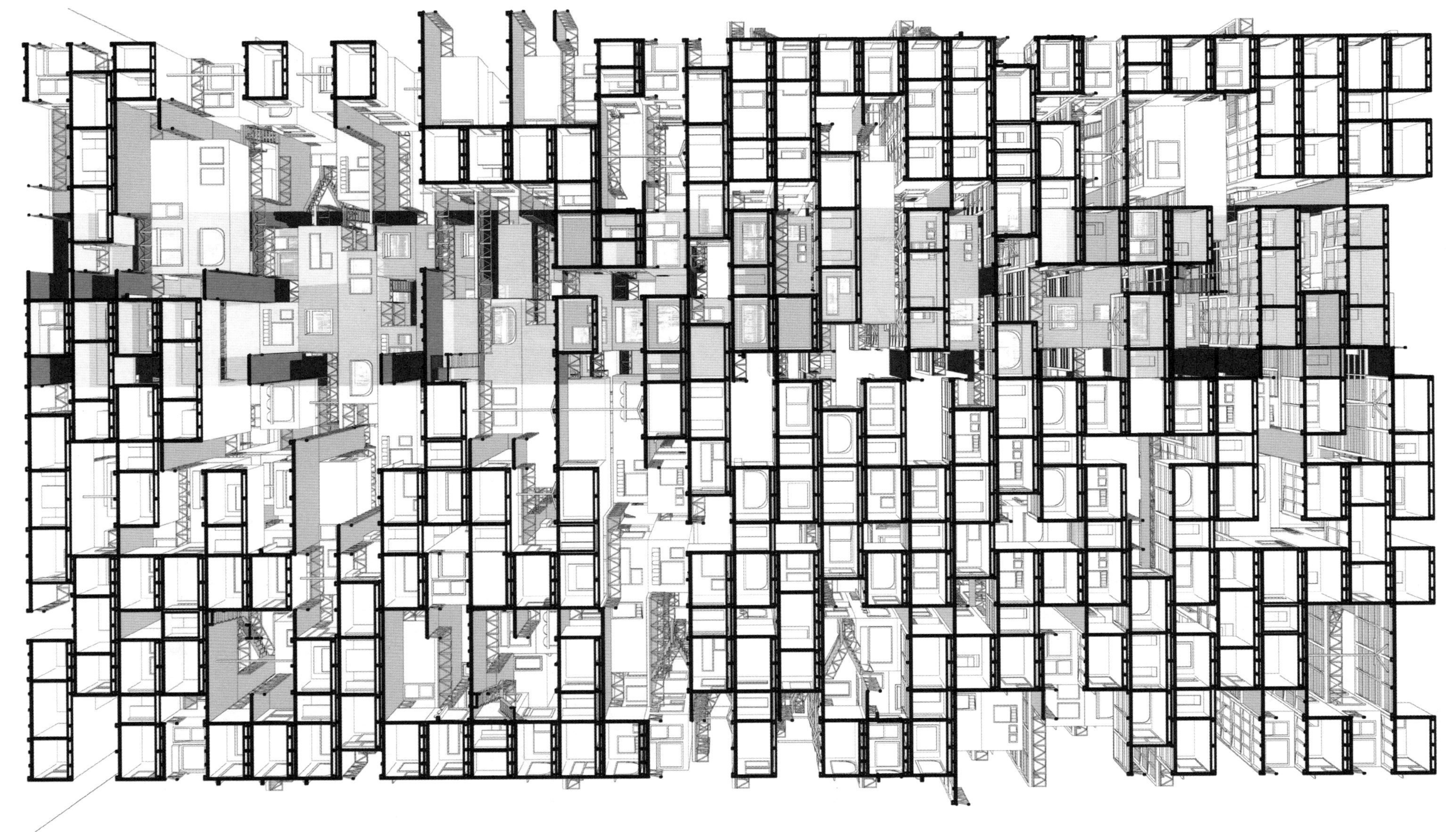

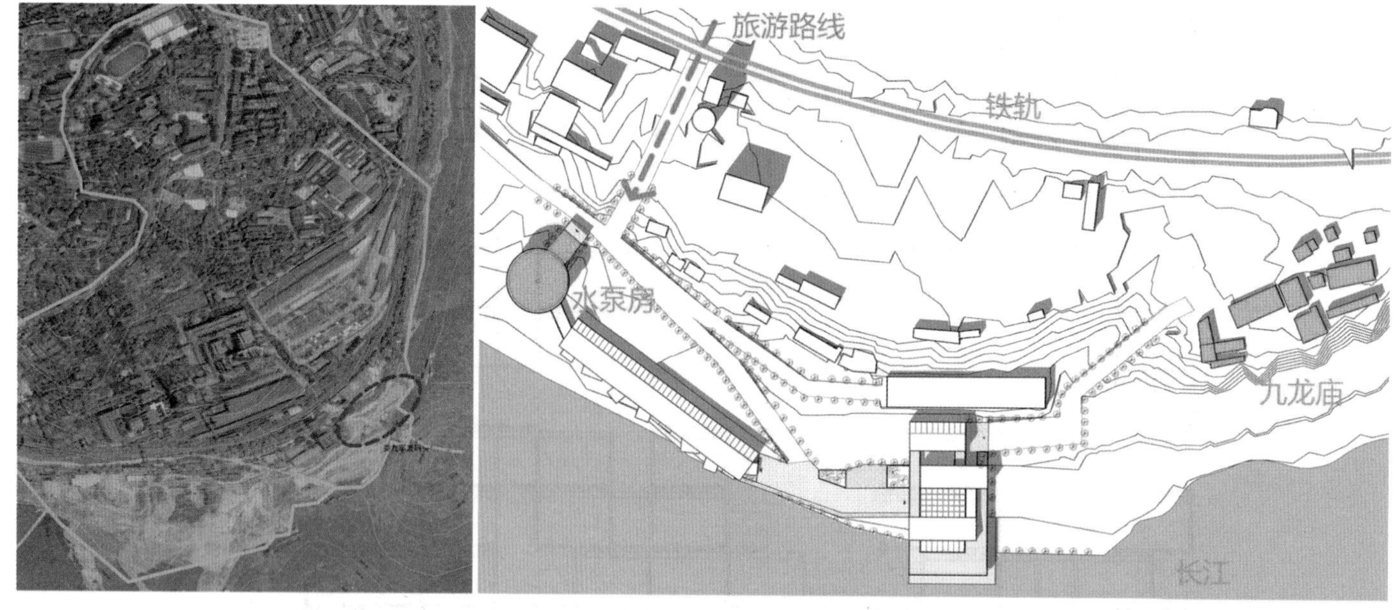

建筑选址：建筑基地位于旅游路线尽端的楼九军渡码头旧址，场地文化资源丰富，包括重庆南站铁轨、工业水泵房及九龙庙等。另外整个黄桷坪区域近江部分整体活力不足，选址在此有利于激发活力点，吸引人流，使近江工业区部分重焕生机。

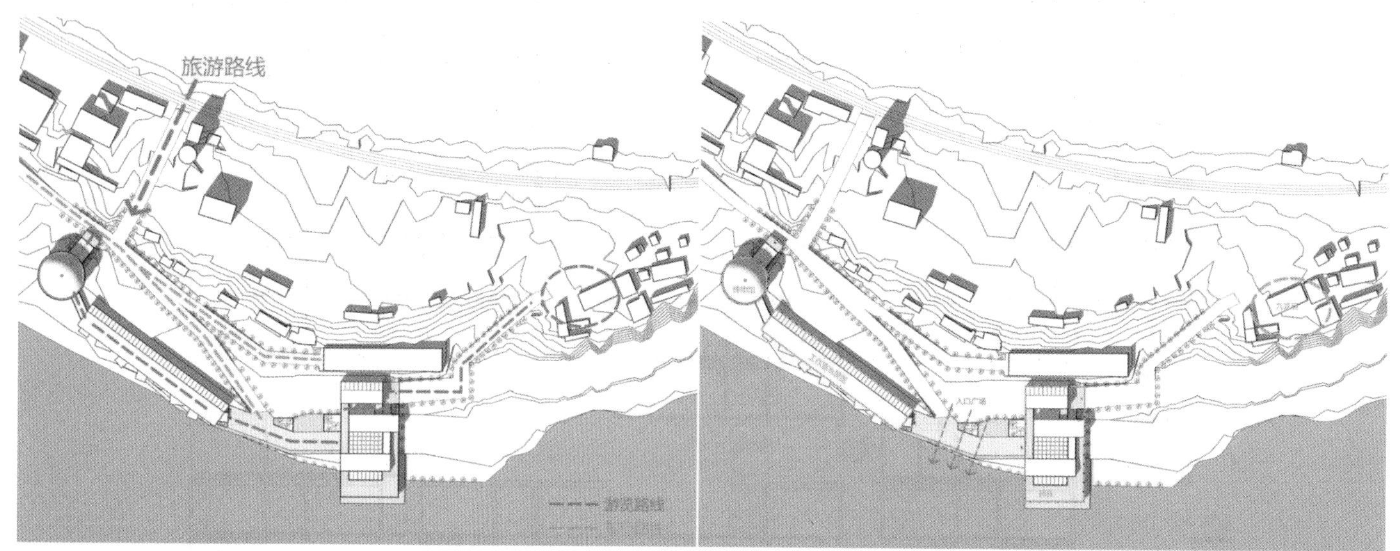

场地梳理：建筑场地设计中延续并延伸原有的旅游路线，并通过流线设计将水泵房、码头和九龙庙串联为一个整体。另外通过入口广场的设置形成亲水平台，增加可达性。

交通茶馆是各类特殊社群汇聚的场所，这里既不高雅也不恬静，有的只是下里巴人式的人间烟火，但这里每天却上演着形形色色的故事。我们期望在滨江区置入一个类似的综合体，为艺术家，居民和游客提供一个互相碰撞的场所。

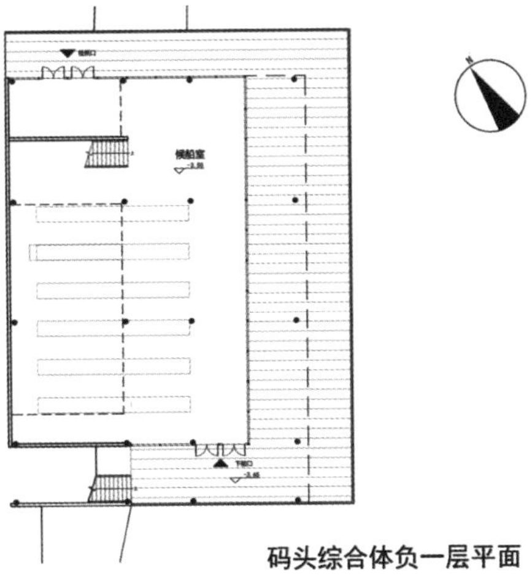

码头综合体负一层平面

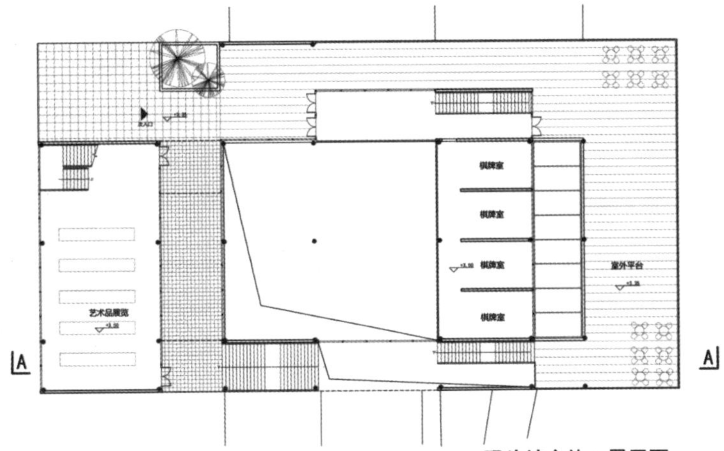

码头综合体二层平面

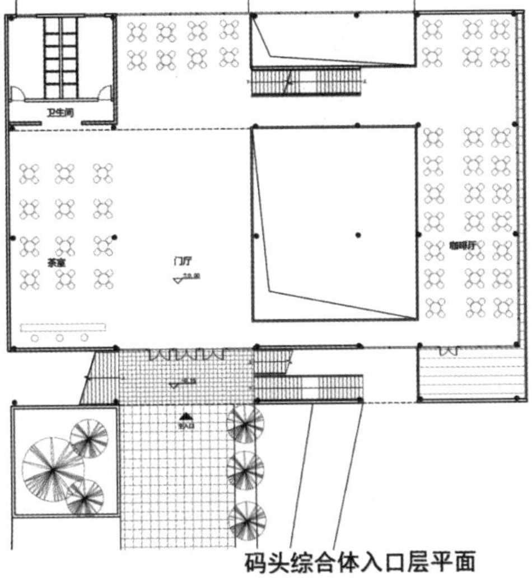

码头综合体入口层平面

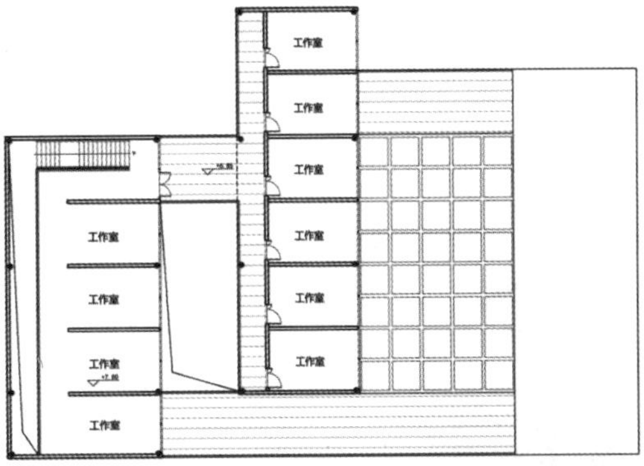

码头综合体三层平面

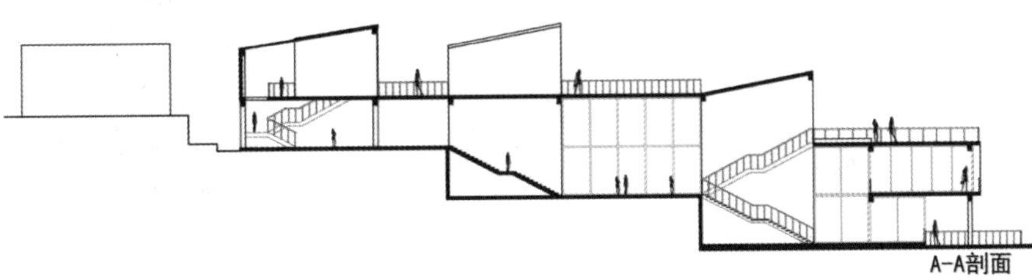

A-A剖面

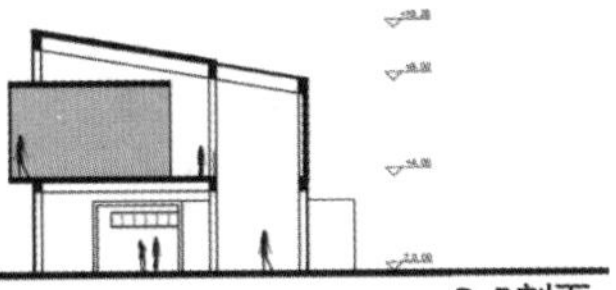

B-B剖面

码头综合体西立面

工作室东立面

同济大学

TONGJI UNIVERSITY

学生团队

1 混合——以生活为秩序
Ordered Blend Based on Living

潘宸

郑国臻

张惠民

王梅超

2 艺径——当代艺术探访之路
Route to Visit Contemporary Art

朱婧怡

余点

马倩宇

张耀天

3 异质聚变
Heterogeneous Fusion

王明珠

张音音

赵媛婧

管梦玲

指导教师

李翔宁

王一

孙澄宇

对于一个建筑系的学生能够在毕业之际参加八校联合的题目，是一件极为幸运的事情。而作为一个在同济大学读了四年的学生，始终是在上海区域内做课题训练，了解的始终是上海的城市人文背景，如里弄文化等。而这一次将课题的大背景设置在了重庆这样一个具有鲜明性格的城市中，对我而言是一次极具挑战的尝试。且八校的课题一如既往地减少题目中的限制，给予极大的自由度，让我们自主地从场地中去寻找矛盾点与兴趣点，并做出回应。这也是一次对四年学习的反思，让我们更多地思考自身期望能为社会为居民改变什么，重回初心。而场地被设置在一个多重矛盾点集中的地方，有工业遗产再利用的问题、有对艺术与日常生活矛盾的思考、有对码头文化的发掘等等。让我们都可以找到自己的兴趣点，找到想对城市做出的改变。且在整个设计过程中，多校间不断地相聚，也让我们在各个阶段都能得到客观的评价，以助于方案的完善。最终我很有幸地参与了天华所组织的活动，让我开始思考自己在未来城市建设过程中可以担任怎样的角色，对自己的未来有了更深入的考量。

——潘宸

在接受了 5 年的在同济的建筑学设计课程之后，运气十分好地选到了每个同学都梦寐以求的八校联合毕业设计，深感幸运并且责任重大。无论是课题的选地，还是课题的任务布置方式等等都是新的尝试。要从城市策划层面过渡到城市设计层面，再过渡到建筑单体设计层面，无论在时间上还是能力上，都是前所未有的巨大的考验。同时，重庆更是一个独特的城市，风土人情和历史文化非常吸引人，能在这片土地上进行设计能使我们更有激情。除了上述是本次毕设构成我们的设计难点之外，还有的就是本人在建筑学层面上的深度思考能力的缺乏，无数次设计推导过程的怠慢正是自己对设计理解地不够深入和全面，没有再三地去考虑人和环境的需求，问题的所在等等。

在课题开始之前，一直以为在国内的一流高校中建筑学的教育风格是差不多的，然而，在参与了多次的联合答辩之后才发现，曾经狭窄地以为国内的和国外的院校风格可以是各不相同的，没想到单单放眼国内去看，一样是百花争鸣，风格不一的。这就给了我们的设计的标准一种考验的机会 . 同时，在交流期间通过各个同学和老师学习到了前所未有的设计方法，图文表达，学术精神等等，认识到自己见识短浅和真实水平的高低。还要感谢的，就是强大的三位指导老师和强大的团队，没有他们无数次的包容和认真负责的态度，是不会呈现最终完整的成果的；以及感谢天华集团给予我们的大力支持，让我们拥有了齐聚一堂，共同学习的机会。

——郑国臻

这次八校联合设计让我收获良多。在参加八校联合的项目之前，我已经和学长学姐们了解过这个项目，对它的难度和工作量有所了解。但在我开始着手这个毕设题目的时候依然感到措手不及，充满挑战。首先从基地调研开始就遇到了问题，在非常有限的时间里没有办法带着明确的目标和重点去调研，只能边走边看一点点去体验基地的历史文化，风土人情。然后带着对基地初步的了解回到了学校开始城市整体结构策划和城市设计。城市设计在之前的学习中进接触过一次，基地是我们熟悉的虹口北外滩地区。而这次面对一个地形、历史、文化复杂的陌生的场地，确实在很长一段时间难以入手。在此，非常感谢同济母校的三位指导老师，让我们学会自己根据现状提出问题，然后用清晰严密的逻辑给出相应的解决策略。也非常感谢同组同学的交流合作，每一次激烈的争论甚至争吵都是因为对更好设计的追求。正是在老师耐心的指导和队友们的集思广益下，我逐渐走出对于这片场地的迷茫，城市设计的蓝图在脑海中渐渐清晰起来，并在后来的单体建筑设计中，对于从来没有做过的老建筑改造项目也能够不断推进深化，最终取得较好的设计成果。

通过 8+ 形式的多所院校的联合展示评图让我受益匪浅，第一次能够有机会和不同学校的同学和老师们千里来相聚，感受各个学校建筑学专业不同的学术氛围，设计理念，评判标准，开阔了视野和思维，也看到了其他学校同学的强项和自己的不足，对于建筑学有了更加包容开放的态度和更深刻的理解。

最后，当我们付出了许多努力的汗水之后，能够代表学校参加天华的答辩评图我倍感荣幸，非常感谢天华的支持和鼓励，让我们又一次和来自五湖四海的老师同学们在天华欢聚一堂，在轻松愉快的范围中展示和讨论毕设的成果，畅谈我们的理想和未来。

回过头来看看八校毕设的经历，非常苦，非常辛酸，因为有让人迷茫的场地和课题，有画不完的图做不完的设计。也非常值得，非常精彩，因为有老师同学一路的陪伴；有和远方朋友的欢聚；有天华的支持和鼓励；有青春年少的汗水，在春夏时节撒下梦想的种子。这段经历是一段宝贵的财富，激励我不忘初心，一往无前。

——张惠民

参加 8+ 联合毕业设计最大的感受来自于不同学校同学作品的差异性，包括思考设计的切入点、概念的落地与深化、甚至是设计的表达等，都呈现出相当的多样性。这种差异性源于各校建筑系教育理念的不同，也源于老师教学风格的不同。最后在天华的联合评图中，评图嘉宾对于方案的优劣也并未设立统一的评判标准，而是尽量着眼于同学思考方案本身的逻辑性与创新性。我认为这种兼收并蓄、多元化的设计和展评过程，正是 8+ 联合毕设最大的价值所在。我们中的大多数同学本科几年的建筑学学习，都是在一个相对封闭和固定的评价体系中完成的，参加 8+ 联合毕设对于我们拓宽设计思路、建构一个更为包容和开放的设计价值观大有裨益。

最后，要感谢天华建筑设计有限公司一直以来对于 8+ 联合毕业设计的大力支持，为我们提供了这样一个相互学习和交流的平台，祝愿天华发展得越来越好。

——王梅超

混合——以生活为秩序 Ordered Blend Based on Living

同济大学
作者：潘宸 / 郑国臻 / 张惠民 / 王梅超

（一）方案概括

我们基地位于重庆市主城区，九龙半岛，黄桷坪地区。黄桷坪地区有几块主要区域：以四川美院和涂鸦街为核心的艺术文化区域；重庆九龙发电厂、铁路物流场等组成的工业遗产区域；以及传统山地住区。近年来随着四川美院主体部分的搬迁以及原有工业、物流产业的迁出或衰退，整个九龙半岛面临着严重的发展问题。面对九龙半岛目前在城市更新与转型中面临的诸多遗留问题，我们希望重新组织黄桷坪区域的公共空间结构。根据现状资源，我们将黄桷坪正街及沿河区域作为两条主要的横向公共空间系统。为增加两条公共空间系统之间的联系，并增强滨水空间可达性，我们在研究了潜在公共资源的基础上，设置了三条纵向的公共空间系统，形成黄桷坪地区“两横三纵”的公共空间体系，我们希望借此能够将该地区的空间及交通系统进行梳理，为城市空间和城市功能的更新设计提供一个更为合理的空间结构基础。

我们认为“混合”是重庆街道最典型的特征，我们希望通过以空间、功能、行为等多维度的混合，以三条连接黄桷坪正街和滨江地区的纵向公共空间系统为着手点，创造富有活力且兼具重庆文化特色的公共空间系统。本次设计选取了以四川美院为起点，向东南延伸至重庆铁路南站的一条公共空间系统进行重点设计。如何充分利用好九龙半岛现有资源优势，激发地区活力，是本设计关注的重点。具体的设计任务主要分为三个层次：整体城市空间与结构策划，3~5hm^2 范围城市设计，单体建筑深化设计。

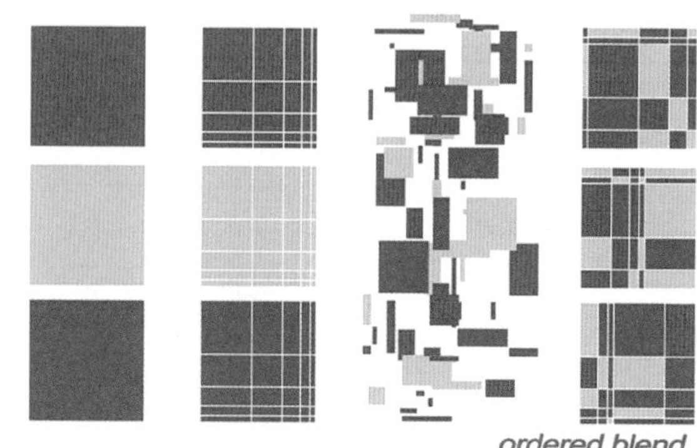

图 2 更新策略概念

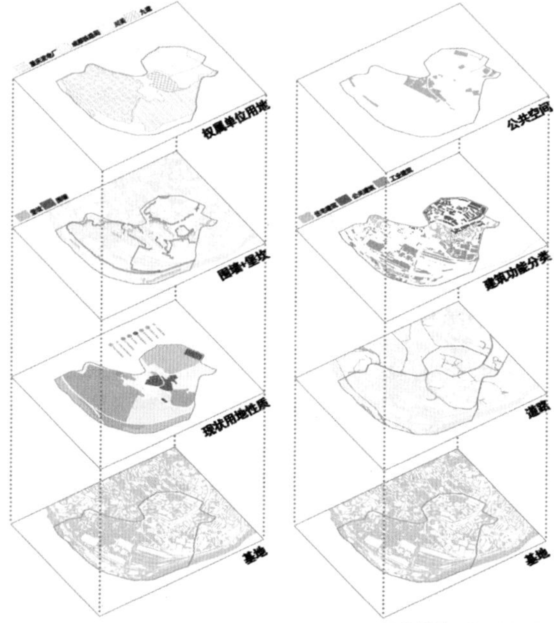

图 3 基地现状总体分析

（二）方案详细介绍

1）城市空间结构策划

在对基地的调研中我们发现：黄桷坪地区的活力来自混合。坦克库是艺术家创作和游客休闲观光的混合；交通茶馆是居民休闲娱乐，艺术家创作和游客休闲观光的混合；川美校园是川美师生学习生活和居民休闲娱乐的混合；而涂鸦街是艺术创作行为，居民休闲娱乐，游客观光游览的混合。混合，发生在这些公共空间里，这些公共空间因而充满活力。

为了验证混合可以带来活力的现象具有更广泛的普遍性，我们又查阅了相关资料，研究整个重庆地区的混合现象。在重庆的文化特质中，具有复杂的历史沿革。元末明初、明末清初有大量移民迁渝；清末、民国时期开埠建市；抗日战争时期曾经是抗战陪都；新中国成立后又称为了西南地区重要的经济文化中心。这样的历史沿革赋予了重庆海纳百川的包容性以及混合交融的城市文化。

重庆的公共空间中亦体现着混合的特点：重庆城区人口密度大，且受山地地形条件影响，建筑规模普遍受到限制，因此公共空间成为重庆人日常生活中尤为重要的活动场所。而复杂的人群构成以及其多样化的行为需求，造就了重庆典型的混合交融的公共空间。

图 1 重庆的“混合”活力源

基于以上的对基地的调研和资料的阅读，我们确立了黄桷坪地区的城市更新策略：生活秩序下的混合，希望通过混合的公共空间来激活地区的城市活力。旅游、居住、艺术产业三种功能之间的混合关系是来源于生活，是一种以人的生活需求为原则的混合秩序。在这种秩序的引导下，通过对功能、空间、人的活动等城市要素的混合，完成对黄桷坪地区的重新解读与塑造。

由于重庆地区的混合发生的重要场所是在公共空间中，接下来我们对于黄桷坪地区的公共空间现状进行了调研，发现这里的公共空间存在许多问题，包括公共空间分布与住区分布缺少联系，缺少建筑功能的支持，可达性差，以及大量景观资源未被开发利用等，其根本问题是缺乏完善的公共空间系统。我们希望通过城市空间结构的重组来完善城市公共空间秩序，实现秩序下的混合。

首先是黄桷坪正街，整合川美，涂鸦街，501 等现有资源，规划的地铁站，完善该横向公共空间系统。未来，拥有良好景观资源的滨江地区也将被开发成为城市的横向公共空间系统。两条横向公共空间系统形成了城市空间的骨架，为了加强这两条横向公共空间系统之间的联系，我们对一系列重要节点进行了连接，建立了纵向联系：整合雕塑系馆、501 艺术基地、机械厂、公园等重要节点，形成以艺术和山地商业街道为特色的第一条纵向联系；连接现有的公园绿地和电厂等，形成强调绿色生态的第二条纵向联系；连接电厂的烟囱和江边的仓筒等桁架等，形成以工业遗产的再利用为特色的第三条纵向联系。由此就建立了“两横三纵”的城市空间结构。在此基础上我们进行了基地规划。首先是公共空间系统设计，通过步行系统连接各个公共空间节点，沿线的特色建筑特色风貌等成为步行印象点。道路系统上重新梳理了主次干道路网，对原有路网进行了加密，打通了滨江沿岸的城市主干道，并在黄桷坪正街和滨江干道之间增加了多条次干道连接。

图 4 地区总体公共系统连接

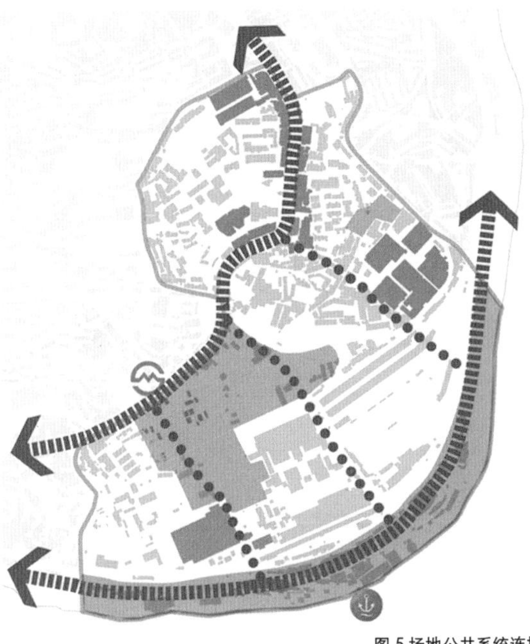

图 5 场地公共系统连接

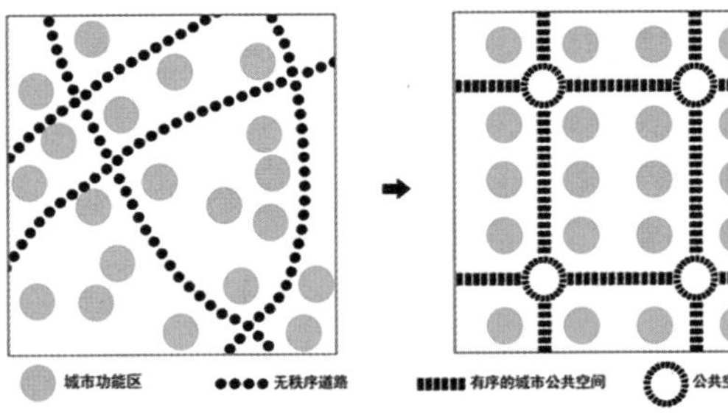

图 6 空间结构重组策略

2）城市设计

在具体地块设计中，我们选择了第一条纵向公共空间系统进行深化，未来定位将以以山地商业街和艺术为特色。我们发现这里存在许多不同功能的建筑，这些功能为多元混合的设计策略提供了天然的条件。在场地中选择以原有的建筑和道路边界以及堡坎，围墙这些地形特征，并结合我们的设计需求，确定了城市设计的用地范围。依照人群划分了四种功能，希望通过商业，居住，文化及办公的首要功能有序的混合，可以给地区带来新的活力并满足生活的基本需求；地形也是对地块划分的依据，基地中地形崎岖多变，标高由西部向东部逐渐变低，最高处与最低处相差 27m。西部地形变化较大，东部地形变化较为平缓；再依据层高、建筑质量等依据选择了保留建筑，包括 501 艺术基地，山地住宅，重庆铁路局机械厂厂房，材料厂办公楼等。

3）地块深入设计

综合考虑用地功能、地形特点、保留建筑等因素之后，划分出了 A、B、C、D 四个设计地块。因此，到了具体的地块设计环节之后，我们选择了第一条纵向公共空间系统，以山地商业街和艺术为特色，由此确定了城市设计用地范围。将其大致分为四个区域。A 区域是典型的山地台地地形，有许多现存的坝子；B 区域有许多高差极大的堡砍和先存的棚户区；C 区域是平地，有若干栋机械厂的大跨厂房。D 区域则有若干栋建材厂的板式办公楼。注意：调研、城市空间与结构设计和 3~5hm^2 用地总体间环境与建筑布局以小组集体成果形式完成。

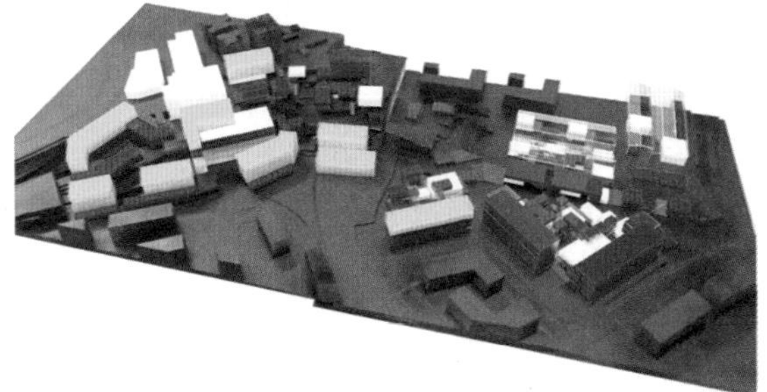

图 7 设计模型照片

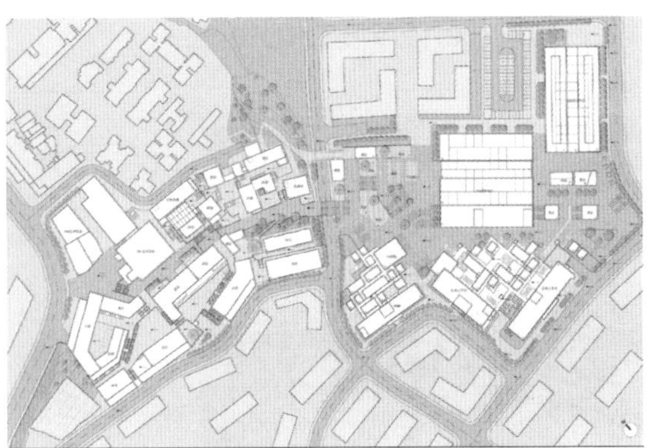

图 8 城市设计总平面图

在阐述并确立了每个地块之后，为满足更加多元的混合，我们把每个地块分配给小组中的每个人进行深化设计，将在后面的分组介绍中呈现我们小组具体到每个人的设计方案：

1）A 区域由潘宸同学负责，设计主题为“坝上人家”，以坝子作为空间原型，利用场地当中原有地形进行一系列的空间组合；

2）B 区域由郑国臻同学负责，设计主题为“堆叠生活”，以重庆的山地建筑功能垂直分布的特点作为空间原型，利用场地多基面的特点和多维度的错动堆叠形成多功能集合的建筑单体，满足多人群的需求。

3）C 区域由张惠民同学负责，设计主题为“棚下街市”，利用原有的大跨度厂房植入多种功能并进行有序混合，形成与城市关系密切，满足城市及地区中人群公共活动的公共空间；

4）D 区域由王梅超同学负责，设计主题为“垂直社区”，保留现有三栋办公建筑，通过新功能的置入，共同服务于三类不同人群。以功能、空间、人群行为的多元混合为策略，激发地区活力，带动周边区域的社区更新。

图 9 城市设计轴测表现图

潘宸

郑国臻

张惠民

王梅超

混合——以生活为秩序
Ordered Blend Based on Living

同济大学
设计：潘宸 / 郑国臻 / 张惠民 / 王梅超
指导：王一 / 孙澄宇 / 李翔宁

坝上人家 Terrance Cluster

设计者：潘宸

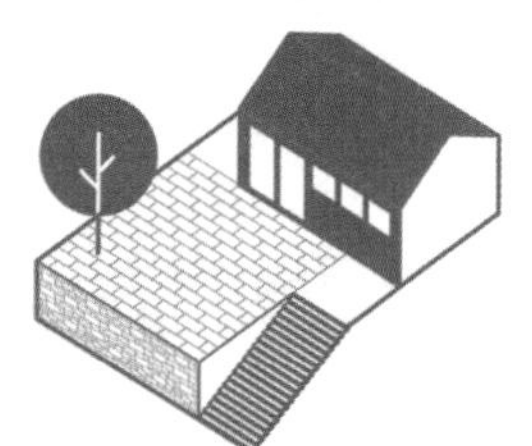

坝子

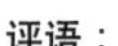

评语：

重庆作为一个极具有生活气息的城市，但在全球化的城市建设环境下，如何满足人们对传统记忆空间的需求，是我们所要面对的；如何为居民提供合理的交往空间，也是我们应当思考的。

提出引入地域性文化空间作为一种原型，以实现重庆城市地域性特质的传承与发展。作为一种城市居民集体记忆的物质载体，作为山地城市公共生活中各种行为的发生器，为城市生活增添丰富性与多样性。当然，承载人们生活记忆的空间原型并非只有“坝子”一种，但是终其本质就是对人们需求的反馈。也许笔者对这种方式的解析与运用有所片面，还值得深入思考与探讨，但希望以此为契机，将来也能多多接触相关方面的研究。

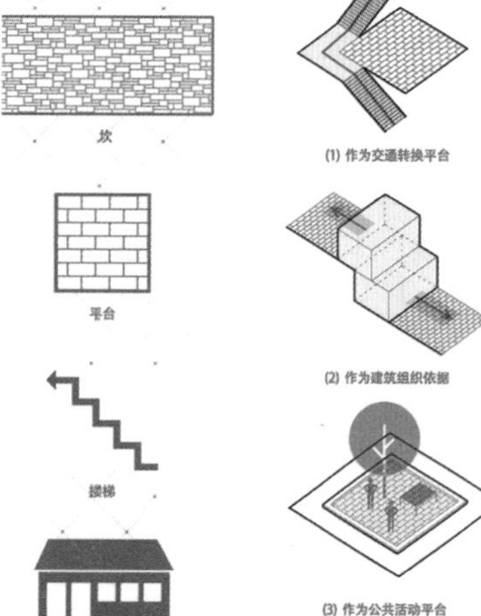

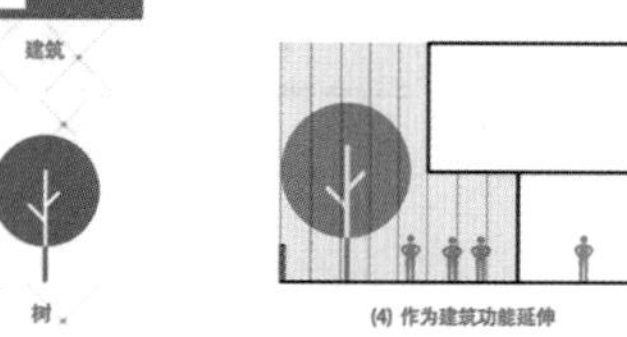

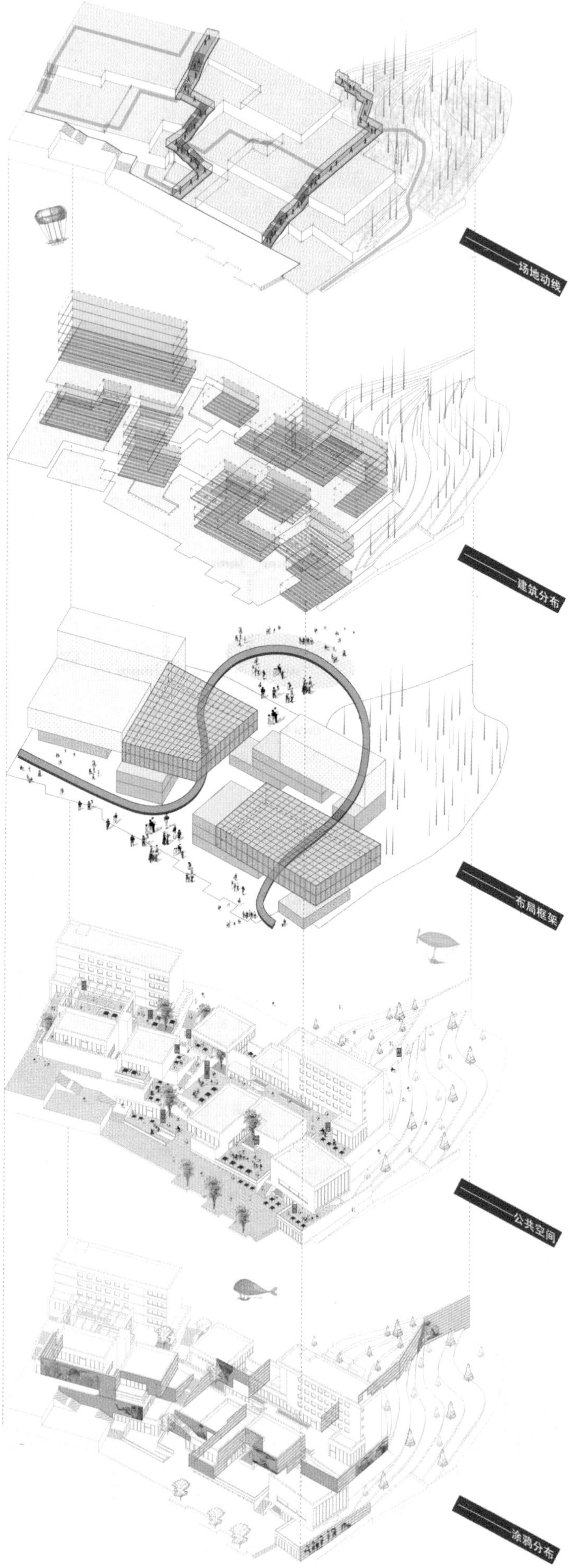

场地动线

建筑分布

布局框架

公共空间

涂鸦分布

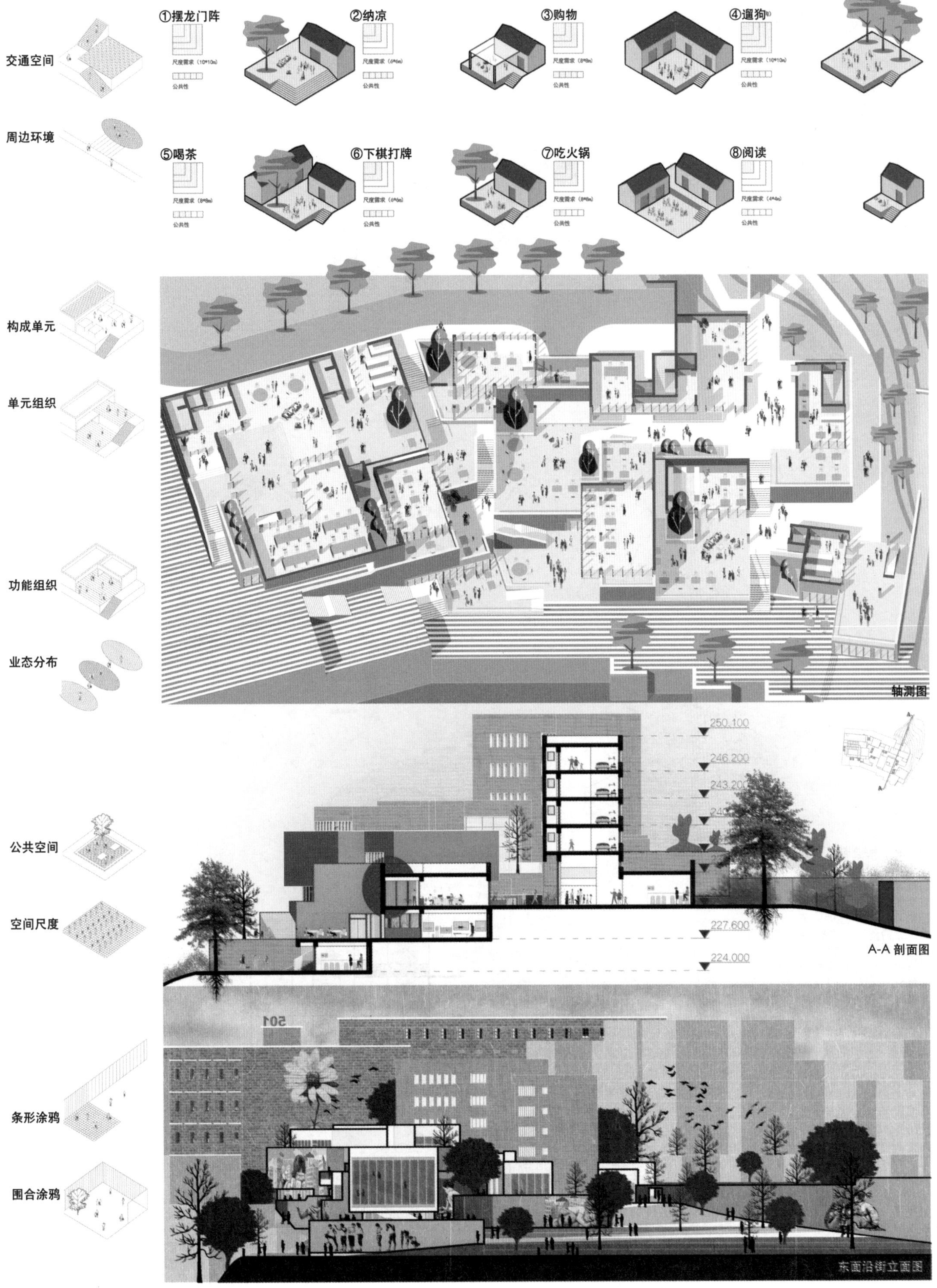

交通空间

周边环境

①摆龙门阵

尺度需求（10*10m）

公共性

②纳凉

尺度需求（6*6m）

公共性

③购物

尺度需求（8*8m）

公共性

④遛狗

尺度需求（10*10m）

公共性

⑤喝茶

尺度需求（8*8m）

公共性

⑥下棋打牌

尺度需求（6*6m）

公共性

⑦吃火锅

尺度需求（8*8m）

公共性

⑧阅读

尺度需求（4*4m）

公共性

构成单元

单元组织

功能组织

业态分布

轴测图

公共空间

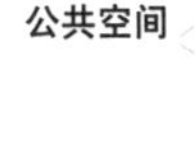

空间尺度

条形涂鸦

围合涂鸦

A-A 剖面图

东面沿街立面图

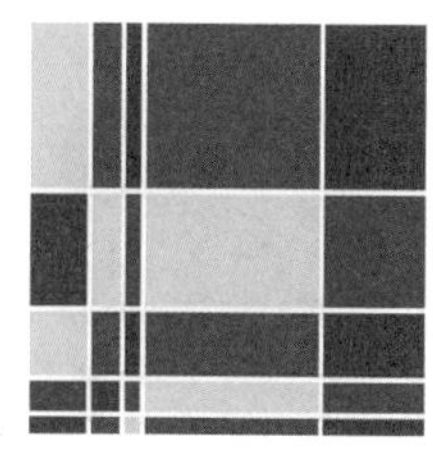

混合——以生活为秩序 Ordered Blend Based on Living

同济大学
设计：潘宸 / 郑国臻 / 张惠民 / 王梅超
指导：王一 / 孙澄宇 / 李翔宁

堆叠生活 Stack Living

设计者：郑国臻

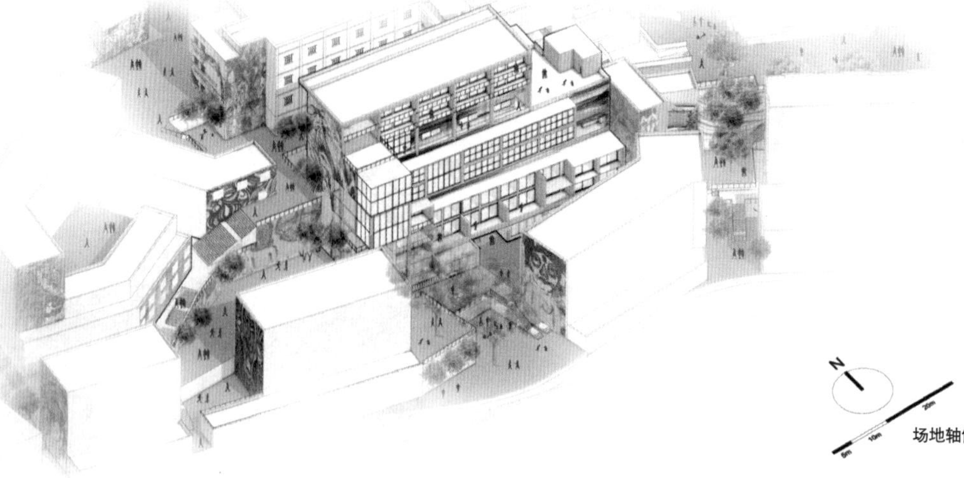

场地轴测图

地块首要用途

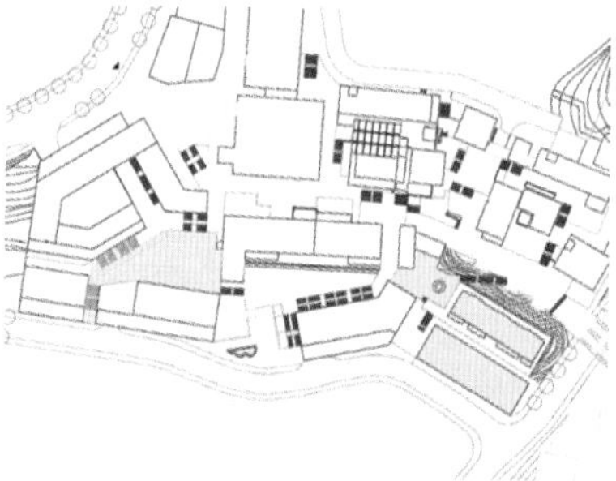

场地中保留的建筑和公共空间元素

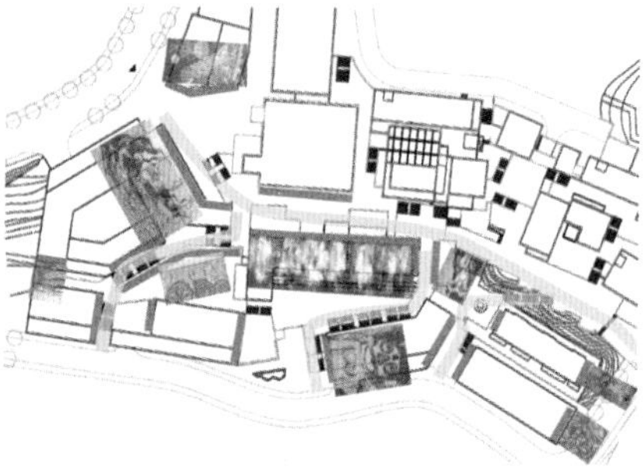

涂鸦提升公共空间界面活力

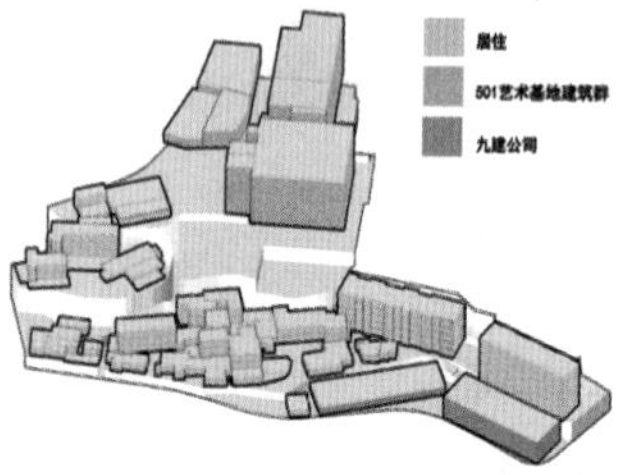

场地原有地块功能及建筑形态

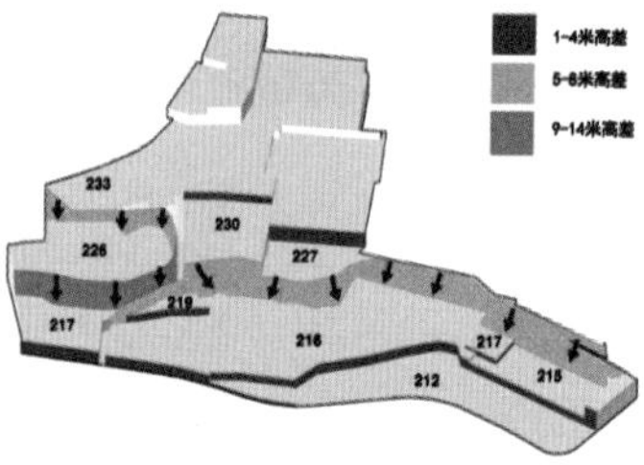

高差分析

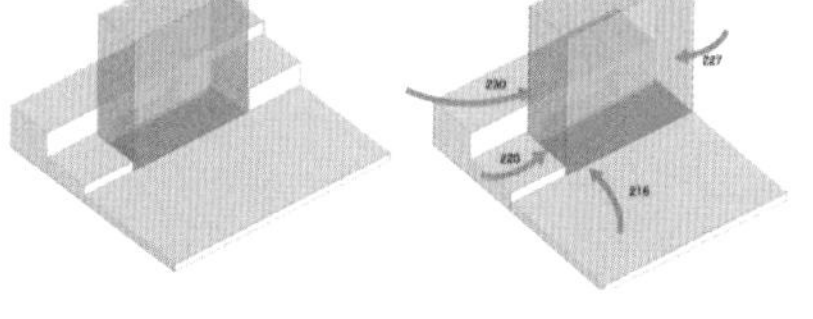

生成策略

总平面图

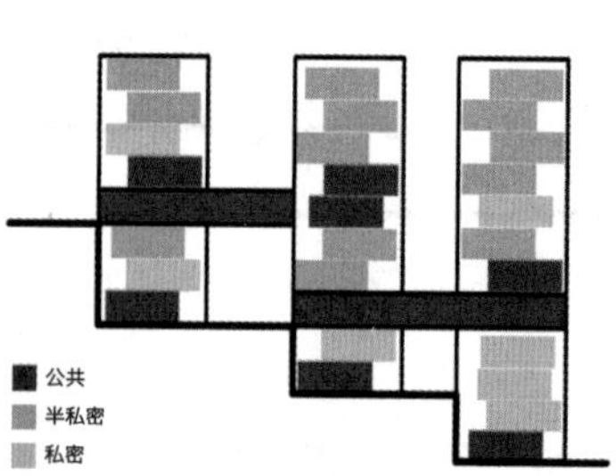

建筑原型

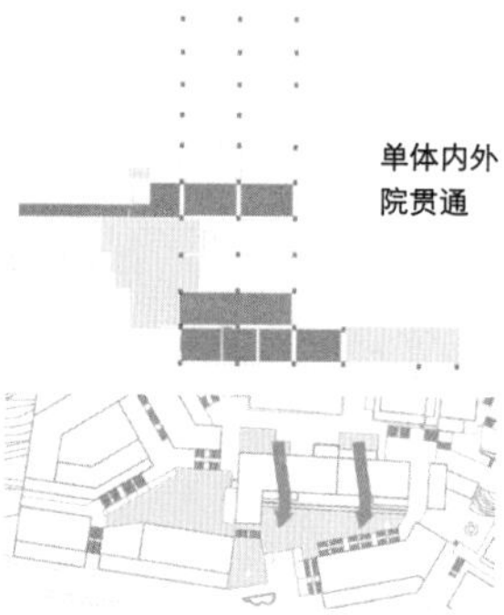

单体内外院贯通

评语：

本次毕业设计选址在这里，目的就是为了挑战从未接触过的山地城市设计。本次不单单是对环境地形层面的考虑，还需侧重建筑策划、人群等更加深度的考量。

本次设计最大的难度就在于如何和谐完美地从城市设计的层面深化到建筑单体设计层面。在这次的设计中终于深深地体会到深度地去做一个完整的建筑是难度很高的，需要考虑创新性和实用性的结合，以及通过这次真正地认识到自己的能力缺乏．不过同时和老师和同学学习到了我前所未有的学识和精神。

这次八校联合设计使我真正学习到了全国各地建筑院校的高水平的图纸表达能力和设计水平。非常感谢一切，给了我一次这样的机会。

设计概况：对于目前课题当中的现状来看，基地中现存着如重庆发电厂，九龙建设公司等企业单位也处在搬迁期，大量的原有职工依然住在现有的职工住宅中，虽许多已融入街道社区，但生活环境依然无法改善。位于川美东南部地块的九建权属的职工住区就是对于上述的典型例子。这里充斥着 20 世纪遗留下来的职工住宅，包括大部分的自建棚户房，单位权属的居民楼。以及原有的九建俱乐部和九建办公楼。他们大部分“粗野”般地堆叠在高差极大的基地中，并各自利用地形自我圈地，呈现出自生长的状态。

地块当中人群混杂，充斥着学生，居民，游客，艺术家这主要的四种群体。他们互相之间无论在空间使用上还是时间上能够发生互动的机会很少。通过深入研究，需要通过策划和空间的营造，加强人群间互动交流的可能性。

依据场地条件及策划需求具体设计部分为主要的居住功能，并考虑到旅游业在未来带来游客同时也会考虑到将有艺术家学生等流动人群带来活力，这就使得在改善原住居民的居住功能的同时，还要考虑到不同人群对起居生活甚至工作的需求形成多元居住功能的社区。通过不同性质的人群对时间空间使用频率的模糊性，带来更多交流机会的同时，利用旅游业本身又具备消费功能和服务设施使用的特性，最终达到人群间共享与交流机会最大化。因此，几种人群在空间功能可以得到互惠和互补，形成动静兼具的多元化活力社区。

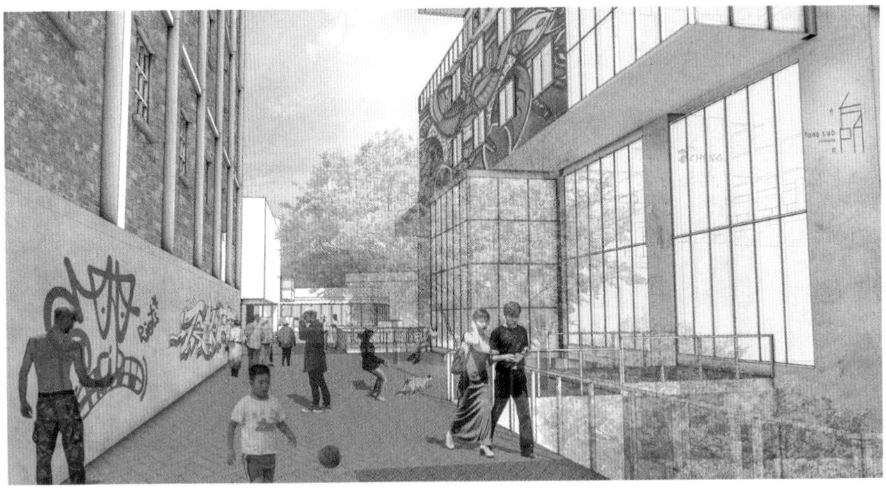

主街场景

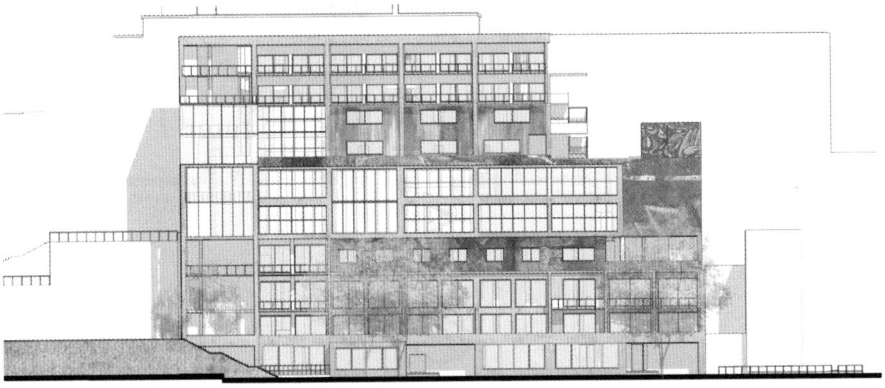

南面立面图

爆炸轴测图
人群分析

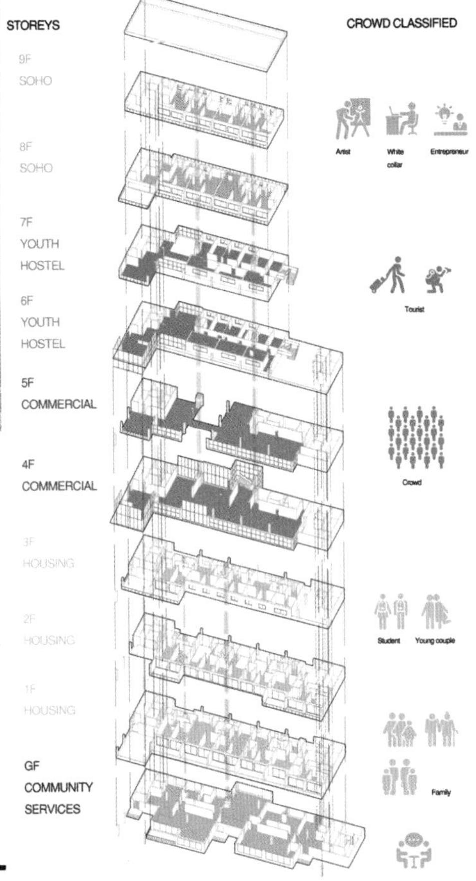

STOREYS
9F SOHO
8F SOHO
7F YOUTH HOSTEL
6F YOUTH HOSTEL
5F COMMERCIAL
4F COMMERCIAL
3F HOUSING
2F HOUSING
1F HOUSING
GF COMMUNITY SERVICES
CROWD CLASSIFIED
Artist
White collar
Entrepreneur
Tourist
Crowd
Student
Young couple
Family

典型户型
商品房户型
青旅房型
SOHO 户型
ROOF SLAB LEVEL
ROOF
9F
8F
7F
6F
5F
2F
1F
G/F

SECTION A-A
1:80

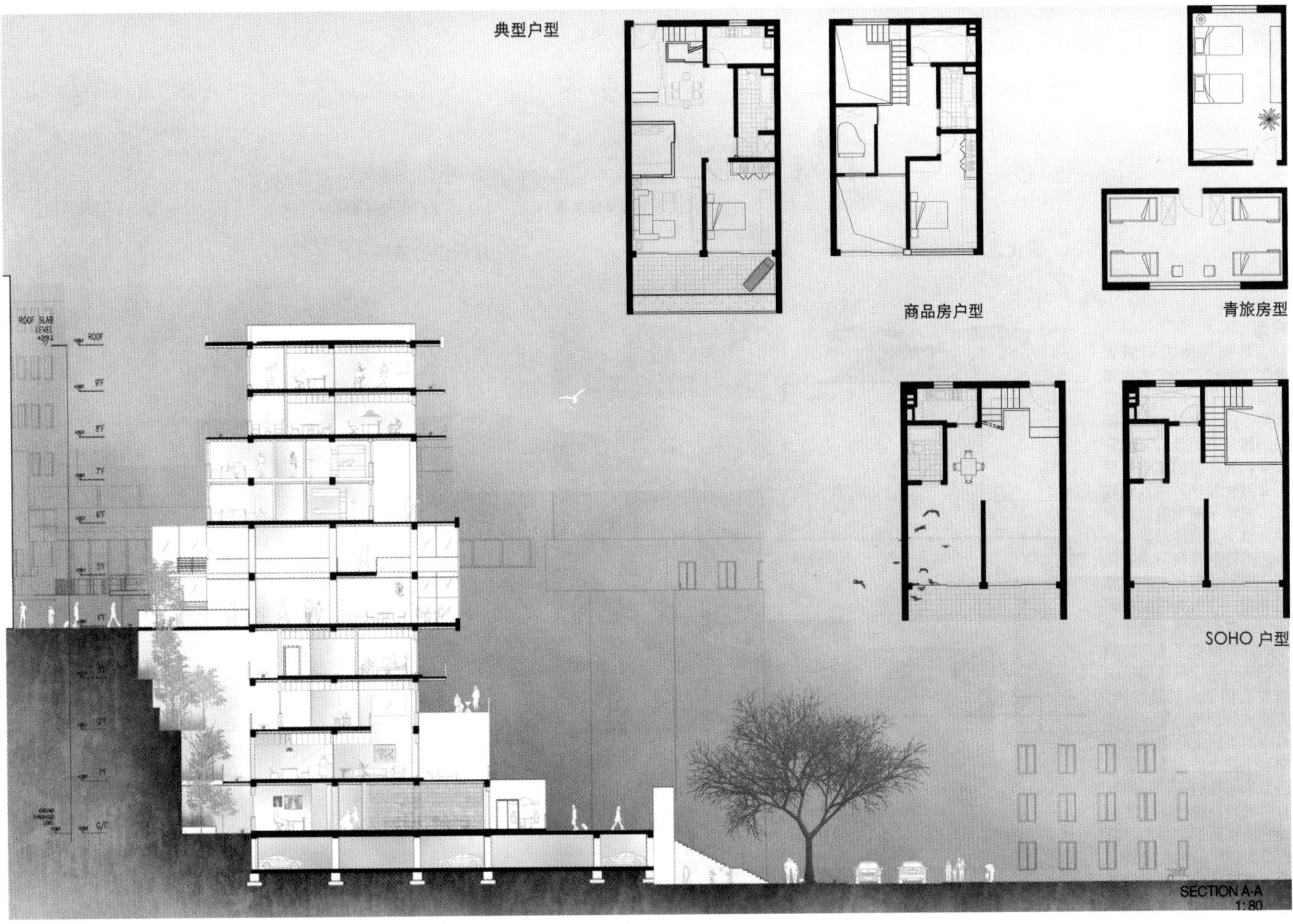

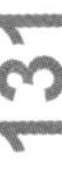

棚下街市 Streets Under the Shed

设计者：张惠民

混合——以生活为秩序 Ordered Blend Based on Living

同济大学
设计：潘宸/郑国臻/张惠民/王梅超
指导：王一/孙澄宇/李翔宁

一、基地分析

(1) 地形

(2) 保留建筑

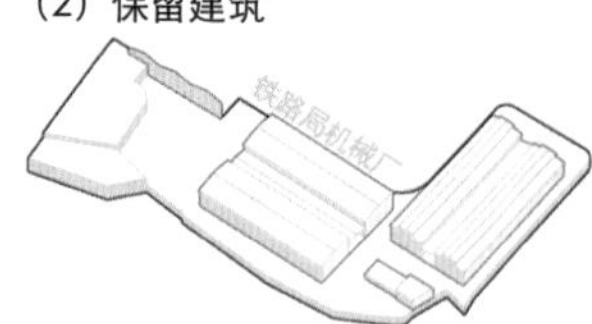

(3) 周边条件

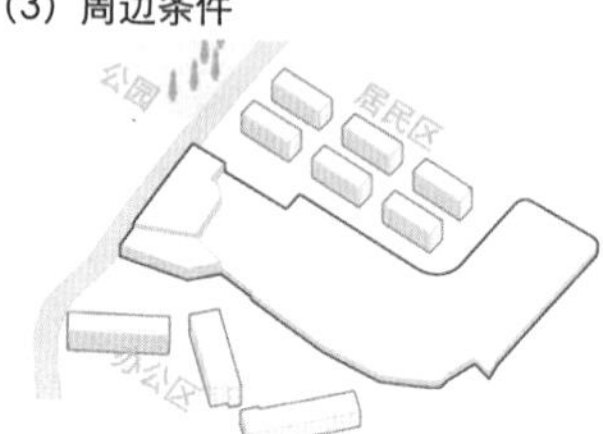

(4) 与主动线关系

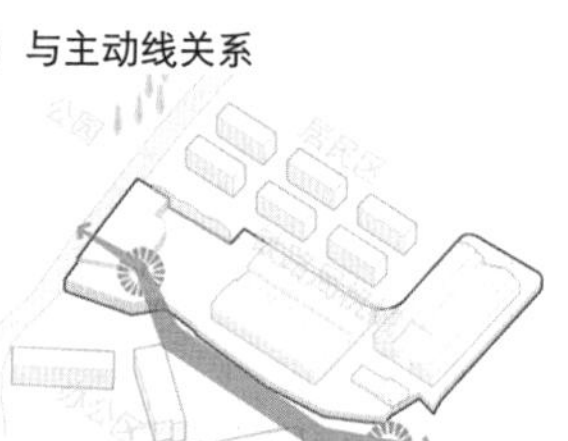

(5) 用地功能

二、"棚下街市"概念

(1) 棚与活动　　(2) 棚的结构和材质

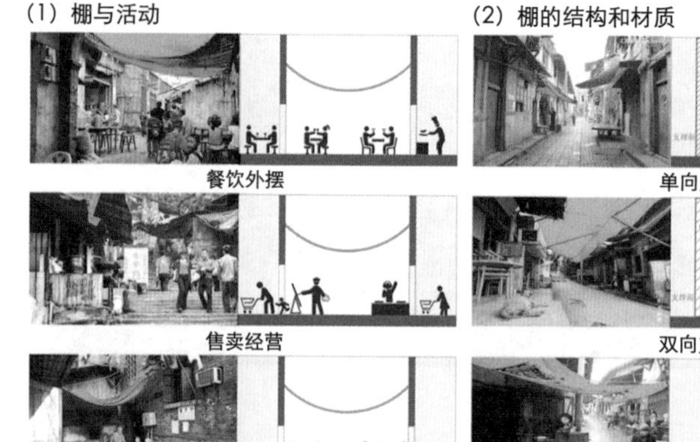

餐饮外摆　　单向支撑

售卖经营　　双向支撑

休息交流　　透明材质

工作学习　　不透明材质

(3) 棚的空间特点

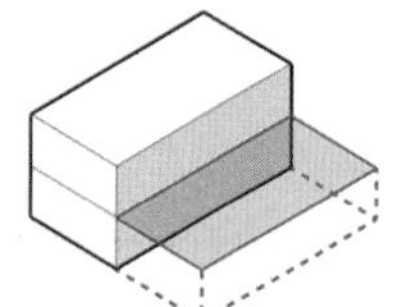

覆盖限定空间

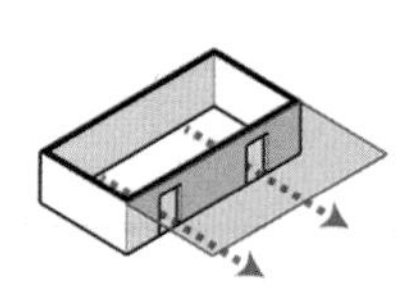

室内向室外延伸

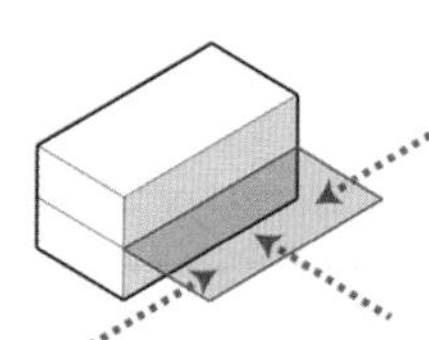

无明确边界和方向性

(4) 建筑空间原型

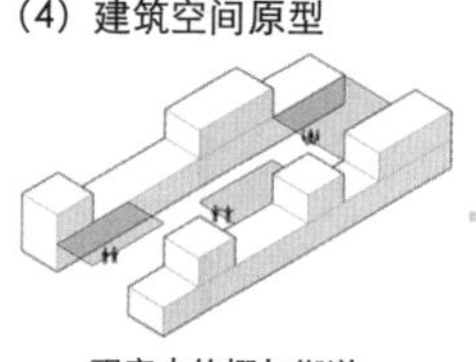

现实中的棚与街道

厂房框架和屋顶形成的棚

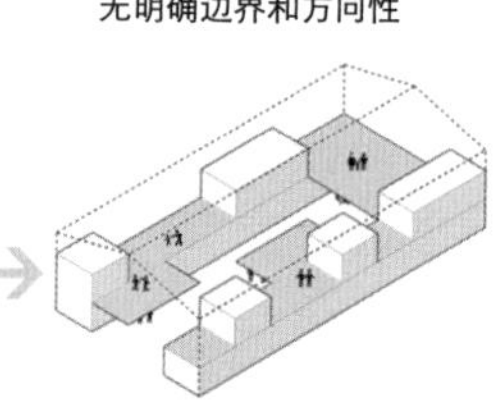

新的空间原型

三、深化设计厂房现状

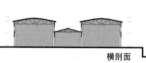

横剖面

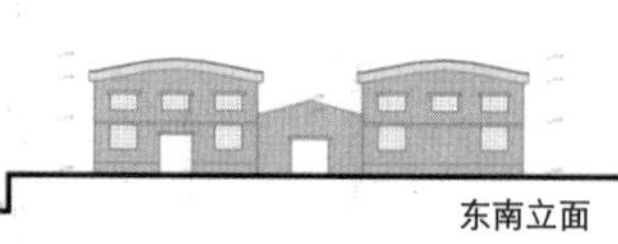

东南立面

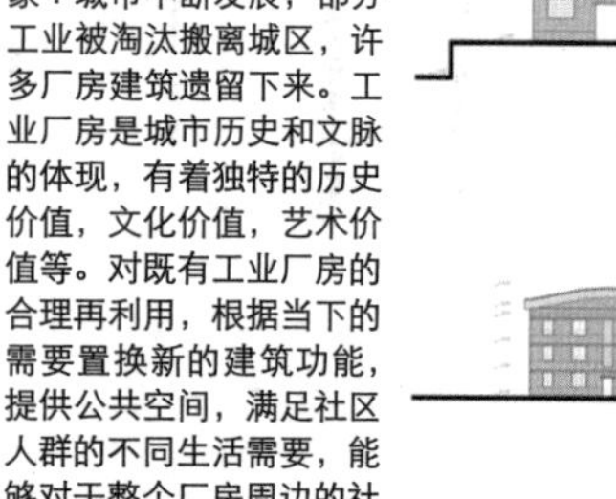

西北立面

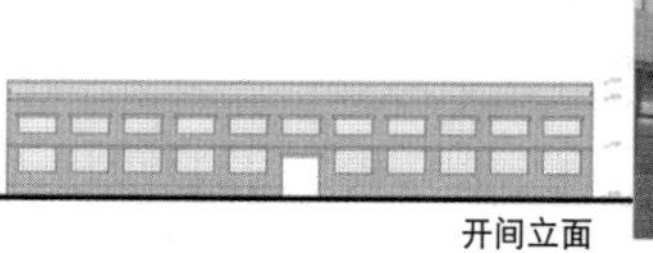

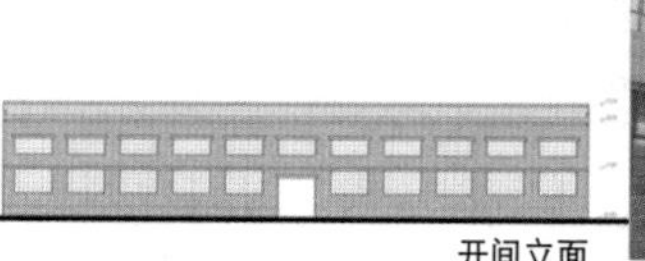

开间立面

四、建筑设计策略

(1) 现状厂房体量大，边界封闭

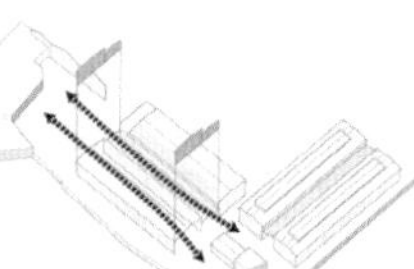

(2) 拆除两跨山墙立面，城市街道进入厂房内

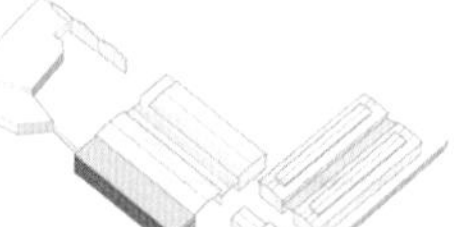

(3) 新建一跨建筑使堡砍成为活跃界面

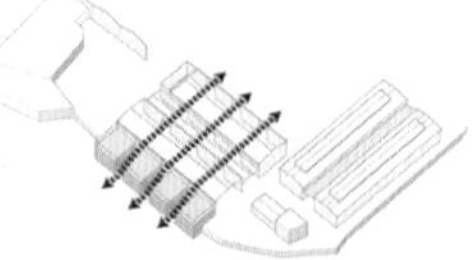

(4) 打断部分墙体加强两个标高间联系

(5) 置入新建体量

(6) 体量错动形成院落和屋顶平台

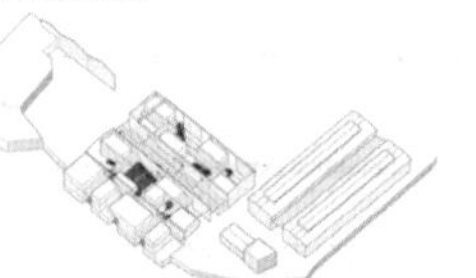

(7) 用台阶、连廊、楼梯等组织交通

(8) 在院落上方屋顶开天窗增加采光

评语：

黄桷坪地区有着大量的工业遗产，我本次毕业设计选择了既有工业厂房的改造，也是第一次接触旧建筑改造设计，收获颇多。黄桷坪的现状是后工业时代到来后的普遍现象：城市不断发展，部分工业被淘汰搬离城区，许多厂房建筑遗留下来。工业厂房是城市历史和文脉的体现，有着独特的历史价值，文化价值，艺术价值等。对既有工业厂房的合理再利用，根据当下的需要置换新的建筑功能，提供公共空间，满足社区人群的不同生活需要，能够对于整个厂房周边的社区带来积极的影响，而既有厂房自身也会因社区的融入而重新获得活力，其各方面的价值也会被更充分的发掘，成为社区的更新的驱动力。

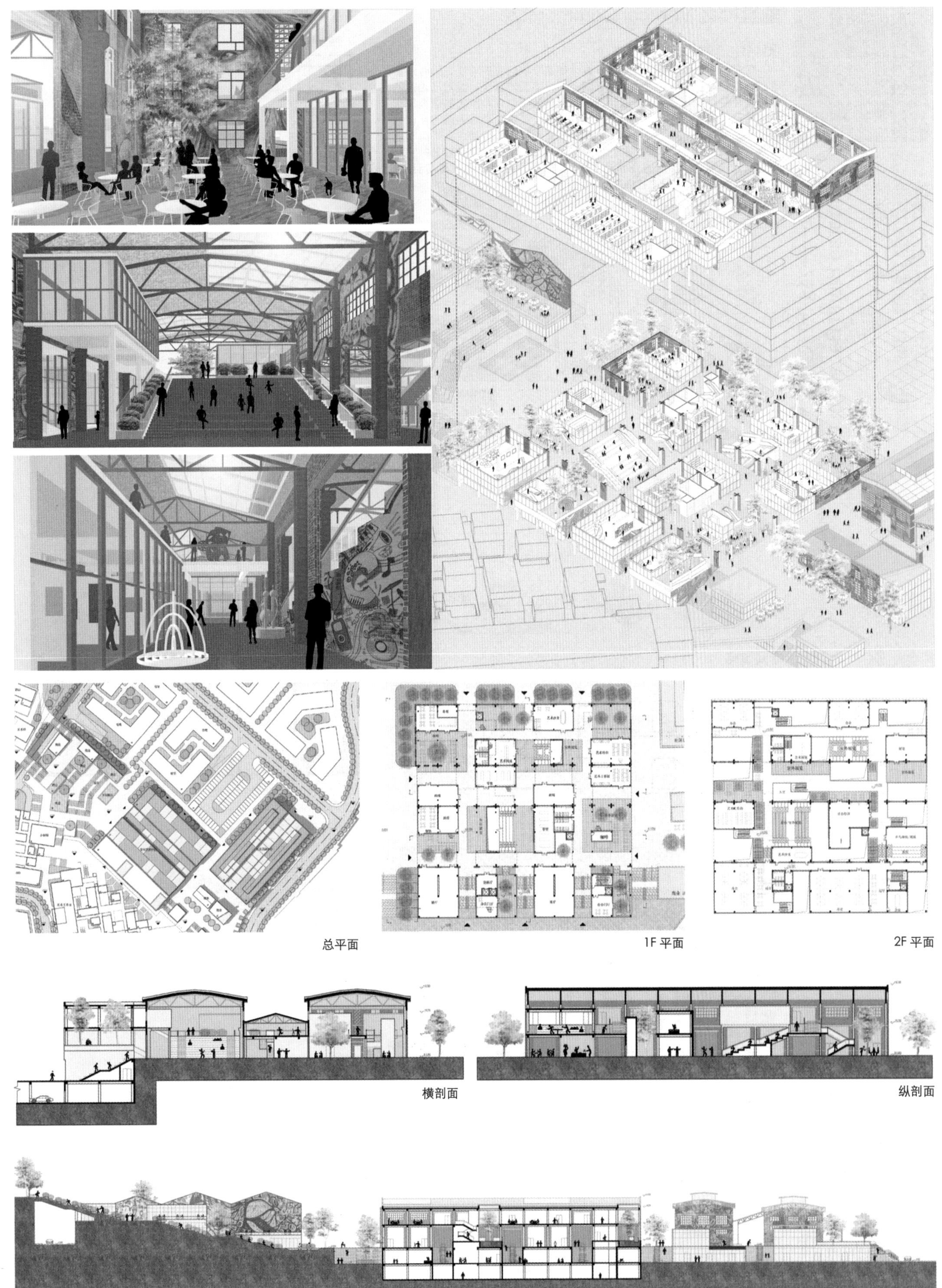
总平面
1F 平面
2F 平面
横剖面
纵剖面
纵剖面

同济大学
设计：潘宸/郑国臻/张惠民/王梅超
指导：王一/孙澄宇/李翔宁

混合——以生活为秩序 Ordered Blend Based on Living

垂直社区 Vertical Community

设计者：王梅超

在城市设计阶段，创意办公本设计是该地块的主要功能，同时还要考虑城市公共空间带来的大量游客以及周边地区的居民。面对场地内的三种潜在使用者，结合城市设计的多元混合的概念以及重庆的山地城市空间特征，本设计提出垂直创意社区的概念。希望以基地内的艺术创意办公产业为依托，同时提供商业、艺术展览和社区服务功能。采用模块化的空间策略将建筑体量打散，形成城市空间的渗透，并通过公共空间的竖向叠加和建筑功能的多元混合，促进三类人群之间的交流与互动，激发场地活力，带动周边社区更新。

设计背景

设计概念：垂直创意社区

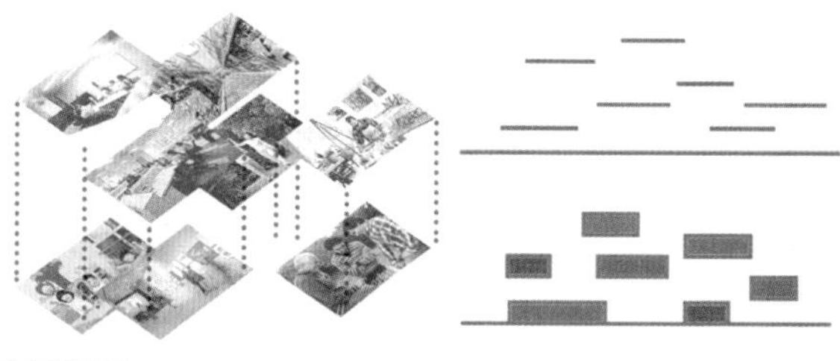

空间策略

1. 单元化

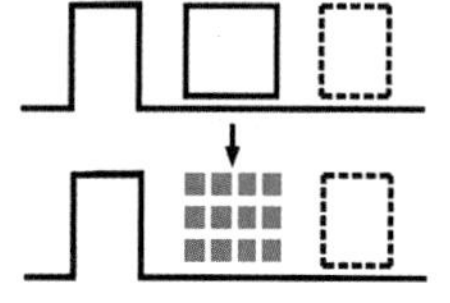

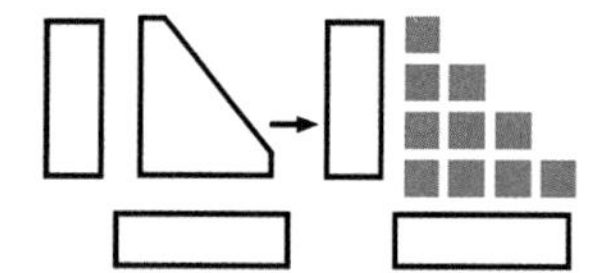

2. 空间组织

a. 功能体量

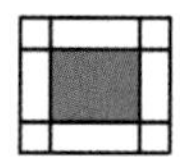

平面单元中间部分，作为垂直创意社区中的主要功能空间使用

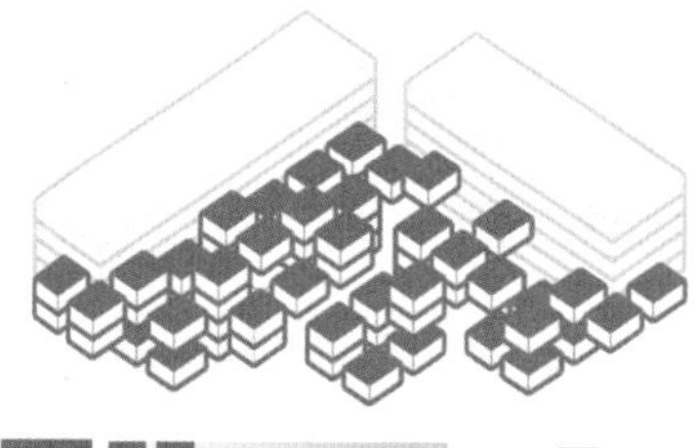

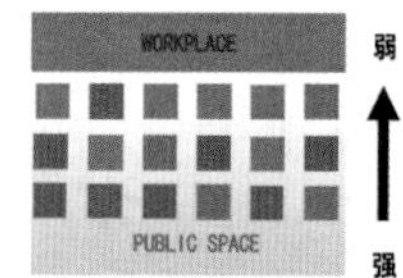

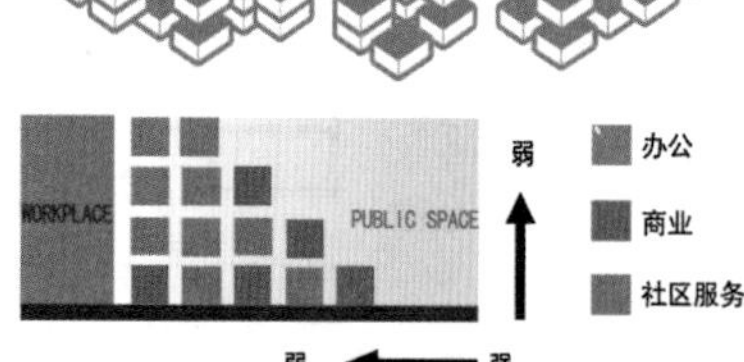

b.i-space

3. 单元设计

a. 功能体量

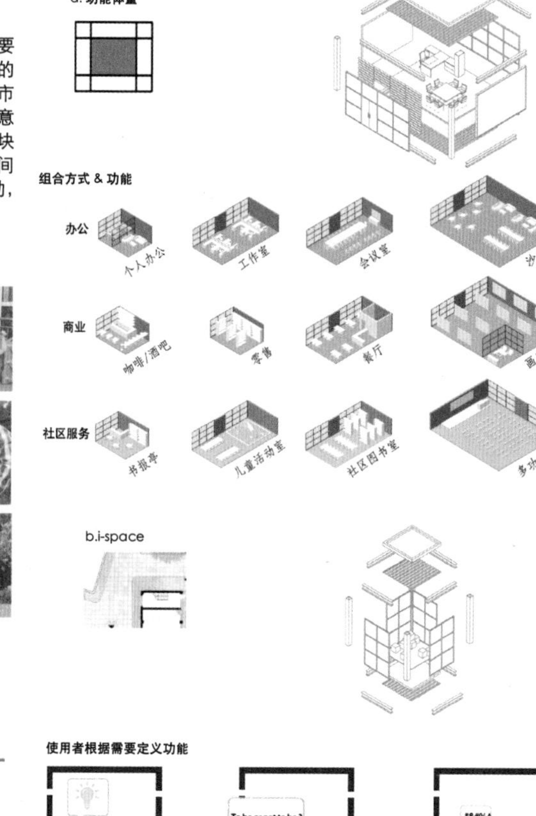

b.i-space

使用者根据需要定义功能

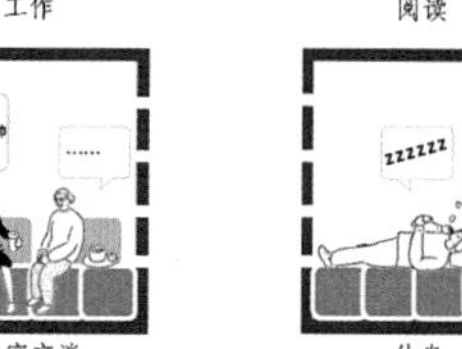

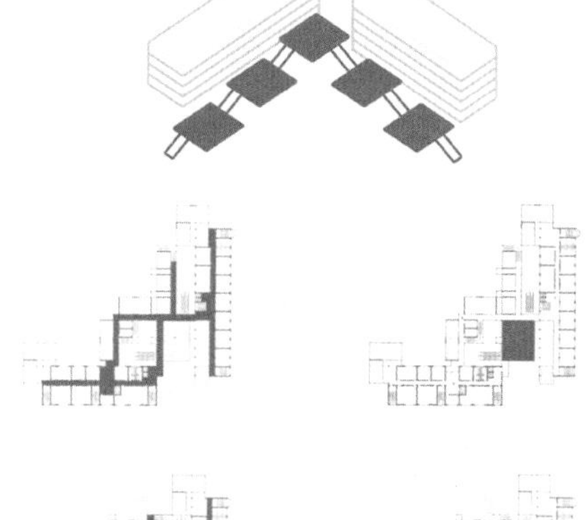

4. 公共系统

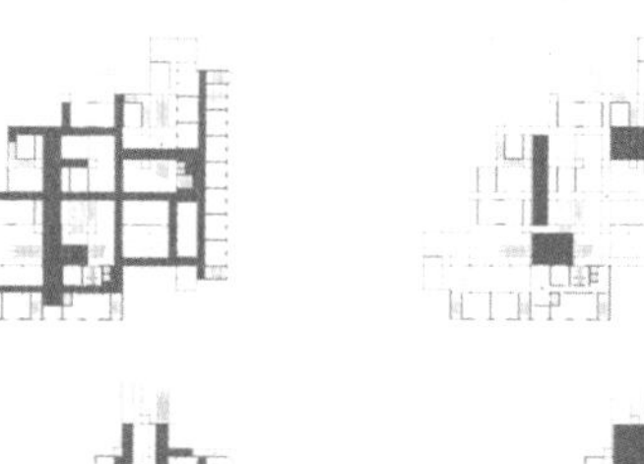

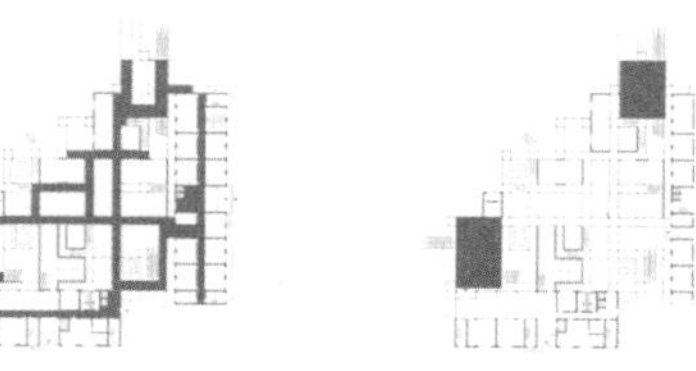

评语：

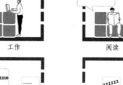

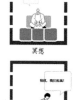

为期16周的8+联合毕业设计结束了，第一次系统地从城市规划、城市设计、地块设计到建筑设计部分完成了层层递进的设计。在这个过程中经历了一个设计概念如何从大的层面一步步落实到单体部分的详细设计，以及每个次级系统是如何回应上一级系统的概念。相信这种相互联动的、成系统的设计方法，对于我们每个建筑学学生都是至关重要的。

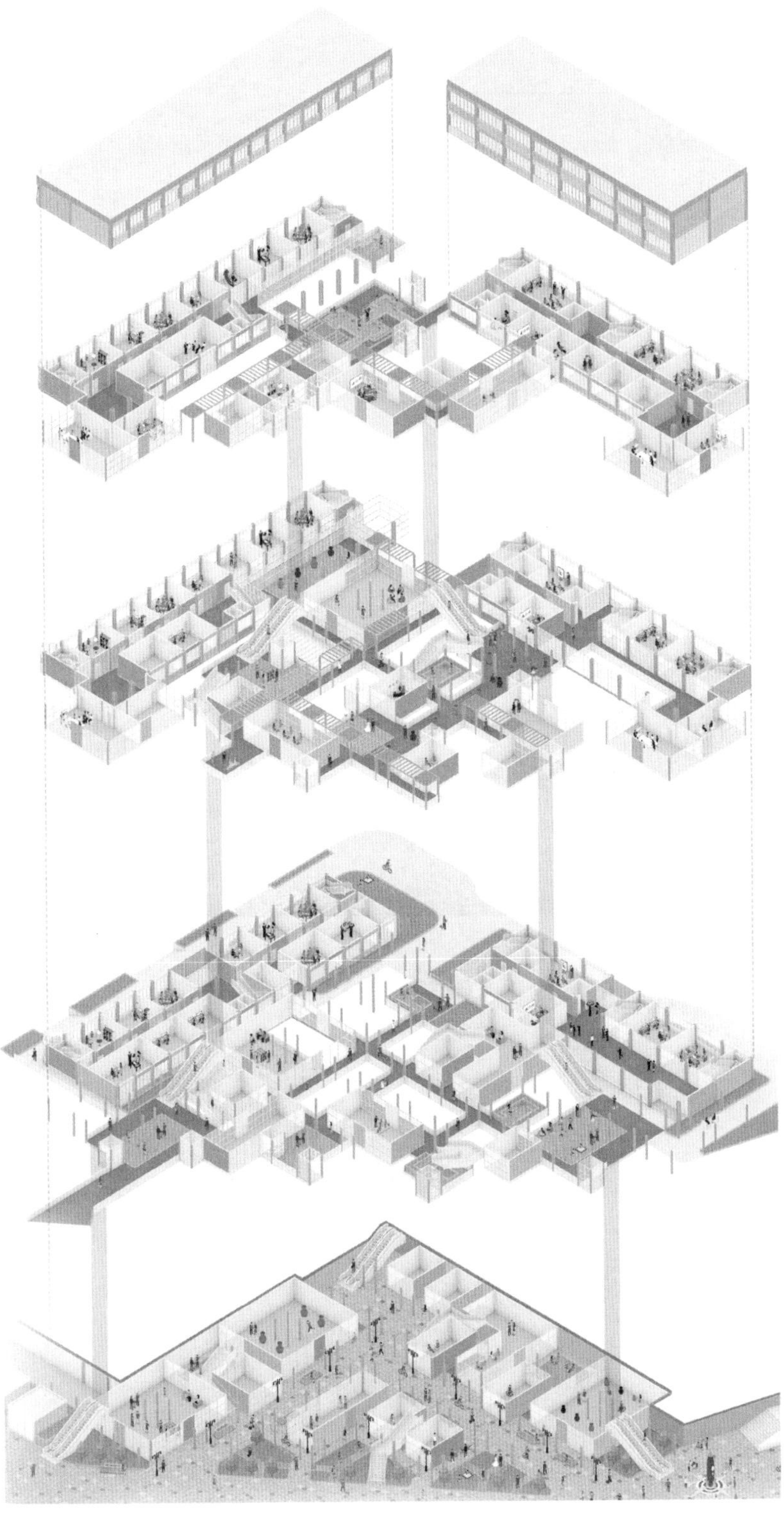

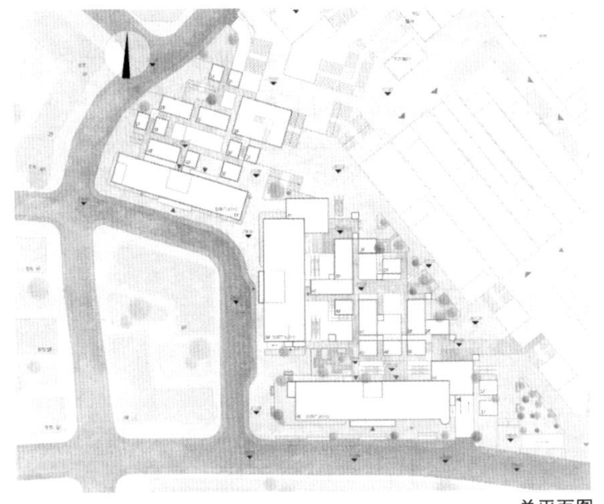

总平面图

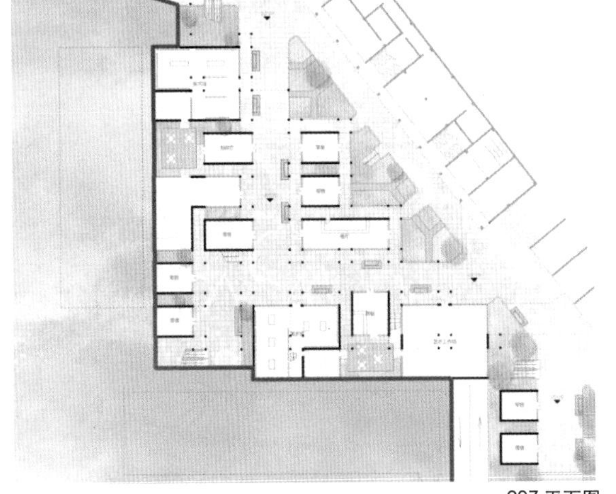

207 平面图

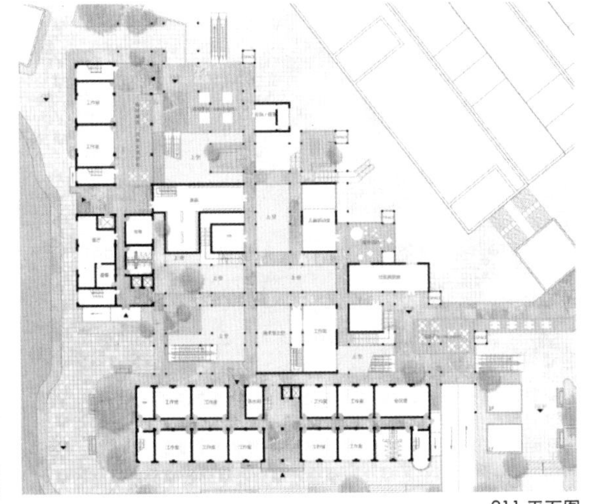

211 平面图

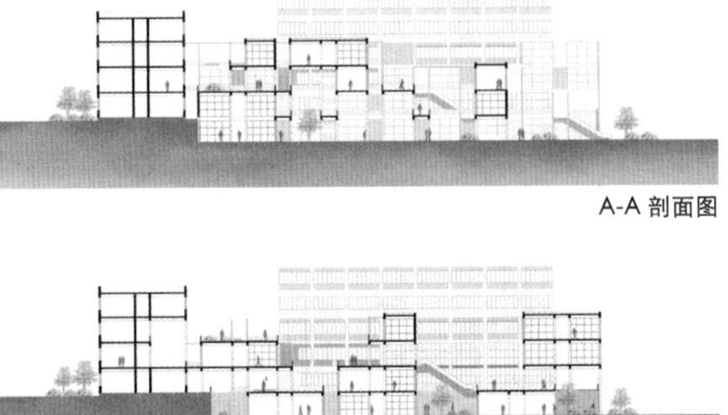

A-A 剖面图

B-B 剖面图

艺径——当代艺术探访之路

Route to Visit Contemporary Art

同济大学
设计：朱婧怡／余点／马倩宇／张耀天
指导：孙澄宇／王一／李翔宁

起

九渡口码头游客中心综合体设计

设计人：朱婧怡

-2F 平面图

-1F 平面图

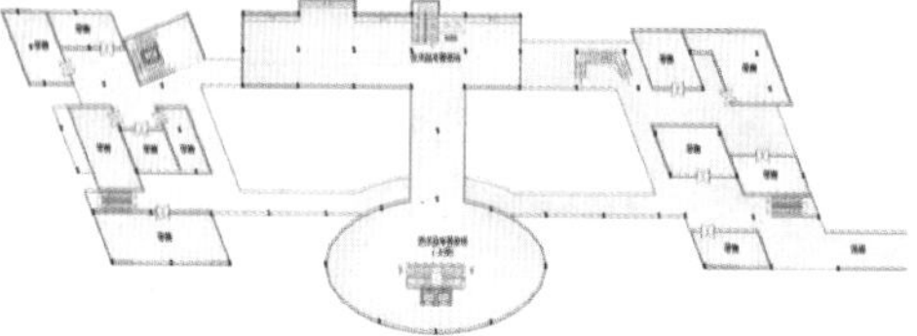

餐饮与艺术集市 2F 平面图

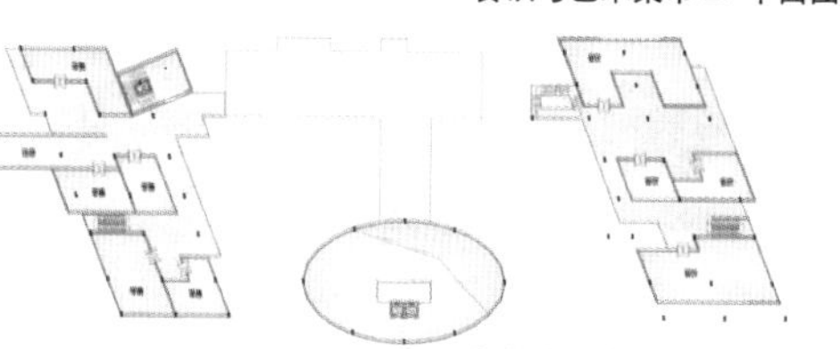

餐饮与艺术集市 3F 平面图

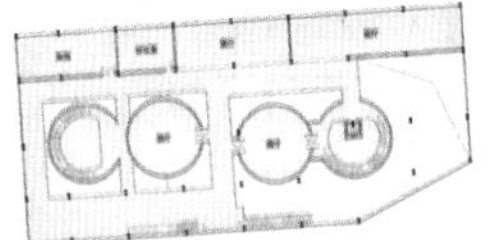

筒仓展览馆 2F 平面图

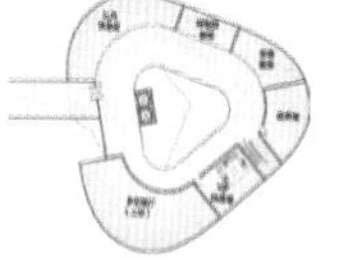

游客中心 2F 平面图

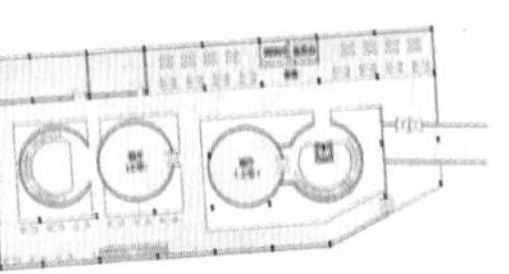

筒仓展览馆 3F 平面图

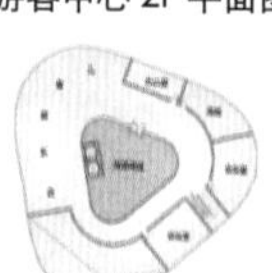

游客中心 3F 平面图

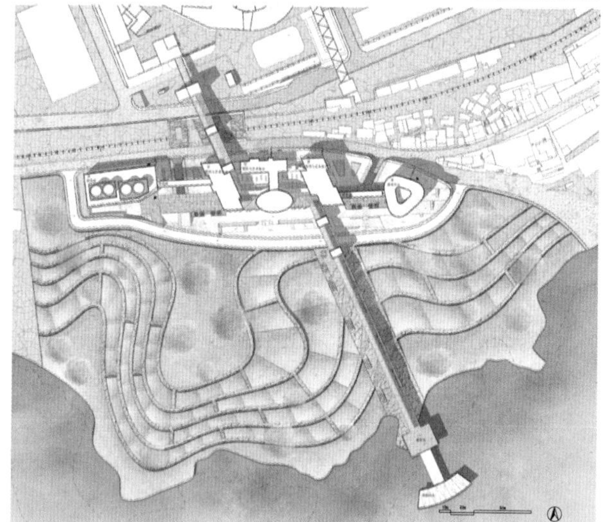

总平面图

· 生成图解

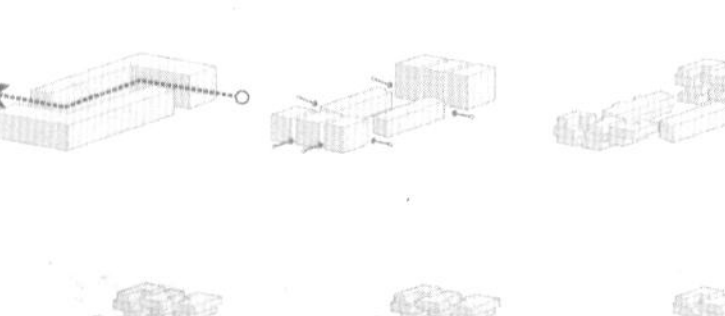

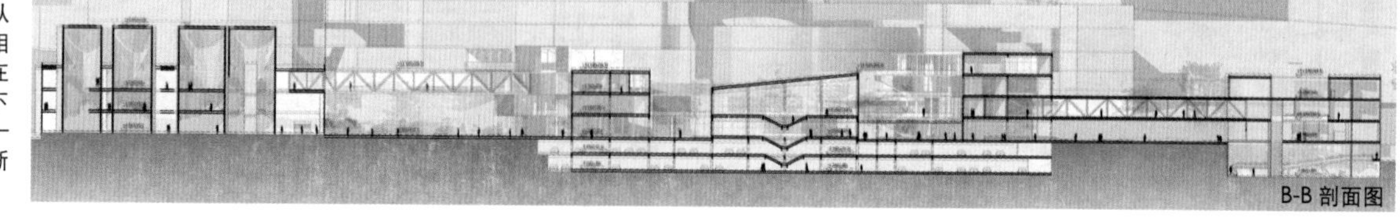

B-B 剖面图

评语：

余点、朱婧怡、马倩宇、张耀天四位同学，当她们面对九龙坡区域城市更新问题时，受限于现场调研的时间，策略性地选择了网络上可以查到的重庆市旅游规划作为大框架，十分快速的以一条“当代艺术寻根之路”为线索，充分利用有限的调研时间，展开目的明确的系统调研。在空间上，从码头开始，一路利用调研中发现的既有场地资源，向北连接至涂鸦街，与其共同构成了一个主题明确的城市公共空间系统，为激活既有文化旅游资源提供了有益的探索。在路径之上，分别设计了码头客运综合体、艺术拍卖中心、景观度假酒店、当代艺术博物馆四个建筑。虽然在很多具体设计上，尚有不少值得商榷之处，但是其从城市发展入手，构建相应的公共空间体系，在城市尺度的明确约束下开展建筑单体设计——这一过程还是十分清晰的，值得与大家分享。

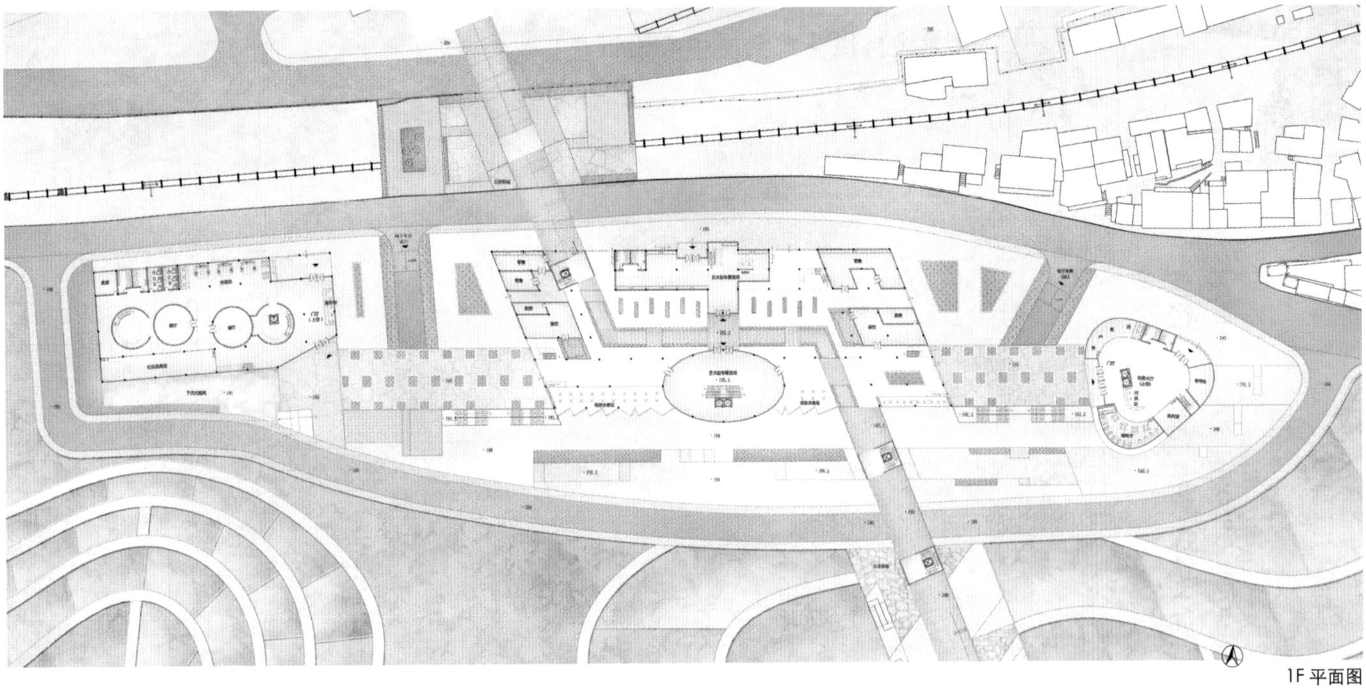

1F 平面图

A-A 剖面图

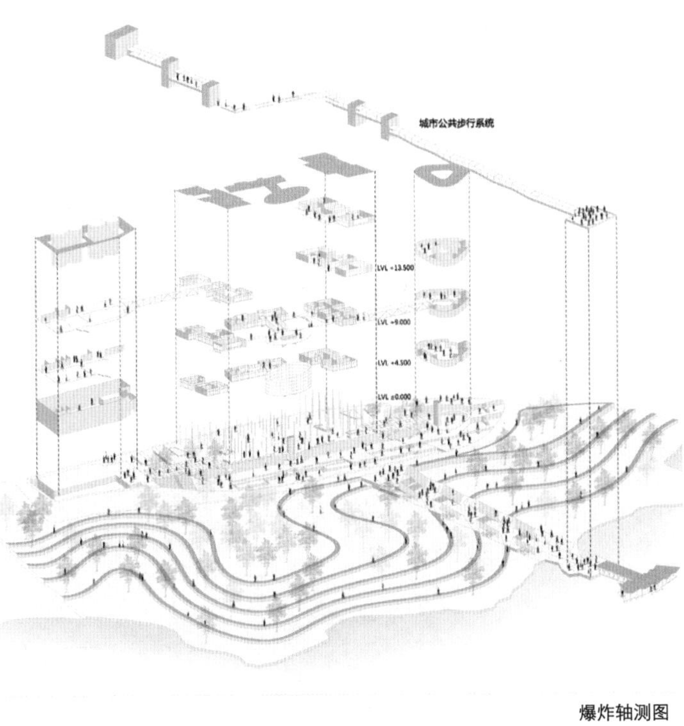

城市公共步行系统

LVL +13.500

LVL +9.000

LVL +4.500

LVL ±0.000

爆炸轴测图

· 应对水位

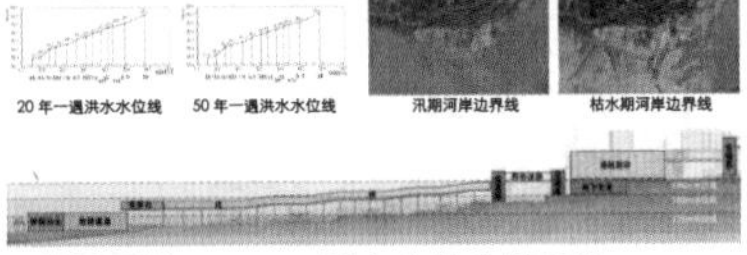

20 年一遇洪水水位线

50 年一遇洪水水位线

汛期河岸边界线

枯水期河岸边界线

· 节点剖面模式图

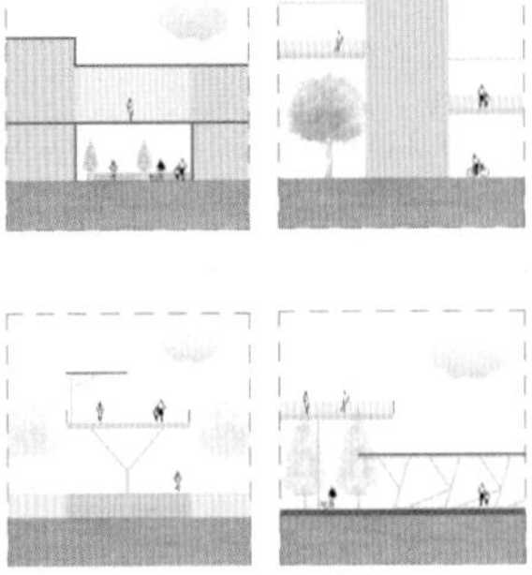

· 基地现状

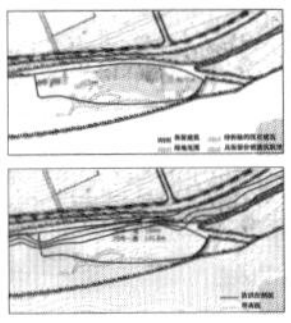

· 城市公共步行系统

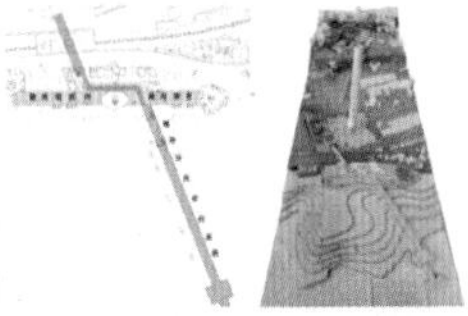

南立面图

艺径——当代艺术探访之路
Route to Visit Contemporary Art

同济大学
设计：朱婧怡／余点／马倩宇／张耀天
指导：孙澄宇／王一／李翔宁

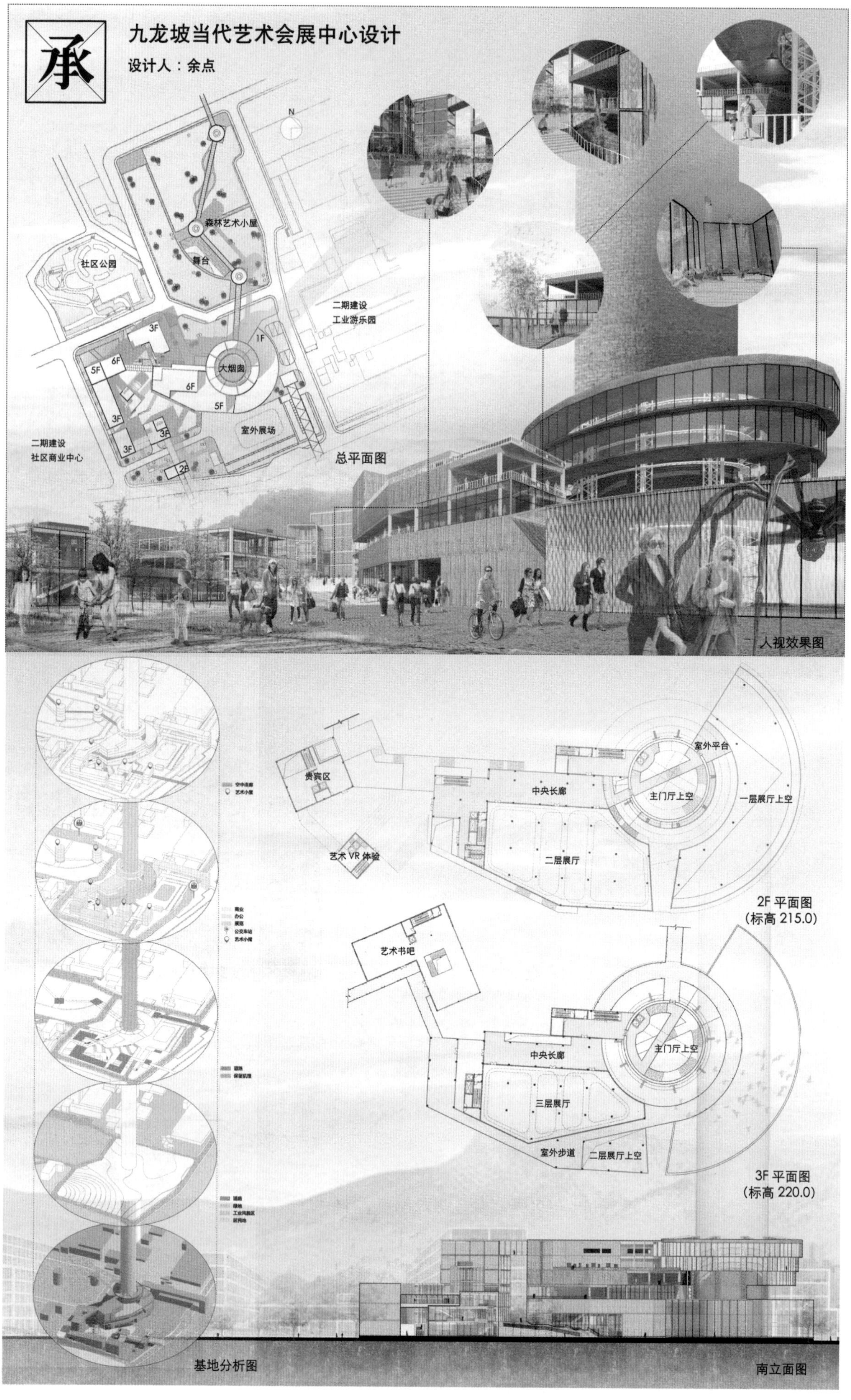

承

九龙坡当代艺术会展中心设计

设计人：余点

森林艺术小屋
舞台
社区公园
二期建设
工业游乐园
大烟囱
1F
3F
5F
6F
3F
3F
3F
2F
室外展场
二期建设
社区商业中心

总平面图

人视效果图

贵宾区
艺术VR体验
中央长廊
室外平台
主门厅上空
一层展厅上空
二层展厅

2F平面图
（标高215.0）

艺术书吧
中央长廊
主门厅上空
三层展厅
室外步道
二层展厅上空

3F平面图
（标高220.0）

基地分析图

南立面图

评语：

设计定位为打造重庆都市区旅游中的特色旅游节点。开发当地旅游资源，吸引更多游客的到来；另一方面增设便捷的商业、活跃的公共空间，改善当地居民的居住环境和舒适度。

把航运作为重要交通方式方面，将九渡口码头进行改造和再利用，作为重庆“两江游”的延伸节点。

设计手法上，开辟纵向游览路径，连接艺术、住区、工业、滨水四大区域，以艺术体验之行为主，工业游乐设施为辅。针对人群包括游客、艺术家、居民。

一期开发范围包括滨水公园、纵向游览路径全线以及游览艺术核心区；二期开发范围包括老川美及其辐射区、工业电厂区及铁路局。

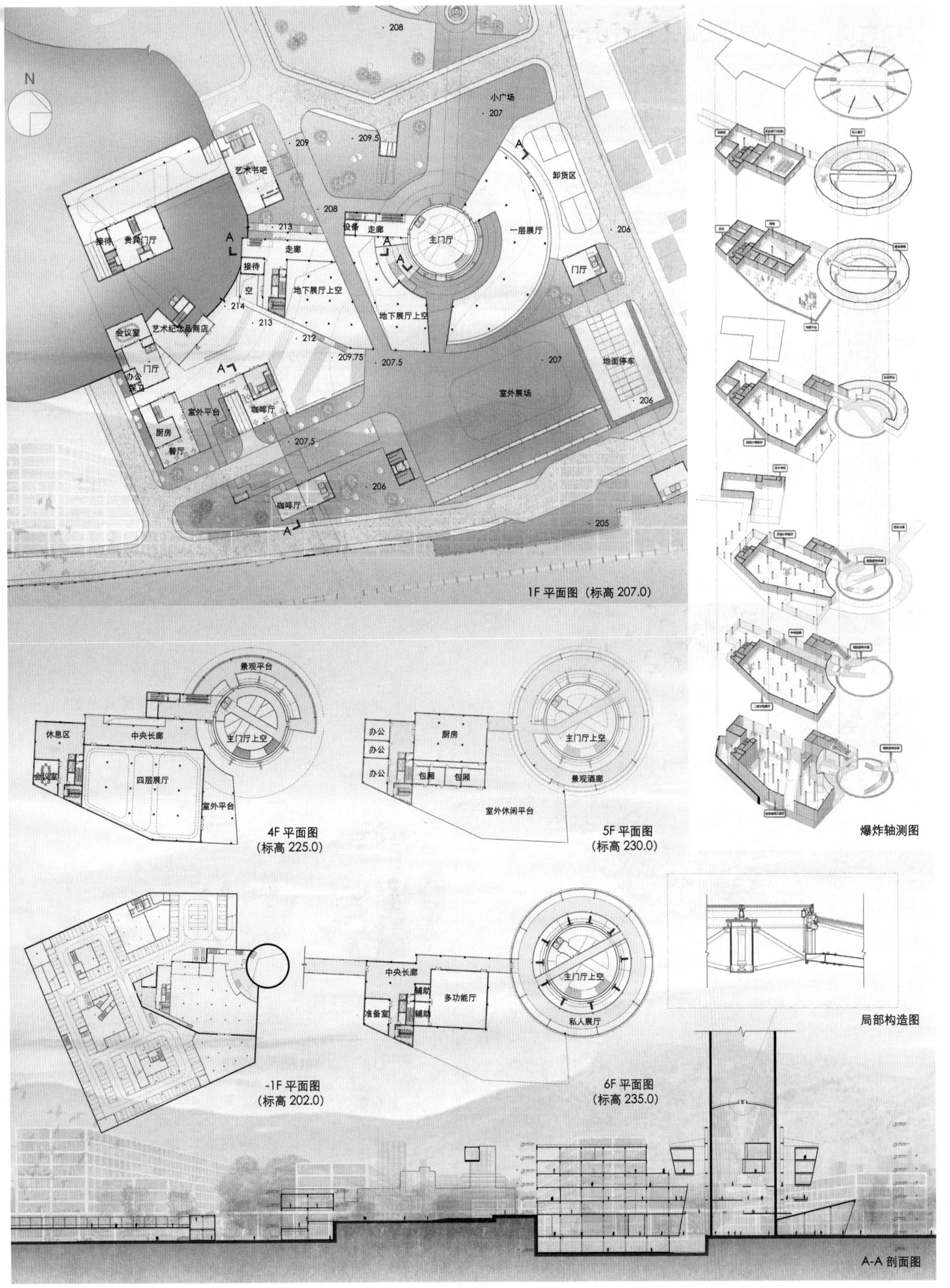

1F 平面图（标高 207.0）
4F 平面图
(标高 225.0)
5F 平面图
(标高 230.0)
-1F 平面图
(标高 202.0)
6F 平面图
(标高 235.0)
爆炸轴测图
局部构造图
A-A 剖面图

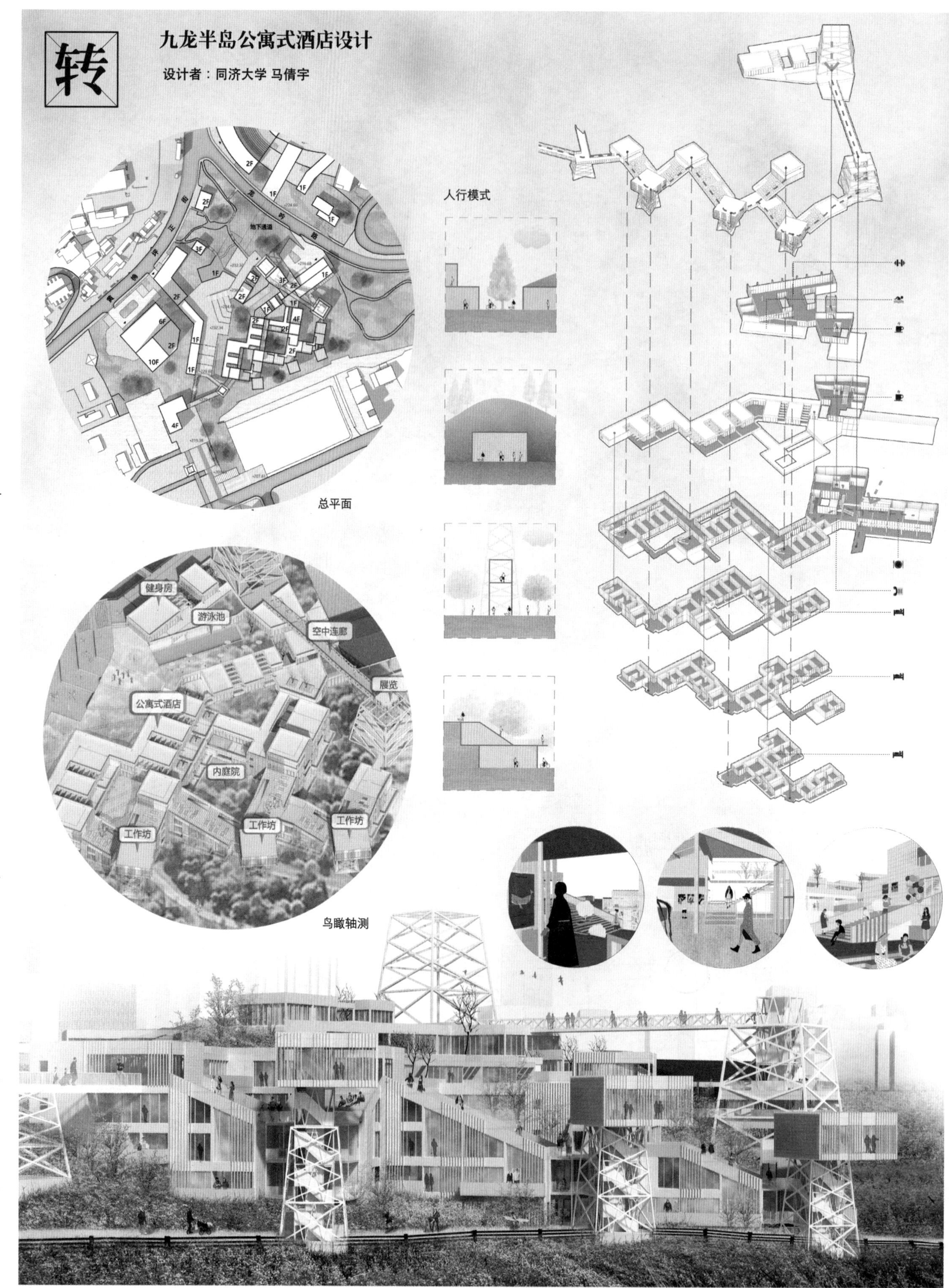
转
九龙半岛公寓式酒店设计
设计者：同济大学 马倩宇
人行模式
总平面
健身房
游泳池
空中连廊
展览
公寓式酒店
内庭院
工作坊
工作坊
工作坊
鸟瞰轴测

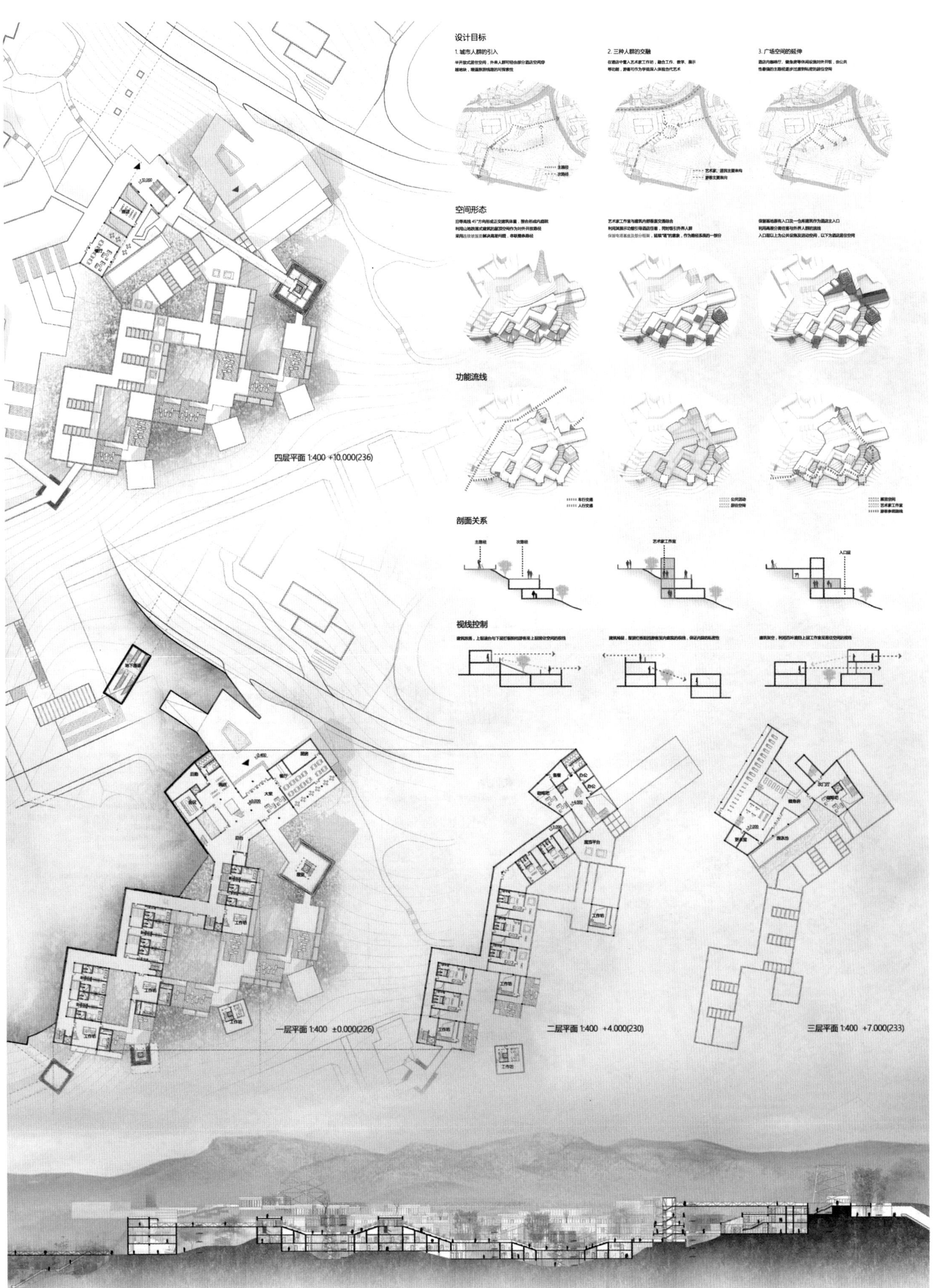

设计目标
1. 城市人群的引入
半开放式居住空间，外来人群可经由部分酒店空间穿越地块，增强旅游线路的可探索性
主路径
次路径
2. 三种人群的交融
在酒店中置入艺术家工作坊，融合工作、教学、展示等功能，游客可作为学徒深入体验当代艺术
艺术家、居民主要来向
游客主要来向
3. 广场空间的延伸
酒店内咖啡厅、健身房等休闲设施对外开放，由公共性最强的主路径逐步过渡到私密的居住空间
空间形态
沿等高线45°方向形成正交建筑体量，围合形成内庭院
利用山地跌落式建筑的屋顶空间作为对外开放路径
采用连续坡屋面解决高差问题，串联整条路径
艺术家工作室与建筑内部垂直交通结合
利用其展示功能引导酒店住客，同时吸引外界人群
保留电塔基座及部分框架，延续“塔”的意象，作为路径系统的一部分
保留基地原有入口及一仓库建筑作为酒店主入口
利用高差分离住客与外界人群的流线
入口层以上为公共设施及活动空间，以下为酒店居住空间
功能流线
车行交通
人行交通
公共活动
居住空间
展览空间
艺术家工作室
游客参观路线
剖面关系
主路径
次路径
艺术家工作室
入口层
视线控制
建筑跌落，上层露台与下层栏板阻挡游客至上层居住空间的视线
建筑掉层，屋顶栏板阻挡游客至内庭院的视线，保证内院的私密性
建筑架空，利用百叶遮挡上层工作室至居住空间的视线
四层平面 1:400 +10.000(236)
一层平面 1:400 ±0.000(226)
二层平面 1:400 +4.000(230)
三层平面 1:400 +7.000(233)

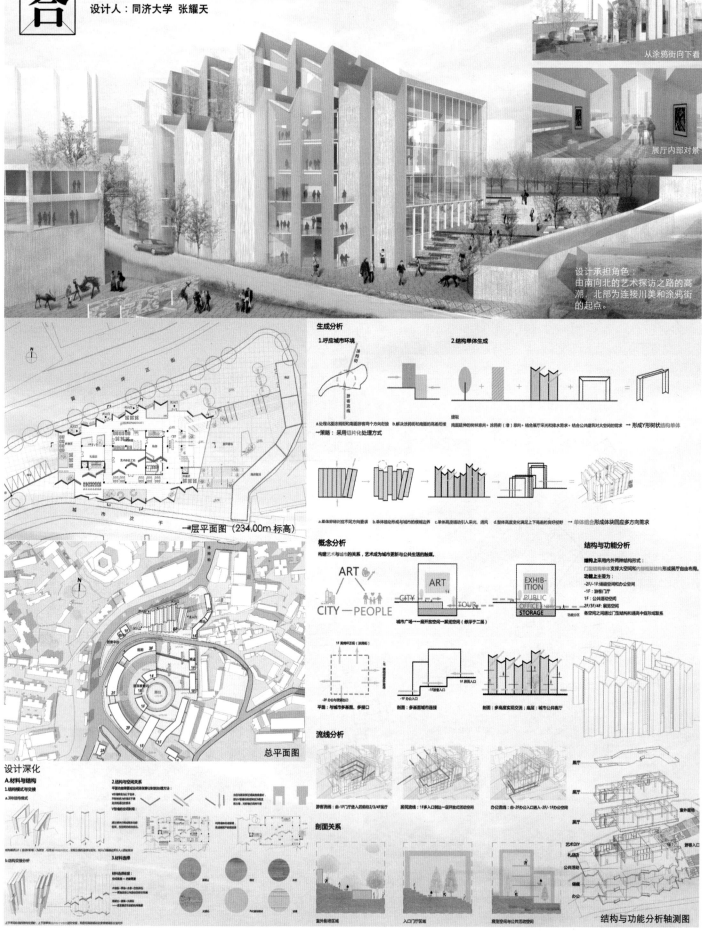

合

九龙坡当代艺术博物馆设计

设计人：同济大学 张耀天

从涂鸦街向下看

展厅内部对景

设计承担角色：
由南向北的艺术探访之路的高潮，北部为连接川美和涂鸦街的起点。

一层平面图（234.00m 标高）

总平面图

生成分析

1.呼应城市环境

涂鸦街

游客流线

a.处理北面涂鸦街和南面游客两个方向衔接 b.解决涂鸦街和南面的高差衔接

→策略：采用切片化处理方式

2.结构单体生成

提取

南面延伸的树林意向+涂鸦街（墙）意向+结合展厅采光和排水需求+结合公共建筑对大空间的需求 → 形成Y形树状结构单体

a.单体扭转对应不同方向要求 b.单体错动形成与城市的模糊边界 c.单体高度错动引入采光、通风 d.整体高度变化满足上下高差的良好视野 → 单体组合形成体块回应多方向需求

概念分析

构建艺术与城市的关系，艺术成为城市更新与公共生活的触媒。

城市广场→一层开放空间→展览空间（悬浮于二层）

平面：与城市多基面、多接口

剖面：多基面城市连接

剖面：多高度实现交流；底层：城市公共客厅

结构与功能分析

结构上采用内外两种结构形式：

门型结构单体支撑大空间和内部框架结构形成展厅自由布局。

功能上主要为：

-2F/-1F:储藏空间和办公空间

-1F：游客门厅

1F：公共活动空间

2F/3F/4F：展览空间

各空间之间通过门型结构和通高中庭形成联系

流线分析

游客流线：由-1F门厅进入后前往2/3/4F展厅

居民流线：1F多入口到达一层开放式活动空间

办公流线：由-2F办公入口进入-2F/-1F办公空间

剖面关系

室外剧场区域

入口门厅区域

展览空间与公共活动空间

结构与功能分析轴测图

设计深化

A.材料与结构

1.结构模式与交接

a.3种结构模式

b.结构交接分析

2.结构与空间关系

V型墙的空间利用：

3.材料选择

材料选择依据：

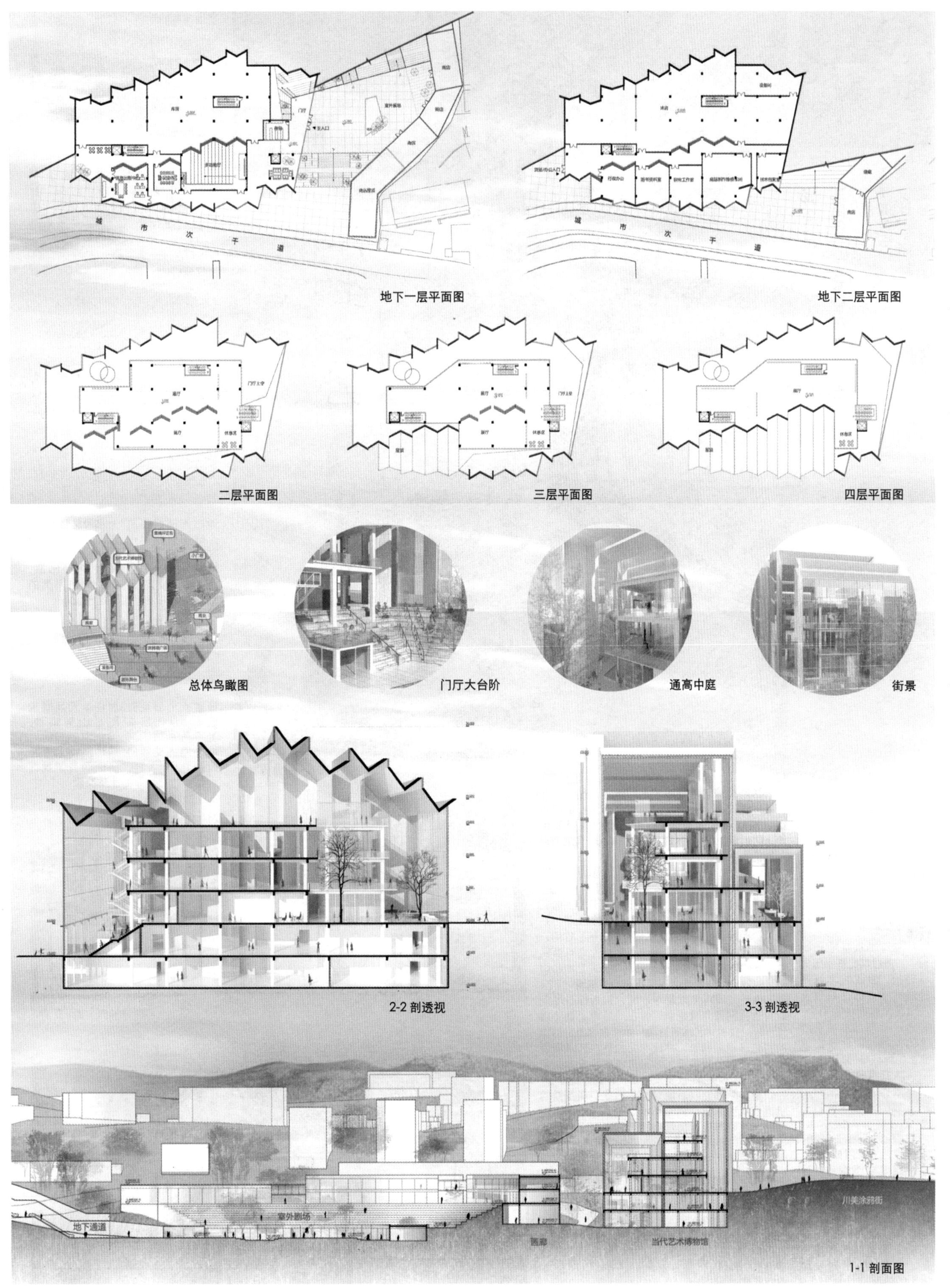
城 市 次 干 道
地下一层平面图
地下二层平面图
二层平面图
三层平面图
四层平面图
总体鸟瞰图
门厅大台阶
通高中庭
街景
2-2 剖透视
3-3 剖透视
地下通道
室外剧场
画廊
当代艺术博物馆
川美涂鸦街
1-1 剖面图

异质聚变
Heterogeneous Fusion

同济大学
设计：王明珠
指导：李翔宁/王一/孙澄宇

轴测表现图

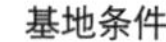
基地条件

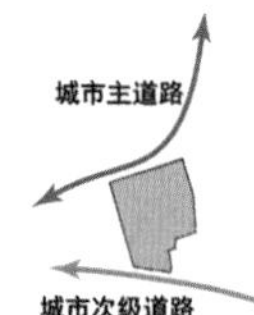

基地北侧为黄桷坪正街，南侧为未来将要规划升级的城市次级道路。

基地周边有501艺术基地、四川美院、小型工坊等艺术气息浓厚。

生成分析

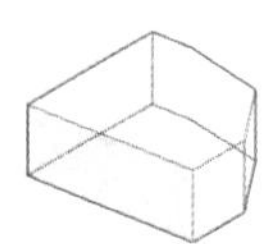

设计目标：总建筑面积5000m^{2}左右的艺术家驻地。

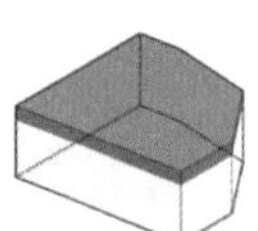

将建筑功能分为两个部分：居住区域和公共服务区域。

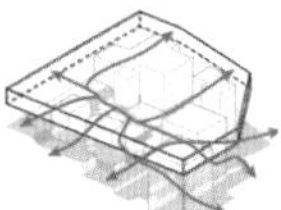

通过人流路线围合成下层空间形态，从而形成高度对外开放的空间，吸引人驻足交流。

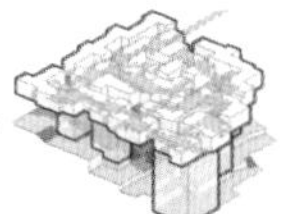

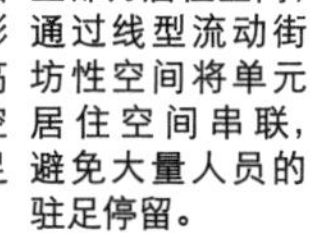

上部为居住空间，通过线型流动街坊性空间将单元居住空间串联，避免大量人员的驻足停留。

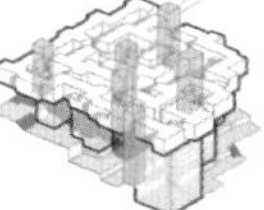

设置六个垂直交通核，从而解决上下两片功能区域之间的交通问题。

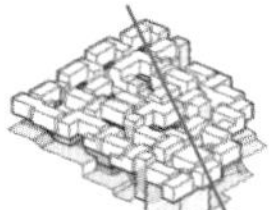

居住单元间顺应地形山势错动，契合地形的同时错动使得上下两层空间有了视线上的交流。

设计目标：

基地周边艺术氛围较为浓厚。但是在实际调研采访过程中却发现周边居民普遍反应四川美院搬迁以后，没有替代的艺术活动来融入到当地人的生活中去，艺术氛围也越来越仅局限于专业的艺术从业者了。

除此之外因为山地地形的原因，基地南北两侧的城市主道路和次道路之间的隔断较为严重，彼此之间的可达性较差，因而黄桷坪正街上的艺术氛围只以及各种活动都只局限于正街上了，并未能实现其本可以有的艺术辐射和影响的作用。

艺术来源于生活并服务于生活，只有当民众更多的理解与参与到艺术活动中去，艺术品牌带来的效应才会给艺术家带来更多的机遇。

因而现501艺术基地左侧，拟拆除基底上现有的民宅及商业建筑，并在此基地上设计建造一处"黄桷坪艺术家驻地"给艺术家提供创作的物理环境与背景，并同专业的驻地艺术项目对接，从而来给黄漂艺术家提供创作资金、创作环境、学术支持、展览支持等一系列专业指导，在四川美院搬迁以后给黄漂艺术家们提供新的机遇，从而来吸引黄漂艺术加留下，使黄桷坪在四川美院搬迁后仍然保持其艺术创作产业原地的角色。同时艺术家驻地又高度对民众开放，专业的驻地艺术项目所产生的成果定期开放的向民众进行展示，将新的艺术活动介入到当地民众的日常生活中去！

主要经济技术指标：

基地面积：2852m^2

总建筑面积：5291.8m^2（其中住宅面积：2496m^2）

容积率：1.86

建筑密度：30.0%

沿街立面

剖透视 B-B

评语：

该同学从基地现状入手，通过对比基地历史与现状，发现艺术氛围日渐式微，因而导致无法对艺术家产生吸引力，普通民众与艺术关系淡薄的问题，因此提出建立艺术家驻地的概念。

其方案特色在于建筑首层作为公共空间对外开放，将艺术家的生活空间置于二层以上，将居民生活融于其中，同时与艺术家形成交流，整个建筑融于城市。建筑形态与山地结合较好，空间层次丰富，空间体验较好。

其不足之处在于对底层交通流线的考虑不足，以及缺乏针对残障人士的设计。

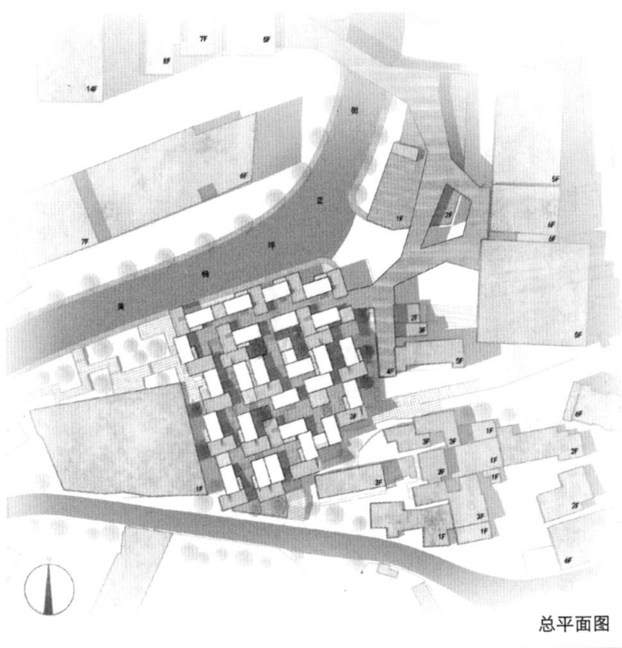

总平面图

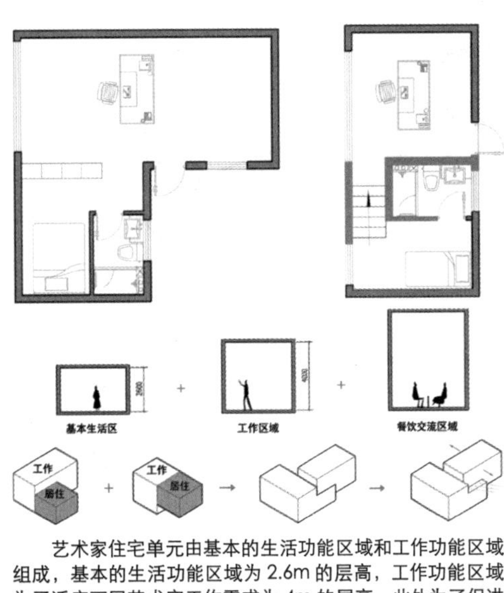

艺术家住宅单元由基本的生活功能区域和工作功能区域组成，基本的生活功能区域为 2.6m 的层高，工作功能区域为了适应不同艺术家工作需求为 4m 的层高。此外为了促进艺术家的相互交流和互动，住宅单元内不配备厨房等设施，以底层的公共餐厅加以代替。

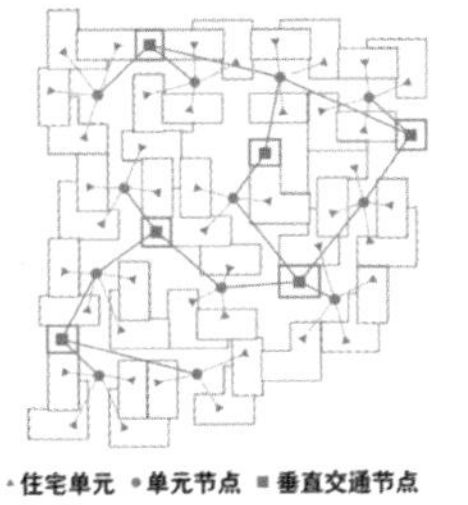

• 住宅单元 • 单元节点 ▪ 垂直交通节点

住宅单元组合分析图

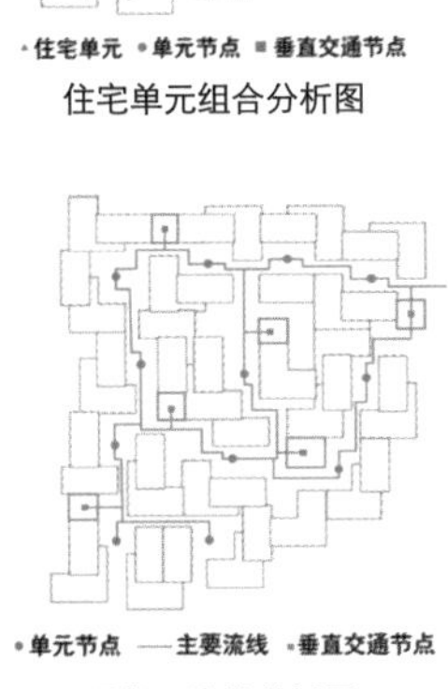

• 单元节点 — 主要流线 ▪ 垂直交通节点

顶层住区流线分析图

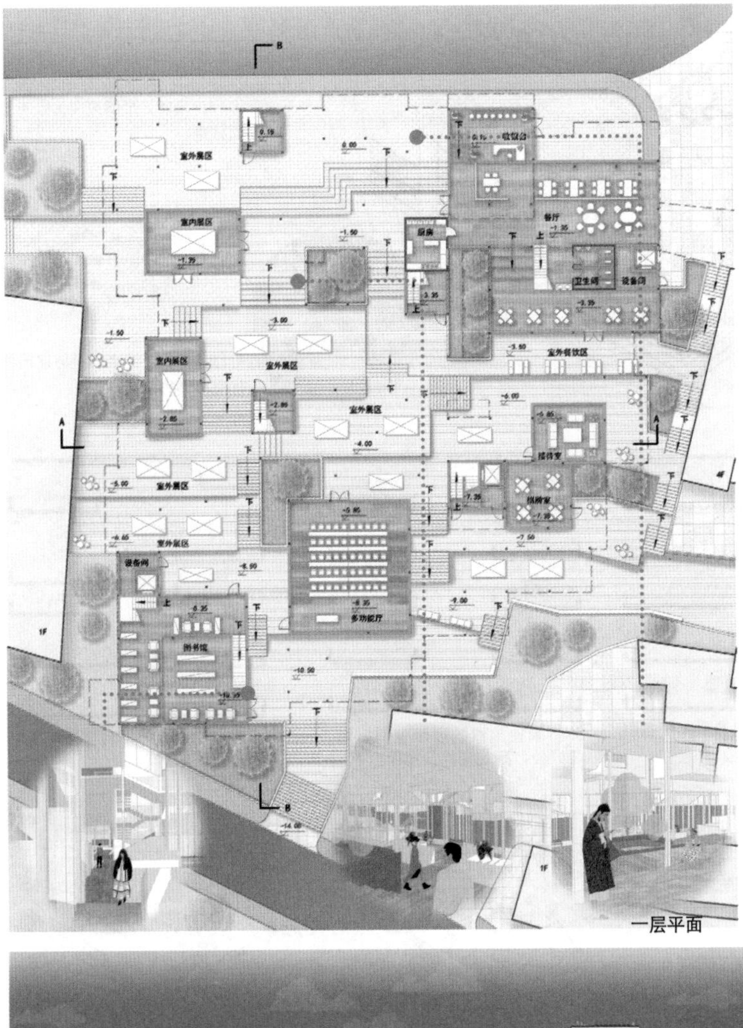

三层平面

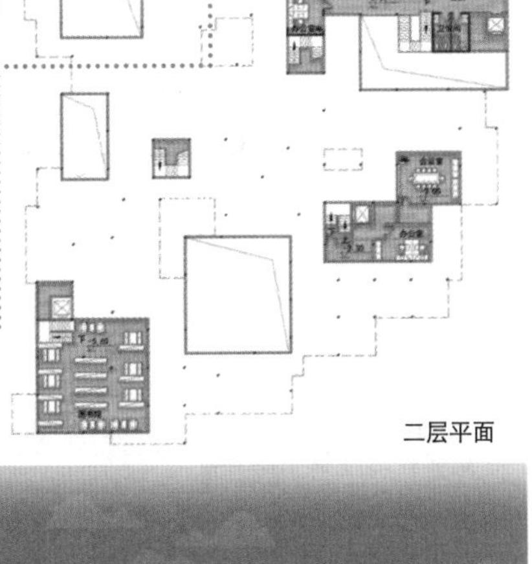

二层平面

一层平面

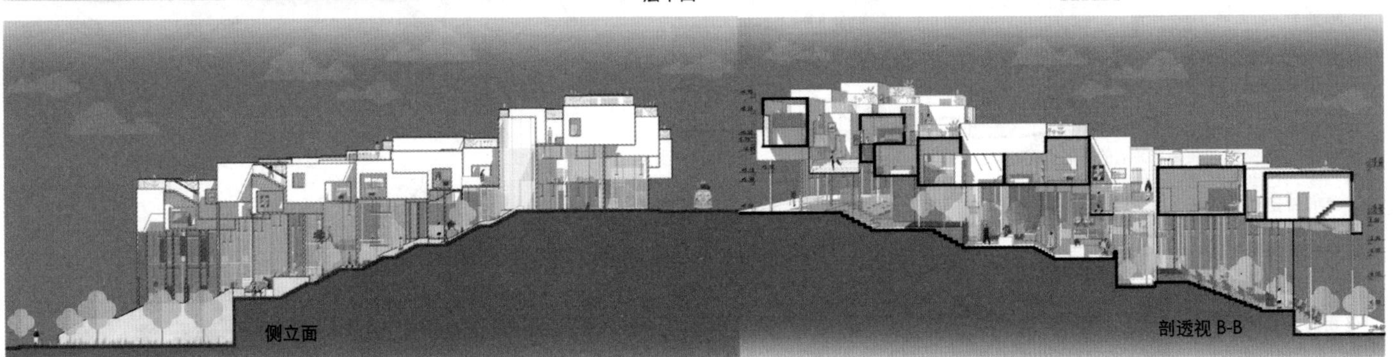

侧立面

剖透视 B-B

异质聚变
Heterogeneous Fusion

同济大学
设计：张音音
指导：李翔宁 / 王一 / 孙澄宇

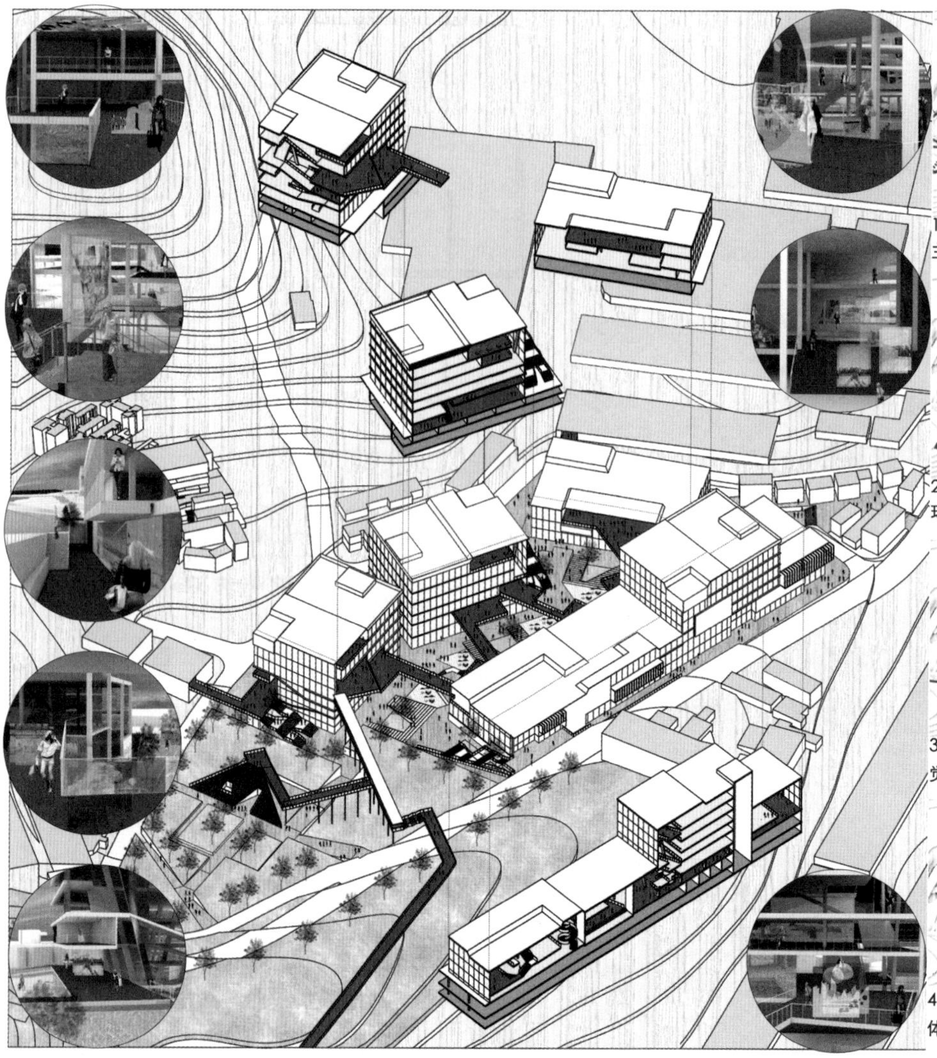

1. 从南侧龙吟路方向引入地块内主街道，形成分支。

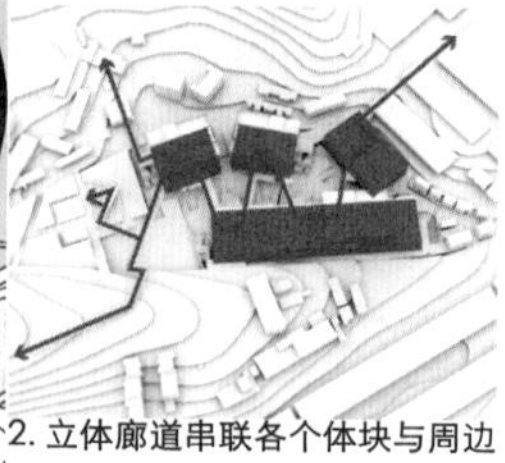

2. 立体廊道串联各个体块与周边环境。

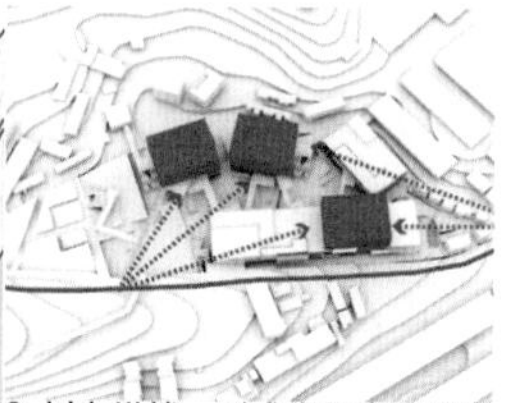

3. 树立塔楼，形成类似山壁的视觉效果。

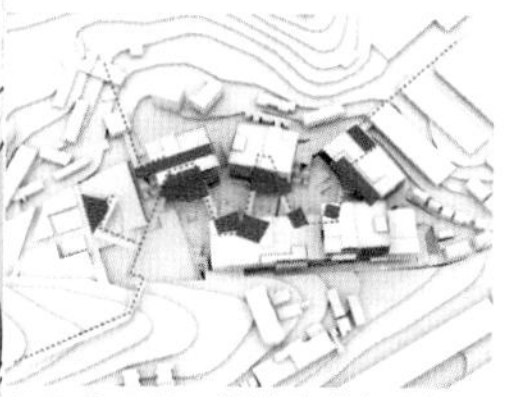

4. 细化建筑，塑造廊道与建筑单体交界处的空间。

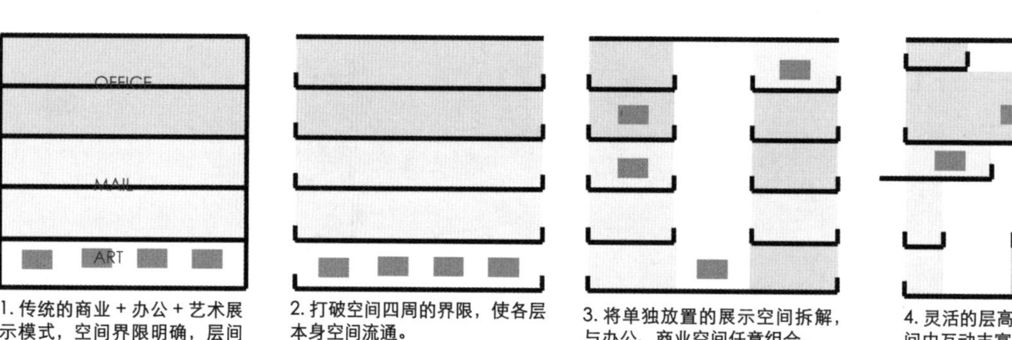

1. 传统的商业 + 办公 + 艺术展示模式，空间界限明确，层间互动较弱。

2. 打破空间四周的界限，使各层本身空间流通。

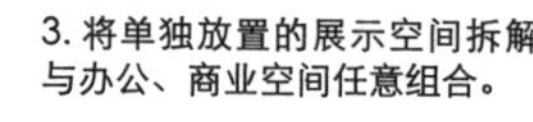
3. 将单独放置的展示空间拆解，与办公、商业空间任意组合。

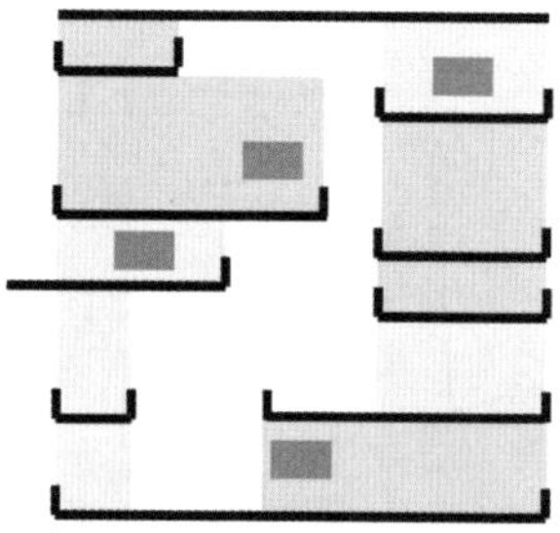

4. 灵活的层高与平台塑造使得空间中互动丰富。

评语：

于地块设计本身而言，作为一个城市综合体，商业是其不容忽视的组成部分，我们希望通过消费来实现艺术展示的目的，又以艺术展示来促进消费。

在这样的环境下，综合体中的连廊及其连接的空间集中用以艺术展示；而打破隔墙，仅通过铺地和层高差予以区分功能的方式将使得艺术空间与商业空间失去界限感，达到完美融合，我们希望能够促进艺术和大众的互动，以此来重塑黄桷坪在当代中国艺术中的地位。

这正是黄桷坪，这正是我们希望对重庆乃至世界所展现的面貌。

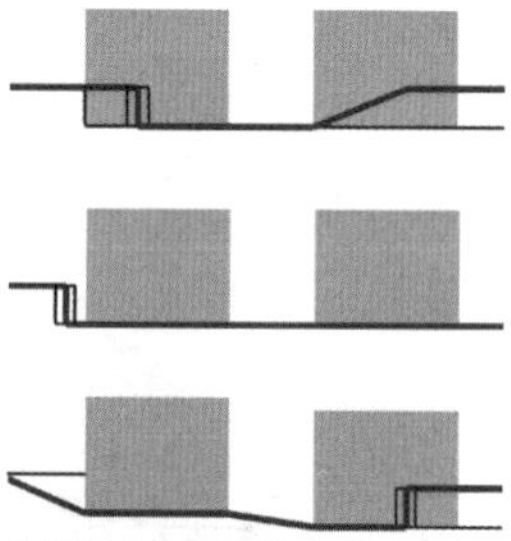

与街道的不同交接方式

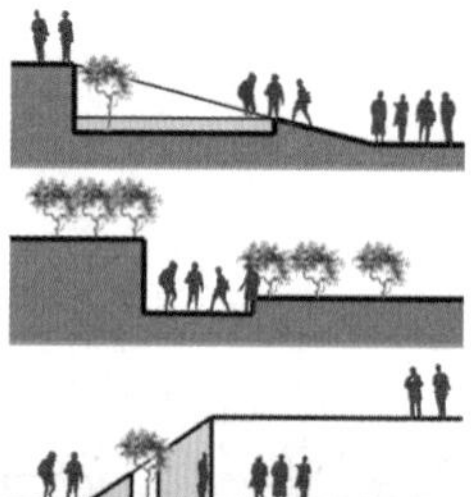

人与绿化的关系

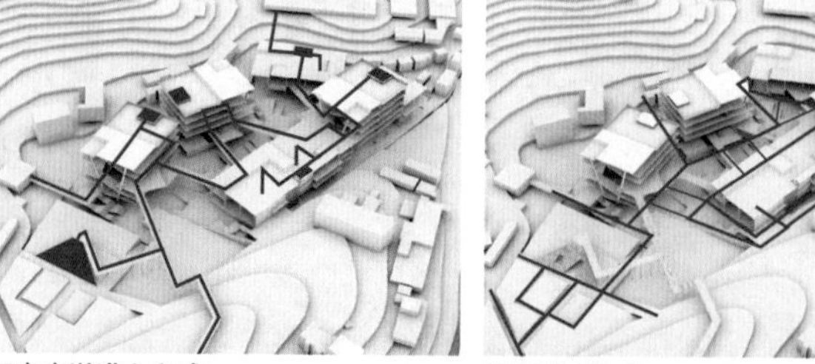
架空廊道进入方式

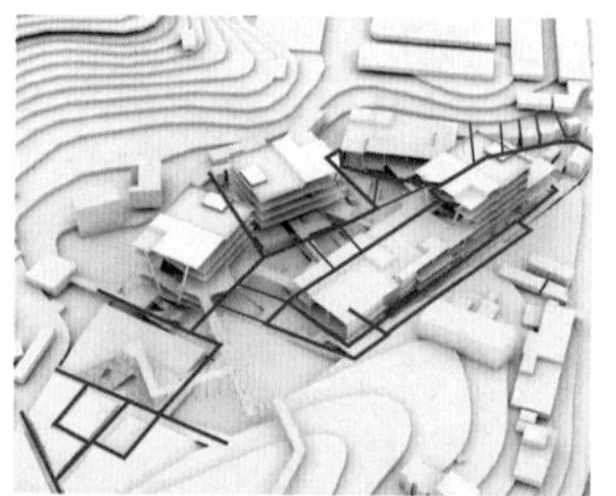
地面进入方式

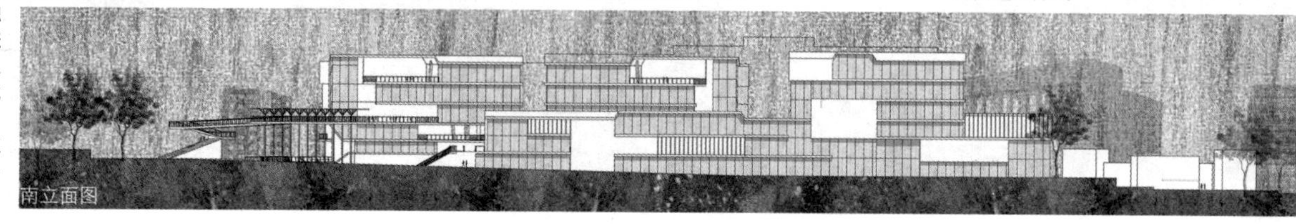
南立面图

技术经济指标：

基地面积：3.75hm^2 总建筑面积：33650m^2

容积率：89.73% 建筑密度：0.279

绿化率：37.64% 停车位：574 个

设计理念：

在设计中我们希望通过艺术展示来带动商业，同时又通过商业来促进非正式艺术展览的发展。

在这一城市综合体中，由贯穿整个城市设计的“中介性空间”引入灵活的艺术展示，将办公和商业社群结合在一起，促进使用者的互动与参与。地块西侧的绿地资源得以良好保留，并与综合体亲密互动。

艺术、绿化、商业、办公，四者通过不断地渗透和交叠诱发出新的使用模式，并以此编织成崭新的城市人群聚合法则。

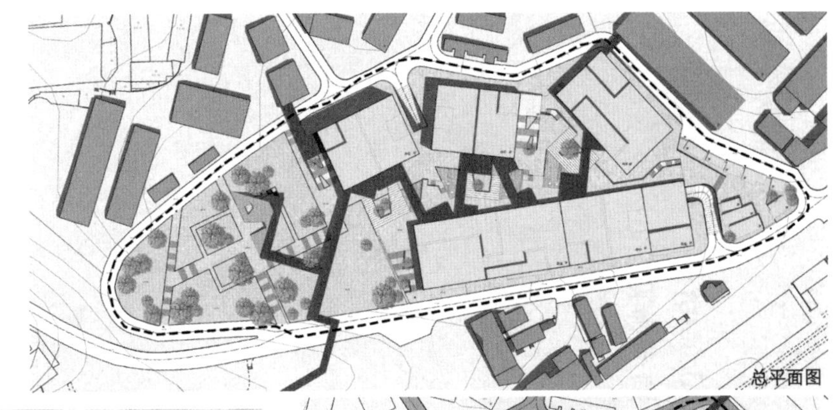

总平面图

一层平面图

二层平面图

三层平面图

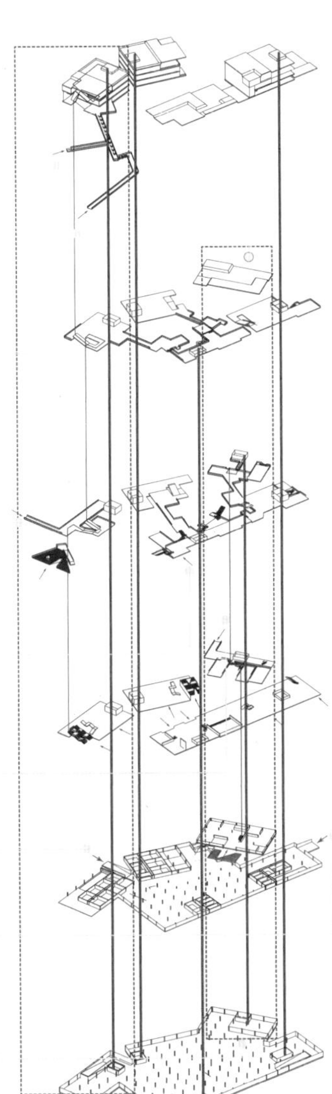

地下一层平面图

轴测分解图

典型场景

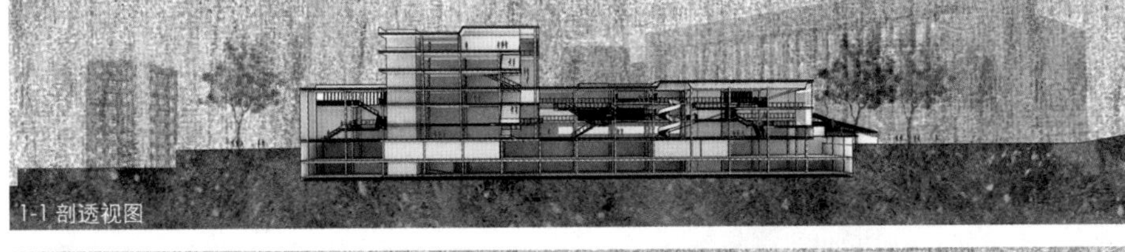

1-1 剖透视图

地下二层平面图

2-2 剖面图

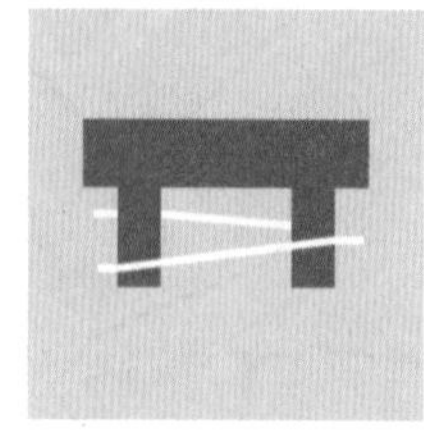

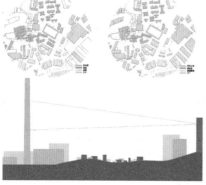

异质聚变
Heterogeneous Fusion

同济大学
设计：赵媛婧
指导：李翔宁／王一／孙澄宇

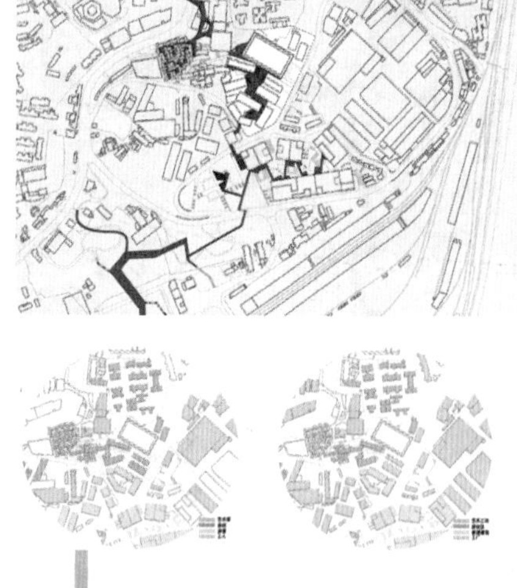

选择设计的第二区块位于整体基地的北部，占地面积为 1.416hm^2，南面接入商业综合体及游客接驳区，北面与 501 艺术中心以及川美校园相接，从基地的现状来看，基地周边的人群类型及建筑类型多样，周边集中分布了艺术工坊及普通住区，且与艺术家集中住区相连，在人群来向的多样性上有较好资源，且基地正对九龙坡电厂，视觉景观资源值得利用。

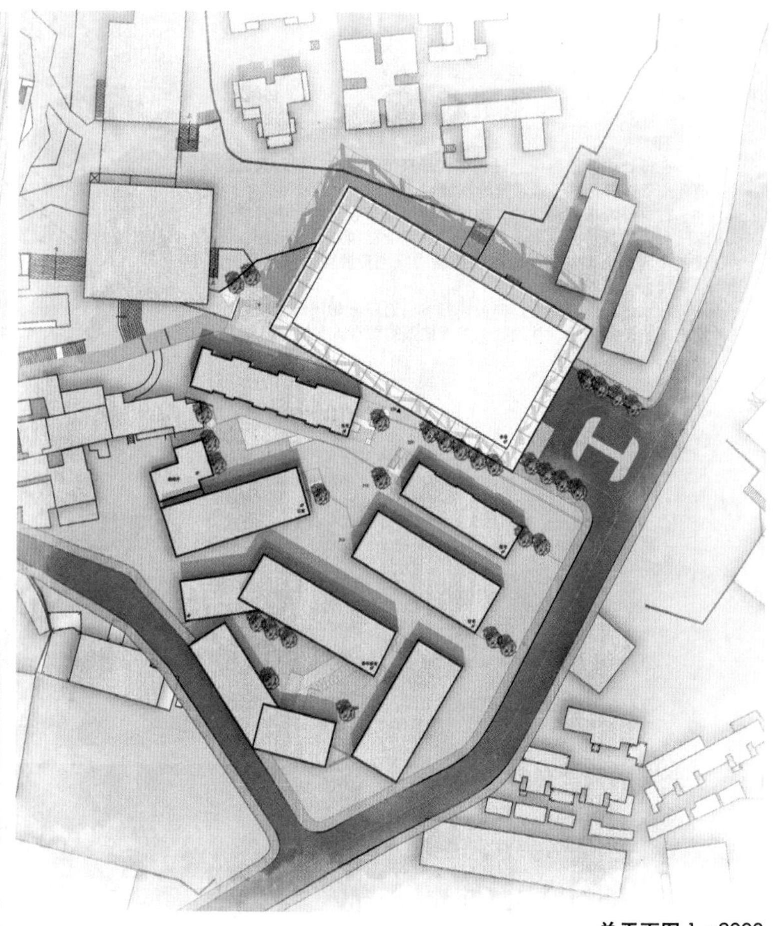

总平面图 1：2000

评语：

本次毕业设计的选址在四川美院老校区校园旧址，在环境选择上非常具有特色，无论是周边的工业遗址建筑看，或是四川美院校内的诸多雕塑展览，抑或是黄桷坪正街的涂鸦长街，这些特征在构成黄桷坪整体环境氛围的多样性的同时，也成了这个区域多样性表达的一个契机。在整个设计过程中，黄桷坪地区的人群，建筑，产业，人们的生活都给我们留下了深刻的印象，同时也在指引着我们对这一地区的更新设计。而一个更好的城市更新，不是抛弃过去，而是在过去的历史上，展望未来。

通过对该区域的环境综合更新及关键建筑节点的增设，思考在黄桷坪旧有的良好城市记忆中增设新型产业与城市结构，在保留区域特征的同时，将新旧等各类异质进行全方位融合，增强区域内部活力，实现黄桷坪的复兴。

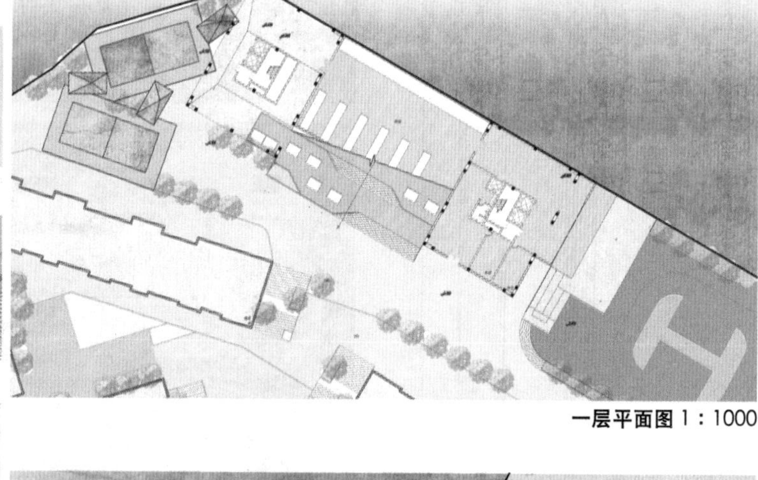

一层平面图 1：1000

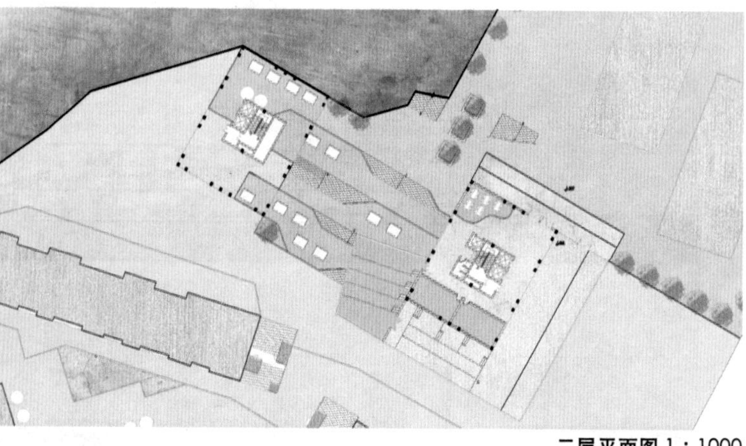

二层平面图 1：1000

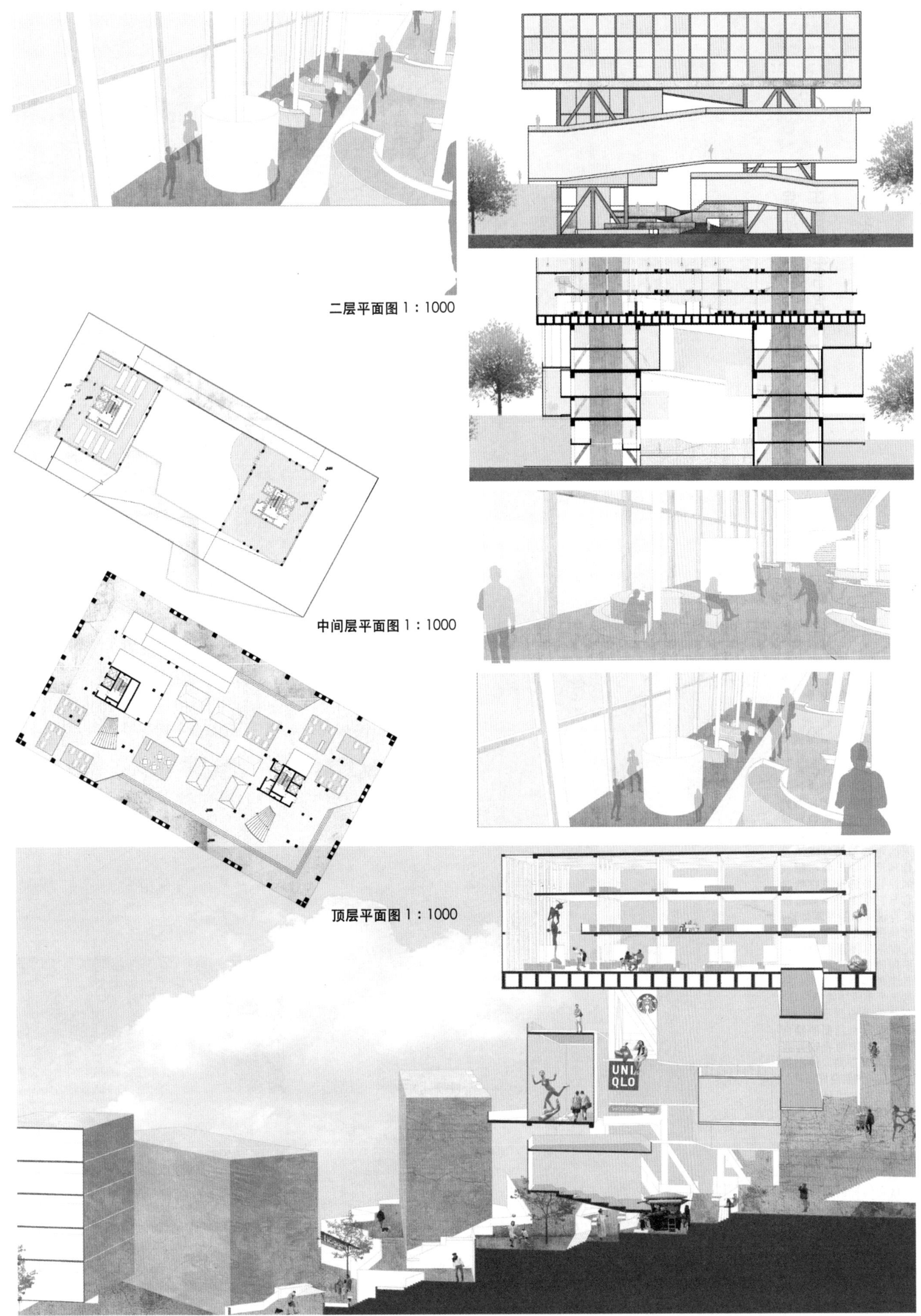

二层平面图 1：1000

中间层平面图 1：1000

顶层平面图 1：1000

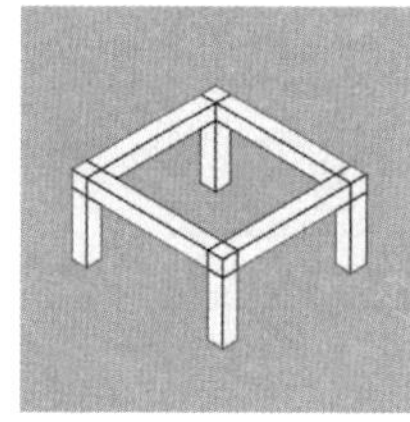

异质聚变 Heterogeneous Fusion

同济大学
设计：管梦玲
指导：李翔宁/王一/孙澄宇

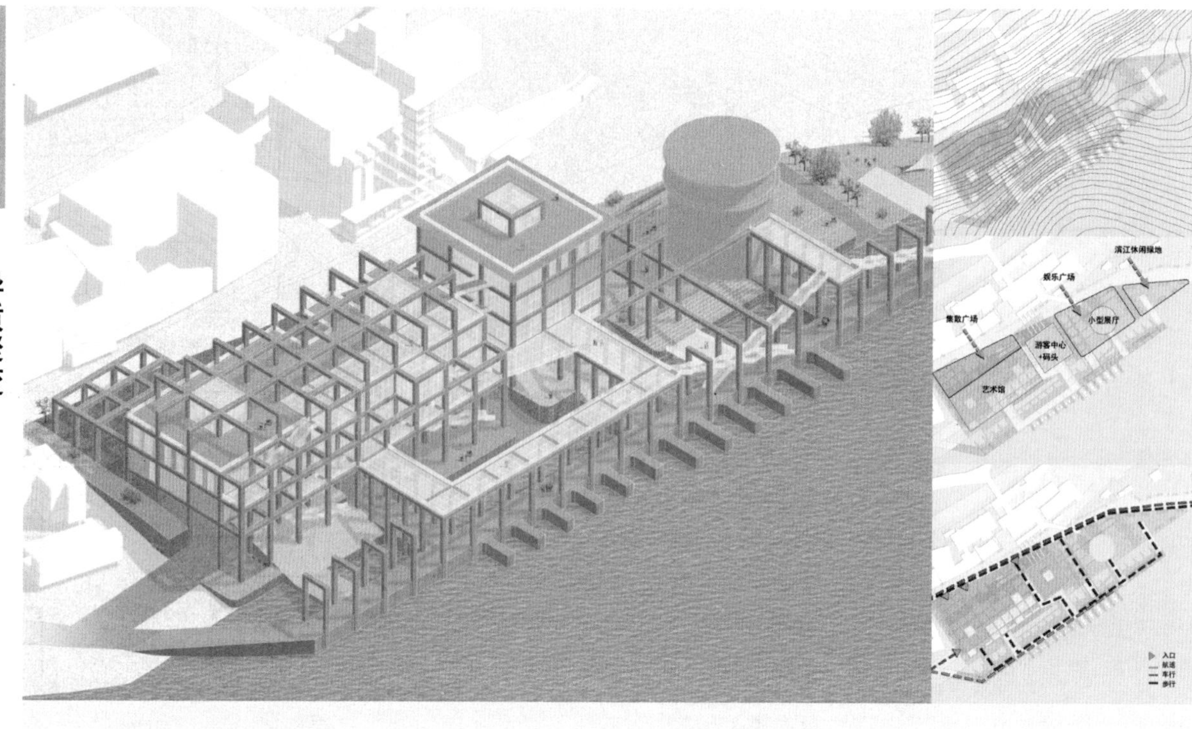

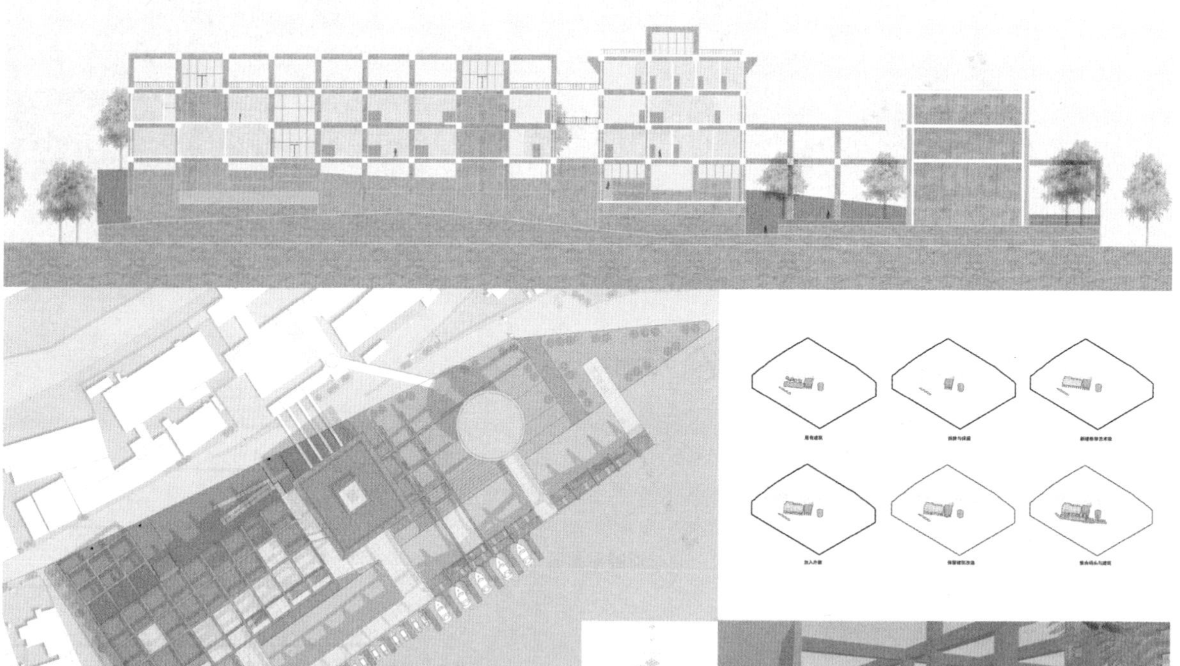

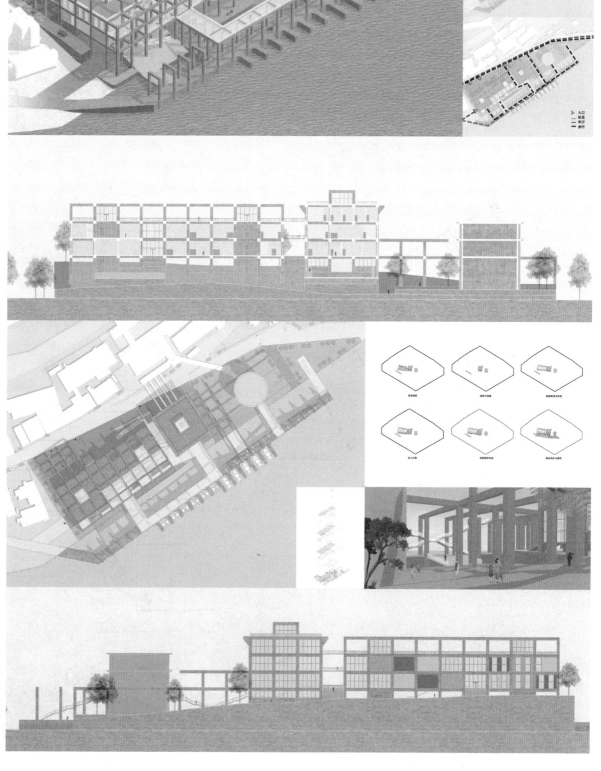

评语：

从小组城市设计的层面上来讲，我们希望可以通过我们所设计的城市"飘带"，即所谓的中介性空间，来恢复黄桷坪地区的活力。从个人的地块与单体建筑设计角度来讲，我希望我的设计能够给来往的游客与艺术家提供舒适而又有设计感的空间体验，能够保留住这里的工业记忆，尽量通过改造的手段降低建造成本。在三个单体建筑之余，还有三个不同功能的广场，以及若干观景平台，我希望通过点线面的结合设计，给使用者较为完善的建筑空间，做出更加完整的建筑空间设计。

毕业设计只是一个阶段的完成，并不是终点，之后在我们的工作学习生涯中还会有更多的设计等待我们去思考去学习去完善。希望在做毕业设计的这段时间里我们所学习到的专业知识与治学态度，还有小组合作之中所学到的合作精神等等，能够帮助到我们今后漫漫的设计之路，都将成为我难忘的记忆。

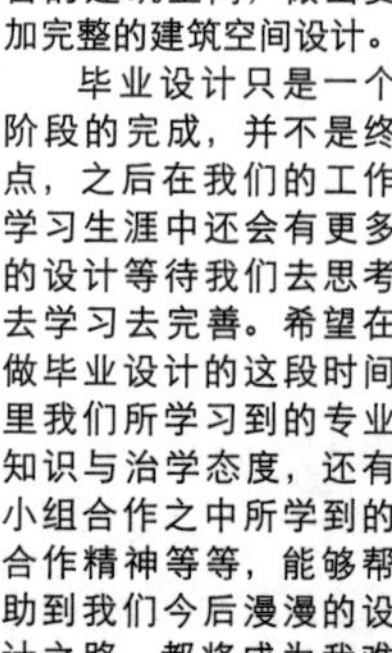

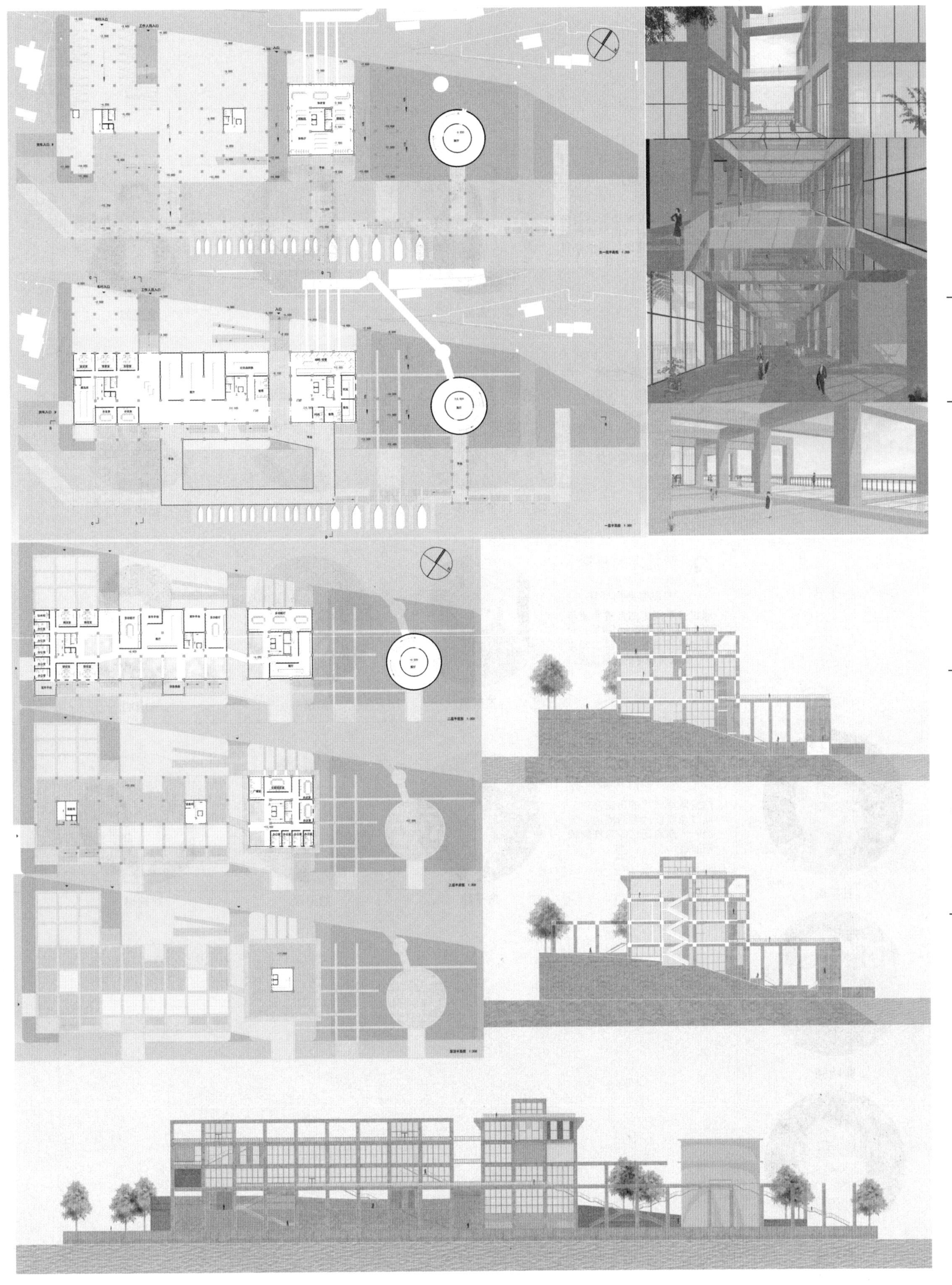

TIANJIN UNIVERSITY

天津大学

学生团队

1 网络激活
Linear Connection

方案意在建立城市激活网络体系，通过对黄桷坪地区微观的消极空间进行评价来营造一个公共生活网络。

宋晶

郑芷欣

唐源鸿

2 脊椎再生术
Spondyloplasty

通过巨型（Megaform）介入弥合地理围城，创造基础设施粘合带，并充当区域发展神经系统的脊椎主体。

罗珺琳

毛升辉

杨俊宸

3 黄桷坪的日常
Living-scape of Huang Jueping

通过自下而上的自建手册与自上而下的规范，引导居民对街道进行自发性的建设和修补，重塑黄桷坪的生活景观。

王雨晨

吴婧彬

林培旭

4 城市记忆
Memory complecity

挖掘场地失落的历史事件，通过点状设计激活周边，营造一个充满记忆标志物的城市形象。

朱子超

刘浔风

郑婉琳

指导教师

孔宇航

张昕楠

辛善超

这是我首次参加“8+”联合毕业设计，感谢学院老师给我这次跟全国建筑高校教学骨干一同交流学习的机会，也感谢重大、川美对本次活动的精心准备，我也从以下三点总结对这次毕业设计指导的体会心得：

设计价值：学生需明确建筑介入的价值所在。建筑介入场地后对周围环境进行系统梳理，将消极的空间变成积极的场所，这是建筑对于城市的重要价值。然而建筑的设计价值不仅于此，建筑受外界的影响但绝不能仅仅由外界推导而成，它具有超越的潜能，如同彼得·埃森曼所认为优秀的建筑应反映基地的历史、城市的文化以及重要的历史事件，或是以更加宏观的视角诊断现实区域存在的问题。天大四组同学分别以记忆、巨构、连接以及日常生活四个主题为切入点，希望设计能够唤醒一方土地、一段历史，使建筑与场地惺惺相惜。

设计操作：对形式生成与空间操作能力的训练贯穿着整个大学期间的设计学习，然而本应最没问题的环节四组同学却完成的差强人意。毕业设计应是学生几年来设计能力的集中汇聚与反馈，之前良好的逻辑推导能力却只能在毕业设计中慢慢恢复，平面的精确性、剖面的流动性、结构的逻辑性在最终大多仍浮于表面，经不起严谨推敲。虽说只是纸上设计，其结果也不应仅仅是展现独特“空间意图”的迷人画面，却与事物的本质相脱节。

综合素质：值得肯定的是，学生们在学习期间并非以“菜谱意识”进行照本宣科式设计，他们有自身独立的思考，期间也阅读相关中、英文书籍并汲取其中知识作为理论武器，支撑着设计作业的演化发展，并完成一种对于新模式的探索。而在答辩过程中，各高校同学逻辑清晰的演讲与才思敏捷的对答亦给我留下深刻的印象。而这些综合素质也必定成为他们日后学习、工作的优势所在。

与同学们半年多的相处我感到很愉快，衷心祝愿学生们前程似锦！

——辛善超

是技术的表达？还是态度的呈现？亦或兼而有之？

上述三个问题构成了建筑学专业毕业设计成果所可能呈现出的面相。特别是对于8+联合毕业设计的同学，之于一个由城市设计发展为建筑设计的过程，使得他们的设计更可能成为其从学科角度“放飞”思想的机会。然而，“放飞”是容易的，“落地”是困难的，反之亦然。之于本次设计的场地——重庆黄桷坪，尽管一副巨大的涂鸦墙使其呈现出一番“浪漫文艺”的气质，但山地地形、电厂关停、川美搬迁和多元的在地居民更多的使其呈现出衰退趋势下混杂的片段化特质。之于这个现状，想当然的设计发展自然是以艺术为媒介进行产业再造。好在开始的时候，确切地说是在开始之前，同学们基于城市设计和建筑设计发展理论各自进行了理论阅读，并在其后的设计中有选择性的“忽视”了那些现实中光鲜的“高大上”。

山地地形、商业背巷、社区街道、建筑形态，这些成为同学们设计针对的物质实存；巨构巨形、自下而上、记忆拼图、社区营造，这些是同学们进行设计发展的态度。以四种截然不同的城市设计解决策略面对黄桷坪地区复杂衰退的现状条件，给出了四种截然不同的城市设计解决策略。

在这次“8+”联合设计中，每位同学所展现出的独立思考的能力值得肯定，各校团队所展现出的设计实力与鲜明特点令人印象深刻。毕业设计作为建筑学生本科阶段对于自己设计能力与建筑观的集中展示，各位此次虽在最后的深化建筑的过程中有所遗憾，但仍不失为一次成功的毕业设计。希望同学们在今后的建筑学习和实践生涯中，保佑毕业设计时的态度和初心，在放飞之后安全落地。

——张昕楠

记忆复杂性城市——黄楠坪更新设计体悟

Memory Complecity

天津大学
作者：刘浔风 / 郑婉琳 / 朱子超

什么是我们的理想城市？这是在调研之前，老师们抛给我们的第一个问题。希望我们能给出一个作为建筑学学生的思考。

阿尔多罗西在《城市建筑学》之中，对标准城市进行了定性的分析，纪念物成为城市之中具有“独特性”与“普遍性”的最重要的主要元素，不同于普通建筑物的它，同时凝结了城市文明之中共同的象征、思考、历史脉络以及集体记忆。

他努力一生，发掘着这些象征、脉络、记忆的建筑学价值，总结着它们的类型，试图将这些重新投射到自己的设计上，用场所、氛围与符号，挑起人们心中埋藏着的集体印象。这也同样是无数建筑师希望做到的事情。哈桑法赛绘制的建筑物平面与立面图之中，爱神哈索尔与其他的非洲神话、动植物与它们并列在一起。建筑在图纸之中除表达空间之外，同时也作为一种文化传承的纪念物，城市也就是经由这些经久的纪念物，将自己的形式、结构乃至神话，以具体可感的方式流传下来。

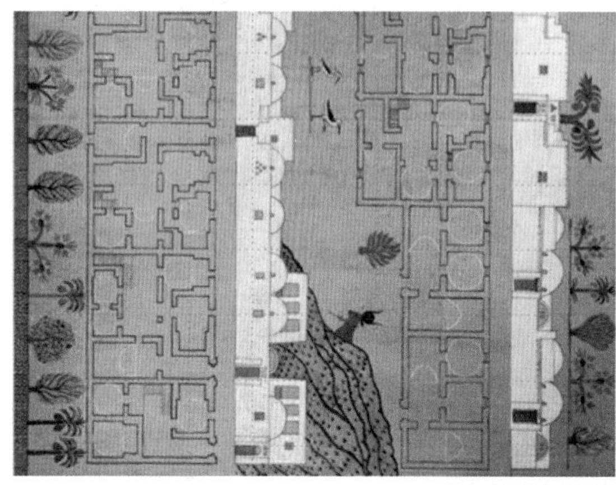

图 1 哈桑法赛的图纸

王澍在引入符号学、语言学去解读《城市建筑学》之后，又援引了一幅《豸峰图》，来阐述自己的理想城市。几座有名字的山峰，几座没名字的山峰、田、地、某个水坑、一堵墙、若干有名字的房屋形状，一块只有名字没有图形的房子，一座坟墓、一片特殊的树、一片无名的林、一个不同寻常的碣或石碓、一块有名字的石头……它在现象学的意义上，是这个村子，但却在现实的物质性上与这个村子有着明显的不同。它是当地的村民对这个村子的理想化但恰切的描摹，而不是具体的测绘。但这样的图纸，却对村落之中复杂的相对结构和丰富的村民生活有着清晰的描绘，而不只是冷冰冰的数据堆砌。

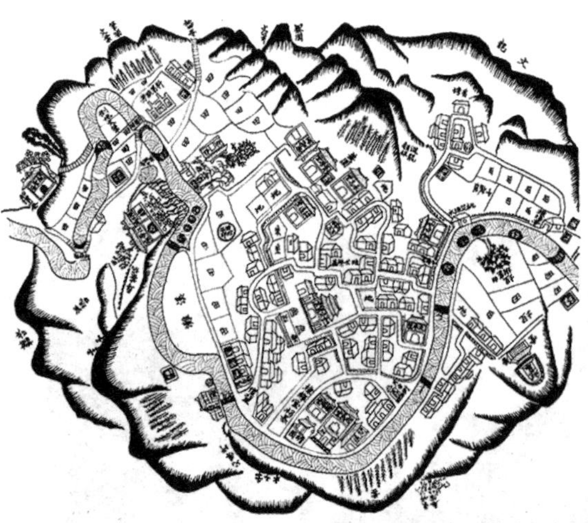

图 2 豸峰图

城市理应有类似这样的性质——它之中的生活、记忆、历史，不是被割裂地表达为几个部分，而是被统筹为一个有机的整体，被每一个侧面所表达。具体说来，有这样三个属性：

第一，整体性。这种性质不会因为不同的地理尺度，因数千年的时间跨度而有所损失。

这让我们想到曾经在中国古代建筑史课上对于北京胡同的现场调研。受水河胡同原为唐幽州城北护城河。据考，唐幽州城，南北九进而，东西七里。其城垣之四至为：东垣为宣武门稍西一线，西垣为会城门、马连道一线、南垣白纸坊一线，北垣为西便门、头发胡同一线——“自白云观北之小河向东流，穿东西太平胡同，达头发胡同之北的受水河胡同（元臭水河），似唐幽州城之北护城河。”从一条小胡同的进出和弯折，就可以看到北京城的历史。而这也是这座城市的整体性在一条小小胡同之中的体现。

第二，丰富性。这是在与人的生活的世界有关的一切事物上的丰富呈现。比如《看不见的城市》，意大利作家卡尔维诺将威尼斯化在了无数个城市的无数个片段里，但威尼斯并未因此消失，它存在于这些光怪陆离的生活之中；再如清明上河图，这张被临摹过成千上万次的画作，虽然仍沿用北宋开封的城市形制，只是描绘的生活是清朝时的生活，但清时的开封却并未因此消失，它同样存在于这些吆喝叫卖的生活之中。

图 3 清明上河图 清摹本

第三，差异性。这不是建立在单一理据分类上的差异，也不是人为意象过度夸张的粗暴差异，而是在感官多样性与理据准确性之间的一种细腻的差异。类比来讲，辽代《华手经》之中的二十四个“世界”，它们彼此相似，但各不相同。很难被理性归类，但确实存在着差异。同样以北京胡同为例，树木的间距会因为四合院的大门规制不同而有所区别——胡同中突见的尺度改变实际上是根据社会阶级而决定的。这非常难以注意，但构成了北京胡同差异性的一部分。类似的这种差异往往被当地人所明察，甚至依靠这类差异性构筑对城市的记忆。而无数这种差异性，恰恰构成了城市的整体性。

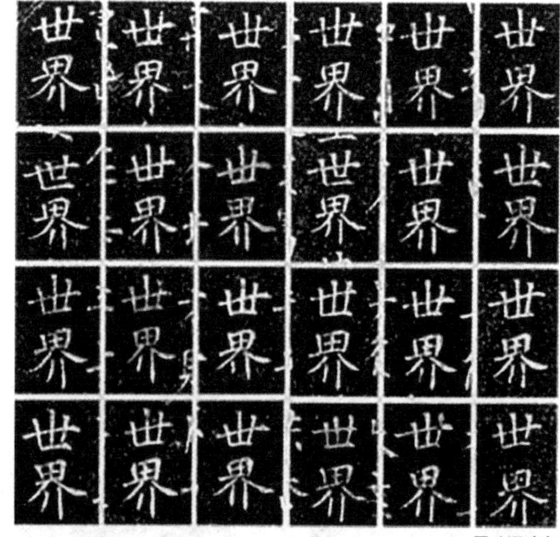

图 4 辽碑文

总结说来，我们希望创造的是这样一个城市图景——因为其整体性与差异性的并存，导致在城市之中的人并不会因为对城市片段化的观察而失去对城市整体性的把握。城市在每个人的认识之中是不同而相似的。丰富性同时使这种认识和印象鲜活而富有在场感。这也同样影响着城市的未来：丰富性（城市生活）的存在使城市富有活力，使纪念物有存在的土壤，也使城市有向下延续并保持自身的基础。

这需要我们在规划上，进行区域性的营造，而非大领域的统筹；而在建筑学层面上，需要以城市为考虑基点，参考城市的结构、历史、符号作为确定建筑形式的逻辑过程，而不是采用与城市脉络无关的另一套生发体系。

注释：

图 1：哈桑法赛在非洲一村落进行的改造设计。运用多种历史建筑原型。

注释：

图 2：《豸峰图》，清末一张对于豸峰村的描绘图。

注释：

图 3：清摹本《清明上河图》，是清朝集结宫廷画家所绘制，虽然部分失却了宋代古制，却是研究清朝民风的重要材料。

注释：

图 4：宋代《辽华经》碑文之中的 24 个“世界”。

接下来就是实地调研的阶段。

黄桷坪位于重庆主城九龙坡区。重庆作为最年轻的直辖市一直在迅猛发展，黄桷坪的建设却停在了20年前，场地上多是等待拆迁的棚户区，这里更像一个城乡结合部，然而我们惊讶于三教九流各种群体的混合杂糅，却能安然和谐共存于一个小小的、半地下的80年代的交通茶馆之中。涂鸦街表面的喧嚣与繁华像一块褴褛的遮羞布竭力盖住苟延残喘的黄桷坪，但拂去这层表面的凌乱色彩，经过场地调研我们渐渐发现，不管耄耋老人还是黄发垂髫都会聚集的交通茶馆、老人和棒棒们门前街边的娱乐活动、丰富的高差变化造成的山城特有的堡坎和竖街、废弃电厂代表性的不再冒烟的烟囱等等才是最能体现重庆黄桷坪的独特性的地方。

除了这些场地上的生活与现状，通过当地老人的访谈、豆瓣用户“林半坡”所记录的黄桷坪口述历史，我们逐渐在脑中还原了一个浓缩了中国近代历史的西南边陲。

空间随着时间受物件、事件、人的影响，意义也随之改变。黄桷坪在最初只是一个九龙半岛的小村庄，沿着黄桷坪正街有两列商住结合的小商铺，远处的山包上有一座五龙庙，远远的钟声传来，人们日出而作日入而息。

后来战火绵延至此，防空洞成为新的生活聚集地，刘邓大军从南边渡口登岸与大部队会和，曾经在此的国立交通大学、女子师范学院，面临一次又一次的威胁。

再后来，新中国成立了，街上的袍哥文化被终结，曾经的规则制定者在刑场被枪毙，五年计划终于开始，四川美术学院的前身建立，渡口重新变回民用，电厂开始在这里变成另一个重心，重庆谈判时的九龙坡机场被成渝铁路取代，政治功能变为工业功能。随着生产变为第一主题，生活的重心也从自给自足的小商业逐步向规模化的大工业转移。

而新时代的阵痛还未结束，等到20世纪60、70年代，五龙庙被拆毁，随之而来的是一大批仓库以及厂房的建立。

然而，随着慢慢进入现代社会，很多事情都被人们淡忘了，建筑物作为纪念碑的纪念性随着历史改变，有的只有形式被留存，却用作它用，有的只剩断壁残垣，却再想不起它曾是什么，一段波澜壮阔的中国近代史，被消解成为现在以两根烟囱为标的，以艺术的浮光掠影粉饰自己的，摸不到根，也看不到未来的黄桷坪。

回到学校，我们继续对设计方法与理论进行了为期一周左右的深入研究。这时，心理学家荣格所提出的人类的共时性，伯纳德屈米对于蒙太奇在建筑中的应用进入我们的视野。

所谓共时性，指“有意义的巧合”，用于解释因果关系无法解释的现象。他认为共时性是一种巧合现象，并不局限于心理的领域，可以从“心灵母体内部”与“我们外在世界”甚或同时从这两方面跨越进入意识状态，当两者同时发生时便为“共时性”现象。

屈米将最早出现在建筑学之中，后被电影广泛应用的蒙太奇手法，重新用回了建筑设计，通过《曼哈顿手稿》等建筑实验，创造了一套成系统的事件-空间-运动的转译方式，因为事件以及故事性的存在，构成了具有双重意义的建筑物，一面为活动服务（现代性），一面作为具有象征意义的纪念空间，即成为一体两面的“共时建筑”。

更为直观的是一幅名为Capriccio的画作，除却其本身具有的共时性，它同时是罗西理论的视觉化表现之一。这些本属于威尼斯的元素被以一种非威尼斯的方式浓缩在一幅画作之中，人们在面对这样一个本不存在于威尼斯的场所时，符号的象征性在此时起了作用，它们为构图服务，却同时成为纪念的标志物，挑起了人们对于威尼斯的记忆。

就像是这幅画一样，我们希望创造一些拥有共时性属性的场所，还原一个看不见的黄桷坪，以历史事件的形式反映其自身的故事性，进一步将这样的事件锚固在场地上，并解决具体的场地问题，形成一个充满记忆标志物的城市形象，能够同时达成城市的丰富性、差异性与整体性，使得黄桷坪的历史记忆真正鲜活起来并延续下去。

这是一次对于城市本身属性的重新认识与反思，一次对于形式与象征性、纪念与日常性，以及一次关于蒙太奇和共时性的建筑研究与实验。

图5 场地照片

图6 Capriccio

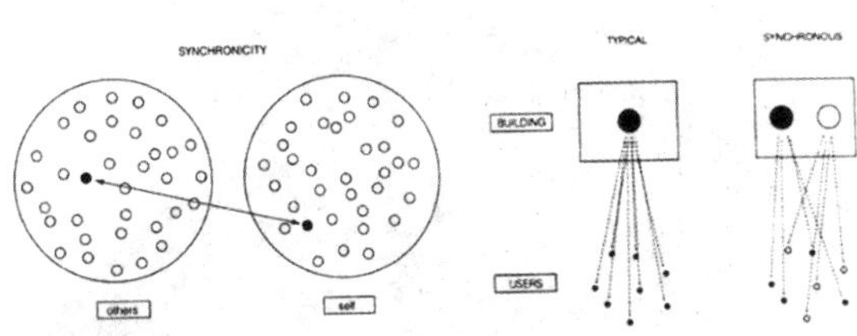

图7 共时性

	事件	状态
清-1966	五龙庙	拆毁
1939-1946	国立交通大学	搬离
1946-1950	国立女子师范	搬离
1938-1945	人民防空	停用
1940-1950	九龙坡机场	消失
1949-1990	九渡口客运码头	废弃
1997-	九渡口货运码头	使用中
1949-1950	大坪刑场	消失
1950-2012	四川美院	搬离
1952-2014	重庆发电厂	停用
1952-	成渝铁路	使用中
1967-	坦克仓库	功能改变

图8 黄桷坪历史沿革

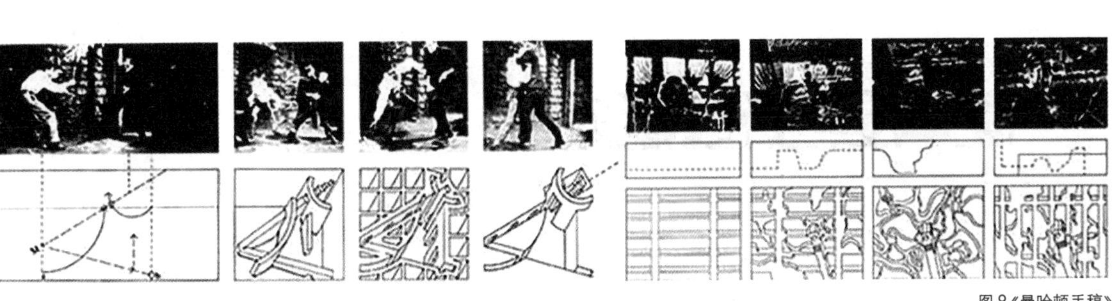

图9《曼哈顿手稿》

刘浔风

郑婉琳

朱子超

注释：

图5：场地照片，从左至右依次为交通茶馆内景、交通茶馆茶杯、坦克仓库、防空洞。

注释：

图6：（“Capriccio”, by Giovanni Antonio Canaletto）此幅绘画描绘一座不存在的城市，却因为其中的元素令人联想到威尼斯。与纪念建筑物所唤起人的记忆异曲同工。

注释：

图7：共时性，是瑞士心理学家荣格1920年提出的理论。1952年荣格在《论共时性》一文中详细定义其所要处理的概念。

注释：

图8：蒙太奇手法在伯纳德屈米的著作《曼哈顿手稿》之中的图像化表达。

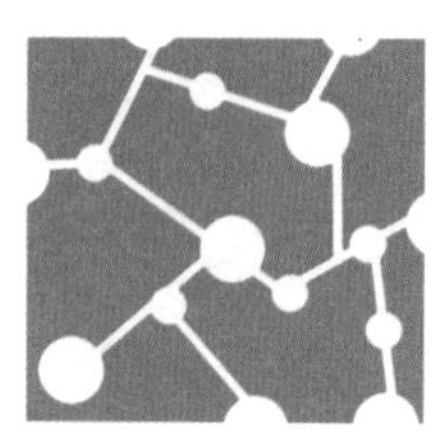

网络激活
Linear Connection

天津大学
设计：宋晶/郑芷欣/唐源鸿
指导：孔宇航/张欣楠/辛善超

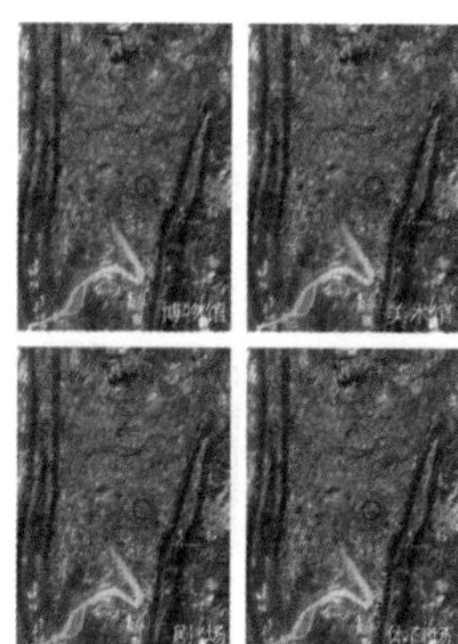

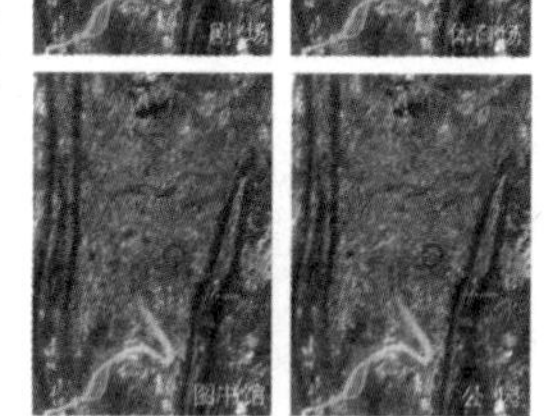

公共空间区域分布

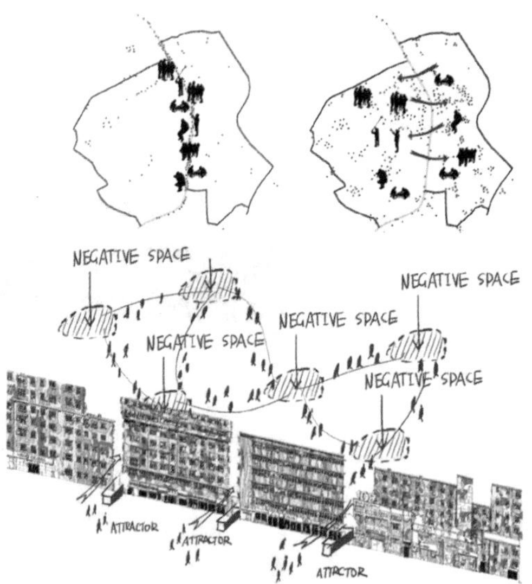

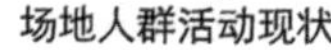

场地人群活动现状

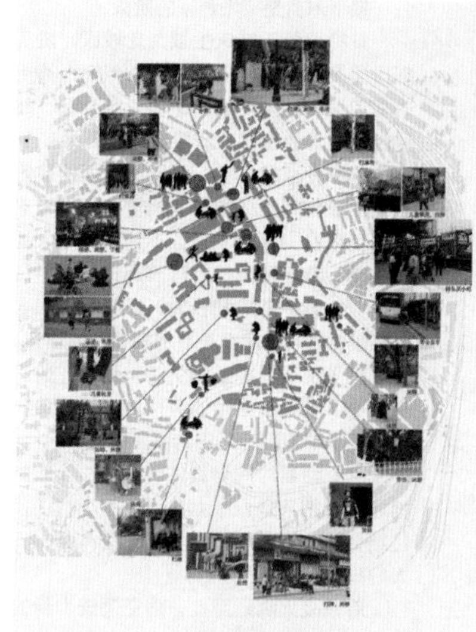

场地活力引导

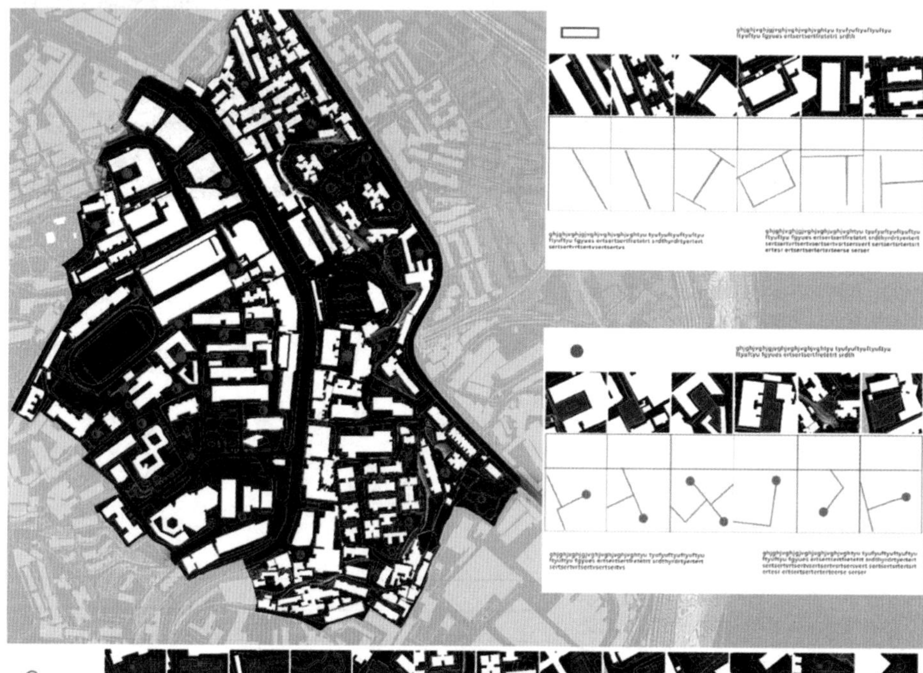

场地交通

场地D/H

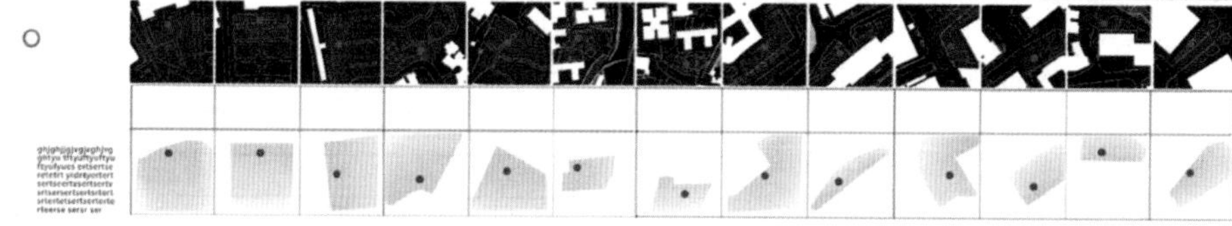

场地断崖

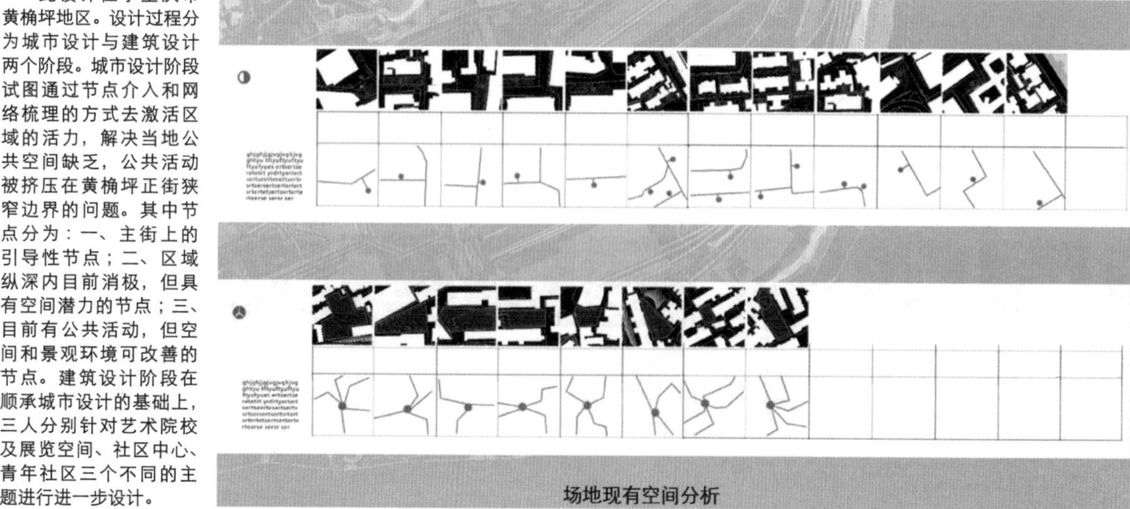

场地现有空间分析

场地高差

方案介绍：

此设计位于重庆市黄桷坪地区。设计过程分为城市设计与建筑设计两个阶段。城市设计阶段试图通过节点介入和网络梳理的方式去激活区域的活力，解决当地公共空间缺乏，公共活动被挤压在黄桷坪正街狭窄边界的问题。其中节点分为：一、主街上的引导性节点；二、区域纵深内目前消极，但具有空间潜力的节点；三、目前有公共活动，但空间和景观环境可改善的节点。建筑设计阶段在顺承城市设计的基础上，三人分别针对艺术院校及展览空间、社区中心、青年社区三个不同的主题进行进一步设计。

消极空间筛选与网络构成

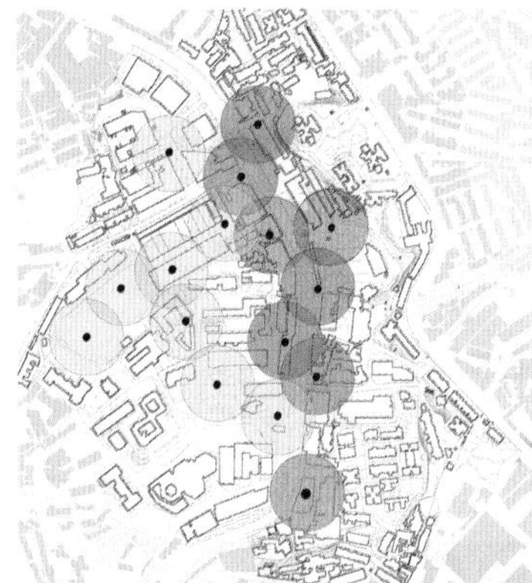

场地现存的公共活动网络节点

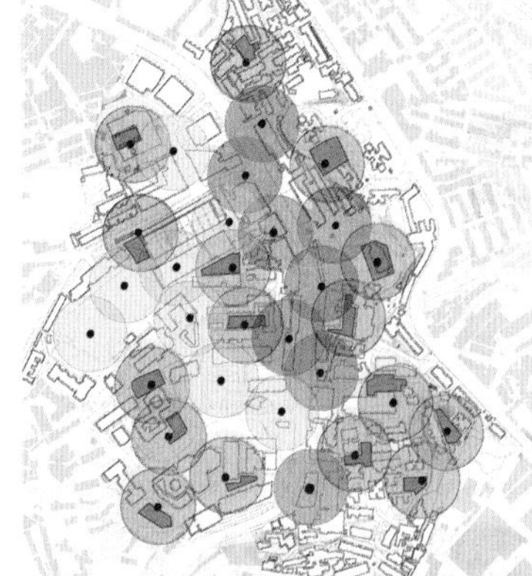
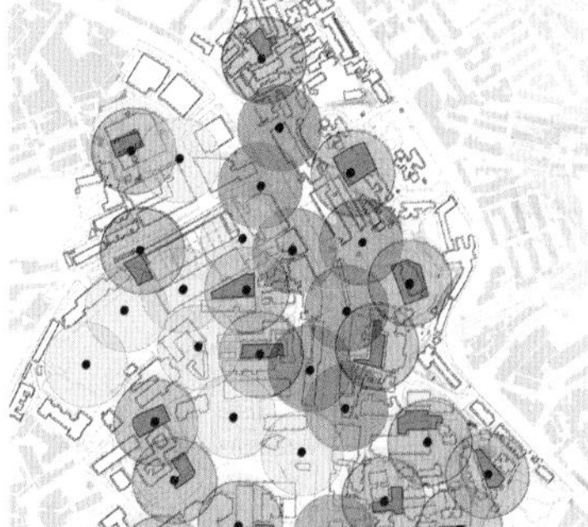

对场地上的消极空间进行筛选

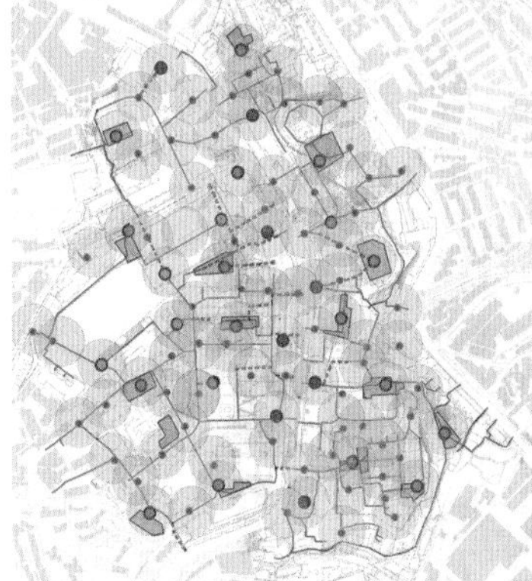

设置小型的引导节点以串联各个大节点

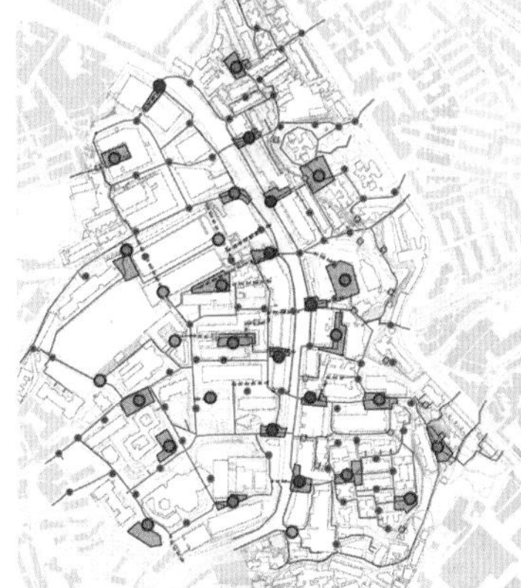

最终由这些节点组成网络

消极空间筛选与网络构成

消极空间的节点改造

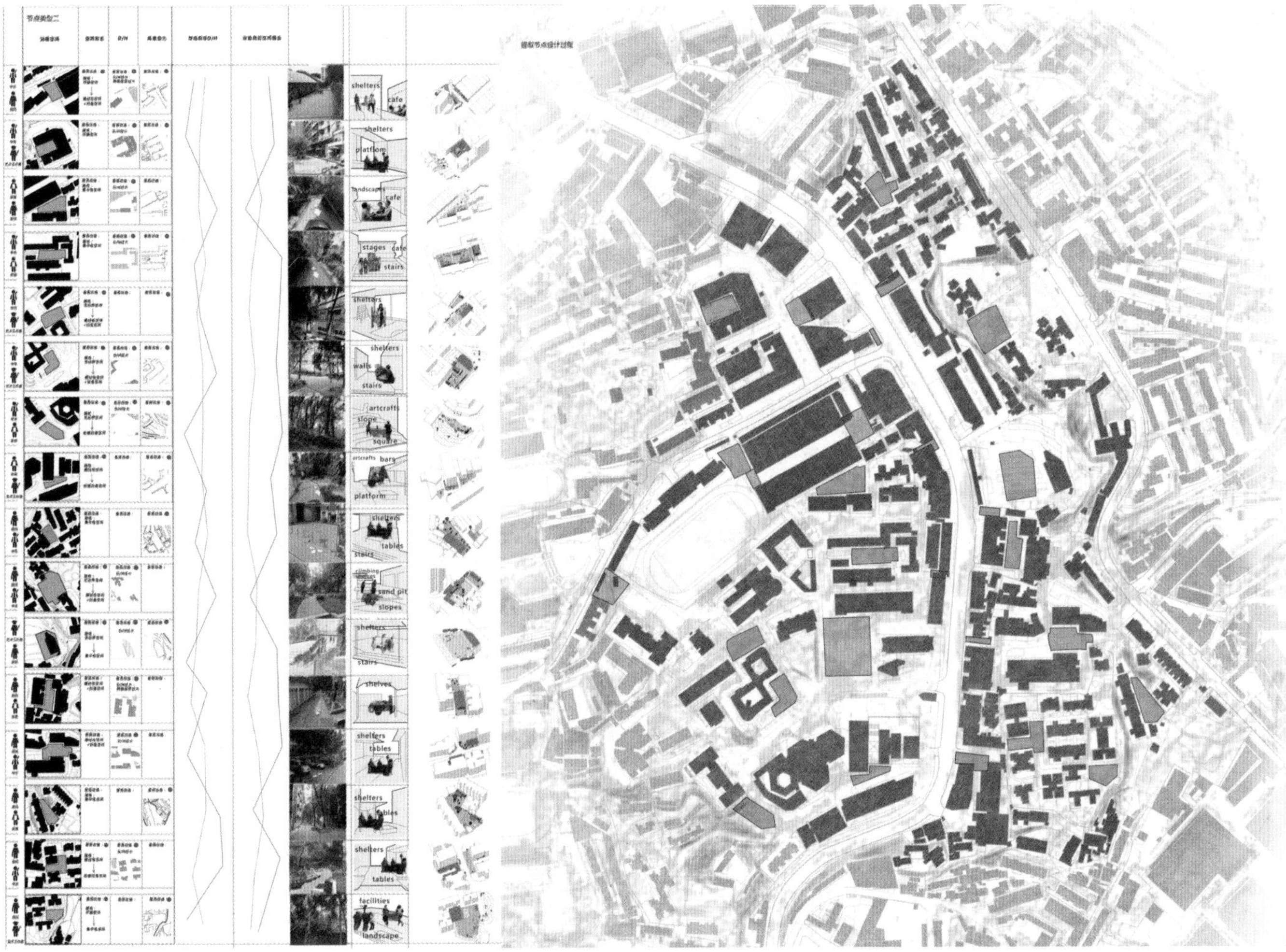

现有节点改造

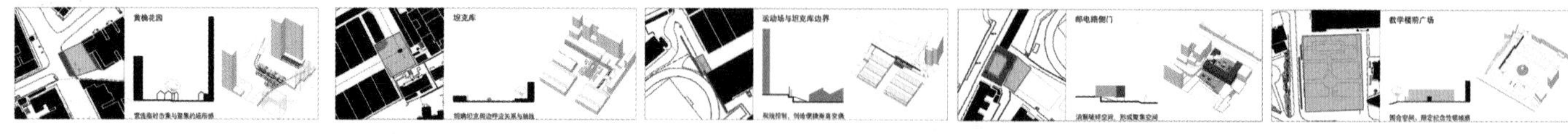

总平面图

新增沿街节点

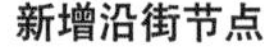

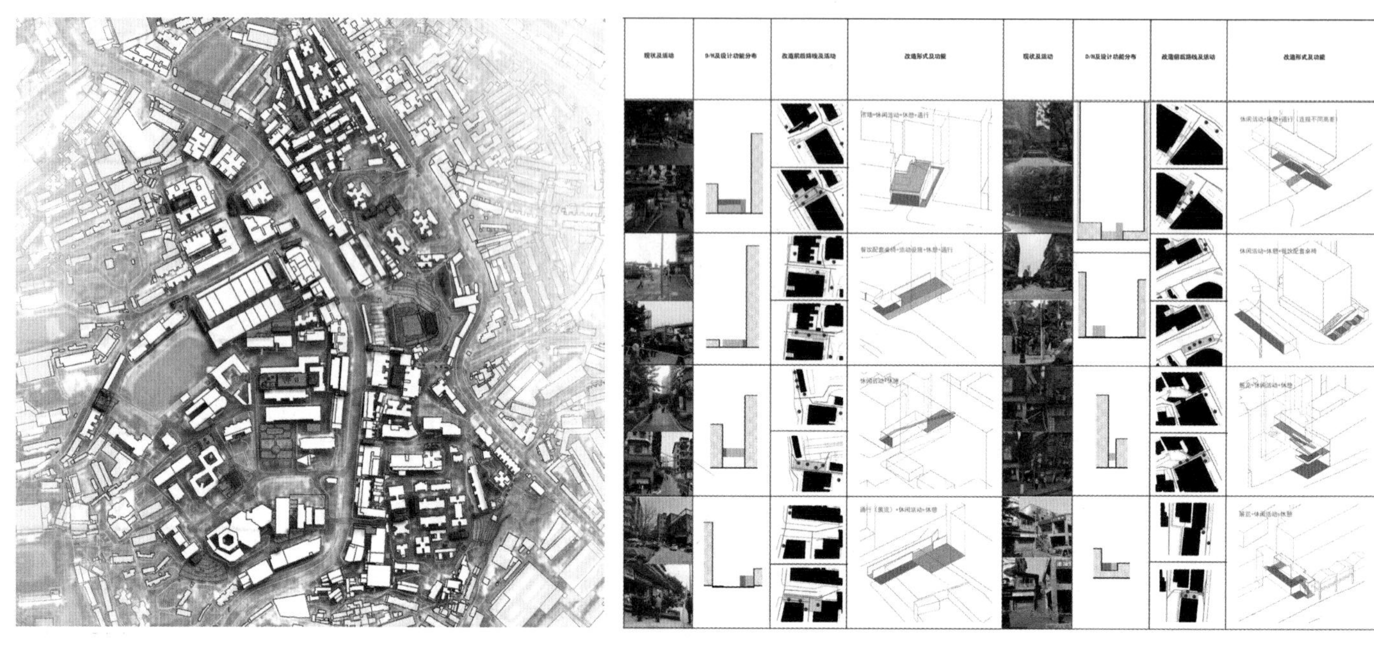

效果图

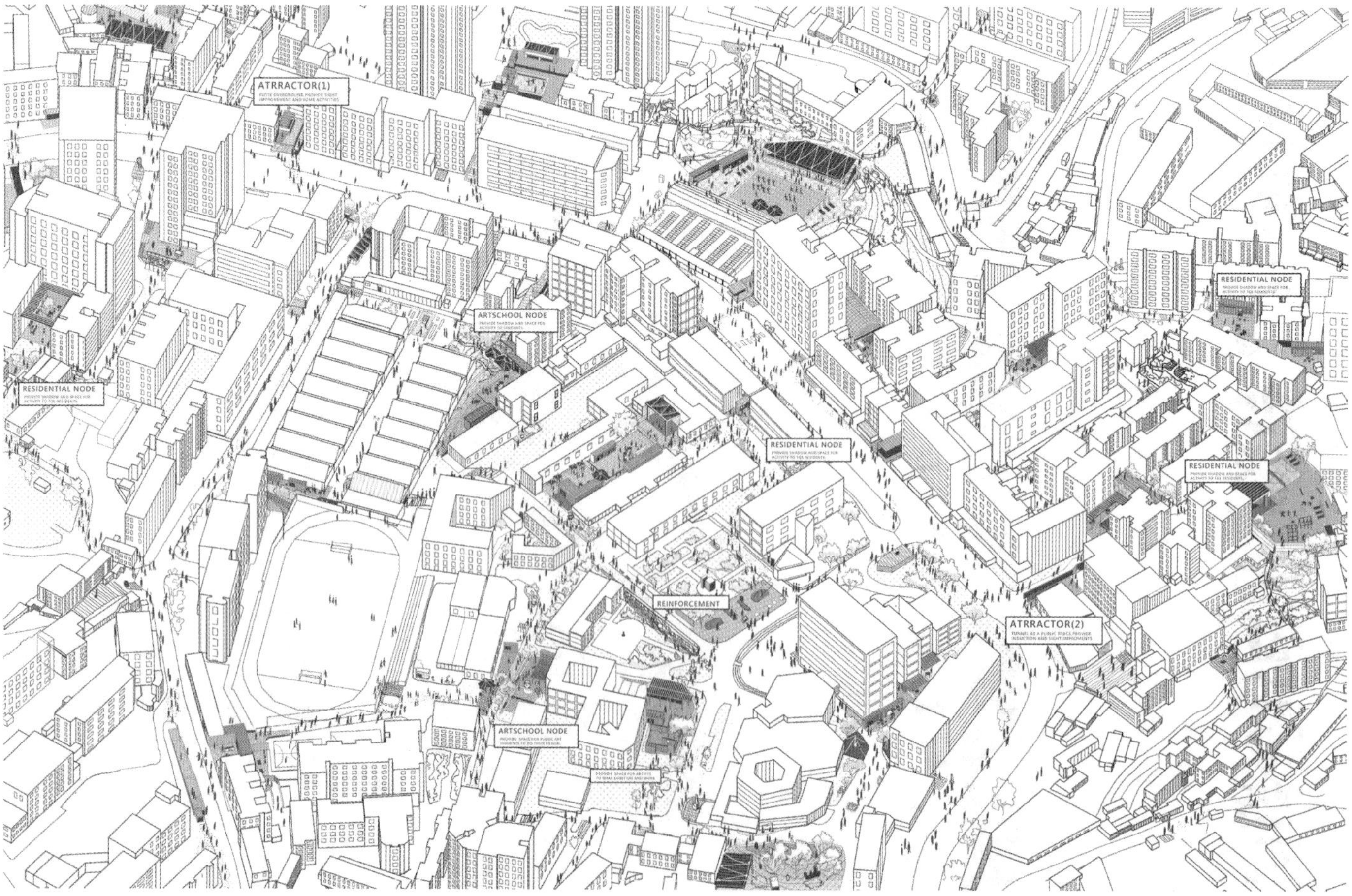

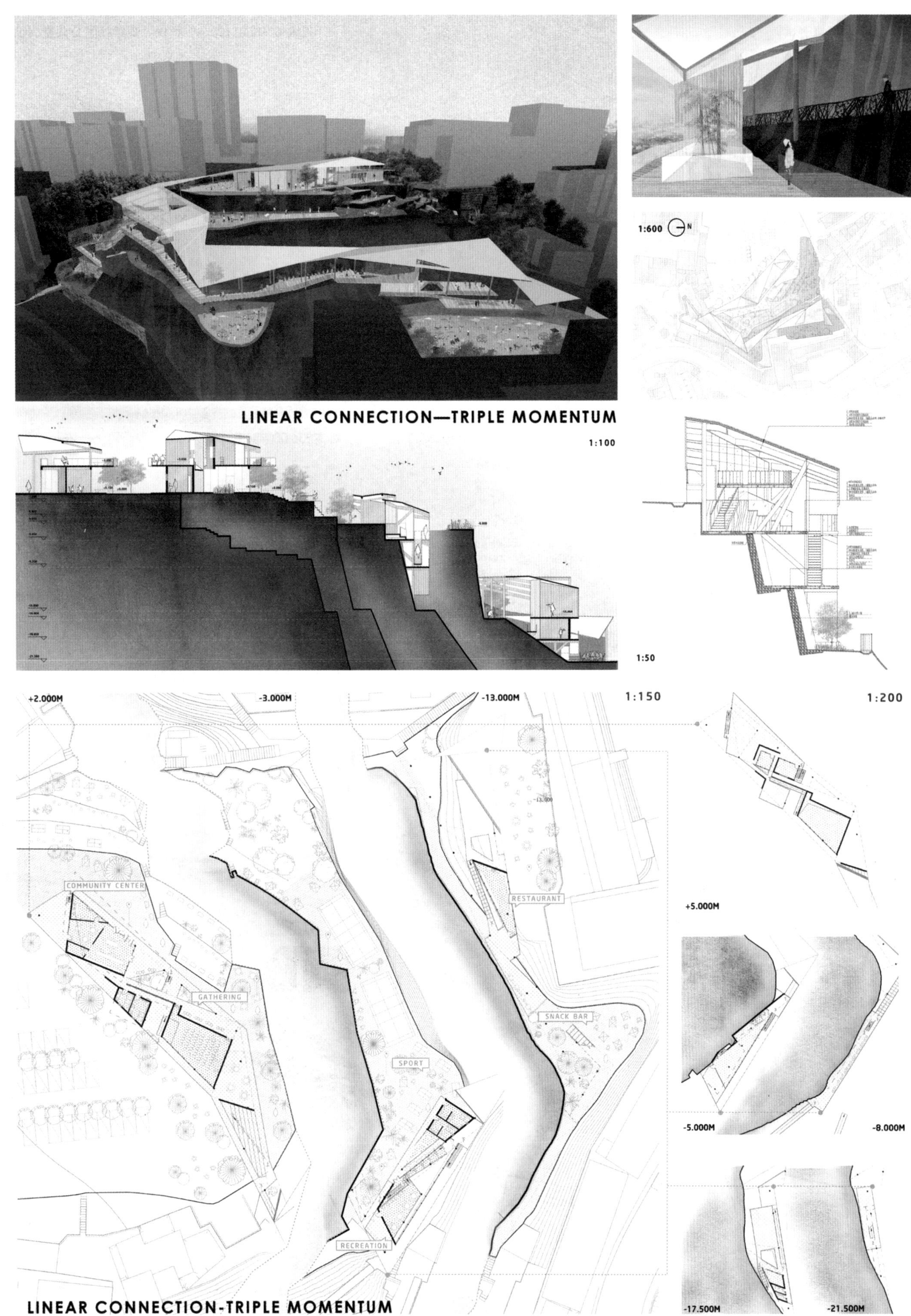

LINEAR CONNECTION—TRIPLE MOMENTUM
1:600
N
1:100
1:50
+2.000M
-3.000M
-13.000M
1:150
1:200
COMMUNITY CENTER
RESTAURANT
GATHERING
SNACK BAR
SPORT
RECREATION
+5.000M
-5.000M
-8.000M
-17.500M
-21.500M
LINEAR CONNECTION-TRIPLE MOMENTUM

159

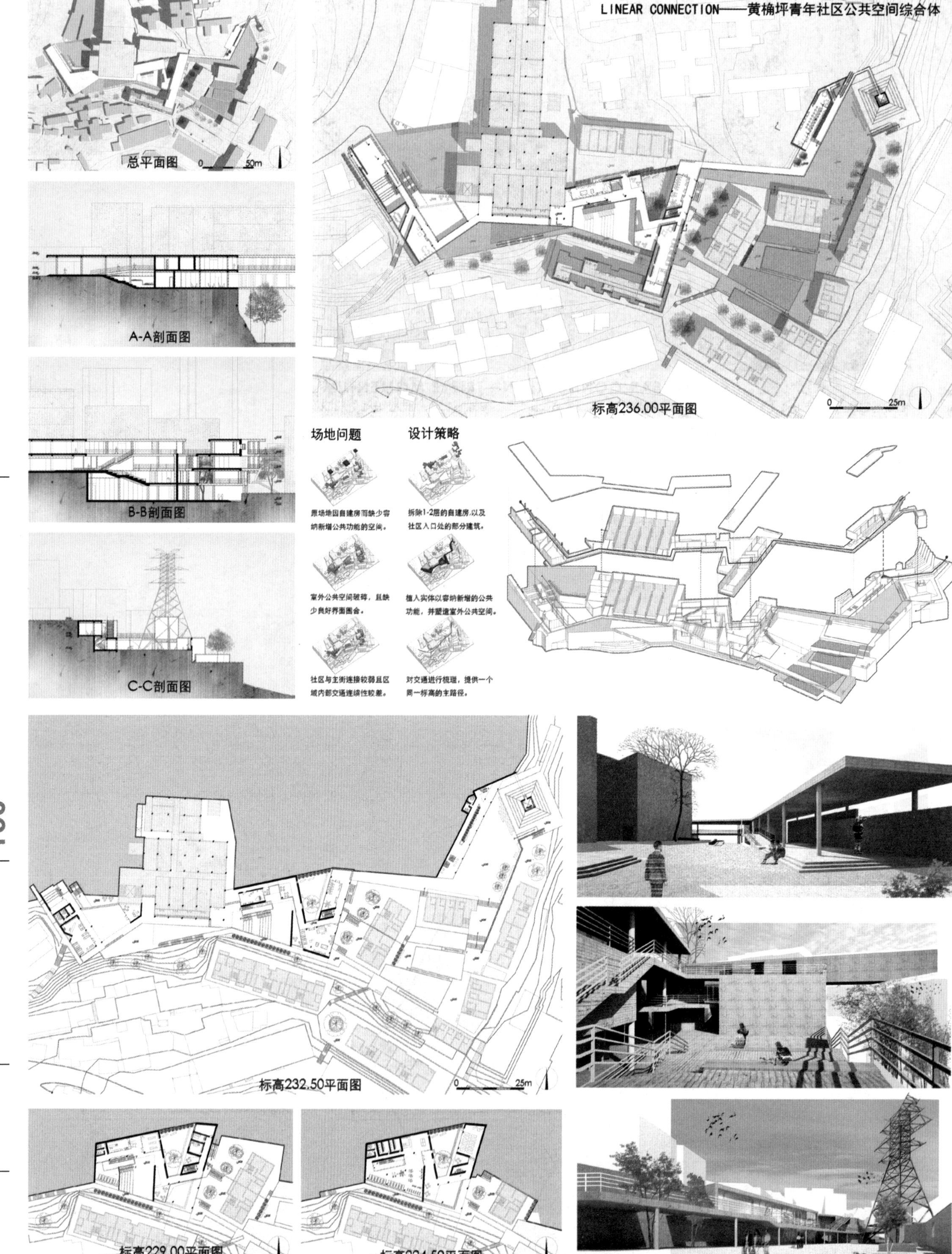
LINEAR CONNECTION——黄桷坪青年社区公共空间综合体
总平面图
0 50m
A-A剖面图
B-B剖面图
C-C剖面图
标高236.00平面图
0 25m
场地问题
原场地因自建房而缺少容纳新增公共功能的空间。
室外公共空间破碎，且缺少良好界面围合。
社区与主街连接较弱且区域内部交通连续性较差。
设计策略
拆除1-2层的自建房，以及社区入口处的部分建筑。
植入实体以容纳新增的公共功能，并塑造室外公共空间。
对交通进行梳理，提供一个同一标高的主路径。
标高232.50平面图
0 25m
标高229.00平面图
标高224.50平面图

线性公共活动艺术活动综合体

场地与建筑生成

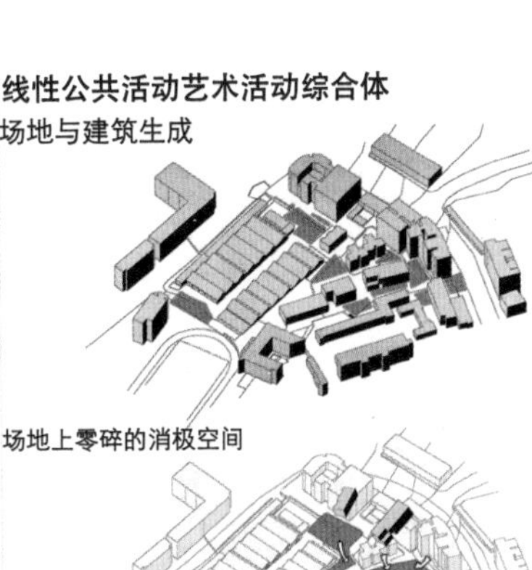

场地上零碎的消极空间

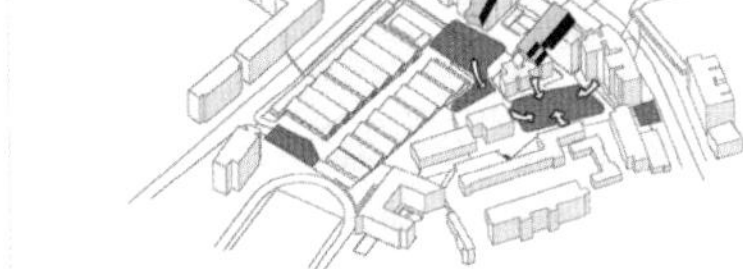

拆除两栋老旧建筑整合空间

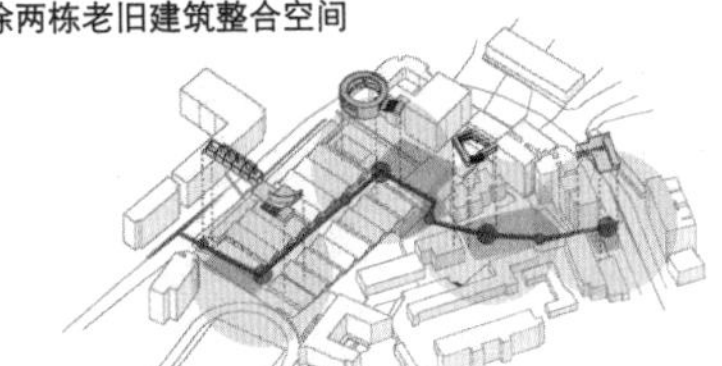

布置公共活动节点创造路线

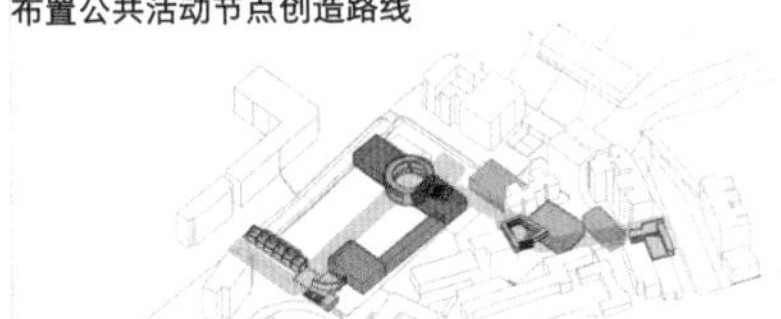

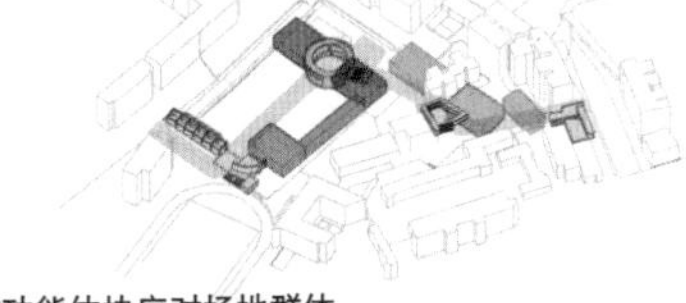

排布功能体块应对场地群体

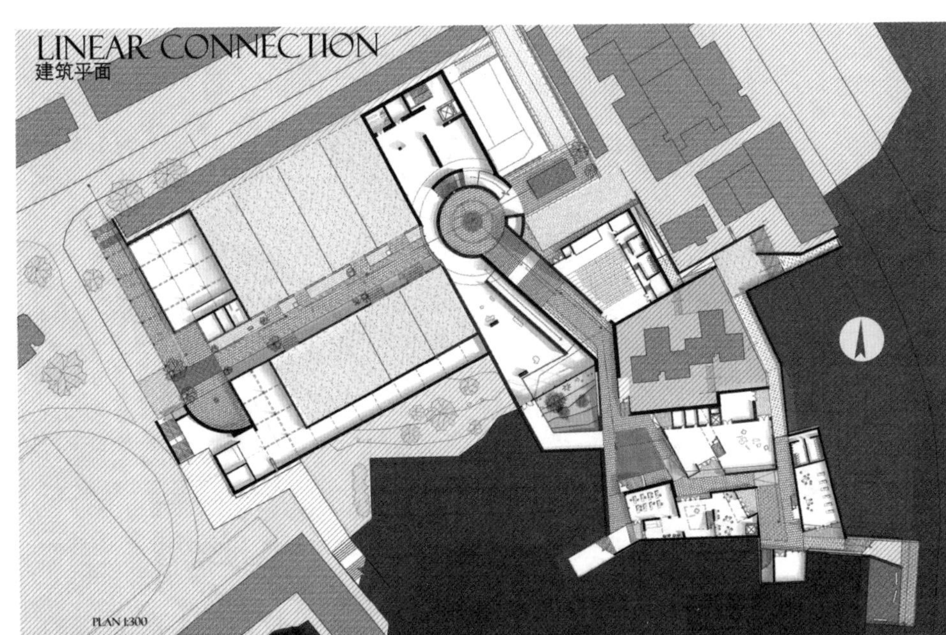

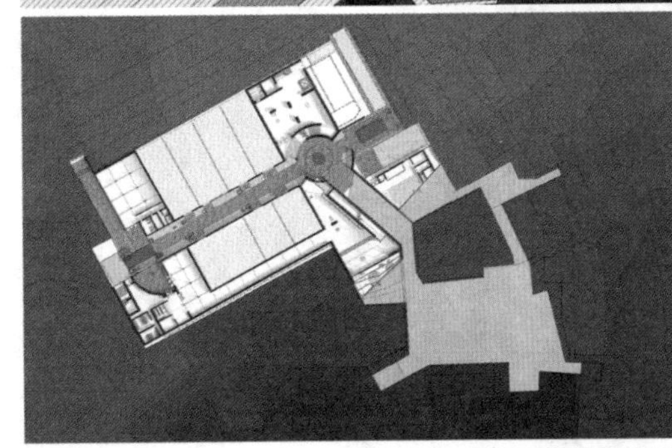

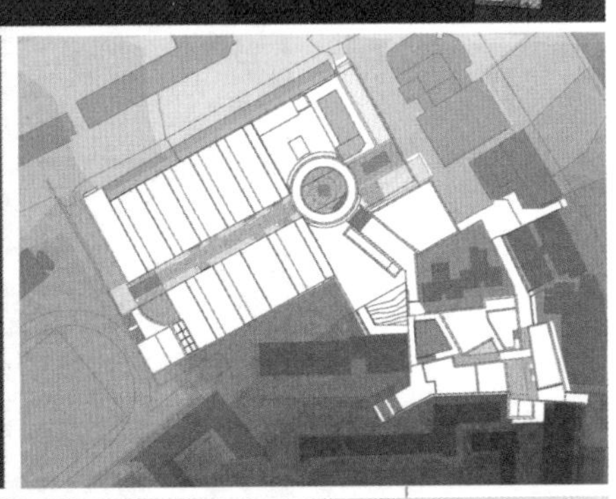

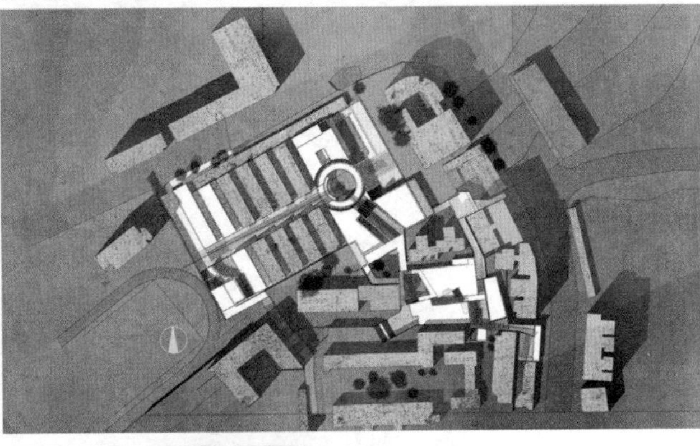

建筑流线

室外公共活动空间节点流线

室内美术馆参观流线

学生公共艺术活动流线

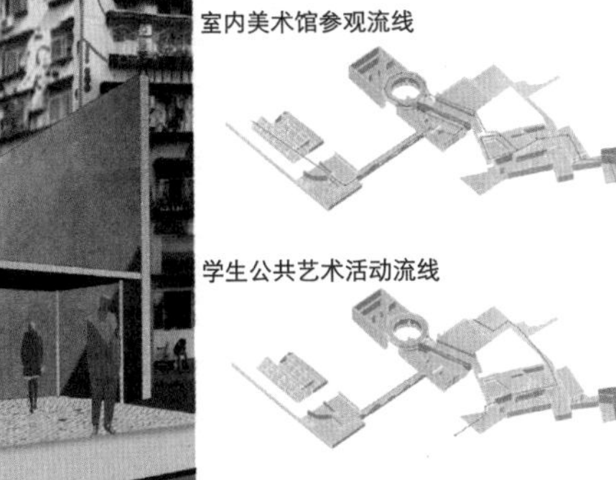

脊椎再生术 Spondyloplasty

天津大学

设计：罗珺琳／毛升辉／杨俊宸

指导：孔宇航／张昕楠／辛善超

方案介绍：

伴随着城市边界的消弭与对建筑垂直运动（kinetic vertically）普世扩散的抵抗，【巨型】作为建筑水平运动（kinetic horizontality）的结果在充分咬合地域性的基础上模糊了建筑设计与城市设计之间的界限。

我们在黄桷坪这一具有特殊地理环境的场地上引入线性【巨型】，在弥合地理对肌理的天然割裂的同时以求将现象学上的封闭围城边界反转成为区域间共有基础设施粘合带，并对线性【巨型】两侧进行互渗式城市设计。同时【巨型】作为新地标的出现为场地即将注入的文化经济引擎提供具有放大效应的物质依托，是城市空白地带向高等级目的地转型的充分条件。

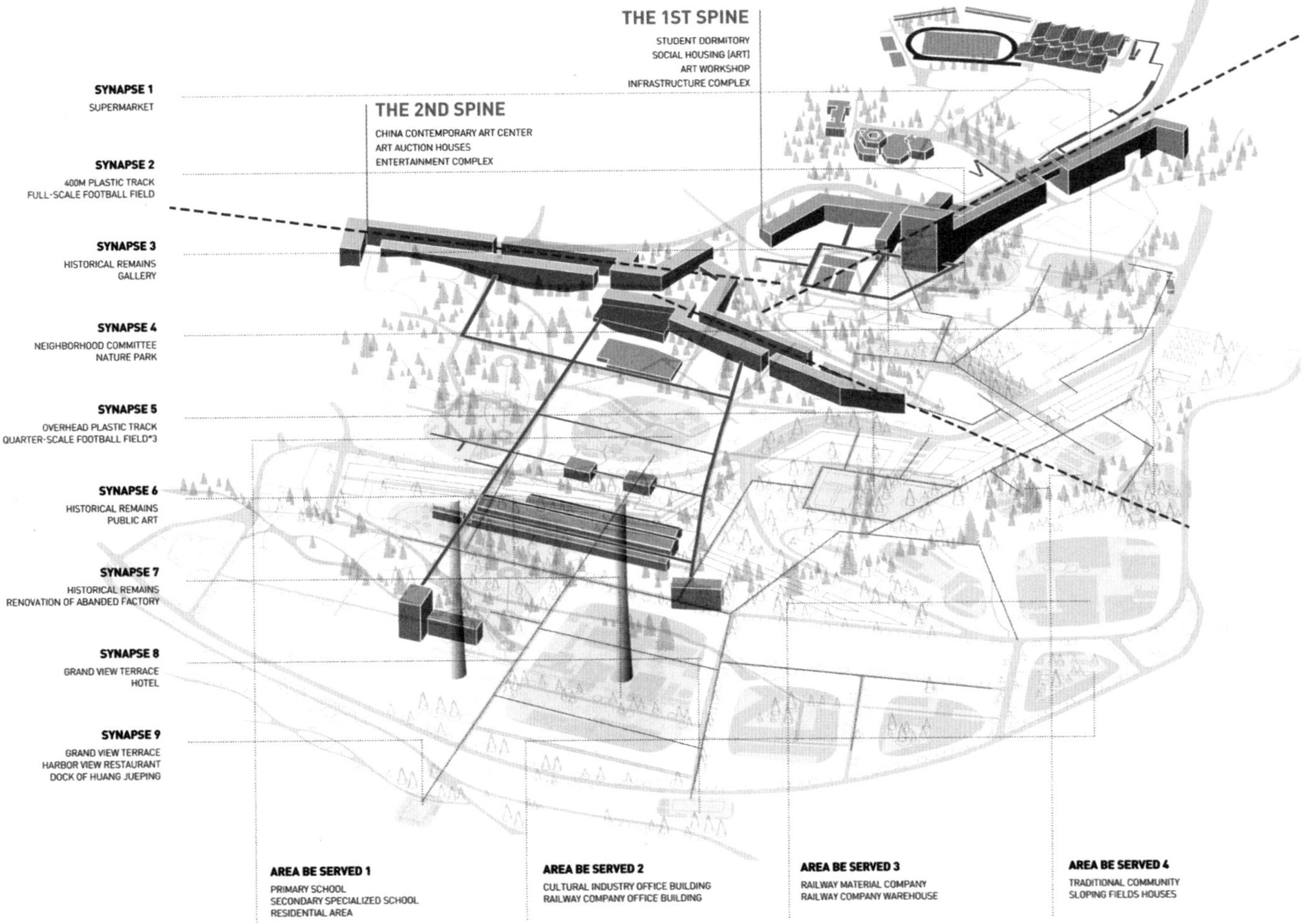

THE 1ST SPINE
STUDENT DORMITORY
SOCIAL HOUSING [ART]
ART WORKSHOP
INFRASTRUCTURE COMPLEX
THE 2ND SPINE
CHINA CONTEMPORARY ART CENTER
ART AUCTION HOUSES
ENTERTAINMENT COMPLEX
SYNAPSE 1
SUPERMARKET
SYNAPSE 2
400M PLASTIC TRACK
FULL-SCALE FOOTBALL FIELD
SYNAPSE 3
HISTORICAL REMAINS
GALLERY
SYNAPSE 4
NEIGHBORHOOD COMMITTEE
NATURE PARK
SYNAPSE 5
OVERHEAD PLASTIC TRACK
QUARTER-SCALE FOOTBALL FIELD*3
SYNAPSE 6
HISTORICAL REMAINS
PUBLIC ART
SYNAPSE 7
HISTORICAL REMAINS
RENOVATION OF ABANDED FACTORY
SYNAPSE 8
GRAND VIEW TERRACE
HOTEL
SYNAPSE 9
GRAND VIEW TERRACE
HARBOR VIEW RESTAURANT
DOCK OF HUANG JUEPING
AREA BE SERVED 1
PRIMARY SCHOOL
SECONDARY SPECIALIZED SCHOOL
RESIDENTIAL AREA
AREA BE SERVED 2
CULTURAL INDUSTRY OFFICE BUILDING
RAILWAY COMPANY OFFICE BUILDING
AREA BE SERVED 3
RAILWAY MATERIAL COMPANY
RAILWAY COMPANY WAREHOUSE
AREA BE SERVED 4
TRADITIONAL COMMUNITY
SLOPING FIELDS HOUSES

DEPARTMENTS RELOCATION
WORKERS' HOUSING DEPRESSION
ART MARKET DEPRESSION
RAILWAY SYSTEM RELOCATION
ELECTRIC POWER PLANT WITHDRAWAL
SHIPPING DEMAND DEPRESSION

REGIONAL RAILWAY LINE
PRIMARY URBAN ROAD
PRIMARY REGIONAL ROAD
LOCAL ROAD
PEDESTRIAN PATH

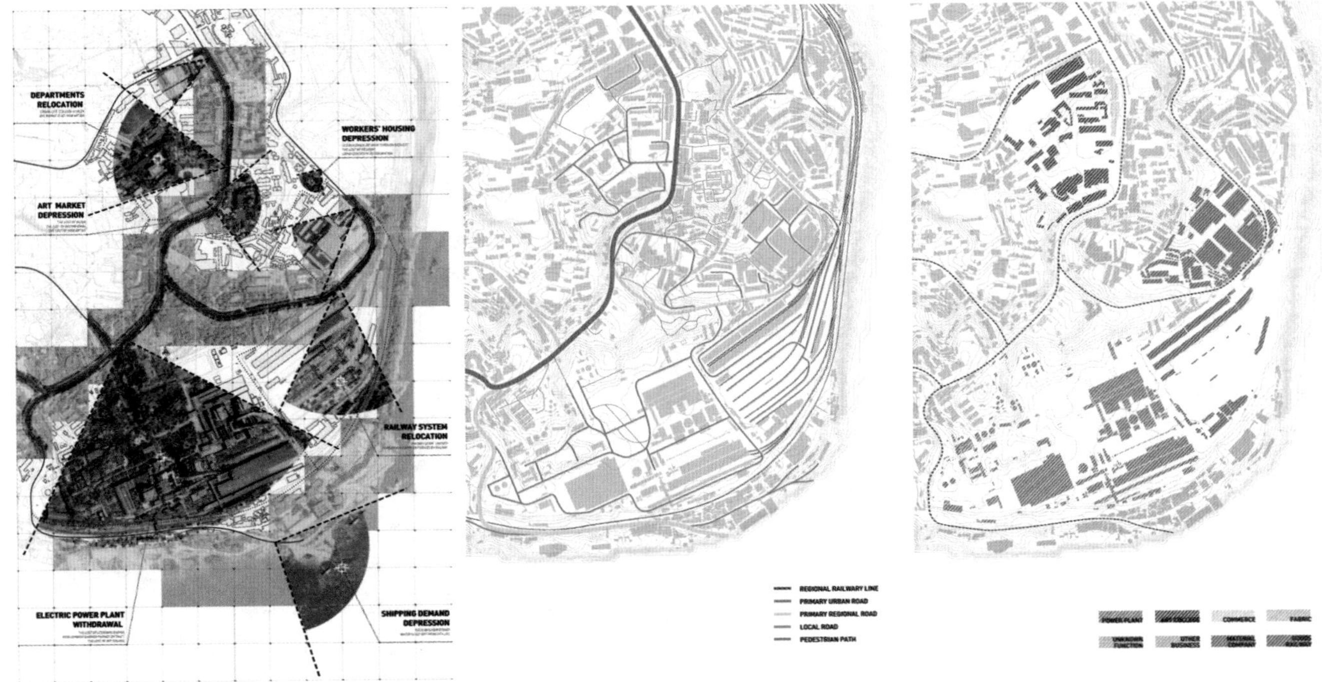

黄桷坪在新中国成立前还是一片荒地，新中国成立后才逐渐发展起来，良好的交通条件与稀少的居住密度决定了它成为工业用地的优良选址。电厂的出走首先带走了地区经济发展的引擎，同时遗留下大量难以开发的工业用地。同时原本丰富的艺术原材料几乎凋敝，艺术市场也陷入衰败。下岗职工、黄漂群体等沉浸在上一时代的遗留者如今皆是不知何去何从。

深入场地进行调研，扑面而来的是极强烈的生活割裂感。美院组团与电厂退休职工以及老电厂分别占据了场地的一部分，且在地理上形成天然的高差，进一步创造了沟通的阻隔。同时铁路单位的介入更强化了三大单位对于生活方式的割据，形成了地理可见的三座围城。道路系统也配合单位制度进行运作，三座围城区域之间几乎没有交流。

面对经济引擎的缺失与大量遗留地，传统城市设计的修补策略在这里已经无从入手，作为设计者首先需要进行的是城市策划上对于经济引擎的重新置入。

通过利用场地的闲置资源即工业废地与极有生命力但没有得到释放的艺术资源，策划上选择发展文创产业，利用工业闲置土地的同时打开艺术品交易市场，将工业园区存量更新成为高等级旅游目的地。

以场地地理条件为主要着力点，两道强而有力的巨型在场地上水平生长。通过两道巨墙所区分出的四个区域为客体，确定巨墙的功能分布，以创造能够自然发生的在地对话。

北段主要功能为美院学生宿舍与黄漂公寓，以艺术为底色衔接西部美院教学区与东部当地居住区；北段下部设置艺术工坊与以运动为底色的基础设施集合，以糅合学生与居民生活方式的共同部分。东南段申入文创开发区，作为中国西南当代艺术中心的主体在广阔的范围发挥作用，成为区域地标，利用复合的艺术业态成为西南地区艺术品市场的主识别物。西南段衔接北侧当地居民区与各级学校和南侧开发区绿地部分，设置较高等级的商业，服务于开发区外地游客的同时为当地居民创造大量基础设施，实现地域性与非地域性的对话。

在精神记忆层面，两道巨型呼应1952年起便屹立在黄桷坪的巨大的烟囱，一者为工业时代的终章，垂直挺拔，孤立于过去；一者为艺术时代的开篇，水平生长，紧密结合现在。两者的对话更强调了新规划的身份认同，两道巨型作为黄桷坪新时期的基础设施脊椎在为当地提供服务的同时肩负起了走出黄桷坪的任务。

两道巨型构成了整个地区运作的脊椎系统，继续深入设计勾勒出场地各功能区块连接到脊椎上的神经路径以及脊椎外部的突触节点。最终完成的系统中，九个节点依据存量与外部条件进行了更新设计或全新设计。分别为：①原坦克仓库改建后的菜场节点，②原美院操场开放向市民后的运动节点，③以川美老校区红楼为尽端的校园公园节点，④东部陡坡下的市民休闲节点，⑤新建艺术运动核心点，⑥油罐艺术公园节点，⑦烟囱下艺术品交易市场节点，⑧步道系统江景尽端节点，⑨步道系统码头尽端节点。同时南北区各有架起的天桥系统进行节点与被服务区的快速连接，在山区地貌中创造出一整套缓行散步系统。

除却对核心脊椎系统的塑造，关于场地的基本环境梳理具体体现为道路通行系统的南部打开，为开发区创造便利的通行性；市民散步系统的架构，创造新的地景同时强化生活便利；功能分区边界的含混与活力区块的置入，使得原本围城的状态自然消解。

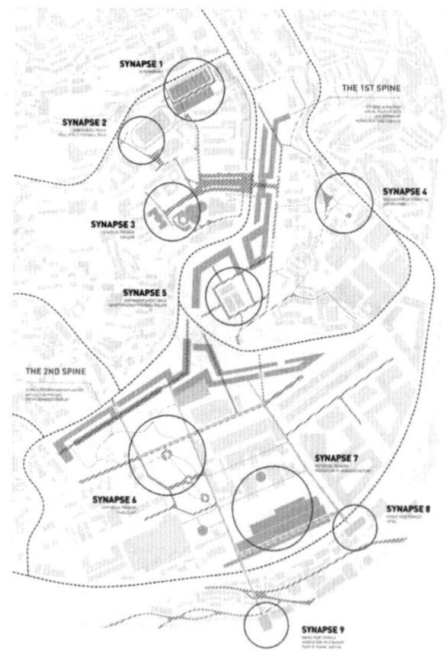

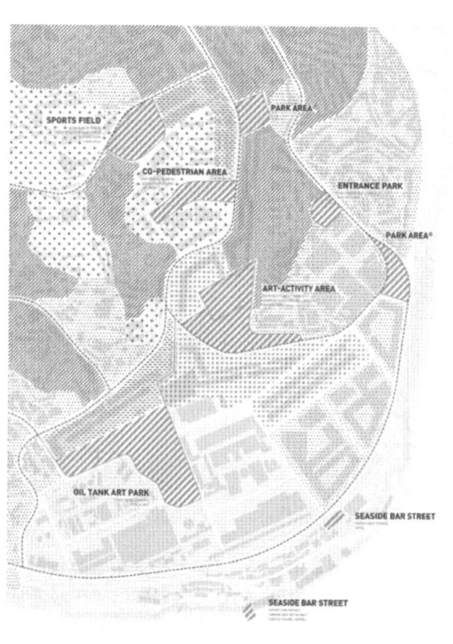

NO.1 SPONDYLOPLASTY
SSCA & CIVIC BATH GARDEN
第一段脊椎再生术
当代艺术中心与市民浴场花园

通过对建筑非物质性感受的提炼与对比讨论，创造了当代艺术中心与民众浴场花园两个相互对话的建筑类型，探讨了建筑永恒性与瞬时性的对立统一，呈现出突破桎梏的在地的风景。

世界性，永恒性，垂直感，重力。

地域性，瞬时性，水平感，支持力。

一段建筑语汇的在地对话隐而待发，一个城市巨型所扮演的多义角色逐渐清晰。

THE MOMENT OF EPHEMERON APPROACHING ETERNITY

THE HALL OF ETERNITY

EPHEMERON IN BATH

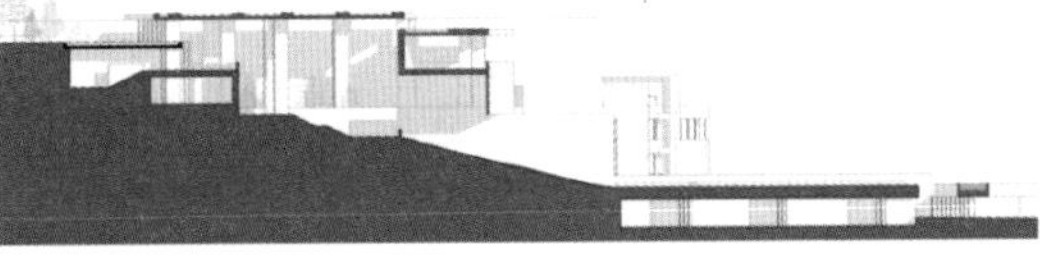

SEC - CONTEMPORARY ART CENTER

0 1 4 16 1 40m

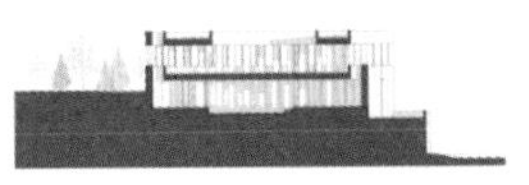

SEC - CIVIC BATH GARDEN

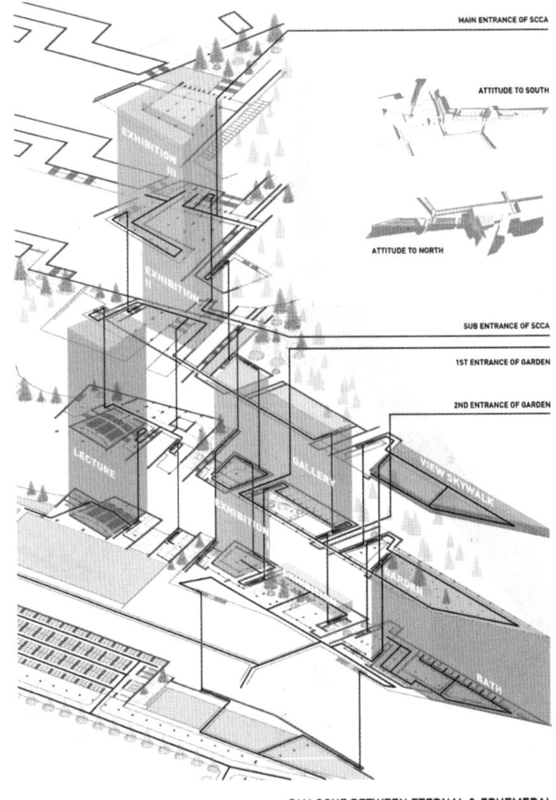

DIALOGUE BETWEEN ETERNAL & EPHEMERAL

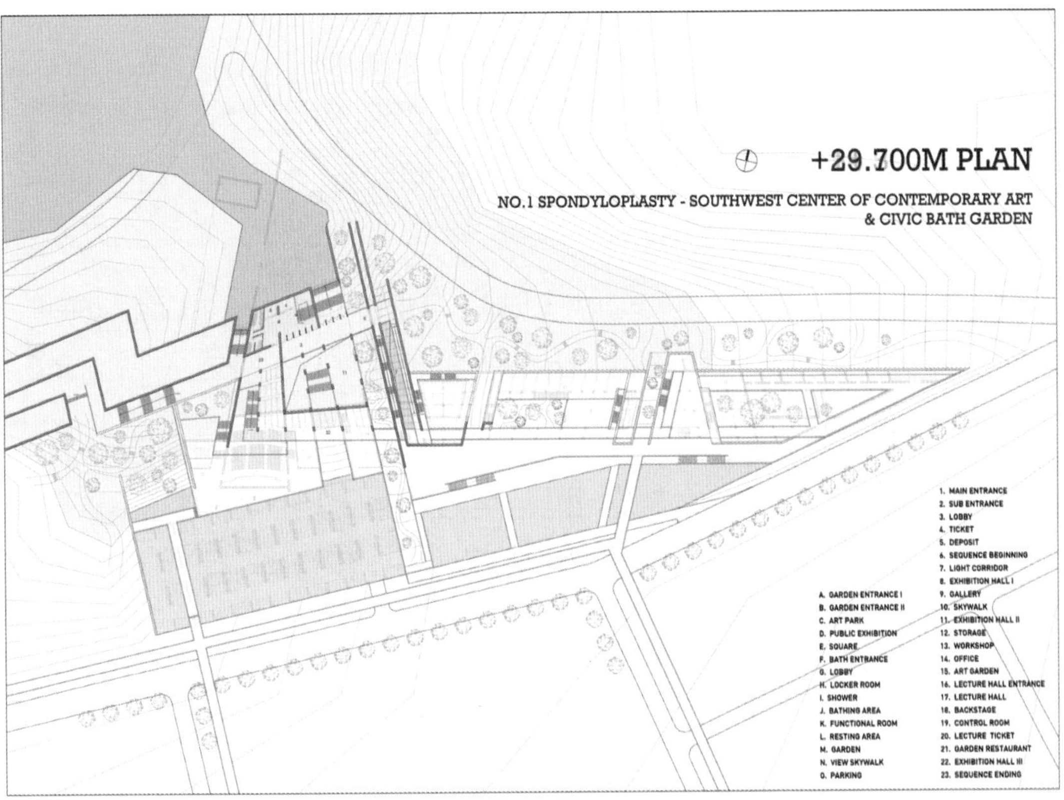

THE OVERLAP OF PLAN

0 1 5 120 1 50 100m

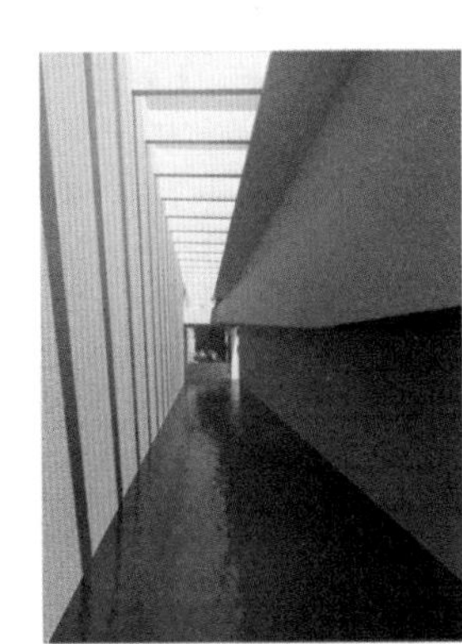

LIGHT CORRIDOR

EXHIBITION HALL III

NO.2 SPONDYLOPLASTY MEGA TECHNICAL SCHOOL

第二段脊椎再生术 黄桷坪职业技术学校

从城市设计维度考量，场地所介入的巨型在具有很强在地性的同时，将凭借其较强的形式潜力成为黄桷坪新的标志物，来弥合并系统的应对现实问题。随着 21 世纪黄桷坪九龙电厂、机械厂等大型工业区的关停搬迁，工业产业转移，使得大部分工业场址空间成为遗存，许多职工成为下岗待业工人，原有的工人身份开始面临社群边缘化甚至消失的命运。

以此为出发点，以职业学校为功能主体的巨型介入，期望弥补和修复场地割裂的现状，也为场地弱势群体提供一个寻求自身价值和社会存在的场所。

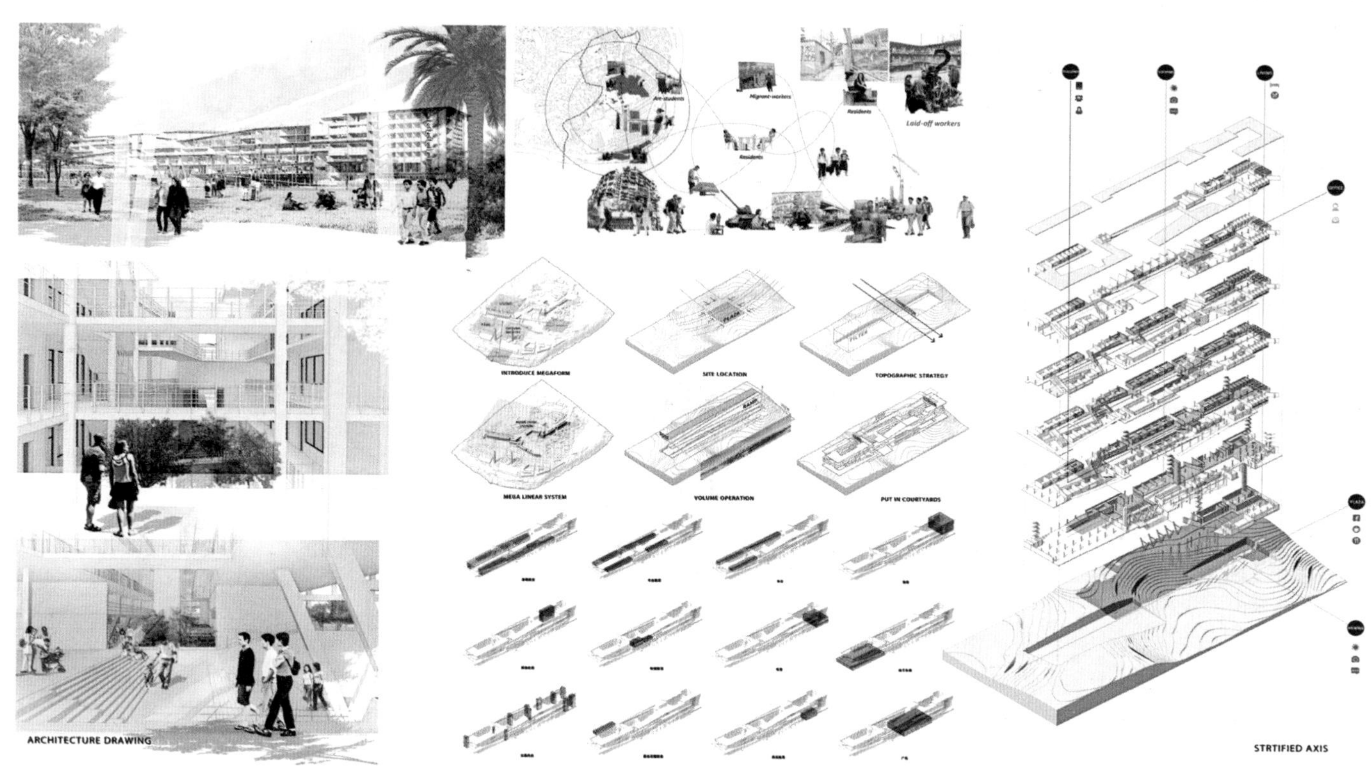

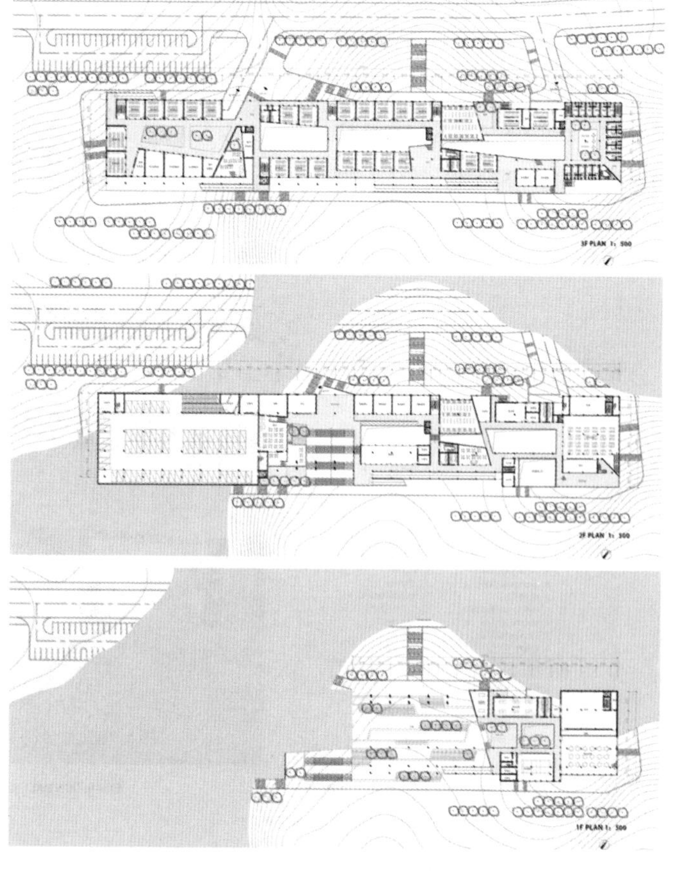

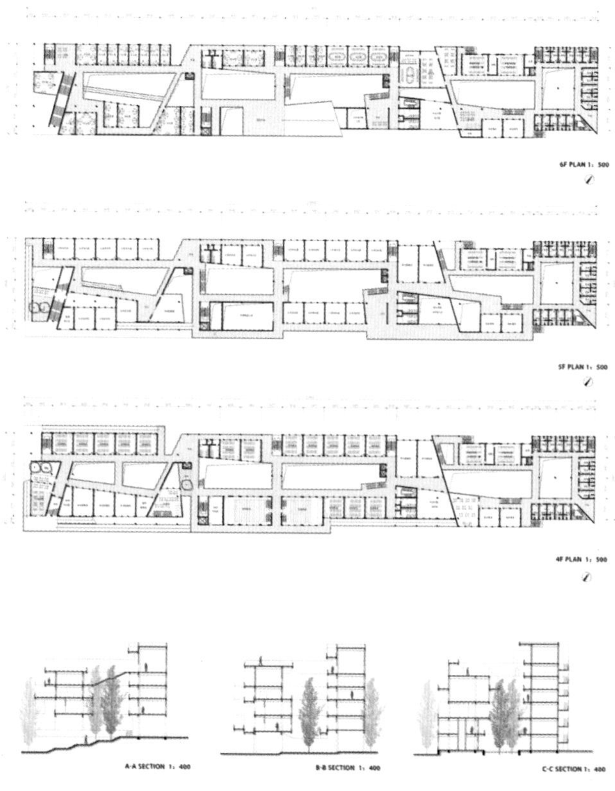

NO.3 SPONDYLOPLASTY COMMUNITY ON THE MOVE
第三段脊椎再生术 黄桷坪“巨型”生活综合体

在“解构美院”前提下拆除先涂鸦街，重新设计生活性综合巨型条带，设计问题的解决侧重城市尺度的功能空间的完善。交往场所进行联系，其中功能空间主要包括阅读活动、社交中心、运动场地及小型陈展空间、露天剧场舞台等等，部分空间节点另有天桥联系西北侧沿街天桥并落入美院内部，或天桥从正街穿越组团落至山地居住片区，提高居民的日常交通可达性。

与自然地形的结合也使得建筑本身成为城市天际线和城市景观的一部分，设计也是在弗兰姆普敦“巨型作为一种都市景观”的理论指导下一次巨型介入城市的实验尝试。

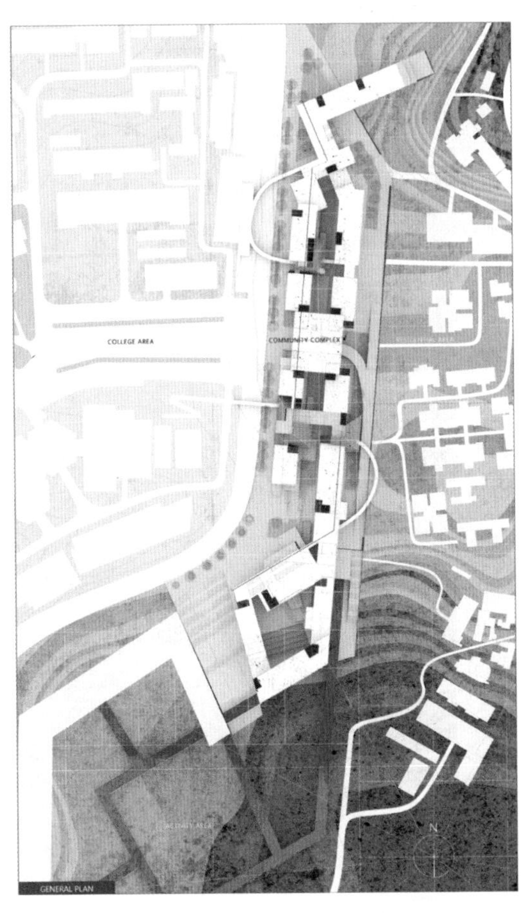

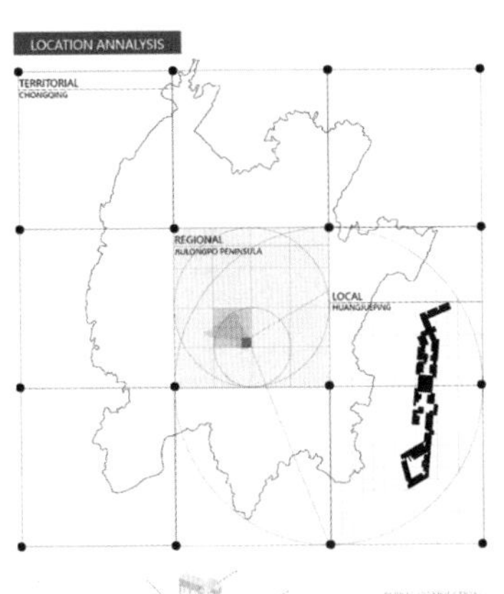

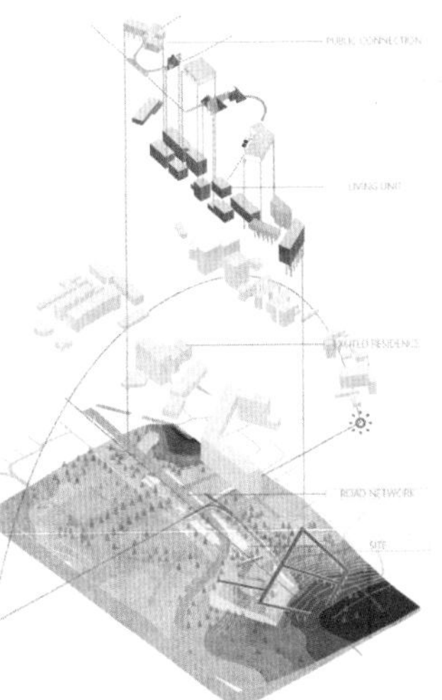

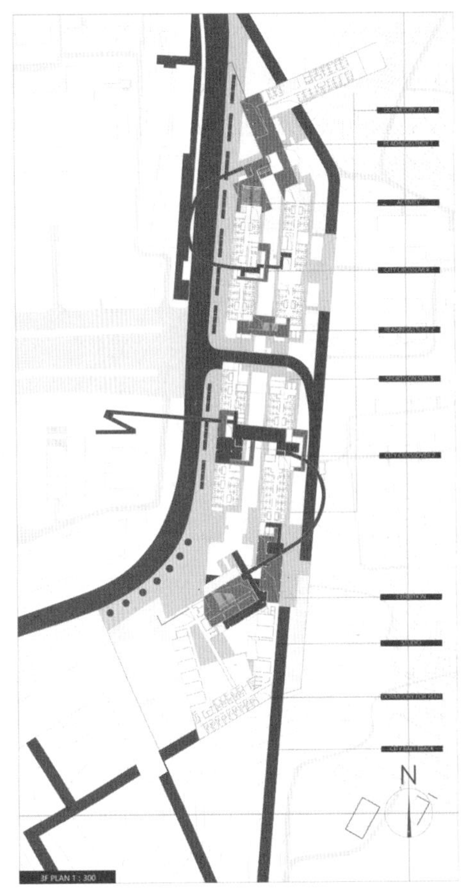

黄桷坪的日常

Living-scape of Huang Jueping

天津大学
设计：王雨晨/吴婧彬/林培旭
指导：孔宇航/张昕楠/辛善超

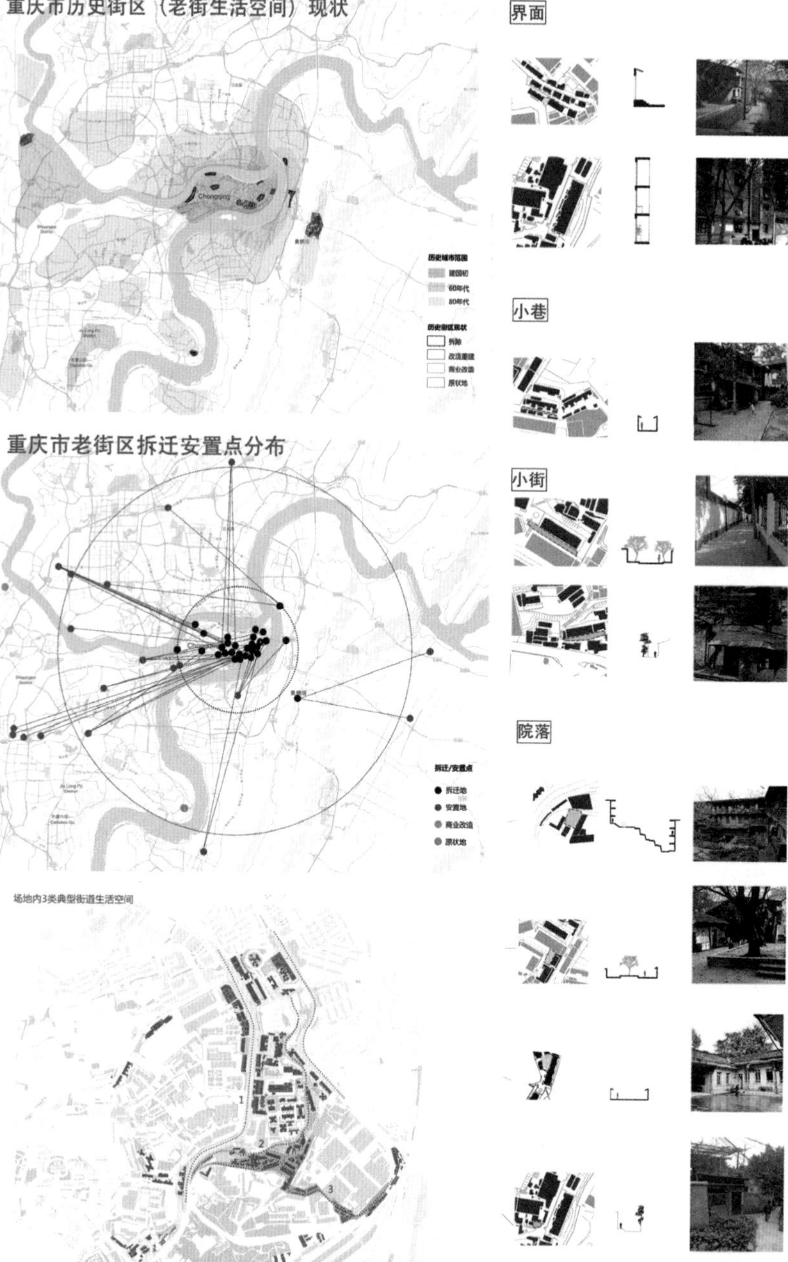

黄桷坪的日常拼贴
Montage of living-scape

方案介绍：

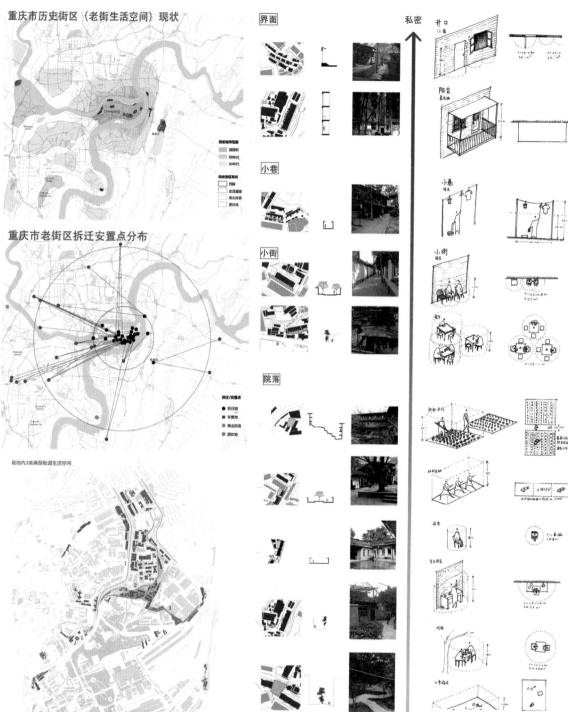

到底什么才是城市生活应该有的样子？是黄桷坪涂鸦街自上而下、脱离生活的矫饰，还是被遗忘的旧住区内浓郁的生活气息？我们研究了场地现存体现 Living-scape 的空间，提取其原型，分析利弊，制订规范保护安全和风貌，提出构筑物营建方法以提供居民生活的载体，以自下而上的方式力图保存和延续旧街区的生活感，重塑新居住区的生活景观。同时，通过对场地肌理的整理、分类和规划，基于场地提出更新的规范导则，而后设计不同区域的主要公共活动节点，并且提出居民自行营建的方法，期望将这种自主更新的方式推广到整个城市，在重塑场地肌理的同时，找回现代主义中消失的有江湖气的老重庆。

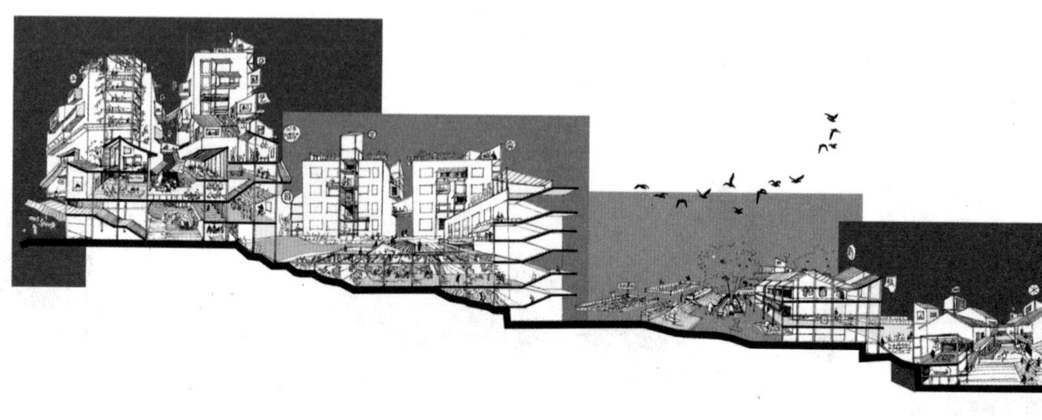

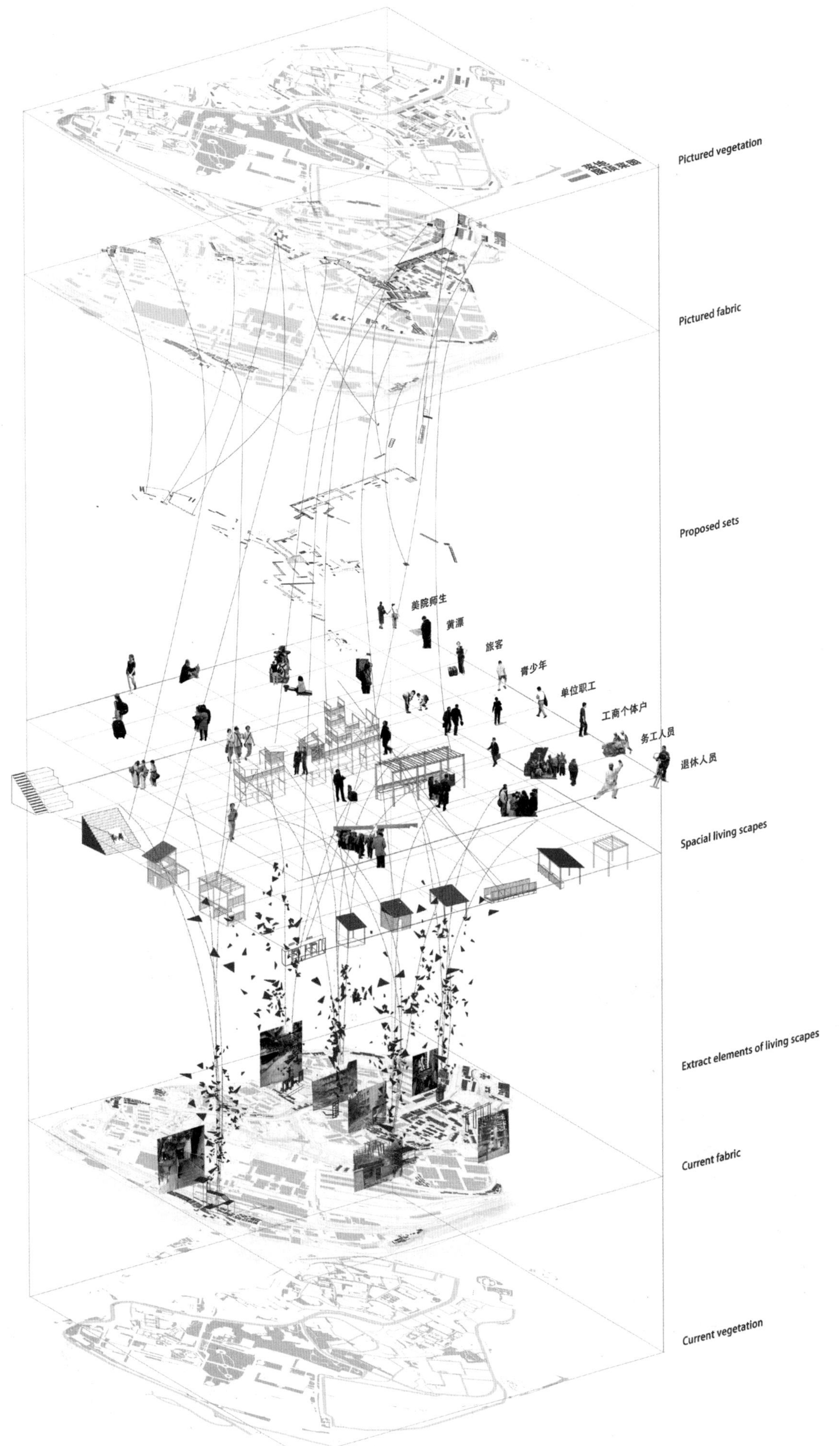
Pictured vegetation
Pictured fabric
Proposed sets
美院师生
黄漂
旅客
青少年
单位职工
工商个体户
务工人员
退休人员
Spacial living scapes
Extract elements of living scapes
Current fabric
Current vegetation

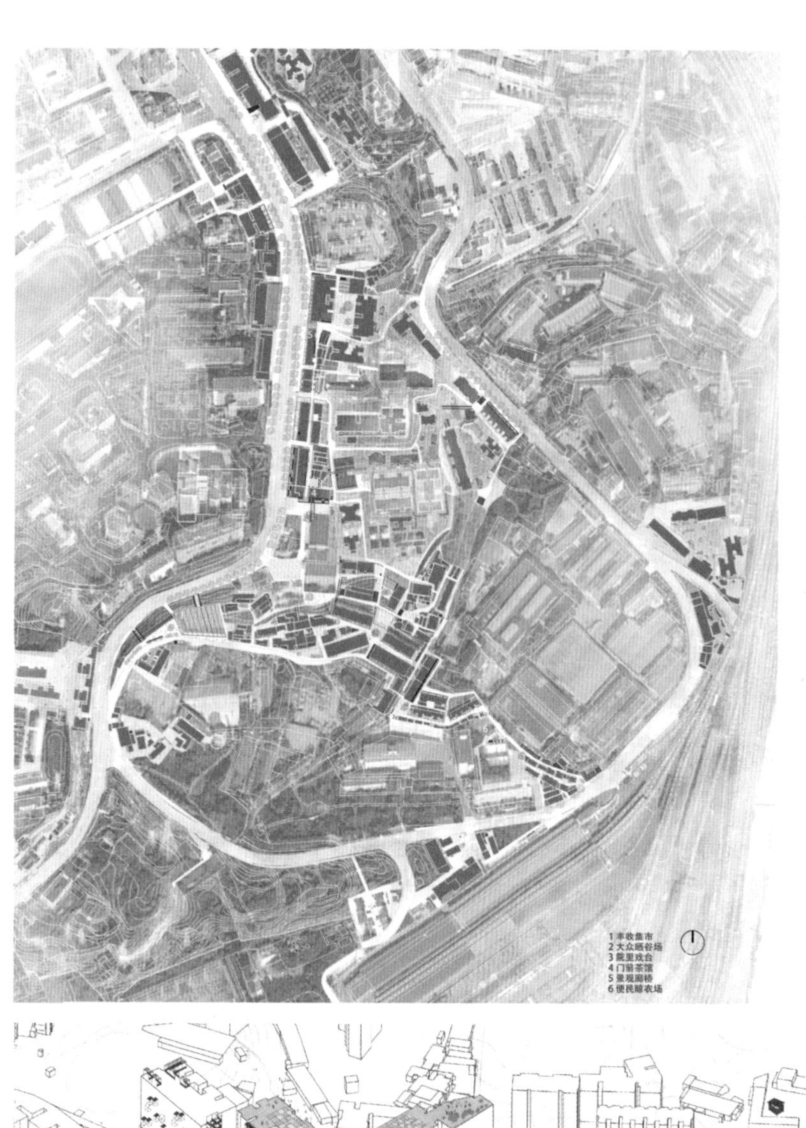

私密域&半私密域　自主营建

居民自主设定功能→邻里协商范围（不违反条例规定）→自主搭建

使用工业规格材与本土材料设计了适应不同功能类型的空间语汇，供当地居民用于扩展室内空间，种植，晒衣，餐厨，闲坐等。通过设计空间与生活行为的结合塑造living scape的场景。

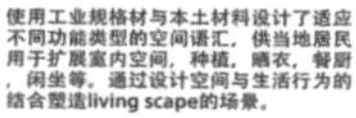

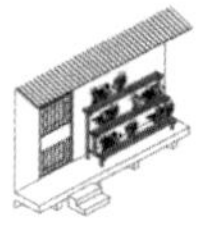

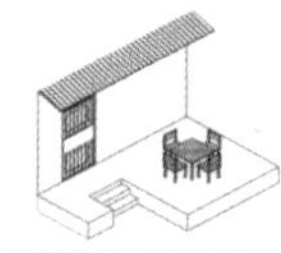

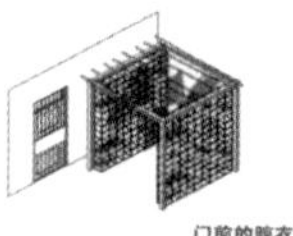

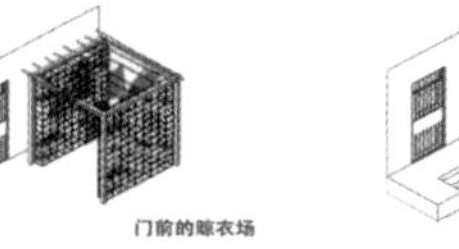

门前的晾衣场

加建的居住单元

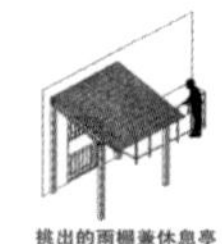

挑出的雨棚兼休息亭

连接梯坎的种植景观廊道

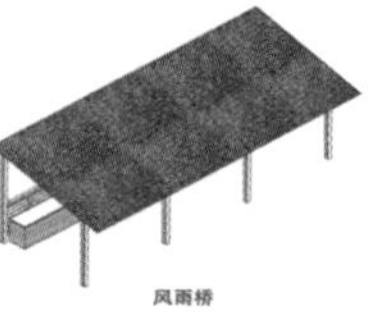

风雨桥

街道上的活动亭

公共域　民主协商+合作营建

社区成立讨论小组→协商公共活动空间功能→参照条例拟定策划书→递交居委会由居委会等组织与当地建筑事务所协商合

基于区域综合规划和对生活图景的预期，我们设想了三个大型功能设施：茶馆，戏台和市场作为方便居民生活和living scape的容器。三种功能设施均使用与当地居民自发搭建行为相同的语汇，通过叠加和扩展获得功能所需要的大型尺度而维持视觉效果和建筑构件的一致性。

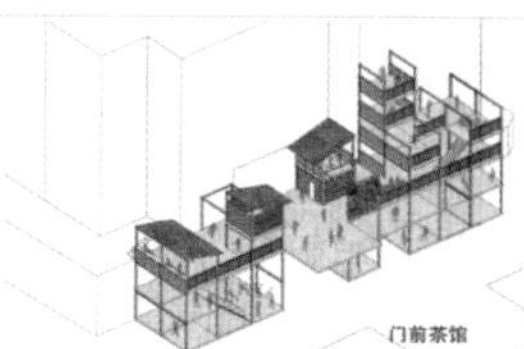

门前茶馆

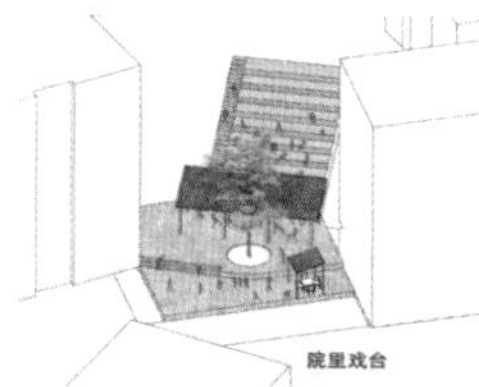

院里戏台

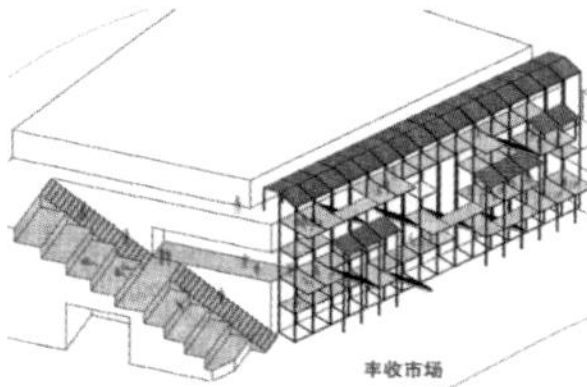

丰收市场

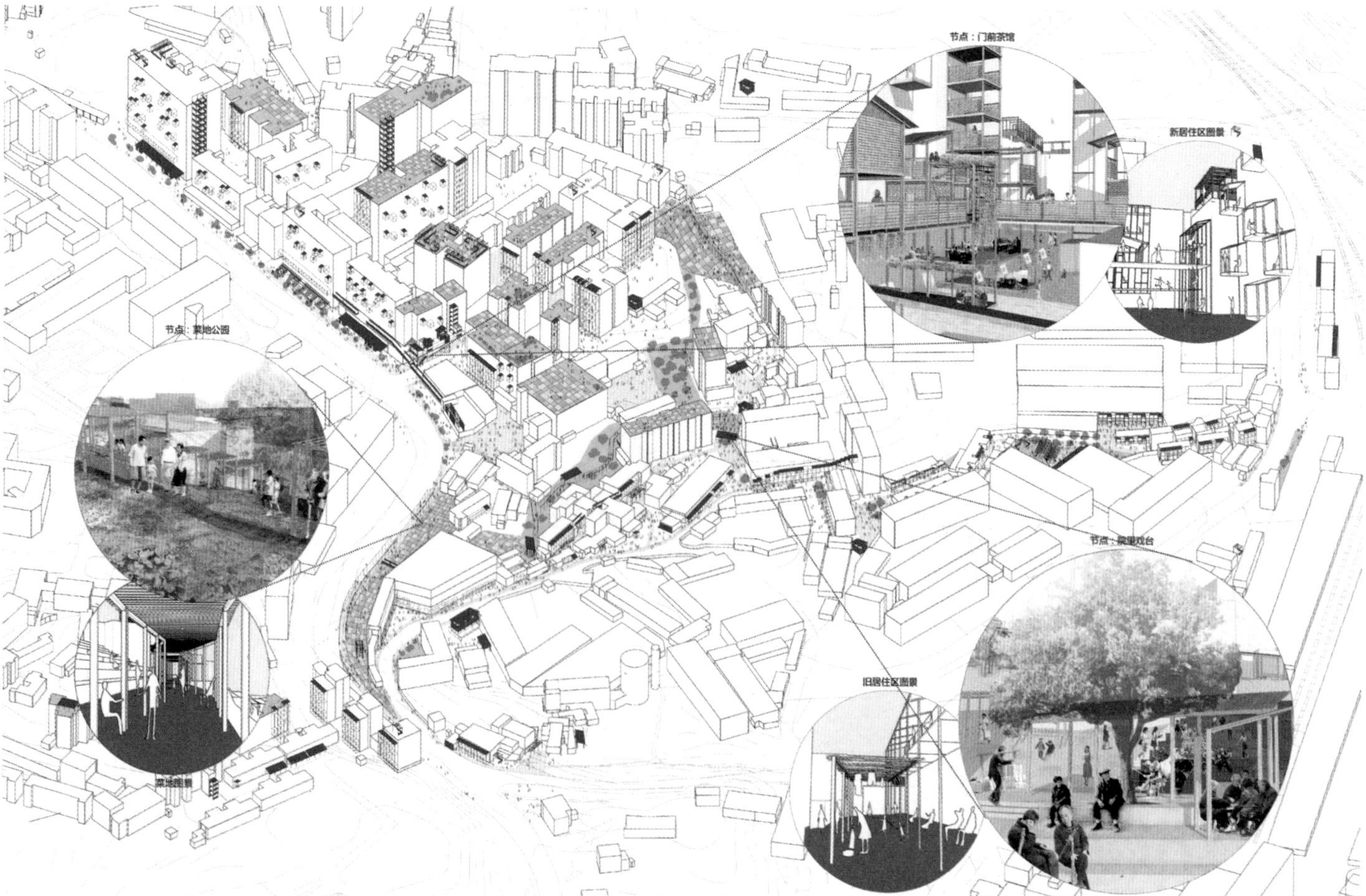

节点：门前茶馆

新居住区图景

节点：菜地公园

节点：院里戏台

旧居住区图景

后街 日常演绎

Backstreet everyday life

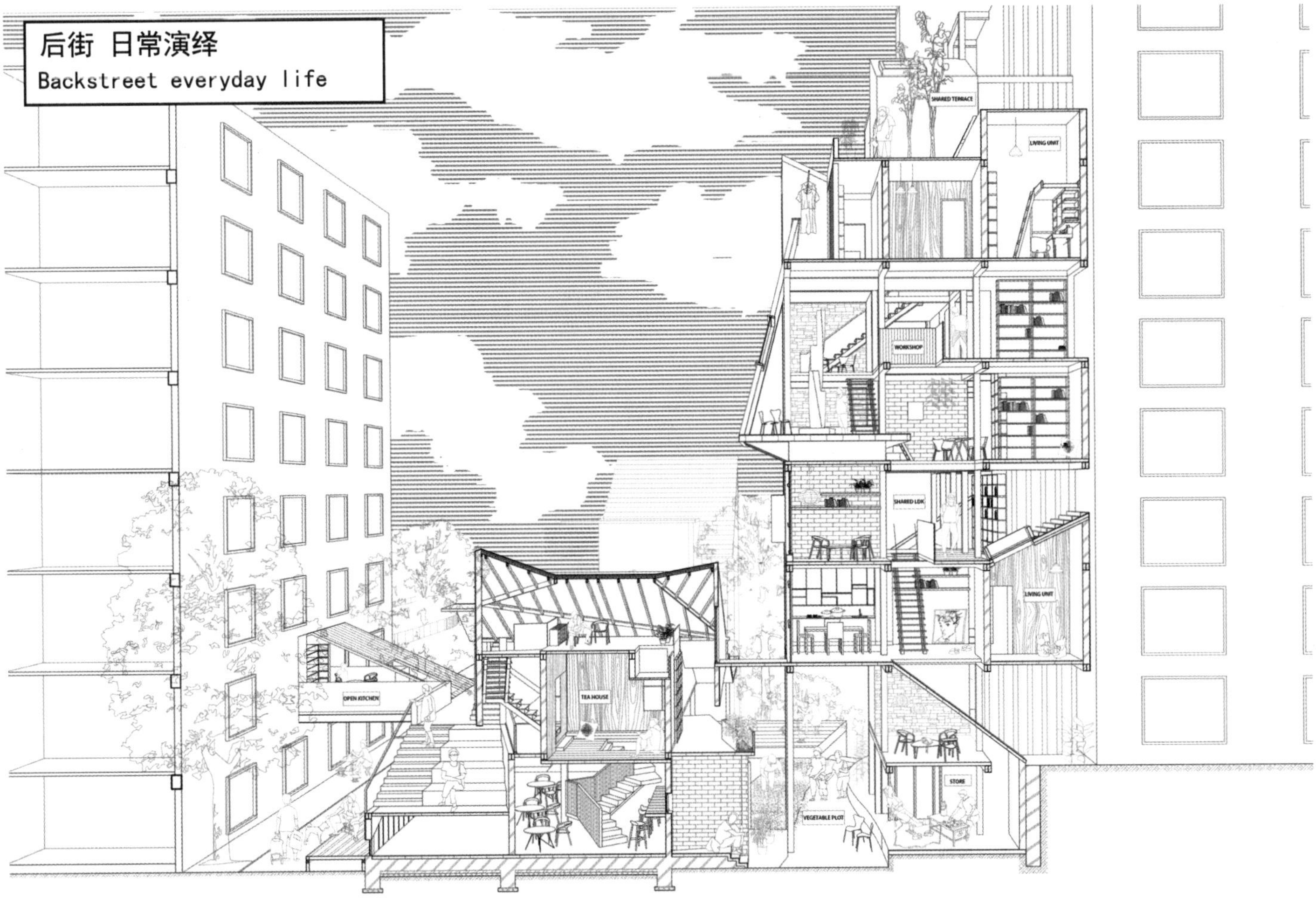

SHARED TERRACE

LIVING UNIT

WORKSHOP

SHARED LDK

LIVING UNIT

OPEN KITCHEN

TEA HOUSE

STORE

VEGETABLE PLOT

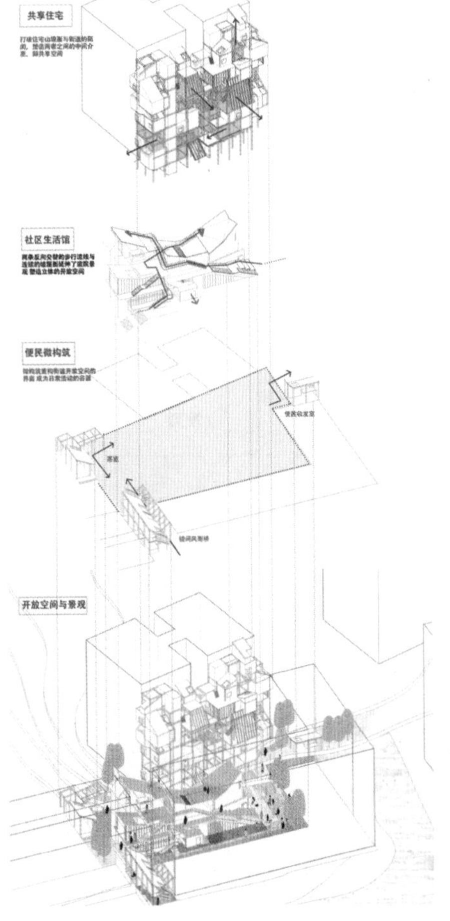

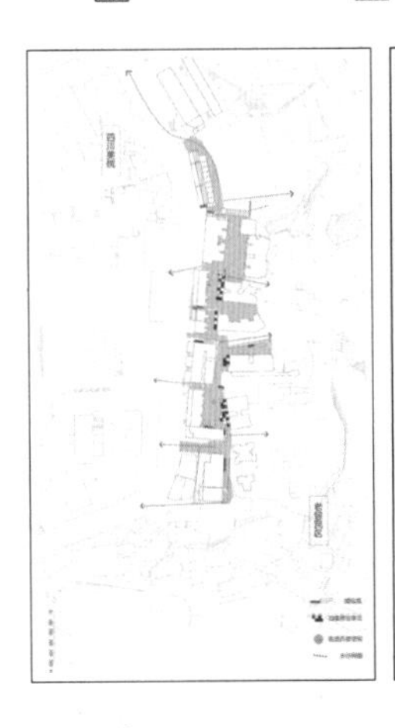

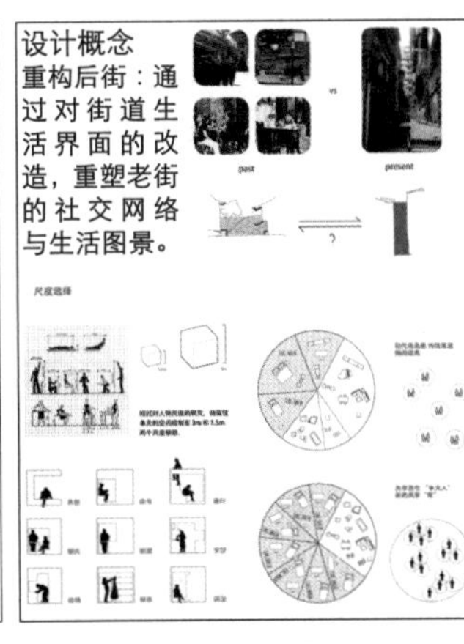

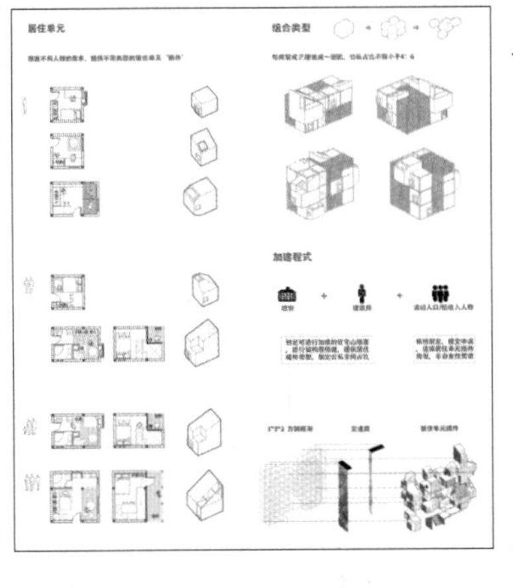

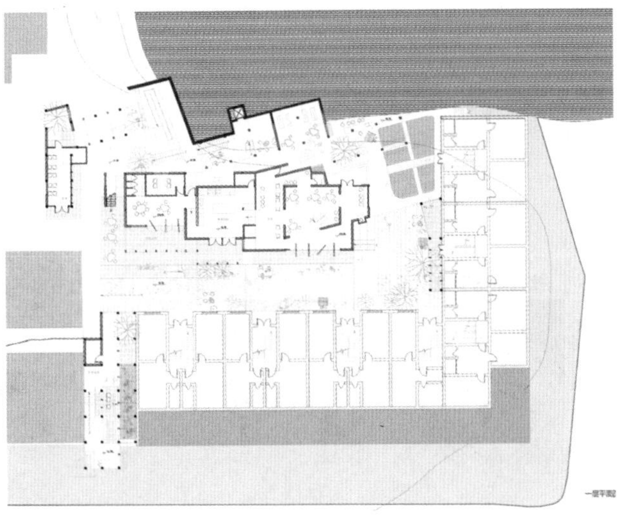

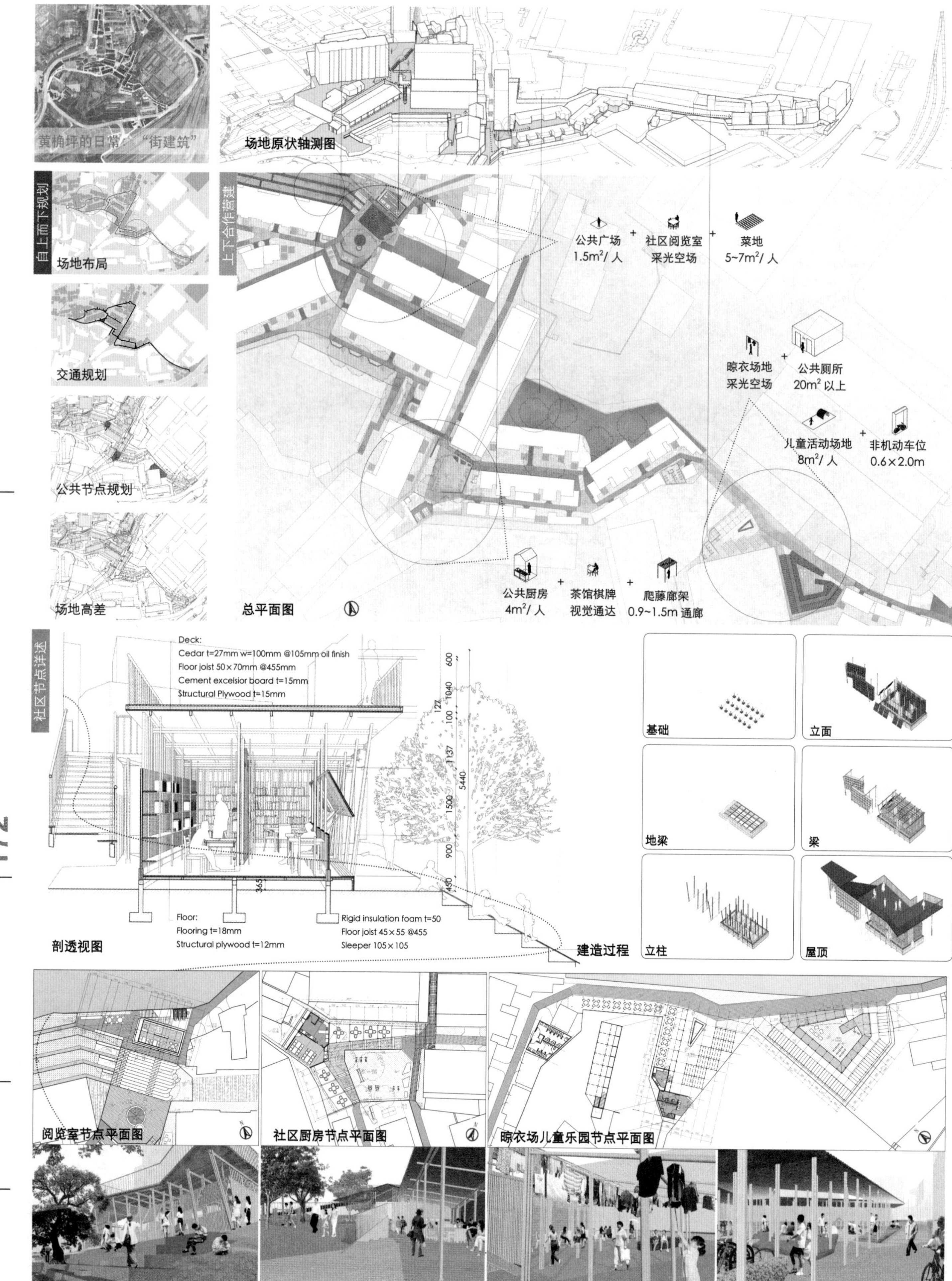
黄桷坪的日常"街建筑"
场地原状轴测图
自上而下规划
场地布局
交通规划
公共节点规划
场地高差
上下合作营建
公共广场
1.5m²/人
社区阅览室
采光空场
菜地
5~7m²/人
晾衣场地
采光空场
公共厕所
20m² 以上
儿童活动场地
8m²/人
非机动车位
0.6×2.0m
公共厨房
4m²/人
茶馆棋牌
视觉通达
爬藤廊架
0.9~1.5m 通廊
总平面图
社区节点详述
Deck:
Cedar t=27mm w=100mm @105mm oil finish
Floor joist 50×70mm @455mm
Cement excelsior board t=15mm
Structural Plywood t=15mm
Floor:
Flooring t=18mm
Structural plywood t=12mm
Rigid insulation foam t=50
Floor joist 45×55 @455
Sleeper 105×105
剖透视图
建造过程
基础
立面
地梁
梁
立柱
屋顶
阅览室节点平面图
社区厨房节点平面图
晾衣场儿童乐园节点平面图

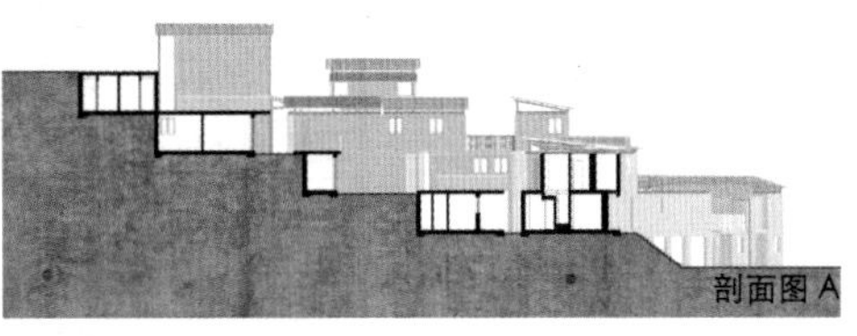
剖面图 A

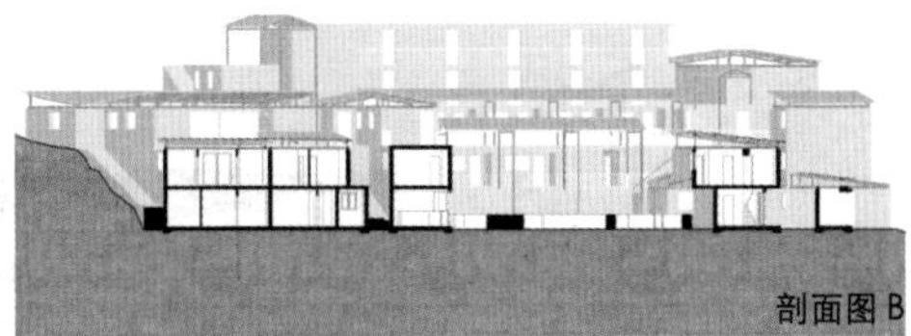
剖面图 B

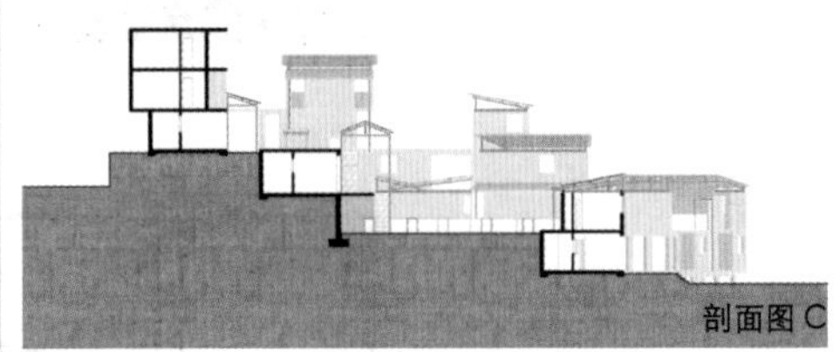
剖面图 C

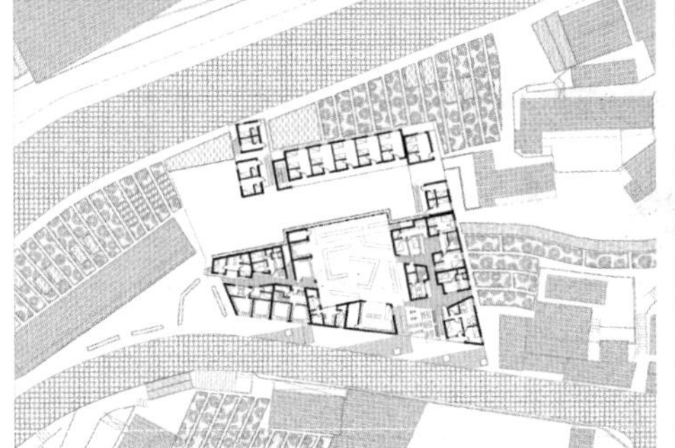
平面图 A

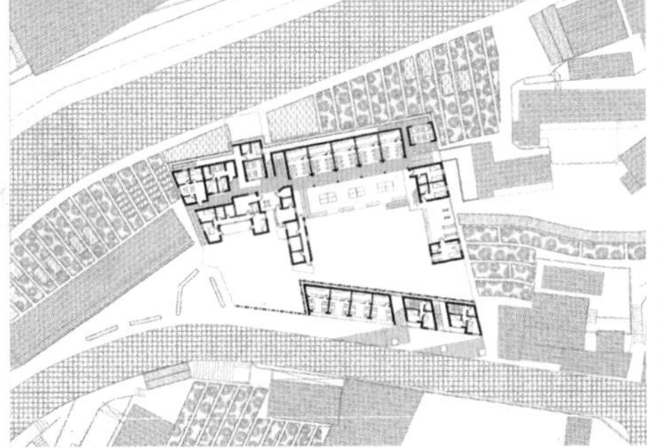
平面图 B

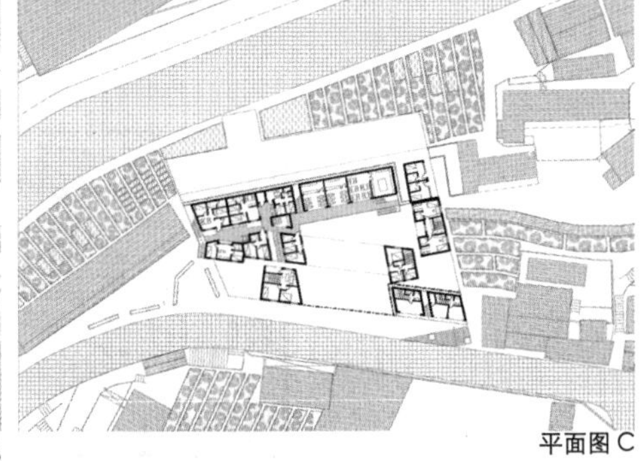
平面图 C

延续城市设计阶段的成果，建筑设计阶段的目的是深化城市设计阶段中的市场节点，实现其预设的联系上下交通的任务，并且塑造一个集合不同人群，提供公共生活空间展示生活场景的容器。

因此在策略上采取了市场 + 住宅的模式，并通过门阶空间的设置融合二者。

在分析黄桷坪区域不同类型人群对公共即私人空间的使用在时间与空间上的叠合情况后，我对住宅的功能进行拆解，通过最大限度压缩室内空间并设置更多服务街道生活的公共空间的手法塑造生活场景。

通过将一些对某一具体不重要的功能转移至门阶空间的手法，使之具有一定公共性，成为街道生活与展示 livingscape 的场所。并且设置公共功能空间来替代非必须的功能以及补充需求量大的功能。

人群—时间叠合

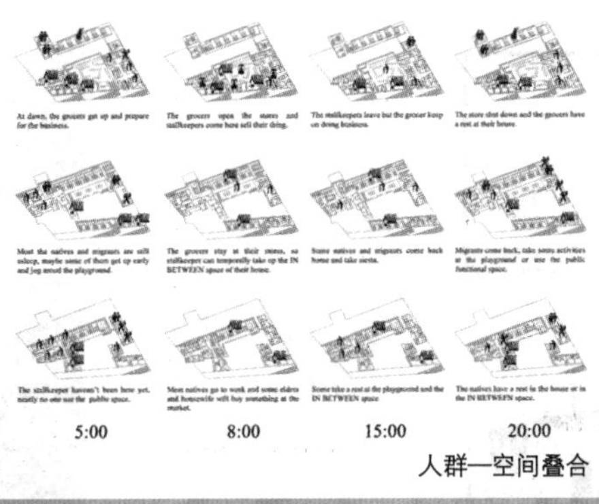

人群—空间叠合

城市记忆复杂性

Memory Complecity

天津大学

设计：朱子超/刘浔风/郑婉琳

指导：孔宇航/张昕楠/辛善超

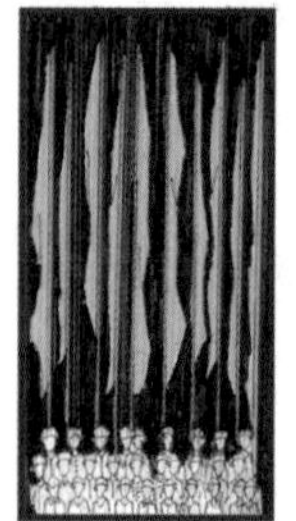

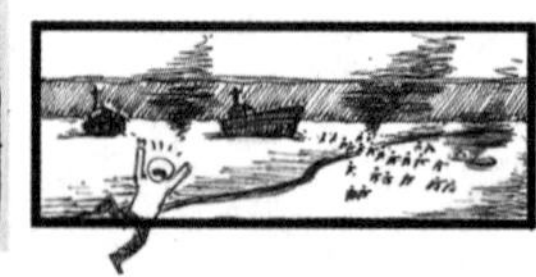

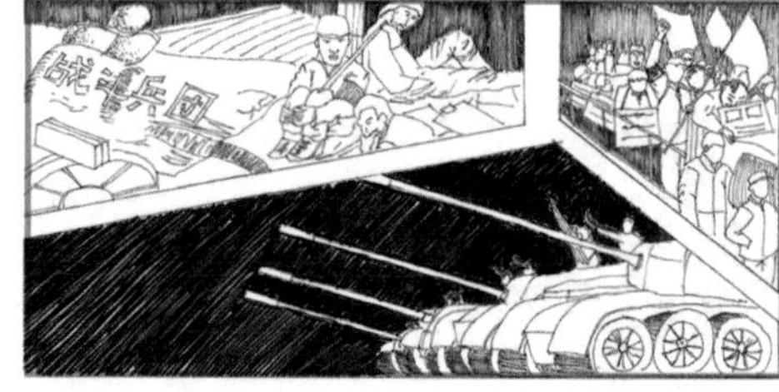

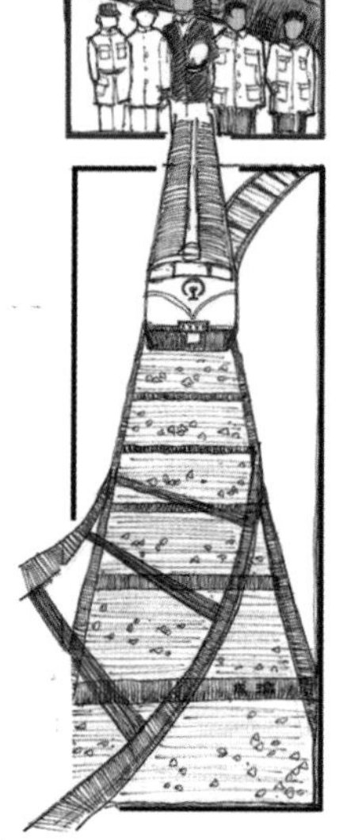

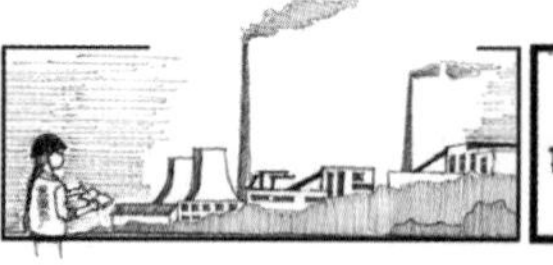

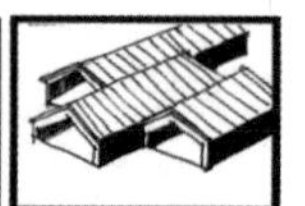

方案介绍：

此地块功能复杂分区多元人群结构丰富的现状造成原因，其非常重要的一点就是历史事件的不断置入与更替。梳理的时间节点由清代开始，经由1950年代前后、工业兴起、改革开放直到现今，数十次历史事件的发生不仅对地形地貌、道路结构有较大影响，也造成了黄桷坪场地分区的较为割裂以及人群的复杂性。

在罗西的类型学以及荣格的共时性的理论基础上，我们确定了城市设计的愿景——还原一个看不见的黄桷坪，以历史事件的形式反映其自身的故事性，进一步将事件转译成空间锚固在场地上，并解决具体的场地问题，形成一个充满记忆标志物的城市形象。

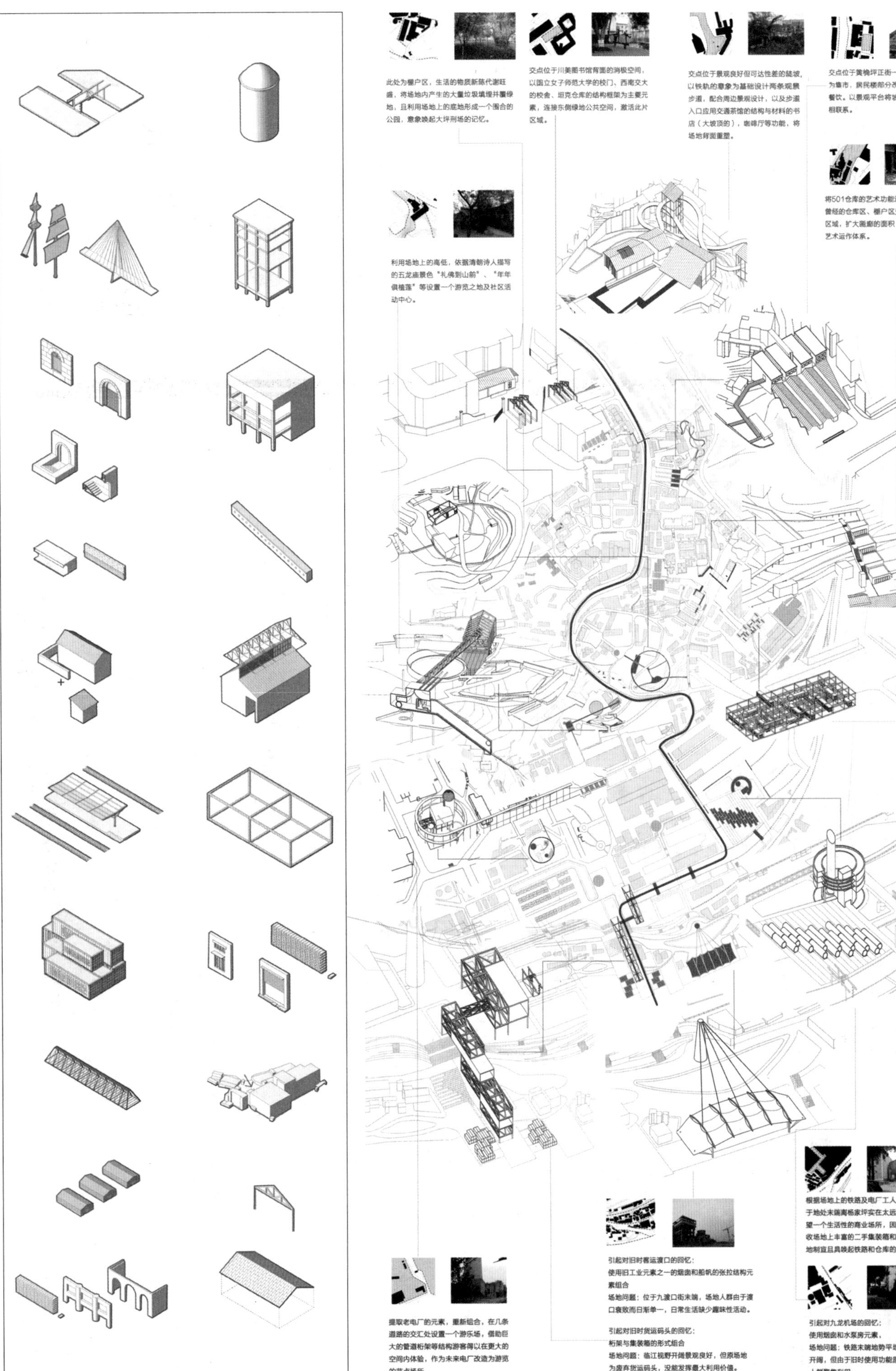
此处为棚户区，生活的物质新陈代谢旺盛，将场地内产生的大量垃圾填埋并覆绿地，且利用场地上的底地形成一个围合的公园，意象唤起大坪刑场的记忆。
交点位于川美图书馆背面的消极空间，以国立女子师范大学的校门、西南交大的校舍、坦克仓库的结构框架为主要元素，连接东侧绿地公共空间，激活此片区域。
交点位于景观良好但可达性差的陡坡，以铁轨的意象为基础设计两条观景步道，配合周边景观设计，以及步道入口应用交通茶馆的结构与材料的书店（大坡顶的），咖啡厅等功能，将场地背面重塑。
交点位于黄桷坪正街一侧，将高层变为集市，居民楼部分改造为商业以及餐饮。以景观平台将坡底景观与正街相联系。
将501仓库的艺术功能进行延伸，并将曾经的仓库区、棚户区变为新的艺术区域，扩大画廊的面积，形成完整的艺术运作体系。
利用场地上的高低，依据清朝诗人描写的五龙庙景色“礼佛到山前”、“年年俱植莲”等设置一个游览之地及社区活动中心。
根据场地上的铁路及电厂工人反映，由于地处末端离杨家坪实在太远，他们渴望一个生活性的商业场所，因此考虑回收场地上丰富的二手集装箱和钢框架因地制宜且具唤起铁路和仓库的记忆。
提取老电厂的元素，重新组合，在几条道路的交汇处设置一个游乐场，借助巨大的管道桁架等结构游客得以在更大的空间内体验，作为未来电厂改造为游览的节点场所。
引起对旧时客运渡口的回忆：
使用旧工业元素之一的烟囱和船帆的张拉结构元素组合
场地问题：位于九渡口街末端，场地人群由于渡口衰败而日渐单一，日常生活缺少趣味性活动。
引起对旧时货运码头的回忆：
桁架与集装箱的形式组合
场地问题：临江视野开阔景观良好，但原场地为废弃货运码头，没能发挥最大利用价值。
引起对九龙机场的回忆：
使用烟囱和水泵房元素，
场地问题：铁路末端地势平坦，景观开阔，但由于旧时使用功能原因并无人群聚集利用。

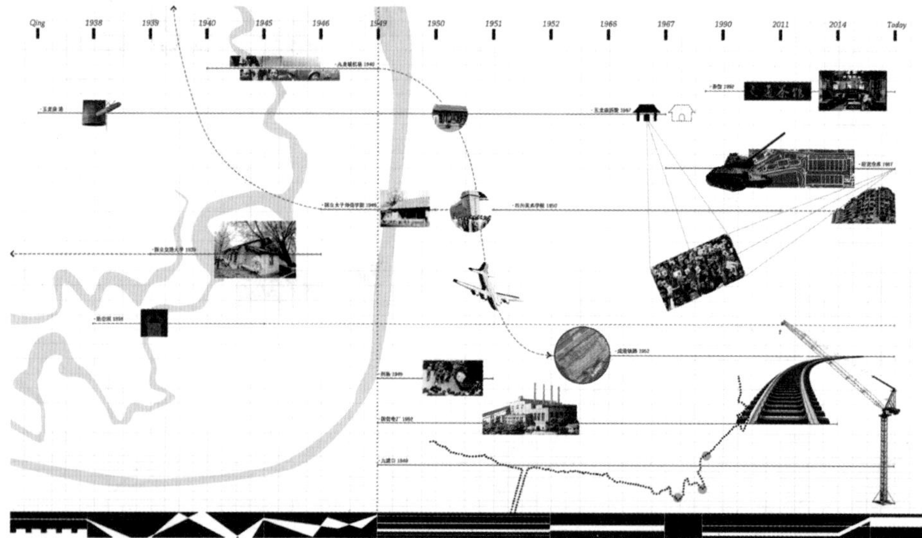

100m
N

天津大学　朱子超　郑婉琳　刘浔风

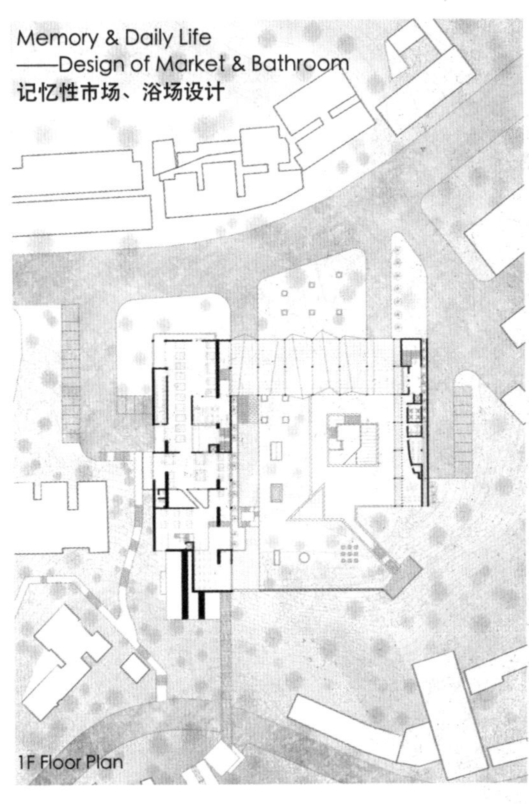

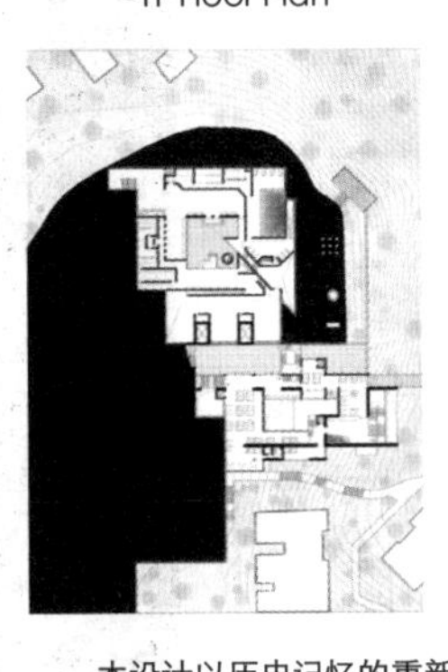

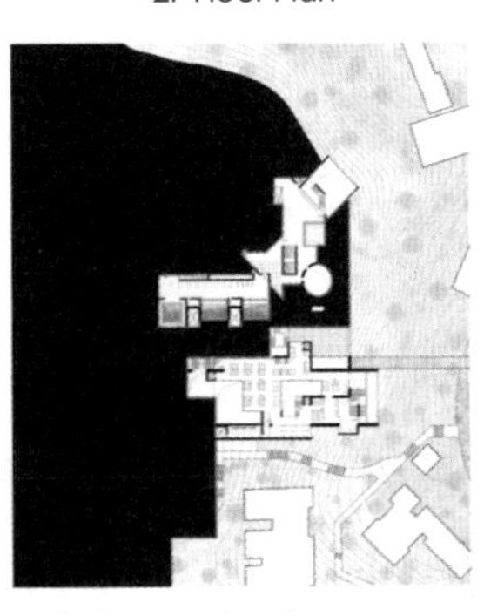

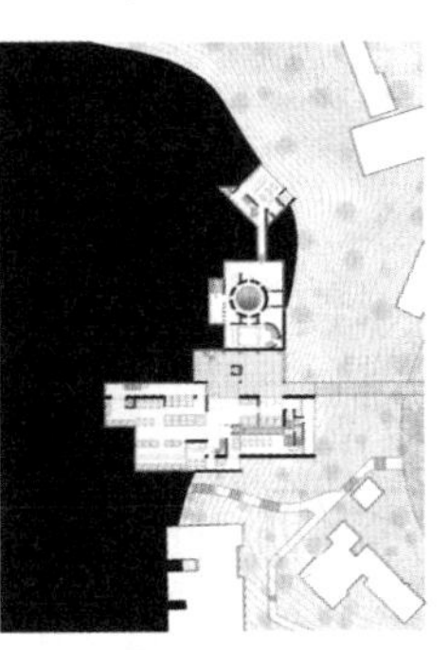

本设计以历史记忆的重新唤醒为出发点，针对重庆黄桷坪的具体城市问题，分析了现有的矛盾以及需求，提出了大的城市设计框架之后，又基于此进行延续，确定建筑类型予以回应，在居民生活的中心为他们提供必需的功能：广场、浴场、菜市场以及小型的社区活动室，以期其成为新的社区中心与开放空间节点，服务于周围的游客、居民以及学生。在反映历史记忆的同时将其融入日常生活，成为生活的一部分，充分保护城市的文化脉络，延续黄桷坪地区的历史记忆，保持市民的集体认同感。

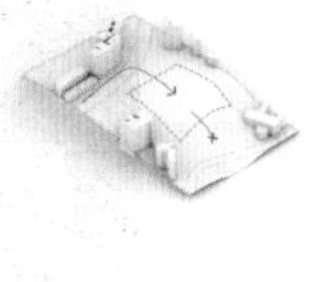

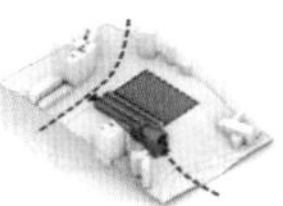

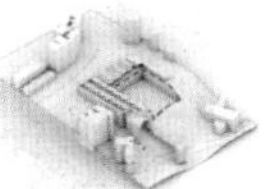

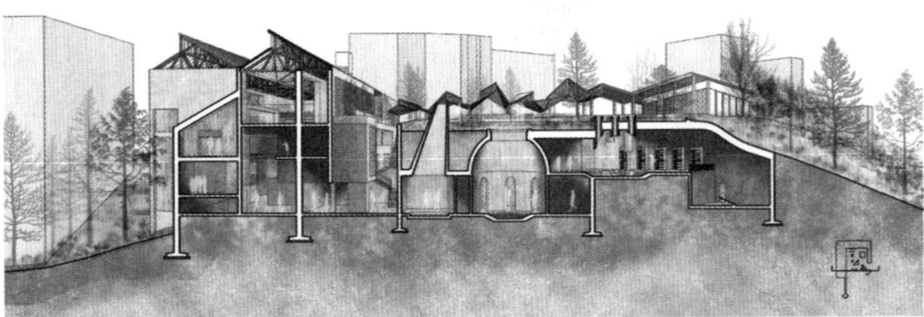

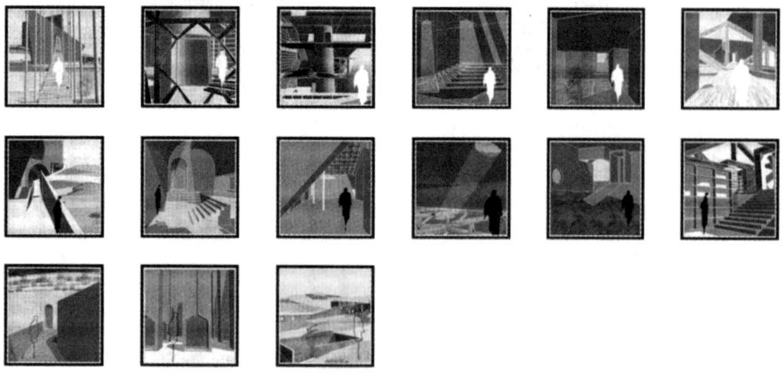

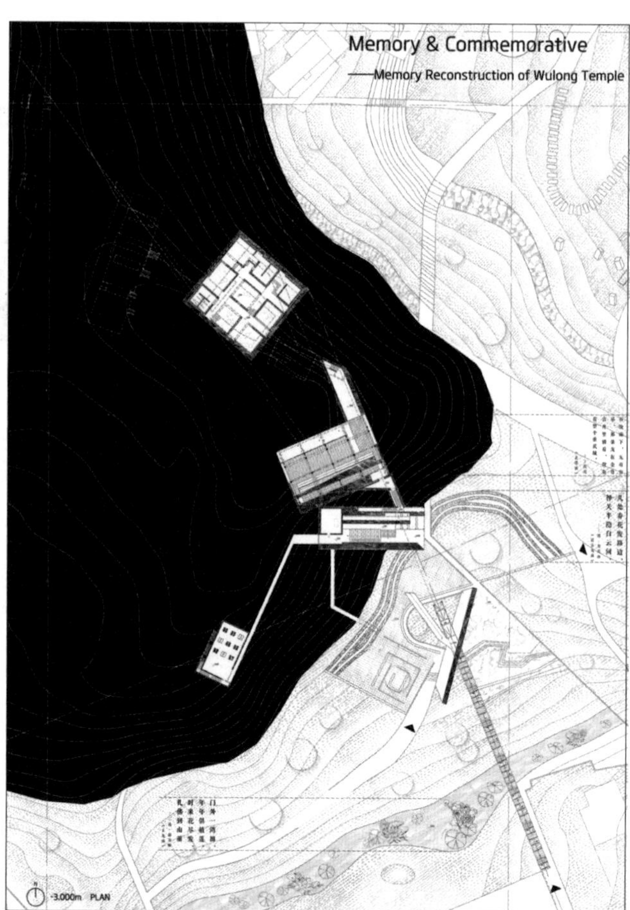

五龙庙建于清朝，在“文革”时遭到拆毁。基于前文关于集体记忆重构的叙述，五龙庙的记忆重构并非是仿古建筑的再造，而是将提取出的场地上现存的历史记忆的元素进行转译拼贴，体现在地性与场所感的同时，再现记忆中五龙庙的空间感受。

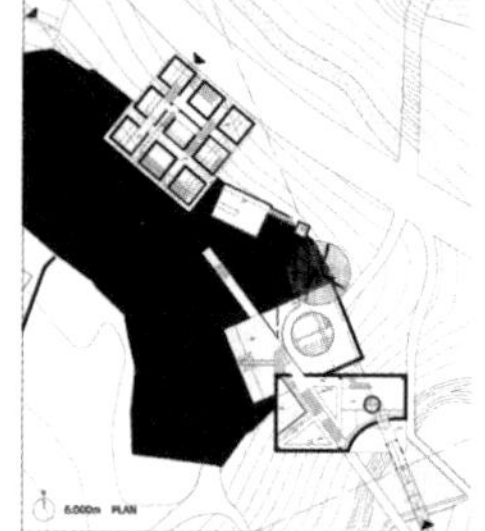

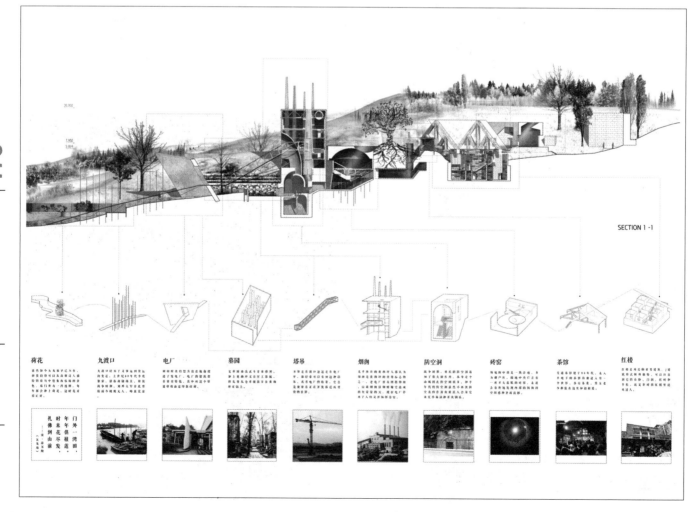

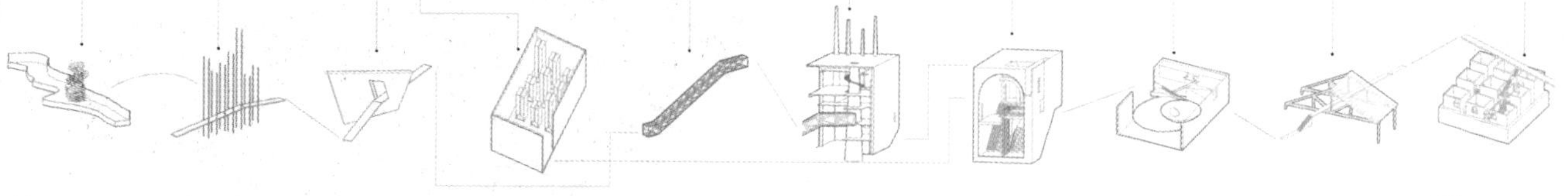

SECTION 1 -1

荷花

九渡口

电厂

墓园

塔吊

烟囱

防空洞

砖窑

茶馆

红楼

门外一湾田，
年年俱植莲。
时来花尽发，
礼佛到山前

MEMORY AND SPACE DESIGN OF JIUDUKOU FERRY PAVILION

九渡口记忆体验馆设计

九渡口可以认为是黄桷坪的缩影，历史时期与事件的影响在这里的投射在某种程度上即是渡口同期的发展状态和结果。九渡口承载的城市记忆是丰富多面的，不论是手工渔业时期简陋艰苦的木船渡江记忆，或是战争时期的痛苦记忆，还是工业发展时期呈现的工业建筑风貌，以及商业发达时期建起的层层叠叠滩边竹棚，现今作为货运码头承载的运输功能……每个历史时期的九渡口都具有能够唤起人关于城市记忆标志性元素。因此，我希望能提取其元素和形式，在原场地重构一个同时具有“共时性”与“历时性”的建筑，使人们在连续的流线体验中感受并铭记历史，唤起集体记忆的思考。

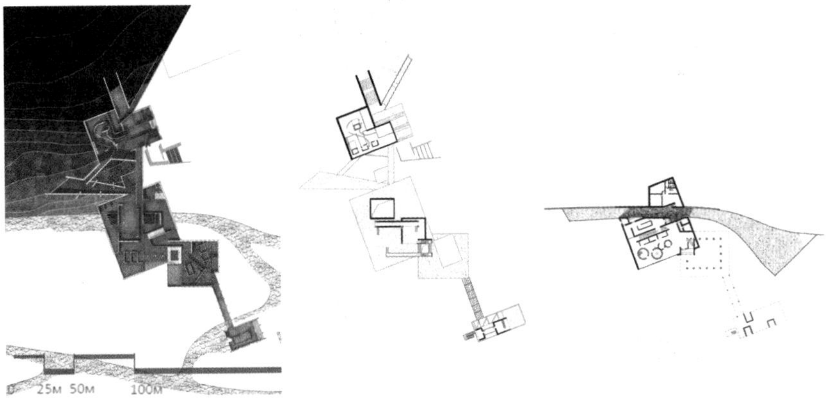

0 25M 50M 100M

0 25M 50M 100M 250M

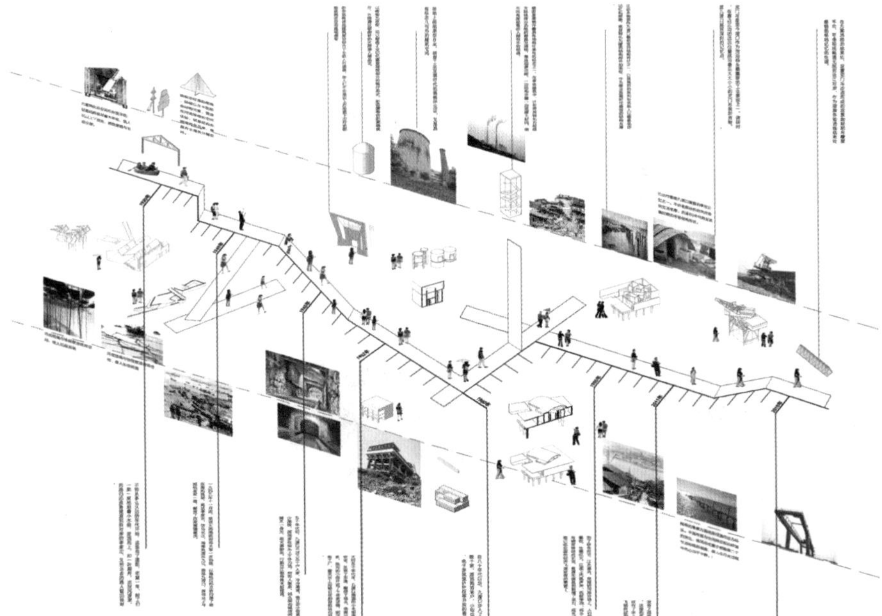

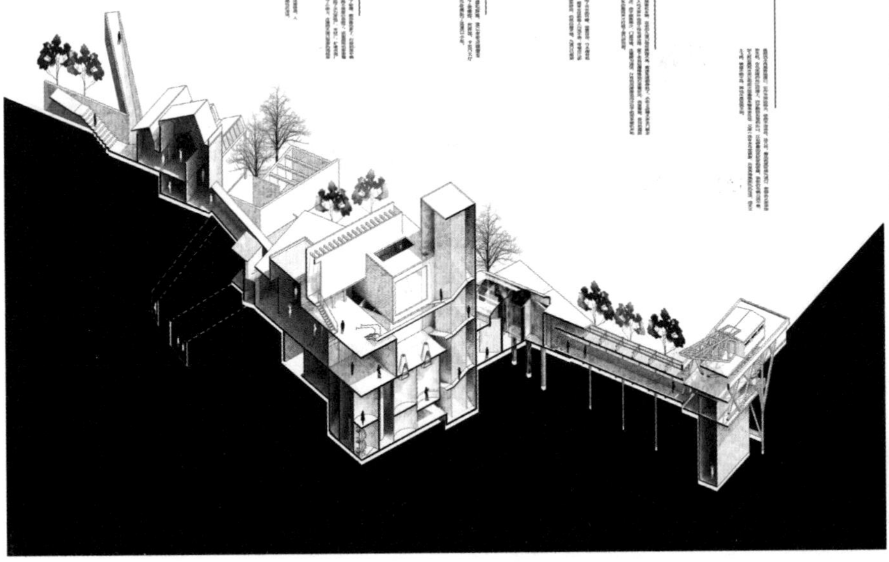

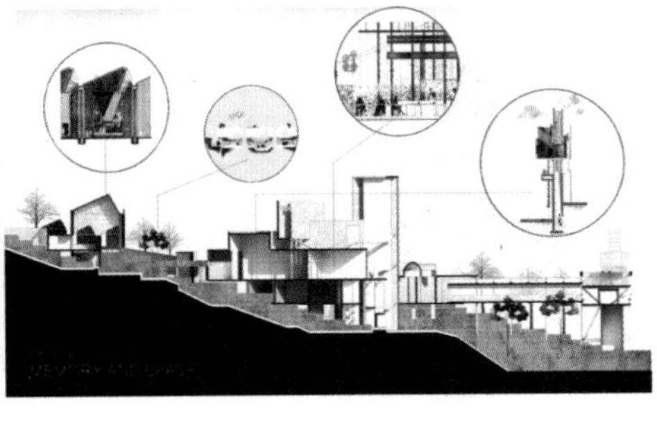

浙江大学

ZHEJIANG UNIVERSITY

学生团队

1 重庆森林
Chongqing Forest

以自然反噬人工，用自然的力量包裹这片区域，创造一片重庆森林。

胡晓南

方晗茜

郭若梅

张晨丹

2 时空纵贯线
Vertical Line of Time and Space

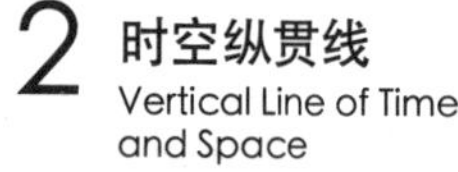

我们希望创造一条时空纵贯线，连接场地中孤立但是又具有价值的点，将整个区域有机地串联起来。

董舒畅

赵爽

吴佩颖

林歆怡

3 桷根之上
On the roots

以一种超出常规，乌托邦式的巨构介入方式，改善地区交通并重新激活地区活力。

郦家骥

伍一峰

吕嘉姝

李胤赜

指导教师

罗卿平

贺勇

浦欣成

又一届 8+ 联合毕业设计落下了帷幕，本次的设计课题属于旧城改造与更新的范畴，基地位于重庆主城九龙坡区，北侧是具有悠久历史文化传统的四川美术学院老校区；东南两侧长江环绕，进而形成了富有特色的滨水空间（码头）；基地内有发电厂旧址，矗立着两座曾经是亚洲最高（240m）的烟囱；从北侧城区到南侧滨江两者之间的地形高差较大，充分体现了重庆山城的地形特质。

面对基地如此丰富的信息量，同学们分别完成了如下三组设计：

第一组提出了“重庆森林”的概念，采用了自然反噬人工的方式，通过建筑的减法，自然的加法，让自然的力量创造出一片重庆森林，对自然与人工之间的关系进行新的反思，希望这一片森林能够平等地给市民带来享受自然的愉悦。设计以某种无为而治、相对谦逊而隽永的方式，对基地内的城市环境现状采取了“无视”的姿态。

第二组提出了“时空纵贯线”的概念，将基地中孤立而片段性地存在着的艺术、历史、文化遗存，通过一条从古至今具有时间轴意象的路线，有机地串联起来，形成一个整体的系统，进而激活整个片区的艺术、历史、文化活力。设计更多地体现了当下的城市日常，对基地内的城市环境现状采取了“融入”的姿态。

第三组提出了“桷根之上”的概念，通过引入一套巨构式立体管道系统，如同黄桷树的桷根一般蔓延在基地表面，又如同桷根吸收大地养分一般，为触须所至区域吸纳人流进而展开各项新功能，并最终在中心汇集为一个 200m（低于烟囱高度）的超高层城市综合体，以改善区域功能结构，塑造城市地景与区域地标，激活九龙半岛。设计更多地在城市景象上体现了与当下的剧烈反差，对基地内的城市环境现状采取了“对抗”的姿态。

问题一：尽管上述城市设计部分的概念塑造得各有特色，但在后续单体设计阶段，多多少少存在着工作量不足或者设计成果并未很好地体现、延续城市设计思想等问题。比如第三组的主楼形体的不规则变异、管道的非线性立面肌理等效果，最终都没有达成。

问题二：设计成果对基地既有信息的占有，比如是否抓住了主要信息，或者是否涉及了尽可能多的信息量，可以识别出设计的深度与广度，以及对城市原有日常空间的扰动程度。这些都影响着人们对于设计成果的评价。

问题三：同学们面对这一区域的旧城改造与更新，观念都较为一致，即在保留必要的历史文化遗存的条件下，合理地加以利用。通过特定的历史符号、空间模式或者生活方式的设计以延续城市记忆。这几乎形成某种学术上的正确性，通过象牙塔的这一学术情怀对商业社会作出抵抗；而几乎没有方案以经济效益最大化的价值观来实现商业上的正确性。但现实却又通常是残酷而略具讽刺意味的：腾讯大渝网重庆时政民生 6 月 30 号消息称，6 月 29 日，重庆联合产权交易所公告，公开转让九龙坡区黄桷坪电力一村土地使用权、房产、建构筑物及其他辅助设施，土地总面积约为 34750.2m^2，挂牌起价 14875.97 万元。业内人士指出，由于该地块位于九龙坡区黄金地段，未来或规划为商业等用途。而将来，两个大烟囱，将分属不同的业主。届时，它们是否还能高高地伫立在江边的九龙半岛上延续着重庆人的城市记忆呢?

——浦欣成

浙江大学
作者：胡晓南／方晗茜／郭若梅／张晨丹

重庆森林——黄桷坪地区更新设计体悟

Chongqing Forest

21世纪的大都市不断地蔓延，侵占了越来越多的土地，人工逐渐吞噬着自然，自然森林被冰冷的水泥森林所替代。

可以说我们一直处于以自我为中心，而自然为人类服务的状态，人类毁坏一片森林创造一座城市也许只需要十年的时间，而风与水创造一片森林却需要上百年的时间。重新思考自然与人工，我们是否可以反向思考它们之间的关系，用自然反噬人工，在自然惩罚我们之前，将土地重新还给自然，让绿色的杂草接管世界。

课题选址位于重庆黄桷坪地区，追溯黄桷坪的历史，此地区原为工业重区：发电厂、铁路局、货运码头，但是就算是这样的地区在社会发展中也难逃落后衰败被废弃的命运。我们希望重新审视人工与社会发展的关系，采用非建筑的方式在此地区种植绿树以自然反噬人工，用自然的力量包裹这片区域，创造一片重庆森林。对自然与人工的重新反思是此次课题的意义所在。

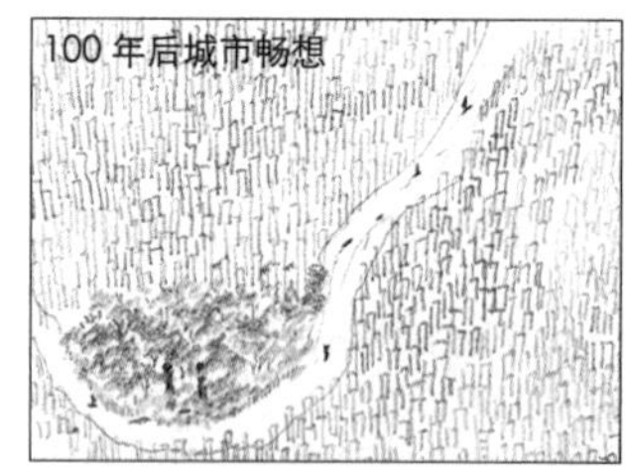

区域发展策划主题：
重庆森林——自然反噬人工

原本此地区为工业重区，希望以一种相反的方式来反思这块地区的发展，种植绿树以自然反噬人工，用自然的力量包裹这片区域，最后江边远眺仅能看到两个电厂烟囱冲出树梢，成为此地区的回忆。

也许当我们听到林中的鸟鸣，土壤中种子破土而出的声音，这个时候地面才是最安全的。只有大地才能给人一种踏实的安全感。对于九龙半岛来说也许这才是一种解脱，仅仅带着满树的生命越行越远，归于自然，看似毁灭，实是新生。

沿江立面展开图

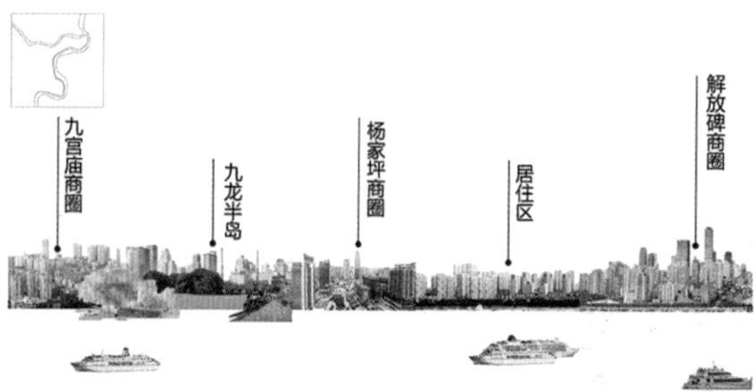

上图为解放碑商圈至九宫庙商圈的沿江立面展开图，我们希望九龙半岛这块区域在几十年也许一百年后，能成为整片水泥森林中的一个仅有的城市呼吸口，一个城市森林公园，所有人都能在这里自由平等地享受自然带来的愉悦。

富贾、白领、流浪汉都能享受的平等区域。人文、自然、善、美的庞大综合体。

生态效益

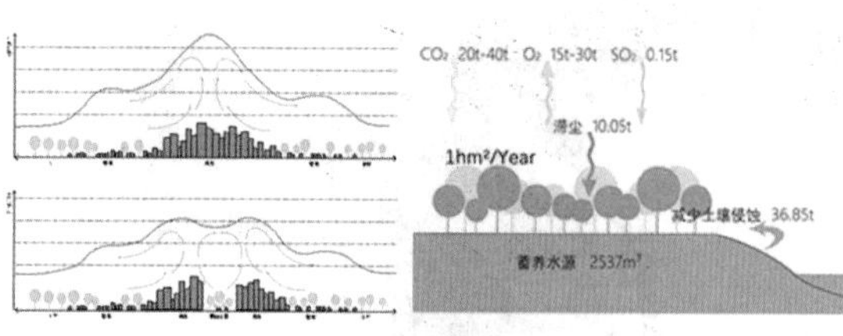

缓解热岛效应　　净化城市空气

社会效益

原有绿化分布　　黄桷坪——黄桷树　　森林绿化规划

建筑拆改策略

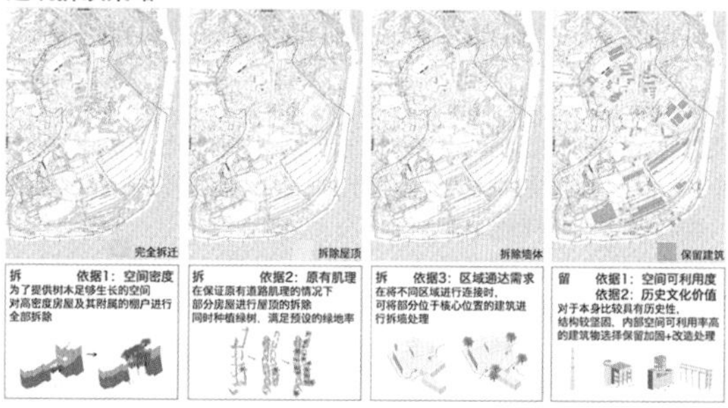

内部交通组织　　功能区块策划　　公园出入口

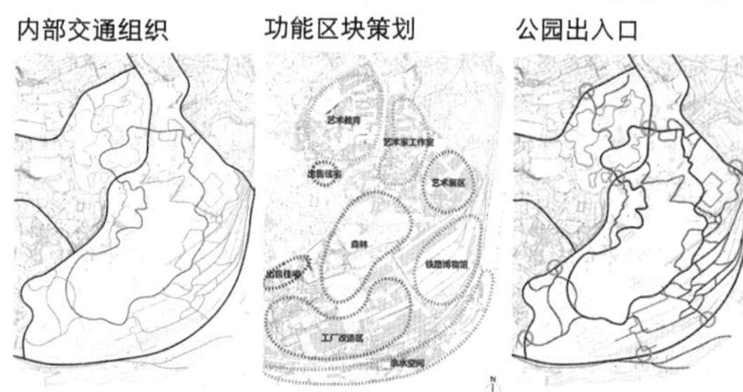

规划总平面图

分区功能节点

单体建筑策略

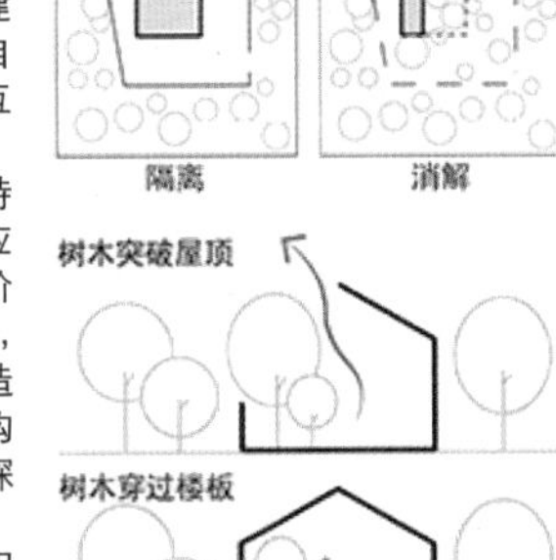

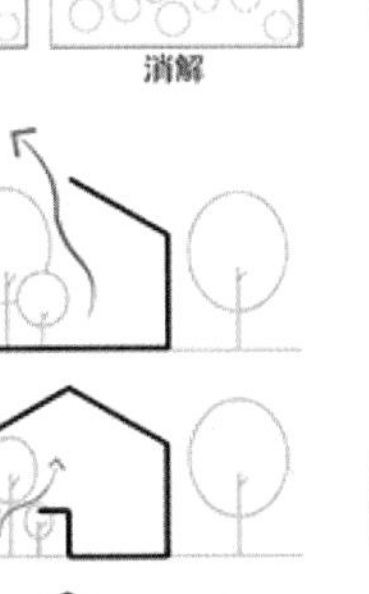

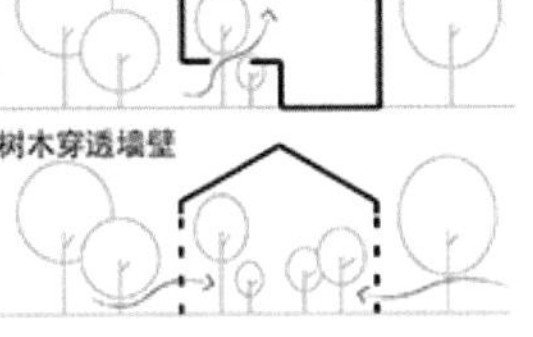

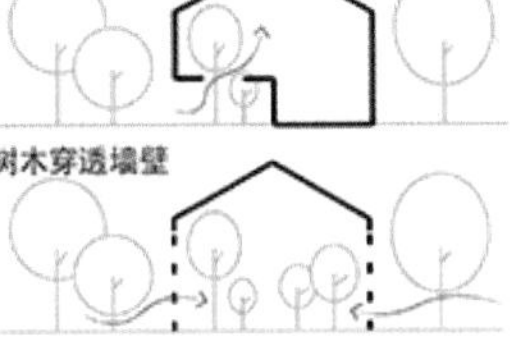

自然反噬人工，通过“建筑的减法，自然的加法”，让自然侵入建筑，自然与建筑相互渗透，实现人与自然和谐共生。

针对场地中现存旧建筑特征及周边功能需求，进行相应功能节点设计，在城市设计阶段完成左图所示分区功能节点，环绕中央自然森林保护区打造一个由艺术、工业、自然所构建的独特小世界，供我们去探索、发现。

后期个人设计阶段，小组成员在前期总体规划理念的指导下，各自选取一个区块进行深化设计，最终完成如下所示设计，分别为铁路文化博物馆；森林书屋；森林度假酒店；森林艺术村。

胡晓南

方晗茜

郭若梅

张晨丹

铁路文化博物馆

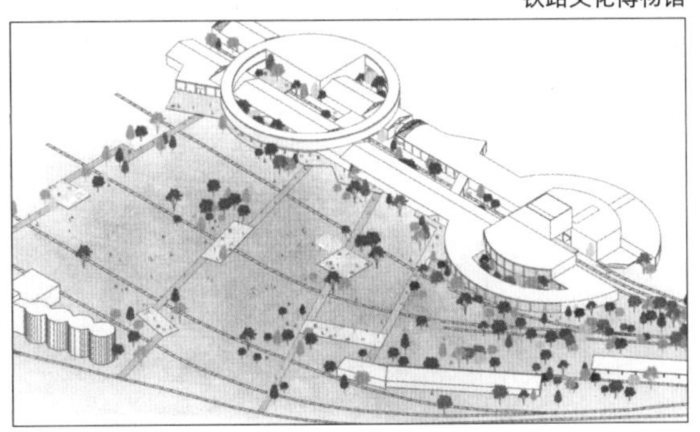

铁路文化博物馆（郭若梅）

建筑单体设计位于原铁路旧址，不可否认成渝铁路是此处至关重要的一个历史文化资源。建筑单体设计思路主要是遵循重庆森林的规划设计，注重建筑与自然的相互渗透，意图营造自然包裹工业遗迹的氛围，形成林中的小火车和植物在铁轨上自由生长的场景。兼顾重庆复杂的地形因素，这里有着场地内少有的平坦开阔空间，沿着铁轨走，会体验从茂密森林中步入开阔草坪的豁然开朗之感。此外，调研中观察到此处的铁轨和两座狭长的厂房，具有强烈的线性几何图形感，希望在设计中能保留并丰富这一特征。基于这两条设计思路对于原有两个平行狭长厂房的改造，通过植入几何形体丰富原有空间，使自然渗透进来。

森林书屋

森林书屋（方晗茜）

在前期整体规划为城市森林公园的基础上，选择了位于公园主环道和龙吟路之间的旧仓库地块，将其改造为森林书屋。为了呼应整个规划主题“重庆森林”，希望能够在保留原厂房肌理的基础上，尽可能地让地于自然，提供给绿植生长的空间。

通过在原厂房中置入一大片森林，形成“林中林”效果，希望能够为人们创造一个如在森林中阅读的美好空间。建筑基本保留了原本的框架结构和立面，通过森林和书架的不同结合，创造出不同的阅读体验空间。在不经意的阅读中，窗外的那一抹绿色希望能够给人自然舒适之感。

森林度假酒店

森林度假酒店（张晨丹）

黄桷坪滨江区域在整个重庆森林设计方案中面朝长江，背靠森林，具有良好的景观优势，且整个森林中缺少配套设施，故决定在滨江区域设计林中酒店。酒店由单房和双房两种别墅组成，且配有接待中心、餐厅、泳池、SPA、服务站等配套设备。整个酒店位于森林之中，光影变化丰富独特。

森林中的两种别墅皆由树林中光线变化为灵感设计而成，通过不同的空间组合以及对于窗户、植物、错层甚至鱼缸等的布置，使得小屋里每个房间光线都有所不同，丰富的光影变化将带给入住者特别的体验。

森林艺术村

森林艺术村（胡晓南）

原有基地为老旧居住楼，基地左侧紧邻涂鸦街与川美校区，左下角为501艺术中心，被浓厚的艺术氛围所包围。部分黄漂艺术家会在此居住区租房居住。设计基地的功能定位为艺术家工作室以及部分艺术互动功能，为黄漂艺术家提供工作场所的同时创造民众与艺术互动交流的机会，继续保持片区的艺术特色氛围。

在设计概念上希望建筑被绿色吞噬，形成一座绿丘，山间有小路，盘山而上，会偶遇到山间的艺术家工作室，这是一座与艺术不期而遇的魔幻丛林。建筑形式采用在原有基地上拟合原有建筑肌理搭建框架体系，其间种植绿化，框架逐渐被自然吞噬，形成一座爬满藤蔓被绿树填充的骨架花园。骨架花园中置入艺术家工作室以及艺术展览等艺术互动形式，营造一种在自然森林中创作艺术、欣赏艺术的闲适氛围。

重庆森林 Chongqing Forest

浙江大学
设计：胡晓南 / 方晗茜 / 郭若梅 / 张晨丹
指导：罗卿平 / 贺勇 / 浦欣成

周边商圈　城市交通　城市绿化

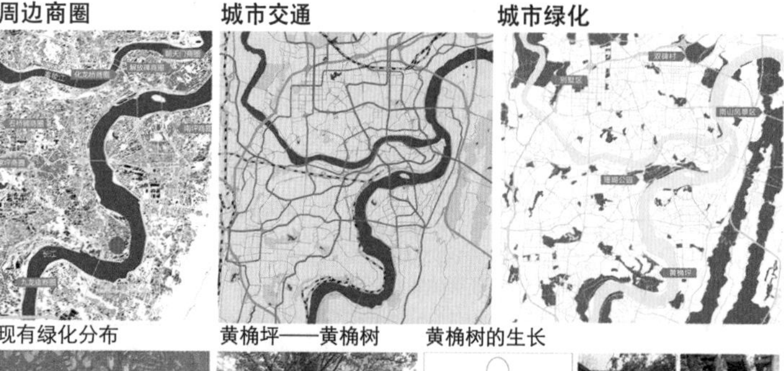

现有绿化分布　黄桷坪——黄桷树　黄桷树的生长

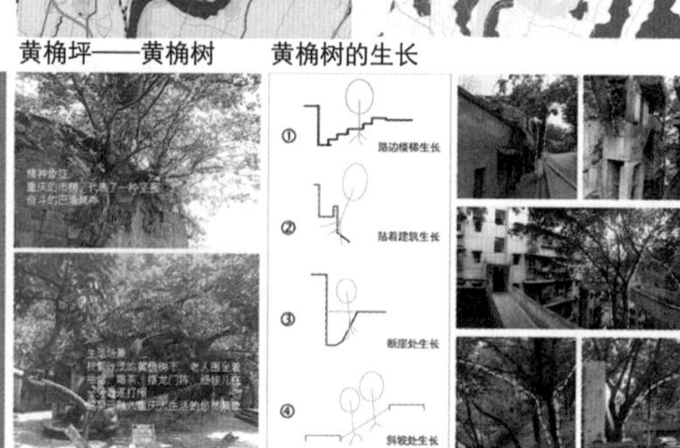

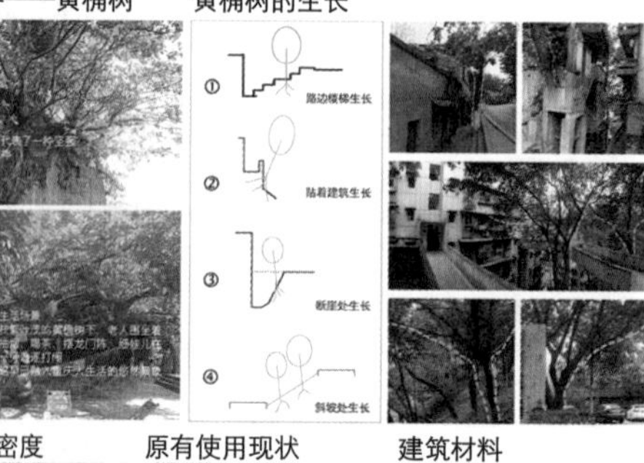

原有功能分区　原有建筑密度　原有使用现状　建筑材料

教育功能　居住功能　储存功能　生产功能
高　较高　一般　低
尚在使用　仍在修缮　空置状态　残破状态
砖石结构　混凝土　钢结构

规划总平面图

设计概念

重庆森林——自然反噬人工

设计概念阐述

重庆森林：

原本此地区为工业重区，希望以一种相反的方式来反思这块地区的发展，种植绿树以自然反噬人工，用自然的力量包裹这片区域，最后江边远眺仅能看到两个电厂烟囱冲出树梢，成为此地区的回忆。

沿江立面展开图

森林公园
水泥森林中的城市呼吸口

九宫庙商圈　九龙半岛　杨家坪商圈　居住区　解放碑商圈

功能区块策划

艺术教育　艺术家工作室　出售住宅　艺术展区　森林　铁路博物馆　出售住宅　工厂改造区　亲水空间

场地历史基因转换

原有	转换
四川美术学院	艺术教育
居民区	艺术家工作室
废弃仓库	艺术展区
重庆铁路局	铁路博物馆
重庆发电厂	发电厂改造区
九龙港码头	亲水空间
废弃用地	森林保护区
边缘废弃住宅	出售住宅

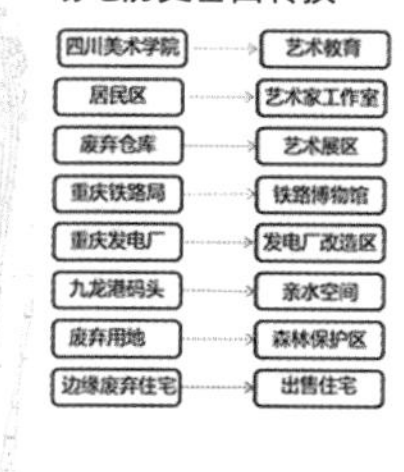

现有的功能分布尽可能地利用原有的场地基因。

继承并发展基地原有的功能资源优势。

内部交通组织

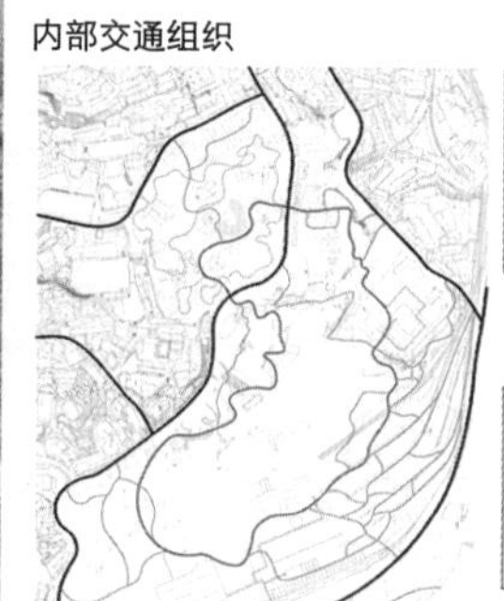

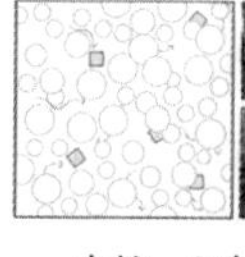

自然、无序、探索

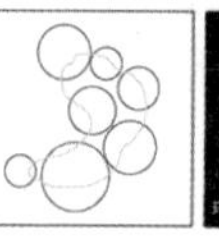

场地内部通过一条 3D 的环状线路串联起各个功能区块，由环路发散出探索性支路，形成一个山地森林公园。

外部交通分析——火车

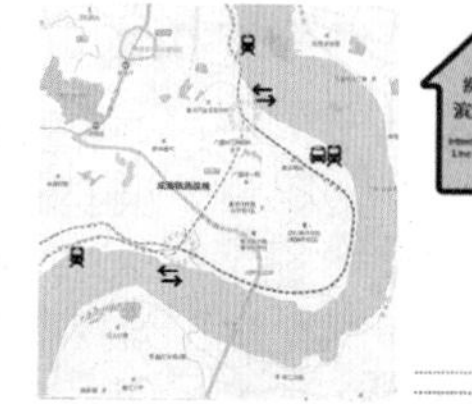

滨江观光小火车系统

成渝铁路改线，在改线处设置滨江观光火车换乘点，直达森林公园。

简介：

本次毕业设计选址在重庆市九龙坡区黄桷坪。工业与艺术是原有区块的关键词，在区域发展策划阶段，本小组希望采用一种非建筑的手法种植绿树，以自然反噬人工，创造一片重庆森林，并利用场地原有的旧建筑进行了一些建筑改造，保留了场地的原有特征，形成一个工业、艺术、自然交织的自然森林公园。

这是一个大胆，富有创造性的想法，比较巧妙地规避了原有场地的复杂性，且针对具体节点也有一些落实的细化设计，比较遗憾的是在后期个人深化设计阶段，整个小组缺乏一定的整体性，未能很好实现前期规划的一些想法与要求。

森林书屋

Book Store in Chongqing Forest

浙江大学
设计：方晗茜
指导：罗卿平

基地位置

厂房概况　体块生成

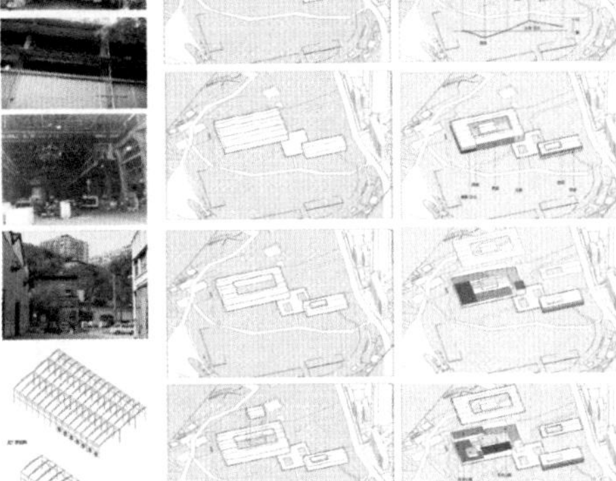

总平面图

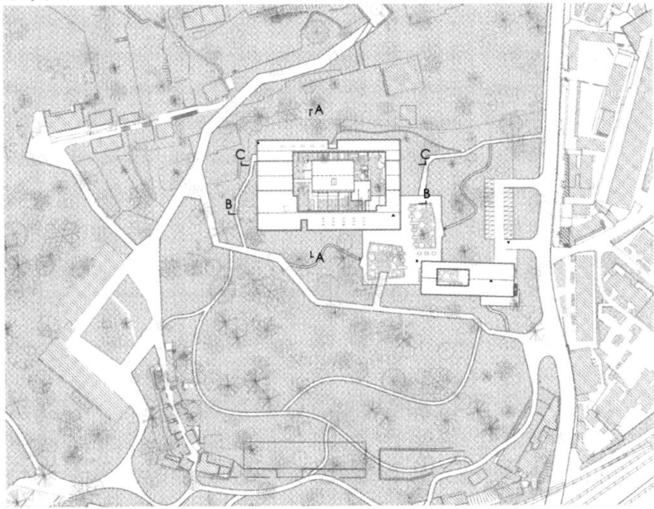

概念 + 设计说明

在“自然反噬人工”整个城市设计的大主题下，厂房改造设计也依旧延续了这个想法。希望在保留原厂房的基础上，尽量地提供绿植生长的空间，创造出林中林的效果，仿佛建筑被森林给夹攻了。

功能轴测图　场景透视表现图

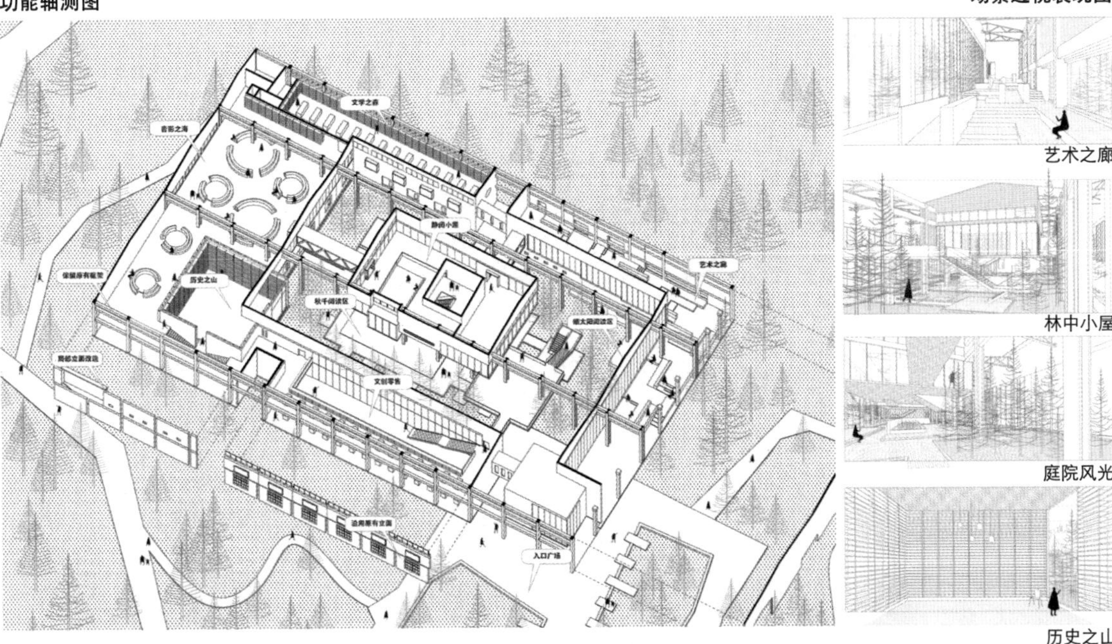

艺术之廊

林中小屋

庭院风光

历史之山

简介：

这个设计希望通过在原厂房中置入一大片森林，形成“林中林”效果，为人们创造一个如在森林中阅读的美好空间。手法比较简洁，空间细节处额处理也带有自己的想法，功能布置和流线都比较合理，设计深度也基本达到要求，是一件合格的学生毕业设计作品。

有点遗憾的是整体和森林的结合度，和整个“自然反噬人工”课题的契合度还有待加强。现在设计中的“林中林”的置入还是能符合预期森林的效果，但相对来讲加入的东西过多。假如中间的盒子稍微再弱一点，让庭院内部和厂房外部形成镜像效果，整个作品会更加出彩一点。

立面剖面表现图

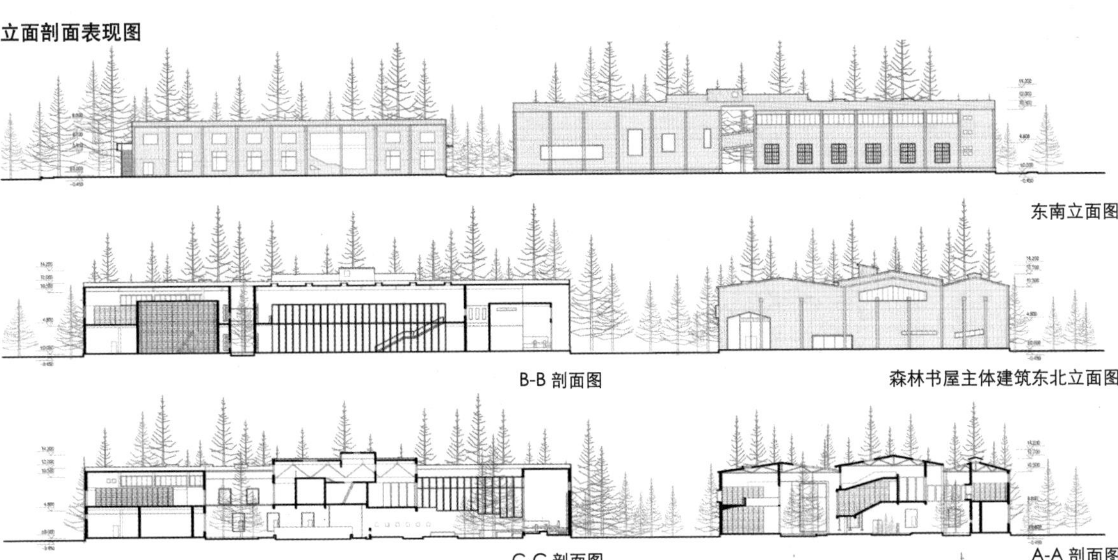

东南立面图

B-B 剖面图　森林书屋主体建筑东北立面图

C-C 剖面图　A-A 剖面图

森林艺术村
Artist Studio in Forest

浙江大学
设计：胡晓南
指导：罗卿平

基地概况

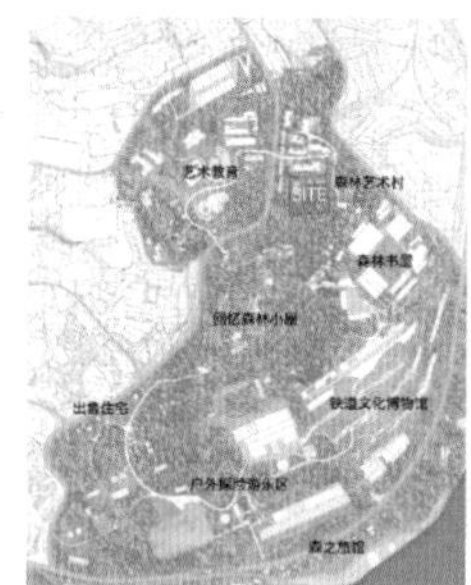

艺术氛围

设计概念

建筑被绿色吞噬，形成一座绿丘，山间有小路，盘山而上，偶尔会遇到山间的艺术家工作室，这是一座与艺术不期而遇的魔幻丛林。

建筑形式采用在原有基地上拟合原有建筑肌理搭建框架体系，其间种植绿化，框架逐渐被自然吞噬，形成一座爬满藤蔓被绿树填充的骨架花园。骨架花园中置入艺术家工作室以及艺术展览等艺术互动形式，营造一种在自然森林中创作艺术、欣赏艺术的闲适氛围。

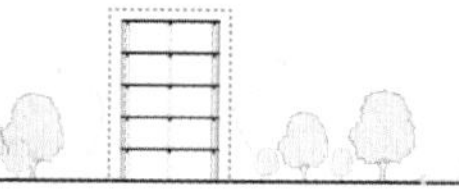
自然与建筑对立

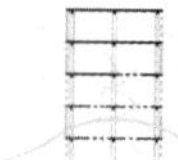
自然入侵

自然与建筑融合

整体鸟瞰

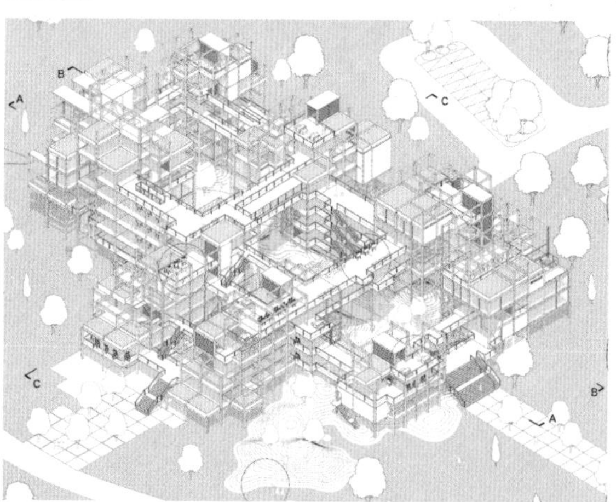
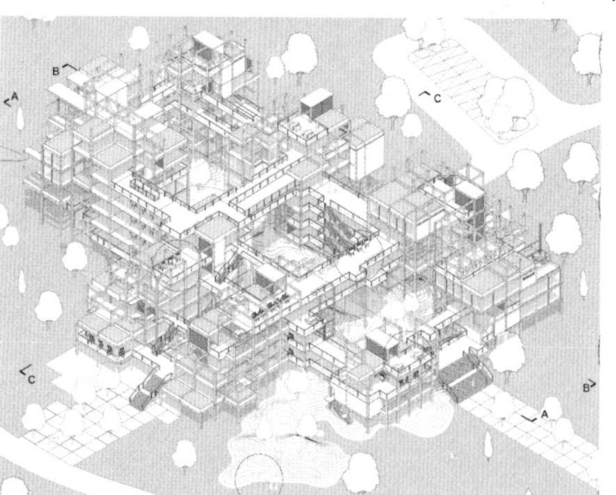

形体生成

基地原有建筑

在原址上搭建骨架体系
拟合场地原有肌理

自然反噬，形成模糊边界

一层自然山体入侵
形成中央山地空间

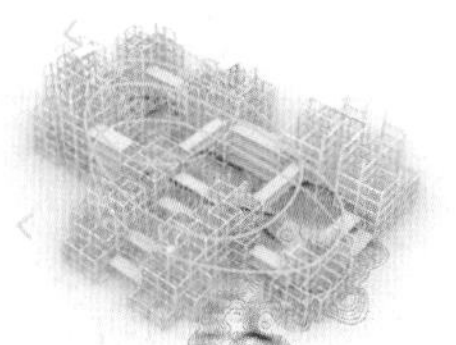
骨架间搭建联系，形成盘旋而上，向左上角收拢的路径体系

人活动层由二层开始与自然地面实现最轻接触

置入种植花坛与功能盒子

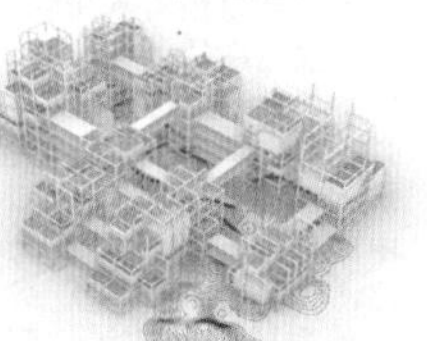
被自然吞噬的骨架花园

功能分析

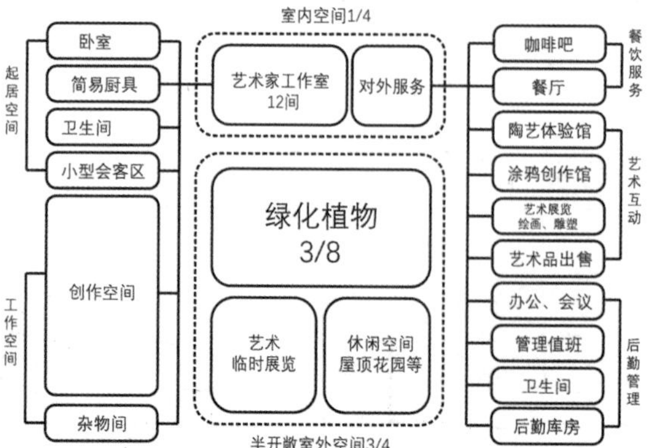

简介：

本设计较好地延续了区域发展策划阶段提出的重庆森林的概念，采用一种框架＋培养器皿的形式，实现自然与建筑的融合。在原有基地上拟合原有建筑肌理搭建框架体系，其间种植绿化，框架逐渐被自然吞噬，形成一座爬满藤蔓被绿树填充的骨架花园。骨架花园中置入艺术家工作室以及艺术展览等艺术互动形式，营造一种在自然森林中创作艺术、欣赏艺术的闲适氛围。

遗憾的是在设计中未能较好处理新与旧的关系，采用了新建的框架体系，但是为了保留场地的肌理又采用了原有柱网，导致内部复杂较难处理的空间，新与旧处理较为含糊，不够干净。

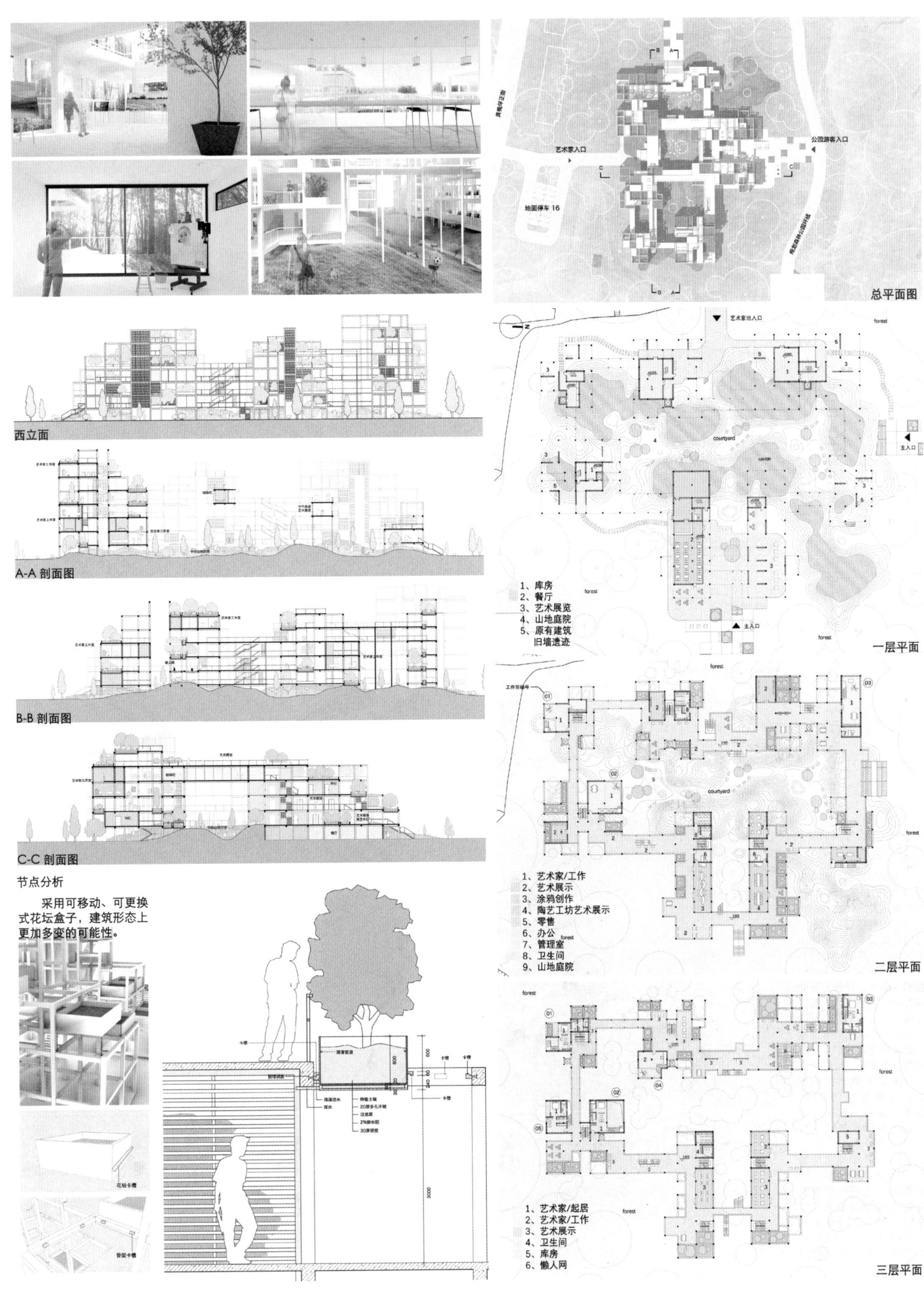

节点分析

采用可移动、可更换式花坛盒子，建筑形态上更加多变的可能性。

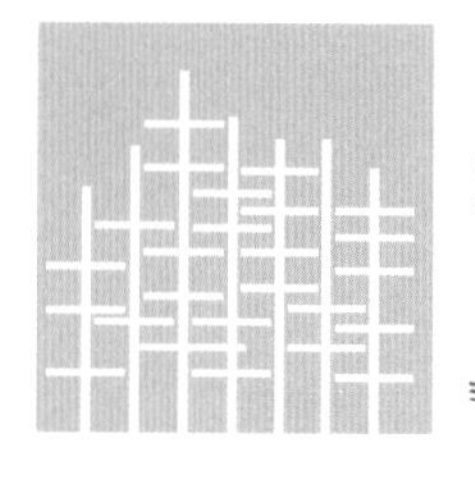

重庆森林之铁路文化馆——黄桷坪更新

Railway Culture Museum of Chongqing Forest——Reform of Huangjueping

浙江大学
设计：郭若梅
指导：罗卿平

简介：

本次毕业设计选址在重庆市九龙坡区黄桷坪，有丰富的艺术、文化、历史资源，有着工业发展标志物的重庆电厂、承载历史文化的成渝铁路和作为艺术源泉的川美老校区。我们的城市设计意图在此建立一个重庆森林公园，保留这片工业和艺术兴衰的历史见证，同时希望通过此设计唤起人们对于发展与自然关系的反思。

建筑单体同样遵循重庆森林的规划设计，意图营造自然包裹工业遗迹的氛围。贯穿了我们毕业设计的设计理念就是关于建筑与自然关系的思考。就像美国纽约中央公园是一个极具前瞻性的城市规划，在高密度城市中心保留了一片绿地。我们的设计也应展望到自然在城市、建筑中的角色。

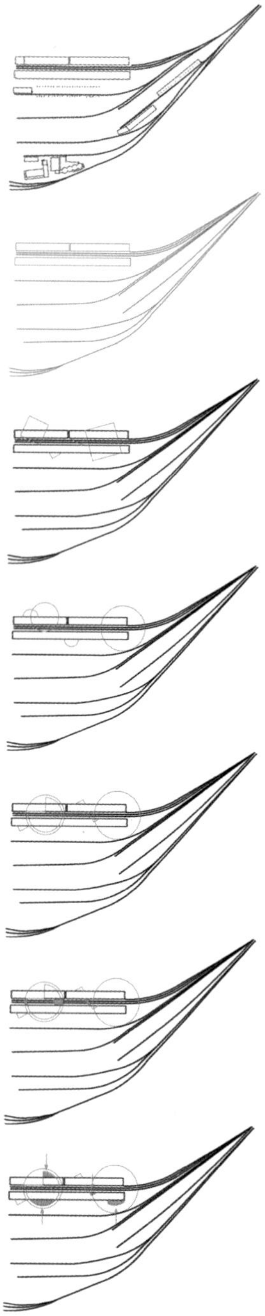

形体生产分析

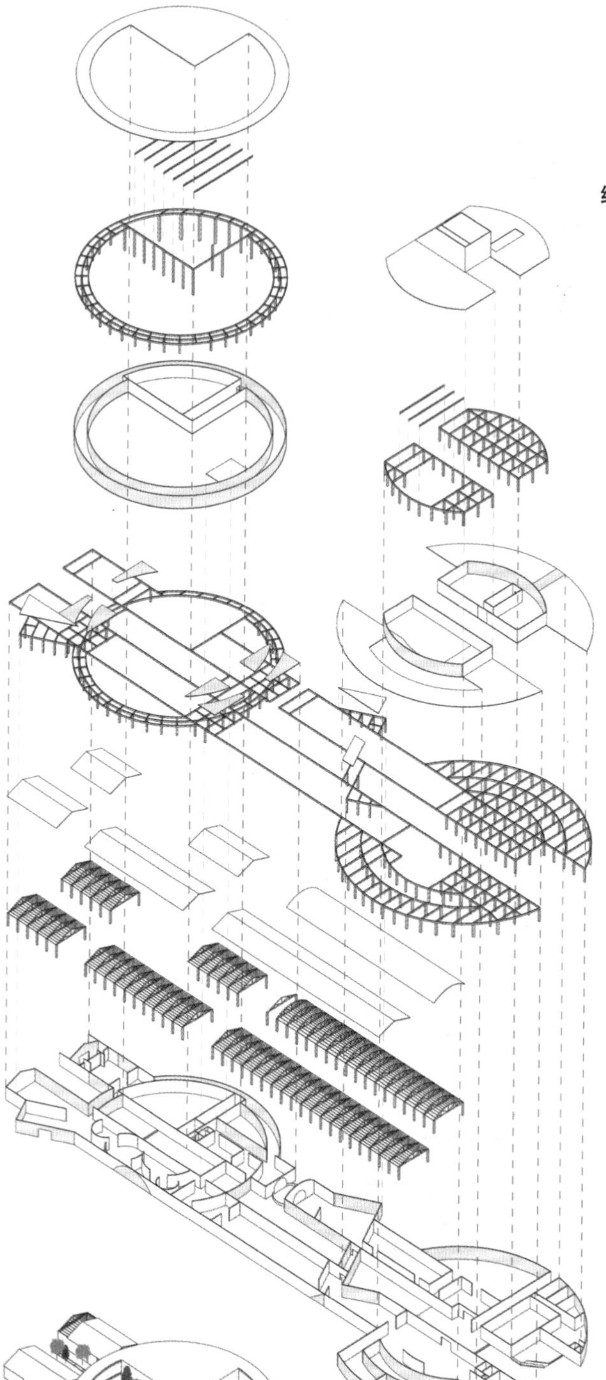

结构爆炸图

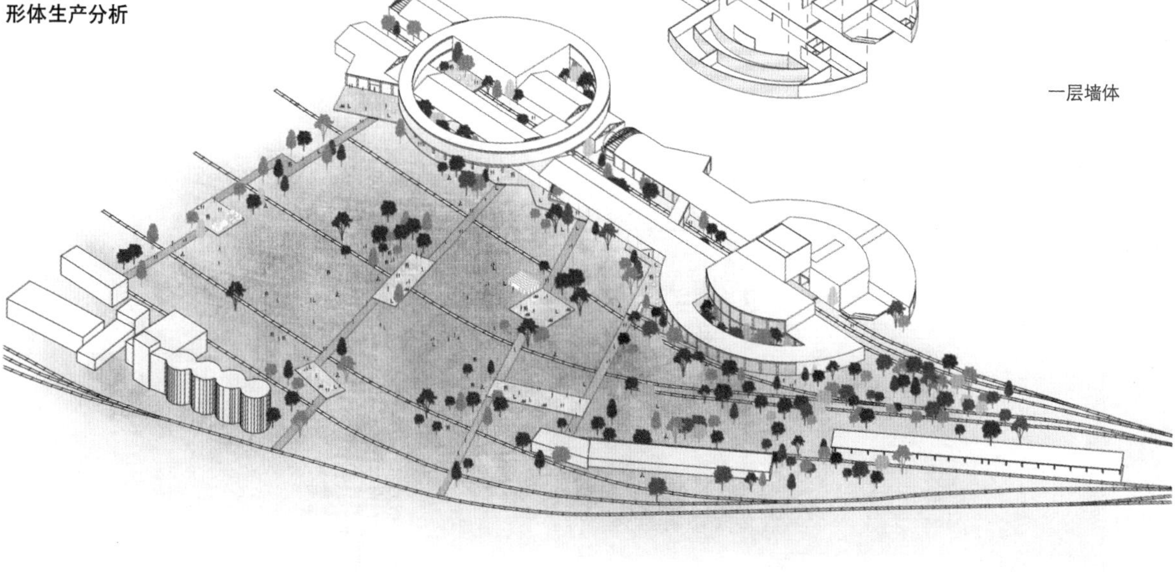

二层屋面

二层钢梁桁架结构

二层楼板墙体

一层钢梁结构

原建筑桁架结构

一层墙体

轴测总平面图

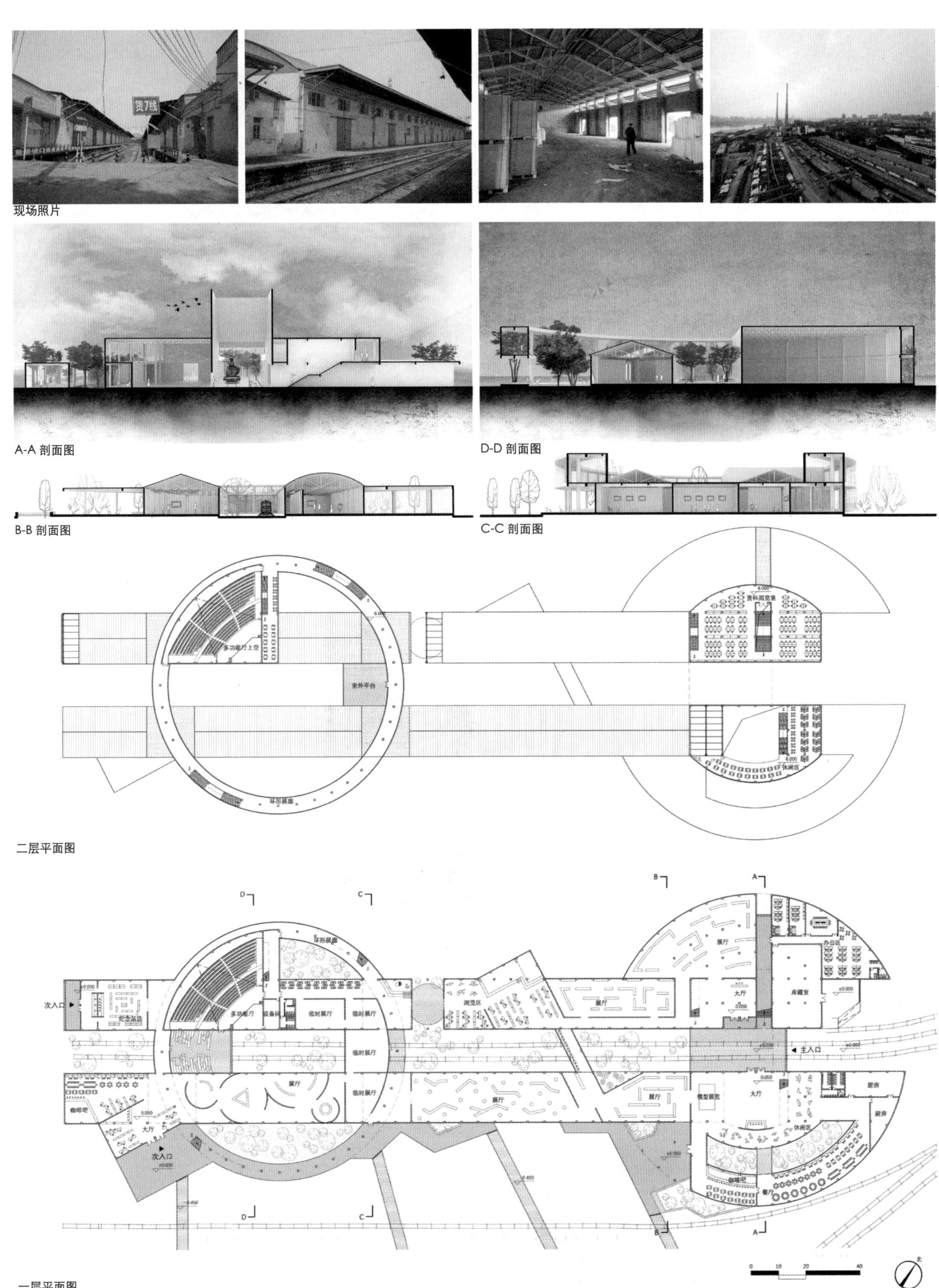

现场照片

A-A 剖面图

D-D 剖面图

B-B 剖面图

C-C 剖面图

二层平面图

一层平面图

森林度假酒店
Forest Resort Hotel

浙江大学
设计：张晨丹
指导：罗卿平

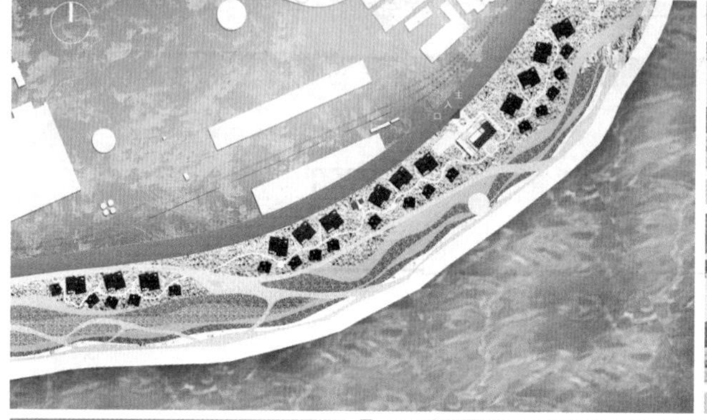

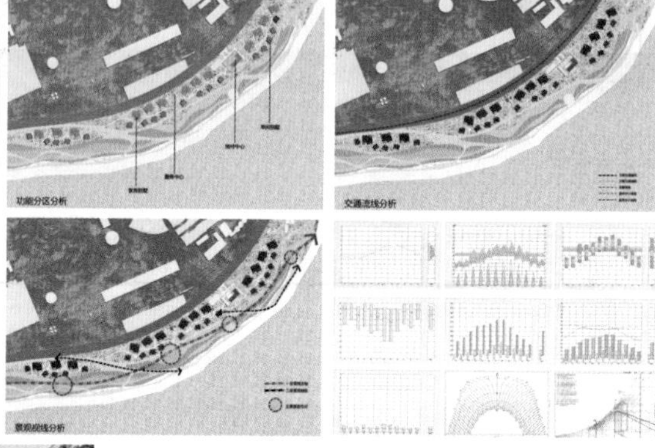

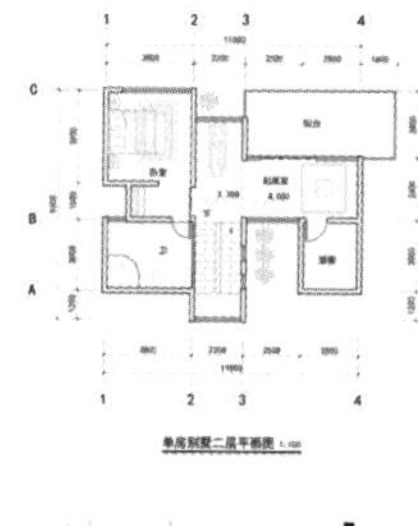

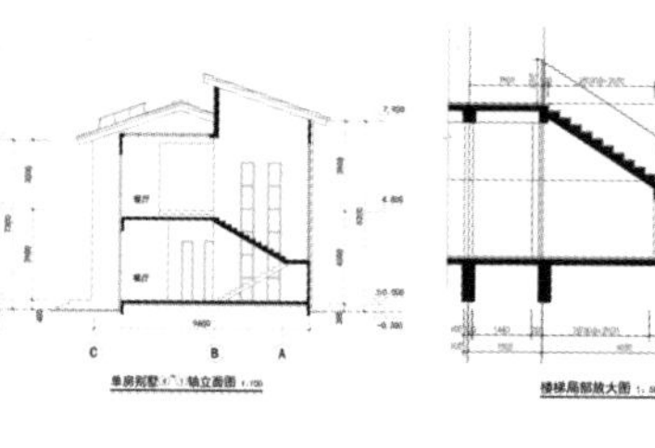

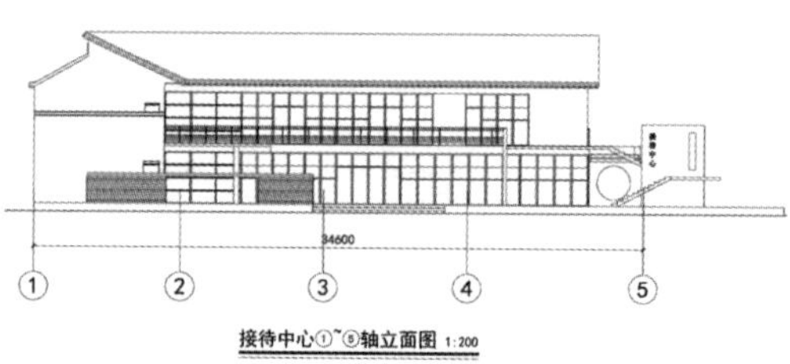

接待中心①~⑤轴立面图 1:200

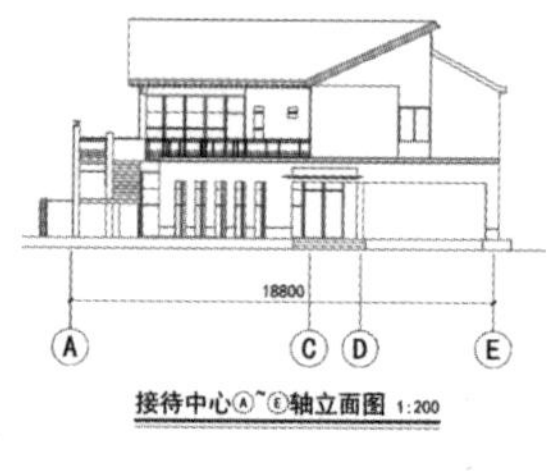

接待中心Ⓐ~Ⓔ轴立面图 1:200

简介：

黄桷坪滨江区域在整个重庆森林设计方案中面朝长江，背靠森林，具有良好的景观优势，且整个森林中缺少配套设施，故决定在滨江区域设计林中酒店。酒店由单房和双房两种别墅组成，且配有接待中心、餐厅、泳池、SPA、服务站等配套设备。整个酒店位于森林之中，光影变化丰富独特。

森林中的两种别墅皆有树林中光线变化为灵感设计而成，通过不同的空间组合以及对于窗户、植物、错层甚至鱼缸等的布置，使得小屋里每个房间光线都有所不同，丰富的光影变化将带给入住者特别的体验。

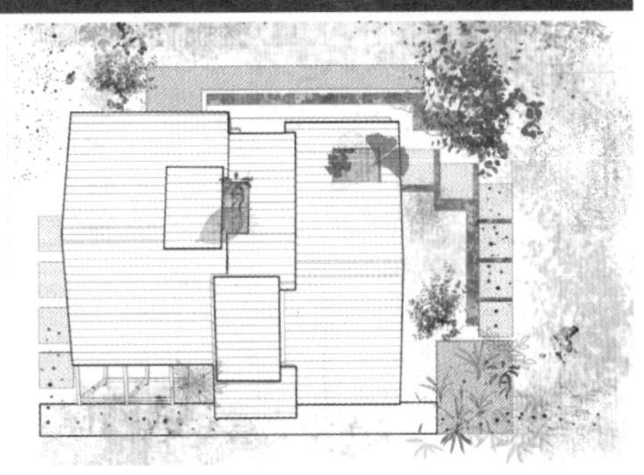
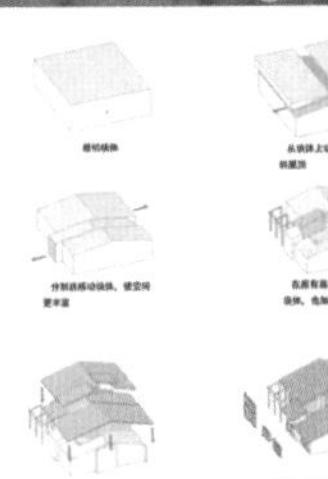
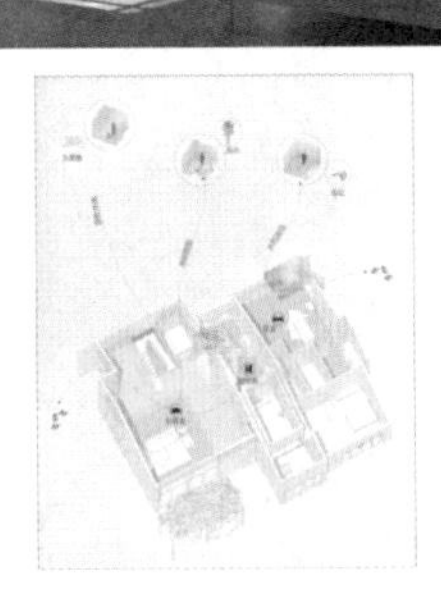
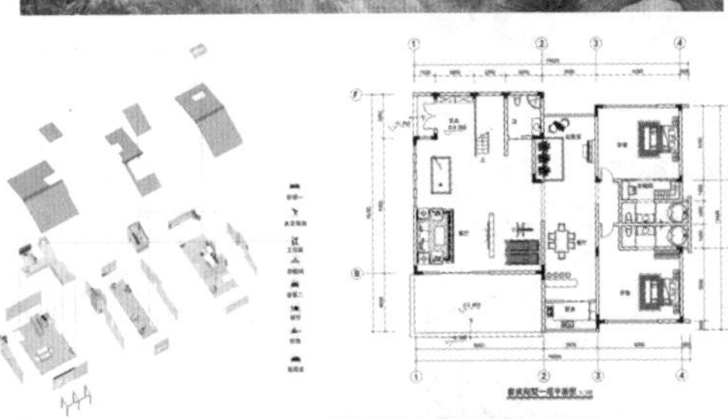

森林中的两种别墅皆有树林中光线变化为灵感设计而成，通过不同的空间组合以及对于窗户、植物、错层甚至鱼缸等的布置，使得小屋里每个房间光线都有所不同，丰富的光影变化将带给入住者特别的体验。

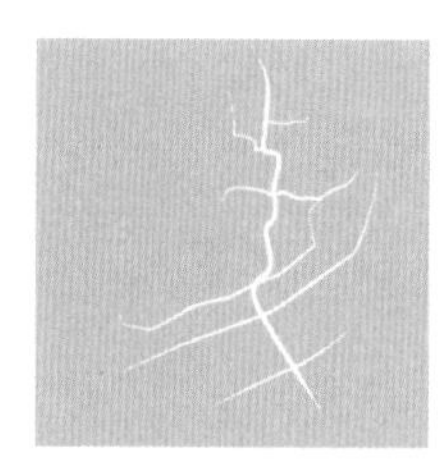

时空纵贯线

Vertical Line of Time and Space

浙江大学
设计：董舒畅／赵爽／吴佩颖／林歆怡
指导：贺勇／罗卿平／浦欣成

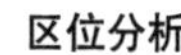

区位分析

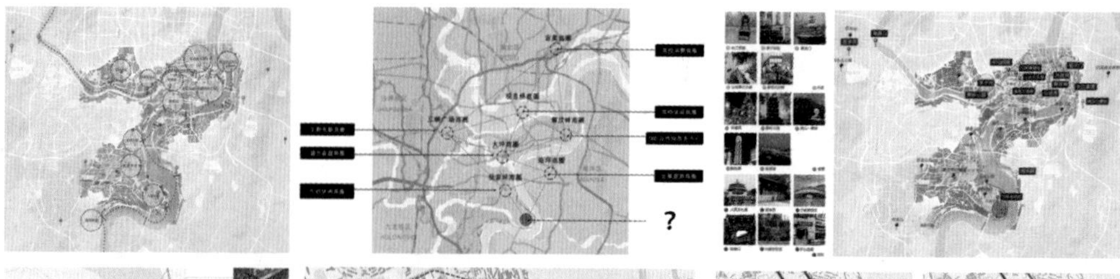

场地调研

定位分析

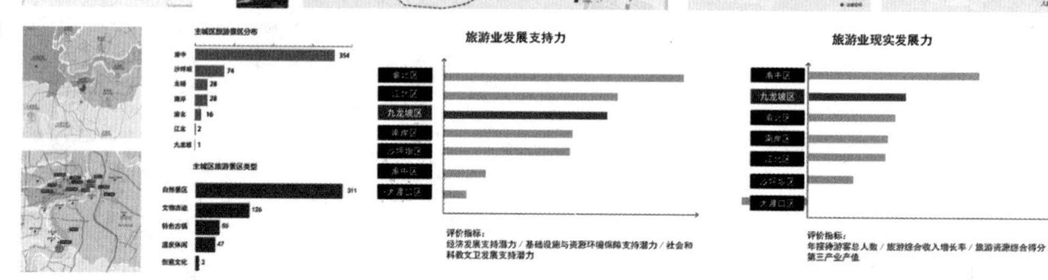

概念生成

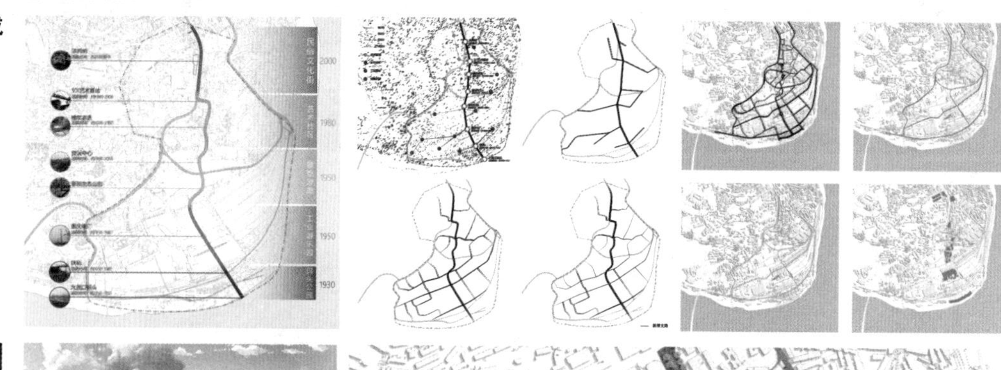

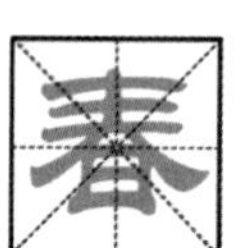

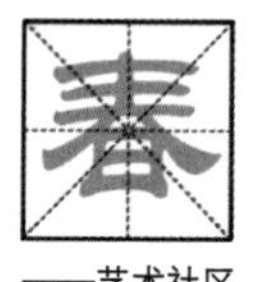

春——艺术社区

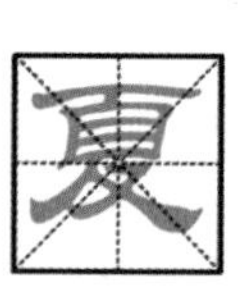

夏——景观回廊

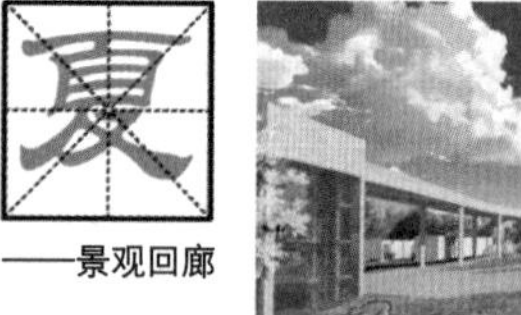

秋——工业游园

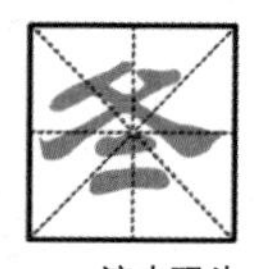

冬——滨水码头

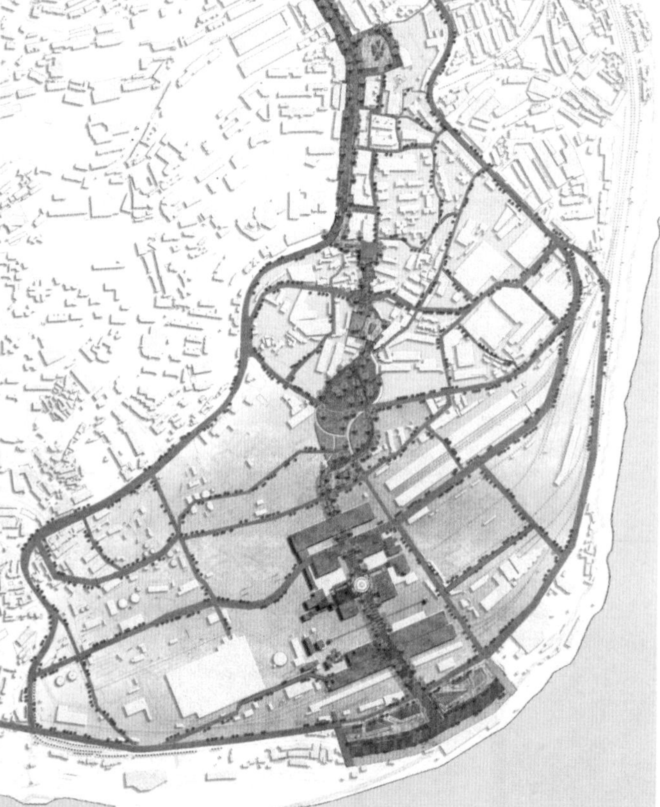

总平面图

简介：

黄桷坪所处的九龙半岛有着得天独厚的区位优势：堪比渝中半岛的水路运输，地处重庆市中心，周围环绕诸多商圈。但是九龙半岛的发展现状却与渝中半岛不可相提并论。

在我们调研过程中发现，其实黄桷坪有着丰富的历史文化资源，工业遗产遗留，还有着浓厚的艺术氛围。这些特质在黄桷坪中各自孤立存在着，艺术区、工业区、农舍生活区，有着明显的分隔。所以我们希望通过连接这些各自孤立但是又具有价值的点，将整个区域有机地串联起来。

还有一个有趣的现象：从滨江到内陆，工业历史遗留的建筑年代在逐渐变新。我们发现这条连接不同有价值的点的路线，事实上也连接了一条时间轴。因此我们称这条路线为：时空纵贯线。

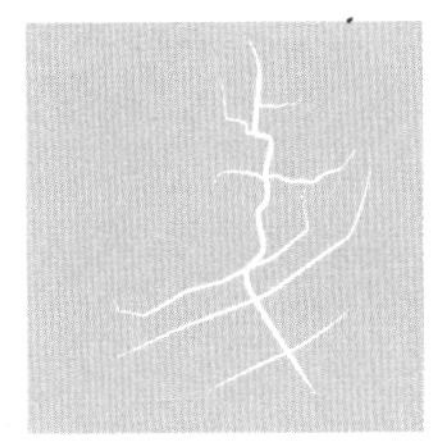

空中画廊
Air Gallery

浙江大学
设计：董舒畅
指导：贺　勇

基地区位

基地现状

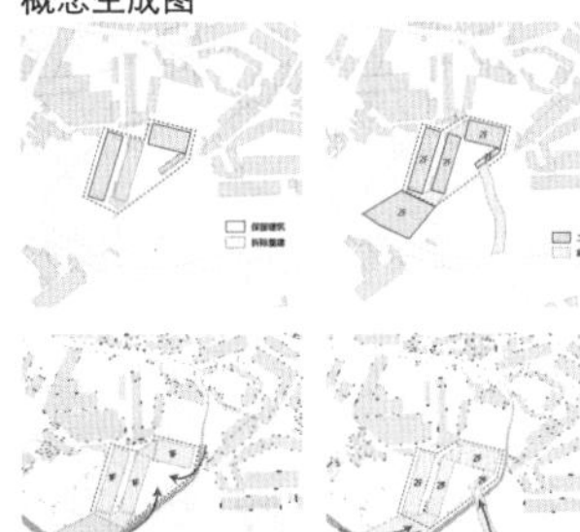

概念生成图

一层平面图

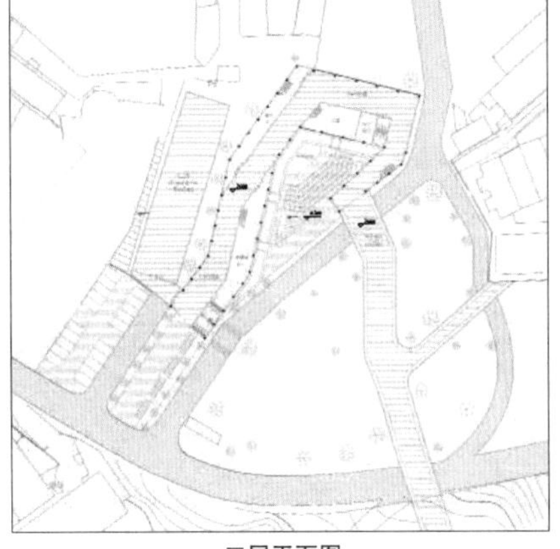

二层平面图

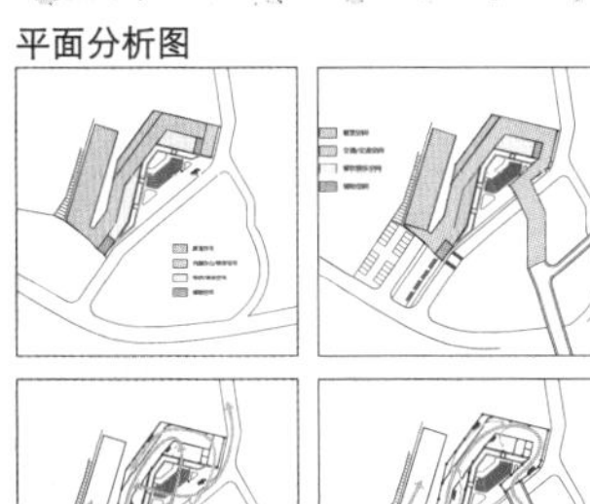

平面分析图

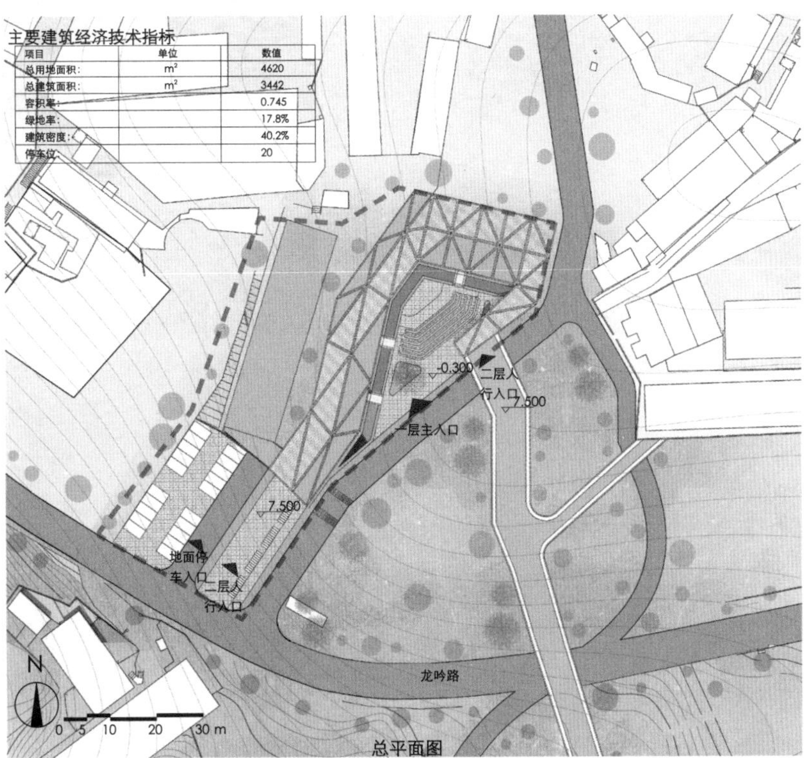

主要建筑经济技术指标

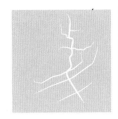

项目	单位	数值
总用地面积：	m^2	4620
总建筑面积：	m^2	3442
容积率：		0.745
绿地率：		17.8%
建筑密度：		40.2%
停车位：		20

总平面图

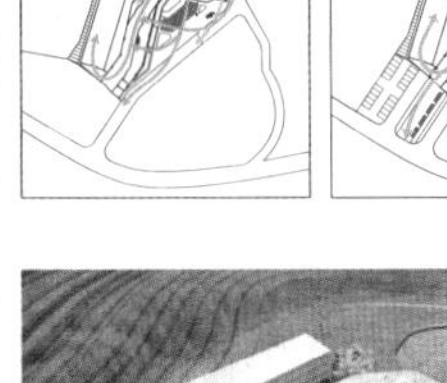

简介：

选址坐落于“时空纵贯线”艺术街区和景观公园之间，是自南向北的一个重要节点，亦是通往艺术街区的一个入口。在此处根据地势，将一二层的地面和建筑连接起来，形成一个“S”形交通流线。人们从纵贯线进入艺术街区时将自然而然地走入这座画廊建筑观赏，休憩。

同时，由于拆除了临街一侧的建筑。完全打开了内部庭院给外界，这里也提供了给人们聚集交流的广场空间。依托原有建筑和地势而生，驾于地表之上，担负着艺术区的入口重任，所以我命名之：空中画廊。

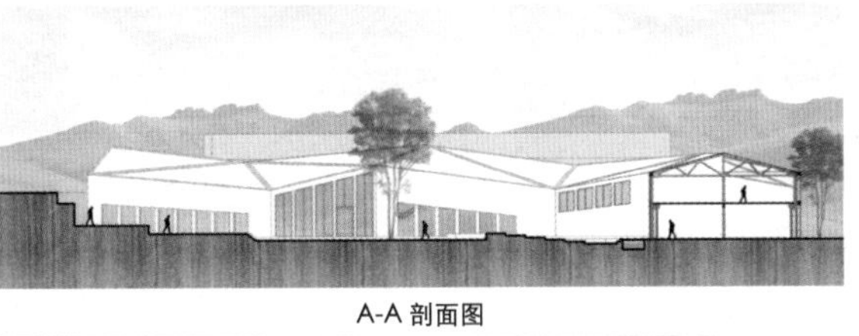

A-A 剖面图

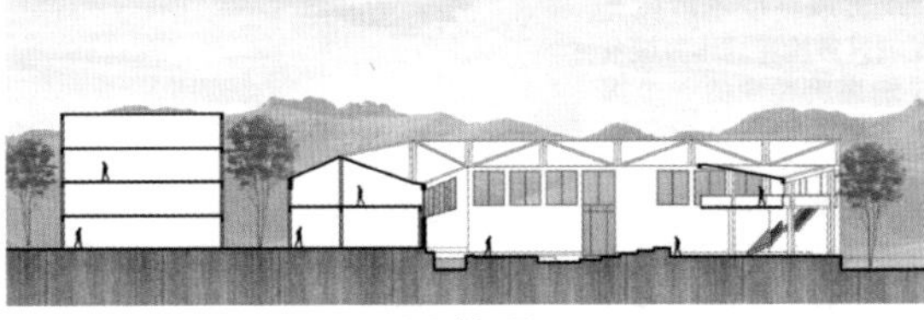

B-B 剖面图

南立面图

北立面图

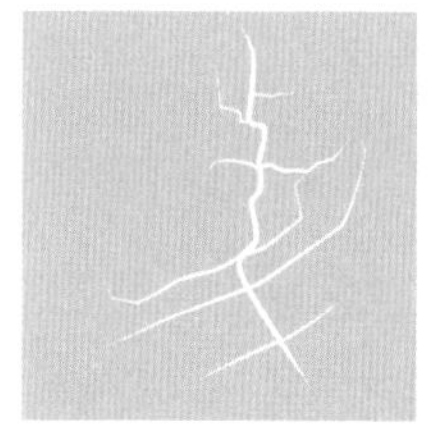

院里院外——黄桷坪森林艺术酒店

The Art Forest– Hotel Desig in Huangjueping

浙江大学
设计：赵 爽
指导：贺 勇

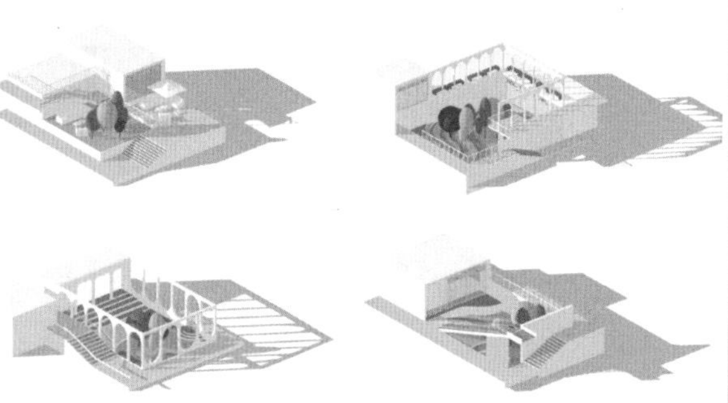

场景分析

总平面

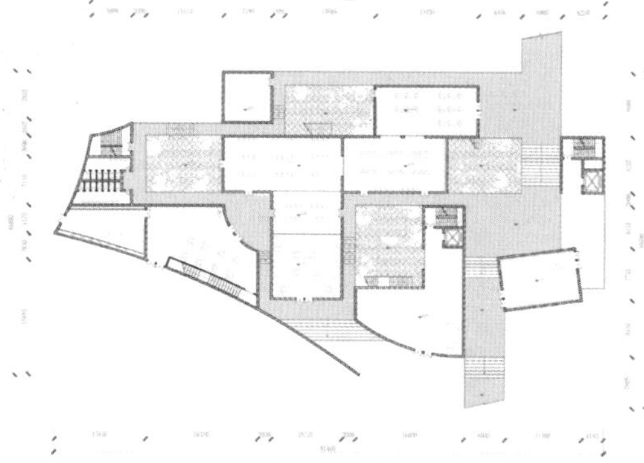

一层平面

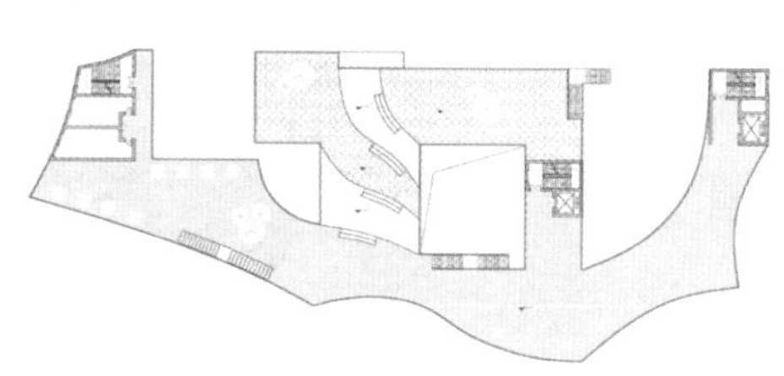

三层平面

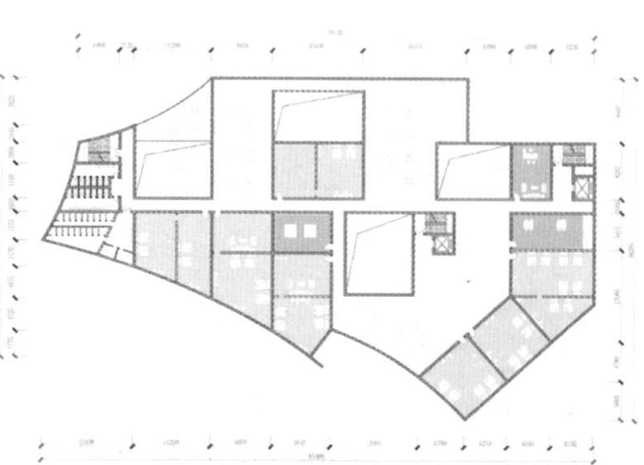

二层平面

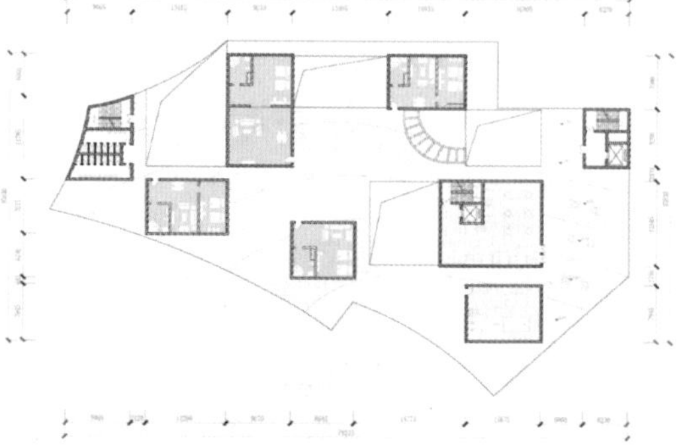

四层平面

简介：

该项目位于重庆九龙坡区黄桷坪。作为城乡规划纵贯线中的一个重要节点希望打造可以融合艺术，居民活动，自然要素在内的艺术酒店，酒店围绕4个院子展开，采用垂直功能分区方式，底层为艺术家工作室，对外开放的展厅，画廊，以及餐厅，茶室，商店等配套商业设施。二层开放式的公共空间作为主要的居民活动场所，连接纵贯线与单体建筑。三层为青旅，供年轻的背包客互相交流，休憩。四层则为聚落式的精品酒店及屋顶花园。

立面图

剖面图

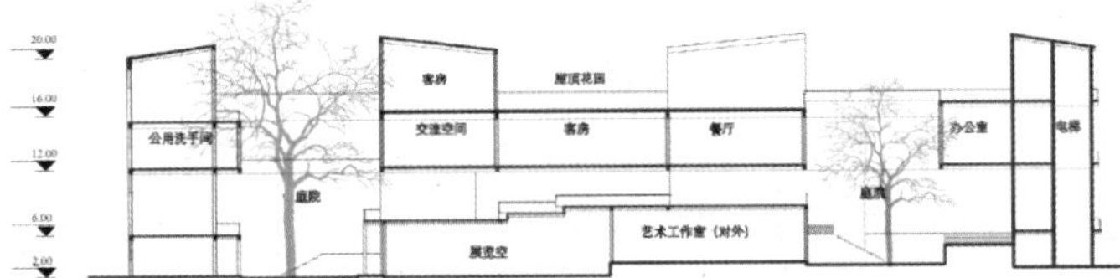
20.00
16.00
12.00
6.00
2.00
客房
屋顶花园
公用洗手间
交流空间
客房
餐厅
办公室
电梯
庭院
庭院
艺术工作室（对外）
展览空

立面图

剖面图

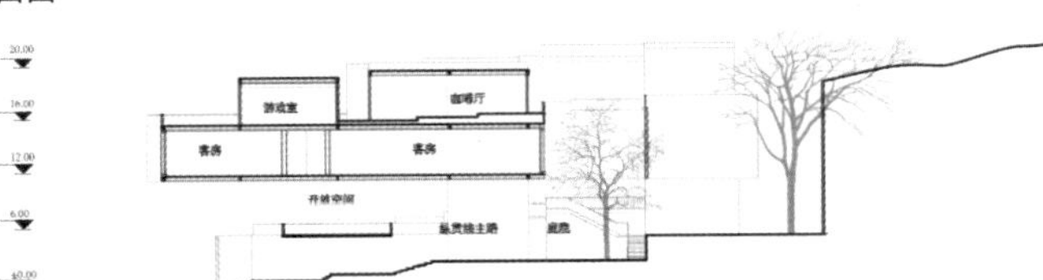
20.00
16.00
12.00
6.00
游戏室
咖啡厅
客房
客房
庭院

分解轴测图

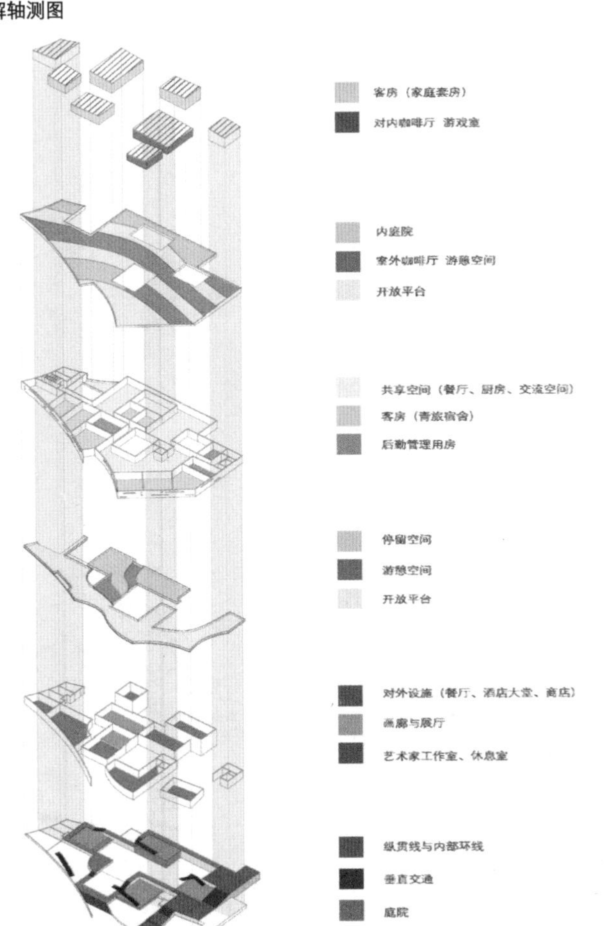
客房（家庭套房）
对内咖啡厅 游戏室
内庭院
室外咖啡厅 游憩空间
开放平台
共享空间（餐厅、厨房、交流空间）
客房（青旅宿舍）
后勤管理用房
停留空间
游憩空间
开放平台
对外设施（餐厅、酒店大堂、商店）
画廊与展厅
艺术家工作室、休息室
纵贯线与内部环线
垂直交通
庭院

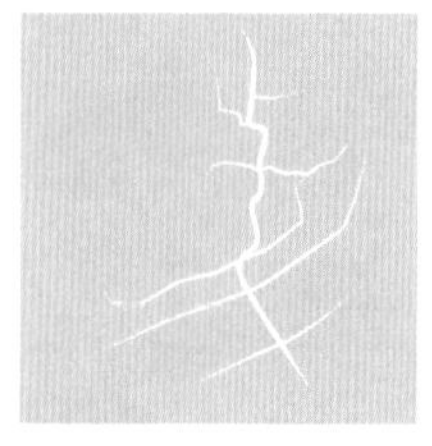

游园：方圆之外—电厂改造设计
Fairground out of Norms & Principles

浙江大学
设计：吴佩颖
指导：贺 勇

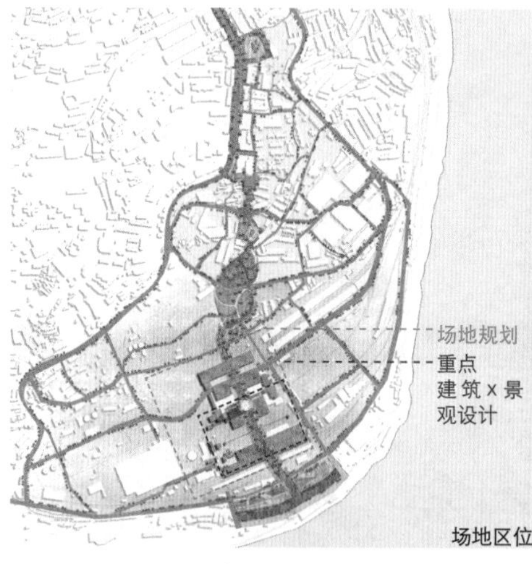

场地区位

原址照片 a

原址照片 b

原址照片 c

原址照片 d

城市及建筑变迁的过程是一个无法避免地随着历史更迭的过程，而一系列历史事件的发生会在城市与建筑的身上留下烙印，而这种烙印又显著地拥有地域特性与时代特性。而建筑与城市的变更相对于历史的嬗变而言又具有明显的滞后性，因而我们经常在区域与区域间的边界处、建筑的旧部与新部之间发现断裂的历史痕迹，这种痕迹使身在其中的感受者不由自主地生发出时空错乱、历史重叠的主观感受。而这些滞后性往往是作为后来者的城乡规划者或建筑设计者在进行城市更新和建筑重构过程中的漏网之鱼，这些被漏掉的历史遗迹表现为随着使用者的社会生活而自由发展之后所形成的混沌、断层或荒置状态。而这种混沌、断层或荒置的状态，使得其历史遗迹本身所有的文化符号和记忆价值被大幅度地浪费。

而对于富有历史遗迹意义的城市、区域或建筑现状的更新改造方法，向来是一个富有争议的话题。批判性地域主义反对地域主义的琐碎，而对批判性地域主义的批判又置喙其对地域主义的抵抗的刻意、傲慢与无处安放。可以说对地域的吻合处理与对全球化现代性的妥协之间一直存在着令人争论不休的矛盾，而此次位于重庆九龙半岛的黄桷坪电厂区域集丰富的文化、历史、景观资源与亟待开发的较混乱荒废的现状于一体，亦集文化名片地位的地域特性与城市快速发展的时代机遇于一处，因此可以预见到，以此处作为探讨城市更新改造的可能性与方式方法的试验田将具有丰富理论与现实实践的双重意义。

因而在这个将旧电厂改造成为游园的方案中，我希望设计既可显示出它从旧的文脉肌理中生长出来的痕迹，又希望它拥有人工置入的有机侵入感，无论是室外的构筑物和场地设计或是主要建筑的改建和再生都以此貌似矛盾实则态度鲜明的原则为指导，于新旧强碰的边界中滋长出的无限趣味将助长这个游园的人气，与北侧艺术家仓库的发展与共赢产生循环互动的良性关系。

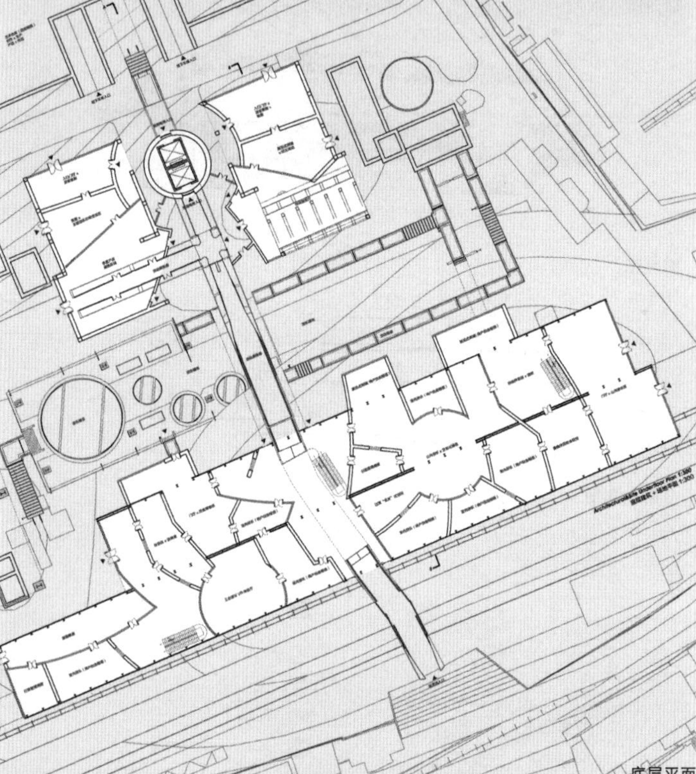
底层平面

简介：

本设计围绕着人烟稀少的重庆电厂的废弃厂房以及具有用地象征符号意义的烟囱展开，塑造了一个比较有趣的工业遗址改造而成的游园区域，旨在于以工业游园的形式开发荒置电厂的旅游价值，并为北侧规划为艺术家工作坊的厂房提供消费客源和展示平台。

设计的着力点主要在于新旧建筑的交集空间和室外的场地、构筑物和游乐景观的设计，既依托于旧址的空间又生成了以纵贯线游乐展廊为代表的来自新者对旧地的碰撞和有机侵入，主要改造的南侧厂房的平面生成则利用了原有的场地方圆结合的肌理进行了拓扑和发散。

轴测鸟瞰

沿袭城市设计的时空纵贯线概念，从北之南延伸至烟囱的廊道与地形交接处，将行人引至游园的主入口，烟囱上设的观景台作为空间的十字节点，东西两侧厂房改造为入口大厅和游客集散的空间和向外展览的立面，向南延伸则为游动的展售长廊，引入北侧规划为艺术家仓库的工坊出产的作品。南侧的长形旧棚改造为以工业遗址体验区为主题的室内游乐场，并由玻璃纵贯线长廊向内贯穿和产生互动，且进行了屋顶改建，以方圆参考线为基准错落设置了半透明的天光。烟囱和厂棚之间的区域则为室外的游乐场，设置了游乐铺地、展廊、展区等，进行了场地设计并在西部的铺地尽端以一个悬于旧的小建筑体块群之上的空中咖啡厅和游戏室作结。向外发散则重新规划了露天剧场、绿地广场。另外，建筑底层与场地共同构成的底层平面的具体形式生成则是从原有的场地的方、圆并置甚至错置的肌理进行图形拓扑的概念而生成的，“厚重的趣味”是空间的纲领。

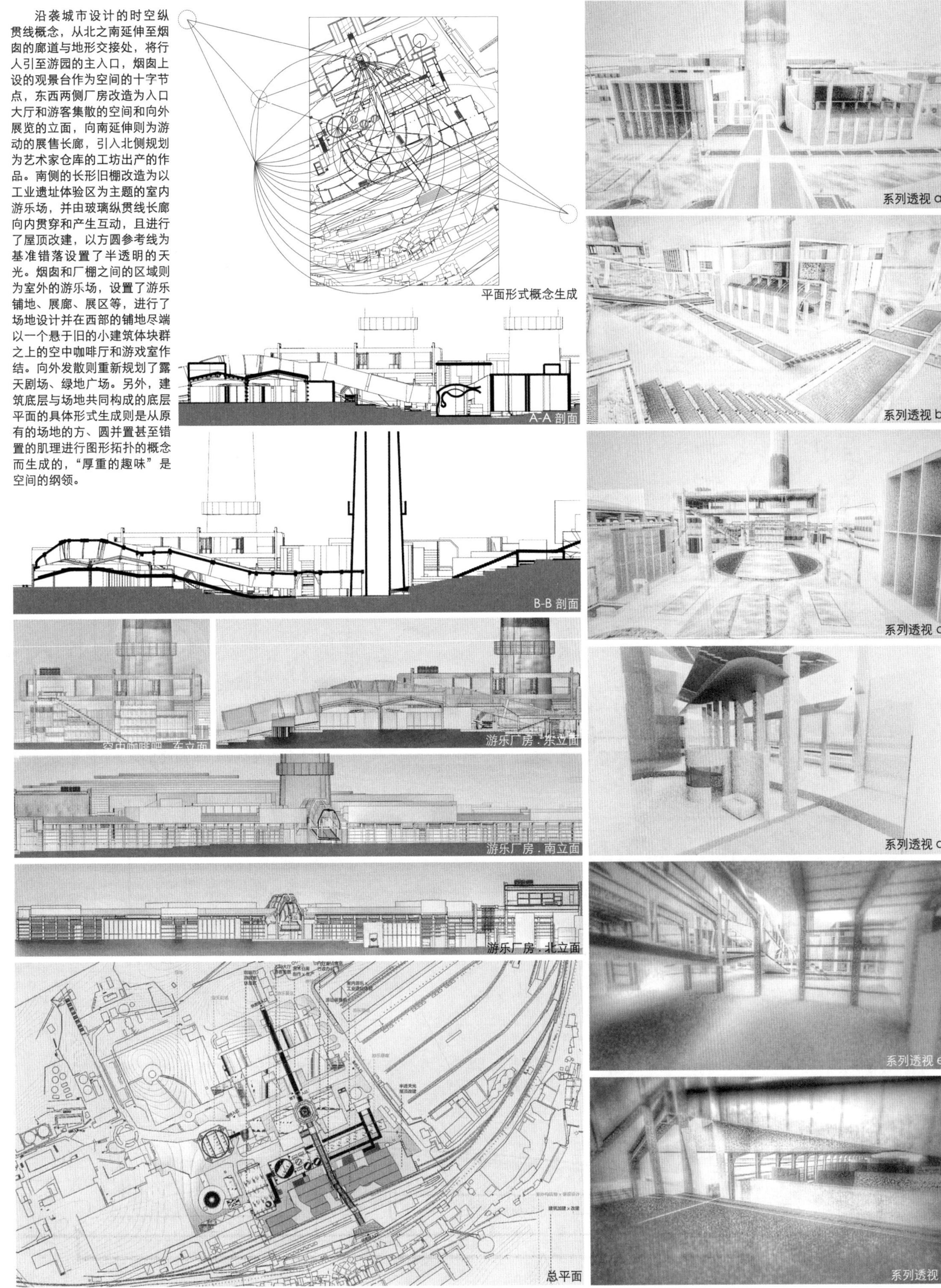

平面形式概念生成

A-A 剖面

B-B 剖面

空中咖啡吧 . 东立面

游乐厂房 . 东立面

游乐厂房 . 南立面

游乐厂房 . 北立面

总平面

系列透视 a

系列透视 b

系列透视 c

系列透视 d

系列透视 e

系列透视 f

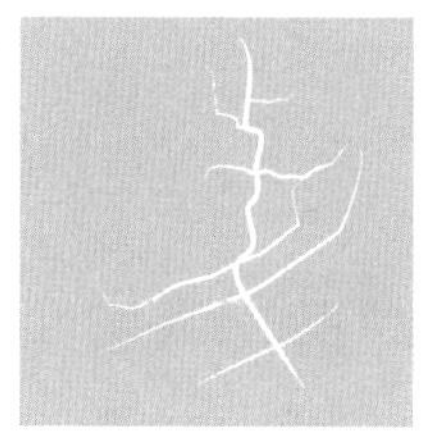

复调空间——码头博物馆设计

Polyphony Space: The Design of Port Museum

浙江大学
设计：林歆怡
指导：贺勇

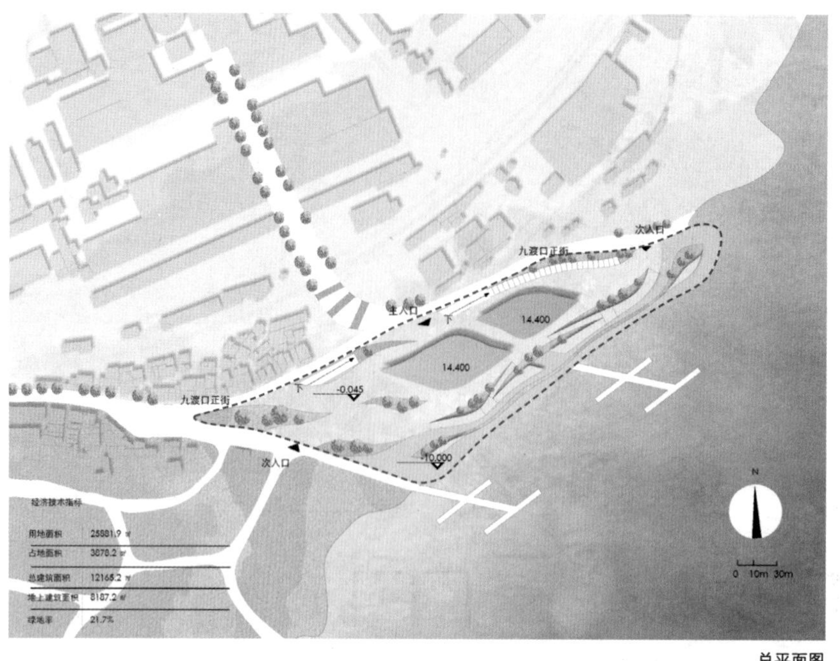

总平面图

空间透视

空间透视

空间透视

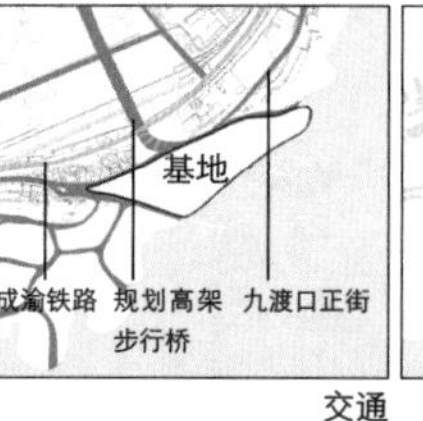

交通

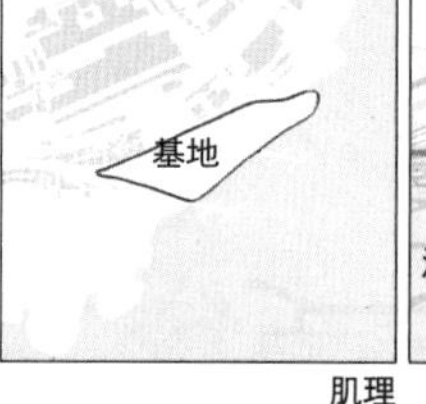

肌理

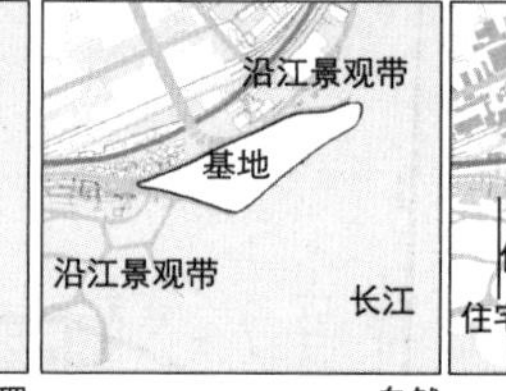

自然

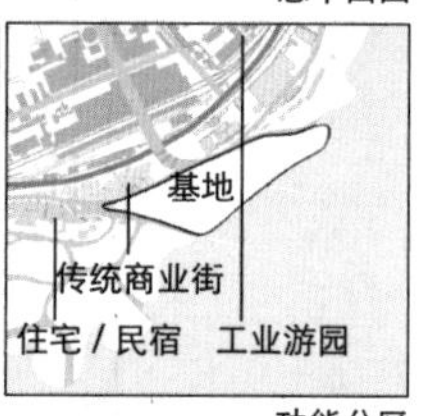

功能分区

1-1 剖面图

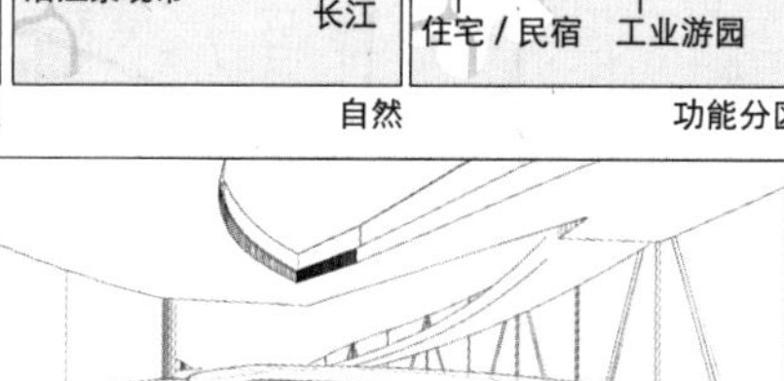

①

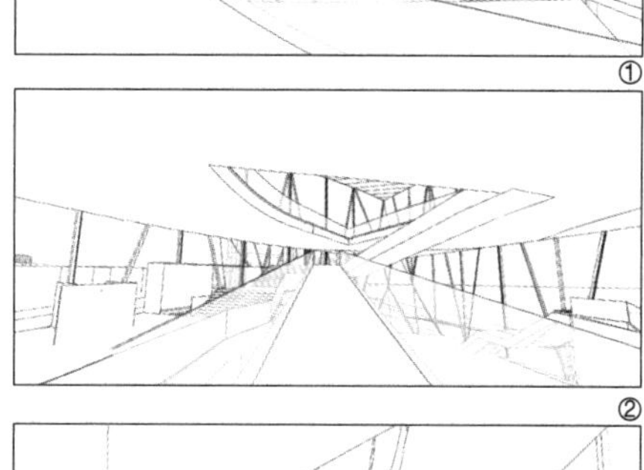

②

3-3 剖面图

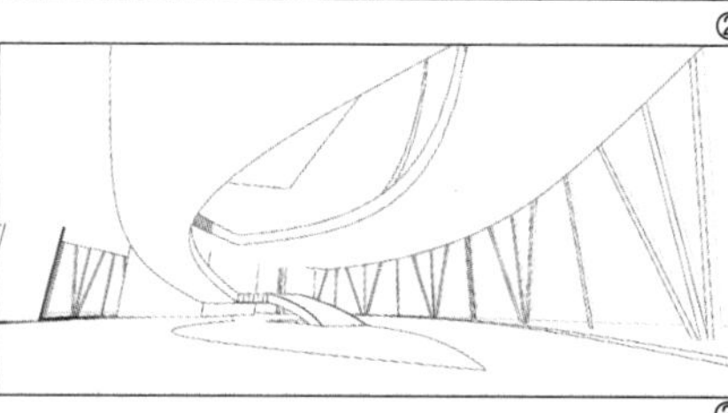

③

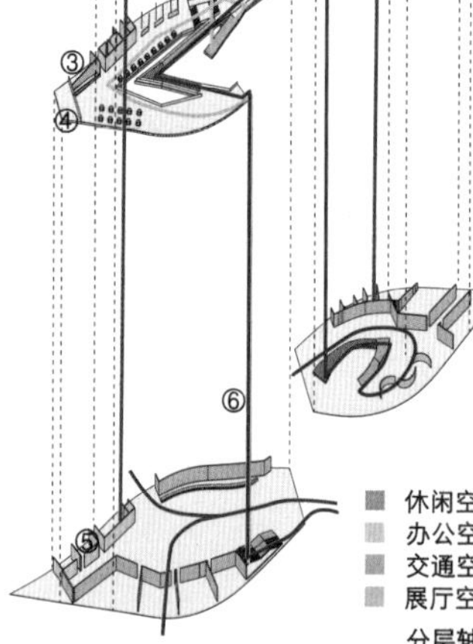

分层轴测

简介：

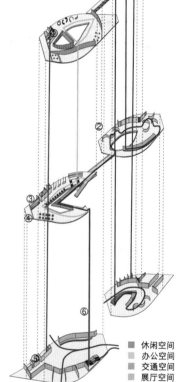

本设计位于重庆市九龙坡区黄桷坪九渡口码头区域。九渡口码头创建于1930年左右，曾经是活跃的工业码头。后因黄桷坪区域工业被置换与空置，码头逐渐废弃，区域活力极低。

重庆被长江与嘉陵江环绕，区域的发展往往依靠码头。码头文化是重庆历史的印证，也是重庆精神的象征。

本设计以码头文化博物馆为定位，同时满足区域内居民的活动娱乐需求，营造一个观展与活动同时发生的展览空间。连续的坡道交通空间给观展者提供更流畅的观展感受，在静（展区）与动（活动区）的交替中感受时空的双重奏。

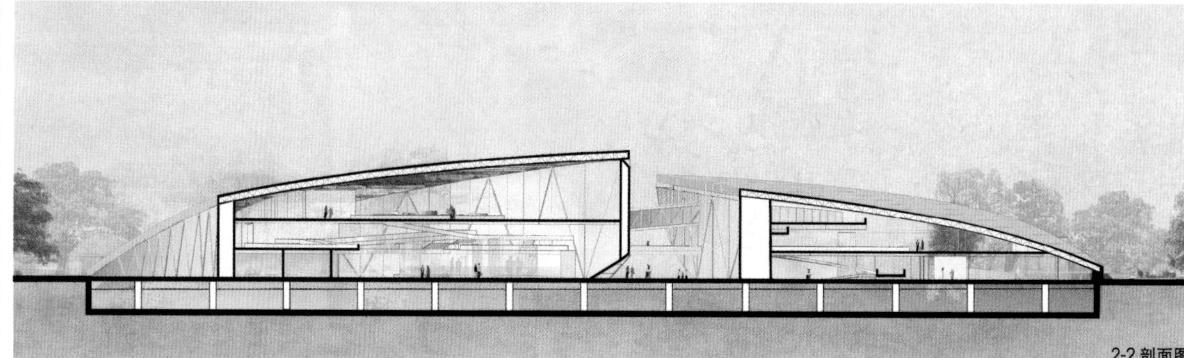

2-2 剖面图

效果图

室内透视图

室内透视图

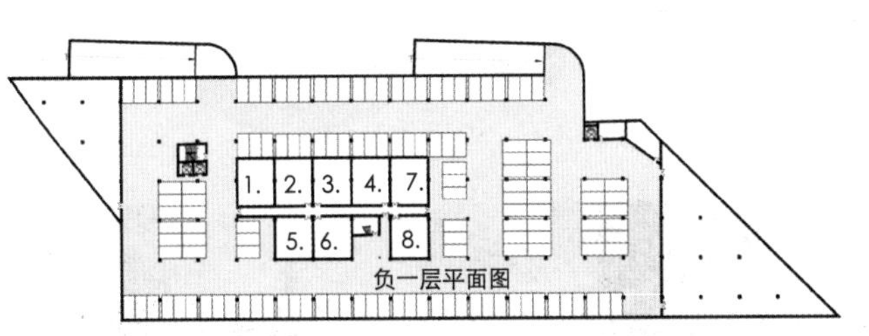

负一层平面图

1. 冷冻机房
2. 热交换机房
3. 高压配电
4. 低压配电
5. 消防水池
6. 生活水池
7. 水泵房
8. 管理用房

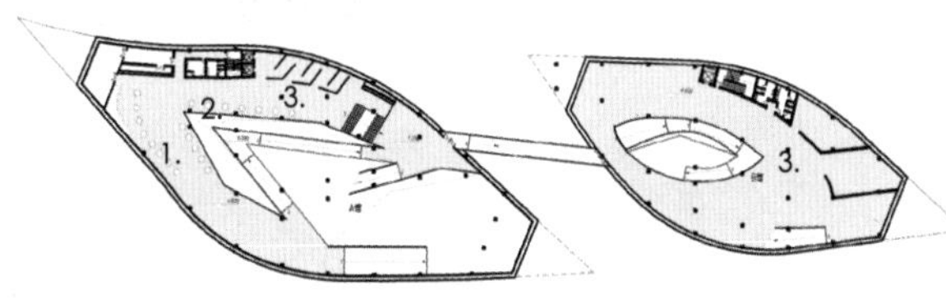

二层平面图

1. 开放茶馆
2. 开放棋牌室
3. 展区

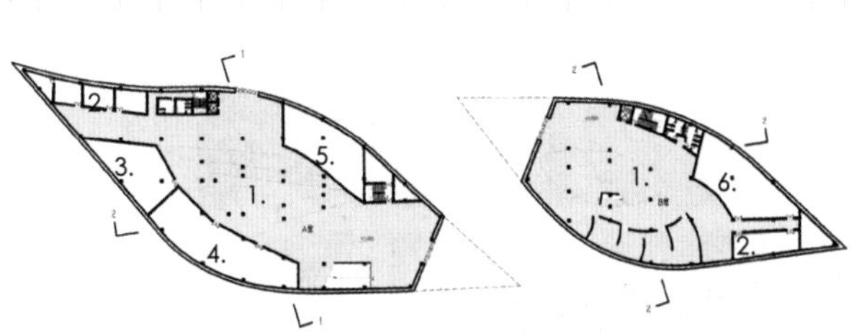

一层平面图

1. 大厅
2. 办公室
3. 休息室
4. 儿童游乐室
5. 阅览室
6. 电子展区

三层平面图

1. 健身房
2. 瑜伽室
3. 排练厅
4. 休息区
5. 展厅

南立面图

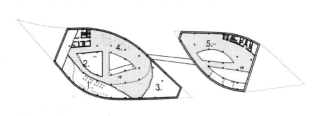

东立面图

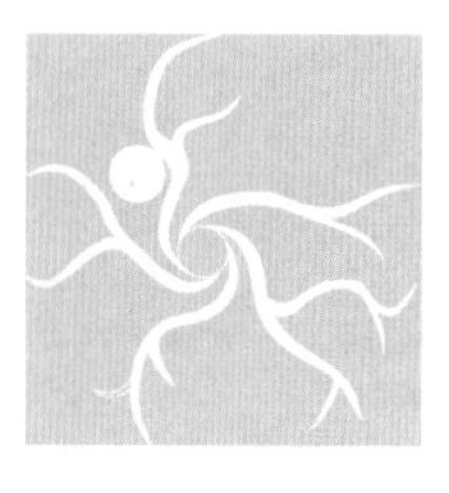

桷根之上

On the roots

浙江大学

设计：郦家骥/伍一峰/吕嘉姝/李胤赜

指导：浦欣成/罗卿平/贺勇

由于历史的，权属上等的原因，基地目前可以主要分为四川美院、南站货运中心、发电厂还有居民区这四部分，每个部分都有着自己独特鲜明的特色，但彼此之间处于一种较为割裂的状态。

道路，高差，围墙等障碍，降低了部分区域的可达性。

功能结构不合理，使得不同人群的主要活动集中于上半区。

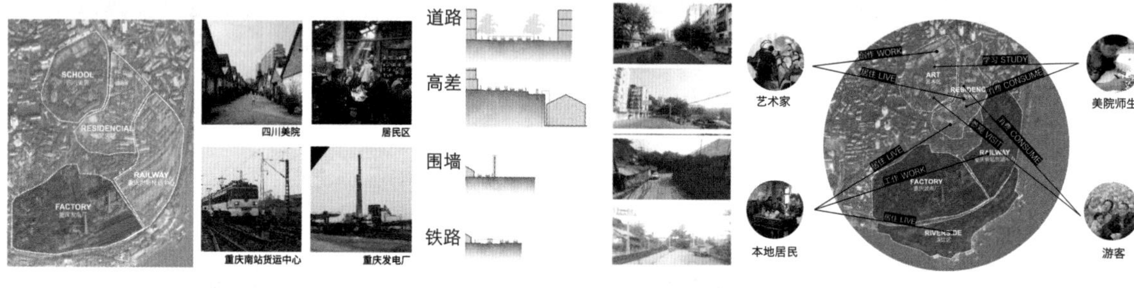

策略一：功能结构重整

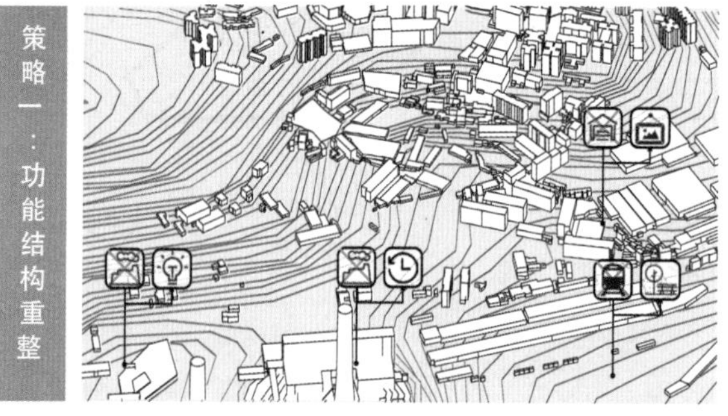

根据前期对不同人群功能需求的调研，并结合不同区域的特色，对区域的功能结构进行重新规划，以吸引人前往原来较为割裂独立的工业区。

策略二：立体交通的引入

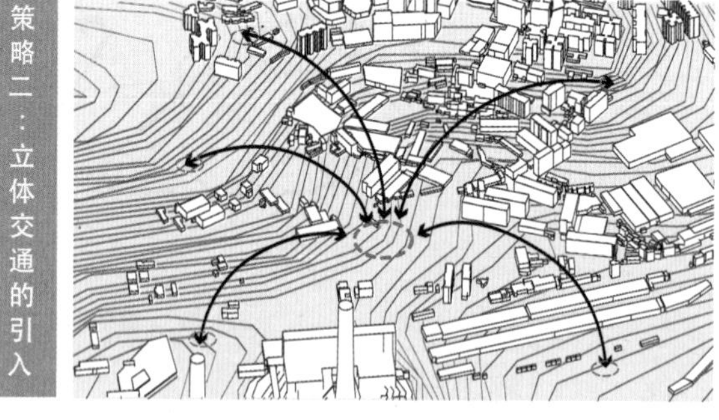

找出现有场地的活力源，或是富有潜力的空间，构建一套人行立体交通系统，解决高差等物理障碍，提高各个区域的交通可达性。

简介：

本次毕业设计选址在重庆市九龙坡区黄桷坪。该地区有着丰富的历史文化资源：历史悠久的四川美术学院老校区，矗立着两座曾经的亚洲最高烟囱的发电厂厂房，重庆南站的货运中心……但随着工业区及美院主校区的搬迁，整个片区的活力大幅下降，产业结构，空间环境都有待改善。

城市改造策略是采用以巨构形式介入的设计思路，通过超高层的城市综合体以及立体交通系统的引入，改善地区的功能结构，并塑造新的城市地景，发展为新的区域地标，激活并带动片区的发展。

策略三：中心巨型触媒

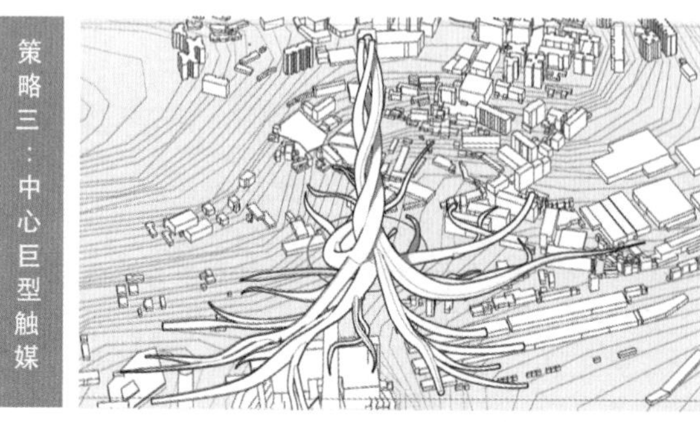

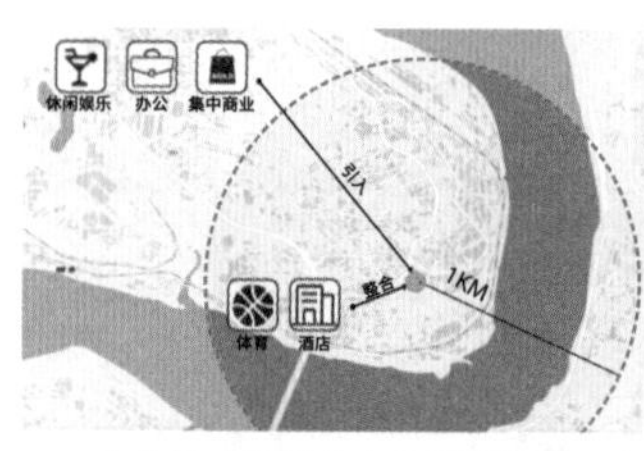

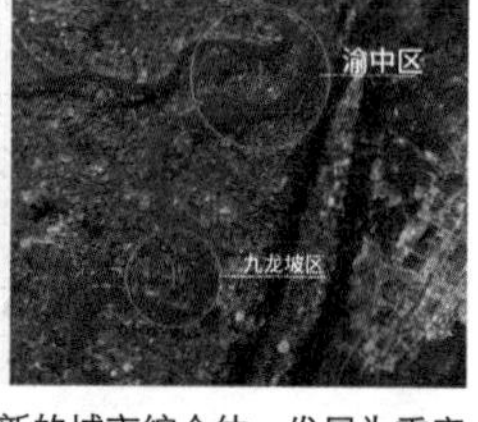

在立体交通的中心枢纽处打造一个新的城市综合体，发展为重庆又一中心。一是整合区域内原有但分布较为零散的功能（体育，酒店等），二是补充区域内缺失的功能（办公，集中商业，休闲娱乐等），服务范围预估为半径1公里内的区域，服务人数约4万人。

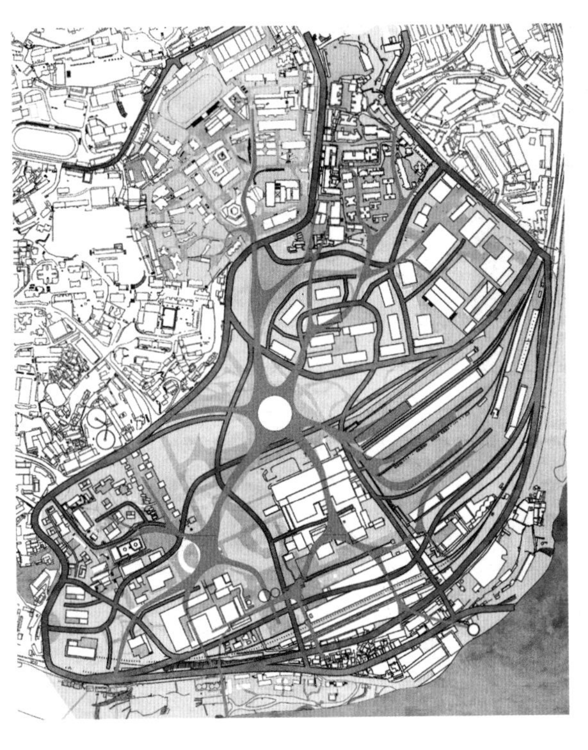

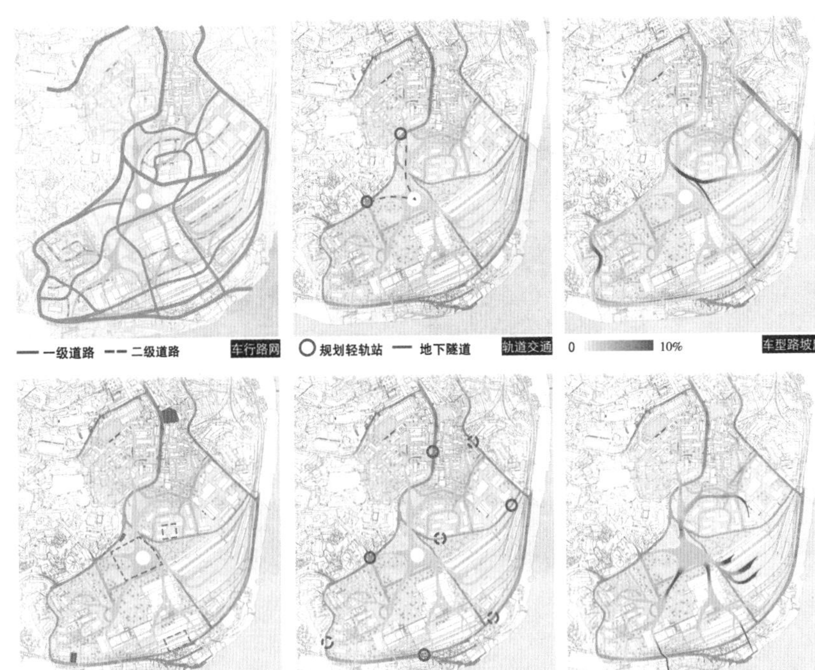

地区轴测图

场景图

功能分区

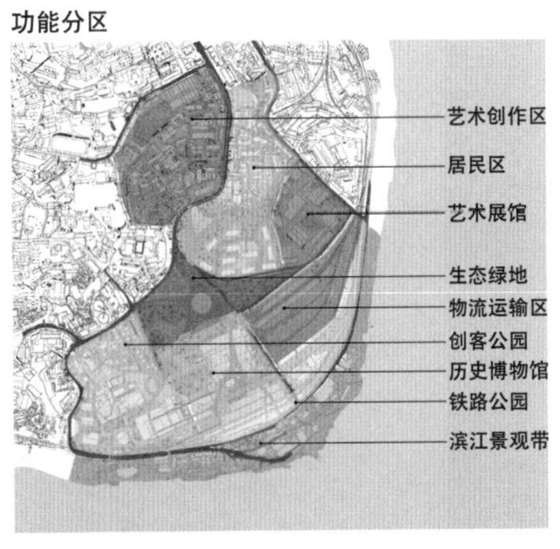

管道表皮及结构

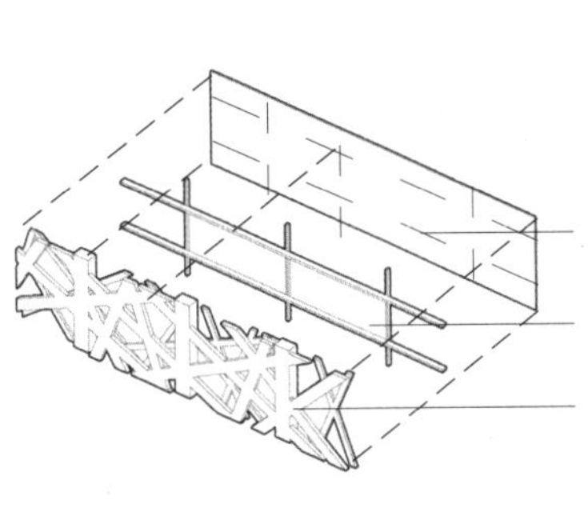

中心巨构形态研究

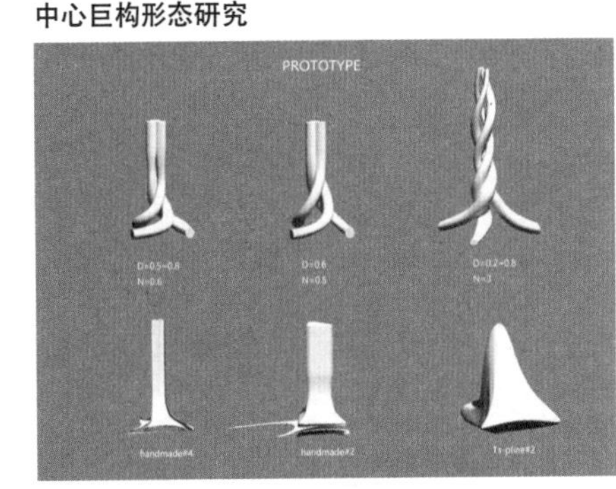

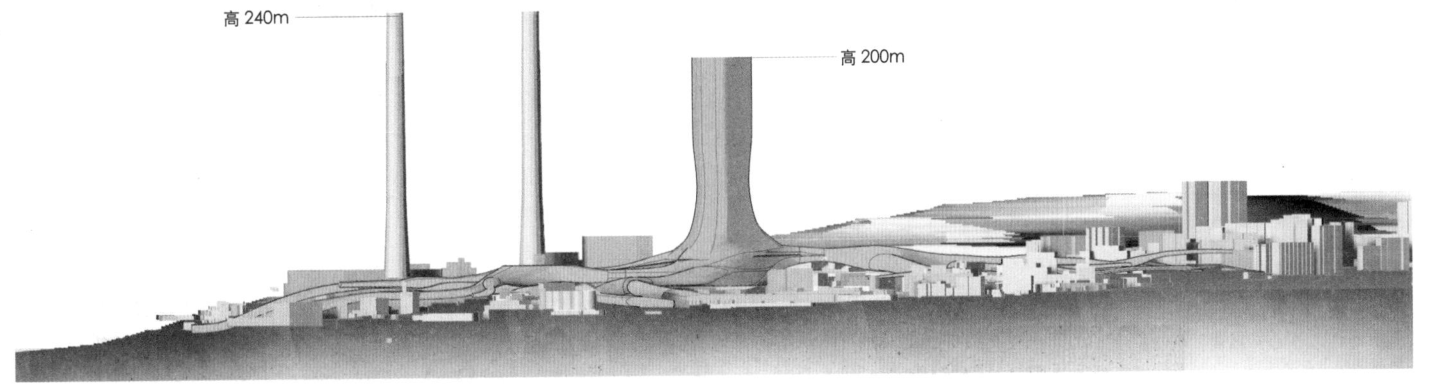

桷根之上——城市综合体 On the Roots: City Complex

浙江大学
设计：郦家骥
指导：浦欣成

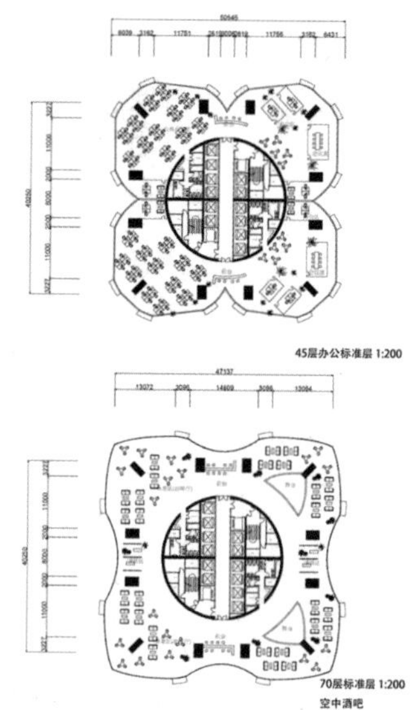

概念形成

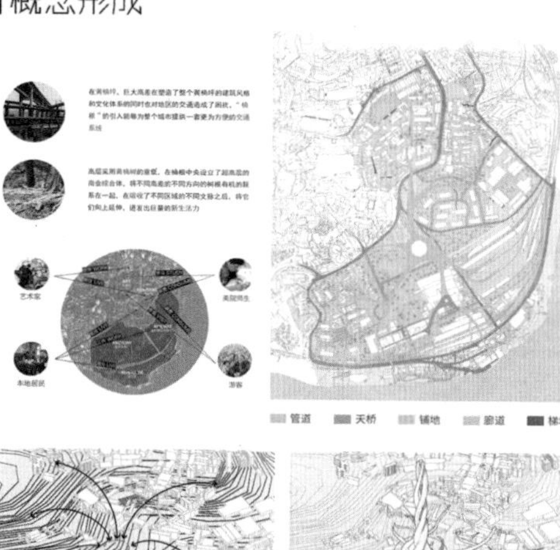

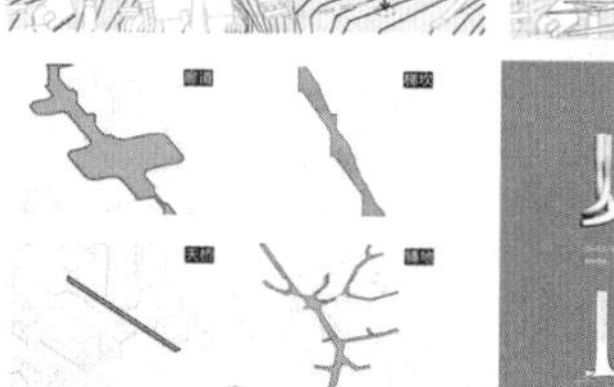

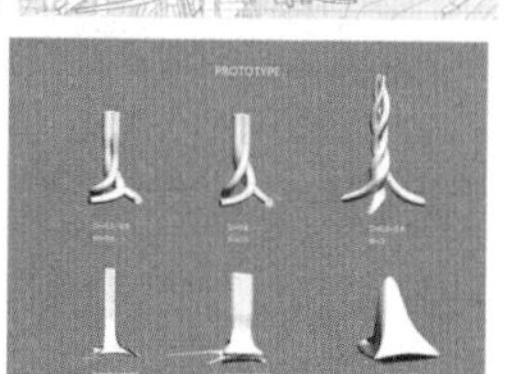

结构体系

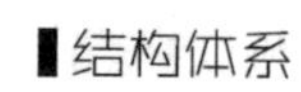

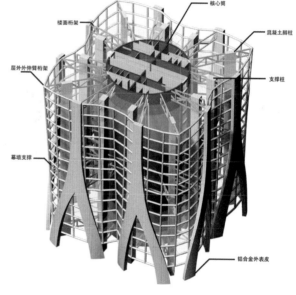

核心筒
楼面桁架
混凝土脚柱
层外外伸臂桁架
支撑柱
幕墙支撑
铝合金外表皮

立面

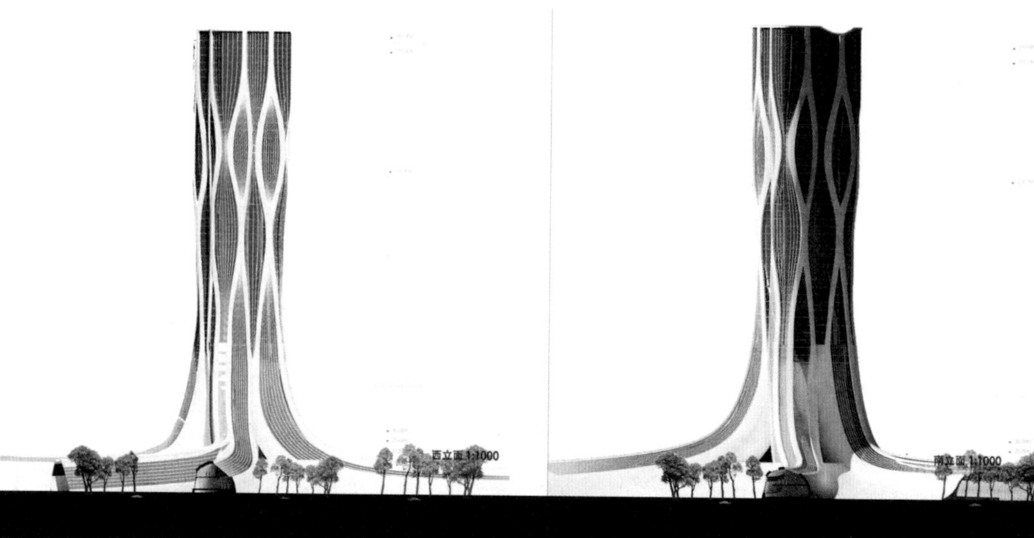

简介：

整体方案是通过引入一套管道立体交通系统来连接并且激活整个九龙半岛区域，作为这套系统的中心节点，一个具有巨大体量的超高层综合体是很有必要的，就像一棵黄桷树通过桷根在吸收容纳了整个区块的养分后生长为一个区域的标志。该设计通过定义各根管道的属性，为不同区域而来的不同人群提供了相应的功能，并将它们整合为一个巨大的节点，其意向和功能都是作为核心枢纽重新激活整个九龙半岛。

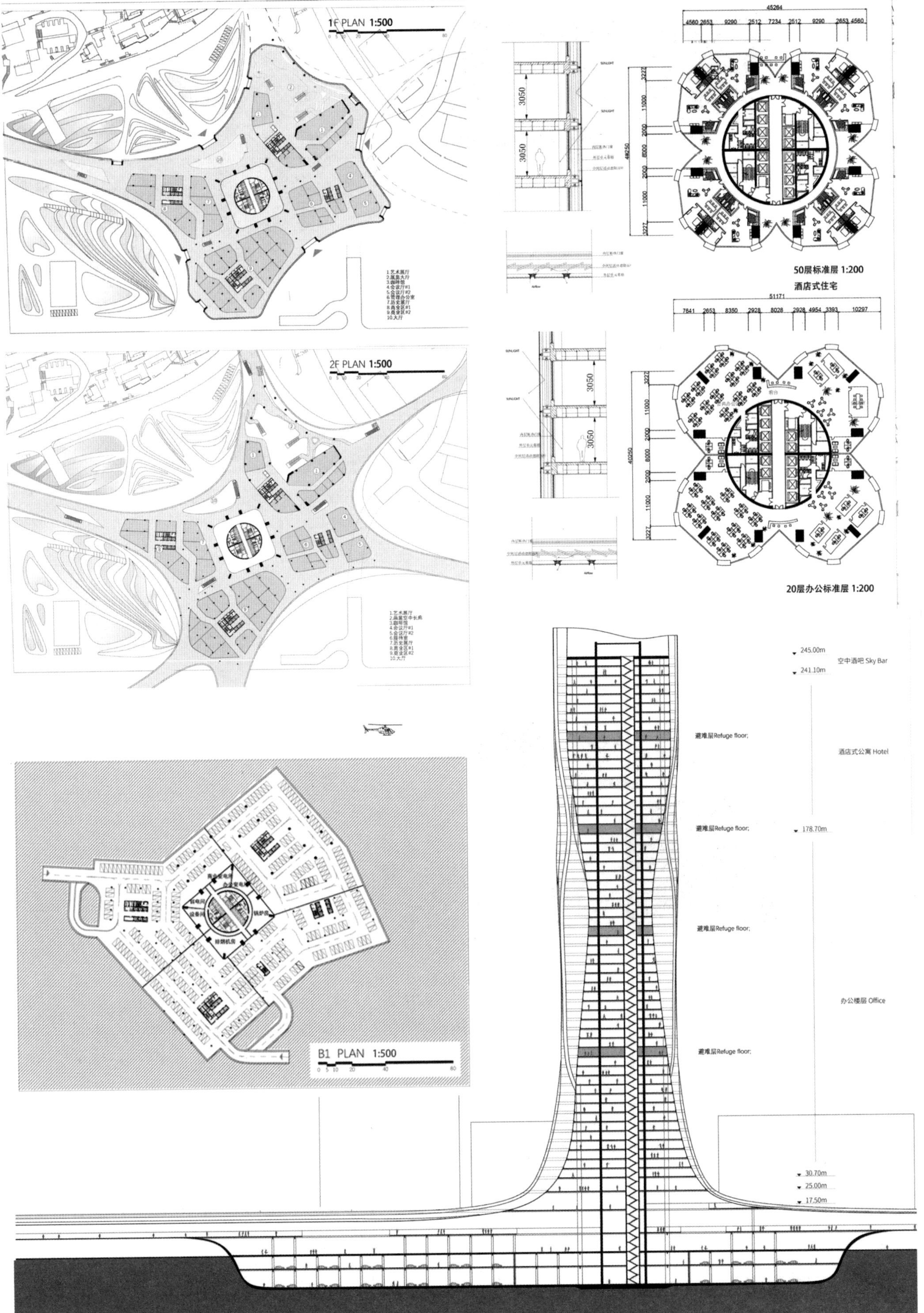
1F PLAN 1:500
1.艺术展厅
2.展览大厅
3.咖啡馆
4.会议厅#1
5.会议厅#2
6.管理办公室
7.历史展厅
8.商业区#1
9.商业区#2
10.大厅
2F PLAN 1:500
B1 PLAN 1:500
50层标准层 1:200
酒店式住宅
20层办公标准层 1:200
245.00m
空中酒吧 Sky Bar
241.10m
避难层Refuge floor;
酒店式公寓 Hotel
178.70m
办公楼层 Office
30.70m
25.00m
17.50m

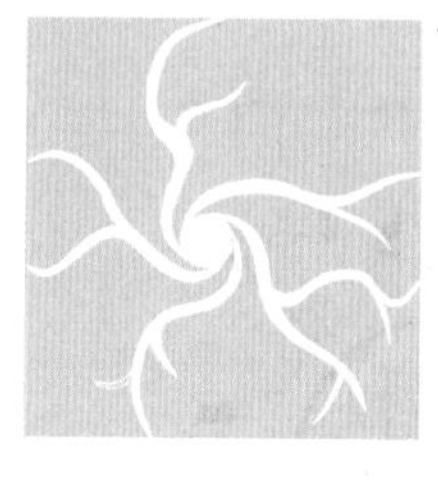

再生长——展区接待中心 Regrowing: Reception Center

浙江大学
设计：伍一峰
指导：浦欣成

建筑定位

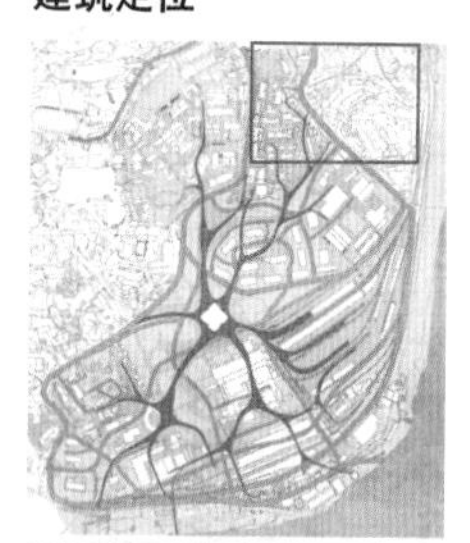

片区比邻重庆铁路南站货运站，原来的功能是物流仓库，在新的规划中希望参照国内的案例，将功能替换为艺术展区，为黄桷坪艺术作品的展示提供空间。

一层平面

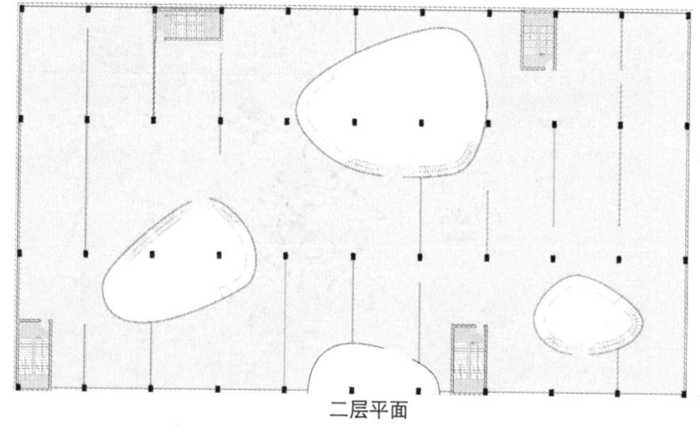

二层平面

三层平面

形体生成

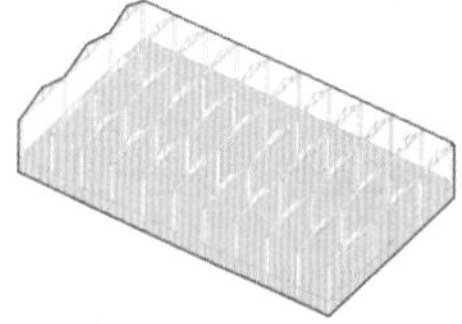

1. 加建一层，并在一层布置接待中心的功能体块。

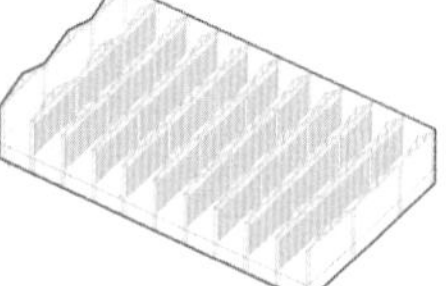

2. 在二层顺着桁架方向架设玻璃墙，作为展览空间。

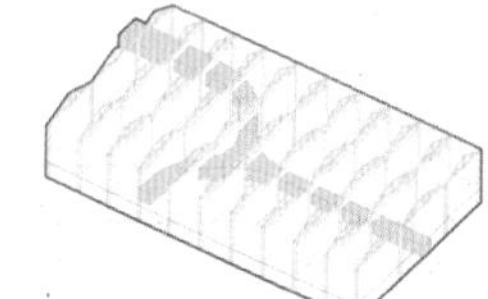

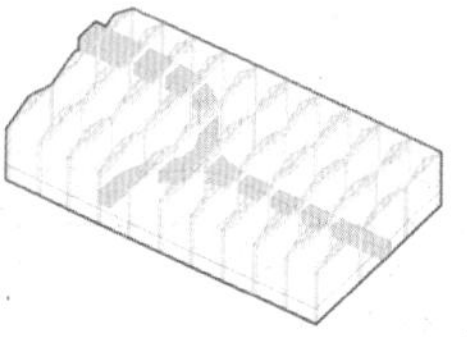

3. 引入城市管道系统。

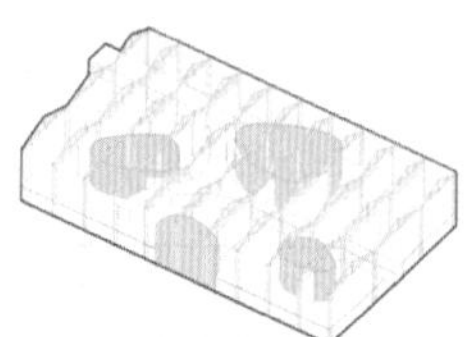

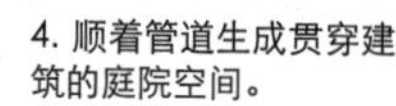

4. 顺着管道生成贯穿建筑的庭院空间。

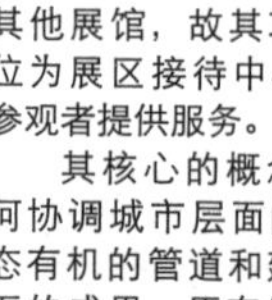

简介：

本方案作为城市管道系统在展览园区的节点，会有大量来自城市综合体的人通过它再到达其他展馆，故其功能定位为展区接待中心，为参观者提供服务。

其核心的概念是如何协调城市层面的，形态有机的管道和建筑层面的成果，原有结构清晰的厂房，通过在城市管道上长出像树的根瘤一样的空腔，来作为两个层级之间的过渡空间。

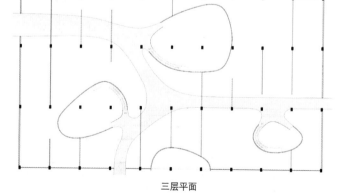

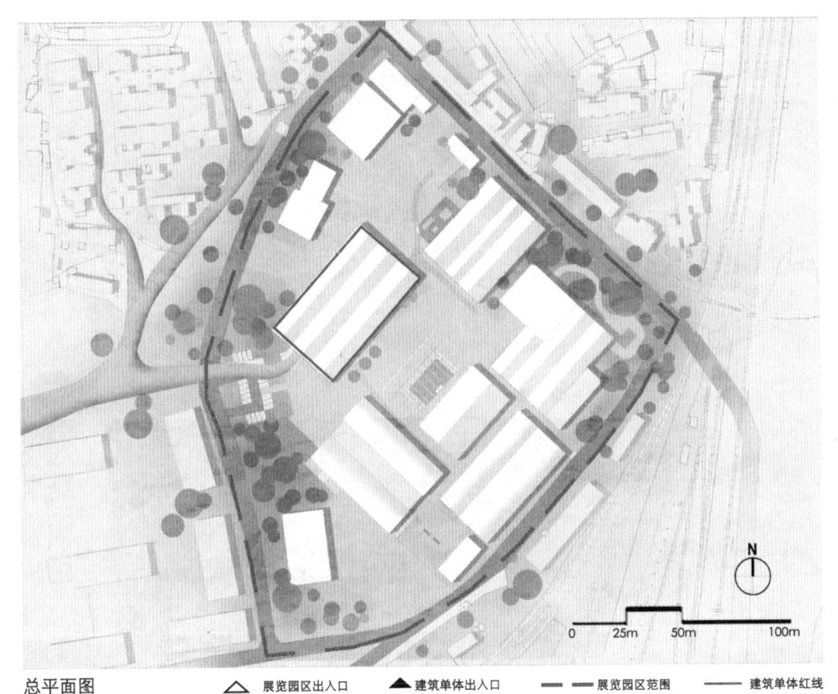

总平面图　　△ 展览园区出入口　　▲ 建筑单体出入口　　— — 展览园区范围　　—— 建筑单体红线

轴测图

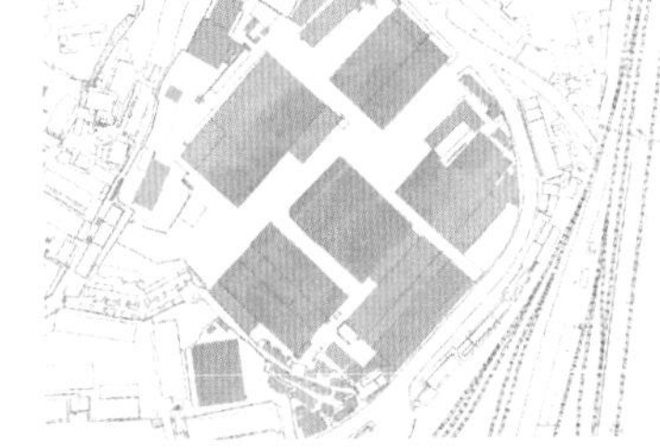

原总平面图

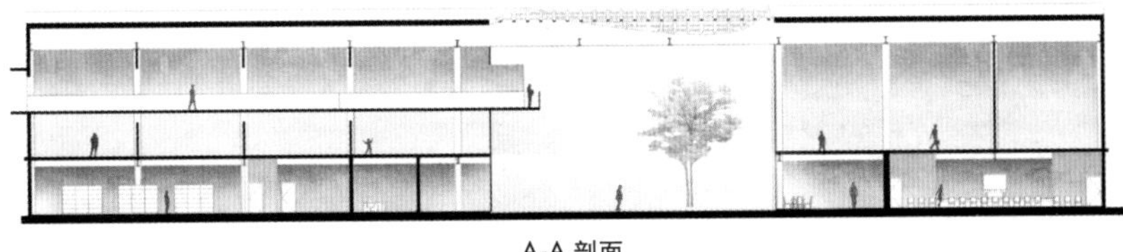

A-A 剖面

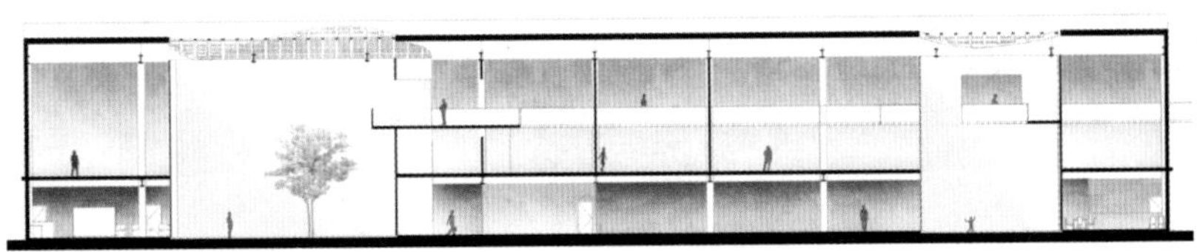

B-B 剖面

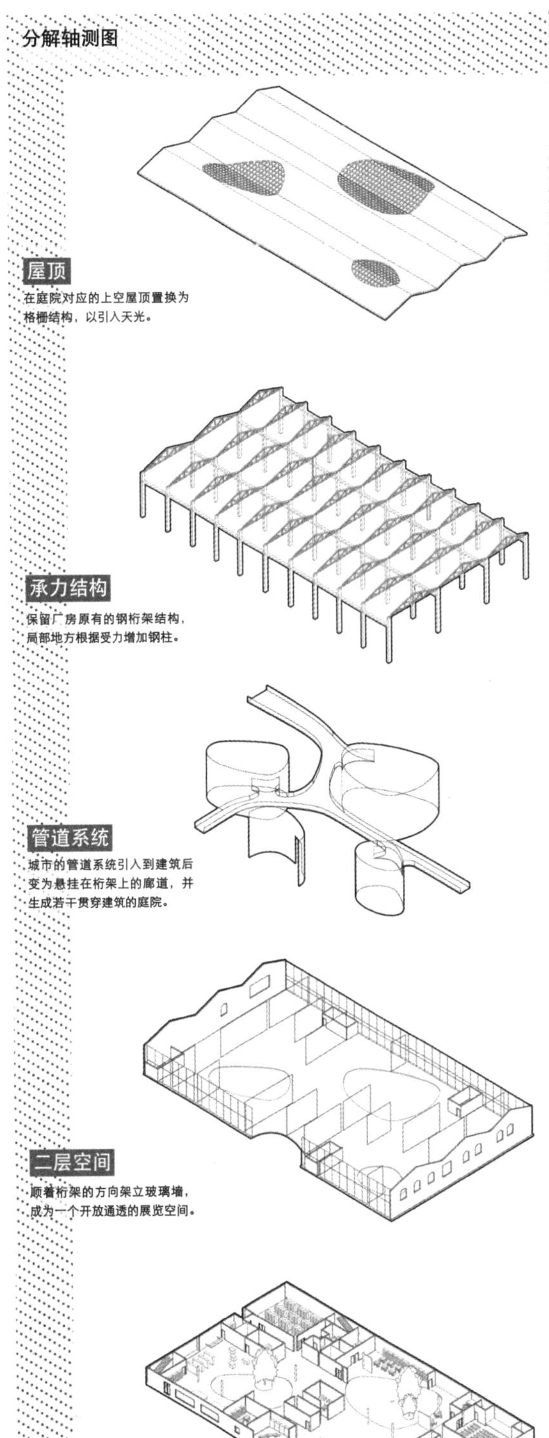

分解轴测图
屋顶
在庭院对应的上空屋顶置换为
格栅结构，以引入天光。
承力结构
保留厂房原有的钢桁架结构，
局部地方根据受力增加钢柱。
管道系统
城市的管道系统引入到建筑后
变为悬挂在桁架上的廊道，并
生成若干贯穿建筑的庭院。
二层空间
顺着桁架的方向架立玻璃墙，
成为一个开放通透的展览空间。
一层空间
分布着接待中心的其他众多功能。

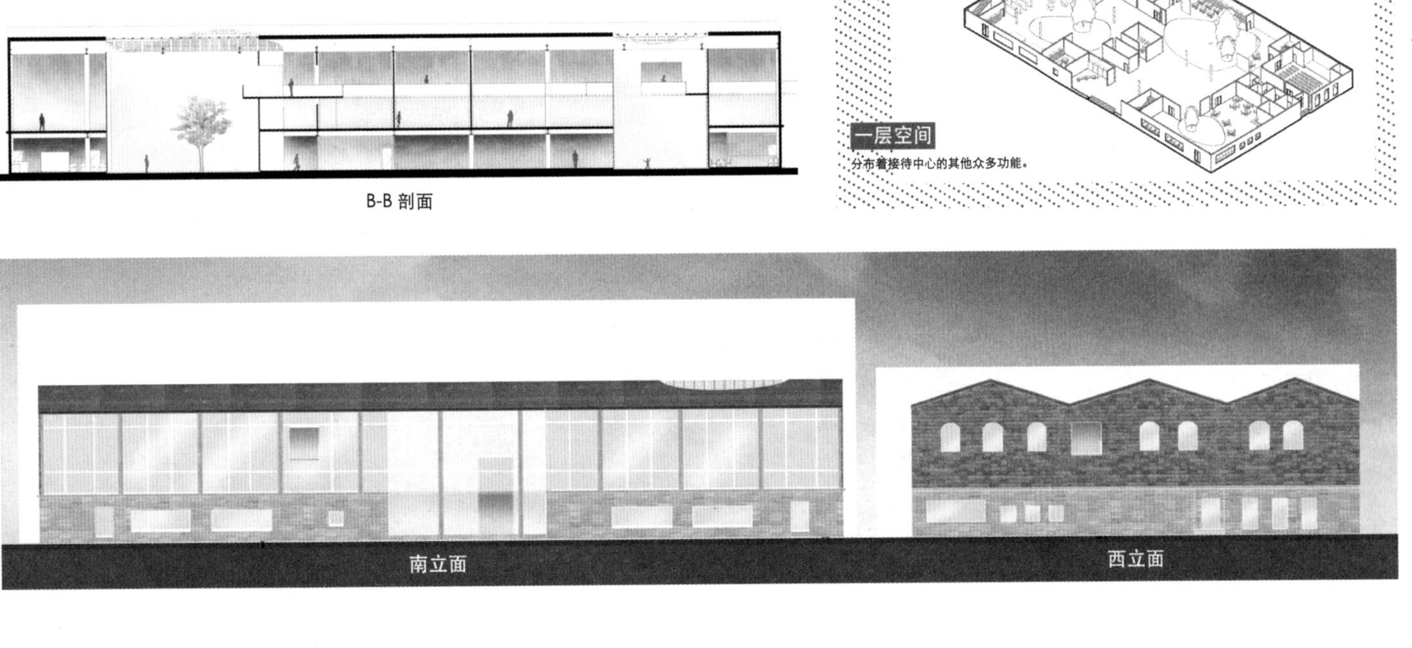

黄桷坪更新——创业中心设计

Reform : Incubation Centre Design

浙江大学
设计：吕嘉姝
指导：浦欣成

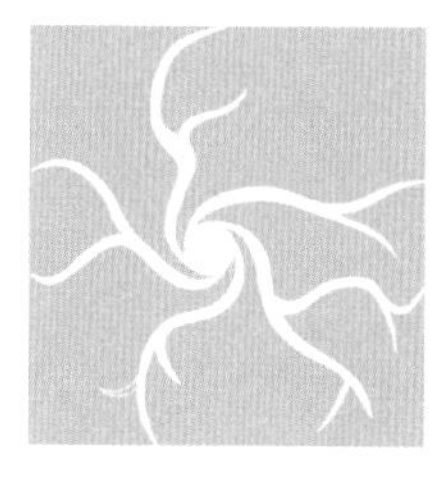

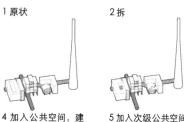

需求分析　　功能分析

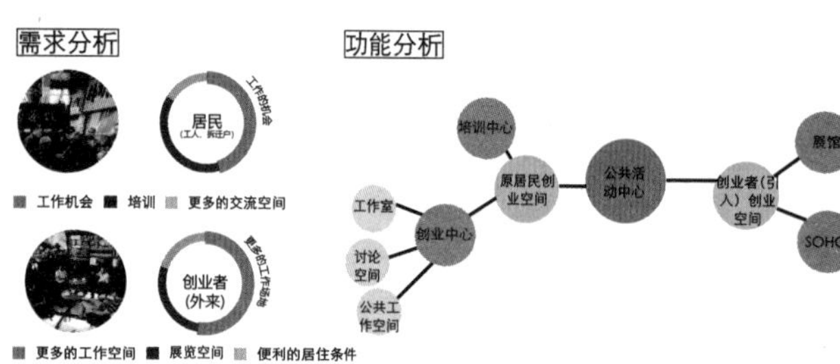

形体分析

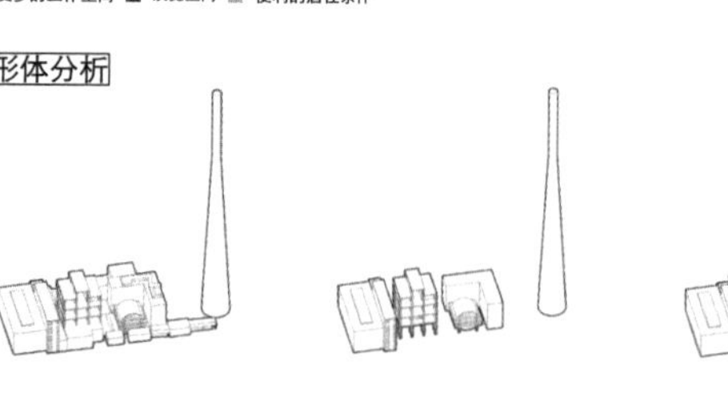

1 原状　　2 拆　　3 引入管道

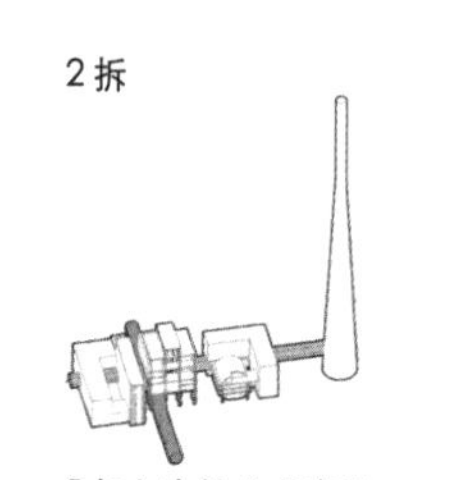

4 加入公共空间，建立横向管道，联系创业人群　　5 加入次级公共空间　　6 在次级公共空间建立联系空间

表现图纸

鸟瞰图

场景透视图

立面图

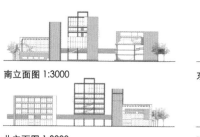

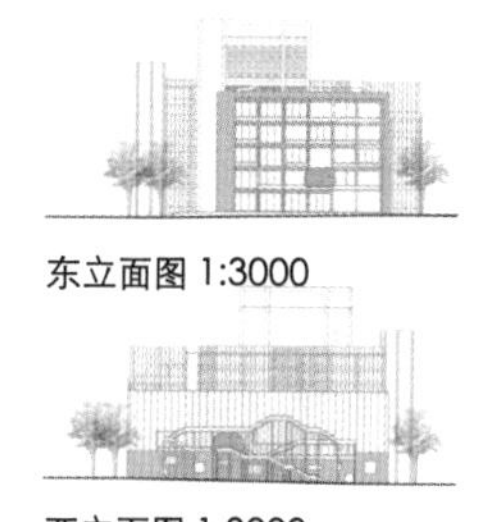

南立面图 1:3000　　东立面图 1:3000

北立面图 1:3000　　西立面图 1:3000

平面图　原居民创业与培训中心　公共活动中心　展馆

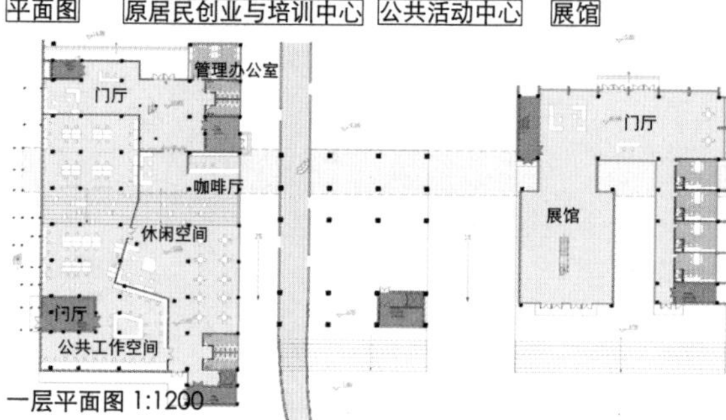

一层平面图 1:1200

剖面图

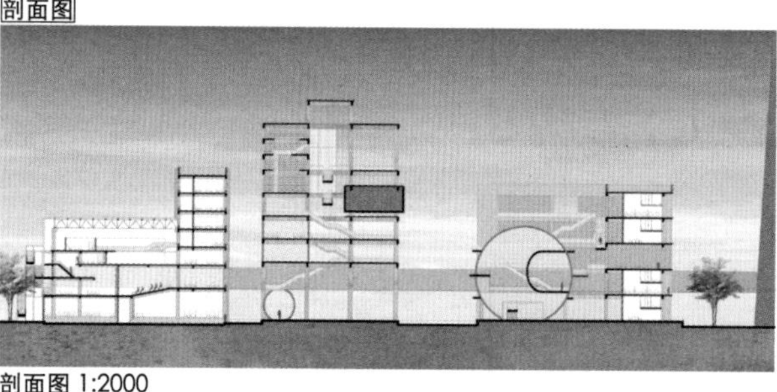

剖面图 1:2000

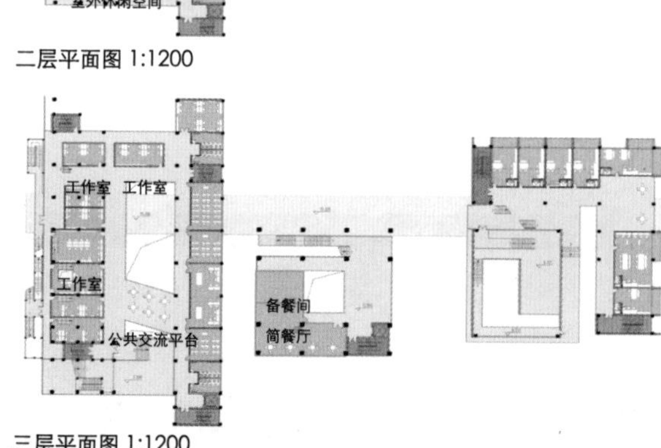

总平面图

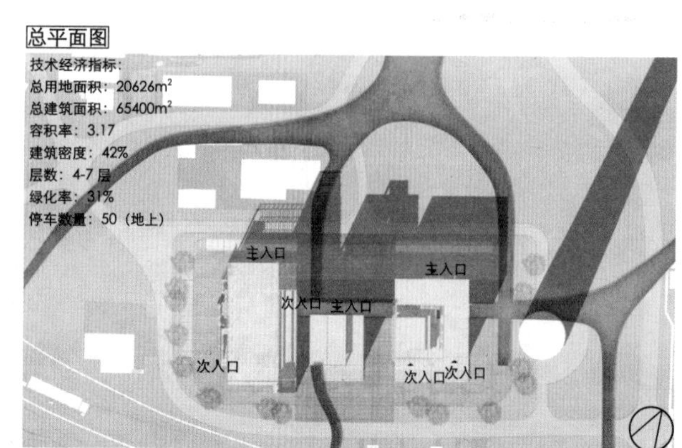

总平面图 1:6000

简介：

本设计的功能是创业中心，主要解决的是前期城市调研发现的城市产业中心丧失的问题，主要针对的人群是需要工作计划的原居民以及外来的创业者。主要的设计策略有以下三个。

首先是通过调研，根据主要人群的需求置入相应的创业、培训、展览、公共活动空间。其次是通过连接城市中心的管道引入城市人群，建立创业中心人群与城市人群的联系。最后是通过管道连接不同的建筑单体，建立起在不同单体内创业工作的人群的联系，促进人群之间的交流。

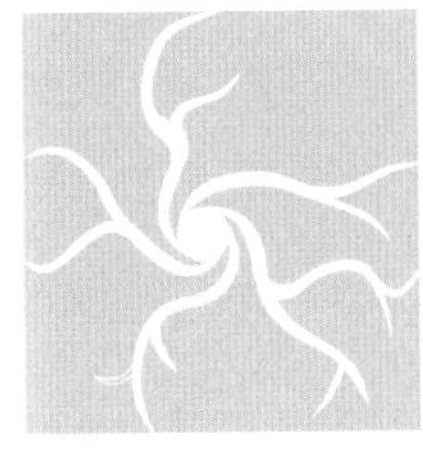

根系式体系嵌入——工业遗址体验馆

Inserting: Industrial Park

浙江大学
设计：李胤赜
指导：浦欣成

通过对黄桷坪的现有生活生态的调研，
针对交通，物联，出行方式，人流流向的诸多矛盾，
我们采取以手术刀式的手段，在重庆黄桷坪的现有机理之上，
置入一种新的媒介和交通生活方式，探索脉络化，根系式的生长形社区。

总平面图

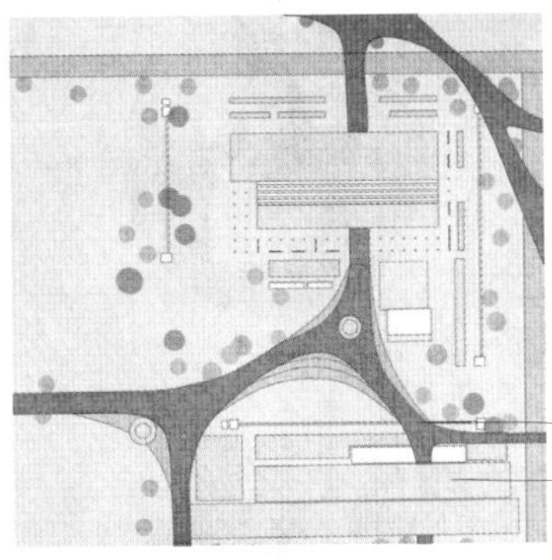

继续延伸的管道在空地和广场上扩张，围绕高耸的烟囱形成局部的枢纽，作为体系的节点和活动集中发生点。

枢纽节点平面

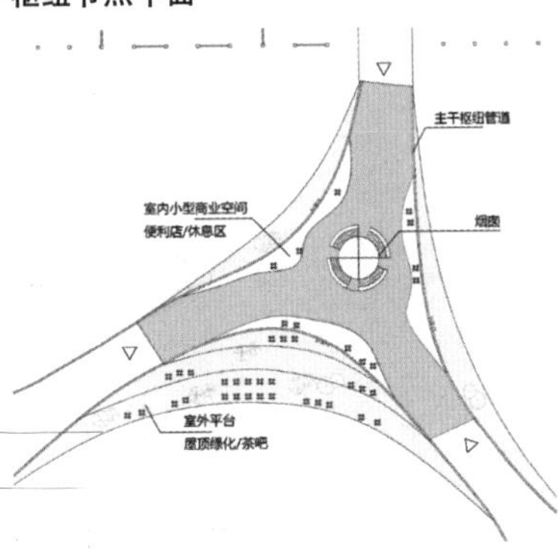

一个个类似的可复制的枢纽串联着整个管道体系——外部较规则弧线的内部，用更适应人流量多少的高自由度弧形片墙，进一步划分行走空间和休闲 / 商业空间。

改建工业体验馆一层平面

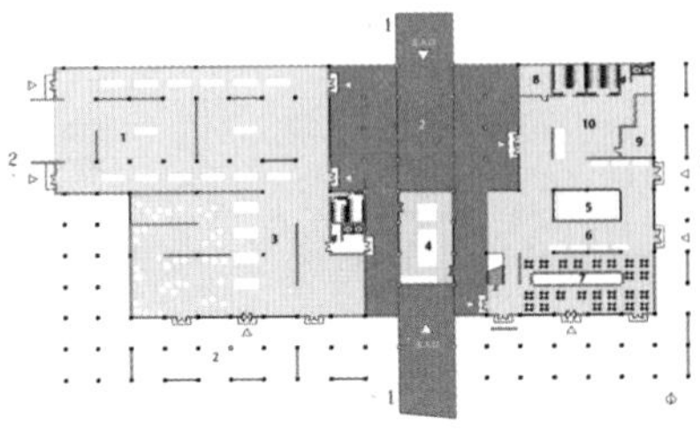

改建工业体验馆二层平面

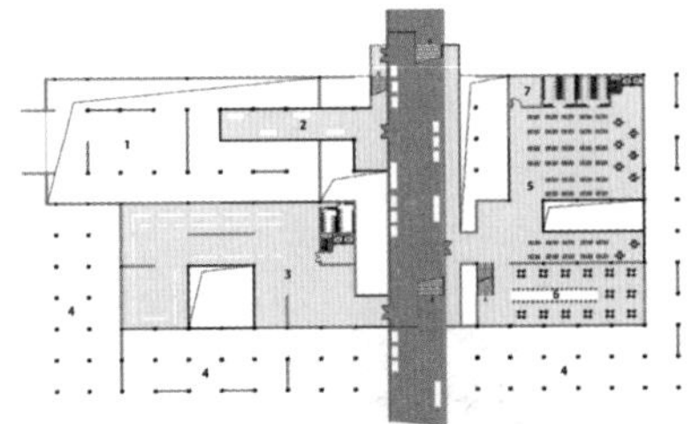

东立面

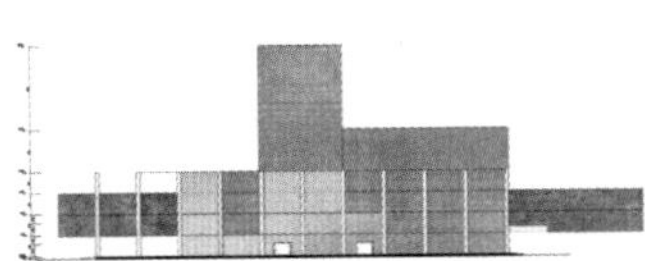

南立面

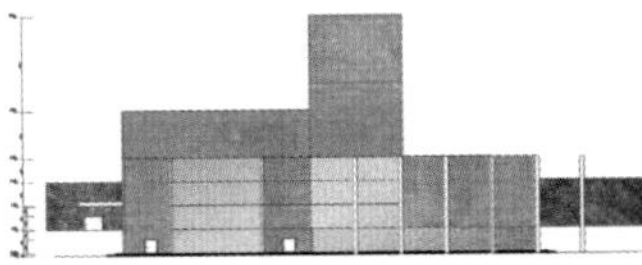

改建工业体验馆三层平面

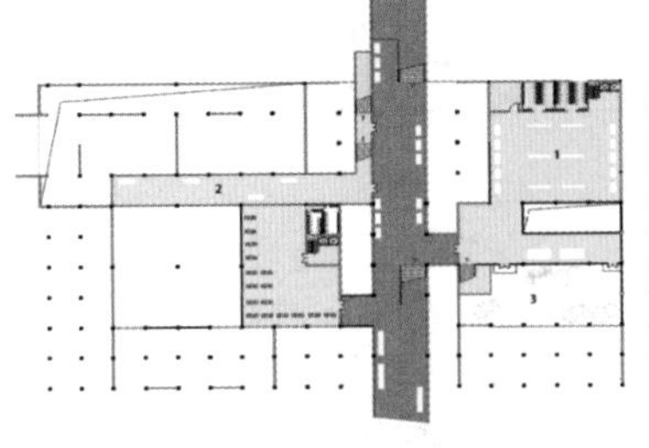

西立面

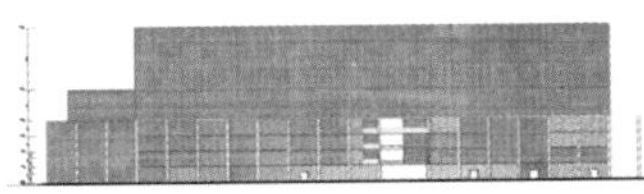

北立面

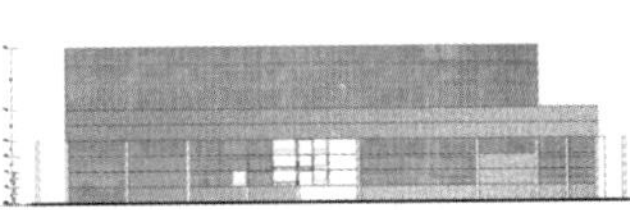

改建工业体验馆四层平面

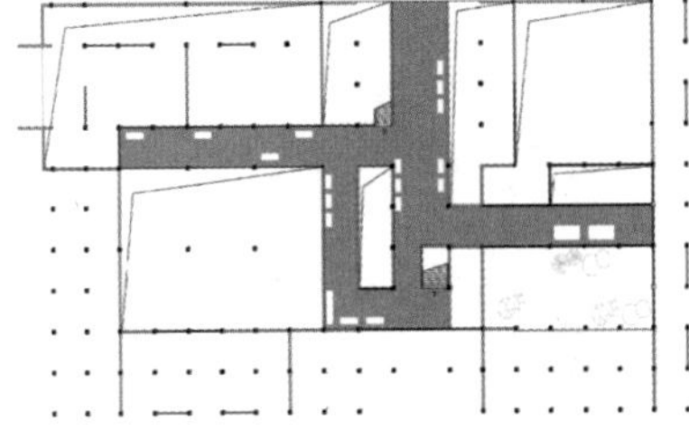

整体剖面 1-1

单体剖面 2-2

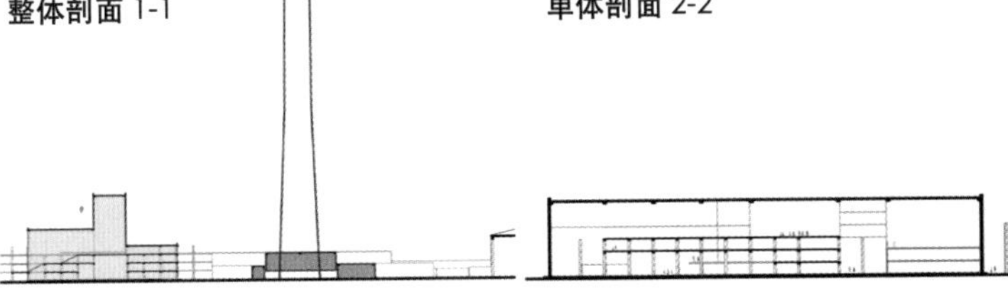

简介：

工业复兴区块以地区标志性的两个烟囱为节点，构建一条引导游客和当地人对黄桷坪曾经工业遗迹的探寻贯线。

从中央攒聚的高层引出的通道，首先穿过旧有的燃煤电厂，将其一分为二，并在各层产生错落伸入建筑内部的“枝杈”，提供游客与保留的工业要素发生互动的管道。

空间还原并引导游人接近和探寻黄桷坪工业历史的痕迹。建筑的周边和内部，在拆除一部分墙体的同时，保留一部分的梁架和片墙，营造柱廊和断垣，在空间半废墟化的机理中触发游客、原住民的回忆。

北京建筑大学

BEIJING UNIVERSITY OF CIVIL ENGINEERING AND ARCHITECTURE

学生团队

1 半岛城市剧场

生长中的艺术生态群落

Urban Arena in Huangjueping Area——An artistic ecological community in growth

何琳娜

王晴

李宇

2 工艺链

基于工业与艺术融入居民生活的城市系统更新

Process chain——Urban renewal based on the integration of industry and art into residents' lives

吴崇可

李烁

赵桐

刘皓翔

常远

指导教师

马英

晁军

汤羽扬

我是第二次参加“8+”联合毕业设计教学活动了，3 年前在云南大理的聚会还历历在目，记忆犹新。这一届主办方重庆大学和四川美术学院为来自大江南北的全国十所建筑院校师生精心准备了一道艺术盛宴——黄桷坪片区城乡一体化改造项目，本区域不但地形高差大，极具山城地貌特色，而且汇集了文创产业、老旧工业区、码头、铁路站场、艺术区、住宅与高校等复杂的城市功能，对学生是一个非常大的专业实践挑战。本届题目更强调“艺术介入城市”这一概念主题，两所全国顶尖美术院校的加盟更为本届联合毕业设计增添了浪漫艺术情怀。这是一次工程技术与艺术的碰撞与融合，也正契合了古老的建筑学专业产生和发展的专业背景。

几乎是在不知不觉中，跨越大半个年度的联合毕业设计也已落下帷幕。学生们都取得了丰硕的成果，展示了自己丰富的想象、精心的设计，从不同的侧面提出了基地改造建设的城市设计和建筑方案。学生们在答辩展台前济济一堂、各抒己见、指点江山的朝气蓬勃的气势让我好生羡慕。

回首这段时光往事，要深深感谢主办方为此付出的辛苦努力，周密细致的组织安排和孜孜以求的敬业精神。不同地域生活文化差异，隔不断民族血液中流淌的诚挚热情、想象丰富的浪漫主义色彩和求知问道、精益求精的匠人精神。团结合作、多校互动的联合教学拓展了学生眼界、促进了师生交流。

而在我的记忆中，重庆是一幅无比美妙的山水画卷：吊脚楼、交通茶馆、涂鸦街、画廊、艺术家，还有淳朴勤劳的棒棒们……

——晁军

重庆——一个非典型性的中国城市，体现在她的山、水、人文所构成的独特精神物质文化环境。尽管来过多次，但我总是对重庆怀着一种既熟悉又陌生的情感。第一次参加联合毕业设计就是重庆，那一年是跟着汤羽扬老师参加进入这个情深的联合教学集体，今年又轮回。重庆就像我们这个稳定而又动态的建筑学联合教学集体，既有稳定而不会变化的东东，也有让人耳目一新的西西，但感觉她还是重庆，因为无论作为物质载体的建筑如何变化，作为精神载体的人文还是不断传承着本土气息，就像生物的基因体现着变化与延续。

重庆的老师是最让人感动与留恋，上一次已经被重大的教师深深感动，这一次的轮回又被川美的老师久久感怀，被他们特有的热情、少有的质朴、独有的情趣所深深感染，就像吃了重庆火锅之后的特殊难忘。主办的重大和川美给大家准备了一个材料丰富的毕业设计大餐，我们外来的院校师生在享用大餐的同时也逐渐深入了解了重庆的本土丰富性。

带了这么些年联合毕业设计，感情颇为复杂，无论何时想起都觉得她是一种自己珍贵的教学经历、职业经历、人生经历，我想每一届的老师和同学都会留下深深的印象与回忆，每一届不同城市的毕业设计题目的解题过程不仅仅是一种教学的过程，更是认知不同城市的过程、认知不同生活的过程、认知你想认知与体味的一种过程。为能够进入这个特殊的集体而高兴，为能够进入这个集体共同学习的学生而高兴，我们都是在不同的人生阶段感受不同的人生风景，感谢重大、感谢川美！

——马英

半岛城市剧场——生长中的艺术生态群落

Urban Arena in Huangjueping Area

北京建筑大学
作者：何琳娜/王晴/李宇

（一）设计背景

在我国城市建设高速发展的同时，许多城市的旧城改造与更新成为城市发展的首要任务，旧城改造更新具有重要的现实意义。旧城改造更新是以城市土地的合理利用，改善城市环境质量、强化城市整体功能为主要目的的，研究城市地域的文脉、关注城市功能和交通发展、探讨城市空间、提高环境品质等等都是城市更新改造的关键问题。因此，在城市旧城区有计划地对原有资源合理的整合利用，实施城市空间再开发，将对整个城市的发展起到重要作用。

在科学技术高度进步、人类生产和生活方式急剧变化、城市迅速发展的今天，重庆主城旧区的基础设施不健全，土地利用率低下，布局混乱，环境恶化等问题日益突出地表现，社会矛盾尖锐，城市老化无法适应社会发展的要求。如今，城市的快速发展又带来了机遇，各种优越的条件为充分挖掘区域人文、自然资源的潜力，实现区域的整体完善与复兴提供了可靠的保证，对完善城市功能，延续历史文化，提高城市空间环境品质，加强地区的城市活力，具有重要的意义。

设计选题主张为“艺术介入城市”，我们将从城市设计的角度探讨艺术与日常生活之间的关系、艺术如何推进城市更新以及工业遗址如何改造利用成为新的活力源。

（二）场地分析

本次设计基地位于重庆主城九龙坡区长江环绕而成的“九龙半岛”，紧临长江滨江地带，地块所处的区域集中了丰富的文化、历史和景观资源，是城市重点控制区。基地一侧是有悠久历史文化传统、享有盛誉的四川美术学院老校区，另一侧是矗立着两座曾经的亚洲最高烟囱的发电厂厂房，片区内既有与山地自然地形紧密结合的城市空间、山地城市特有的“竖街”，也有连接城市与滨水空间（码头）的重要通道，梯道、平台、堡砍等展示了城市空间与市民的生活状态，而既有建筑的退台、吊脚、架空等手法体现了建筑与地形的有机结合，反映了重庆山地传统建筑文化。

（三）初步概念提出

通过对现状问题的分析整理，我们主要得到以下几点：

(1) 川美区域自带非常浓厚的艺术气质和难以阻隔的历史根基；

(2) 随着川美小区的搬迁，老川美面临不可避免的衰落趋势，周围仅存的艺术区业态和模式都比较单一。这里存余的文化的物质和人群载体都在寻求自身、群体生存空间；

(3) 区域所在的山地环境非常独特，值得做出设计上的呼应。

一个启发——深圳大芬油画村
油画产业村
油画复制品的创作坊
出口到亚、非、欧、美各大洲
一种低俗艺术
庸俗品味与商业运作的奇妙混合体

于是在一个似乎最不可能出现美术馆的地方，大芬美术馆出现了。通过这一公众设施将周边的城市肌理进行调整。使日常生活、艺术活动与商业设施混合成新型的文化产业基地。

把美术馆、画廊、商业、可租用的工作室等等不同功能混合成一个整体，让几条步道穿越整座建筑物，使人们从周边的不同区域聚集于此，从而提供最大限度的交流机会。

展览、交易、绘画和居住等多种活动可以同时在这座建筑的不同部位发生。各种不同的使用方式可以通过不断的渗透和交叠诱发出新的使用方式，并以此编织成崭新的城市聚落形式。

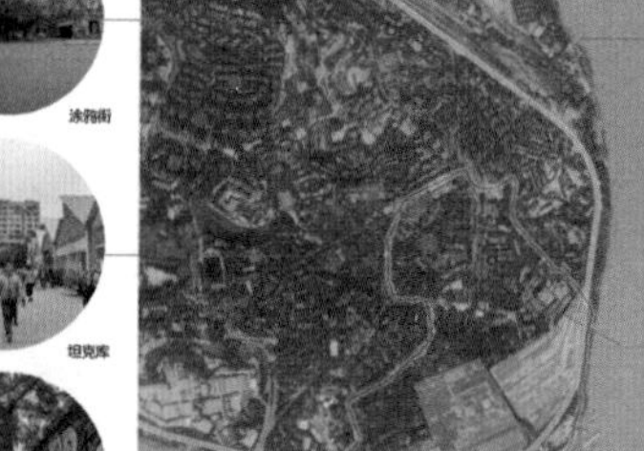

图1 场地热力分析图

图2 501基地鸟瞰全貌

图3 废弃的火电厂和两根烟囱

图4 黄桷坪的人与事

图7 在地环境一览

大芬油画村模式 V.S 黄桷坪模式

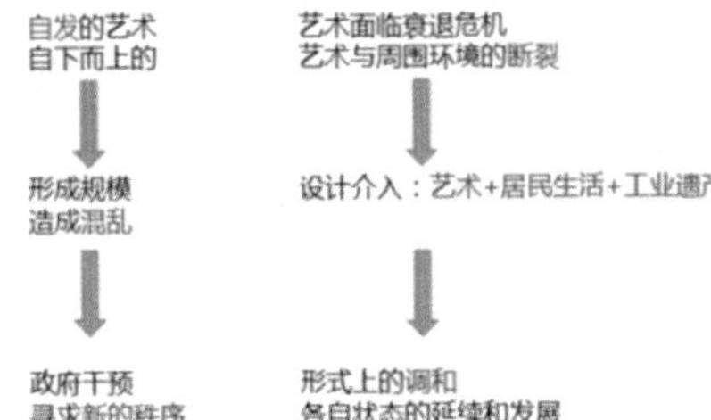

是否可以以艺术工作者为脉络，借助资本的引入，带动其他在地人群，实现自助与他助。保持以艺术相关业态为主的状态，适当结合商业类型和城市公共空间。在场地内，溶解多元化艺术活动空间，并丰富艺术业态，形成动态互补的良性生态。既是一种形式上的调和，也是从本质上让自发的生活形态能在被设计的环境中得以延续和发展的策略。

在提出概念定位之后，我们提出城市设计阶段的整体策略：

（1）打造艺术创意产业园区：区别于单一艺术区和艺术社区，本设计力图打造同质产业、机构集群、产业链、价值链下的产业生态群落。

（2）建立完善的艺术生态。

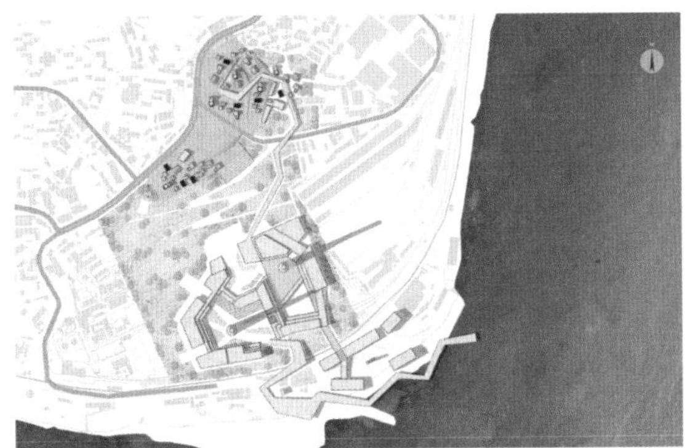

图 6 城市设计阶段总平面图

图 7 城市设计阶段鸟瞰意向

初期的城市设计概念落实到场地上，出现了一些问题，中期答辩时老师指出了我们的不足，忽略了场地原有肌理，提出的概念并不能完全落地。中期答辩之后，我们对城市设计进行了修改，然后开始个人的单体建筑设计。

（四）总体城市设计

黄桷坪的艺术园区区别于其他商业诱导下的艺术区，作为艺术家主导的原创艺术产业园区，如何留住艺术家是一个关键的问题，总结出黄桷坪地区的三大优势：

（1）优越的自然地理条件——九龙半岛距离朝天门半岛城市中心区有一定距离，相对僻静，但交通便利。

（2）宽松的创作生活环境——川美老校区的艺术根基，501，坦克库等优质资源，以及居民区杂糅的闲适环境。

（3）低廉的生活成本——居民租房、工业厂房改造的工作室、政府支持投资新建的工作室。

将城市设计规划为三个阶段：

（1）艺术家聚集：政府引导，积极地社会动员（当地居民的包容），使得起步艺术家发展。

（2）艺术产业集聚区：艺术创作所需要的原料供应、画廊、经纪机构的创办、引入和不断增长，加速了产业集聚区的发展闲置工业厂房优先租赁给艺术家使用画廊、美术馆、剧场等艺术公共服务设计的完善。在一个特定的开放的地理空间，对创意阶层和企业的聚集行为加以规划和引导。

（3）完备的艺术生态：艺术家的聚集形成产业效应，吸引外来资本、企业投入，在艺术主题下，形成兼具购物、休闲、展览等完善的艺术生态。

在此基础上提出了“黄桷坪模式——原创艺术集聚区的发展模式”，即“以美术馆为核心的公共文化服务机构 + 画廊 + 若干艺术家集聚地 + 成百上千个艺术家工作室”，具有生态特征的独特的艺术生产群落。

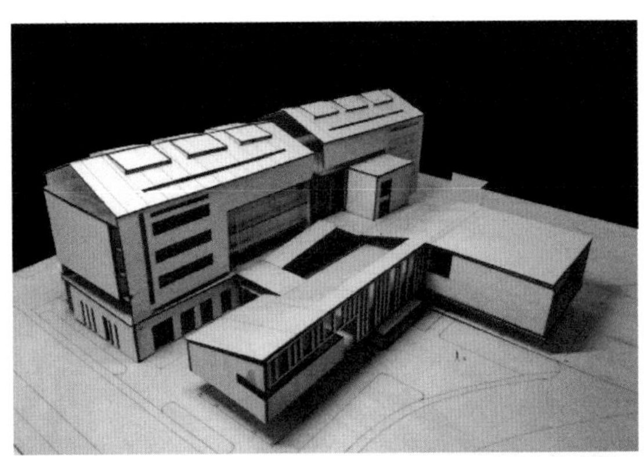

图 8 单体模型照片 1

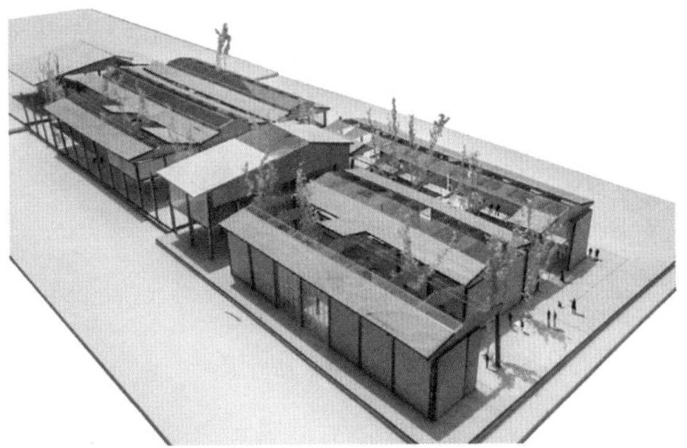

图 8 单体模型照片 2

通过这次设计，我们收获的不止是专业素养的提升以及获得与国内各校直接交流的机会，更多的则是对“什么是好设计”的思考。各校偏重点不同，各有特色；经过 5 年的设计训练，我们的方案也从字里行间流露出 5 年的经验和探索，当然，还有局限性。经过联合教学，我们对于“月亮”还是“六便士”的选择，对于“作品本身的完整度”以及对于“模式创新与适应性改造的区别”之思考，或许还有很多不足，但至少让我们从此对待设计的眼光产生深刻变化；真正地关注到社会问题的解决，则是加深了对建筑师社会责任和分析、解决问题能力的认识。

何琳娜

王晴

李宇

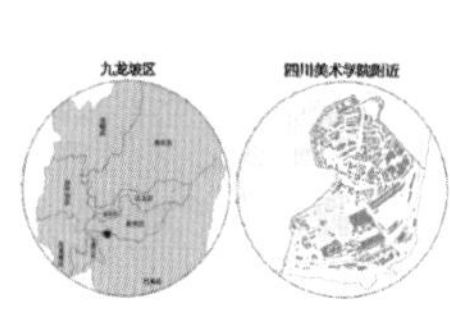

半岛城市剧场　生长中的艺术生态群落

Urban Arena in Huangjueping Area

北京建筑大学
设计：何琳娜 / 王晴 / 李宇
指导：晁军 / 马英 / 汤羽扬

1 纯艺术——从经营惨淡的艺术基地到社区中心+艺术青年之家

STEP 1 在一个特定的开放的地理空间，对创意阶层和企业的聚集行为加以规划和引导积极地社会动员

改造策略

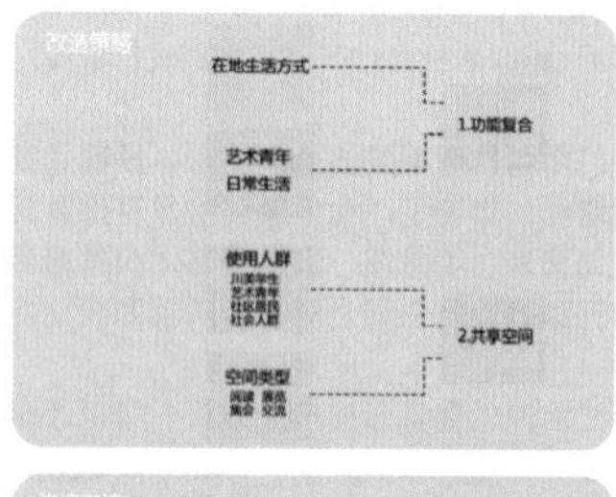

复合功能

改造方法

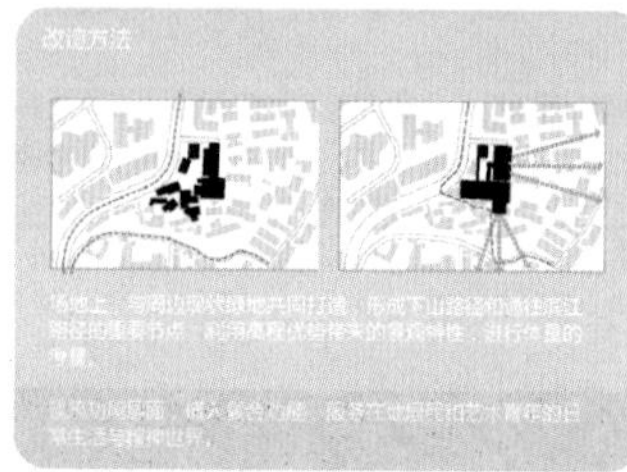

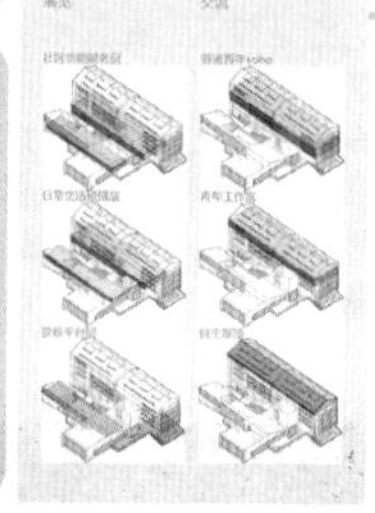

空间

场地选择——501艺术基地

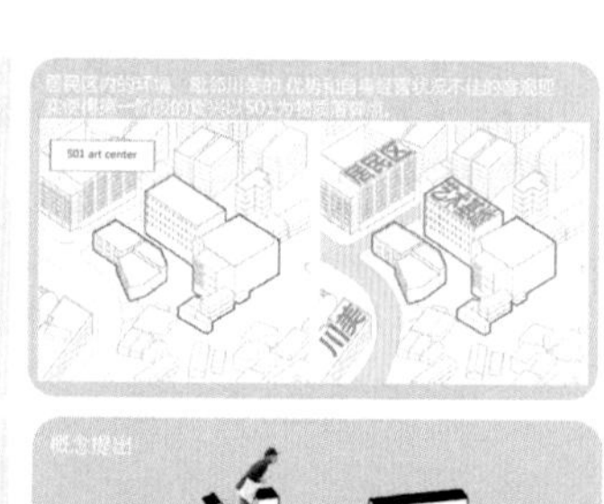

功能

愿景发展模式

1.吸引人才，政府招募制度，零租金优惠入驻soho，良性同行环境利于个人发展。

2.社区环境，日常生活提供源源不断创作灵感源泉。

3.留住人才，真正意义上带来创意文化产业的价值提升。

4.吸引有远见的社会资本介入，由政府支持开端的社区和青年艺术家群体活化体系形成良性循环。

概念提出

预期目标 黄桷坪的文化创意产业价值被重新认识，吸引一些艺术家和早期资本聚焦

2 半商业化艺术——电厂废墟到半岛城市剧场的重生

STEP 2 闲置工业厂房优先租赁给艺术家使用画廊、美术馆、剧场艺术公共服务设计的完善

电厂更新规划策略

1.半岛城市剧场：顺应山地地形，形成的层层台地，面向矗立的烟囱，展现工业时代的记忆

2.工业遗存区：沿着输煤带改造的观光步廊可以近距离接触原有电厂的遗存

3.煤库改造的艺术区：原有的储煤仓库被改造成美术馆、小剧场和艺术家工作室

4.工业主题公园：电厂原有的循环水池、沉淀池等被保留下来，经过改造形成独特的景观

5.围绕烟囱的中心广场

煤库更新策略

煤库作为电厂燃煤储存场所，原有结构构架清晰，空间具有较高的改造价值。

改造为有美术馆、艺术家工作室和小剧场的艺术中心。

电厂改造元素

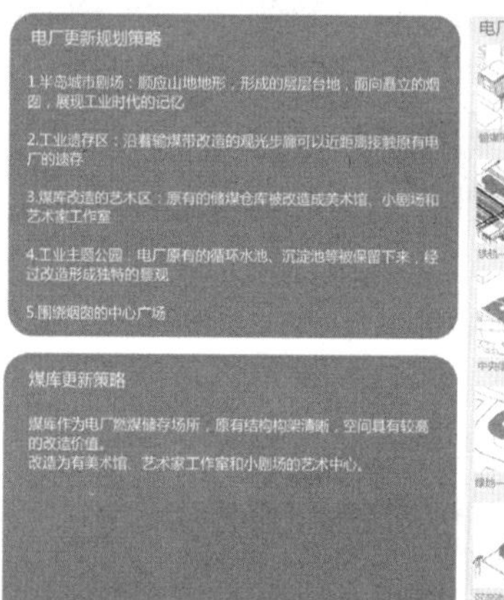

空间

场地选择——九龙电厂

记忆：九龙电厂承载了黄桷坪一代人的记忆。两根高高耸立的烟囱是世间变化的见证者，它们生、它们在、它们灭，都是时代的变化。

价值：电厂的工业遗存，有些具有保留价值，有些具有一定的改造潜力。两根烟囱作为九龙半岛的标志，有极强的景观价值。

问题：2014年九龙电厂关闭后一直废弃，未得到使用，占据了半岛大面积的场地。电厂还阻隔了黄桷坪正街到江边的交通，存在很多问题。

功能

人群需求

居民：周围居民区较为密集，但是缺乏大面积的城市开发空间和集中的绿地供居民日常生活、休闲娱乐。

游客：黄桷坪凭其艺术和文化特质吸引了大批游客，电厂的改造和开发将成为又一个吸引人气的旅游地，满足游客猎奇观光的需求。

艺术家：有一定积淀的艺术家需要展示的空间，同时艺术家之间需要交流的空间。工业遗存对他们来说是刺激创作的一个触点。

理念提出：

废弃电厂有很大改造价值，周边艺术气息尚存；艺术家缺乏展示平台和空间，与居民之间存在隔阂；普通居民缺乏公共活动场地，有互动共享的诉求。

1.营造开放城市空间——露天观影、团体表演、散步休闲

2.保留工业记忆：景观标志物、城市雕塑、改造美术馆

3.促进艺术互动多元化：私人画廊、作品拍卖、创作交流

预期目标 艺术创作所需要的原料供应、画廊、经纪机构的创办、引入和不断增长，加速了产业集聚区的发展

3 黄桷坪模式——原创艺术集聚区的发展模式

STEP 3 艺术家的聚集形成产业效应，吸引外来资本、企业投入。轻轨6号线环绕九龙半岛，艺术主题下的大型商业建筑兴建与交通结合

中期成果对城市设计的定位是"打造半岛城市剧场，建立完善的艺术生态"，提出了"三个大平台"的概念。中期点评中，老师们着重提出这几个方面的不足：1.缺少对经济体量、居民收入、运营成本等社会因素的考虑，会显得根基不稳。2.落地性不够强。因此在后期的更改阶段中，我们将前面要素纳入，并结合整体设计的过程，将社会因素和在地特性加以更详细的分析，优化城市设计。

阶段性成果

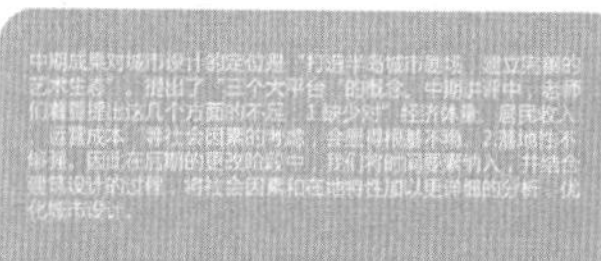

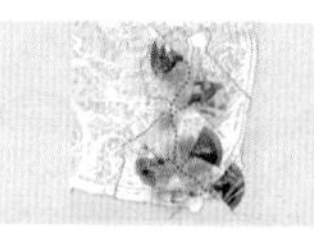

从空间上，艺术创意产业集聚的再造从靠近老川美处开始，逐渐向滨江地带蔓延发展，不同节点的主题也随着所在具体环境及其自身特色价值的不同而变化。

从时间上，必然经历从初期依靠政府引导到后期商业资本介入的过程，因此我们小组的设计具有时间上的连续性和不同的假定资金状况基础。

预期目标 在艺术主题下，形成兼具购物、休闲、展览等完善的艺术产业生态

设计说明

通过对现状问题的分析整理，我们主要得到以下几点：
（1）川美区域自带非常浓厚的的艺术气质和难以阻隔的历史根基；
（2）随着川美小区的搬迁，老川美面临不可避免的衰落趋势，周围仅存的艺术区业态和模式都比较单一。这里存余的文化的物质和人群载体都在寻求自身、群体生存空间；
（3）区域所在的山地环境非常独特，值得做出设计上的呼应。

通过以上的分析梳理，我们提出设计的概念和总体定位，即打造半岛城市剧场，设计完善的艺术生态。

在提出概念定位之后，我们提出城市设计阶段的整体策略：
（1）打造艺术创意产业园区：区别于单一艺术区和艺术社区，本设计力图打造同质产业、机构集群、产业链、价值链下的产业生态群落。
（2）建立完善的艺术生态。

我们希望能够以引入资本的方式，在解决场地存在的空间问题的基础之上，通过建立全面完善的艺术主题文创产业园区，为艺术产业链上的各类人群提供能够支撑其基本生活的良好去处。艺术行业相关人群和资本在其中良性发展，与此同时区域被不断的人群激活。无论是前来欣赏艺术作品，或是纯粹猎奇观览，亦或是休闲购物，都能在艺术的主题熏陶下，得到需求的满足。

人的分析

川美区域自带的艺术气质和历史根基衰落，文化的物质和人群载体寻求自身、群体生存空间。

艺术家 Local artists

行为	需求	空间、功能要求
创作：绘画、雕塑等	提供灵感素材、安静	能接触普通人针对某些活动，需有足够的空间
交流	社交、专业对话	有公共空间
展卖	利于展示	空间氛围好、人流量大
生活	要求较低	基本需求

总结： 艺术家主要分布在川美附近的501和居民区内的小型工作室内。作为在地性较强的人群种类，将在设计中着重予以考虑。

居民 Local people

行为	需求	空间、功能要求
生存：居住	不考虑	
娱乐社交：喝茶打牌、聊天、健身	多样化娱乐（年轻人）延续社交习惯 便于活动的环境	新休闲功能加入 高质量公共空间
生活习惯 种菜、晾肉、逛市场	延续生活习惯	现状为佳，可作为设计拓展考虑

总结： 当地居民有独特的在地生活习惯，如种菜、喝茶打牌等，将在接下来的设计中予以保护。同时他们对公共空间的需求也将被重视。

学生 Local students

行为	需求	空间、功能要求
学习：实习、文化活动	高质量的工作室	
生活：租房、购物、就餐、娱乐活动	需求较低 多样化的商业	类型丰富的商业空间

总结： 川美的学生群体日渐干瘪，随着校区搬迁，老校区学生不再拥有高度的文化和生活的归属感，这对他们个人的成长和专业的进步不利。

商户和工人 Local workers

行为	需求	空间、功能要求
工作：开店、拉货	丰富的客源	次要
生活：居住、购物、就餐、娱乐活动	次要	次要

总结： 周边的商户和工人主营的业务和川美息息相关，川美搬迁对他们的生计造成了不小的影响，稳定客源量大大减小，对游客消费的依赖增加。

设计概念 打造半岛城市剧场——生长的艺术生态群落

纯艺术——艺术之源

半商业化艺术——艺术衍生品

全商业化艺术——艺术附加值

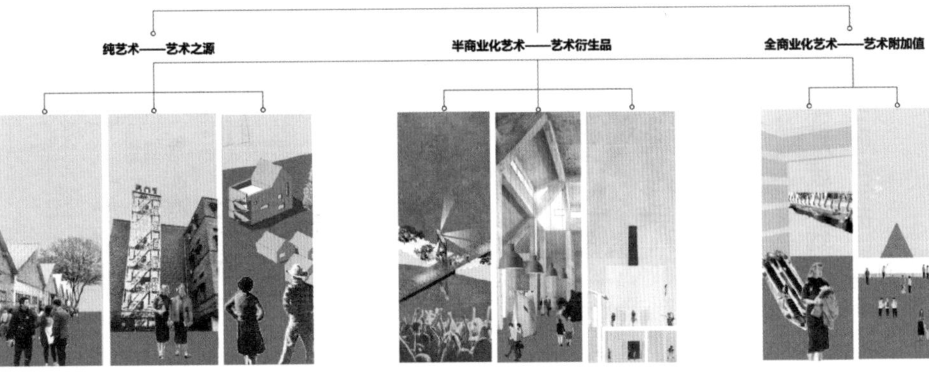

城市设计策略

（1）打造艺术创意产业园区：
区别于单一艺术区和艺术社区，本设计力图打造同质产业、机构集群、产业链、价值链下的产业生态群落。
（2）建立完善的艺术生态：分三类——**纯艺术区域、半商业化艺术区域、商业化艺术区域。**

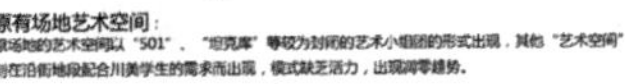

原有场地艺术空间： 原场地的艺术空间以“501”、“坦克库”等较为封闭的艺术小组团的形式出现，其他“艺术空间”则在沿街地段配合川美学生的需求而出现，模式缺乏活力，出现凋零趋势。

艺术家box

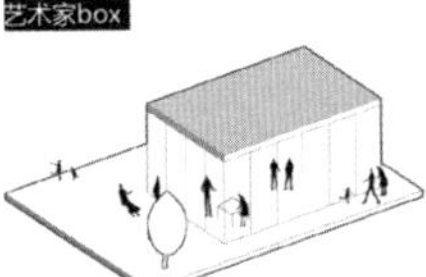

纯艺术： 根据对艺术家的行为分析，在场地内添加专为艺术家设计的、散布在艺术村中的box，为艺术家提供日常起居空间的同时，营造高质量的创作和展示空间。

城市剧场

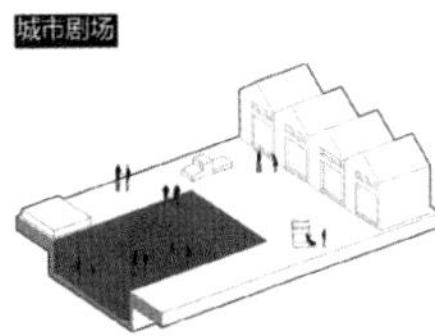

半商业化艺术： 根据场地在地特征，结合“城市剧场”的概念，艺术结合商业，形成完善良好艺术生态中最重要的一环：半商业化艺术空间。其中，剧场“看与被看”的相对性被予以考虑。

艺术河岸

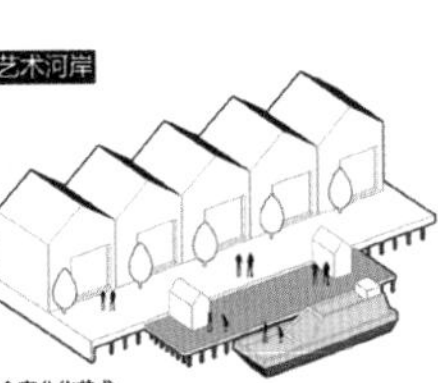

全商业化艺术： 将商业化空间结合场地的滨江景观特色，打造体验良好、氛围独特的的艺术主题商业步行空间。

路径联系

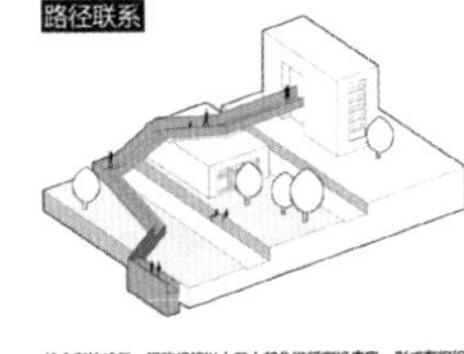

结合在地特征，用路径将以上三大部分进行有机串联，形成有组织的空间系统。

艺术村落

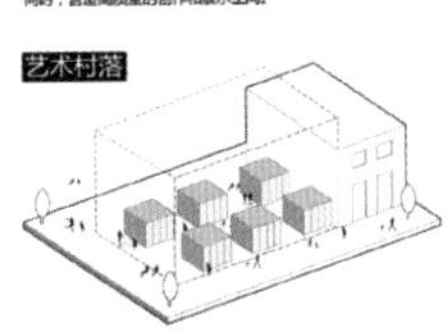

纯艺术： 更小尺度的艺术box，与居民日常生活结合，通过空间和功能的混合，让艺术融入生活。

烟囱改造

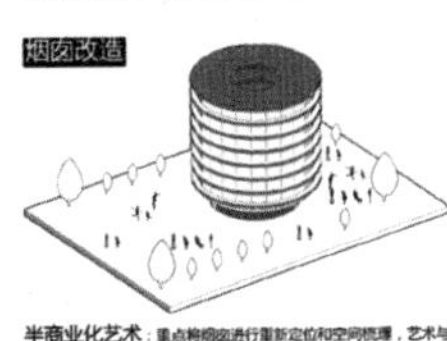

半商业化艺术： 重点将烟囱进行重新定位和空间梳理，艺术与商业结合，活化老工业场地，形成文创空间。

滨水步道

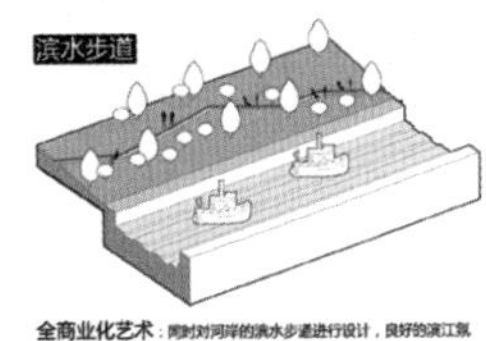

全商业化艺术： 同时对河岸的滨水步道进行设计，良好的滨江氛围对商业空间聚集人气起到促进作用。

留存自然

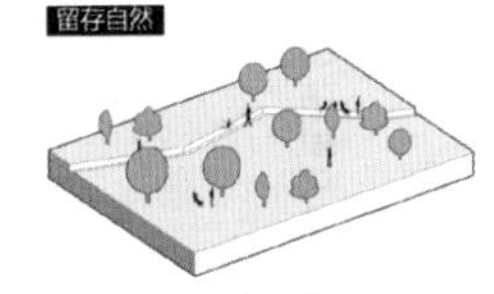

保留一定的自然风貌，进行较少的设计干预。

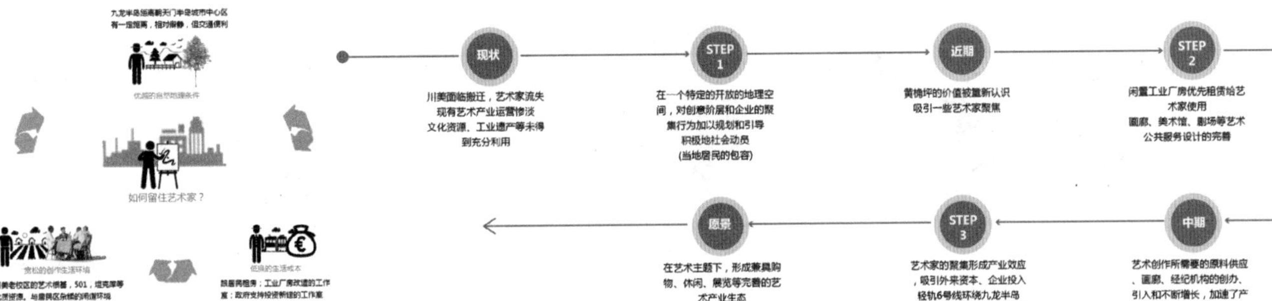

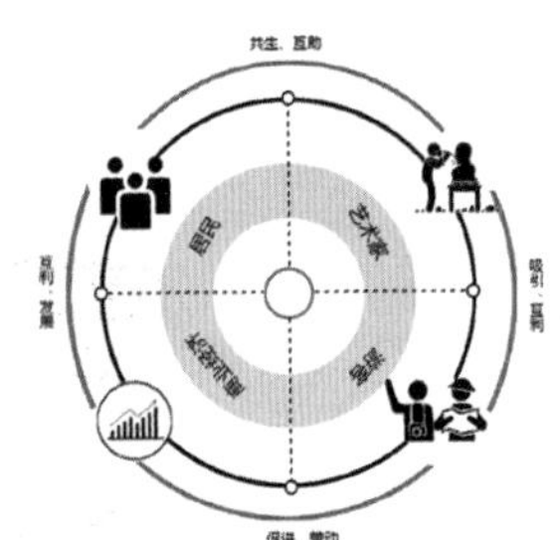

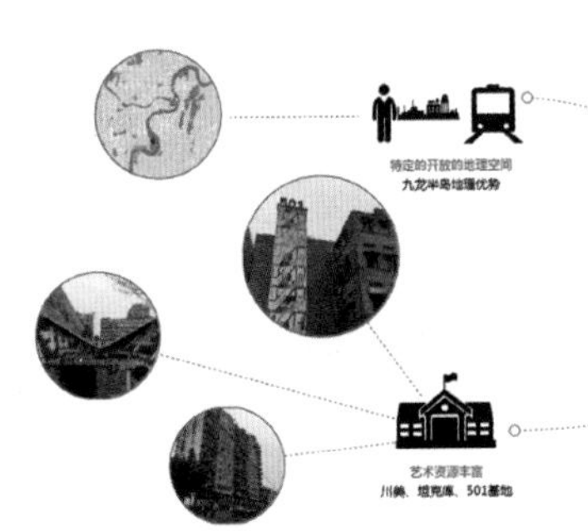

黄桷坪模式——原创艺术集聚区的发展模式

以美术馆为核心的公共文化服务机构+画廊+若干艺术家集聚地+成百上千个艺术家工作室

具有生态特征的独特的艺术生产群落

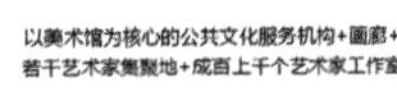

电厂之艺——电厂废墟到半岛城市剧场的重生

Renovation of the ruins of the power plant to the urban theatre

北京建筑大学
设计：何琳娜
指导：马英／晁军／汤羽扬

1950年

当时黄桷坪没有电厂、没有高烟囱，只有3家"店"——理发店、北方食店、小副食店，还有一个每天仅发两班车的小车站。

1952年

1952年始建的重庆发电厂。

1986年

第一根烟囱地基深在10m以上，整个烟囱采用混凝土加钢筋浇筑而成，底座的周长有32.6m，顶端口周长为7米。如果用人手拉手环抱底座，需要约20名成人。第一根烟囱曾是亚洲第一高。

1996年

1996年1月，九龙燃煤电厂建成，1台200万千瓦机组投产发电，第二根高耸的烟囱继而成为长江边这一地块的地标性建筑。

2003年

2003年之前，电厂一年产生的二氧化硫污染在3万吨以上，尘埃也非常多，影响着大家的生活。为减少污染，九龙电厂实施了诸多工艺的改进，但达不到国家火电新标准要求。

2014年

10月31日15:19，运营了18年零10个月，在贡献与污染的争议声中，重庆九龙火力发电有限责任公司（即九龙电厂）正式关停。九龙电厂的关停，将直接减排二氧化硫约5000t、氮氧化物约6000t、烟尘约600t。

2018年

电厂已经废弃4年，两根烟囱依旧矗立，成为一个时代的记忆和九龙半岛的象征。面对新的时代和环境，这片工业废墟能否重新焕发生机。

202-年

拆与建是一对不可回避的矛盾，这些即将消失的景观是对逝去年代的一种记忆，无论在现实中是否得以存留，它终将以艺术的方式延续下来。

锅炉房

燃料在锅炉中燃烧，将其热量释放出来，传给锅炉中的水，从而产生高温高压蒸汽；蒸汽通过汽轮机又将热能转化为旋转动力，以驱动发电机输出电能。

输电设备

输配电设备——高压塔。一般是安装在独立的建筑物内和户外。

配电设备

主变压器和配电装置一般装放在独立的建筑物内或户外。

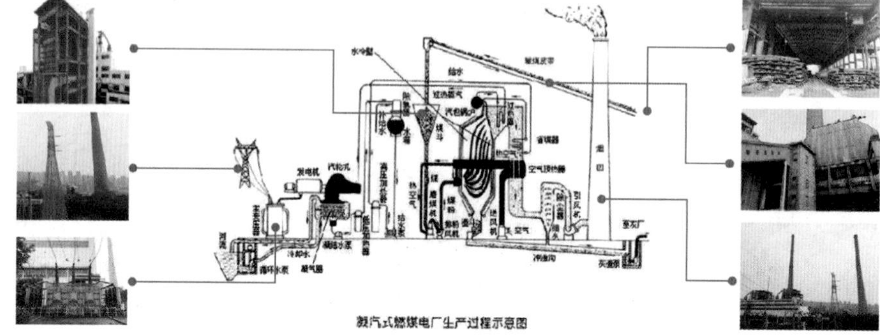

凝汽式燃煤电厂生产过程示意图

煤库

煤库——储存发电所需燃煤，有大型的调运设备，与铁轨相连，输运燃煤。

输煤带

输煤带——将燃煤送入锅炉房中燃烧。

烟囱

黄桷坪的两座电厂烟囱，一样大，一样高，都是240m。第一根烟囱修建用了1年多，第二根烟囱则用了不到1年。后来修建的第二根烟囱，在工艺上比第一根更先进，采用的是筒中筒的结构。

工业遗存

记忆

九龙电厂承载了黄桷坪一代人的记忆。两根高高耸立的烟囱是世间变化的见证者，它们生、它们在、它们灭，都是时代的变化。

问题

2014年九龙电厂关闭后一直废弃，未得到使用，占据了半岛大面积的场地。电厂还阻隔了黄桷坪正街到江边的交通，存在很多问题。

价值

电厂的工业遗存，有些具有保留价值，有些具有一定的改造潜力。两根烟囱作为九龙半岛的标志，有极强的景观价值。

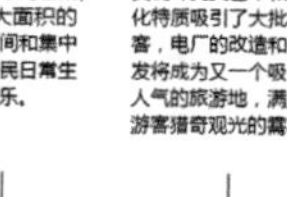

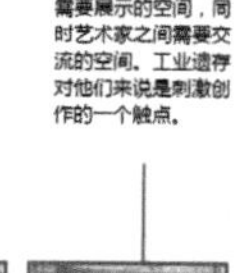

人群需求

居民

周围居民区较为密集，但是缺乏大面积的城市开发空间和集中的绿地供居民日常生活、休闲娱乐。

游客

黄桷坪凭其艺术和文化特质吸引了大批游客，电厂的改造和开发将成为又一个吸引人气的旅游地，满足游客猎奇观光的需求。

艺术家

有一定积淀的艺术家需要展示的空间，同时艺术家之间需要交流的空间。工业遗存对他们来说是刺激创作的一个触点。

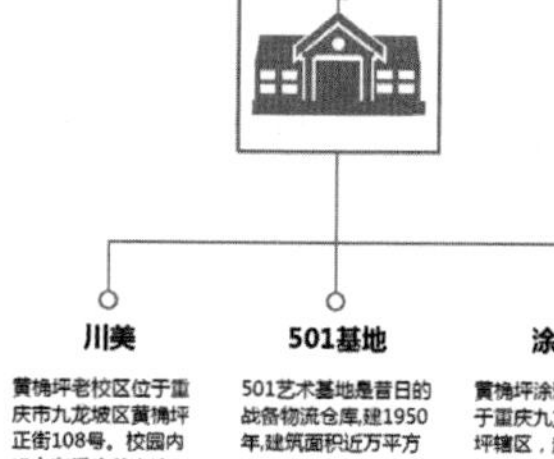

周边资源

川美

黄桷坪老校区位于重庆市九龙坡区黄桷坪正街108号。校园内设立有重庆美术馆和坦克仓库。随着一些艺术设计公司和艺术家先后入驻，坦克仓库社会影响力逐步扩大。

501基地

501艺术基地是昔日的战备物流仓库，建1950年，建筑面积近万平方米，现已建成一个艺术家创作和交流的平台，入驻艺术家有75位，艺术家工作室62间，独立艺术机构2家。

涂鸦街

黄桷坪涂鸦艺术街位于重庆九龙坡区黄桷坪辖区，起于黄桷坪铁路医院，止于501艺术库，全长1.25公里，总面积约5万m²，是当今中国乃至世界最大的涂鸦艺术作品。

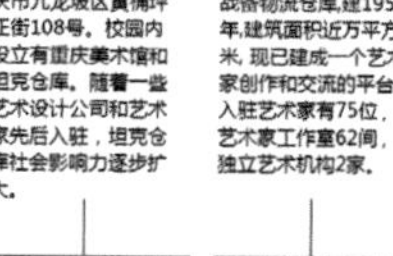

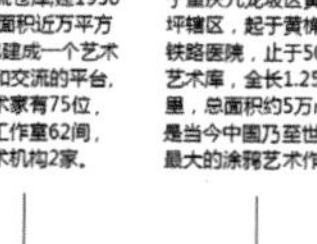

评语：

该城市设计的主要内容以艺术生态群落生长的不同阶段与黄角坪特定城市区域的耦合为切入点，描绘了艺术介入城市的多种可能性与变化性，既有对城市生活的畅想，又有对未来城市空间的构想。该同学的建筑设计方案以既有工业遗存的环境整治与建筑改造为着力点，成功地在保留既有工业记忆的基础之上，营造了积极的开放城市空间，促进艺术互动多元化，设计严谨而具有逻辑性，于简洁中体现建筑的丰富性，是一个优秀的设计方案。

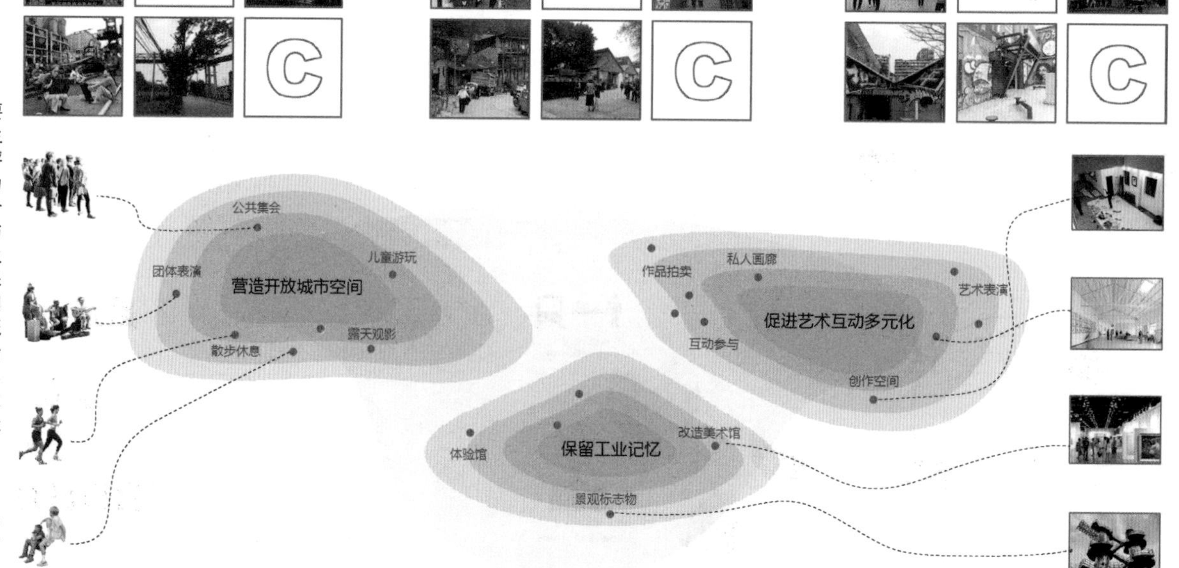

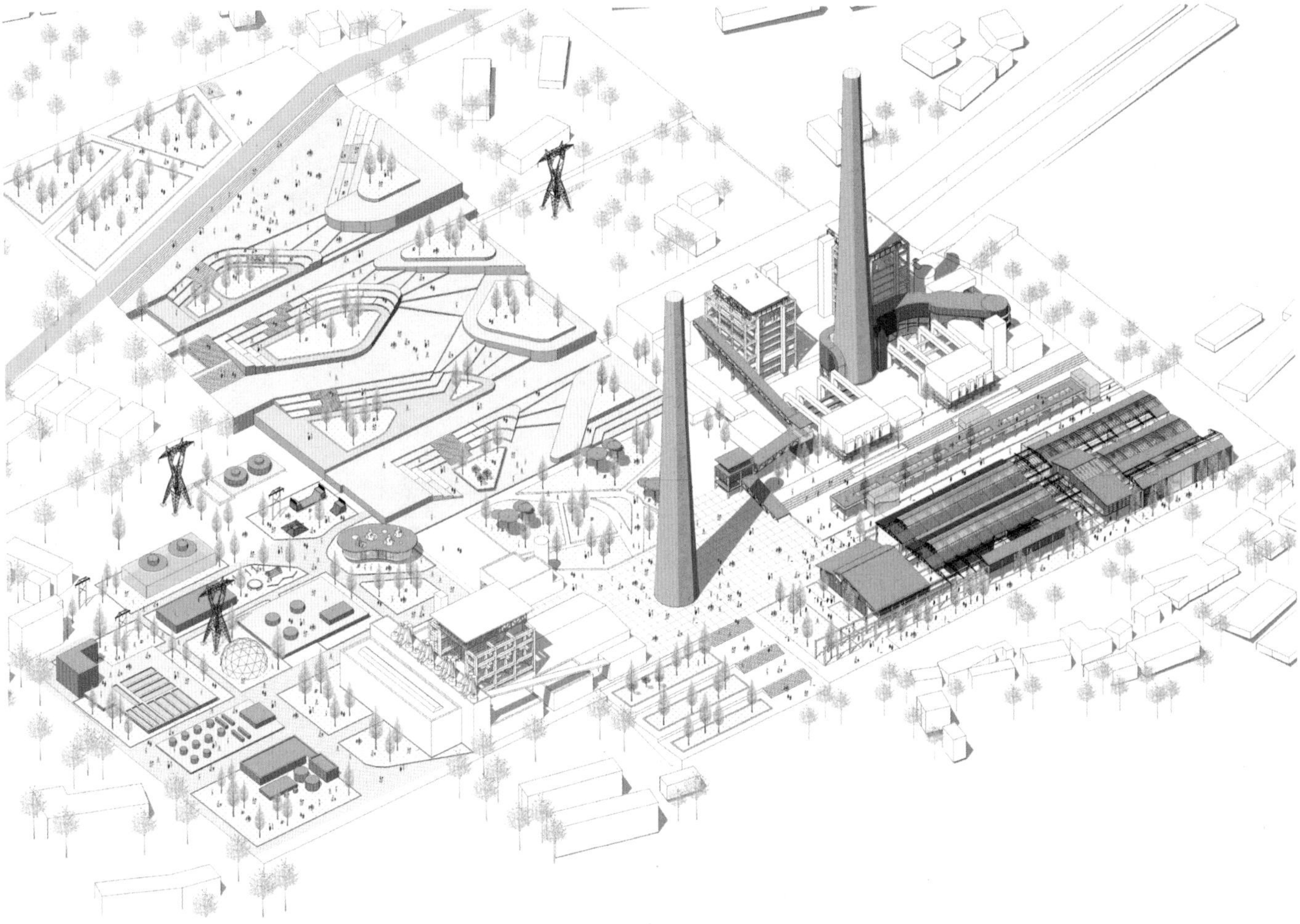

总平面图

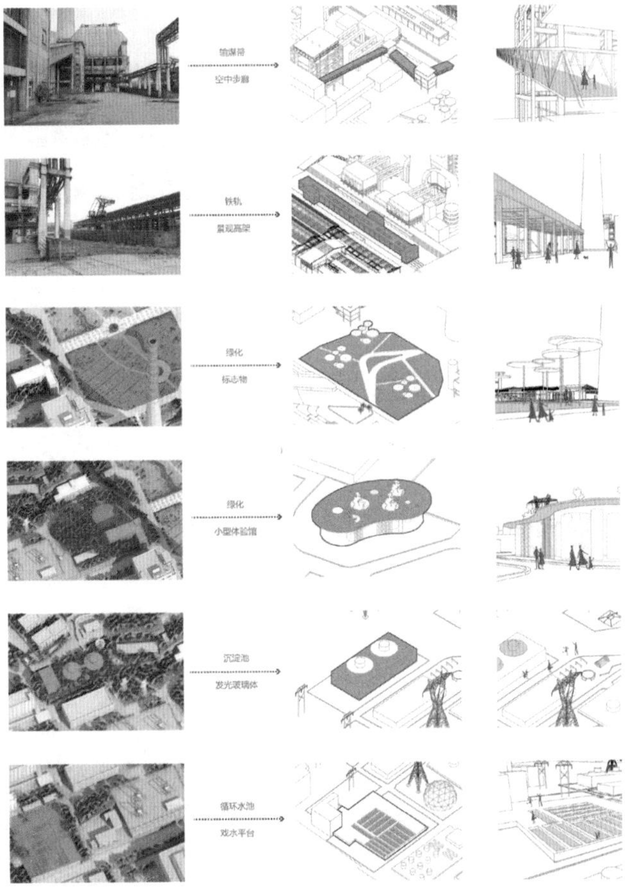

输煤带
空中步廊

铁轨
景观高架

绿化
标志物

绿化
小型体验馆

沉淀池
发光玻璃体

循环水池
戏水平台

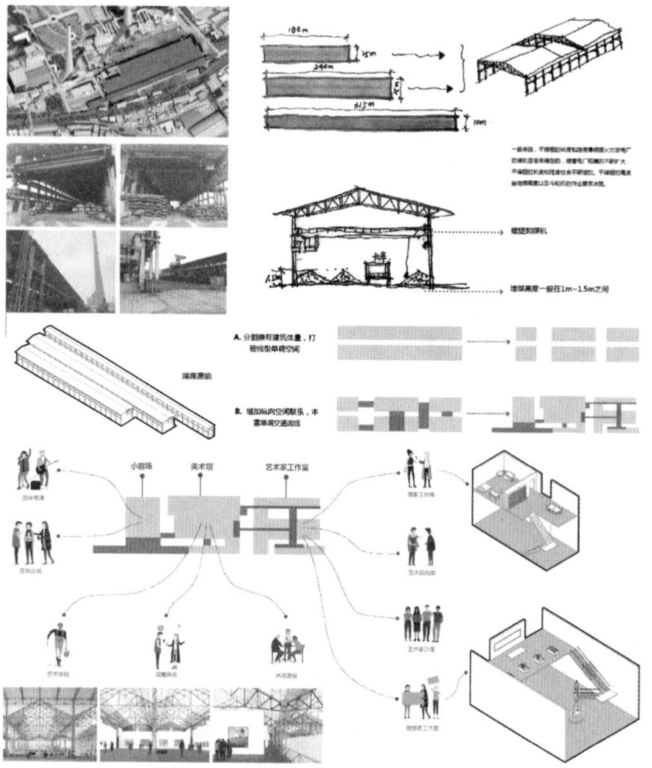

180m

240m

10m

螺旋卸煤机

堆煤高度一般在1m~1.5m之间

煤库原貌

A. 分割原有建筑体量，打破线型单调空间

B. 增加纵向空间联系，丰富单调交通流线

小剧场

美术馆

艺术家工作室

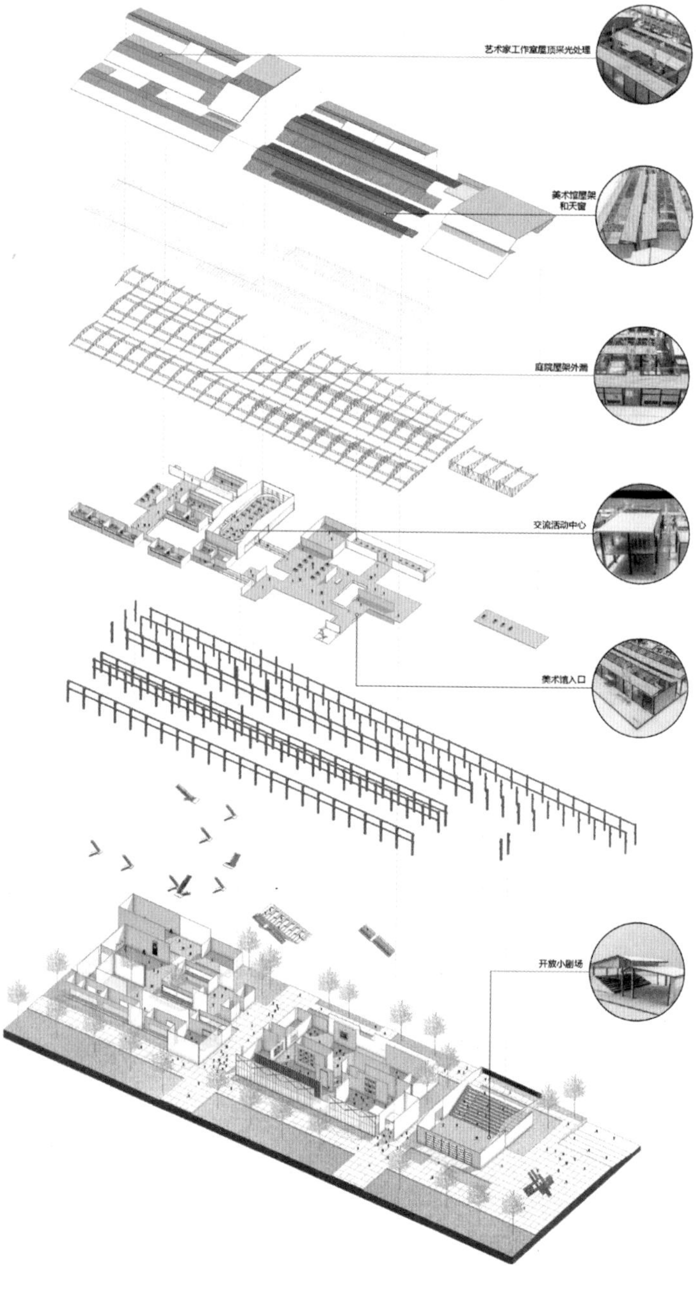

艺术家工作室屋顶采光处理

美术馆屋架和天窗

庭院屋架外挑

交流活动中心

美术馆入口

开放小剧场

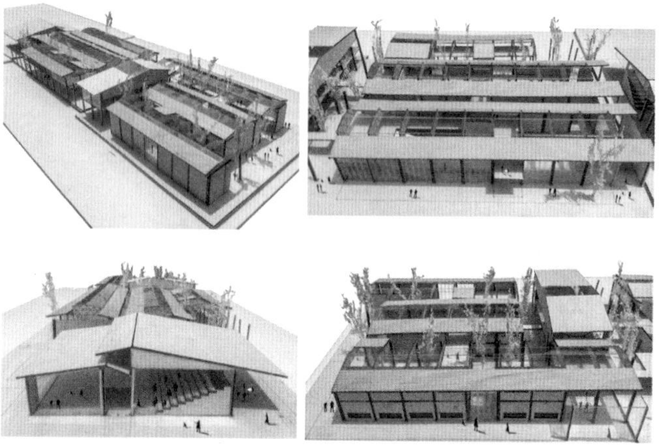

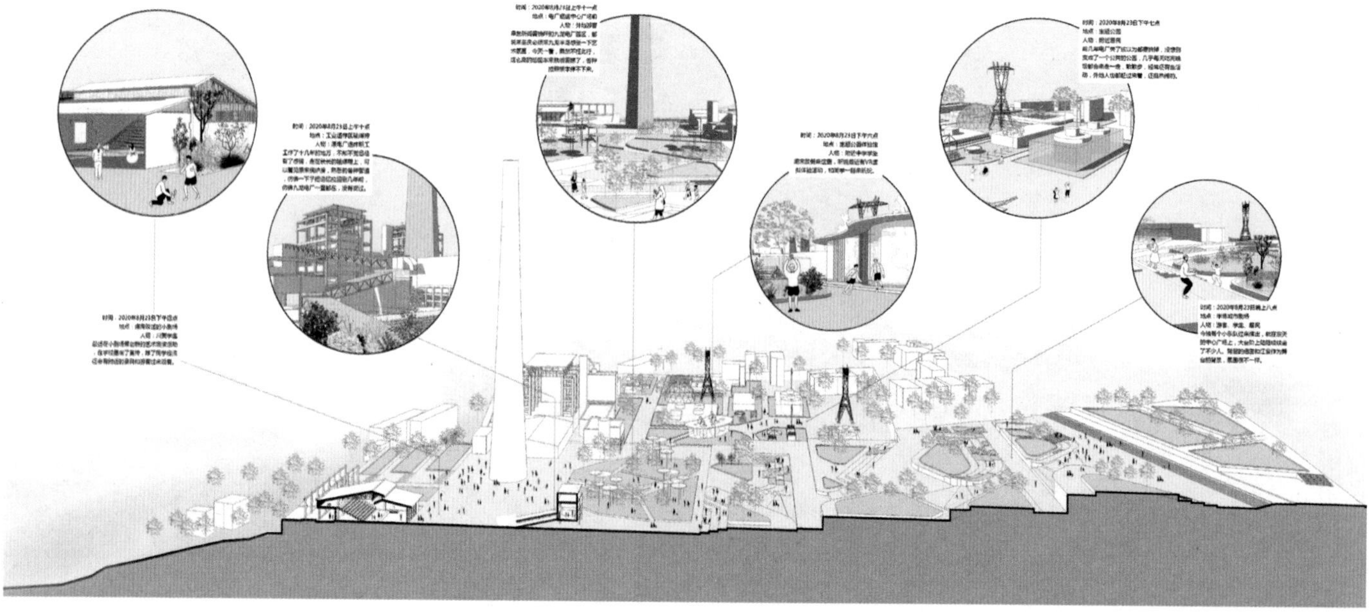

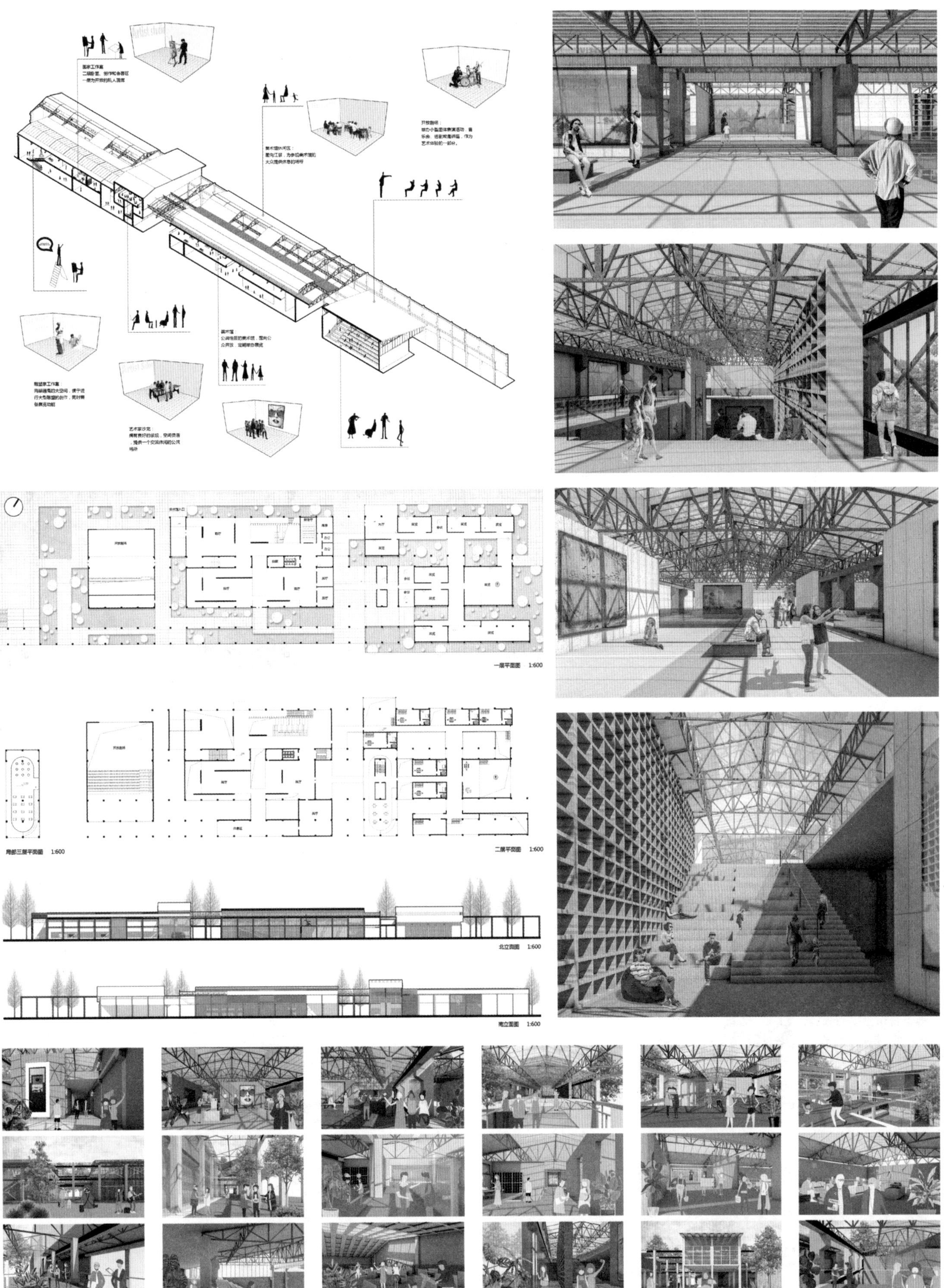
艺术家沙龙：
开放剧场：
一层平面图 1:600
局部三层平面图 1:600
二层平面图 1:600
北立面图 1:600
南立面图 1:600

日常生活之混剪：社区中心 + 艺术青年之家

Remix of daily life

北京建筑大学
设计：王晴
指导：马英 / 晁军 / 汤羽扬

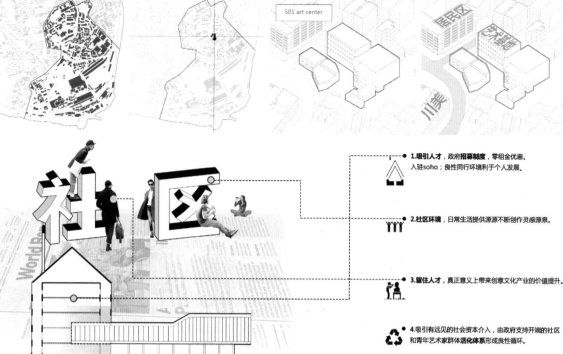

501 art center

居民区

艺术基地

川美

社区

1.**吸引人才**，政府**招募制度**，零租金优惠。入驻soho；良性同行环境利于个人发展。

2.**社区环境**，日常生活提供源源不断创作灵感源泉。

3.**留住人才**，真正意义上带来创意文化产业的价值提升。

4.吸引有远见的社会资本介入，由政府支持开端的社区和青年艺术家群体**活化体系**形成良性循环。

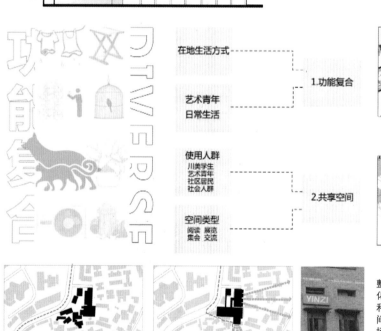

功能复合

DIVERSE

在地生活方式

艺术青年日常生活

1.功能复合

使用人群
川美学生
艺术青年
社区居民
社会人群

空间类型
阅读 展览
集会 交流

2.共享空间

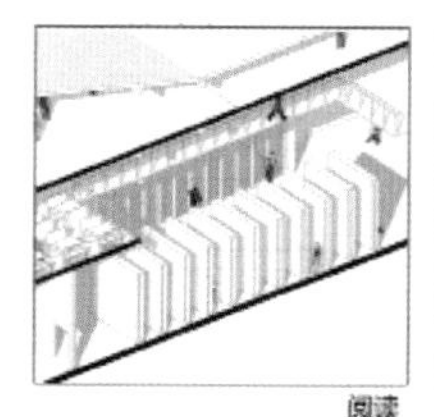
阅读

集会

展览

交流

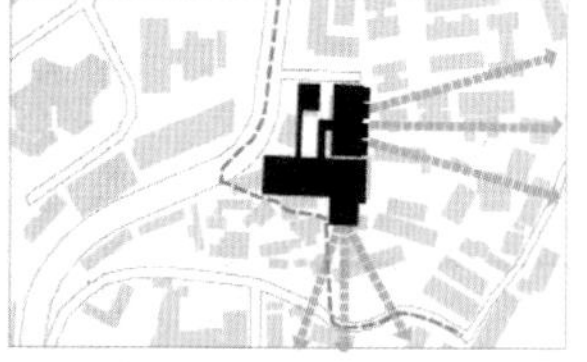

本设计为对 501 艺术基地进行的适应性改造，整体处于城市设计的第一个时间阶段，即片区优化初期。设计概念上，希望不断混剪“社区居民”和艺术青年的日常生活，以“功能复合”“共享空间营造”为主要设计策略。具体到建筑设计方面，场地上与周边绿地共同打造形成下山路径节点，同时利用高程优势带来的景观特性进行体量考量。改造前期评估得到“保留两座主仓库进行改造，其余予以拆除并结合需求进行场地设计”的结论。

评语：

该组城市设计的主要内容以艺术生态群落生长的不同阶段与黄角坪特定城市区域的耦合为切入点，描绘了艺术介入城市的多种可能性与变化性，既有对城市生活的畅想，又有对未来城市空间的构想。该同学的建筑设计方案以“日常生活之混剪”的社区中心 + 艺术青年之家作为设计出发点，在改造既有 501 创意空间的同时，挖掘特定区域的社区内在特点，以青年艺术家的创作状态构建一个混合而又活力的社区中心，建筑设计逻辑清晰，设计手法娴熟，空间丰富，是一个优秀的设计方案。

老教授美术馆变身关张的画具店

501仓库内部整洁，但毫无生气

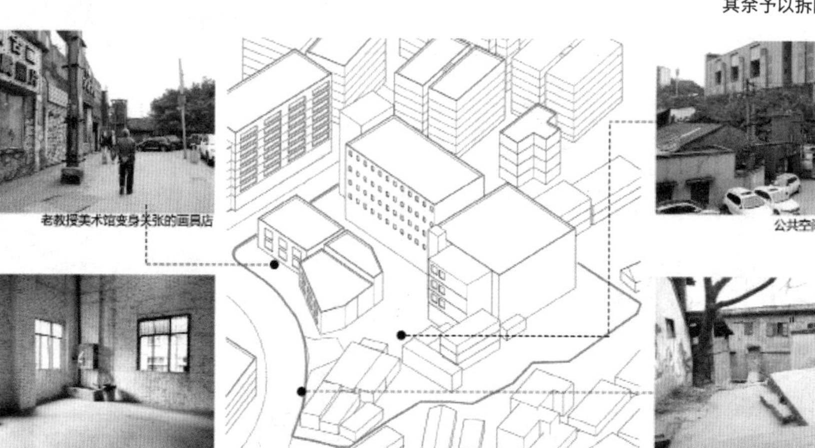

公共空间被停车占满

缺乏设计的外部空间

平面为走道房间型空间

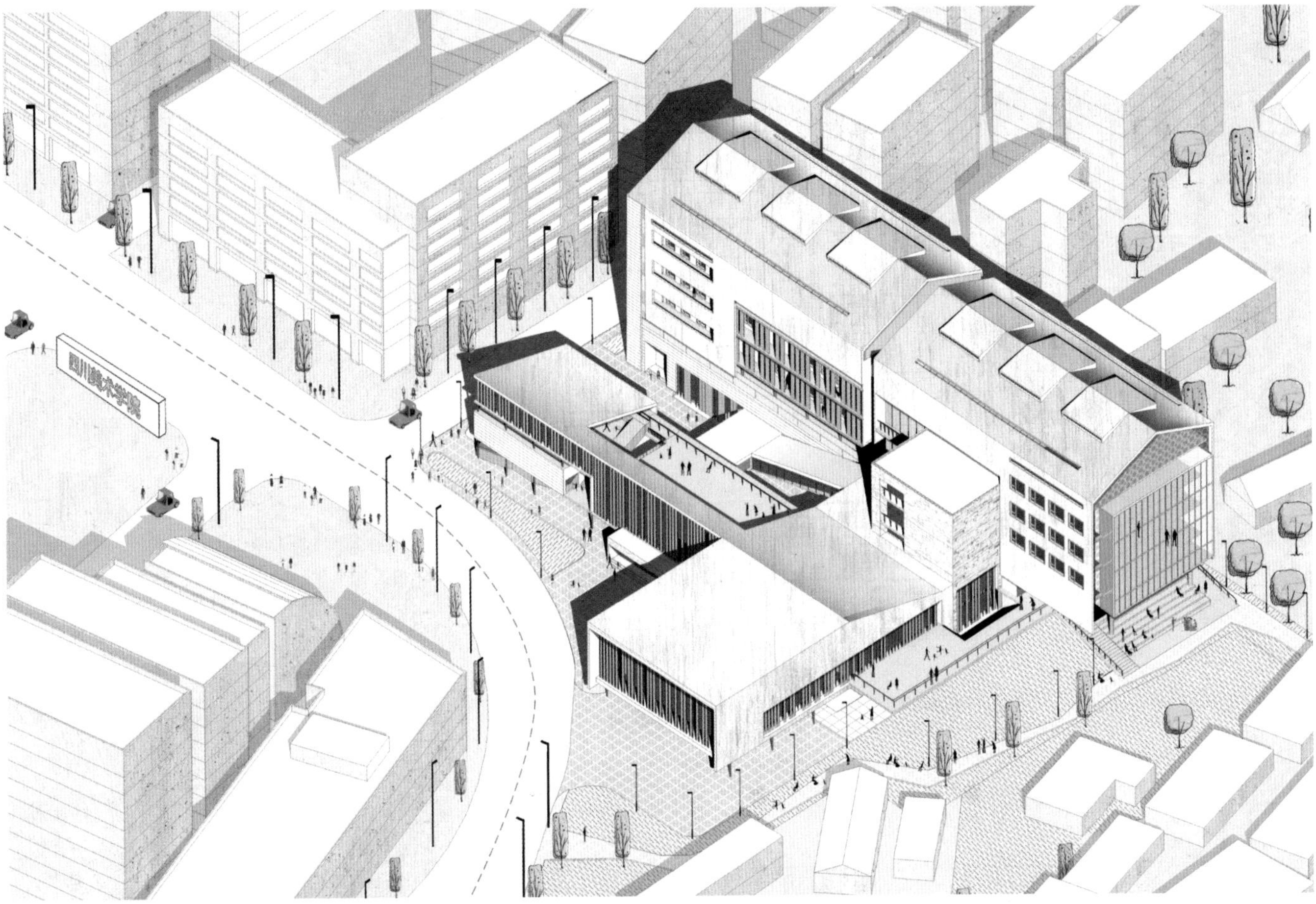

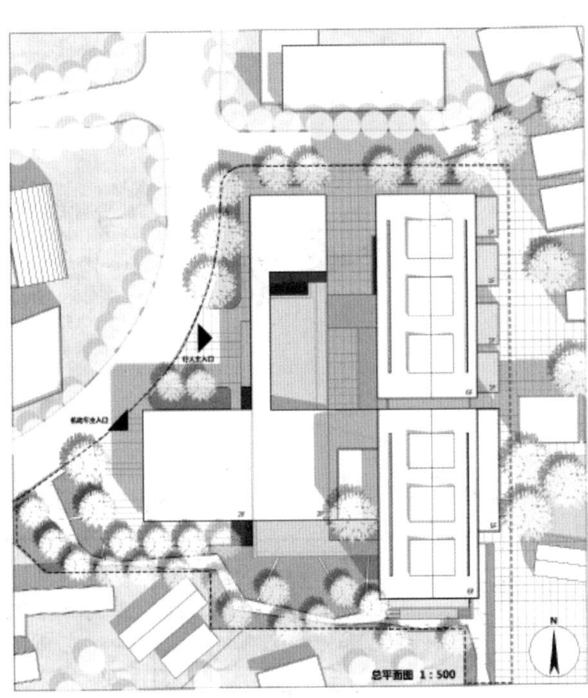

总平面图 1：500

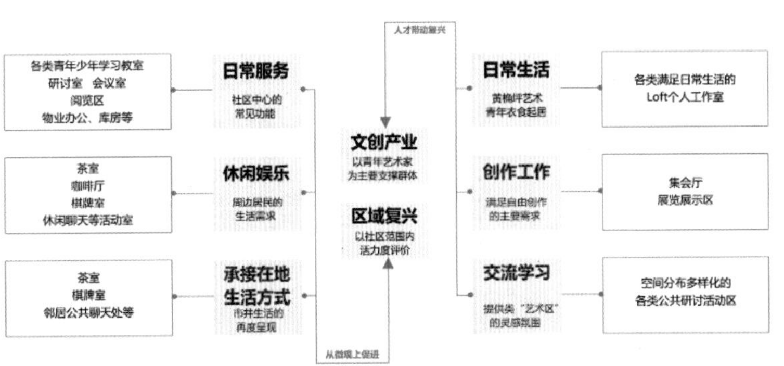

具体做法：功能上，引入复合功能层，即服务在地居民的“日常服务”“休闲娱乐”“承接在地生活方式”的功能和服务艺术青年的“日常生活”“创作工作”“交流学习”的功能。与此同时，对建筑空间和原结构采用了适应性改造思路，形成空间灵活性。对形式和外部空间的考虑，主要着眼于处理新旧关系，以及征求与环境的融合。考虑到501艺术基地属于工业依存，历史价值和文化价值不够高，因此形态上予以适应性改造，以添加虚体量、外罩表皮、添加底座联系平台为主要手段。

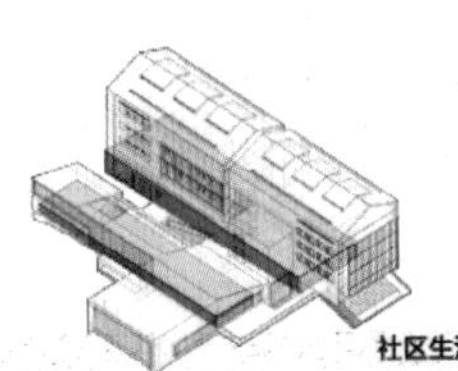
社区生活服务层

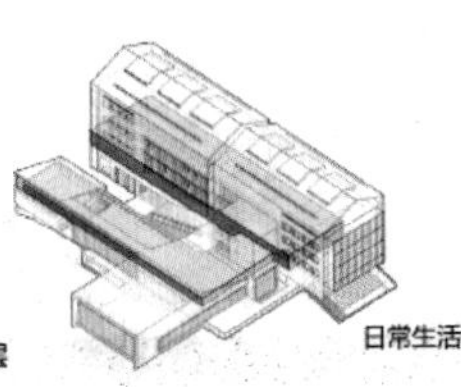
日常生活碰撞层

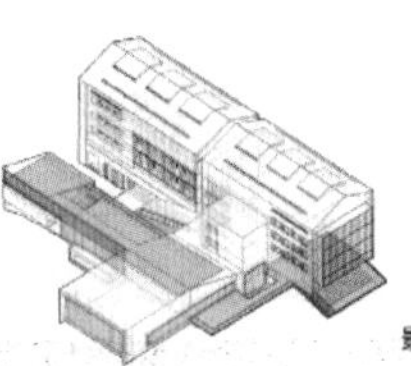
景观平台层

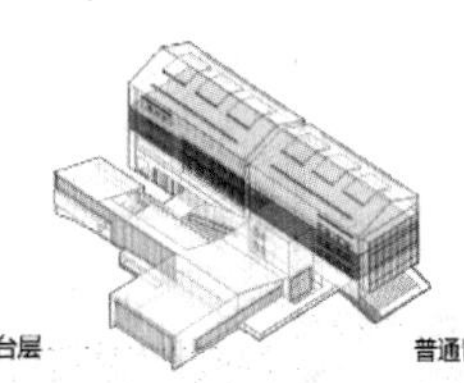
普通青年soho

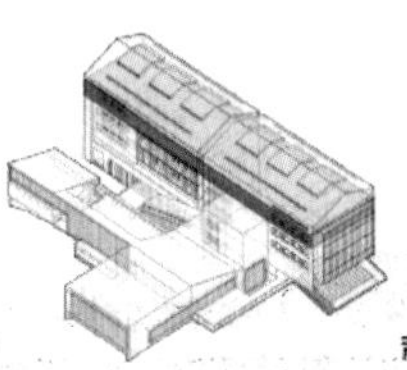
青年工作室

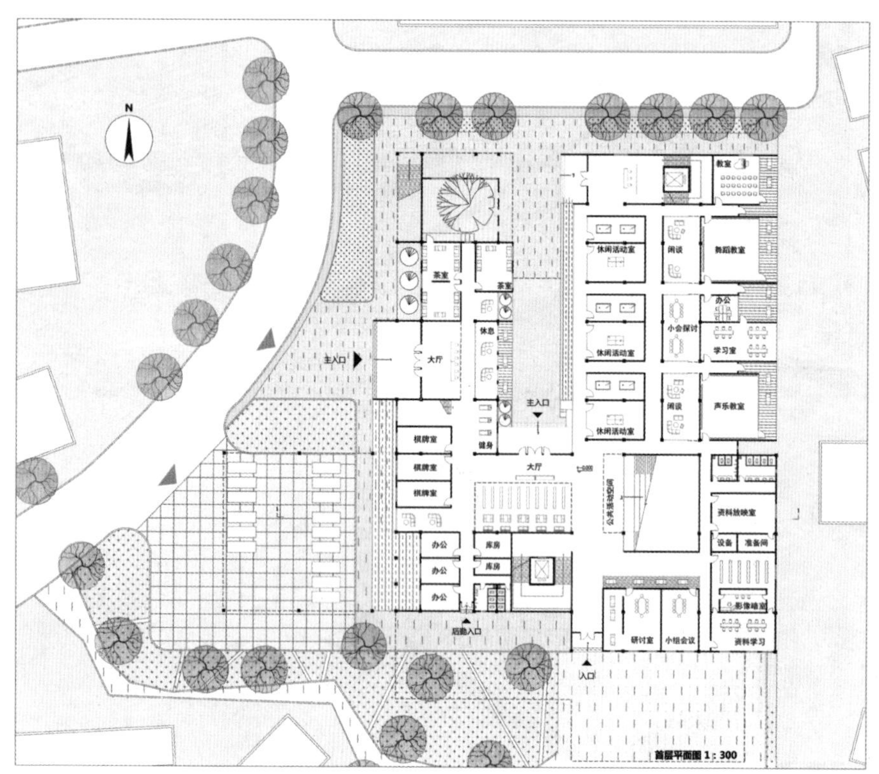

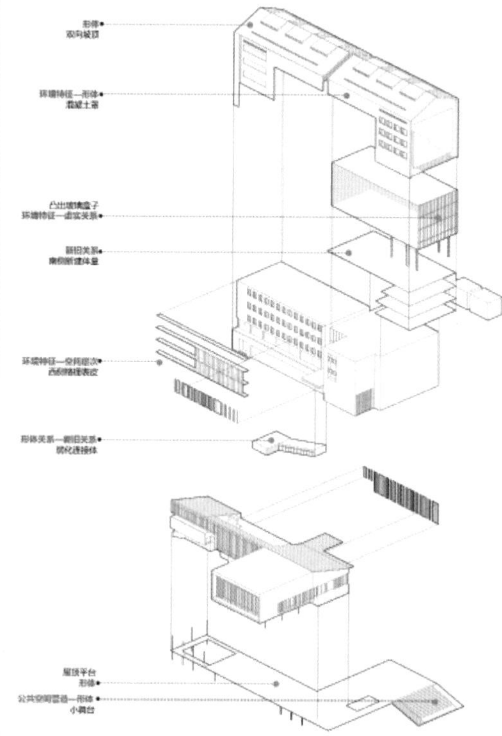

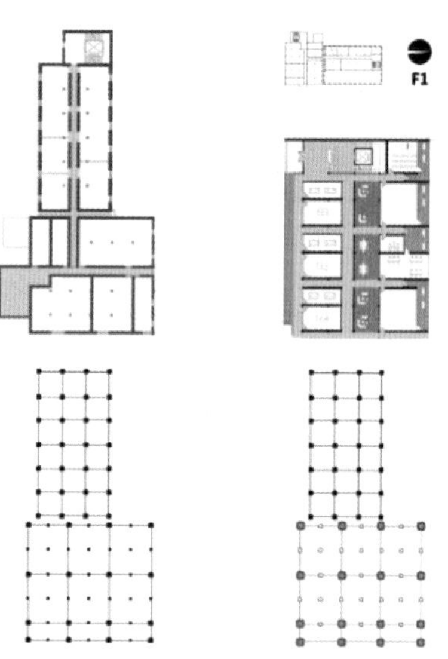

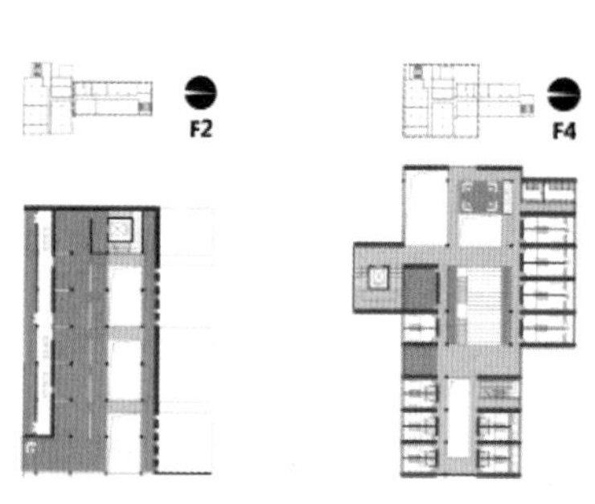

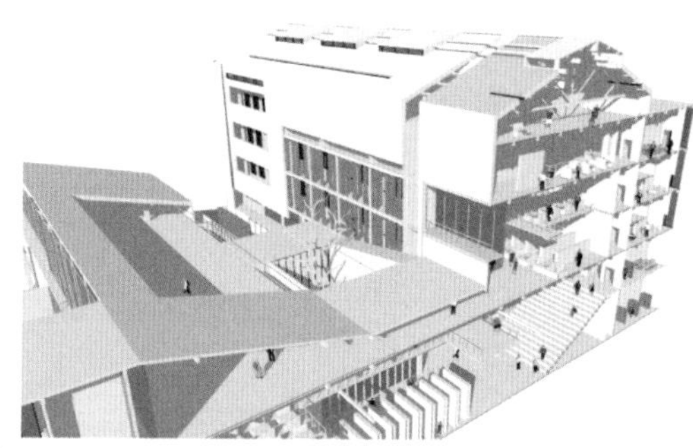

艺术家工作室是承接艺术青年事业梦想和日常生活的处所。501 仓库的两个主楼每层的层高是 5m，非常适合做 loft 形式的工作室。首先，按图索骥，将原 501 艺术区的工作室空间进行分析，提取出几个关键词：通高、面积大、简单的功能划分、灵活的平面组织、强烈的个人色彩。因此，判定工作室内部的设计要以层高较高的空间为主，方便改造。另外，为增强起步艺术青年之间进行专业和生活上沟通的可能性，在空间上结合现有客观条件，加入多种活化元素，并入多种综合性的功能，全方面服务艺术青年日常起居和事业发展。此外，使用“新邻里单元”服务单元，在解决单个工作室空间面积较小的问题的同时，又以细微的尺度形成青年们彼此切磋的毛细性公共空间。

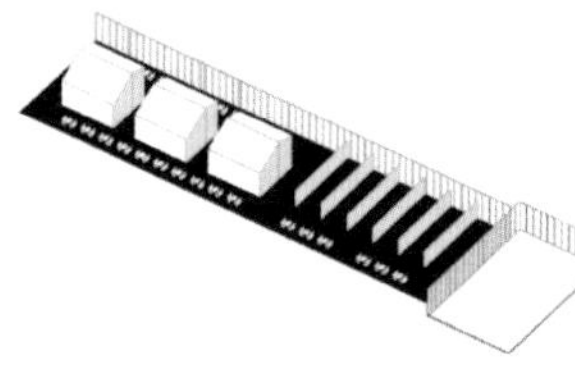

自主屋顶：

用途：多功能——承载居民自主的生活方式和青年艺术家的创作热情。

用途举例：小型工作室、图书阅览层等。

特点：体现两层结构的清晰关系；空间感受丰富；景观性良好。

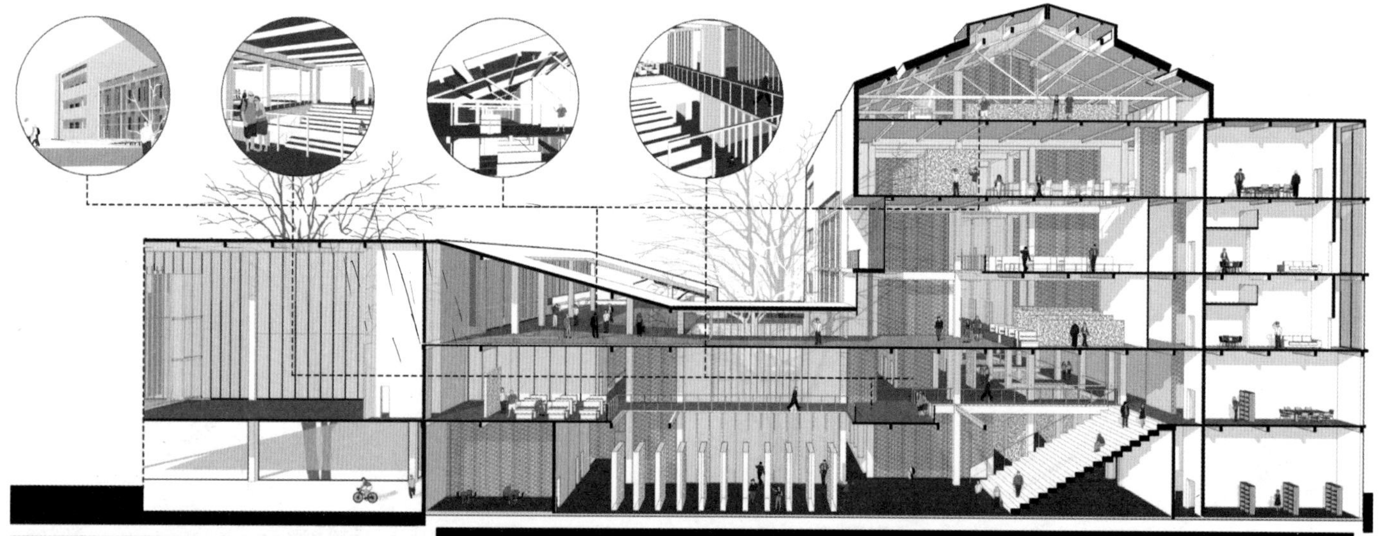

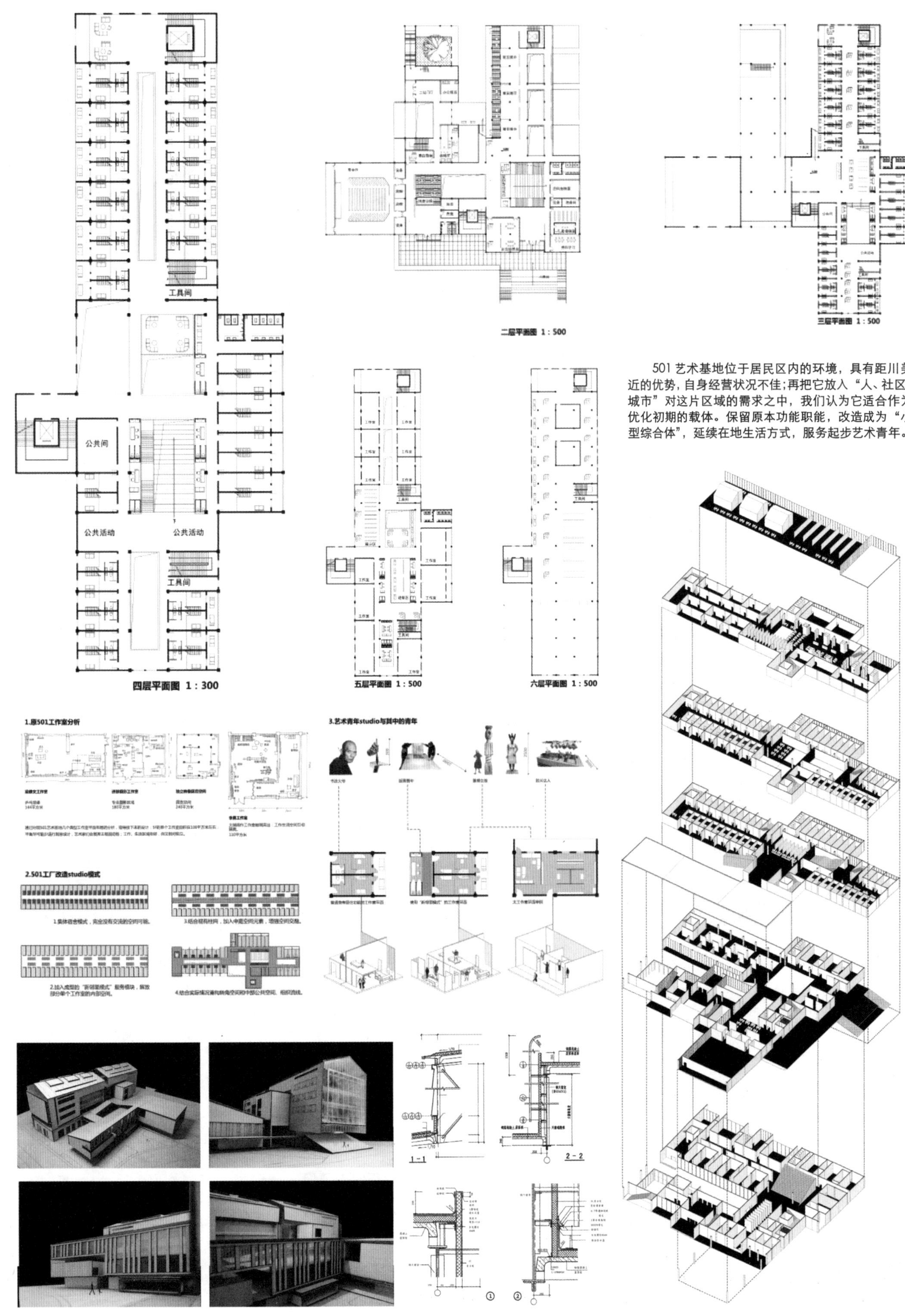

501 艺术基地位于居民区内的环境，具有距川美近的优势，自身经营状况不佳；再把它放入"人、社区、城市"对这片区域的需求之中，我们认为它适合作为优化初期的载体。保留原本功能职能，改造成为"小型综合体"，延续在地生活方式，服务起步艺术青年。

5+ 艺术综合体

北京建筑大学
设计：李宇
指导：马英／晁军／汤羽扬

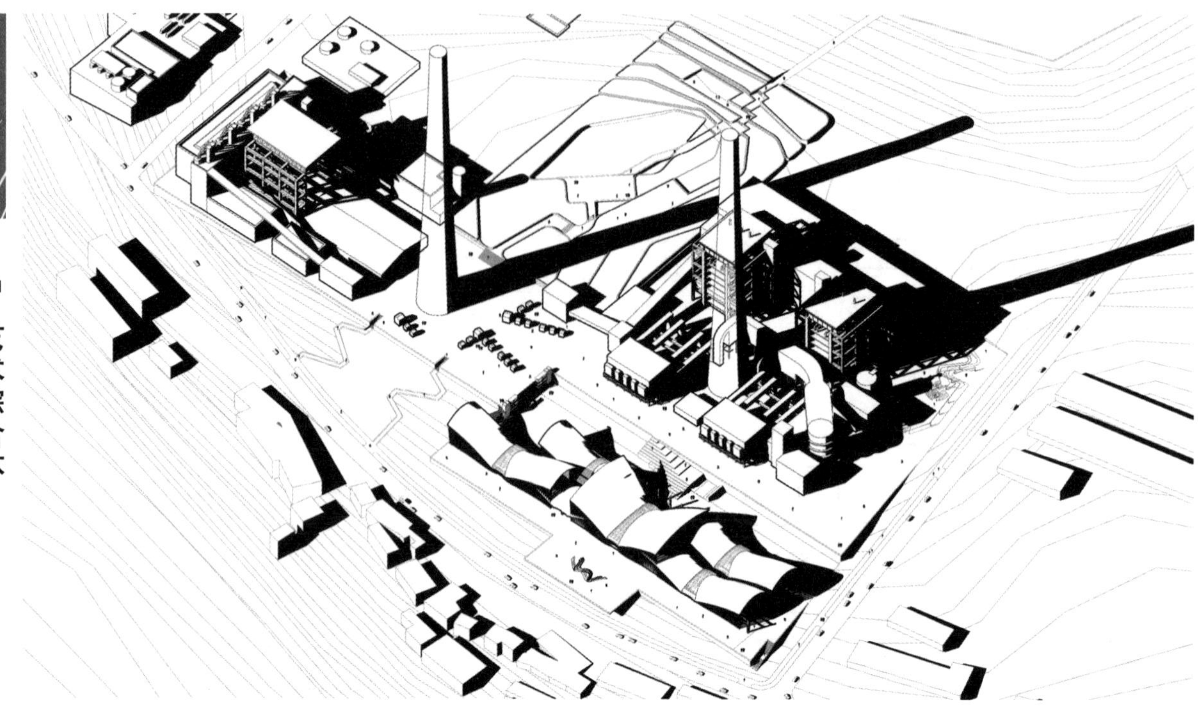

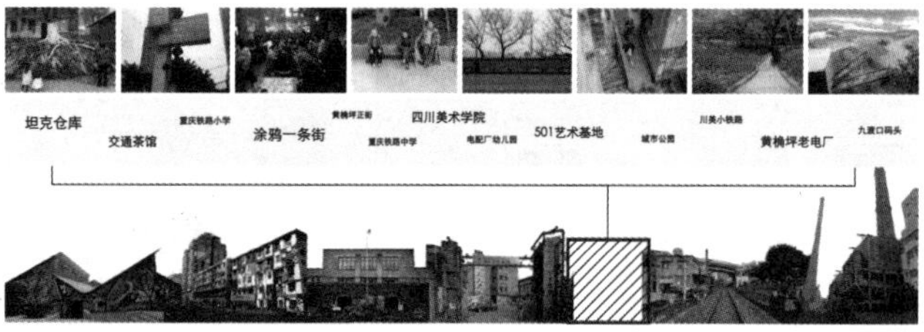

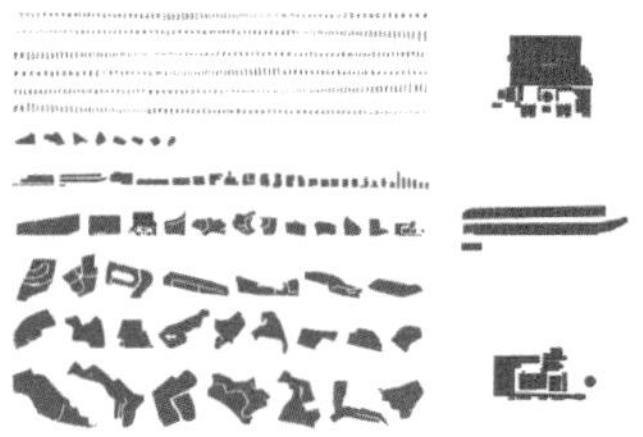

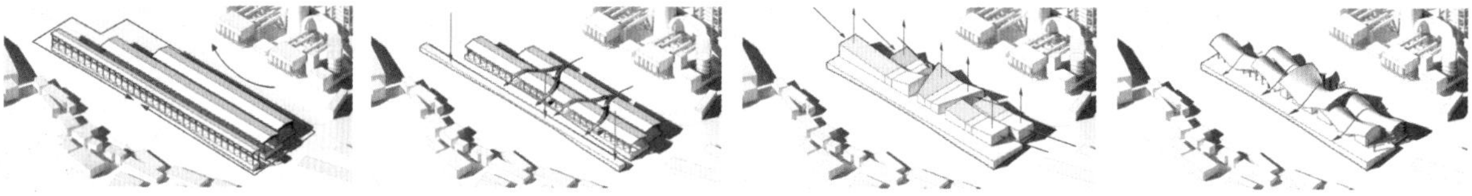

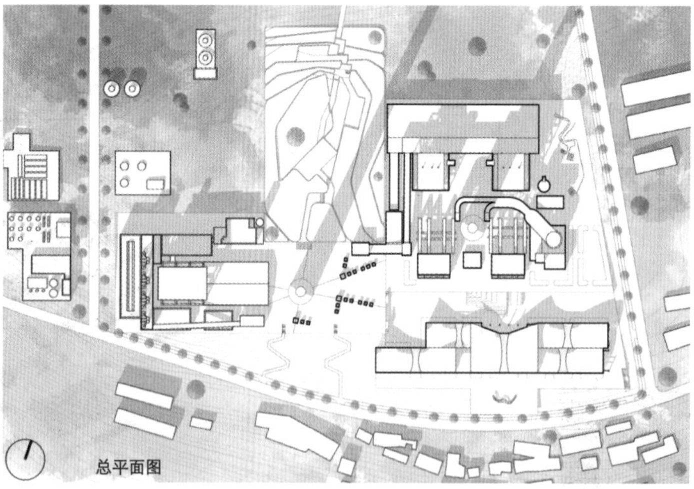

总平面图

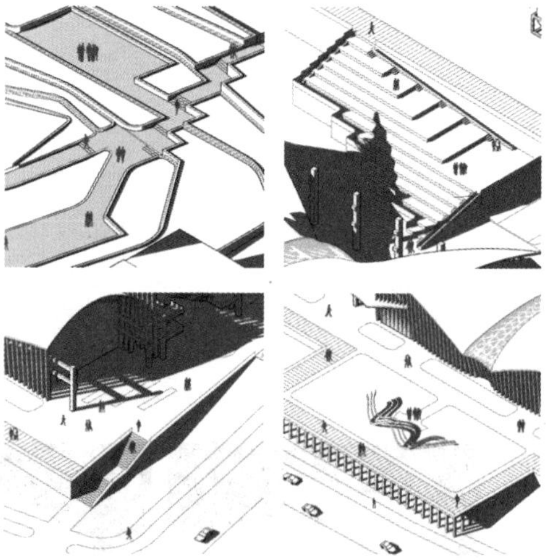

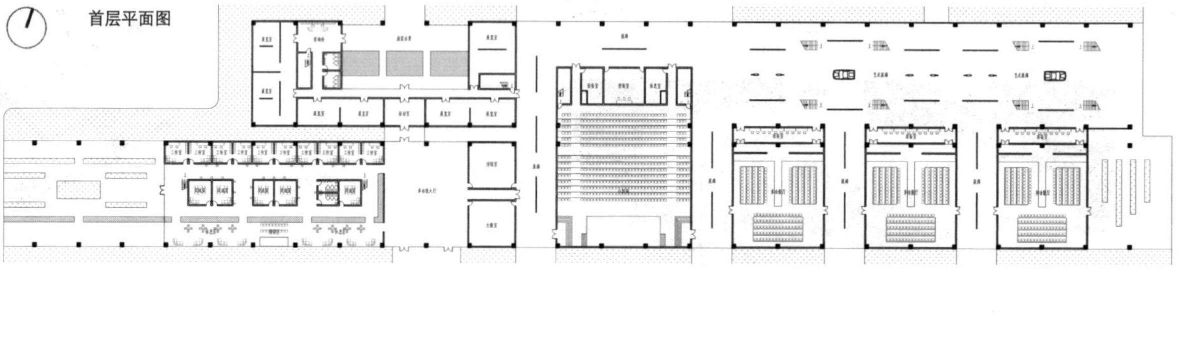

首层平面图

评语：

该组城市设计的主要内容以艺术生态群落生长的不同阶段与黄角坪特定城市区域的耦合为切入点，描绘了艺术介入城市的多种可能性与变化性，既有对城市生活的畅想，又有对未来城市空间的构想。该同学的建筑设计方案以“5+ 艺术综合体”作为设计出发点，在改造既有电厂厂房的同时，挖掘特定区域的艺术综合体内在特点，构建一个形象独特，渗透商业、画廊、剧院的综合活力中心，建筑形象突出，简洁明快，设计严谨，空间丰富，是一个优秀的设计方案。

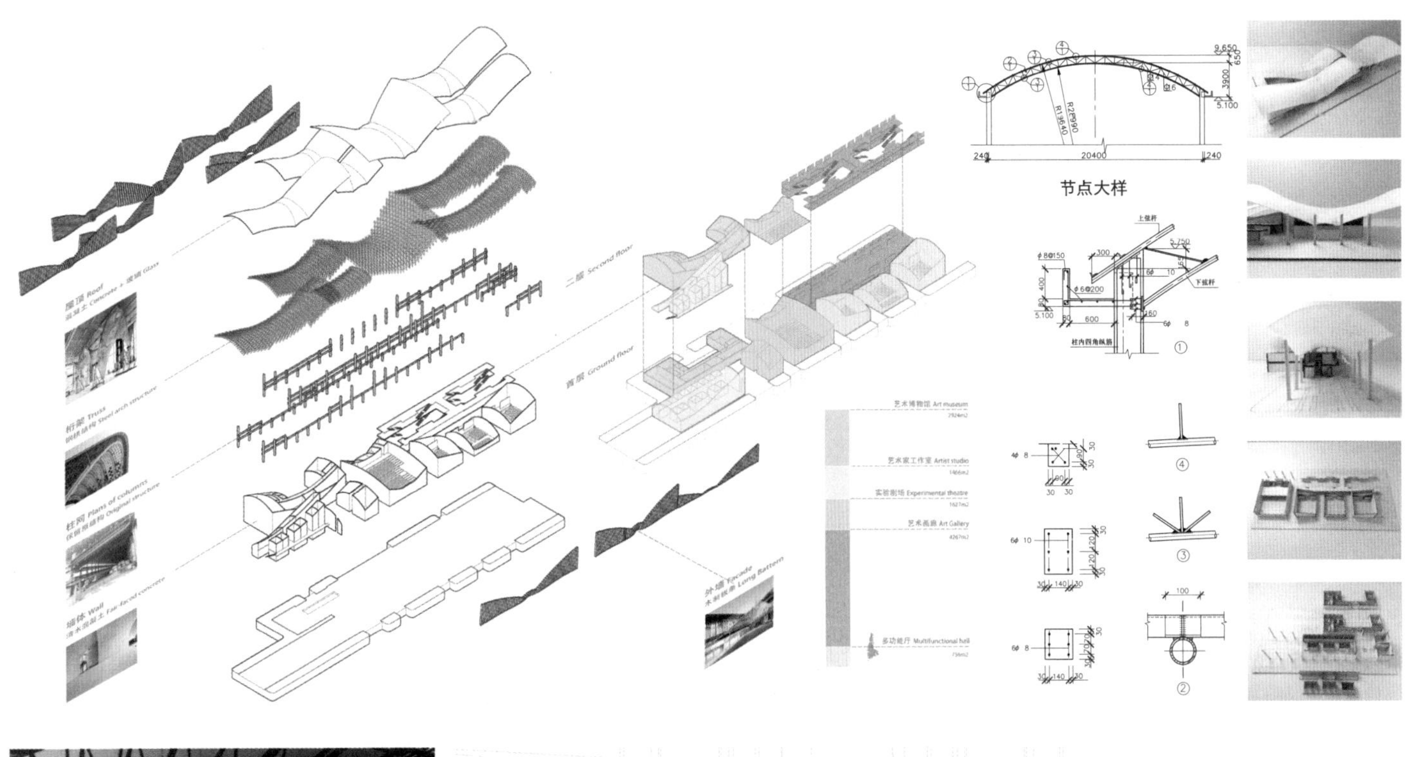

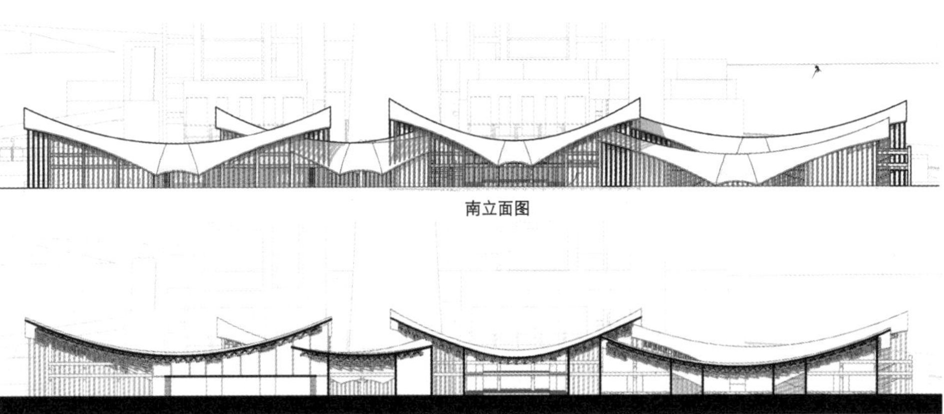

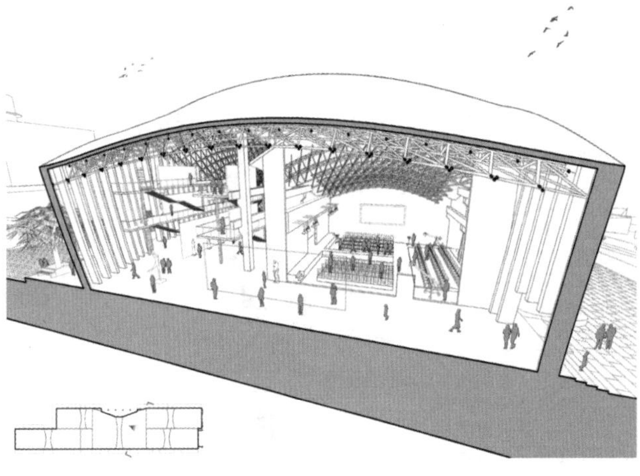

二层平面图

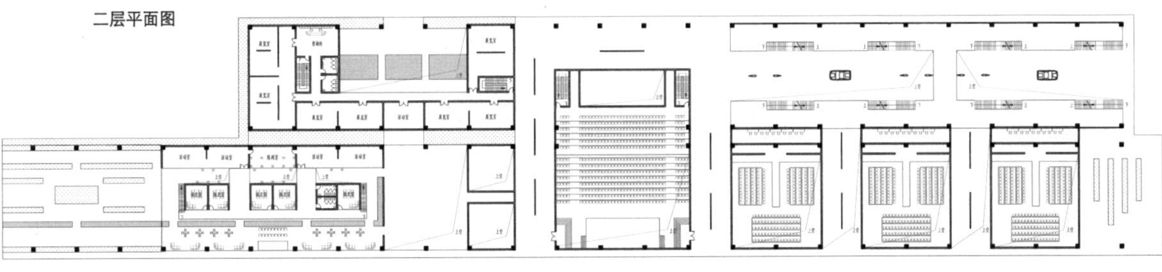

上图为艺术画廊与时尚秀场组合的内部空间。右侧的多功能厅可按需要转变为艺术品拍卖厅、时尚秀场、发布会厅等空间。左侧的艺术画廊不仅承接着艺术品展示的功能，还起着聚集人流的作用。多样的艺术展示平台和艺术家友好的宣传机会，将有助于推动黄桷坪地区的艺术交流和发展。

工艺链——基于工业与艺术融入居民生活的城市系统更新

北京建筑大学
作者：吴崇可/李烁/赵桐/刘皓翔/常远

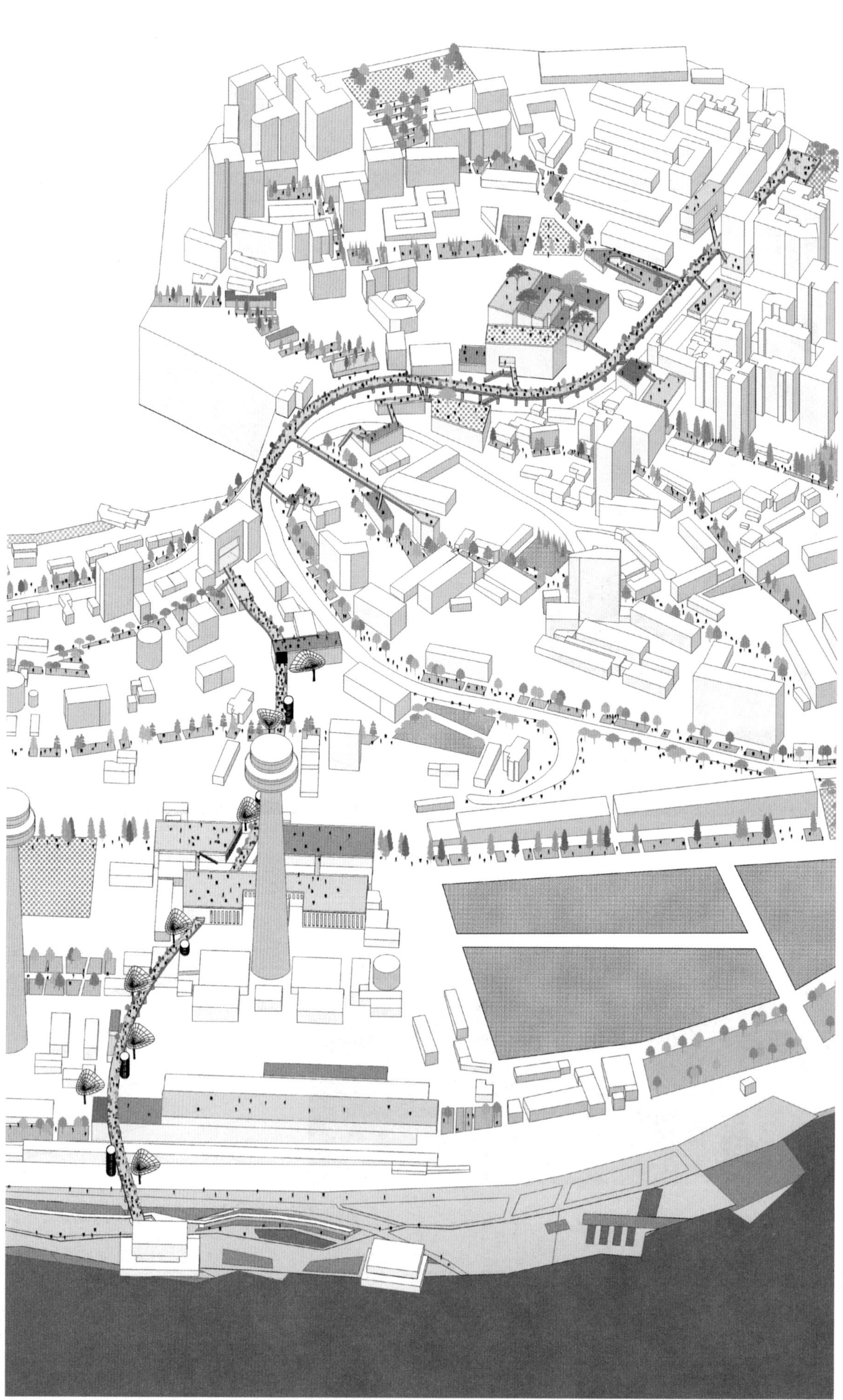

自然地形的缓慢引导以及工厂建筑的巨大体量，导致了黄确坪地区居民的脚步被禁锢在黄梅坪正街周围，另一处朝天门码头的繁盛在指引着这片沿江地区的蓬勃发展。

艺术家作为黄桷坪地区独有的人群属性，为这里，甚至是九龙半岛带来不同的风情。艺术家如何与周围生活的居民共同相处，艺术家真的跳脱于常人么艺术真的被人们逐渐远离么，这种文化只能以涂鸦街的形式肉眼可见地、通俗易懂地呈现在大家面前么？艺术源于生活，但仿佛过生活的人们并不能理解艺术，我们相信让生活中充满艺术是解决艺术与生活断裂的关键，同时将密集的人群疏解开来，制造更多的休闲空间环境，做出更多指引，能给当地居民和艺术家有更多交流碰撞的可能性。

工业与艺术相连，工一艺一链，就此形成。在链条形成后的若干年间，人群与功能空间会像毛细血管一般扩散到链条周围的环境中，实现真正的人群并置相对话、功能修补和拼凑，继而重塑一个新山城。

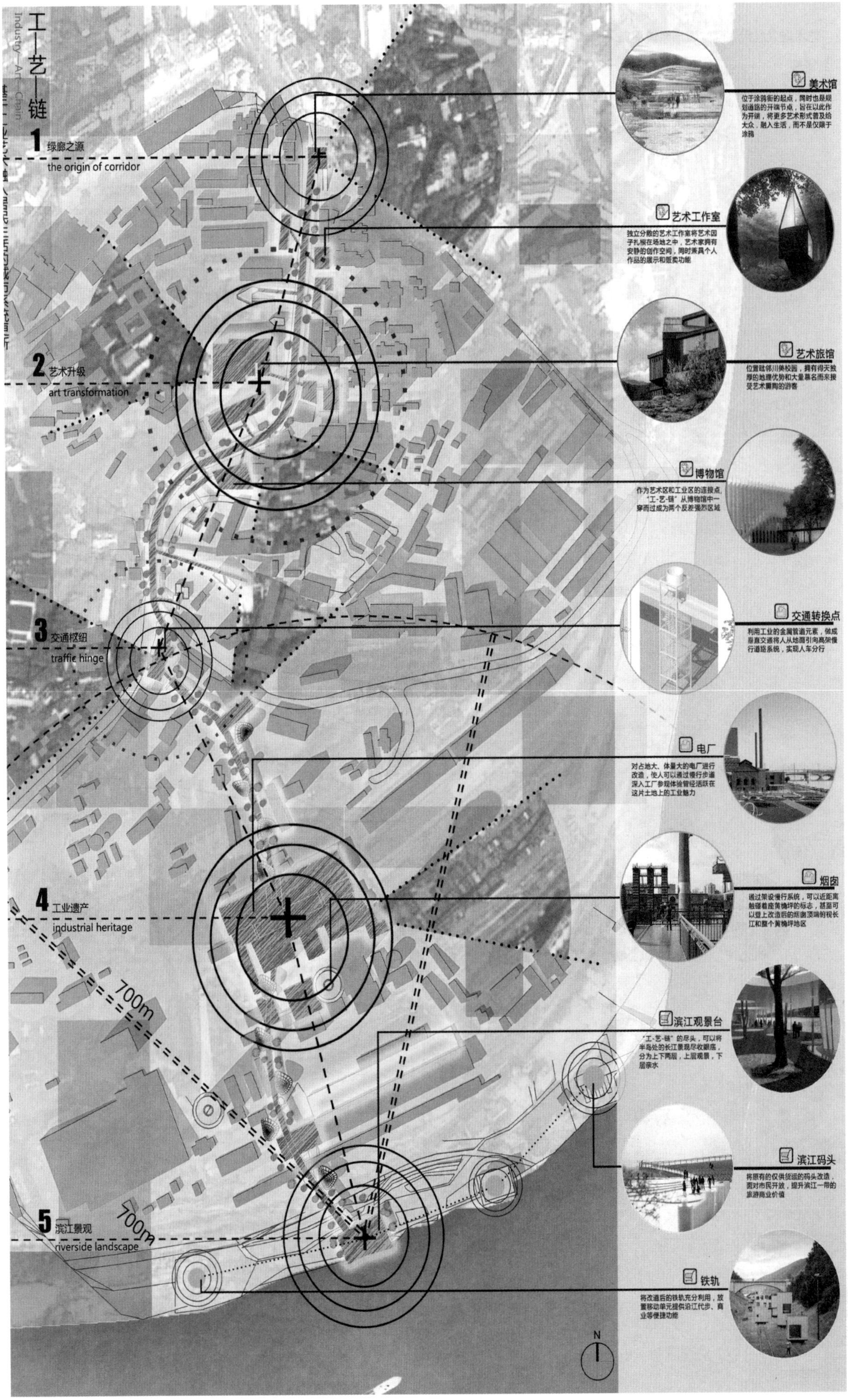

工—艺—链

Industry—Art—Chain

1 绿廊之源
the origin of corridor

2 艺术升级
art transformation

3 交通枢纽
traffic hinge

4 工业遗产
industrial heritage

5 滨江景观
riverside landscape

700m

700m

N

美术馆
位于涂鸦街的起点，同时也是规划道路的开端节点，旨在以此作为开端，将更多艺术形式普及给大众，融入生活，而不是仅限于涂鸦

艺术工作室
独立分散的艺术工作室将艺术因子扎根在场地之中，艺术家拥有安静的创作空间，同时兼具个人作品的展示和贩卖功能

艺术旅馆
位置毗邻川美校园，拥有得天独厚的地理优势和大量慕名而来接受艺术熏陶的游客

博物馆
作为艺术区和工业区的连接点，“工-艺-链”从博物馆中一穿而过成为两个反差强烈区域

交通转换点
利用工业的金属管道元素，做成垂直交通将人从地面引向高架慢行道路系统，实现人车分行

电厂
对占地大、体量大的电厂进行改造，使人可以通过慢行步道深入工厂参观体验曾经活跃在这片土地上的工业魅力

烟囱
通过架设慢行系统，可以近距离触碰着座黄桷坪的标志，甚至可以登上改造后的烟囱顶端俯视长江和整个黄桷坪地区

滨江观景台
“工-艺-链”的尽头，可以将半岛处的长江景观尽收眼底，分为上下两层，上层观景，下层亲水

滨江码头
将原有的仅供货运的码头改造，面对市民开放，提升滨江一带的旅游商业价值

铁轨
将改道后的铁轨充分利用，放置移动单元提供沿江代步、商业等便捷功能

吴崇可

李烁

赵桐

刘皓翔

常远

工—艺—链

Industry—Art—Chain

——基于工业、艺术融入居民生活的城市系统更新

问题一：交通疏解—从割裂到链接

滨江交通转换点效果图

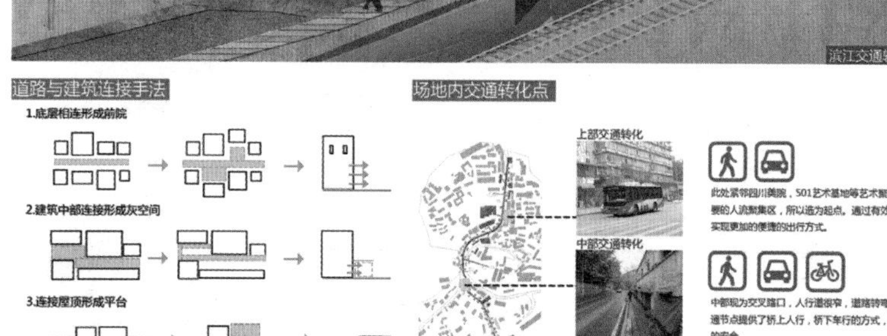

问题二：滨江复苏——从消极到活力

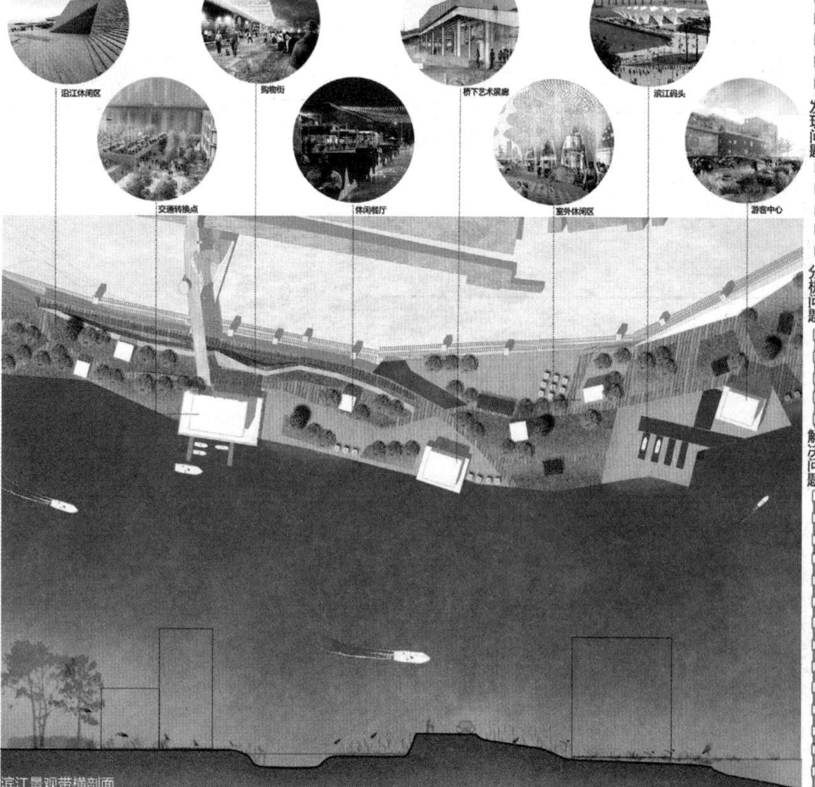

滨江景观带横剖面

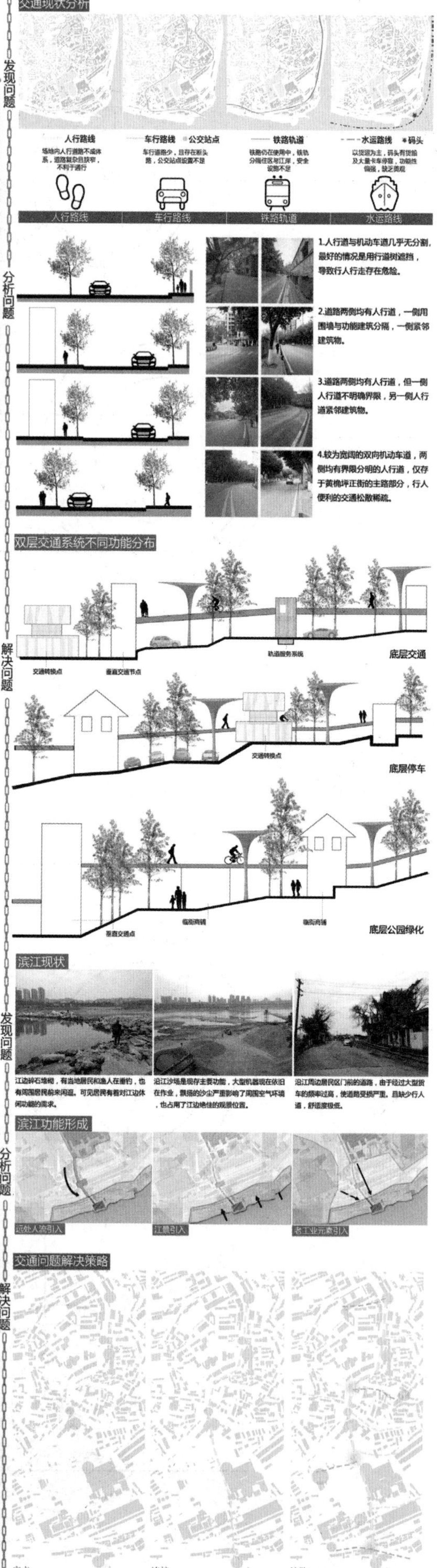

工一艺一链

Industry—Art—Chain

——基于工业、艺术融入居民生活的城市系统更新

问题三：工厂改造——从灰败到明亮

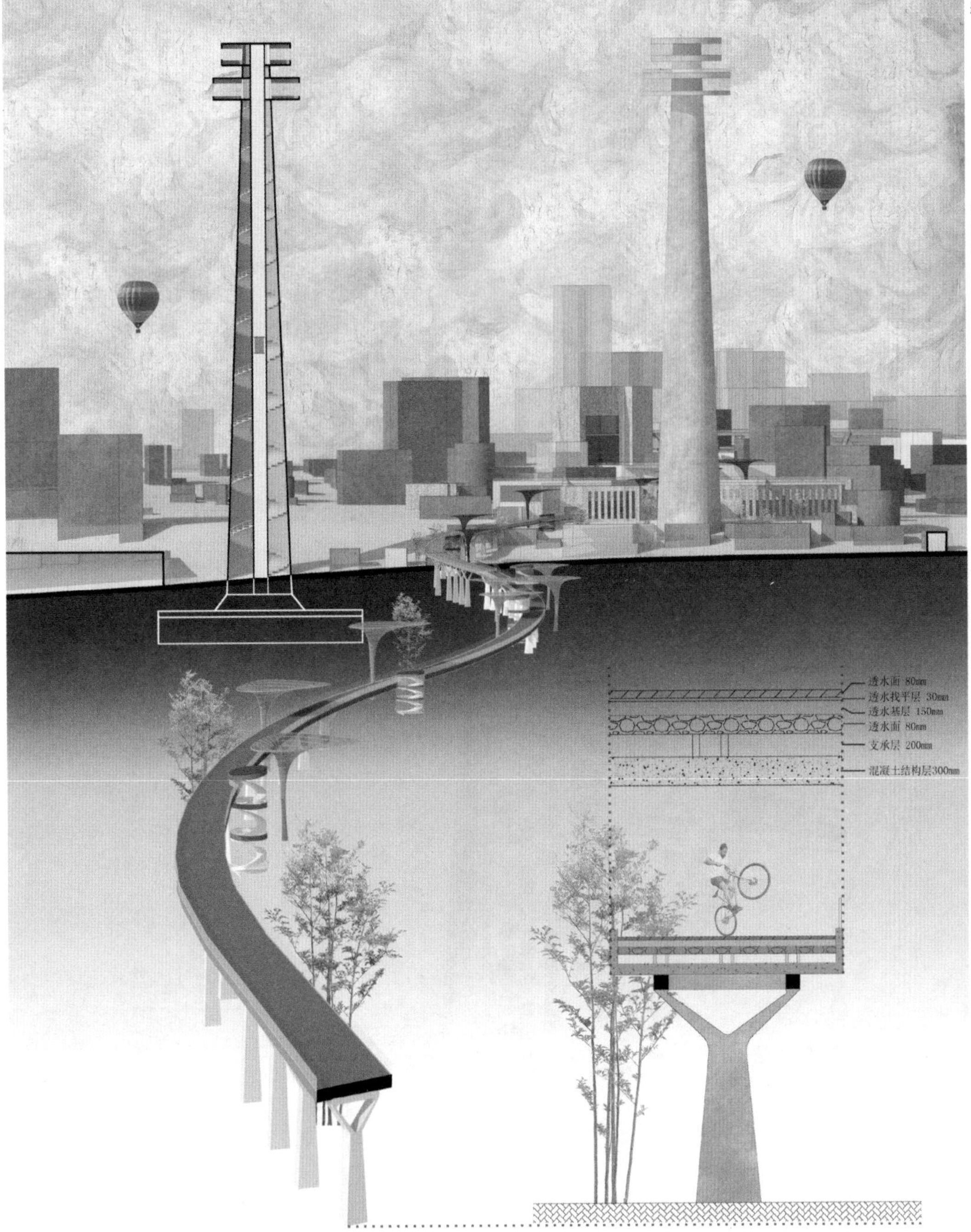

透水面 80mm

透水找平层 30mm

透水基层 150mm

透水面 80mm

支承层 200mm

混凝土结构层300mm

发现问题

现状分析

1.烟囱突出的体量使其成为标志性建筑。

2.电厂占地巨大，但建筑破败，功能废弃。

3.电厂体量巨大，将通向江边的其他角度的视线阻挡。

4.同时，烟囱作为标志性建筑物以及巨大的体量，在场地中间随时可见，取景范围及其广泛。

工厂占地

分析问题

链接桥体剖面

桥体以慢行系统为设计方向，力求营造居民游客共同的休闲环境。桥体与桥下方的灰空间形成两套不同的交通系统，对周围环境有着不同程度的渗透效果。

上层空间以不同形式与周围服务性建筑相连，营造全然放松的休闲环境；下层空间功能多样，交通、公园、停车场等，根据地形和已有交通系统设置。

此处紧邻四川美院，501艺术基地等艺术聚集区，是主要的人流聚集区，所以选为起点。通过有效的人车转换，实现更加的便捷的出行方式。

解决问题

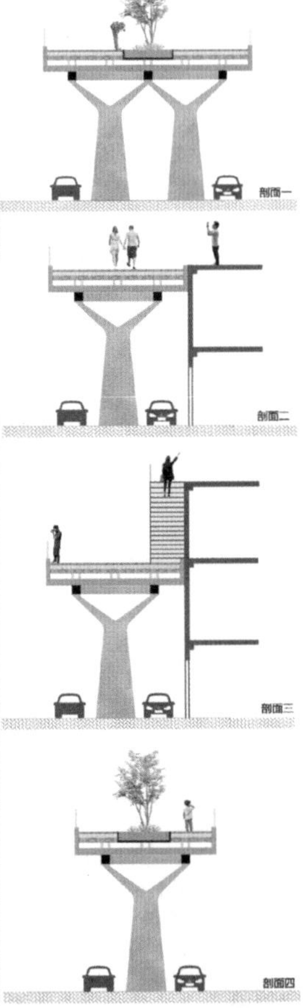

剖面一

剖面二

剖面三

剖面四

植物分布图

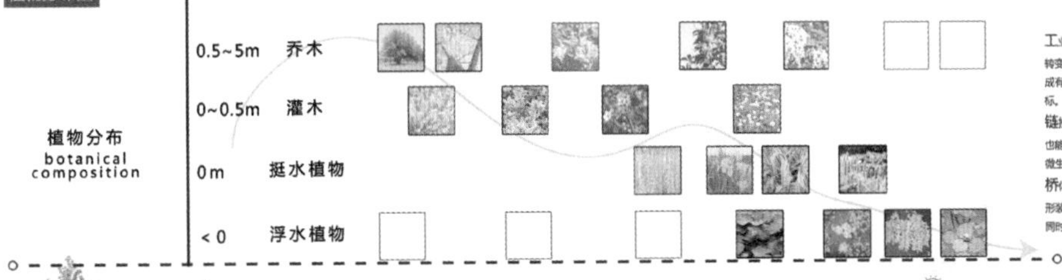

植物分布
botanical composition

0.5~5m 乔木

0~0.5m 灌木

0m 挺水植物

<0 浮水植物

生态节点图

工业元素的渗透体现在设计的整体理念上，即“转变”，将废弃的曾经制造污染的工厂建筑，转变成有效用的生态节能建筑是我们的设计初衷也是目标。

链接的桥元素不仅有着交通盒休闲的作用，同时也能够通过自身的构造节能设置，形成自成一体的微生态。

桥体和地面的雨水收集系统浇灌周围的植物；伞形装置顶部的太阳能收集系统供其夜间照明耗能，同时为经过路人提供遮阳休憩空间。

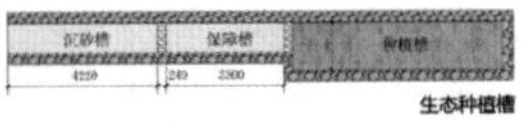

4220 249 2300

生态种植槽

集水槽

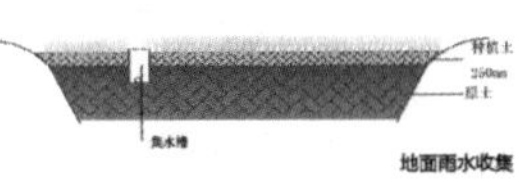

地面雨水收集

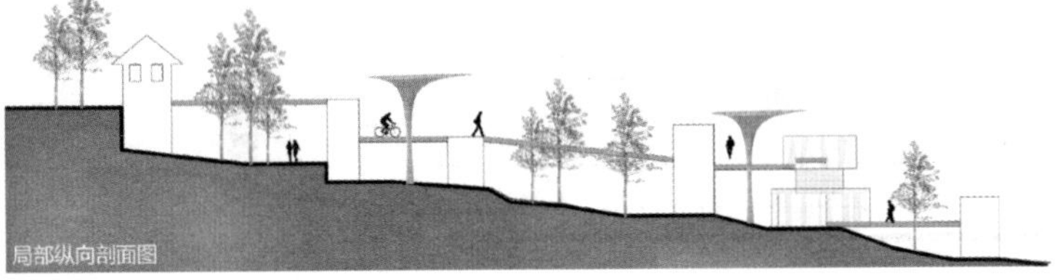

生态装置功能

局部纵向剖面图

能源转换

雨水收集

遮阳设计

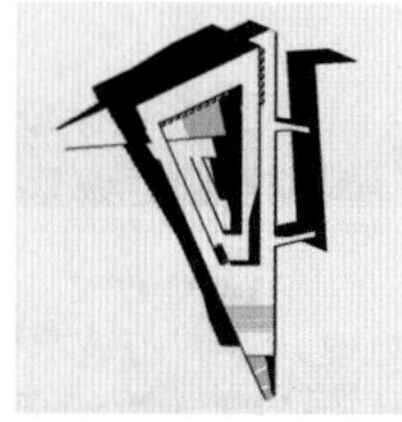

交通综合体

北京建筑大学
设计：刘皓翔
指导：晁军/马英/汤羽扬

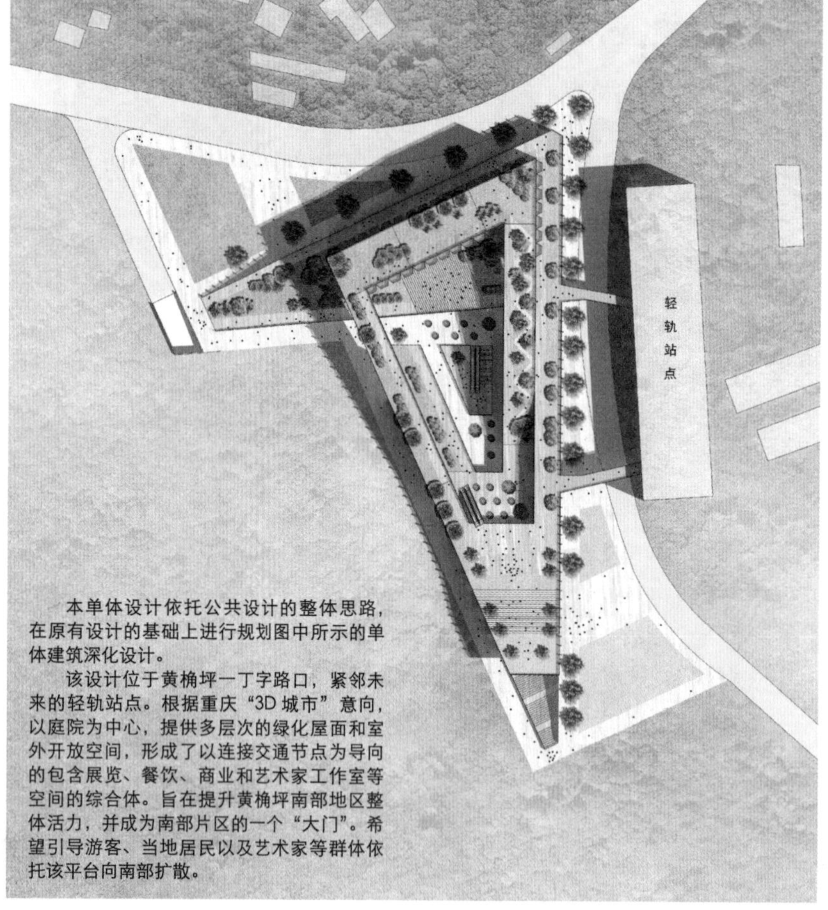

本单体设计依托公共设计的整体思路，在原有设计的基础上进行规划图中所示的单体建筑深化设计。

该设计位于黄桷坪一丁字路口，紧邻未来的轻轨站点。根据重庆“3D城市”意向，以庭院为中心，提供多层次的绿化屋面和室外开放空间，形成了以连接交通节点为导向的包含展览、餐饮、商业和艺术家工作室等空间的综合体。旨在提升黄桷坪南部地区整体活力，并成为南部片区的一个“大门”。希望引导游客、当地居民以及艺术家等群体依托该平台向南部扩散。

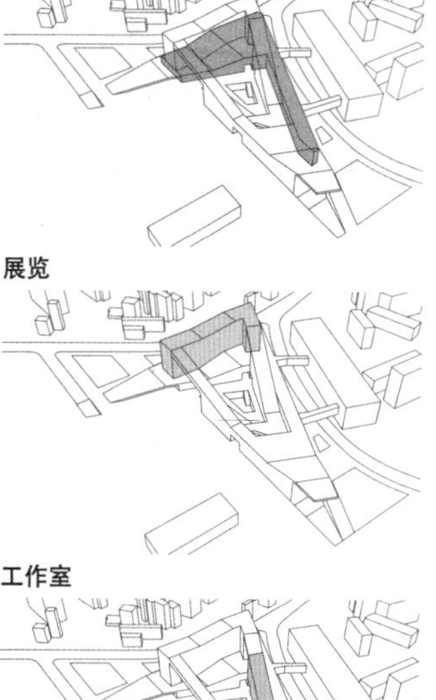

展览

工作室

餐饮

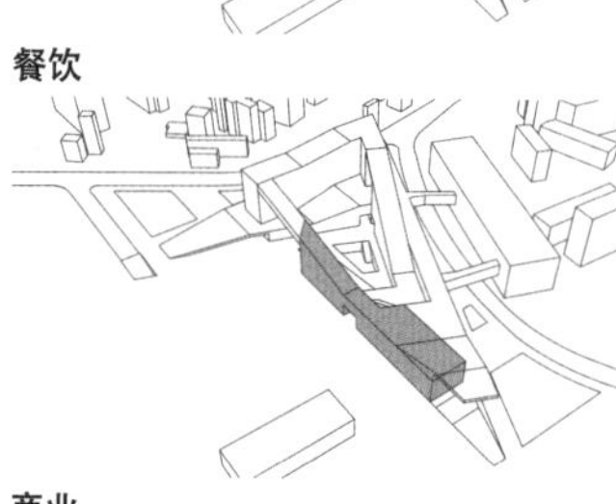

商业

个人感想：

本科的最后一次设计，很幸运来到了联合毕设组。看到了各个学校的老师与同学，看到了不同风格的教学理念，看到了多样的设计语言以及表达方法，更看到了自己努力的方向与前进的动力。在此感谢各位老师与同学的付出。

重庆，一座有意思的城市，这里的一切似乎突破了想象，设计也没有那么多条条框框。从场地调研到中期汇报再到终期汇报，从方案设想到整体设计再到单体设计，看着各个学校的同学天马行空的想象，从各个方向解决不同的问题，开拓了我的思路，让我的想法不再局限，也更加印证了“建筑没有对错，只论是否合适”。也让自己在今后时刻铭记用合适与否来衡量一个建筑，一个方法。

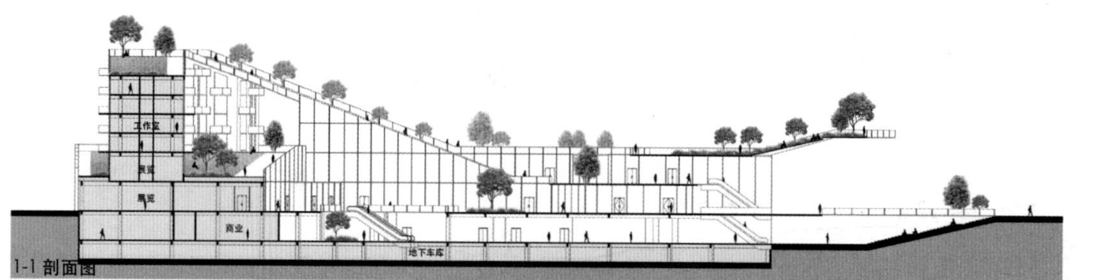

1-1 剖面图

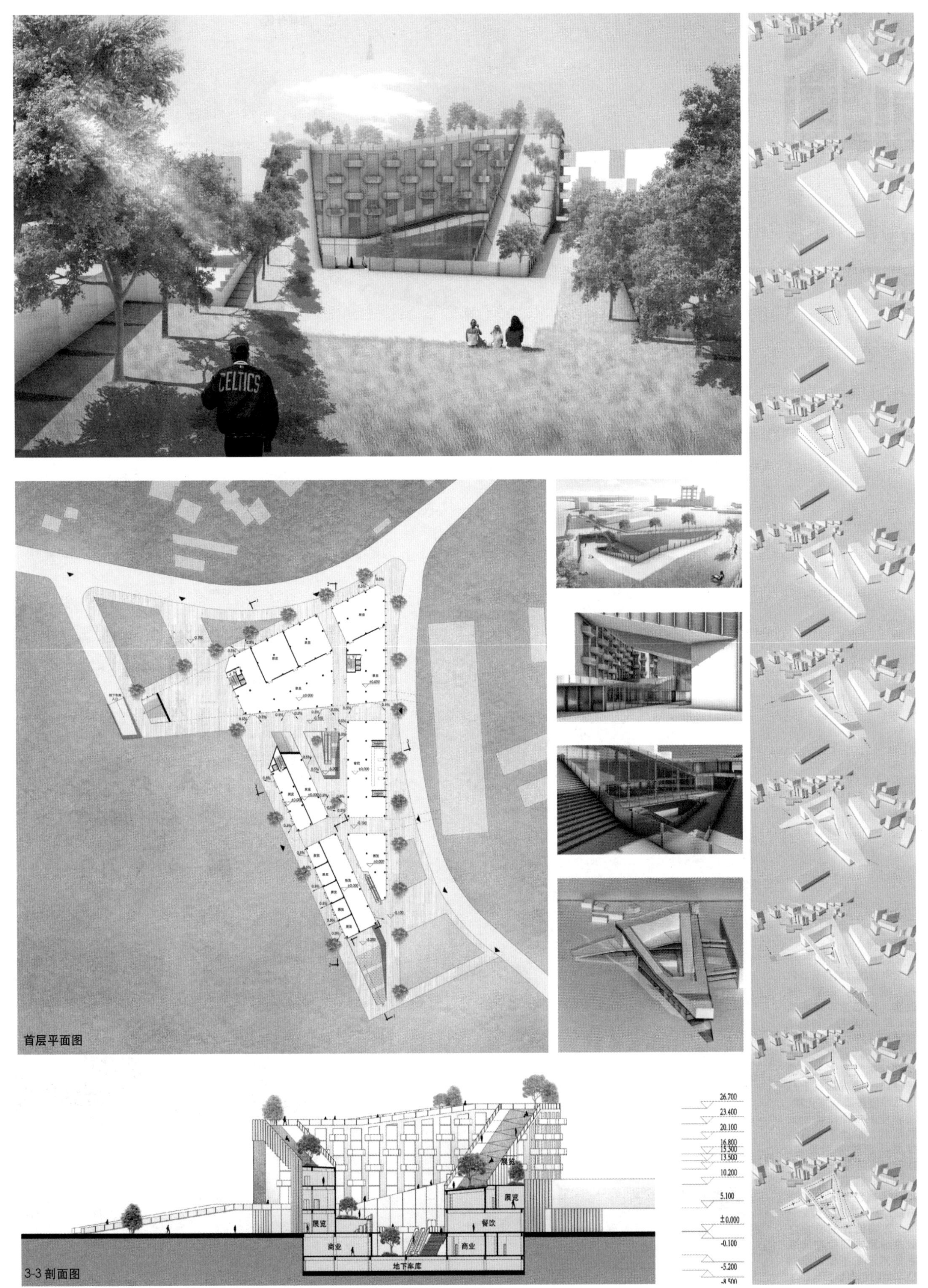
CELTICS
首层平面图
展览
餐饮
商业
地下车库
3-3 剖面图
26.700
23.400
20.100
16.800
15.300
13.500
10.200
5.100
±0.000
-0.100
-5.200
-8.500

黄桷坪居民中心

北京建筑大学
设计：赵桐
指导：晁军／马英／汤羽扬

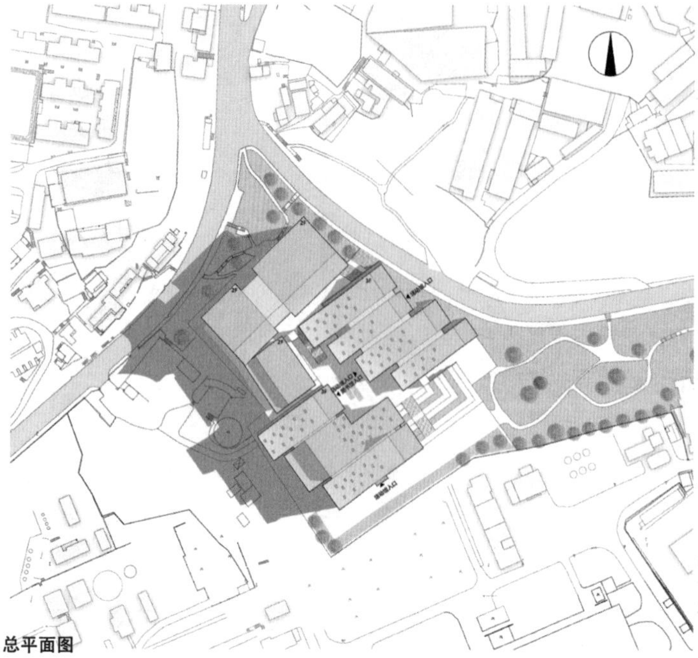

总平面图

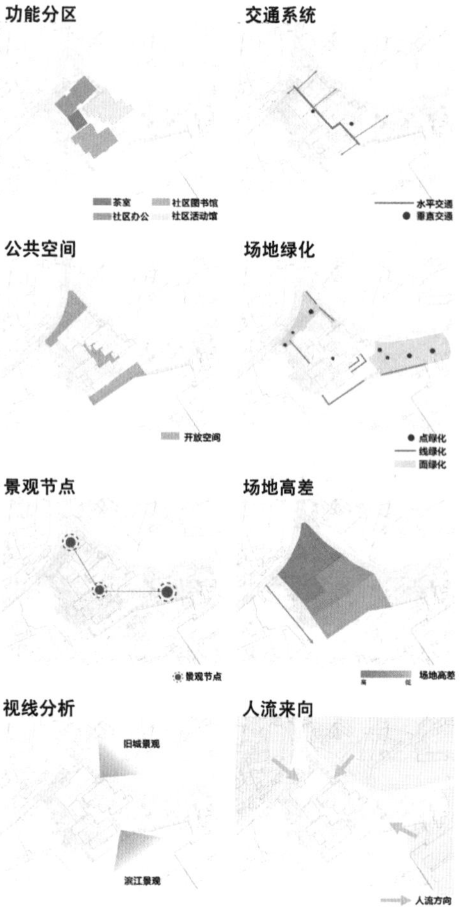

主要入口层平面图

功能分区

茶室　社区图书馆　社区办公　社区活动馆

交通系统

水平交通　垂直交通

公共空间

开放空间

场地绿化

点绿化　线绿化　面绿化

景观节点

景观节点

场地高差

场地高差

视线分析

旧城景观　滨江景观

人流来向

人流方向

居民行为分析

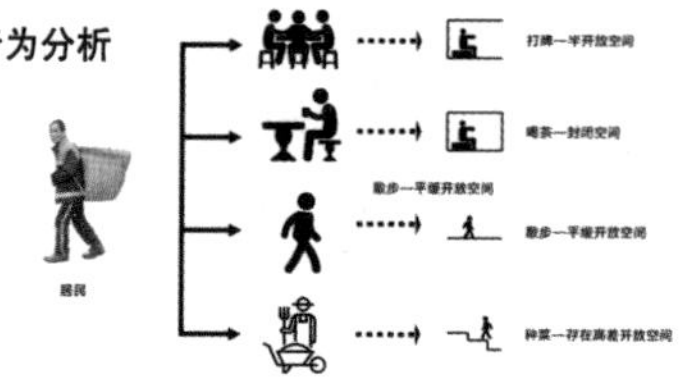

居民

打牌—半开放空间

喝茶—封闭空间

散步—平缓开放空间

种菜—存在高差开放空间

功能置入

新功能　置入　基本需求功能

形体生成

模型照片

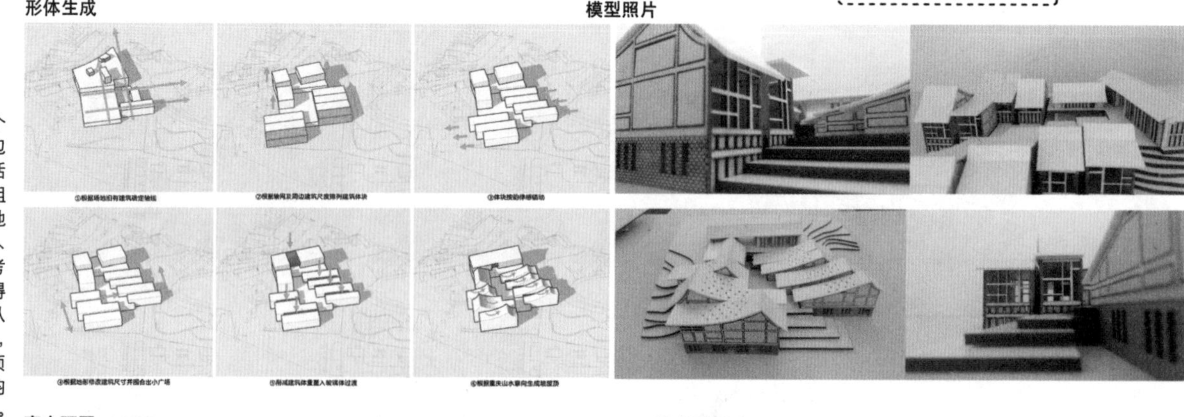

教师点评：

这是小组中的一个社区中心的方案设计，包括社区办公、茶室、活动室、图书馆等功能组成。四个功能空间与场地环境相适应，分区明确、环境舒适。方案充分考虑了地形因素和无障碍设计。在建筑形式上从山岳地形提取视觉元素，结合中国古建筑大屋顶的形式，设计了富有韵律感的建筑外观形象。建筑细节考虑比较深入，从结构、构造技术上都给出了确定可行的解决方案，图面表达完整。

方案设计的不足之处是分散布局给空间联系带来一些不便，个别空间消防也有缺陷。

南立面图　东立面图

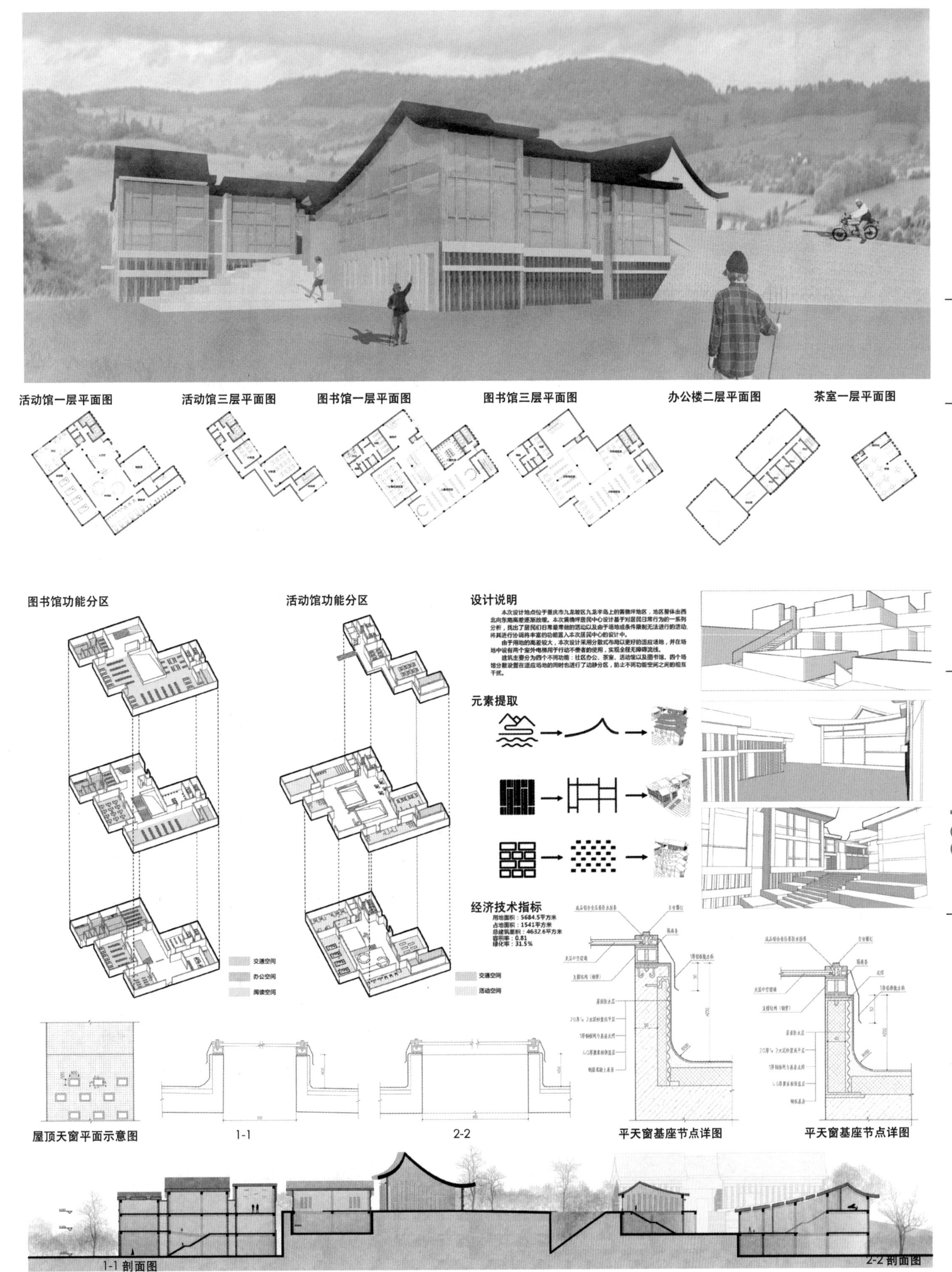
活动馆一层平面图
活动馆三层平面图
图书馆一层平面图
图书馆三层平面图
办公楼二层平面图
茶室一层平面图
图书馆功能分区
活动馆功能分区
设计说明
本次设计地点位于重庆市九龙坡区九龙半岛上的黄桷坪地区，地区整体由西北向东南高差逐渐放缓。本次黄桷坪居民中心设计基于对居民日常行为的一系列分析，找出了居民们日常最常做的活动以及由于场地或条件限制无法进行的活动，将其进行协调将丰富的功能置入本次居民中心的设计中。
由于用地的高差较大，本次设计采用分散式布局以更好的适应场地，并在场地中设有两个室外电梯用于行动不便者的使用，实现全程无障碍流线。
建筑主要分为四个不同功能：社区办公、茶室、活动馆以及图书馆。四个场馆分散设置在适应场地的同时也进行了动静分区，防止不同功能空间之间的相互干扰。
元素提取
经济技术指标
用地面积：5684.5平方米
占地面积：1541平方米
总建筑面积：4632.6平方米
容积率：0.81
绿化率：31.5%
交通空间
办公空间
阅读空间
交通空间
活动空间
屋顶天窗平面示意图
1-1
2-2
平天窗基座节点详图
平天窗基座节点详图
1-1 剖面图
2-2 剖面图

『霉』库新生——废弃电厂煤库的更新与改建设计

北京建筑大学
设计：吴崇可
指导：晁军/马英/汤羽扬

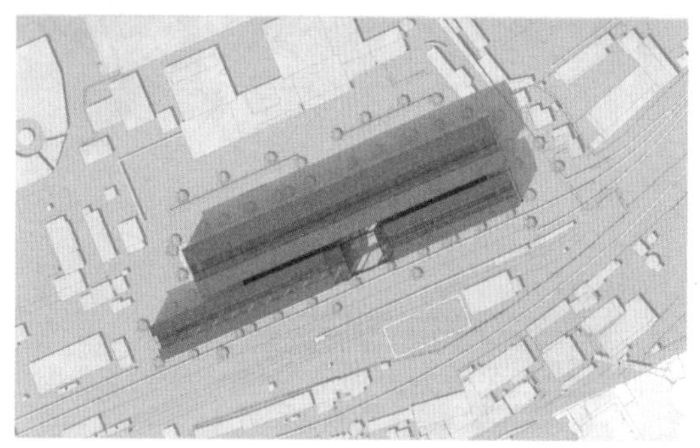

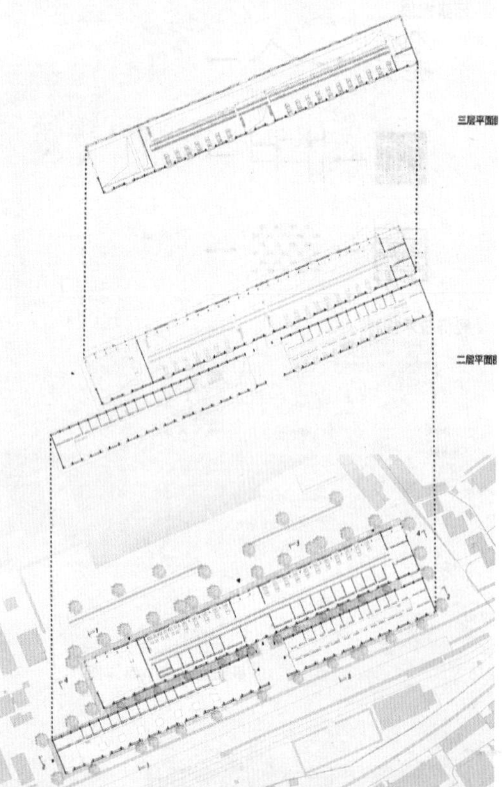

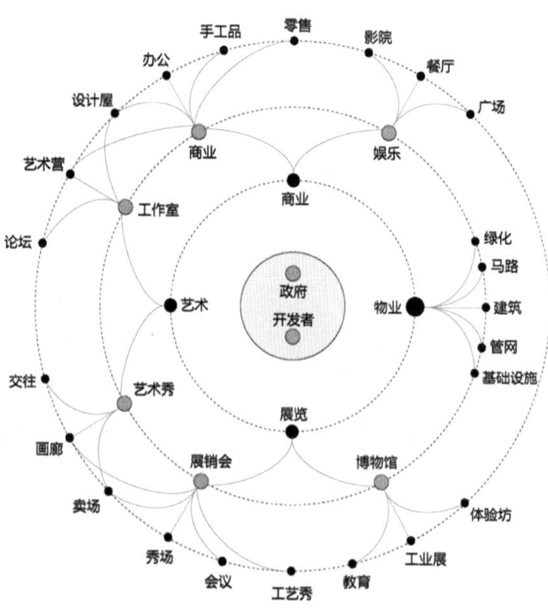

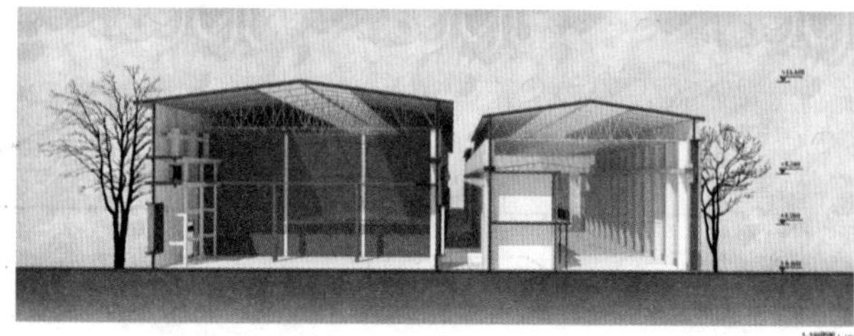

个人感想：

社会发展所带动的老旧工业建筑改造与更新是一个复杂的漫长过程。从艺术创意园到工坊、商业、餐饮、住宿，富有历史印记的老旧厂房似乎能够适应各种华丽变身，而不失历史文化韵味。该方案也是对艺术转型的一个方案性研究与设计探索。

本方案在功能上、空间上做了努力和尝试，力求打造简单、安静的艺术家展示、交流和生活空间。空间构成遵循原有厂房结构特点，追求秩序和韵律感。

方案不足是色彩有一定压抑感，过于机械僵化的轴线序列空间，缺少收放变化，造成一定单调感。

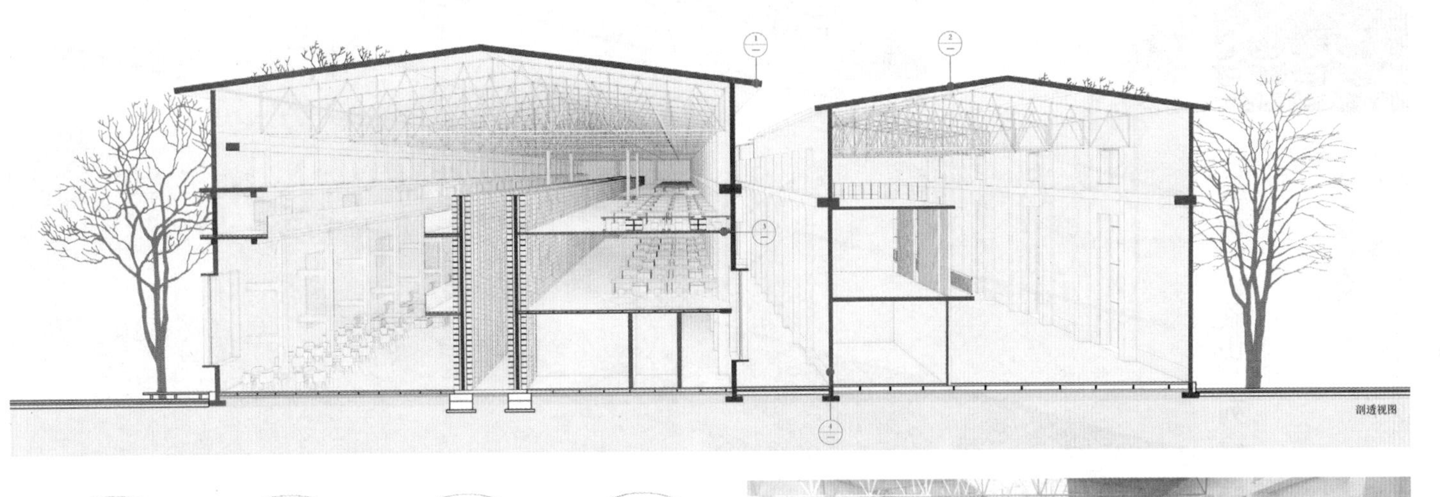
剖透视图

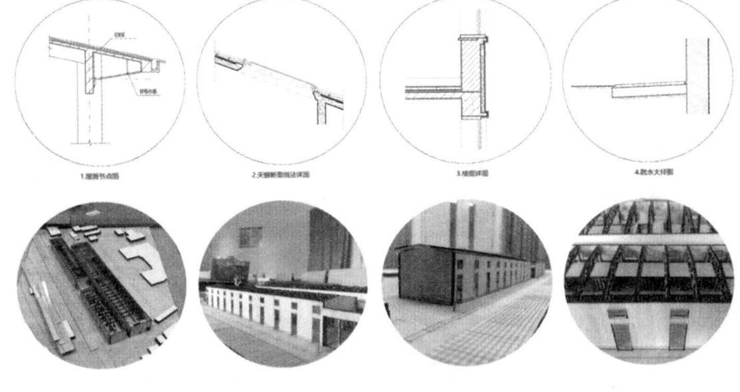
1.屋面节点图
2.天窗断面做法详图
3.墙面详图
4.散水大样图

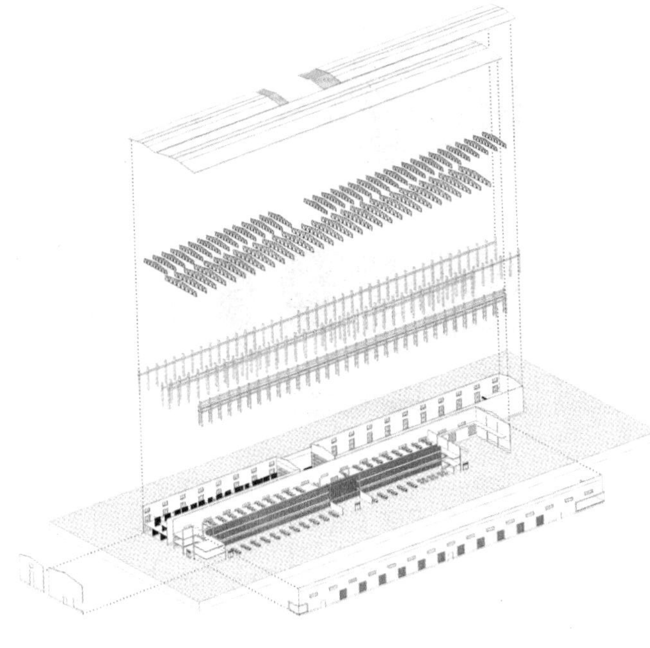

开高轩以临山，列绮窗而瞰江——滨江交通转换点设计

北京建筑大学
设计：李烁
指导：晁军/马英/汤羽扬

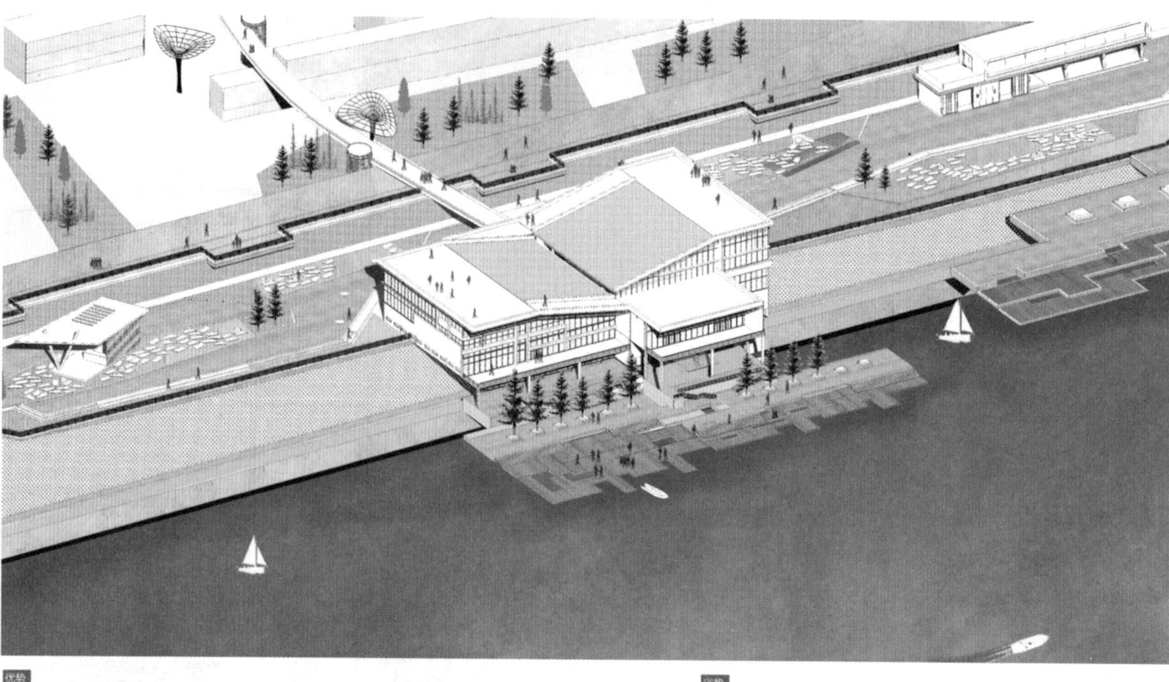

优势

劣势

功能形成

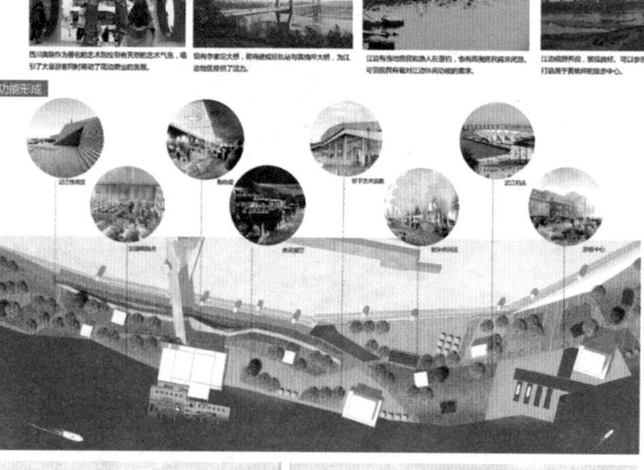

滨江交通转换示意

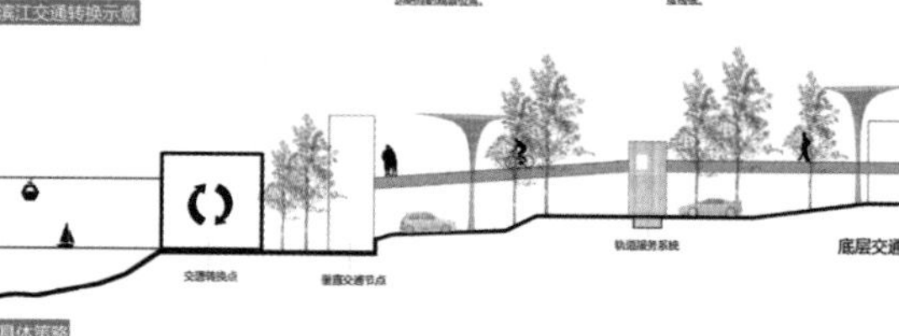

具体策略

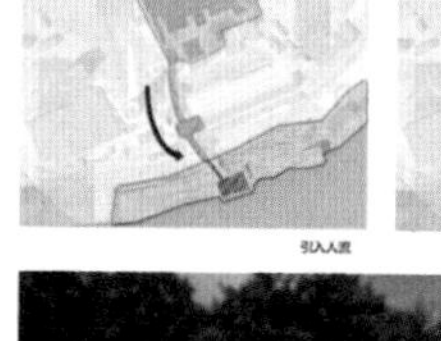

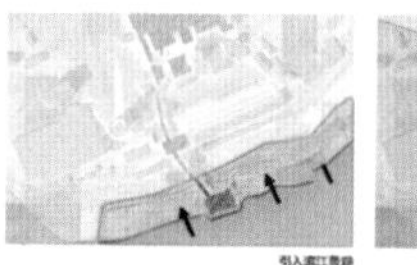

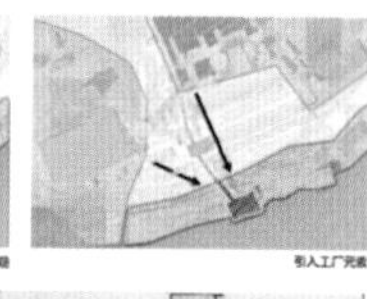

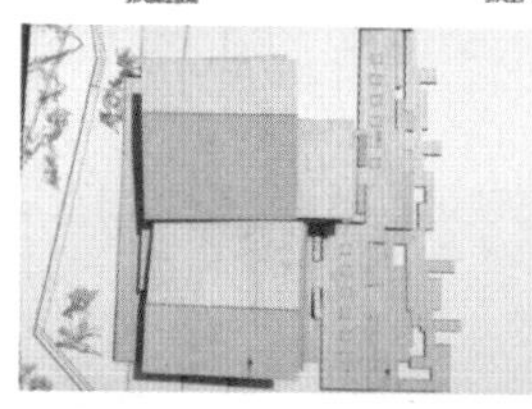

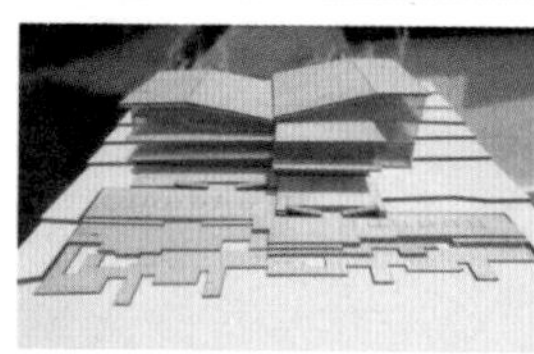

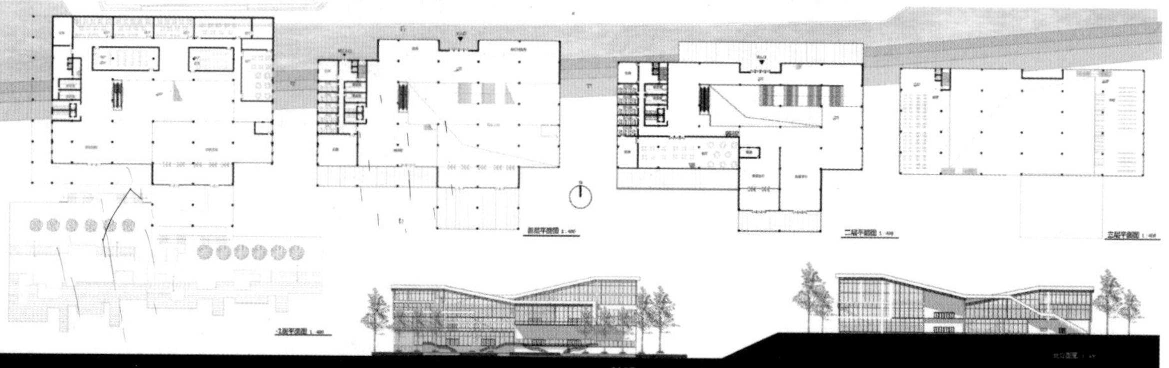

个人感想：

水陆交通转换点不但承载了大量游客来去往返，也是城市生活的交汇点。本方案是小组方案“链”空间的核心控制点，地理位置重要，是城市的新地标。该单体建筑方案设计分区明确，流线组织合理。方案设计强调与水体环境的结合，发挥景观优势，将景观与建筑空间密切结合。方案平面布局紧凑，形体简洁大方。细部设计有一定深度，图面表达良好。

方案的不足之处是形体设计与主要朝向略有脱节感，滨水立面歌词那个特征不突出。

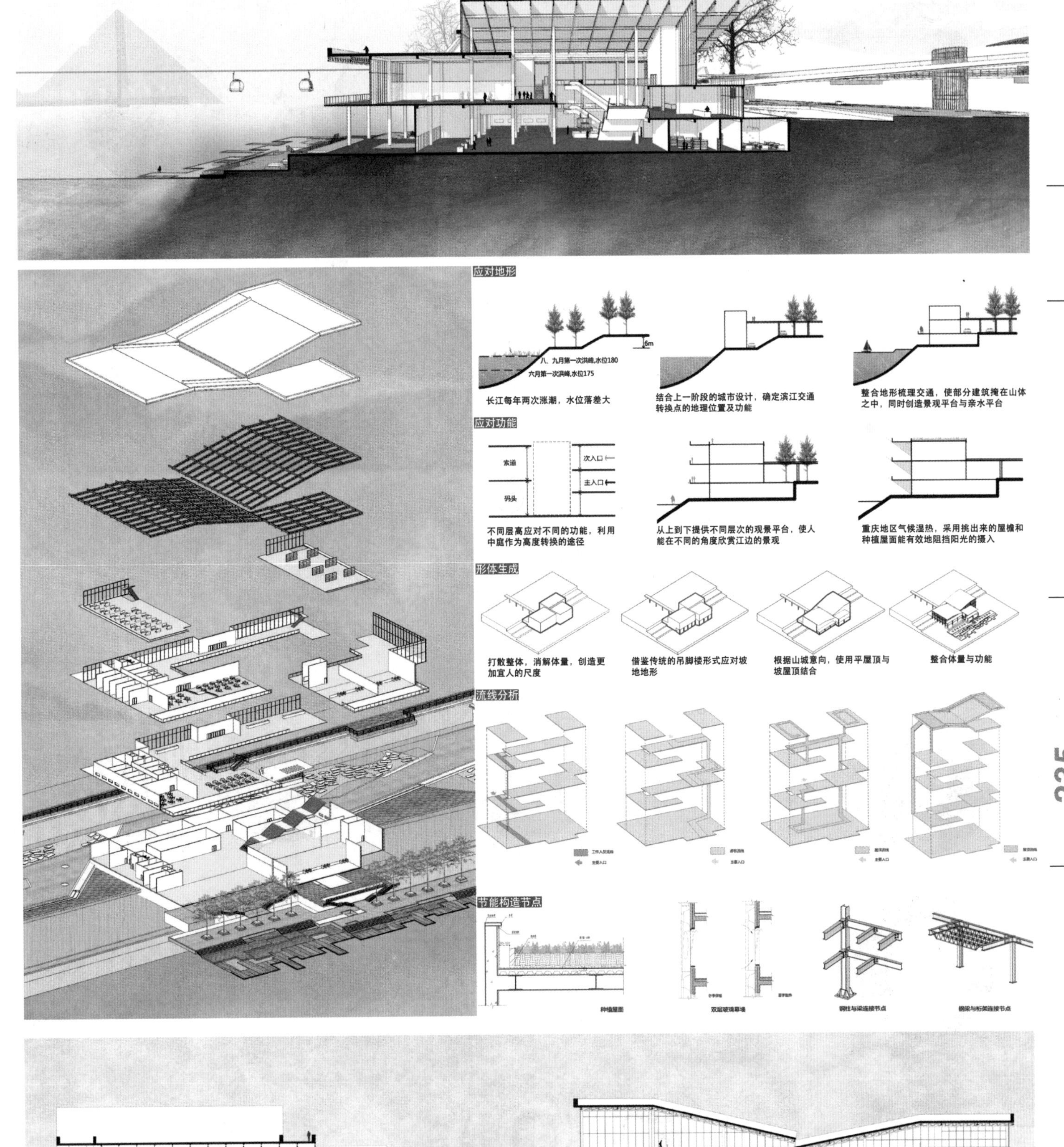

应对地形
八、九月第一次洪峰,水位180
六月第一次洪峰,水位175
6m
长江每年两次涨潮，水位落差大
结合上一阶段的城市设计，确定滨江交通转换点的地理位置及功能
整合地形梳理交通，使部分建筑掩在山体之中，同时创造景观平台与亲水平台
应对功能
索道
码头
次入口
主入口
不同层高应对不同的功能，利用中庭作为高度转换的途径
从上到下提供不同层次的观景平台，使人能在不同的角度欣赏江边的景观
重庆地区气候湿热，采用挑出来的屋檐和种植屋面能有效地阻挡阳光的摄入
形体生成
打散整体，消解体量，创造更加宜人的尺度
借鉴传统的吊脚楼形式应对坡地地形
根据山城意向，使用平屋顶与坡屋顶结合
整合体量与功能
流线分析
节能构造节点
种植屋面
双层玻璃幕墙
钢柱与梁连接节点
钢梁与桁架连接节点

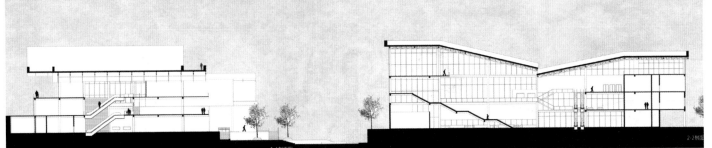

2-2剖面

1-1剖面图

Central Academy of Fine

中央美术学院

学生团队

1 九龙半岛激活计划——以重庆发电厂更新为重心

Jiulong Peninsula Activation Project Centered on Chongqing Power Plant Renewal

李春蓉　梁志豪　房潇

2 重庆森林

chongqing forest

置入博物馆、剧院等新的城市功能、塑造叠合不同场所而充满特色的公共空间，激发区域新的活力。

陈煌杰　贺紫瑶　鞠红

3 A9 STUDIO -1

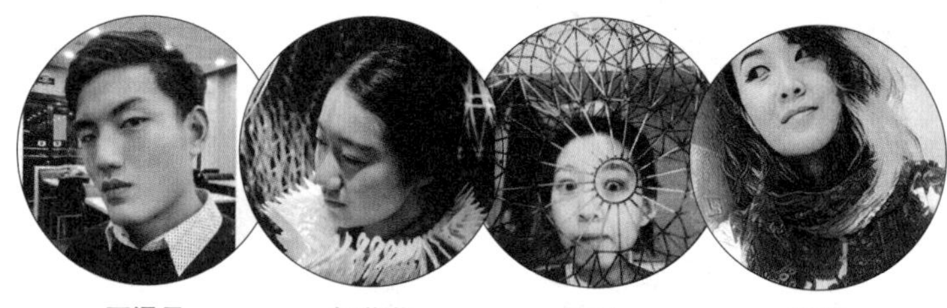

石泽元　赵潇潇　曹岳　莉莉

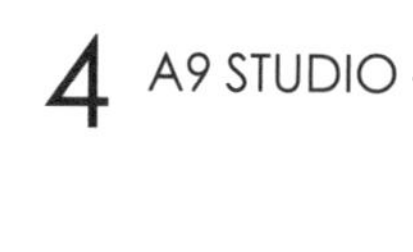

4 A9 STUDIO -2

许扬　敖嘉欣　李守彬　黄明

指导教师

李琳

苏勇

周宇舫

程启明　刘文豹　王环宇　王文栋　王子耕

重庆拟像

多年以后，如果“8+”活动依然还在轮回，不知黄桷坪会变成啥样，就如同多年前的十八梯。

每个去重庆的人都有自己的理由，最荒诞的版本是去重庆看森林，最超现实的版本是沉迷于城市森林之中。如果这两者合为一体，或许，我们还是要说重庆真的是有“重庆森林”的；每个去重庆的人都有自己的幻想，最荒诞的版本是去重庆看山水，最超现实的版本是眩晕于城市立交之中。如果这两者合为一体，或许，我们要说重庆真的是一座会迷失的城市。

A9 Studio 这一届的同学，各人有各自对重庆的喜欢，但可能都是幻像，因为很难分辨在那里看到的景象是真相还是拟像，就像那个交通茶馆，一出主体参与的活报剧，真实的吵闹中的一个“过去”的拟像。没什么，我们做的只是另一种对于重庆黄桷坪的“过去的未来”的拟像，来叙述我们想闯入的映射幻影的泡泡里的真实，宛若一碗豆花般的真实。

我们工作室的学生从一个幼儿园为开始，是对未来的真实期望，随后而来的一切，是创造一个多义的城市，既不铲除过去，也不替换今天。叠加和穿越在过去和今天的时态中，生产对于未来的拟像。

最后，“8+”活动走过十多年了，到过很多城市，有很多课题。而此次重庆黄桷坪课题，绝对会是一个传奇。原因就在于——“重庆就是森林”。

——周宇舫

设计无边界

随着工业革命的到来，理性主义（或称科学主义）逐渐成为统辖一切的哲学思潮，在它的影响下，真实的生活世界被人为地划分为相互割裂的领域，其所对应的设计也就被划分为规划、建筑、景观、室内等不同的领域，这一相互割裂的现状，已极大限制了设计的进一步发展，也是诸多城市病产生的重要原因，已严重影响到了人类的生存质量。设计界急需打破设计边界，回归设计的原点，走向融合的综合设计观。

中央美术学院建筑学院第八工作室是由建筑学和城乡规划学教师组成的联合工作室，多年的教学和研究使我们逐渐意识到未来建筑学和城乡规划学的核心观念将是强调综合，并在综合的前提下予以新的创造。因此，在教学中我们一直强调规划、建筑、景观、室内的融贯教学。我们希望通过宏观的产业规划、中观的空间规划、微观的建筑设计以及概念的艺术化装置培养学生兼具逻辑思维和形象思维优点的设计能力以及“城市与建筑一体化设计”的基本观念和方法。

在本次重庆九龙坡工业遗产再生规划中，我们首先从实地调研开始，在分析九龙坡目前存在的主要问题基础上，从宏观的产业规划层面提出“文化 + 旅游 + 生态”的“三产”融合发展发展策略：在中观的规划设计层面，提出静态保护和动态更新相结合的策略。“封旧，存记忆”，谦恭对待工业遗存，保存专属于土地的城市集体记忆；“拆余，复生态”，谨慎拆解不必要的构筑，引入森林公园、重建自然本底，实现生态恢复；在微观的建筑设计层面，提出“植新，塑文化”的地域性设计策略，在保留原有岸线码头和工业建筑的基础上，置入博物馆、剧院、味觉工厂等新的城市功能，塑造叠合不同场所而充满特色的公共空间，激发区域新的活力，成长为城市生活的崭新组成部分。这是一剂综合了经济、记忆、生态、生活和文化的城市催化剂，被淘汰的传统工业空间因设计的介入被重新激活，废弃衰败的“失落空间”由此重获新生。

——苏勇

重庆是一个高度紧凑，混合而充满生机的城市，其空间特质造就了她独特的魅力和性格。基地所在的“九龙半岛”集合了川美老校区、九龙发电厂，501 艺术基地，黄桷坪社区等特色功能，但核心增长点缺失、工业用地面临时代转型，商业及生活服务设施较少，以及沿江空间展示性和利用率不够等问题成为掣肘该地区发展的几个关键问题。此次课题希望能发挥川美老校区的地标价值，以及周边已有的艺术氛围来寻找有利于该地区整体发展的新契机，给参与师生提出了较高的要求。

由于现状条件的丰富性和复杂性，设计面临着两个最主要的难题。首先是设计切入点的选择：通过现状调研和深入观察，思考黄桷坪地区真正需要什么，如何确定能给该地区带来有效变化的活力激发点在哪里；其次是策略实施重点的设计：在这样一条主要线索的引导下，如何选取最佳的实施点以实现上述的目标，并完成富有想象力的整体性方案。经过两次深入的调研，我们课题组发现九龙发电厂所在区域链接着滨江码头和川美校区周边，地理条件优越，空间环境疏朗，同时自身又面临功能上的必要转型，它的重新定义应该能成为带动黄桷坪地区整体发展的重要引擎，于是决定开始“以发电厂更新为重心的九龙半岛激活计划”。三位同学在整个设计研究的过程中显示出很强的团队协作能力和设计钻研精神，并始终保有对设计目标的敏感度和专注度。最终成果既充分表达了对黄桷坪地区以发电厂更新改造为契机进行再发展的未来愿景，又以三个空间原型深入探究了注入重庆性格的此类工业建筑改造的可能性。

——李琳

九龙半岛激活计划——以重庆发电厂更新为重心

Jiulong Peninsula Activation Project Centered on Chongqing Power Plant Renewal

中央美术学院
作者：李春蓉 / 梁志豪 / 房潇

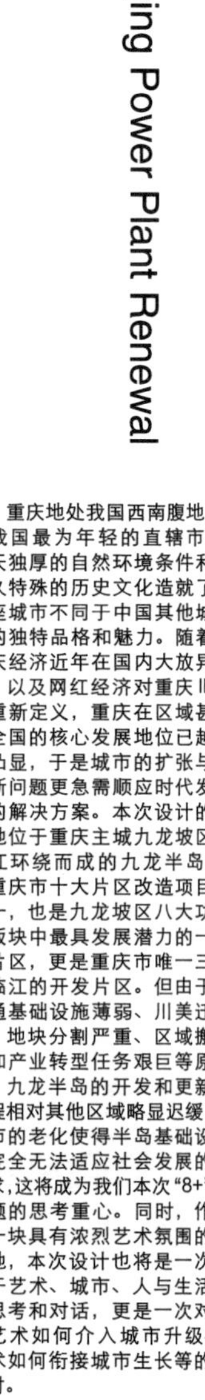

重庆地处我国西南腹地，是我国最为年轻的直辖市。得天独厚的自然环境条件和悠久特殊的历史文化造就了这座城市不同于中国其他城市的独特品格和魅力。随着重庆经济近年在国内大放异彩，以及网红经济对重庆IP的重新定义，重庆在区域甚至全国的核心发展地位已越发凸显，于是城市的扩张与更新问题更急需顺应时代发展的解决方案。本次设计的基地位于重庆主城九龙坡区长江环绕而成的九龙半岛，是重庆市十大片区改造项目之一，也是九龙坡区八大功能板块中最具发展潜力的一个片区，更是重庆市唯一三面临江的开发片区。但由于交通基础设施薄弱、川美迁走、地块分割严重、区域搬迁和产业转型任务艰巨等原因，九龙半岛的开发和更新进程相对其他区域略显迟缓，城市的老化使得半岛基础设施完全无法适应社会发展的需求，这将成为我们本次"8+"课题的思考重心。同时，作为一块具有浓烈艺术氛围的场地，本次设计也将是一次关于艺术、城市、人与生活的思考和对话，更是一次对于艺术如何介入城市升级、艺术如何衔接城市生长等的探讨。

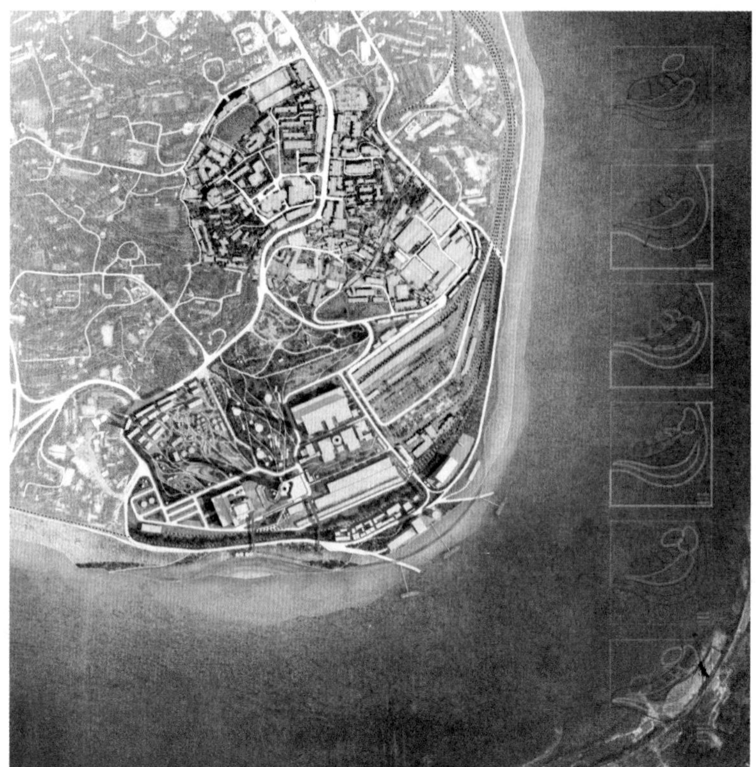

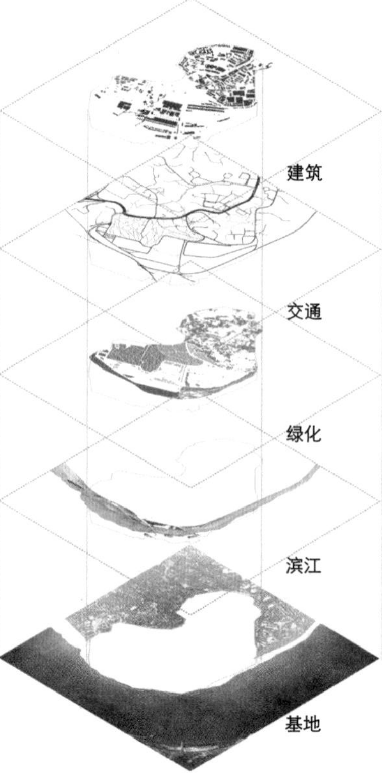

一、九龙半岛现状

1. 九龙半岛的发展

九龙半岛位于重庆九龙坡区黄桷坪，而重庆是中国的"山城"与"江城"。九龙坡区的九龙半岛同时具备这两方面特征，既有山城的地貌，也有江边的景色。重庆现阶段的发展分区整体分成了五大部分，主城区是都市功能核心区，环绕主城区是都市功能扩展区，而城市发展新区包围扩展区，处于东部的与东北生态涵养发展区与渝东南生态保护发展区紧靠发展新区。九龙半岛处于核心区的边缘，在扩展中发展，正加速区域转型发展。

2. 九龙半岛的周边条件

九龙半岛按照用地可整体分成三大区，分别是文教区、居住区和工业区。西北部主要为文教区，包括了四川美术学院黄桷坪校区，重庆电力技师学院和重庆铁路中学，而交通茶馆是具历史悠久的著名景点，并处于川美附近。东北部主要为居住区，黄桷坪社区与附生结合的涂鸦街成为当地片区的热闹旅游景点。南部主要为工业区，包括了重庆九建、重庆铁路材料公司、成都铁路局及重庆发电厂。

九龙半岛的道路系统发展缓慢，内部的交通条件欠佳，通达性较差，并且只有黄桷坪正街与九渡口线路能够到达临江港口，片区内陆与江水严重割裂，南部沿江的铁路阻隔了人们通往江边，无形的障碍使亲水性减弱，临江沿岸没有得到有效利用。

九龙半岛片区的港口多作为工业运输使用，数量较少，需要开发的空间很大。而片区的绿化覆盖率较高，并且多为野生树木，与其他城市形成了对比，黄桷树可见性高。

3. 九龙半岛中人的行为与活动

虽然交通的不便与铁路的现状阻隔了人们到达江边，但是仍有少部分人会自驾车到江边浅滩野餐，在周围停靠的船上吃鱼；虽然山地形成水平落差，但仍存在驾校，人们会通过特殊的地形学车；人们热衷于喝茶，周围有不同的小型茶管，交通茶馆尤为著名，聚集了当地居住的人和外地游客；片区保留了特色小食，附近居民和游客品尝其中；依托四川美院会有部分艺术家在此创作谋生，带来了浓厚的特色氛围；而最后片区田地可见性高，田地处于铁路附近，居民楼楼顶，楼房附近空地，临江山坡等，人们会种菜食用和买卖。

4. 九龙半岛与活力的关系

一个地区的发展需要活力，人气直接影响地区活力的高低。通过活力的研究，可以判断片区的发展。选取部分九龙半岛的节点进行热力变化趋势的研究，可以看出，北部的四川美院、501艺术基地和涂鸦街一天内的热力相对与南部的工业区是较高的。南部的工业区大部分为重庆发电厂，已被停用，因此九龙半岛南部工业区的发展很大程度上影响九龙半岛的整体活力值。

九龙半岛停滞不前，处于转型发展阶段，片区内部亦存在很多问题，需要规划改善。依托四川美院，九龙半岛具备艺术氛围，拥有不同于其他工业区的环境基调。南部的工业区特别是废置的发电厂制约着片区发展，因此如何改善工业区，并处理周边关系，成为九龙半岛发展的关键。

二、九龙半岛规划设计

1. 总体发展策略

九龙半岛的发展规划需要创建一个体系，在新建的基础上需要保留特色，创造活力中心，带动片区的整体氛围，同时利用各种不同的活力元素，构建相互连接的系统。

这里的活力元素，包括片区不同的设计节点，它们之间的联系与串联，是新旧并存活力体系的重要构件。

在发展策略的体系中，需要设计出发展策略的结构。

在原有的片区内部，设计出艺术公园、娱乐公园、城市绿地和社区公园，以此连接北部的四川美院校区、黄桷坪社区与南部的工业文化遗产区，以江边四个灰库为内陆尽端的出入口，打造出一条文化艺术旅游廊道，以此打通片区内陆与滨江被阻隔的关系，吸引人气，带动九龙半岛的发展。

2. 四大发展主题

A. 主题一为交通运输系统，构思上是以轨道交通的规划带动片区的发展。

一是未来新站点的设置将会极大提升片区环江的优势，加强对外的沟通与联系；

二是打开原有工业艺术园区的内部道路，加强原有电厂内路与片区的沟通；

三是增设车行高架桥梁，结合原有九渡口正街的桥，沟通工业文化遗产区与内部道路，提升滨江沿线的车行性；

四是将原有223路公交线路延伸至铁路五村站，方便换乘，再将224路延伸到工业园区的艺术园，方便附近居民和游客到达；

五是将工业区内电厂的原有天桥和运煤通道改建成步行天桥，方便游人的出行;最后优化步行走道，通过人行天桥、步行景观过道、滨江骑行道等，为市民提供便利。

B. 主题二为生态旅游，构思上是开发重庆特色生态旅游区。

一是保留占据基地比例很高的绿化；

二是开发滨江旅游区，同时增设的骑行车道亦会增强重庆市民不一样的体验。

主题三为打造最具活力特色半岛，这将会通过分期规划进行打造。

一期是重点开发南部电厂和滨江带，改造成文化艺术综合体并且配套相应的公园；

二期增加景观带改善滨江地区和铁路周边的环境；三期依托四川美院周边艺术园区优化居住环境。

主题四为创造新型的艺术氛围，将工业遗存转变为工业艺术特区。保留场地上的各种特色设施，利用到景观设计中，改造废弃设备，打造新型文化艺术综合体片区。

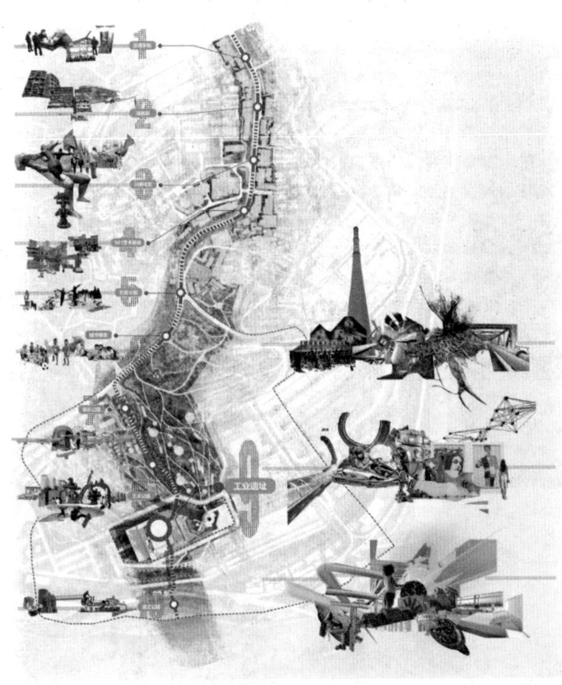

文化艺术旅游廊道

3. 一期规划设计

一期的范围主要在九龙半岛片区的南部，重点在两个电厂和滨江景观带。选址的原因有三个，一是它为特殊的沿江工业区，由于四川美院和周边艺术园区的依托让它具备工业艺术园区的特性；二是在整体发展策略里的文化艺术旅游廊道中，它是重要的节点，而文化艺术旅游廊道有十个节点，依次是交通茶馆、涂鸦街、川美校区、501艺术基地、社区公园、城市绿地、娱乐公园、艺术公园、工业遗址和滨江公园，一期主要为工业遗址，结合自身的条件可将人气从内陆吸引到沿江；三是交通潜力巨大，未来新建的轻轨线和大桥便利片区交通。

在九龙半岛的整体规划中，先构建活力体系，再设计出发展策略的整体结构，然后发展四大主题，再进行分期规划，打造文化艺术旅游廊道，重点设计一期规划，让废置的南部工业区成为工业文化艺术园区，带动九龙半岛的发展。

三、九龙半岛的重要节点设计

1. 一期规划中的功能分区

九龙半岛的发展将会被文化艺术旅游廊道所牵动，而九龙半岛的重要节点位于文化艺术旅游廊道中的第九个节点——工业遗址之中，它在整个九龙半岛分期规划中的第一期内。

一期内新设计的功能丰富，核心是文化综合体A区，包括了艺术电磁站、金属艺术游乐馆和黄桷工业体验中心；文化综合体B区将会辅助A区的功能，包括火力发电博物馆、烟囱造风发电塔和铁路主题商业中心；文化综合体片区的北部是主题性公园片区，从西到东依次是艺术公园、娱乐公园和城市绿地，南部试试滨江商业以及滨江公园。一期规划中的不同功能分区相互联系，成为九龙半岛重要节点设计的片区。

2. 改造位置与现状

基地位于一期规划里中部靠南的位置，北向艺术公园和娱乐公园，南向滨江公园，在规划定位里为文化艺术综合体。场地内主要包含三个改建的建筑体量，分别由汽机间、锅炉间和烟囱改造而成。目前各建筑体量的现状不尽相同，但都已废弃并受到不同程度的拆除。汽机间是曾经主要装配汽轮机设备和发电设备的厂房，目前内部设备已被拆除。锅炉间是放置锅炉的机房，目前整个建筑内部都被拆空，只剩下钢筋混凝土框架结构。烟囱是废弃排放的最后环节，为锅炉设备产生的烟雾提供通风的结构，现在只剩下烟囱的主体结构和排烟管道的末端。

3. 改造分工

汽机间大厅和高层以及办公楼体量由李春蓉进行改造更新，锅炉房和除尘脱硝设备体量由梁志豪改造，烟囱和排放管由房潇改造。

李春蓉

梁志豪

房潇

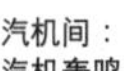

汽机间：
汽机轰鸣
——重庆发电厂汽机间更新计划
后电厂精神 / 废弃电厂如何在艺术的介入下实现“再发电”？
作者：李春蓉

锅炉间：
共生机体
——新型工业艺术游乐馆
艺术与工业的互利共生如何驱动场所能量的转换与再生？
作者：梁志豪

烟囱：
又见黄桷
工业记忆：如何以艺术的生动形式与展演活动纪念一个文明时代的过去？
作者：房潇

灰库视角的基地

九龙半岛激活计划——以重庆发电厂更新为重心

Jiulong Peninsula Activation Project Centered on Chongqing Power Plant Renewal

中央美术学院
设计：李春蓉 / 梁志豪 / 房潇
指导：李琳

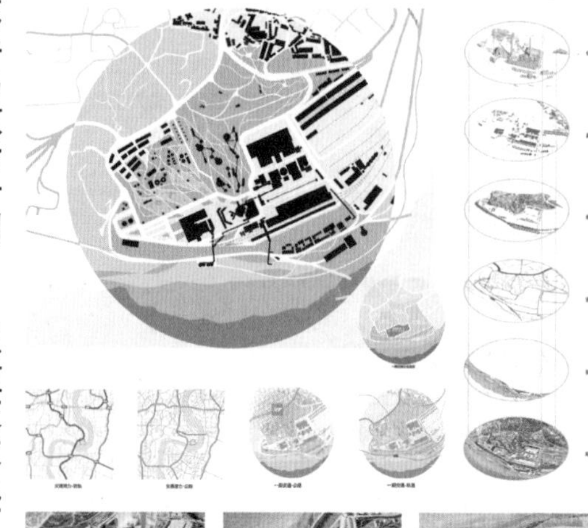

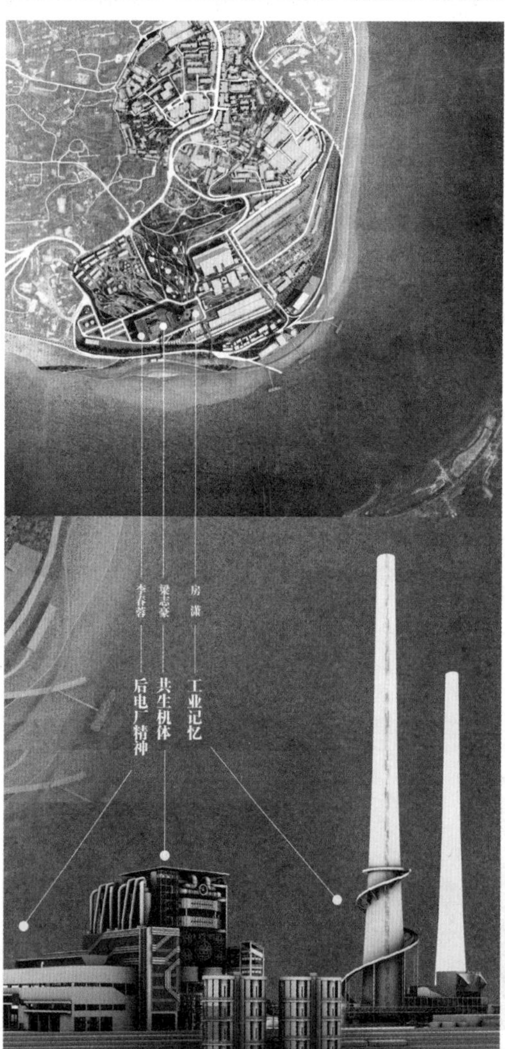

评语：

本次课题由于现状条件的丰富性而使设计面临两个最主要的难题。首先是设计切入点的选择，通过现状调研和深入观察，思考黄桷坪地区真正需要什么，如何确定能给该地区带来有效变化的活力激发点在哪里；其次，在这样一条主要线索的引导下，如何选取最佳的实施点以实现上述的目标，并完成富有想象力的整体性方案。

三位同学在面对和处理这两个难题的时候显示出很强的团队协作能力和设计钻研精神，并始终保有对设计目标的敏感度和专注度，过程中持续进行碰撞交流是难能可贵的。最终成果既充分表达了对黄桷坪地区以发电厂更新改造为契机进行再发展的未来愿景，又以三个空间原型深入探究了此类建筑改造的可能性。

汽机轰鸣——重庆发电厂汽机间更新计划

后电厂精神 / 废弃电厂如何在艺术的介入下实现 " 再发电 "？

作者：李春蓉

本设计原场地主要包含汽机间厂房、办公楼及各附属用房等部分，与锅炉间 排放设备等共同组合成重庆电厂的西侧火力发电机组（图 1）。原场地现状极其 乱，很遗憾的是汽机间内部的汽轮设备和发电设备已经被完全移除，只剩下厂房 承重结构、砖外墙和部分面砖表皮，以及原设备的混凝土承重结构和部分钢结构（ 2~7）。而作为九龙半岛激活计划的一部分，我希望用一种前所未有的改造更新手 将汽机间进行重塑与升华，使废弃电厂在川美的依托和艺术的介入下实现“再发电”

根据火力发电的原理，蒸汽从燃烧的锅炉通过管道运输到汽轮设备中带动涡 旋转，从而带动发电机发电。所以我设想，人是否也可以像蒸汽一样，蒸汽在汽 里旋转发电，而人在空间里游走，推动汽机涡轮的旋转，使人们在这个建筑的行 本身或在里面制作的小制作成为艺术作品，使参与的事件成为创作的过程。或者 人在这个建筑里的各种行为成为整个大型装置艺术的一部分，让人人都能成为艺 家。而这样的创作就是废弃电厂的“再发电”模式。

在整个改造更新方案中，汽机间功能的转型是本设计的核心所在。我对场地 存的建筑体量进行了整理（图 8），最后基本完整保留下汽机间厂房的主体和办 楼部分。而汽机间还包含厂房大厅和高层两个部分（图 9）。

厂房内部和外部的结构为分开建构。虽然汽机设备无法复原，但我认为保留 未拆除的混凝土承重结构和钢结构（图 10）是对工业文明记忆和电厂场所精神 延续具有重要意义，因此对其予以保留和优化，并在其基础上重新安装楼板、楼梯 扶梯和电梯等，重新构建垂直交通结构（图 11）。既能使人们感受到电厂内街 独特氛围，又能使交通满足基本需求。钢结构的二层将会作为美术馆的入口和休 空间，引入新型的自助便利店设备。

为了延续汽轮机的场所氛围，我用艺术装置的设计手法为钢结构三层再现了 轮设备——若干大型管道结构构成的汽轮机造型的巨型装置，甚至保留了原为 联赠送特征的红色五角星元素（图 12）。而钢结构三层特殊的交互式铺地装置， 在拥有十足未来感的同时，也将为这里带来质的更新与转变。白天，我所设计的 殊座位将按照铺装成排整齐排列，钢结构三层作为发布会、演讲或小型表演的 地。而在夜晚，座位根据铺地改变排列方式，组成若干卡座和散座的形式，摇身 变为一处具有独特工业感的夜间娱乐场所。每个座位都与空出的电路板处理器造 的中央舞池通过踩踏发光的互动式铺地相连接，指引人们向空间的中心走去（ 13）。这样新型的娱乐体验无疑对年轻人充满着巨大的吸引力，而角落一侧改 的水吧则可以整天为这里的人们提供休息和饮水的空间（图 14）。厂房大厅的 空间非常适合开展室内攀岩活动，巨型攀岩墙也会吸引人们前往体验（图 15）。

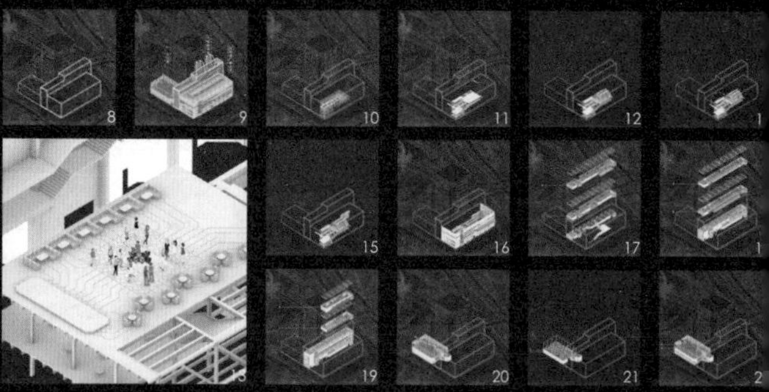

外部结构上，在保留厂房外墙主体结构柱网下，打破原本开窗和外表皮单一 燥的秩序，增设两处高度不一的观景平台和五个沿街商铺。观景平台与厂房原本 以走人的挑出平台相连接，使保证大厅光线充足的同时，联通整个厂房的高处交通 让游客可在此处观赏江景、绿色景观和工业景观（图 16）。作为汽机间的一部分， 厂房大厅东侧紧接的高层建筑体量为煤炭制粉设备和各运输管道设备的所在。该 筑因其特殊功能，本身并没有多层楼板，这将不符合转型的需求和功能的定位。 是我按照其具备的层高条件，从标高 8.400m 开始设置了 6 层楼层。3、4 层连接 原办公楼改造后的 3、4 层作为美术馆的 A 展区，入口为厂房大厅的钢结构二层（ 17）；5、6 楼为植入新型概念的主题宾馆（图 18）；7、8 层和屋顶原煤斗设备 为巴渝美食城（图 19）。

原办公楼结构简洁，用途直接。本设计将其原本较为封闭的空间秩序打破， 放出一条与室外相连的折线街道（图 20）。按照已有柱网结构，我将一二层共 造成 9 个艺术家工作室 loft（图 21）。与北侧规划的艺术家住宅一同，通过整 九龙半岛激活计划，吸引“黄漂”艺术家和川美毕业生驻留在此，并为他们的生 和艺术创作提供优质的条件和合适场地。往上打通四五层，与三层一同构成美术 B 展区（图 22）。

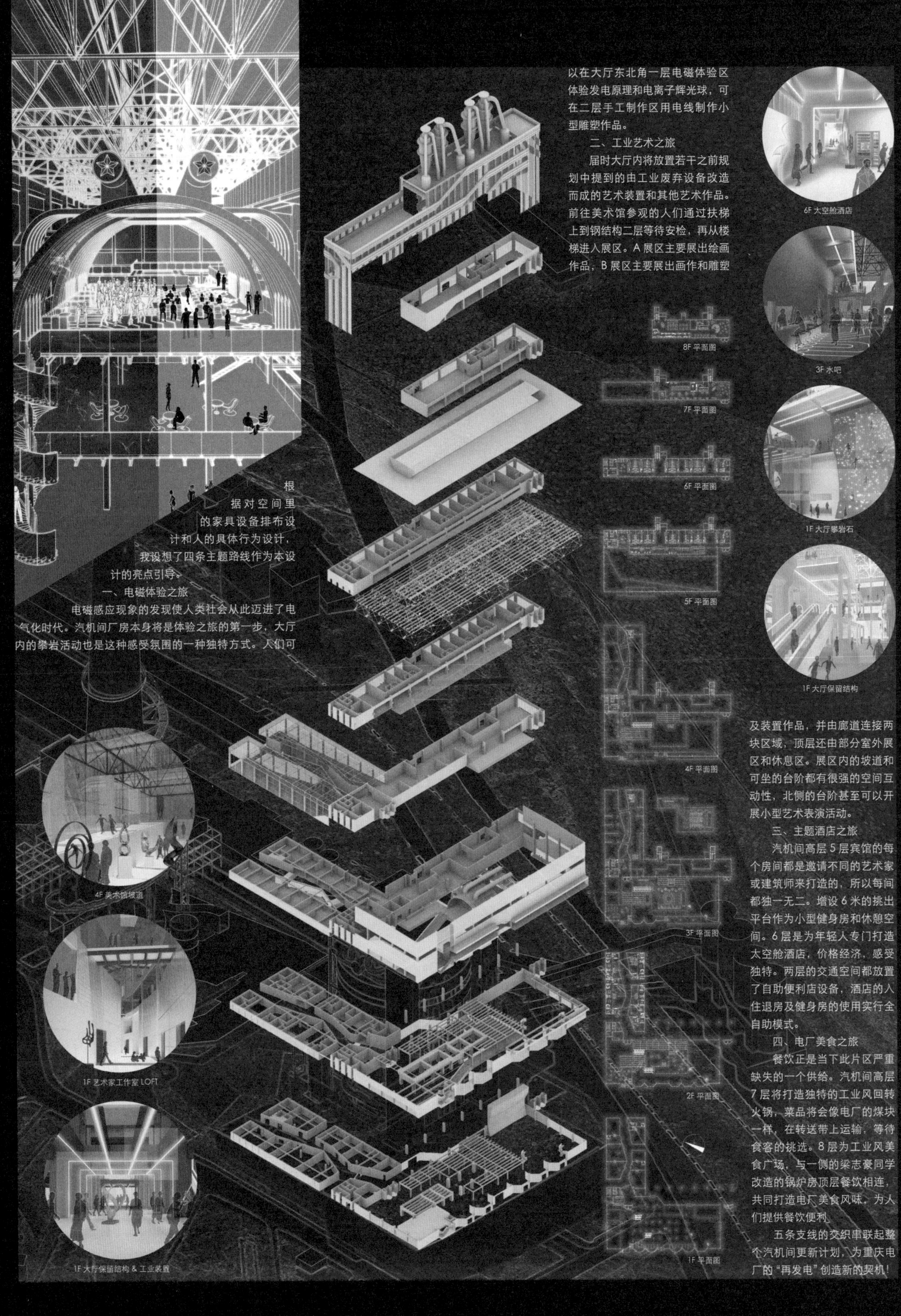

根据对空间里的家具设备排布设计和人的具体行为设计，我设想了四条主题路线作为本设计的亮点引导。
一、电磁体验之旅
电磁感应现象的发现使人类社会从此迈进了电气化时代。汽机间厂房本身将是体验之旅的第一步，大厅内的攀岩活动也是这种感受氛围的一种独特方式。人们可以在大厅东北角一层电磁体验区体验发电原理和电离子辉光球，可在二层手工制作区用电线制作小型雕塑作品。
二、工业艺术之旅
届时大厅内将放置若干之前规划中提到的由工业废弃设备改造而成的艺术装置和其他艺术作品。前往美术馆参观的人们通过扶梯上到钢结构二层等待安检，再从楼梯进入展区。A展区主要展出绘画作品，B展区主要展出画作和雕塑及装置作品，并由廊道连接两块区域，顶层还由部分室外展区和休息区。展区内的坡道和可坐的台阶都有很强的空间互动性，北侧的台阶甚至可以开展小型艺术表演活动。
三、主题酒店之旅
汽机间高层5层宾馆的每个房间都是邀请不同的艺术家或建筑师来打造的，所以每间都独一无二。增设6米的挑出平台作为小型健身房和休憩空间。6层是为年轻人专门打造太空舱酒店，价格经济，感受独特。两层的交通空间都放置了自助便利店设备，酒店的入住退房及健身房的使用实行全自助模式。
四、电厂美食之旅
餐饮正是当下此片区严重缺失的一个供给。汽机间高层7层将打造独特的工业风回转火锅，菜品将会像电厂的煤块一样，在转送带上运输，等待食客的挑选。8层为工业风美食广场，与一侧的梁志豪同学改造的锅炉房顶层餐饮相连，共同打造电厂美食风味，为人们提供餐饮便利。
五条支线的交织串联起整个汽机间更新计划，为重庆电厂的"再发电"创造新的契机！
8F 平面图
7F 平面图
6F 平面图
5F 平面图
4F 平面图
3F 平面图
2F 平面图
1F 平面图
6F 太空舱酒店
3F 水吧
1F 大厅攀岩石
1F 大厅保留结构
4F 美术馆坡道
1F 艺术家工作室 LOFT
1F 大厅保留结构 & 工业装置

艺术与工业的互利共生如何驱动场所能量的转换与再生？

共生机体

新型工业艺术游乐馆

共生机体——新型工业艺术游乐馆

艺术与工业的互利共生如何驱动场所能量的转换与再生?

作者：梁志豪

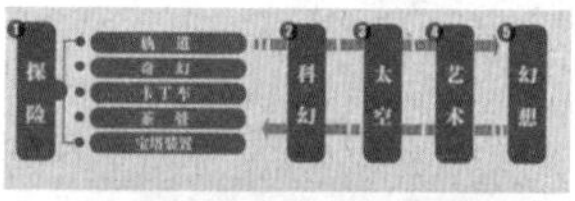

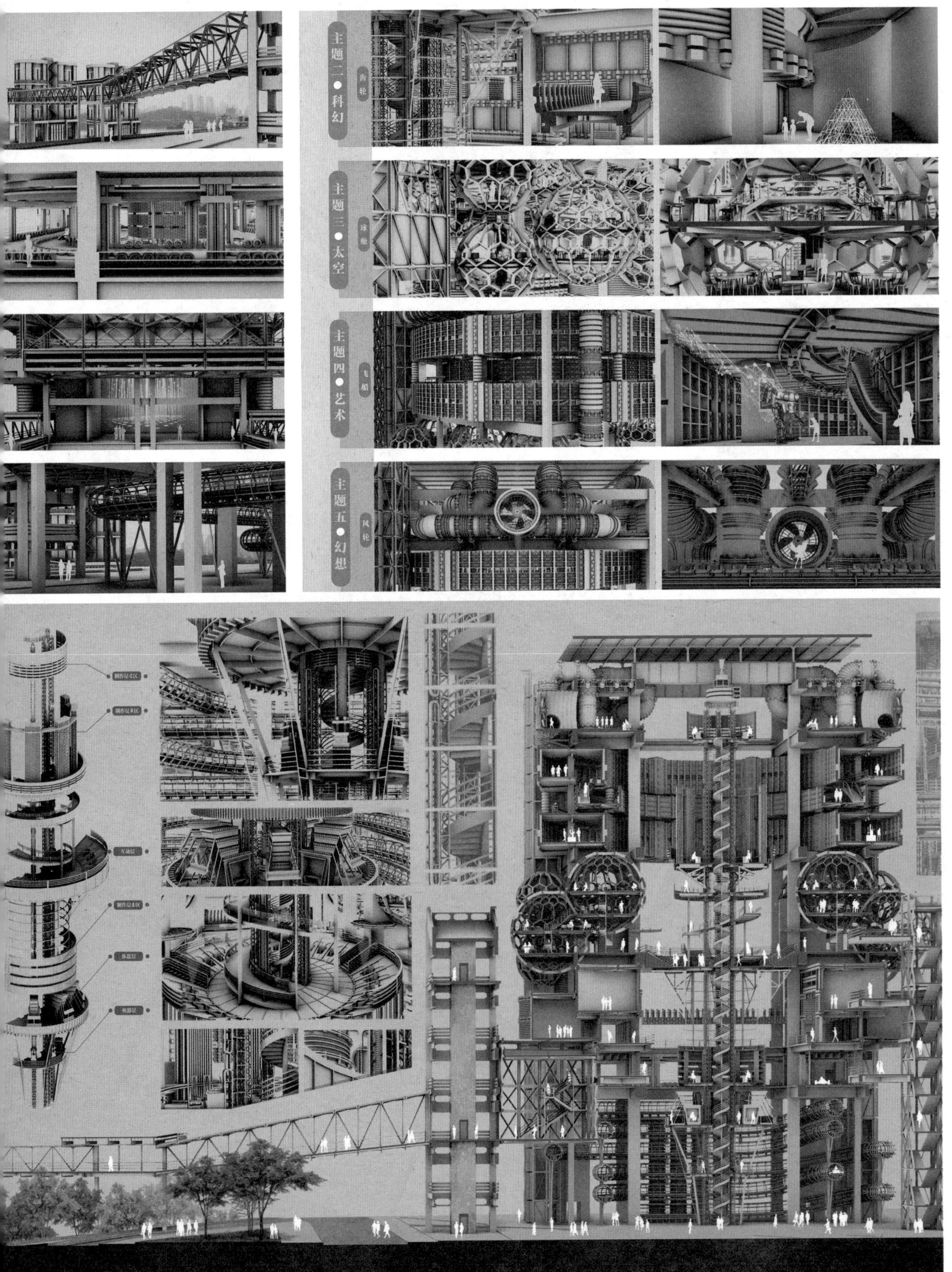
主题二●科幻
齿轮
主题三●太空
球舱
主题四●艺术
飞船
主题五●幻想
风轮
互动层
休息层
机器层

又见黄桷
工业记忆：如何以艺术的生动形式与展演活动纪念一个文明时代的过去？
作者：房潇
我的场地位于较小的电厂范围内的最东侧，包含烟囱和它两侧的广场。基地内现有一个高 240m 的烟囱，烟囱西侧的建筑已被拆除，留下了一个接近 100m×100m 的广场。场地内有一条曲折的输气管道将场地分成了两部分。烟囱的南部还有一条蓝色的倾斜向上的运煤通道。
我设计的是一个情景体验戏剧演艺中心，演员和观演者没有明确的界限，甚至演员也不一定是专业的演员。观众有时不像一个看客，像是亲历者。剧场完全不同于传统剧场：观众席和舞台融为一体。观众从不同的门进入剧场，人们步行穿过空间。而表演者更深入观众中间，在观剧人群中往来穿梭，甚至与观众对话，让观众有机会成为戏剧的一部分一起互动。人们置身在这样的一个空间里，会产生一种从未体验过的新奇感受。观众如同“穿越”了一般，仿佛回到电厂存在的年代，感受机器的轰鸣，感受烟雾缭绕。同时我也希望观众彼此也没有被座椅分割的界限，通过我的设计使对于电厂及工业文明有着相同情感的人能够自由地聚集成社群，原电厂员工，对工业文化感兴趣的人，能够有一个表达对即将过去的时代的留恋的场所。
烟囱是为锅炉的热烟气或烟雾提供通风的结构发电原料在经历一系列流程之后在这里升华，我将烟囱改造成一个工业文明纪念碑。烟囱内的每一层都有不同的演员来表演四次工业革命的场景。即兴戏剧演员，或者艺术家在平台上进行自由的现场表演创作，二层至六层依次是手工业时代，蒸汽时代，电气时代，信息时代和人工智能时代。烟囱的中间部分是用原来场地内废墟中的工业零件焊接成的工业废墟雕塑。进入烟囱一层人们可以仰视看到圆形的天际线和螺旋上升的楼梯和楼层。烟囱一层里排烟通道的末端被在烟囱内部形成了一个壁龛，台子上放置火力发电机模型，阳光透过屋顶的窗洒下，用以纪念拆除的电厂。
场地位于黄桷坪区，黄桷树是该片区最常见的一种树木，是一种可以生长在墙壁侧面的一种榕树，重庆人常用它来象征自己顽强的生命力，广场铺装从烟囱开始按照黄桷树根的方式
感觉烟囱不只是半岛地区的地理标志，也是精神支柱。在原来的电厂的烟囱周围有许多金属的排烟管道和支撑的混凝土和钢框架，我将这两种元素抽象出来，运用在了我的剧场设计中，
与烟囱的和红砖呼应，试图营造一种电力厂房的感觉。
最东部是情景体验剧场，白色的钢框架与剧场的一层是展览空间，展示电厂原来的风貌，同时也有演
一处使前厅的东侧。人们从南部灰库茶馆喝完茶可以通过连廊到达情景体验剧场。室外平
后台，在我的情景体验剧场中观演者与演员没有明确的界限，不光是在舞台上，
同于原来座位和舞台的安排，观众的位置被安排成较宽的台阶，上面是
演员可以在其中和观众互动，观众也可以在坡道上与演员互动
助地势可以在剧场内部看到江景，以江和江对岸的城

直延伸到周围的公园，
与白色的框架相互穿插，

，二层的有两处与连廊相连，一处是户外平台，
璃房子是后台准备化妆的空间，不同于一般的
观演者也能够近距离的互动。内部剧场设置不
保留逐渐消失的老茶馆，在台阶上有一条坡道，
是一扇窗，由于场地临江，开窗的时候观众借
个剧场将成为全国独一无二的情景体验剧场。

一层平面图

二层平面图

三层平面图

四层平面图

剖面图

关于烟囱的另外一个想法是将片区内的另一个在二期规划范围内的烟囱将被改造成太阳能结合烟囱效应发电厂，可为整个整个工业艺术遗产区减少很多能源消耗。太阳对“太阳塔”底部圆盘状集热器中的空气加热，由于“烟囱效应”，集热区域的空气被太阳辐射加热后便向塔底部流去，在塔内集中并形成一股向上流动的强大空气流，热气流沿着“太阳塔”这根“烟囱”继续向上升，推动塔内特别设计的涡轮，产生电力。

重庆森林

Chongqing forest

中央美术学院
作者：陈煌杰 / 贺紫瑶 / 鞠红
指导：苏勇 / 程启明 / 刘文豹

（一）基地位置

基地位于中国重庆市主城九龙坡黄桷坪街区，是长江环绕而成的“九龙半岛”。拥有两座曾经亚洲最高烟囱的发电厂厂房、多条客货运输轨道及配套设施、滨江码头等工业遗存，四川美术学院老校区及艺术工厂、涂鸦街等艺术资源背景，依坎而建、伴山而居的历史街区与传统民居，集聚了丰富的历史、文化与自然资源。

（二）城市问题

基于黄桷坪缺少未来的现状：川美老校区搬迁，艺术活力不足；工厂没落，人口迁移，产业不均衡且缺少活力；各区域割裂，缺乏联系。该区域陷入停滞不前的泥潭，黄桷坪的未来如何通过艺术的介入，进行振兴与更新并重塑场所精神？

针对黄桷坪缺少未来的现状，提出重庆森林的构想，并植入新的功能来激活失落空间。以生态为基底，将各个区域通过公园步道和立体交通沟通起来。以旅游为链条，将艺术区、生活区、工业区联系起来，激活产业活力。园区主要分为川美涂鸦街、艺术家居住区、工业遗产艺术文创区、商业区以及滨江文化带。

采取静态保护和动态更新相结合的策略：

1- 封旧、存记忆：谦恭对待工业遗存，保存专属于土地的城市集体记忆。

2- 拆余、复生态：谨慎拆解不必要的构筑，引入森林公园、重建自然本底，实现生态恢复。

3- 植新、塑文化：通过沿岸线置入博物馆、剧院等新的城市功能、塑造叠合不同场所而充满特色的公共空间，激发区域新的活力，成为城市生活的崭新组成部分。

这是一剂综合了记忆、生态、生活和文化的城市催化剂，被淘汰的传统工业空间因设计的介入被重新激活，废弃衰败的“失落空间”由此重获新生。

我们建筑的选址位于滨江文化带上，分别为味觉工厂、艺术体验馆和重庆视觉体验中心。

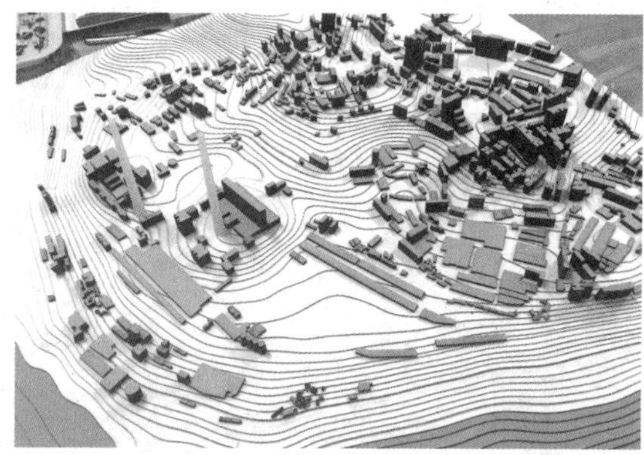

黄桷坪规划前

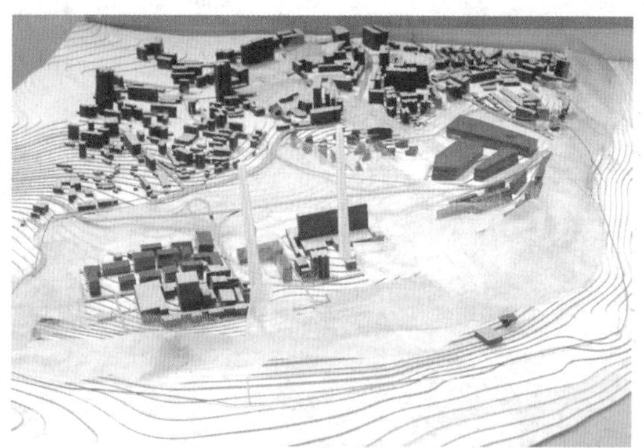

黄桷坪规划后

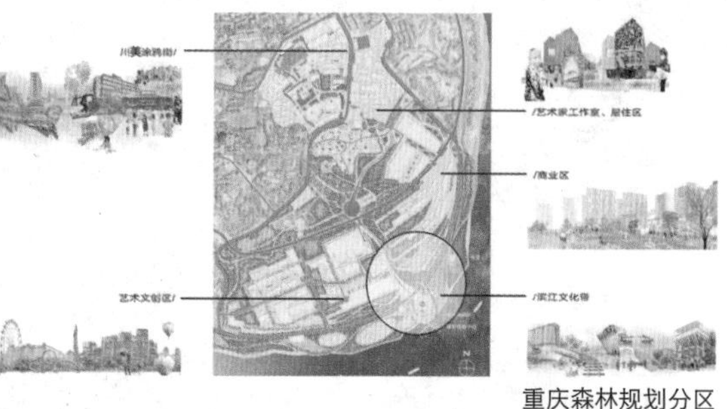

重庆森林规划分区

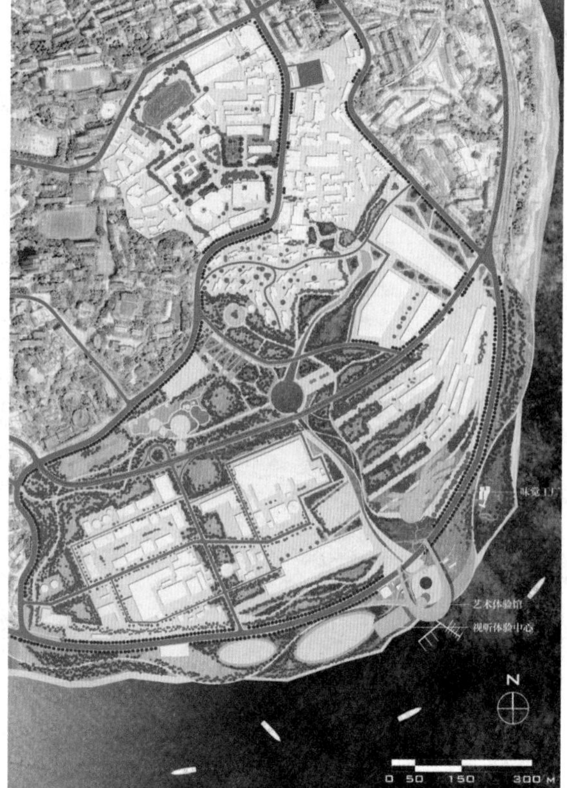

重庆森林规划总平面

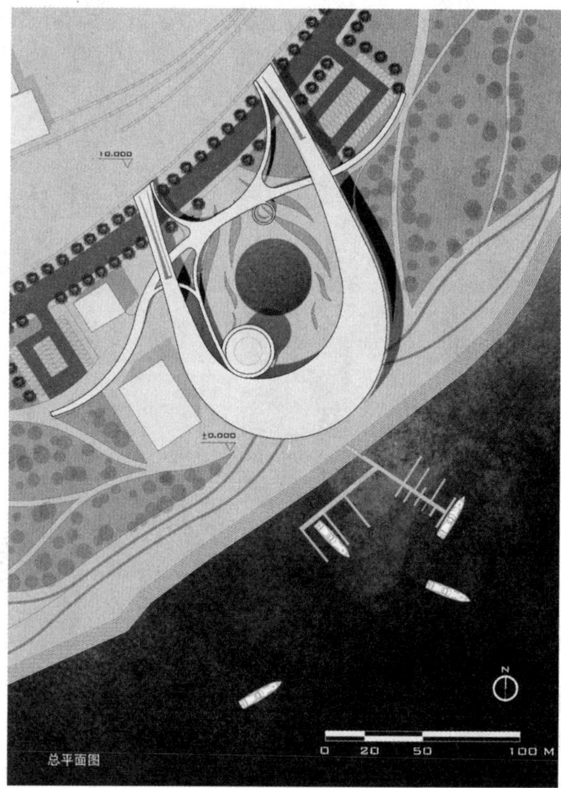

滨江建筑群总平面

滨江建筑群意向图

鞠红

联系作者

中央美术学院
设计：鞠红
指导：苏勇／程启明／刘文豹

重庆滨江视听文化中心
Riverside Audio-visual Cultural Center in Chongqing

效果图

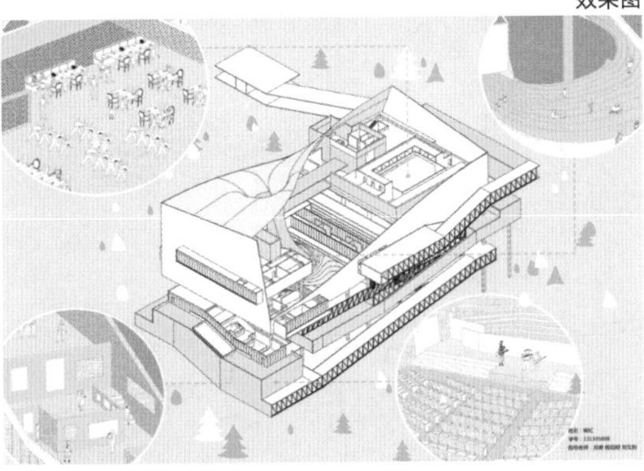

轴测图

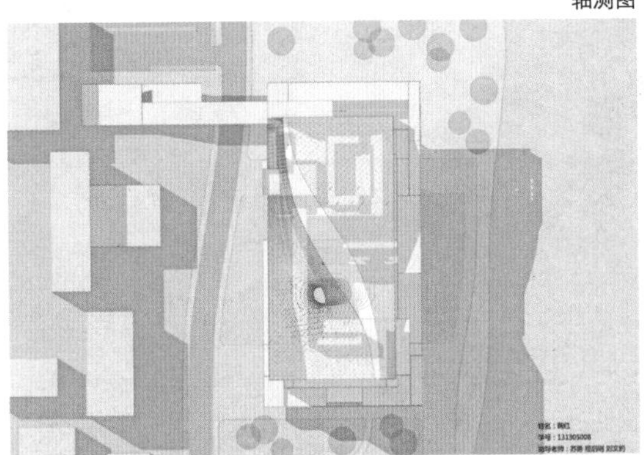

总平面图

剖面图

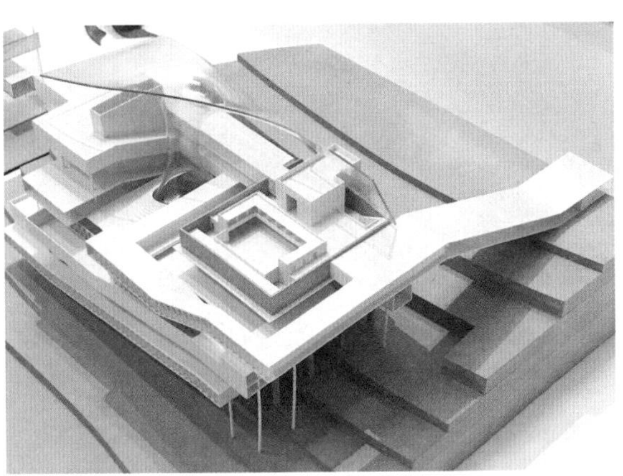

模型照片

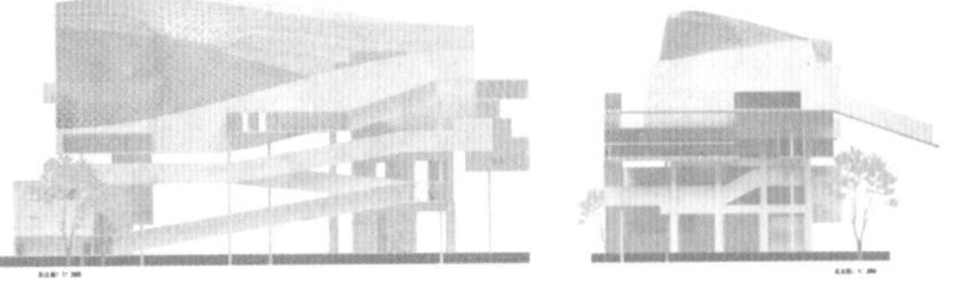

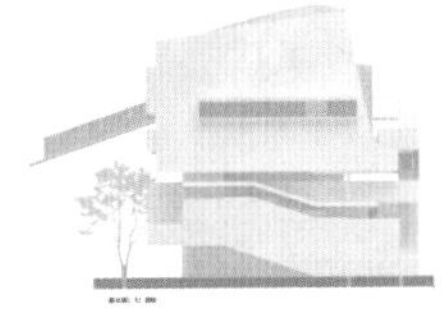

立面图

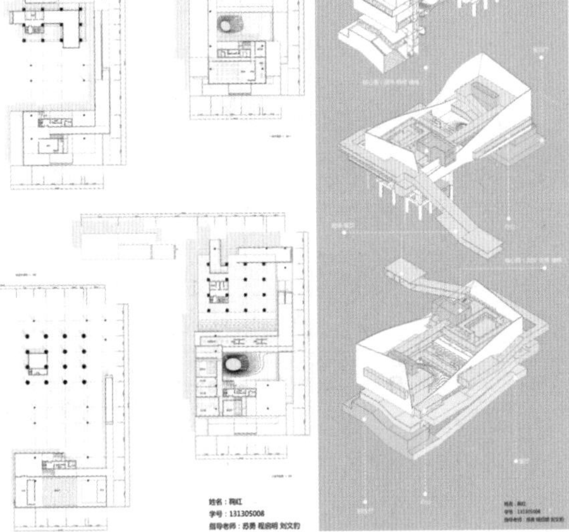

平面图

爆炸图

重庆是一个层次丰富充满了市井气息的魔幻都市，生活在这里的人们热爱生活，也懂得如何去享受生活。而黄桷坪地区在重庆特质的基础上又多了一份艺术气质和工业韵味。因此它面领着许多机遇与挑战。由于四川美院校址，涂鸦街等对黄桷坪的影响相对较大，所以基地位置所在的九渡口码头人流量非常小，基本处于废弃的状态。而九渡口所临的长江却是重庆的另一大特色，作为中国境内的第一大水系，它有着经济和政治上的重要意义。并且长江景色优美，在工业码头旁观赏长江又有了别样的韵味。所以我希望江边可以有一个观江水的位置，并且它可以融入重庆丰富的视觉文化。所以重庆滨江剧场应运而生。剧场分为两部分，第一部分为废弃的旧厂房框架，通过改造变成小型的情景剧场 演绎重庆的民宿市井生活。另一侧加建部分主要传统剧场，后勤和办公室。中间的连接部分则是流动展厅相结合。特别是折线形的交通，既是展厅，又是观景台。让游客真正能够在艺术与江水之间游走。建筑的顶层以餐饮为主，形成一个看，听，食为一体的综合性建筑。重庆滨江剧场既可以激活九渡口码头又可以带动整个黄桷坪地区的发展。是重庆本土文化与艺术的碰撞也是黄桷坪艺术区与长江的交点。

评语：

重庆滨江剧场方案源于对重庆层次丰富的魔幻空间、从容丰富的市井生活以及静谧废弃九龙渡口码头的真实体验。设计者希望通过保留并改造江边原有的废弃工厂，植入一个可以映射重庆生活的文化剧场，激活九龙半岛的滨水空间，进而带动整个黄桷坪地区的城市更新。文化剧场分为两部分，第一部分为在废弃的旧厂房框架里通过竖向错位叠加数个小型的情景剧场，演绎重庆的上下城并置的市井生活。第二部分为在旧厂房西侧新建一个空中剧场，两个剧场之间的连接部分是曲折盘旋而上的流动展厅。这是一个融合了城市印象、建筑交通、展厅、观景台的混合空间，创造了一种在艺术与江水之间游走的独特体验。建筑的顶层设有空中餐饮，形成一个可观、可听、可食的综合性文化建筑。存旧植新，码头因文化演艺而重生，新陈代谢，黄桷坪因文化旅游而激活。

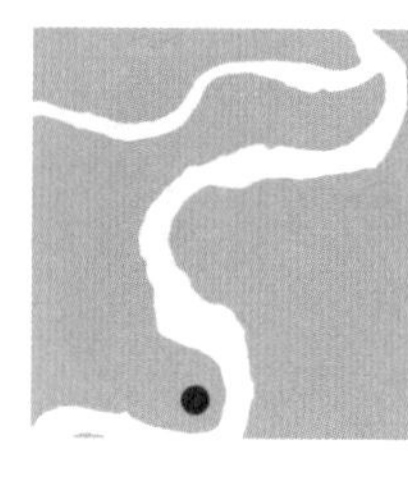

重庆滨江视听文化中心
Riverside Audio-visual Cultural Center in Chongqing

中央美术学院
设计：鞠红
指导：苏勇／程启明／刘文豹

重庆是个山城，由于其山地特点，重庆形成了有别于其他城市的空间形态，也孕育了独特的文化。基地所处的九龙半岛是重庆的一个缩影，不仅有军工厂、电厂、码头等工业文明的记忆，也有茶馆、"棒棒"等充满市井生活的气息。而 20 世纪 50 年代川美的入驻，更是让这个港口码头迎来了华丽的艺术生涯，艺术给以黄桷坪为核心的九龙半岛带来了无比辉煌的黄金时代，一度流传着：没有到过凡尔赛，就不算到过巴黎，没有来过黄桷坪，就不算到过重庆。艺术和工业共同构成九龙半岛的城市意象。然而，近年来，川美搬迁与电厂的关闭，人口流失加剧，产业逐渐衰败，导致该区域发展停滞。如何重建产业、唤醒城市活力成为这个地区的核心问题。

我们基于对基地的调研和分析，根据重庆市整体旅游布局以及九龙的现有特色，将其定位为艺术工业生态旅游区。希望通过打造艺术工业娱乐公园，以生态为基底，结合当地艺术、工业等元素，运用旅

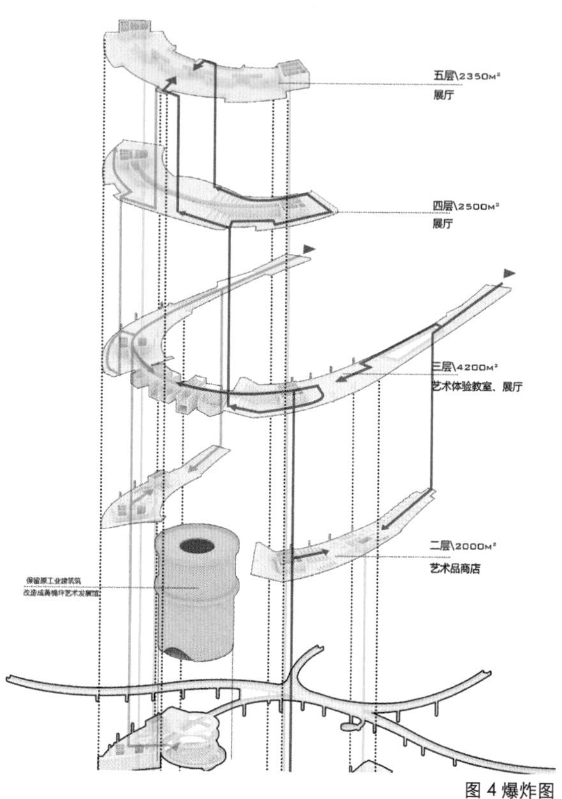

图 4 爆炸图

图 5 模型照片

图 5 模型照片

山城映象——艺术体验码头

Mappings of Mountain City

中央美术学院
设计：陈煌杰
指导：苏勇 / 程启明 / 刘文豹

陈煌杰

联系作者

关于作品了解更多

游的手段来激发九龙的发展。运用生态渗透和文化渗透的方式，通过艺术生态连廊将川美与滨江工业连接起来。艺术顺着生态廊道扩展到江边码头，我们在滨江节点增加味觉工厂（餐厅）、艺术体验馆、剧院等新的城市功能，塑造叠合不同场所而充满特色的公共空间，激发区域新的活力，成为城市生活的崭新组成部分。

建筑单体：

基于前期的城市设计，我的建筑处于连廊滨江原九渡口码头的位置，是在一个具有历史记忆的场所，进行新的营造。总建筑面积 14850m^2，主要功能是供游客体验艺术创作及定期举办艺术展览的空间。

建筑形态上，试图从我对重庆的映象出发，营造一个能够体现重庆特色的空间形态。由于我从小生活在泉州，后来来到北京上学。这两个城市都是比较平坦。当我第一次来到重庆，看着山城，吃着火锅，感受它的文化和生活。产生了巨大刺激，重庆的各种印象出现在我脑海里。我觉得这种陌生又强烈的重庆印象或许可以成为切入建筑的一种可能性。在这些印象里，首先是桥，由于重庆山地高低变化大，需要通过桥来连接不同高差的地面，重庆产生了很多桥的建筑。我采用桥的形态作为我建筑的空间形态，来解决基地内连接滨江 10m 的高差。为了保留具有历史的公共码头，将底下架空。桥也作为连接味觉工厂和剧场以及各个方向来的人流的作用。其次是山和水，也由于重庆山地特点，产生了梦幻的空间效果，以及城市在江面的倒影的印象，联想到《盗梦空间》中的场景。我将这种映象提取做成了感受模型，产生了镜像倒置的空间。这些桥、山和水的印象共同构成了建筑的形态。

在具体空间上，可分为文化层和生态层两部分空间。生态层，延续生态廊道的绿色，保留具有历史的公共码头，提供给老百姓的公共活动的场所。场地中保留的具有历史记忆的筒形建筑改造成九龙发展的历史展厅。文化层分为：桥上、桥中、桥下三部分空间，桥上作为观江的景观平台和室外运动场地。桥下悬挂的小空间作为艺术教育艺术体验教室。桥中为建筑的主体部分，地下一层，地上五层，地下一层为办公、藏品库、设备空间；一、二层为配套的咖啡、艺术品商店等服务空间；3~5 层为展厅，定期举办一些艺术展览，在观展的同时能够观看窗外的江景。

交通流线上，场地两边设有停车场，游客可通过道路交通或者码头的水上交通到达这里。分支出来的桥将引导连接各个方向来的人流。建筑主入口有四个，两个在首层广场两侧，然后通过垂直交通到达各层空间。两个在三层，从生态连廊下来的游客可以直接通过三层大厅进入建筑。

结构上，主体建筑为整体桥结构，类似于跷跷板两端平衡，桥底 1m 厚的扁梁支撑。悬挂部分主要通过两端核心筒进行支撑悬挑。

在模型表现上，我觉得重庆是个具有生活气息市井文化的城市，而报纸是记录重庆大众生活的信息载体，将整个场地及周边建筑用重庆当地的报纸采用拼贴的方式来表现这种市井氛围。

图 1 总平面图

图 2 效果图

图 3 剖鸟瞰

评语：

山城映象方案的创意源于对宏观的地域性和微观的地点性两个方面的解读。设计者首先从宏观的重庆映象出发，提取出桥、山、水三个典型的山城形态元素，并通过架空的桥形建筑和桥下倒置的功能空间，艺术再现了山城的印象；其次，结合基地位于原九渡口码头这一场所特征，通过架空建筑保留老码头，将基地复杂的空间关系整合为一体；老码头上的筒形建筑被改造为九龙发展的历史展厅；通过对旧功能的置换，并植入供游客体验艺术创作及定期举办艺术展览的新功能和新空间，成功将原有废弃的码头空间转换为老百姓方便到达又喜闻乐见的公共活动场所。人们可以在这里唱歌跳舞观江景，这是一个混合了历史记忆、经济与社会诉求的活力场所，它以一个诗意地形态回答了城市复兴中必然面临的新旧伦理。

味觉工厂——基于重庆黄桷坪味觉印象的空间情境营造

Taste Factory

中央美术学院
设计：贺紫瑶
指导：苏勇 / 程启明 / 刘文豹

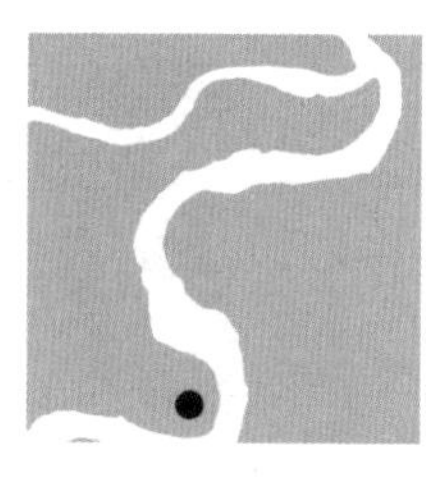
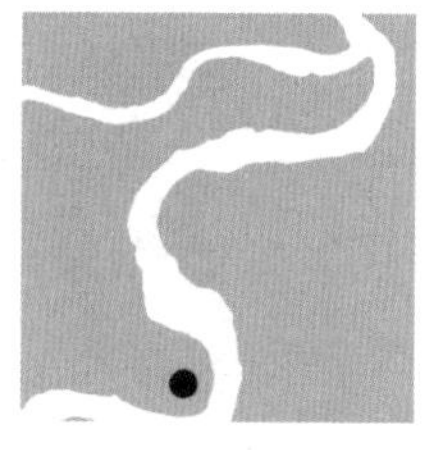

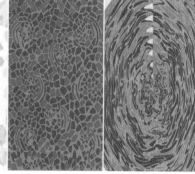

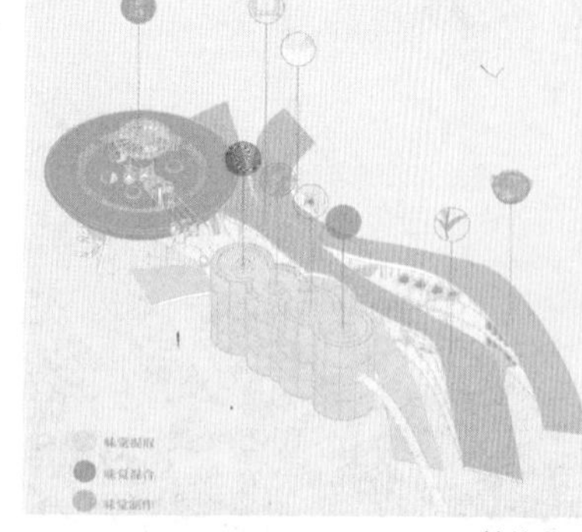
情境分区

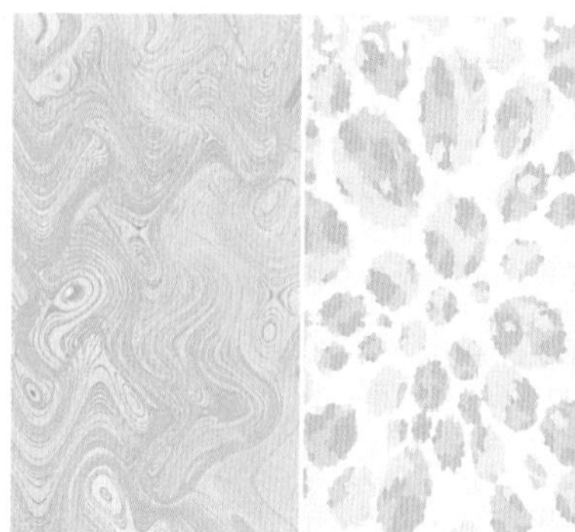
味觉提取 - 图像转译

味觉的模拟局限于科技水平，也常常受舌头的束缚。味觉空间研究发展也较为缓慢，而味觉和建筑的结合，经过艺术的介入能是什么？

（一）基地选址

选取基地原址为黄桷坪铁路货运旧货场，基地现存四个水泥筒仓与多条废弃铁道，是联系川美、电厂、滨江和商业区的重要纽带，也是“重庆森林”绿网规划中的重要节点。

（二）概念来源

重庆给我最深的印象在于味觉，重庆菜式擅用调料，重盐重油，对我来说集聚于“麻辣咸酸”。但更多时候，他们以混合的方式粉墨登场。我希望从重庆味觉印象出发，营造重庆黄桷坪的味蕾。

本设计作为“重庆森林”城市设计的节点之一，尝试从重庆黄桷坪味觉印象出发，以主观感受入手，用艺术的手段，让味觉可观可感，探究味觉感受的空间艺术表达，尝试将味觉感受呈现在空间之中。通过味觉提取、味觉化合和味觉制作三个情境深化味觉体验。通过味觉节点的艺术介入、改造和再设计，实现重庆九龙坡工业遗产再生计划。

（三）情境营造

味觉工厂通过三个情境深化味觉体验，第一情境通过四种单一味觉感受器——麻辣咸酸体验馆进行重庆味觉提取，第二情境通过混合味觉感受器——浓烈视觉感官的味觉餐厅进行味觉混合，第三情境通过山城条形体验馆进行味觉制作体验。尝试以感受创造情境，通过艺术和游乐体验的方式以深化城市味觉空间与城市意象。

（1）第一情境

味觉提取——单一味觉感受器：

第一情境将“麻辣咸酸”四种味觉，转化为四个单一的味觉感受器。

{通感}

—

物与物相同属性的联结，将人体五觉中的不同感官(触觉、嗅觉、视觉、听觉、味觉)沟通起来，通过联想引起人体感觉的互相转移。

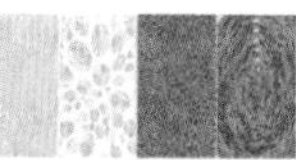

{转译}

—

通过抽象绘画的艺术表达方式，将味觉通过通感的方式，以图像这一媒介呈现出来，再具化为空间创作。

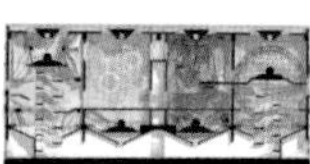

味觉提取 - 概念

第一情境：味觉提取 - 空间转译

第二情境：味觉混合 - 空中餐厅

第三情境：味觉制作 - 控制中心

设计模型照片

设计模型照片

设计模型照片

贺紫瑶

联系作者

关于作品了解更多

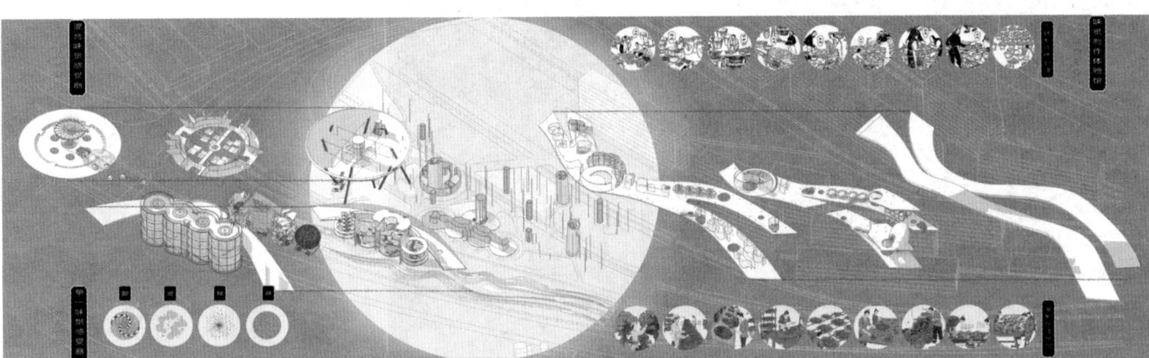

爆炸图

剖面图

1. 元素提取：以通感为基本原理，将人体五觉中的不同感官（触觉、嗅觉、视觉、听觉、味觉）沟通起来，通过联想引起人体感觉的互相转移。将味觉分解情绪、形状、气味、动作、声音、颜色、电流与温度和图形元素。

2. 图像转译：通过抽象绘画的艺术手法进行图像转译，麻 - 眩晕振动的赭石调；辣 - 撕裂分割的红绿调；咸 - 冷静深潜的蓝白调；酸 - 扭曲变形的黄绿调。单一味觉提取器改造了原有基地的筒仓，并置入了新的功能。

3. 空间转译：加入空间语言完成空间转译。

(2) 第二情境

味觉混合——混合味觉感受器：

第二情境提取重庆九宫格火锅意向，面向食客，通过混合的味觉感受器——浓烈视觉感官的味觉餐厅进行味觉混合，营造一个浓烈的饮食氛围和市井气息的开放餐厅，以此来深化黄桷坪味觉体验。这里发生着和吃饭有关的事件，也发生和人、和重庆有关的事件，是重庆混合味觉的大熔炉。

地面层架空让位城市空间，一层为冷餐区和中心水池，二层是开放的公共厨房环绕着悬挂餐厅，顶层为屋顶游乐平台。

重庆森林

立体交通

(3) 第三情境

味觉制作——味觉制作器：

第三情境提取重庆山城和重庆森林的意向，并结合场地轨道形态，生成两条条状坡屋顶。以黄桷坪特色火锅和茶馆“茶”为制作内容，面向制作体验人群，通过山城条形体验馆—火锅制作体验与茶制作体验制作，进行味觉制作体验，并穿插味觉图书馆、味觉剧场等功能。实现重庆黄桷坪味觉的升华，游客可体验当地特色制作并带走。通过核心筒承重，核心筒和楼梯组织交通。

本设计也希望通过味觉建筑的研究和探索性设计，用艺术的手段打破味觉空间设计的局限性。

涂鸦立面

制作场景

设计模型照片

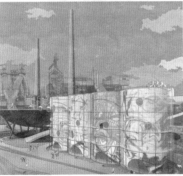

设计模型照片

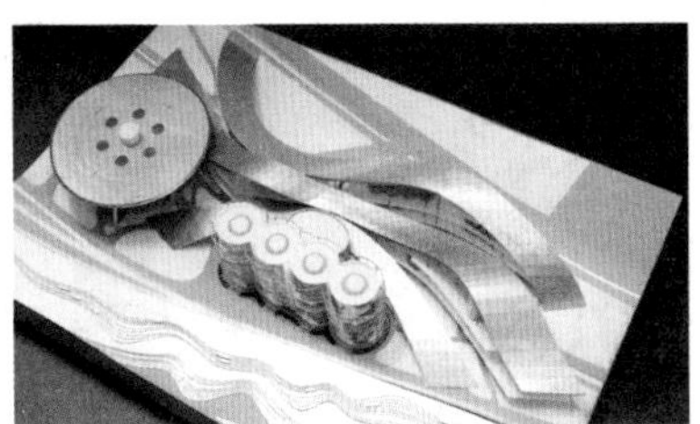

设计模型照片

评语：

味觉工厂方案尝试探究味觉感受的空间艺术表达，以及将对地域的主观感受和对场地的客观分析结合起来进行设计的方法。首先，设计者从重庆黄桷坪味觉印象出发，运用通感原理提取出重庆麻辣咸酸的味道感觉，再用抽象绘画和空间转译的艺术手段将味觉转化为可观可感的色彩和空间。这一转化包含味觉提取、味觉化合和味觉制作三个情境深化味觉体验。第一情境通过四种单一味觉感受器——麻辣咸酸体验馆进行重庆味觉提取，第二情境通过混合味觉感受器——浓烈视觉感官的味觉餐厅进行味觉混合，第三情境通过将现场线性轨道感觉转化条形体验馆进行味觉制作体验。三个情境环环相扣，通过将味觉艺术性地转化并介入废弃轨道空间的改造和再设计，尝试以感受创造情境，通过艺术和游乐体验的方式在具有历史记忆的场所植入独特的城市味觉空间，从而创造出独特的城市意象，实现重庆九龙坡工业遗产的再生。

A9 STUDIO

A9 Studio-1 2084—反乌托邦的构建
2084 – the Structure of Anti Utopia

中央美术学院
设计：石泽元
指导：周宇舫/王环宇/王子耕/王文栋

概念阐释：

建筑的功能是2084年社会的缩影。建筑的生成逻辑和社会的运转规则相同。所以我创造了一幢大厦。

最底层是人类孵化器，新生的人类向上进入条件设置中心。完成条件设置/教育的人，可以继续向上住进属于自己的独居巢穴。不符合条件的人，则被“解放”到化外之地从事简单重复的劳动。大部分人在塔楼的第三层享乐终生。极少数胚胎，因为在孵化器里的时候自身的物理条件与各项性能指标就优于其他胚胎，所以他们成熟以后有机会进入塔楼的最顶层。他们可以参与条件设置中心的工作，可以参与这个塔楼的运转与决策。

构思大厦的基本形态时，我受到俄罗斯至上主义艺术的影响，从我的概念模型中应该可以很明显地看到至上主义的影子。这是大厦的基本骨架。但是在建筑图像上，则呈现出纷繁复杂的景象。其实每个生活在大厦里的人，所看到的视角都只是大厦的一部分。他们很难一窥大厦的全貌，只沉迷于眼前的幻象与享受。

作者：(石泽元)

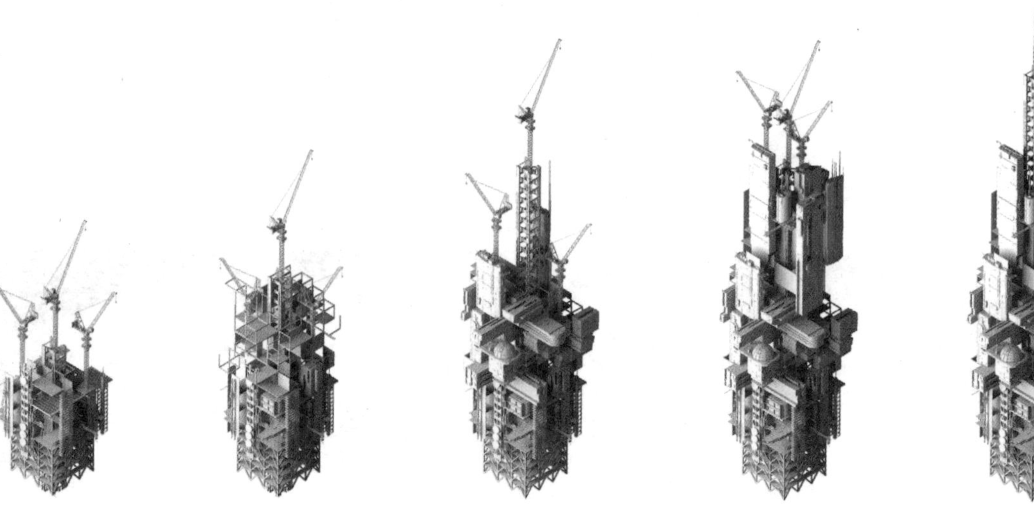

漫游与构境——一次对基础设施的重构

Chongqing Derive Drifting

中央美术学院
设计：赵萧萧 / 曹岳
指导：周宇舫 / 王环宇 / 王子耕 / 王文栋

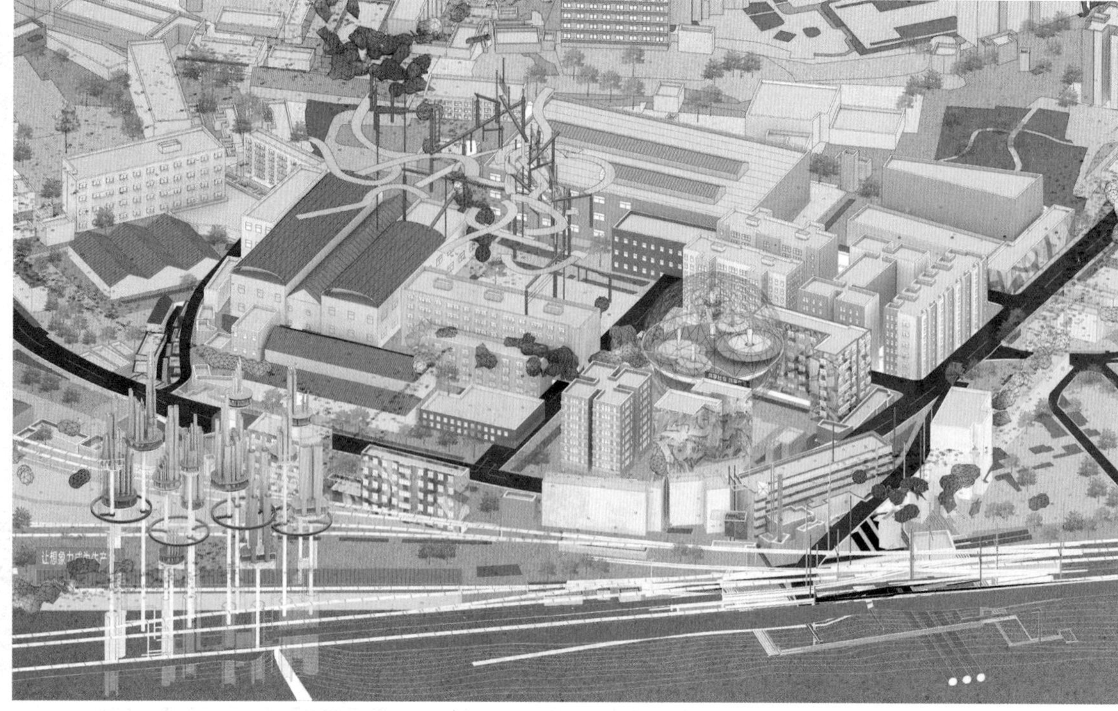

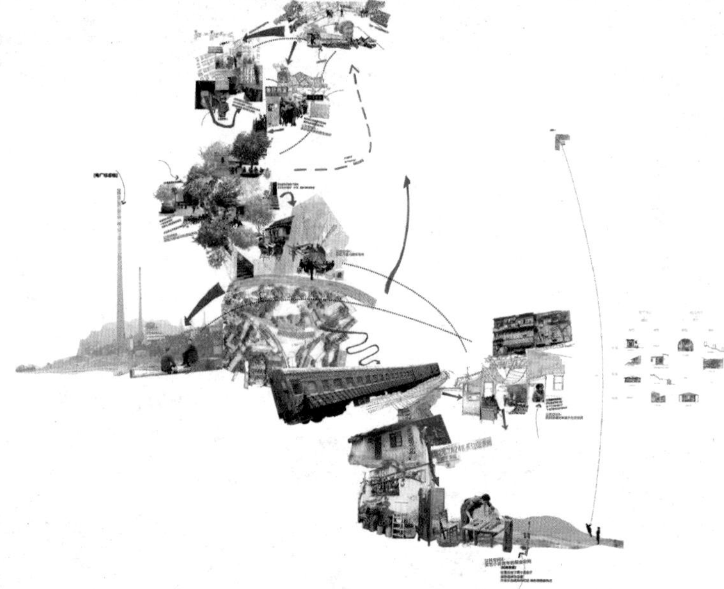

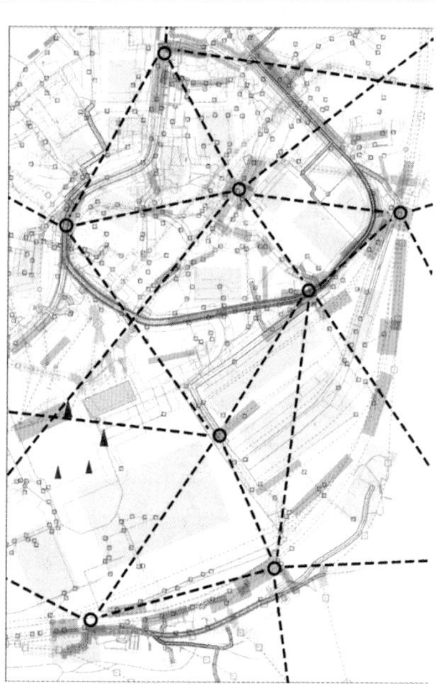

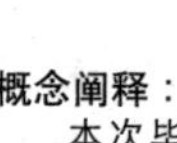

概念阐释：

本次毕业设计的选址在重庆，作为一个发展迅速的魔幻山城，这座城市每天都经历着拆毁和重建，立体的交通管网穿山过江，在这里城市化机器和原本地形与生活形态的斗争带给人强烈冲击。基地位于重庆九龙坡区黄桷坪，这里既有涂鸦街、四川美院和黄漂文化，又存有大量飞地——凋敝的重庆南站与废弃的铁轨，关闭的电厂，码头物流仓库。而本次设计不希望从政府、开发商或职业建筑师的角度出发，因为这样的结果只能助长中产阶级化带来的原真生活丧失与阶级分化，最终成为资本驱动的城市化机器的推动力量。我们试图站在职业思维逻辑之外，寻找城市生活的新的可能性方案。

作者：(赵萧萧 / 曹岳)

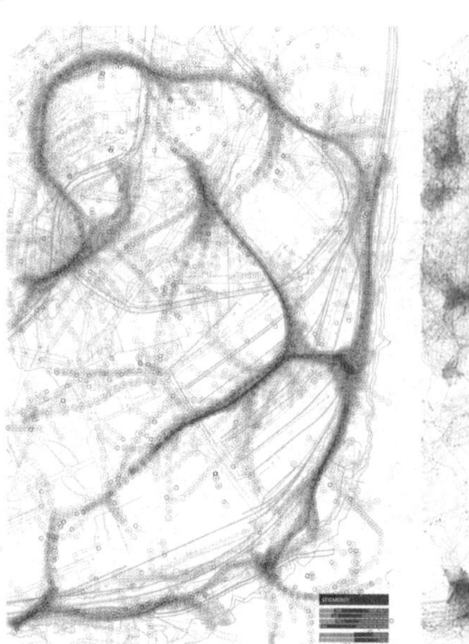

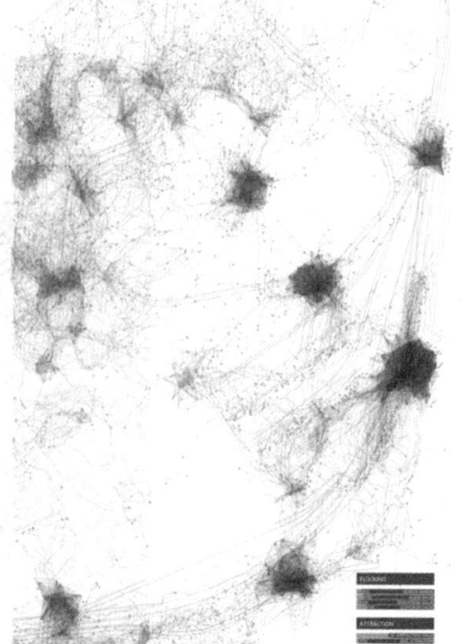

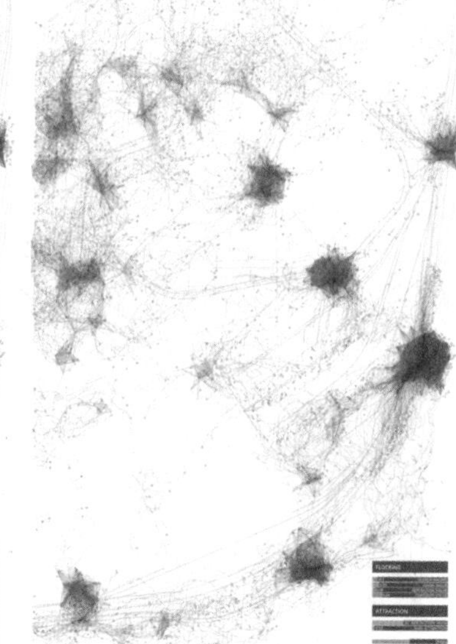

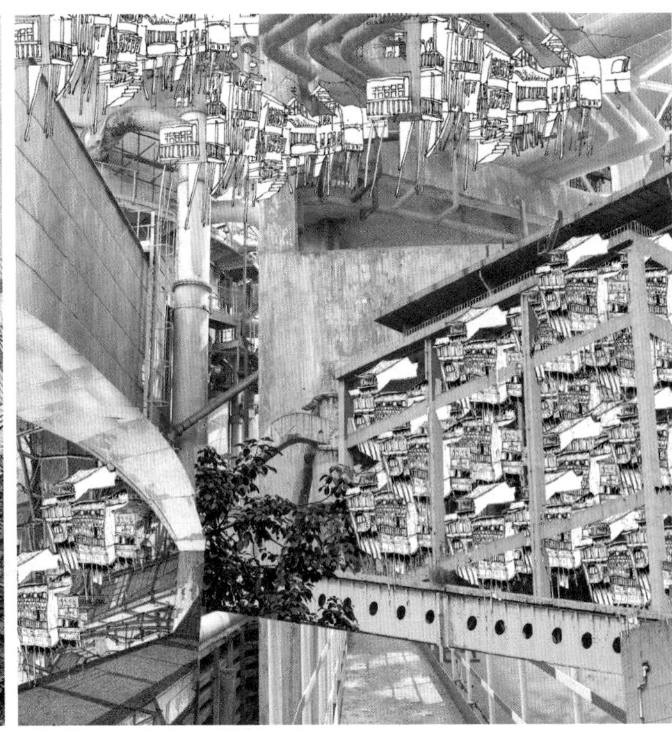

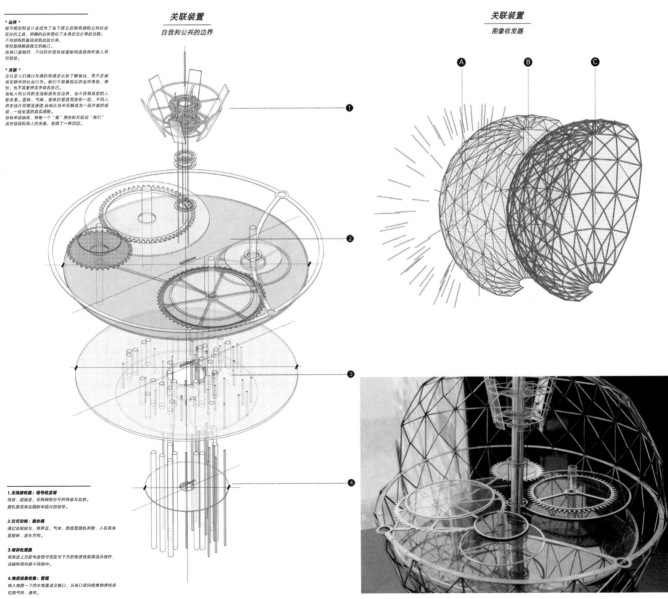

*** 边界 ***

城市规划和设计当成为了当下建立自我情感和公共社会区分的工具，明确的边界固化了本身应当分享的社群。
不同层级的基础设施层层分类，
将信息降解成独立的端口。
当端口重组时，不同的知觉体验重新构成自我和他人共同经验。

*** 关联 ***

交往是人们通过共通的情感来认知了解彼此，而不是被限定群体的社会行为。我们不需要固定的主体角色，身份，也不需要用名字命名自己。
当私人和公共的生活彻底失去边界，也不在有既定的人际关系。固体、气体、液体的管道混杂在一起，不同人的生活片段相互渗透，自我在其中瓦解成为一段声音的波动，一段生活的真实感触。
旋转带动旋转，将每一个“我”混合和关联成“我们”
此时自我和他人的关系，变成了一种创造。

关联装置

自我和公共的边界

1.无线接收器：信号收发塔

微波、超短波、无线网络信号的传输与发射。
随机接受来自辐射半径内的信号。

2.仪式空间：混合器

通过齿轮咬合，将声音、气味、图像째随机关联，人在其表面旋转，迷失方向。

3.储存处理器

将来自上方的电波信号信息与下方的物质信息筛选并储存，运输到混合器不同层中。

4.物质信息收集：管道

接入地面一下的水电管道交换口，从端口逆向收集物质信息包括气味、液体。

关联装置

图像收发器

A 9
STUDIO

漫游与构境——一次对基础设施的重构

Chongqing Derive

中央美术学院
设计：赵萧萧 / 曹岳
指导：周宇舫 / 王环宇 / 王子耕 / 王文栋

概念阐释：

基础设施作为塑造城市生活体验的巨大系统的物质载体，隐藏在城市的图像和表面之下。基于对场地的心理地图式的感受，方案是基于基础设施构建新的情境，以摆脱资本和景观的塑造，设想另一种城市生活的可能性。首先通过对场地基础设施的分析，找到不同系统之间的交叠矛盾节点，设计一种流体的空间形态在基础设施的这些交叠部位蔓延生长，通过吊挂结构和多层表皮能量交换系统与基础设施共生，同时又打破原有的系统布局。在这些游牧社群的停靠码头设计不同的装置性空间，这些装置基于对基础设施之间关系的分析，与城市管网系统相连，建构出知觉感官的联系，形成临时社群。这些装置成为城市新的基础设施，触发新的城市生活可能。

作者：(赵萧萧 / 曹岳)

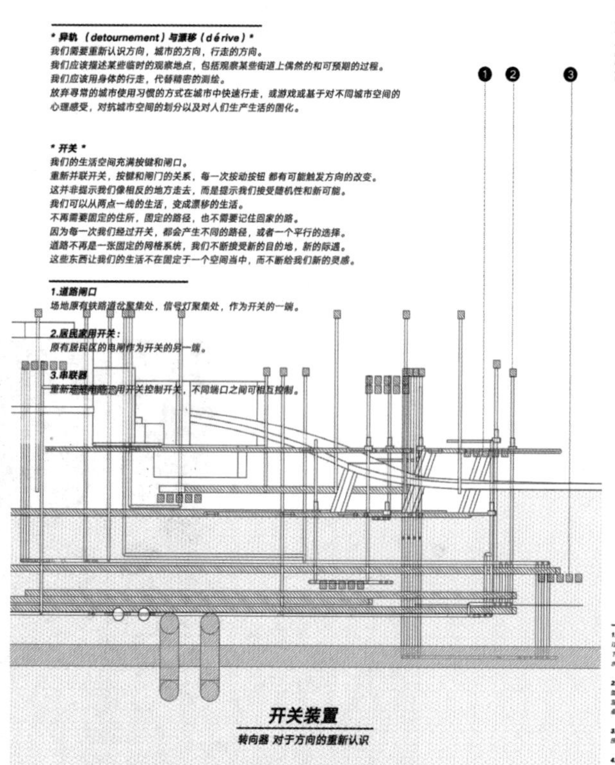

* 异轨（detournement）与漂移（dérive）*
我们需要重新认识方向，城市的方向，行走的方向。
我们应该描述某些临时的观察地点，包括观察某些街道上偶然的和可预期的过程。
我们应该用身体的行走，代替精密的测绘。
放弃寻常的城市使用习惯的方式在城市中快速行走，或游戏或基于对不同城市空间的心理感受，对抗城市空间的划分以及对人们生产生活的固化。
* 开关 *
我们的生活空间充满按键和闸口。
重新并联开关，按键和闸门的关系，每一次按动按钮 都有可能触发方向的改变。
这并非提示我们像相反的地方走去，而是提示我们接受随机性和新可能。
我们可以从两点一线的生活，变成漂移的生活。
不再需要固定的住所，固定的路径，也不需要记住回家的路。
因为每一次我们经过开关，都会产生不同的路径，或者一个平行的选择。
道路不再是一张固定的网格系统，我们不断接受新的目的地，新的际遇。
这些东西让我们的生活不在固定于一个空间当中，而不断给我们新的灵感。
1.道路闸口
场地原有铁路道岔聚集处，信号灯聚集处，作为开关的一端。
2.居民家用开关：
原有居民区的电闸作为开关的另一端。
3.串联器
用开关控制开关，不同端口之间可相互控制。
1
2
3
开关装置
转向器 对于方向的重新认识

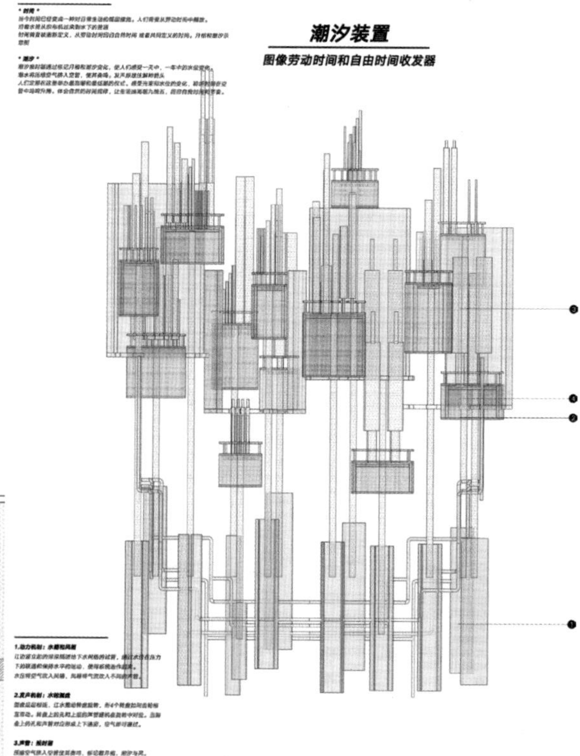

潮汐装置
图像劳动时间和自由时间收发器
4.仪式空间

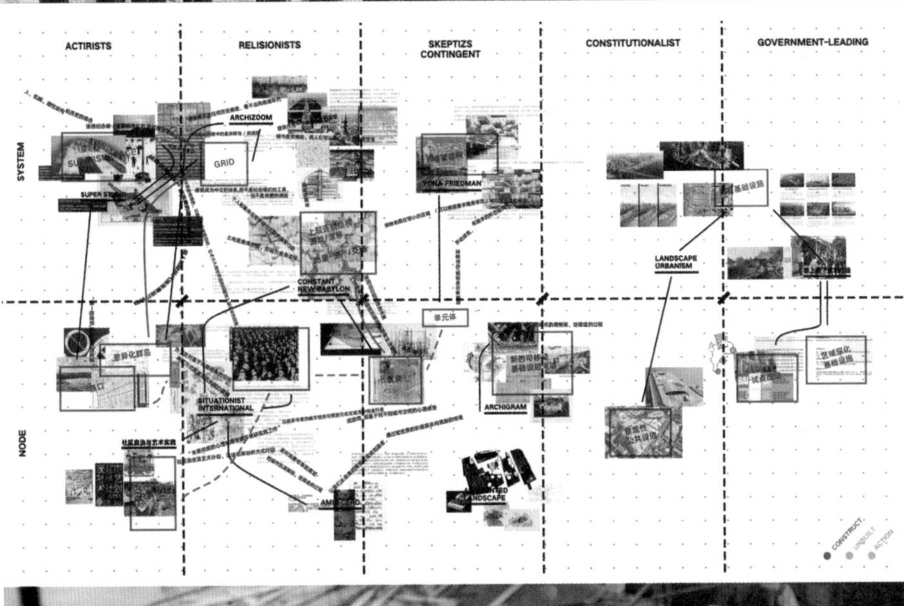
ACTIRISTS
RELISIONISTS
SKEPTIZS CONTINGENT
CONSTITUTIONALIST
GOVERNMENT-LEADING
SYSTEM
NODE
ARCHIZOOM
GRID
YONA FRIEDMAN
CONSTANT NEW BABYLON
LANDSCAPE URBANISM
单元体
SITUATIONIST INTERNATIONAL
ARCHIGRAM
CONSTRUCT
UNBUILT
ACTION

A 9 STUDIO

The Bond 纽带

中央美术学院
设计：莉莉
指导：周宇舫/王环宇/王子耕/王文栋

概念阐释：

新的艺术和科技创新中心是农业和艺术机构的非传统组合。纽带（BOND）将教育与经济，艺术与农业，地区的过去与未来联系在一起。为了与周边社区建立有意义的联系，该项目旨在与可能扩大当地创意社区影响力的根源性发展联系起来，这样做是为了帮助该地区找到一个保留了身份的新方向。

本次课题的基地中包含一个一个巨大的梯田露天空间，该空间构成了当地创意社区与中心游客互动的舞台。这个充满活力的空间可以激活一些学习，工作和生活在其周边的人群与该空间的行为互动，比如吸引位于基地附近的四川美术学院的学生前来此地创作公共艺术，激活周边社区居民的娱乐活动，丰富居民的闲暇时间。

作者：（莉莉）

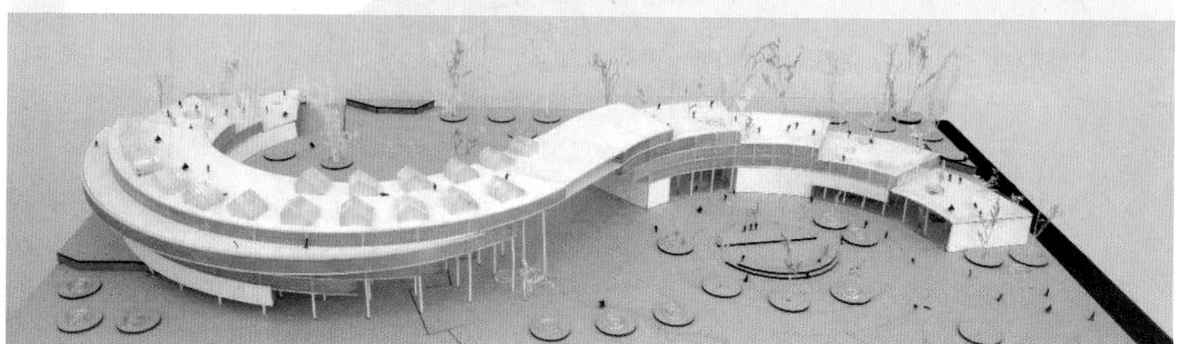

Solar panels and urban farm

Public Farm

Rooftop Greenhouses

Polycarbonate Facade

Simple material selection such as plain concrete, metal mesh and steel, generates heavy and raw atmosphere, light and soft polycarbonate facade, in addition, puts a soft coat on main structure

Vertical Gardens

Public event space

MASTERPLAN 1:1000

Art center parking

Warehouse

Public seasonal farm

Botanical garden

MULTI-USE CENTER

Multi-functional square

ART CENTER

Sculpture park

INDUSTRIAL ZONE

Shops

Underground parking

Gallery and trade center

Hotel / Studio apartment

Hotel / Studio apartment

Warehouse

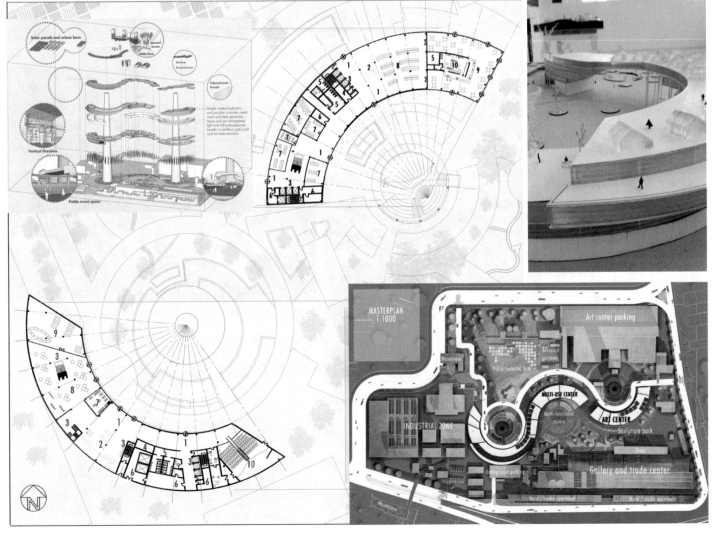

A9 Studio–2　黄桷坪旧民居与艺术区融合再造计划

中央美术学院
设计：许扬
指导：周宇舫/王环宇/王子耕/王文栋

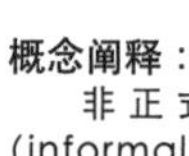

概念阐释：

非正式都市主义(informal urbanism)的概念是在城市层面上，在传统意义上的正式性和自发性之间作出决策和开发设计的方式。非正式的都市主义在其产生的组织结构中占有突出的地位。这种层次结构否定了传统形式基础上的等级性（即取决于视觉层面的可读性），例如虚实和图底。“非正式”一词意味着双重含义，包括城市的组织性，以及空间的衍生。

对于城市公共生活而言，地平面不只是一个连续的平面，而且是图面上的一个恒定的高度参考平面。在这个界面中，城市的同属性相吸或相斥得以实现：公共的和私密的，计划的和即兴的。而这样一种恒定的参考面，在重庆和香港都是被模糊了的存在。

作者：(许扬)

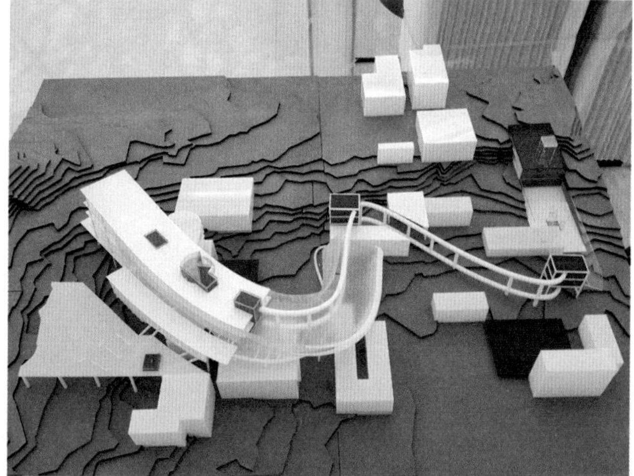

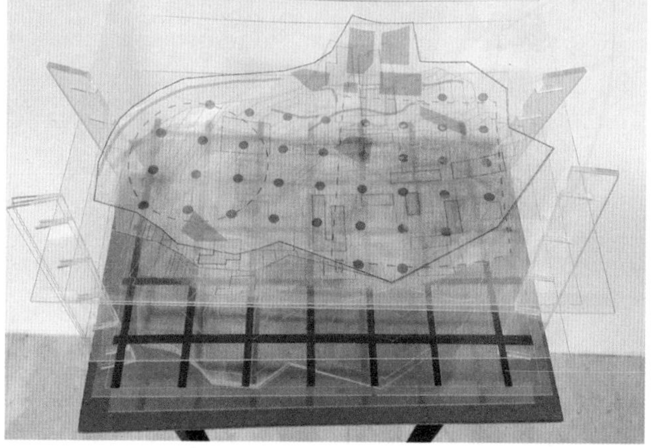

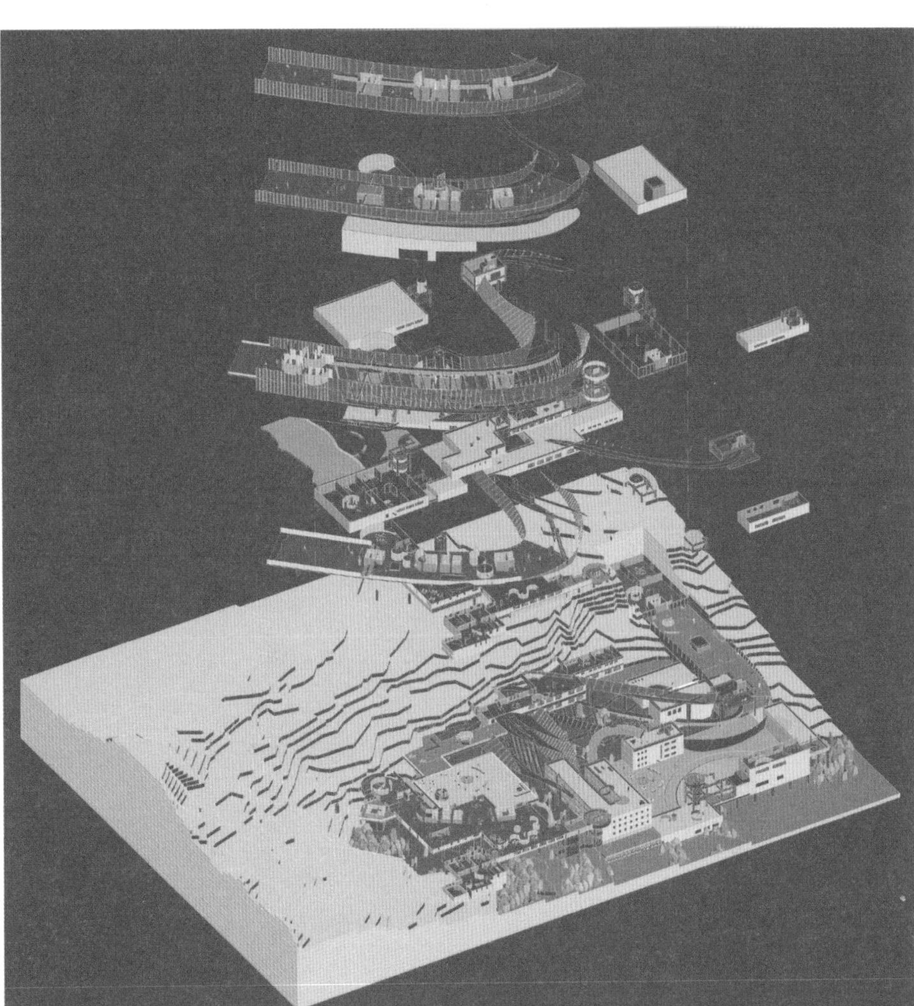

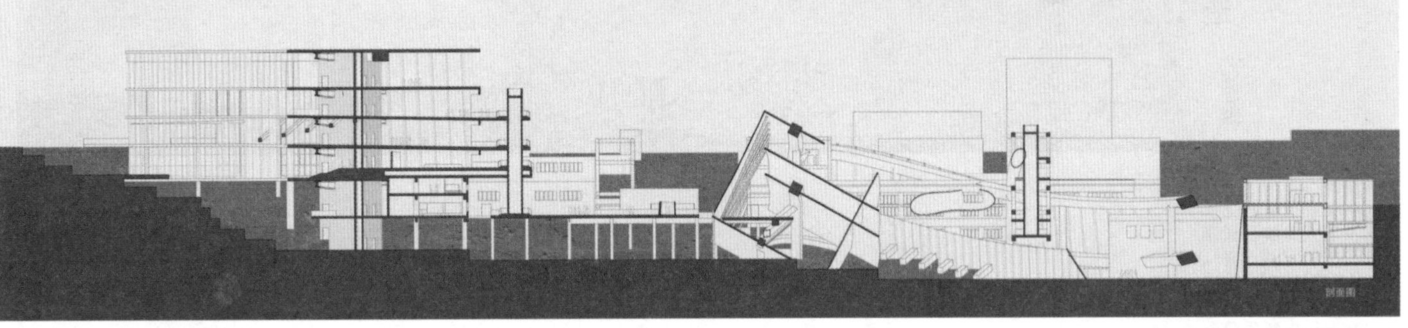
剖面图

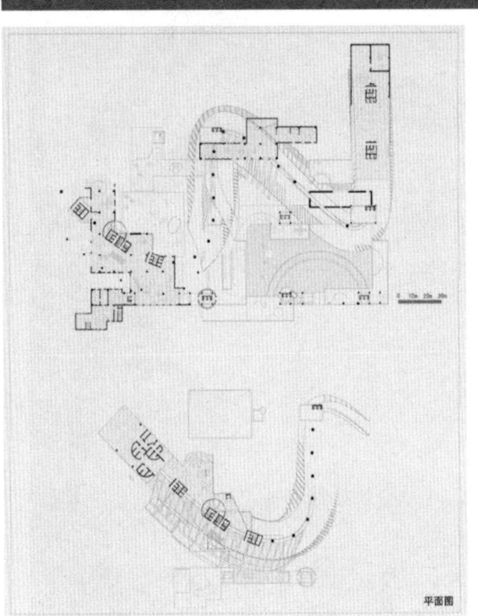
平面图

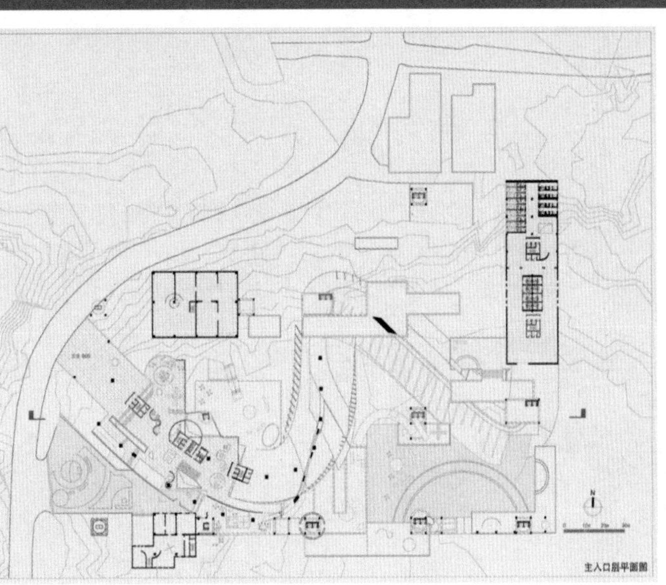
主入口层平面图

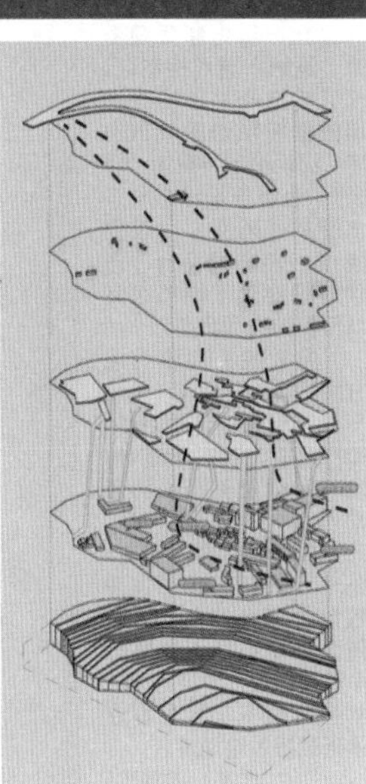

A 9
STUDIO

游廊惊梦——重庆黄桷坪旧居民区公共艺术廊道空间改造

中央美术学院
设计：敖嘉欣
指导：周宇舫/王环宇/王子耕/王文栋

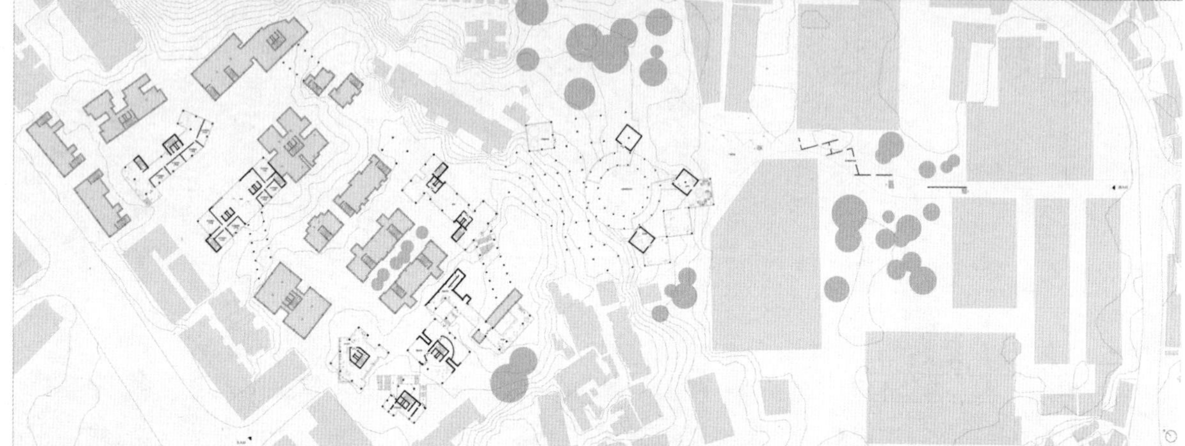

概念阐释：

本次设计基地位于重庆主城九龙坡区长江环绕而成的“九龙半岛”，紧临长江滨江地带，地块所处的区域集中了丰富的文化、历史和景观资源，是城市重点控制区。片区内既有与山地自然地形紧密结合的城市空间、山地城市特有的“竖街”，也有连接城市与滨水空间（码头）的重要通道，梯道、平台、堡砍等等展示了城市空间与市民的生活状态。

游戏性空间作为此方案的主要落脚点，集聚了居民现有的日常活动，如打麻将、打牌、喝茶等，也有因地形而产生的活动行为，如主题秀场、儿童乐园、滑板运动等。整个游戏空间内部是开放性的剧场舞台，供居民休闲娱乐从生活压力中释放自我，也可为“艺术家”的不定期举办表演活动提供场地等。

作者：(敖嘉欣)

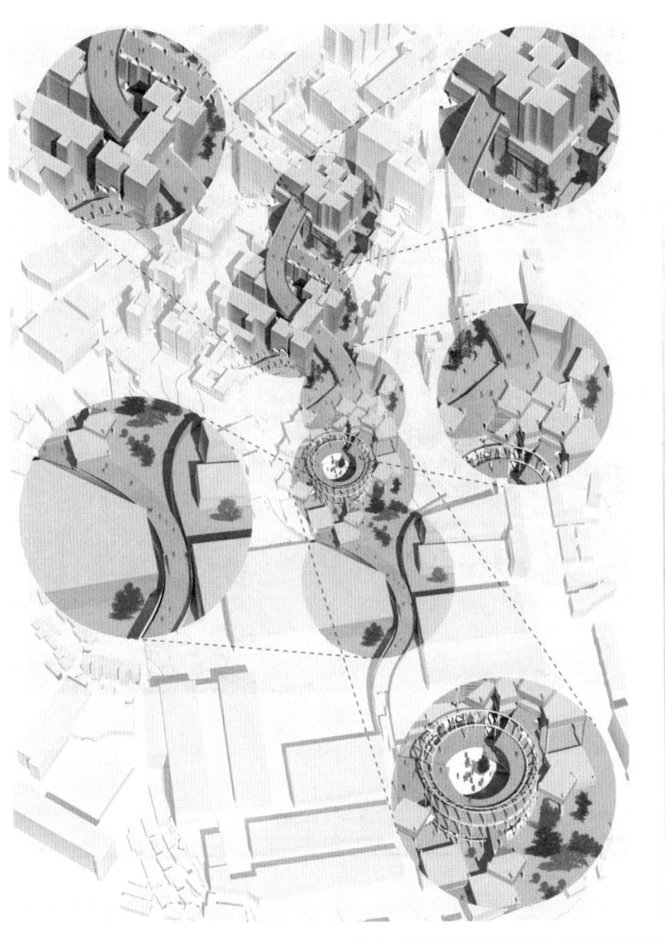

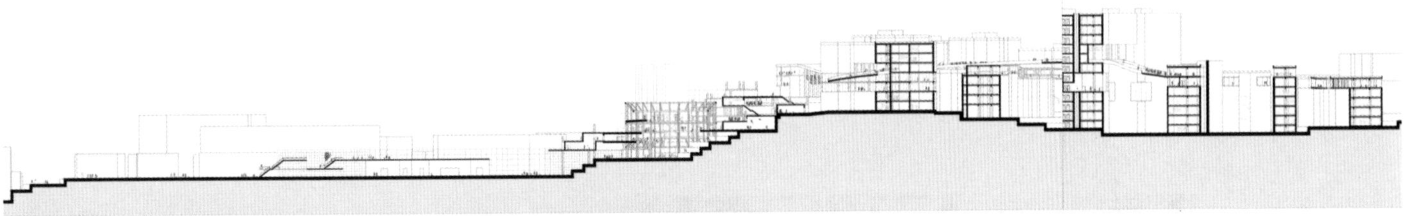

A 9
STUDIO

重庆旧城再生计划

中央美术学院
设计：李守彬
指导：周宇舫/王环宇/王子耕/王文栋

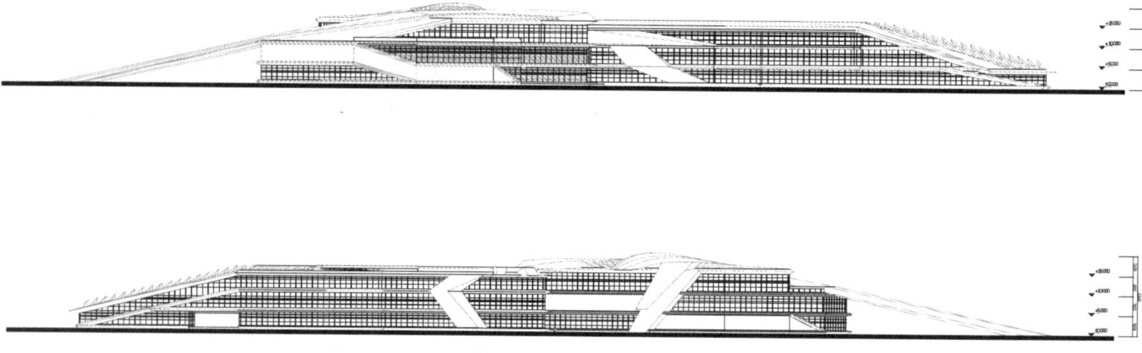

评语：

本次项目地区在重庆市中心九龙坡地区。被扬子江围绕位于九龙半岛，临近扬子江集中了丰富的文化、历史、景观资源。但是最近随着美术学院与重庆发电所的迁移商业空白逐渐增多，因城市开发建筑与城市景观呈现出落后的情景。还有因为破坏严重居民生活落后情况较为突出。重庆市旧城区城市再生是为城市整体发展的重要战略。本项目的目标是提升城市空间环境的质量，并且重新复兴起来。因此本项目中运用了本地区文化艺术元素，致力于打造年轻艺术家们与地区居民能够享受与体验的公共场所。

作者：(李守彬)

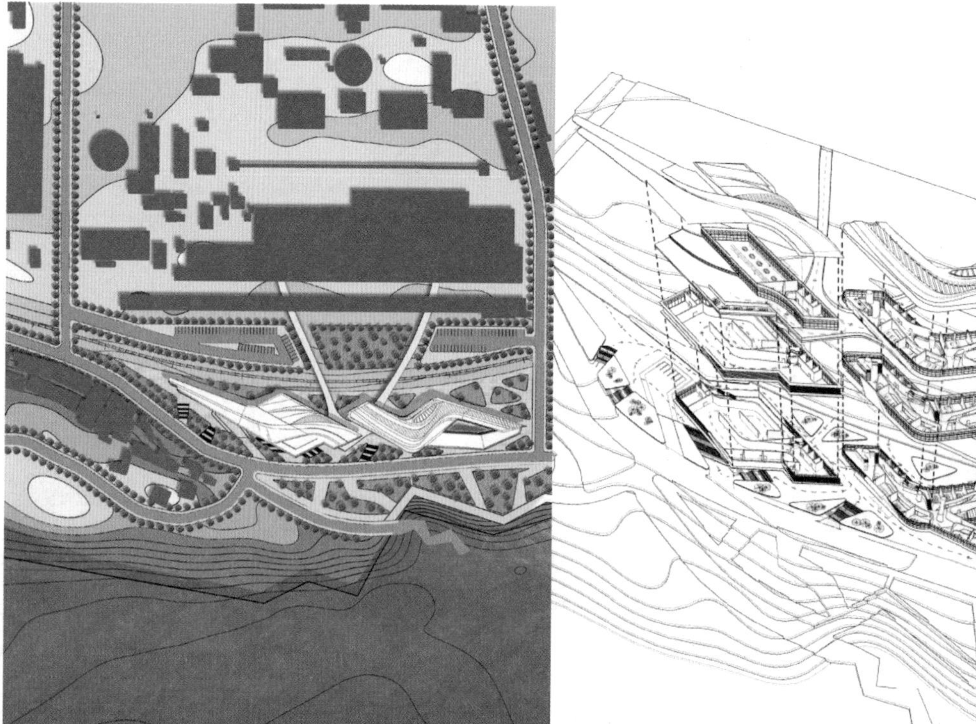

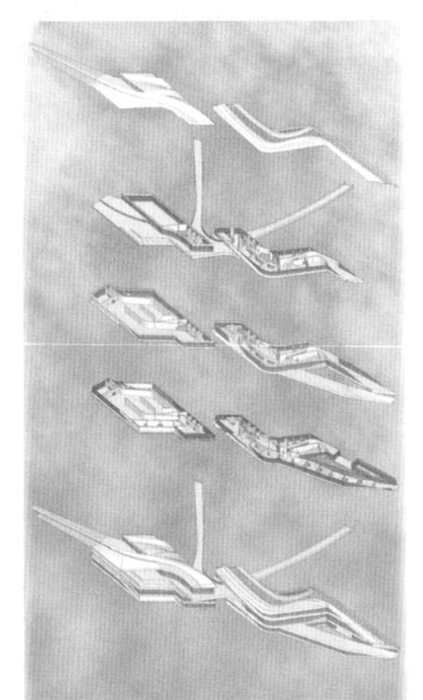

A 9 STUDIO

穿过幼儿园的『城市走廊』

中央美术学院
设计：黄明
指导：周宇舫/王环宇/王子耕/王文栋

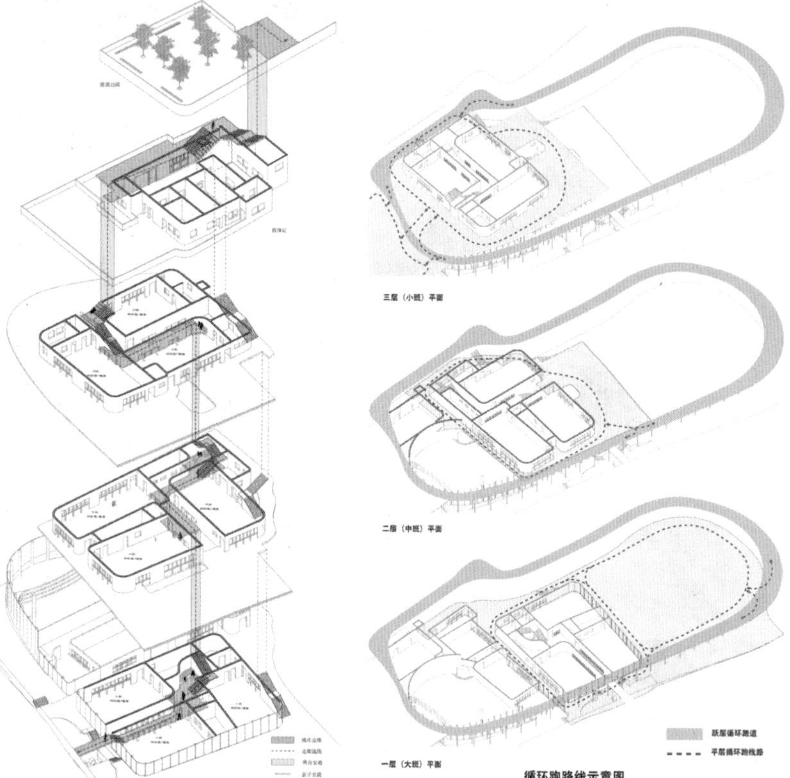

概念阐释：

设计中将城市走廊穿过幼儿园，不仅仅承担交通功能，最重要的是一条亲子走廊，家长可以和园内的孩子交流沟通，陪伴小朋友学习进入集体生活，此外，这条走廊还是艺术走廊、等候走廊和社交走廊。园内每一层都能实现自由循环跑，还能实现越层循环跑。

设计尝试幼儿园新的建筑空间，引入城市道路，有限度地进行开放，提出一种新的教育模式，让家庭参与到幼儿教育当中，以帮助小朋友逐渐融入集体生活，健康快乐成长；让幼儿园在阳光下，有效抑制虐童等行为的发生。

设计还针对小朋友的特性以及家长的需求，对幼儿园建筑进行了优化设计，让小朋友在幼儿园快乐，让家长在城市走廊的体验更佳。

作者：(黄明)

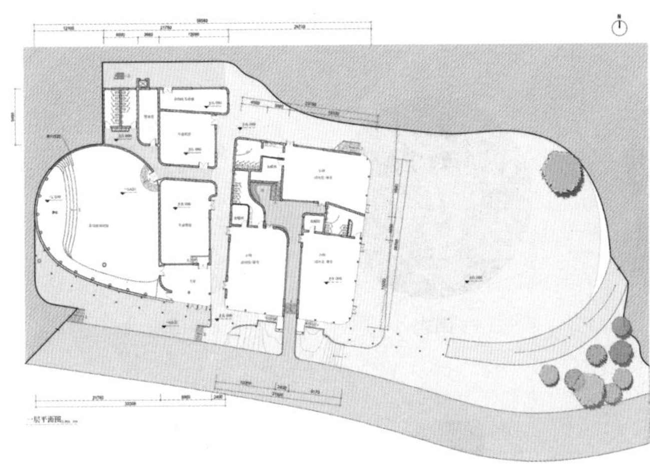

一层平面图

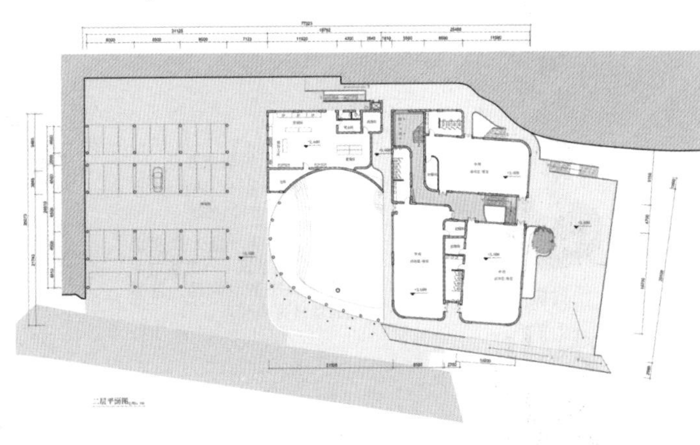

二层平面图

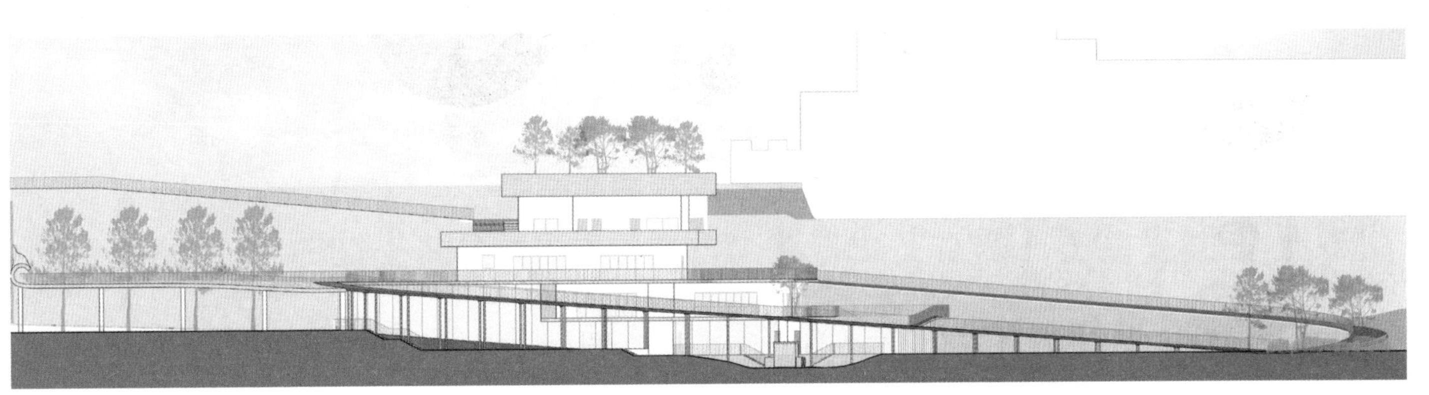

SHENYANGJIANZHU UNIVERSITY

沈阳建筑大学

学生团队

1 天街

以艺术之名交融过去与未来；
以时空之索衔接此在与彼岸。

蔡梦凡

丛思遥

梁又

2 城市起搏器

黄桷坪 2025 复兴计划

通过在黄桷坪置入中心，将各个现存活力元素整合并与新的功能结合，激发出区域的活力、带动经济的发展。

周嘉伦

于见鑫

赵思齐

3 城市叠合

复合城市网络

一种多元的，未来的，充满可能性的体验；一个艺术的，地域的，行走在明天的城市。

曾庆健

林永杰

孙慧

4 茶馆 +

自下而上的城市复兴

Teahouses+bottom-up urban renewed

从交通茶馆入手，植入二次功能茶馆，实现茶馆 +，由茶馆自身的复兴解决当地问题，自下而上的复兴整个城市。

刘沐鑫

闫岩

管怿杭

5 艺井之源

Ark of the lonely art

打破既定陈旧之势，注入新活之“圆”，让干涸的艺术之井再次喷涌。

常晓丹

于舸

刘阳

指导教师

李勇

黄勇

赵伟峰

付瑶

孙洪涛

此次毕业设计题目对同学们具有一定的挑战性，项目的地点在重庆市九龙坡黄桷坪，同学们面临两个需要解决的主要问题：

其一，项目策划与城市设计是同学们在过去接触较少，这就要求同学们需要在理论方面认真学习完善，在实践中开展充分的调研分析、多做方案比较，从而寻找到具有可行性的项目功能定位及新颖的设计构思。

其二，重庆市是大多数同学们没有到过的城市，这就要求同学们充分利用在重庆调研的机会，深入了解这个城市及黄桷坪的方方面面，社会人文、城市和建筑的地域性等等，以及对相应的地方法规的了解。

在从城市设计到建筑单体设计的整个过程中，同学们通过认真熟悉设计任务书及发展规划，深入调研分析，提出了切合黄桷坪实际、拉动地区发展的策划方案，完成了与之相应的、具有创新性的城市设计、建筑设计方案，并进行了充分表达。

毕业设计是五年本科教育的最后教学环节，希望同学们在建筑理论方面有进一步提高，加强逻辑性；在建筑设计方面有所创新，加强发散性思维能力；提高综合运用所学专业知识的能力，逐步走向成熟。

——李勇

毕业设计是同学们走向社会前的最后一课，是五年学习积累的全方位呈现，方案创意、空间处理、功能组织以及对技术、构造、规范等问题的思考都需要达到一个新的高度。从我个人来讲，除了对学生的这些设计基本素养的关注以外，辅导过程中还特别强调三方面特殊的要求，也可以说是我对参加“8+”毕业设计指导的体会吧。

首先是对未来建筑师社会责任感的培养。关注学生从区域城市设计再到具体单体建筑的整体性设计方法的训练，鼓励学生以开放的、敏感的、鲜活的设计观念对丰富的城市生活做出回应。本次项目地点“九龙坡黄桷坪”富涵了太多的重庆记忆，基础调研和分析梳理工作量巨大，但很高兴看到同学们乐此不疲，并最终找到自己独特的解决问题视角。

其次是鼓励学生以更加开放的视野看待建筑问题。“8+”毕业设计可以说是一个头脑风暴的盛宴，不论你是理性的方法论分析，还是异想天开的跨界畅想，只要逻辑清晰、方法得当都会得到老师们的支持。作为指导教师我本人也非常享受这个过程，因为同学们不受既定束缚的开放思维总能不断地带给我惊喜。

再有是强调学生完善设计方案时的逻辑性和系统性。建筑设计是一种以目标为导向的创造性工作，那么设计构思的生成、深化、完善以及设计成果的表达就应当一脉相承，表现为创作思维的连续性和逻辑性。辅导中我总是对学生强调，一个好的思维习惯的养成将对设计工作产生事半功倍的效果。

最后，希望经过“8+”的洗礼，同学们能够互相学习、开阔视野，在未来的工作中取得更好的成绩。

——赵伟峰

天街——黄桷坪更新设计有感

Evolution of Huangjueping

沈阳建筑大学
作者：蔡梦凡 / 丛思遥 / 梁又

三月初，冬去春来，草长莺飞，我们集聚山城重庆，开展我们此次的全国“8+”联合毕业设计。在对设计基地进行实地调研之前，我们着实通过其他方面，好好感受了重庆的山水特色、巴渝文化与抗战文化。并为重庆这座城市所呈现出来的独特气质深深吸引。

在这样一座奇幻的城市，我们将描绘怎样的蓝图？带着这样的未知，我们开始着手于对基地的调研，去探索另一种可能性。

（一）调研过程

本设计位于重庆市黄桷坪地区，场地中原为四川美术学院等艺术机构和重庆发电厂、货场等工业场地，形成了这里独特的群众生活艺术氛围，随着工业的搬迁和四川美术学院的搬迁，这一地区的活力日渐消失，城市发展缓慢。在调研的过程中，我们发现，基地主要存在着以下几方面的问题：

区域层面：

1. 功能区割裂。主干道与高差将场地分为了明显边界的三个功能区块，各区域之间融合较少。

2. 工业产业占地过多。产业结构过于单一，除黄桷坪正街以外区域缺乏可发展便利配套商业。

3. 滨江利用率低。港口配合大面积工业区域以货运为主；临石滩处住房多为无规划自建房，绿植主要为居民自种菜地。

交通层面：

1. 路网破碎。未能建立网格状道路网。主车行道为四车道，次车道为双车道，且分布不均，不满足当前出行需求。

2. 未能建立完善舒适的步行系统（步行尺度宽窄不一，且隐蔽，步行界面建筑围合度不够，参差不齐）

3. 滨江可达性弱。车行道路为尽端式，且交通方式单。

4. 公共交通不畅。无轨道交通，公交汽车使用率低

文化层面：

以川美为主的文化艺术区，包括坦克库、501 艺术中心、涂鸦街等，给街区带来许多活力，成为吸引外来游客的主要因素。

以交通茶馆、梯坎豆花、蹄花汤为代表，表现出重庆居民丰富的市井文化，体现了重庆市民悠然自得的慢生活状态。

总的来说，现状的黄桷坪地区区域差异明显，边界划分清楚，独立封闭性强，空间不够融合开放。产业划分明显，废置工业占地面积大，且成为人们进入滨水空间的一道巨大屏障。可达性差。公共空间层级少，且缺乏活力。但艺术氛围浓厚，市井文化鲜活。

（二）设计思路

作为一块具有浓烈艺术氛围的场地，本次设计将同时面临城市区域更新的重大抉择，这既是一次关于艺术、城市、人与生活的思考和对话，更是一次对于艺术如何介入城市升级、艺术如何衔接城市生长等的探讨。对艺术的定义有各种各样不同的诠释，而在场地踏勘的过程中，当地居民的生活场景所带来的触动是触发我们思考艺术为何的出发点。因此，我们认为生活的艺术是最贴近人们生活的艺术，由于川美老校区的迁出，地区的经济文化都在一定程度上有所下降，传统生活固然美好，但是为了当地的经济文化发展，新的生活方式和产业模式需要引入进来，而这些内容也需要相应的环境和空间设计作为载体。因此我们根据城市需求和当地物理环境特点设计了上中下一体的线性城市巨构，作为保护伞对原有的老生活进行一定程度上的保留，同时创造当代生活所需的环境，两者再通过中间的艺术空间进行连接，新与旧在这里相遇，继承传统，用于创新。新的城市设计为未来城市提供了一种范式，新与旧也是永恒不变的主题，天街实验性的为两种生活方式的对话和交互创造了条件和机会，把黄桷坪地区的地区活性进行提升。

于是，我们将引入一条艺术活力带，借助地形高差的优势，将涂鸦街与滨江电厂做一个直接的联系。通过打造艺术活力带，将区域发展成为文化创意商务区，吸引更多的文化产业进驻。活力带分为上、中、下三层，高密度、高容积率的现代快节奏城市向上生长，高耸入云；原有慢生活空间向下沉淀，与故土融合；上部形成具有现代感，适应快节奏生活的大体量，下部形成适应慢生活，对环境友好的分散小体量；并通过打造一条艺术天街，将上部与下部连接，形成一个艺术中间层，用以联系不同生活状态，交融过去与未来，让城市迸发出更多鲜活的生命力。

这将是一座面向未来城市的巨构，一个承载山城记忆的容器，一条连接彼岸的时空之索。

（三）设计过程

在确定了基本的设计思路之后，我们将关注点聚焦到如何去打造这样一座面向未来，交融过去的城市巨构。首先是对基地的再梳理。根据上位规划与基地现状，分别梳理了基地的道路、绿地、用

图 1 电厂烟囱

图 2 坦克库

图 3 交通茶馆

图 4 城市设计局部剖面效果

地等，形成了新的城市空间结构。在此基础上，我们试图去引入一条活力带。我们发现，涂鸦街可以称作是原先场地的活力带，这里集中了坦克库、交通茶馆、川美老校区、梯坎豆花、501 艺术基地等富有黄桷坪特色的场所，艺术氛围浓厚，具有很高的人气。然后将原有活力带延伸，将艺术氛围扩散至相对孤立封闭的电厂区与滨江区，形成基地范围内的活力带，作为探讨城市更新的一种可能性。至此，这样的一条活力带上将串联起基地内有价值的许多场所，诸如城市绿地、山地民居、电厂、烟囱、码头等。于是，我们将顺应基地自然地形地势，设计一条由涂鸦街至滨江的山地慢行系统。现有有价值场所将成为慢行系统的活力节点，并置入许多适应慢生活状态的城市公共空间。

其次，在对场地剖面进行分析后发现涂鸦街与电厂形成 14m 的自然高差，这就为从涂鸦街直接架设起联系电厂与滨江区域的空中巨构体提供了可能性，于是，这个空中巨构体建立起的是涂鸦街与电厂之间方便快捷的联系，体现其现代性。这样，基本形成了城市设计的大框架。在此大框架的基础之上，我们着手细化了慢行系统与巨构体的空间关系。并建立起一套更具游览性的空中交通体系。用富有重庆特色的缆车，将整个基地与更大区域范围做联系。针对不同的区域采取不同的更新活化策略。

涂鸦街：

针对涂鸦街的更新主要是将现有的艺术资源，坦克库，涂鸦街，川美老校区，501 艺术基地做一个整合，打造多层次的艺术廊道并提高现有道路的可通行性与步行性，将此作为整个慢行系统的开端。

山地民居：

基地内的民居建筑因为主要为 20 世纪 50 年代建造的工人宿舍，其很好地结合地形，形成丰富有趣的外部空间，极具山地特色。

工厂的搬迁与关闭，工人也纷纷离去，建筑无人打理，大多破烂不堪。我们将借鉴此种空间特色，对现有建筑进行改造，置入相适应的功能空间，形成灵活多变的慢行空间体系。

图 5 工作模型

图 6 讨论方案

图 7 头脑风暴

城市绿地：

原有城市绿地作为区域内少有的公共活动空间并未得到充分的利用，此次更新将利用绿地现有条件，结合山地特色与呼应艺术主题，为市民提供更多公共活动空间。

电厂：

电厂搬迁遗留下许多工业痕迹，曾经的亚洲第一高的电厂烟囱俨然已成为黄桷坪地区的精神象征。我们保留电厂主要厂房与烟囱，对其进行改造，将整个园区打造成工业艺术乐园，实现电厂的活化与再生。

滨江：

对滨江进行环境整治，沿着江岸延展，形成滨江绿地系统与慢行系统，打造独特的滨江景观。

对不同区域的梳理结果是基本形成涂鸦街，空中艺术街道，城市公共空间，再生电厂，空中创客乐园五个复合功能区块，其将融合文化创意产业、旅游休闲产业与商务服务产业。全方位地实现区域的活化与再生。

单体建筑设计分别为以黄桷坪的美食为切入点的食物乌托邦、以满足不同目标人群的居住需求的多样态酒店公寓以及以烟囱作为精神象征的创意大工厂。单体建筑设计延续城市设计的思路，结合重庆山城的特色空间原型，形成丰富的建筑空间和独特的城市节点。

图 8 成果模型

（四）个人感悟

蔡梦凡：能够有幸参与到这次八校联合毕业设计中让我们有机会和其他几所优秀院校的老师和同学们一起交流，并见识到了各个院校不同的风采。8+ 联合毕业设计这个平台为我们提供了更多的可能性，让我们可以从更创新大胆地角度去思考城市问题与进行设计。老师们给我们的方案提出了许多宝贵的意见，虽有许多有待改进的地方，但在某些方面能够获得老师与同学们的肯定，让我们备受鼓舞。

丛思遥：参加 8+ 联合毕设对于我来说是既是一次对大学学业成果的检测，也是全新的挑战，从开题到最终答辩，无数次的讨论，数不尽的草图，最后促成了方案的产生，我这个这过程中成长，学习。相识 8+ 是我人生的一次宝贵经验，感恩老师们的辛勤付出，感恩队友的鼓励，感恩所有在这次活动中帮助过我的人。在我即将迈出大学校园的时刻，也祝福 8+ 联合毕设越办越好，成为更多建筑学子展现自我的平台。

梁又：与十校同侪与老师的黄桷坪设计之旅是这个毕业季最有意义的礼物，几个月的时光如白驹过隙，从同辈和老师身上看到并学习到了多元的价值观与设计观，也认识到去往一名优秀建筑师的道路还需上下求索。祝“8+”越办越好，成为毕业生顶尖的学术盛宴！

图 9 团队合影

蔡梦凡

丛思遥

梁又

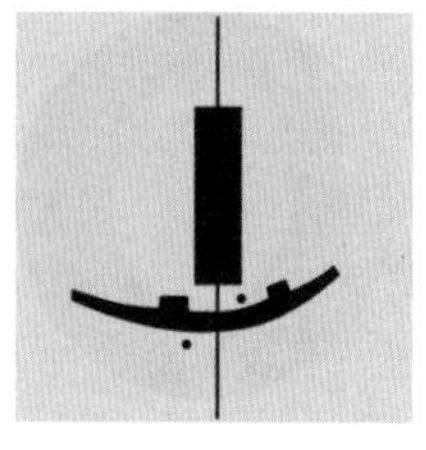

天街

沈阳建筑大学
设计：蔡梦凡/丛思遥/梁又
指导：赵伟峰/黄勇/孙洪涛/付瑶/李勇

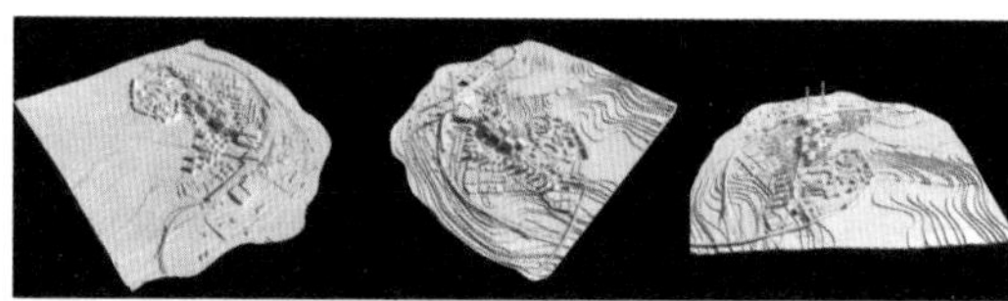

对艺术的定义有各种各样不同的诠释，而在场地踏勘过程中当居民生活场景所带来的触动是发我们思考艺术的出发点。因此，“老”生活最贴近人们生活的艺术，由于川美老校区迁出后经济文化都在一定程度上有所下降，传统生活固然美好但是为了当地的经济文化发展，新方式和产业模式需要引入进来，而这些内容也需相应的环境和空间设计作为载体。因此我们根据城市需求和当地物理环境特点设计了上中下一体的线性巨构，作为保护伞对原有的“老”生活进行一定程度上保留，同时创造当代所需环境。两者再通过中间的艺术空间进行连接，新与旧在这里相遇，继承传统用于创新的城市设计为未来城市提供了一种范式，新与旧也是永恒不变的主题。天街实验性地为两种生活方式的对话和交互创造了条件机会，将黄桷坪地区的活性进行提升。

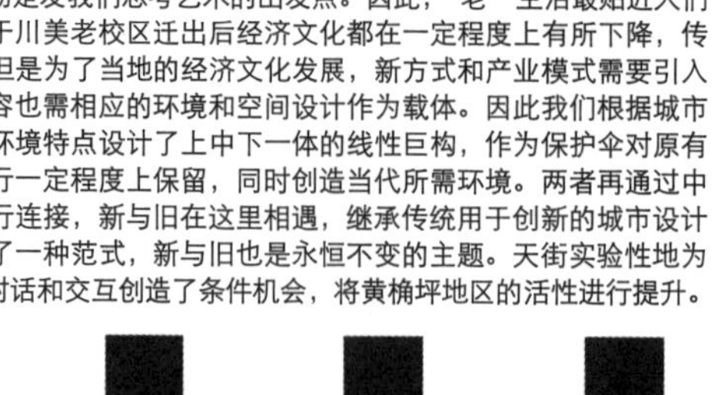

总体概念

场地剖面分析

剖面概念构思

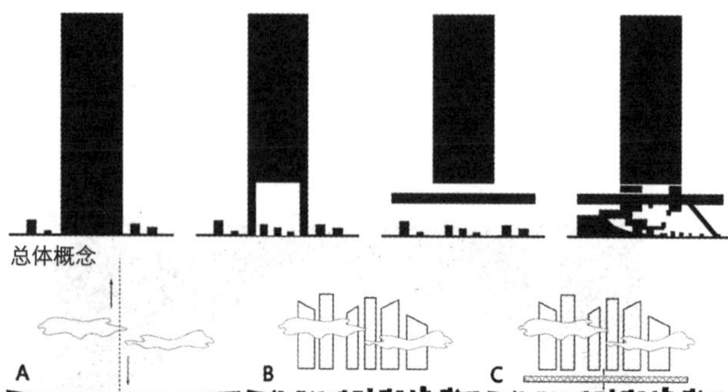

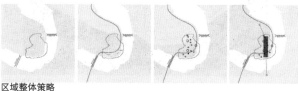

A 高密度高容积率的现代快节奏城市向上生长，高耸入云；原有慢生活空间向下沉淀，与故土融合。

B 上部形成具有现代感，适应快节奏生活的，对环境友好的分散小体量。

C 艺术在此介入，联系不同生活状态的人，交融过去和未来，让城市进发出更鲜活的。

场地梳理

区域整体策略

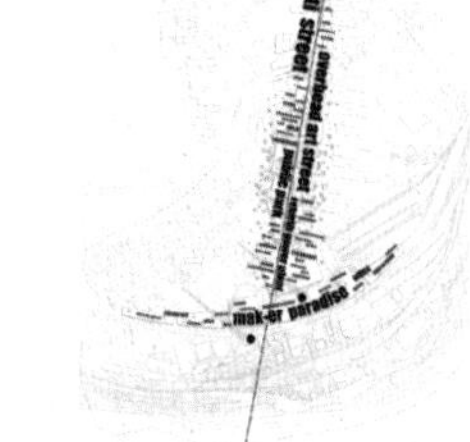

水平功能布局

垂直功能布局

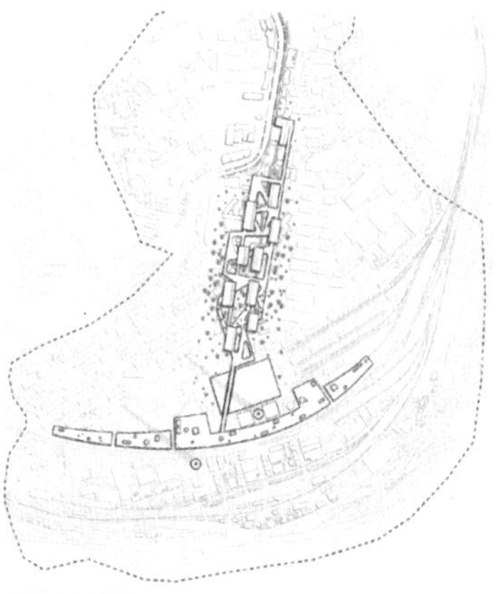

顶层平面图

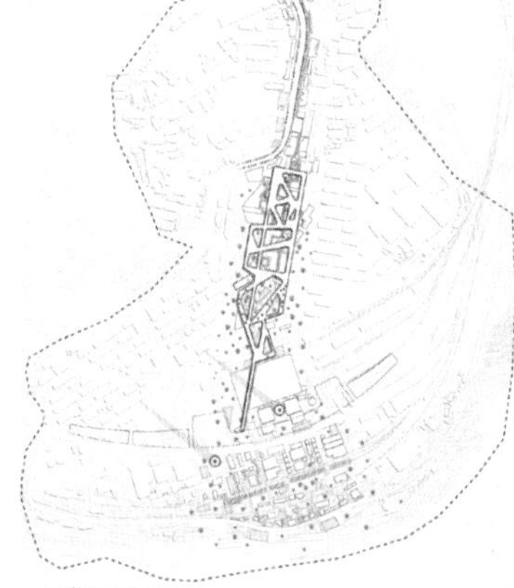

天街层平面图

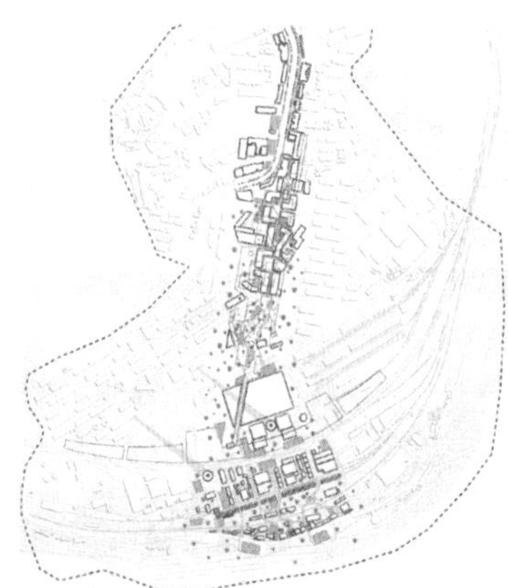

首层平面图

评语：

经过细致的现场踏勘与调查研究，学生从自己的视角出发，发掘包括艺术在内的诸多城市活力触媒，并赋予物质化的环境。难能可贵地抓住了新与旧这对永恒不变的矛盾，通过感性与理性的介入，提出一种颇具实验性的城市模式，比较好地解决了传统慢生活的延续和当代快生活的置入问题，为黄桷坪地区的城市更新贡献了属于年轻人自己的智慧。

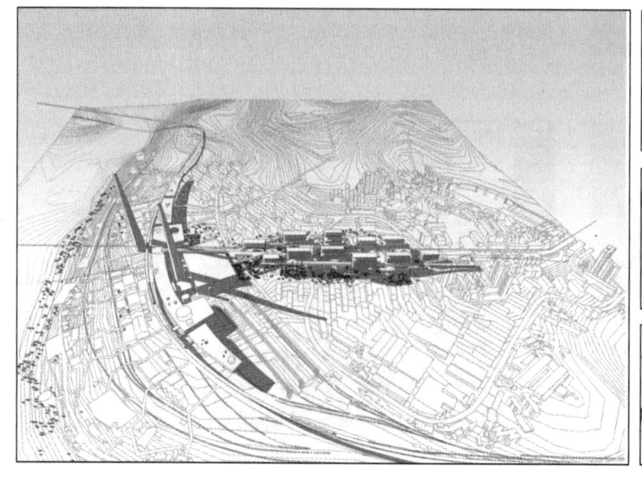

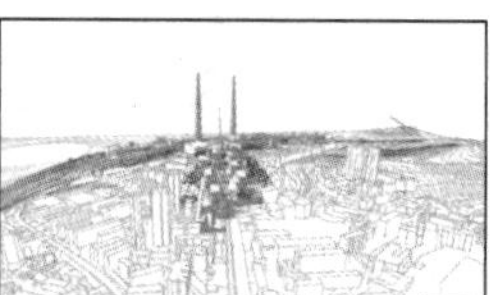

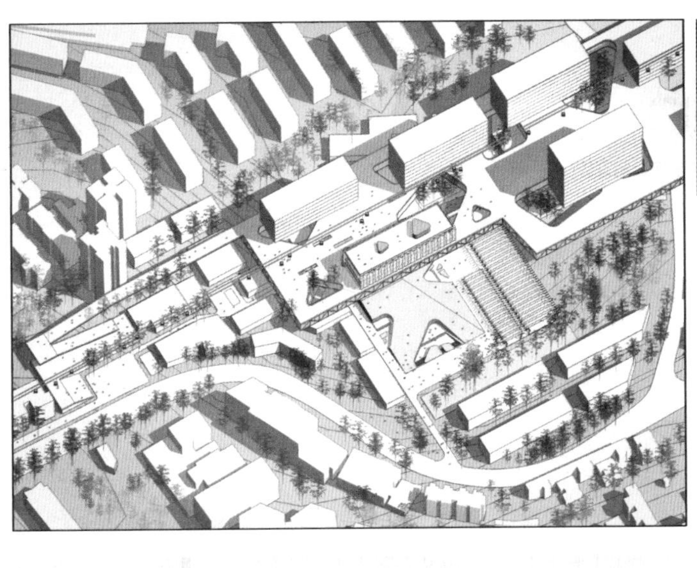

FOOD (mix)

尽管传统意义上的“艺术”逐渐抽离出黄桷坪的日常生活，但是传统食物作为当地独特的沟通媒介，在一定程度上代替“艺术创作”成为黄桷坪居民与外来人群的交互触点。食物作为人类的必需品与人们的日常生活息息相关，本方案试图创作一个综合的环境体系为食物及其延伸提供空间载体，延续传统饮食及制作文化，提供当代饮食环境可能性，并通过开放天街空间和地景建筑为关于食物的教育及展览活动提供场所，构建出食物的乌托邦。

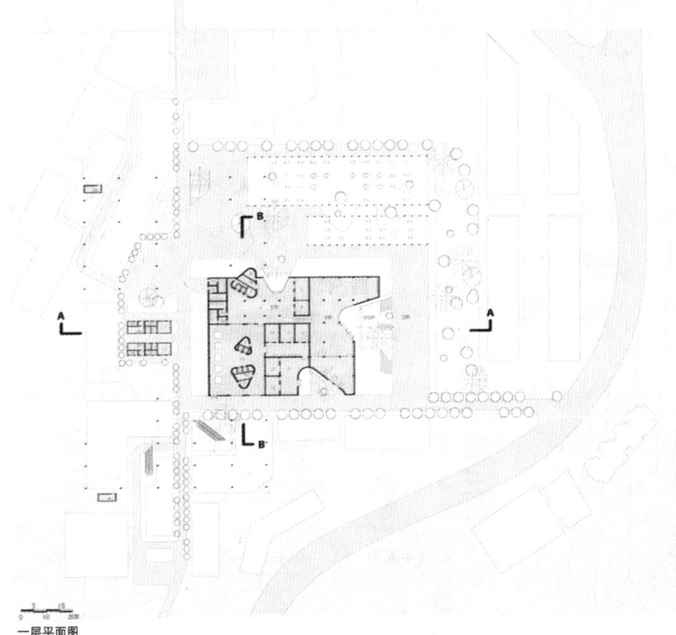

一层平面图

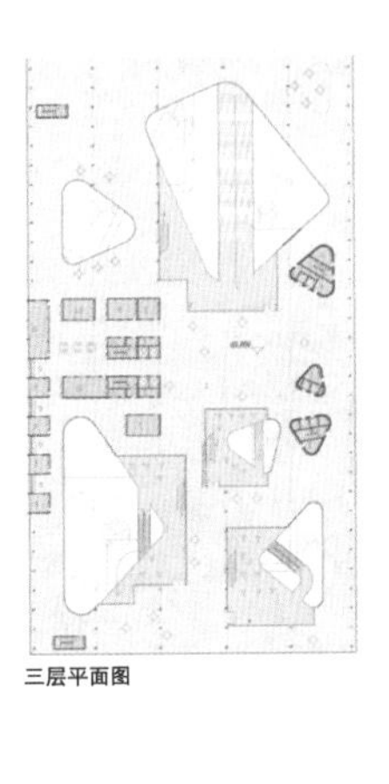

三层平面图

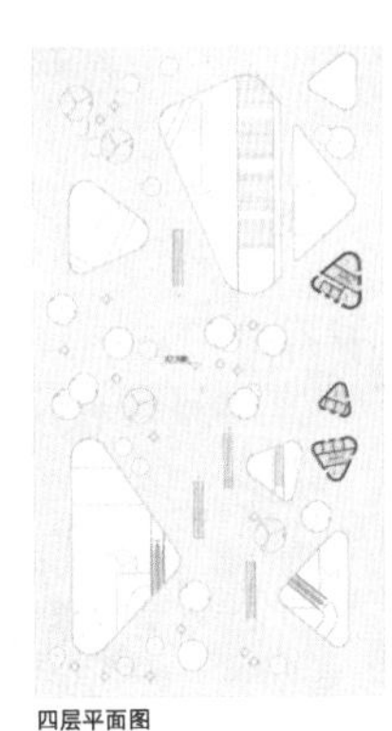

四层平面图

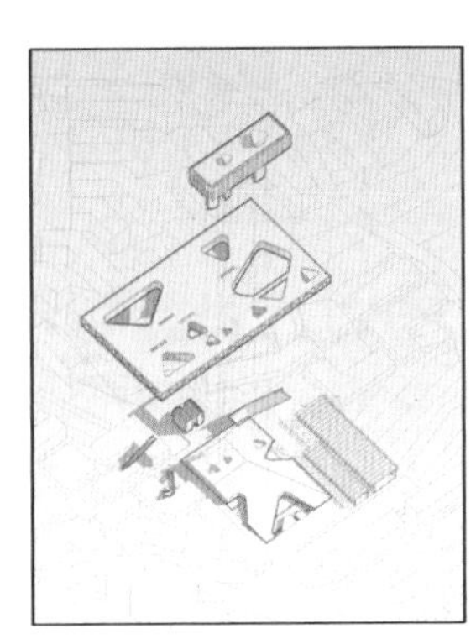

二层平面图

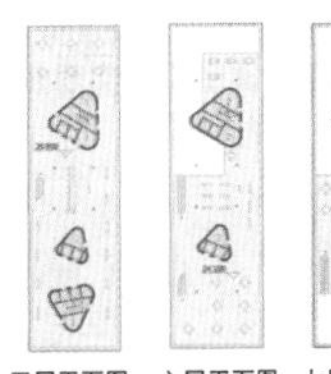

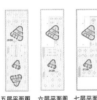

五层平面图 六层平面图 七层平面图

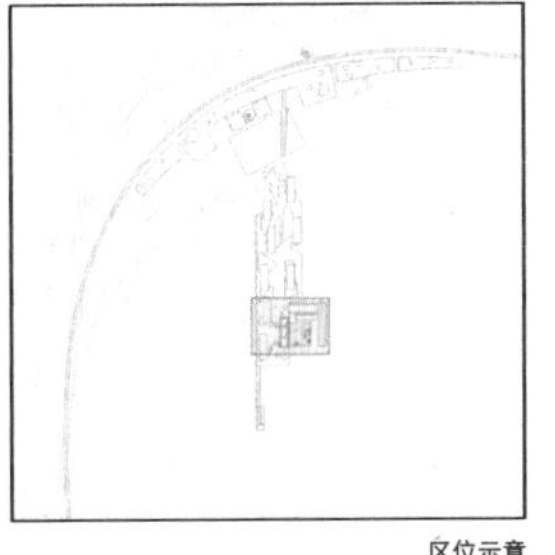

区位示意

A-A 剖面图

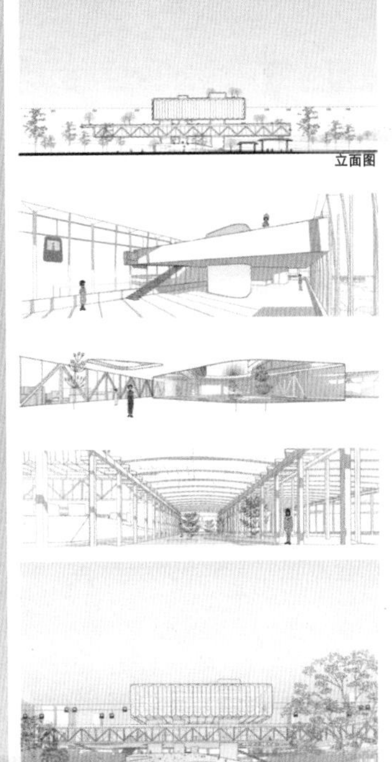

立面图

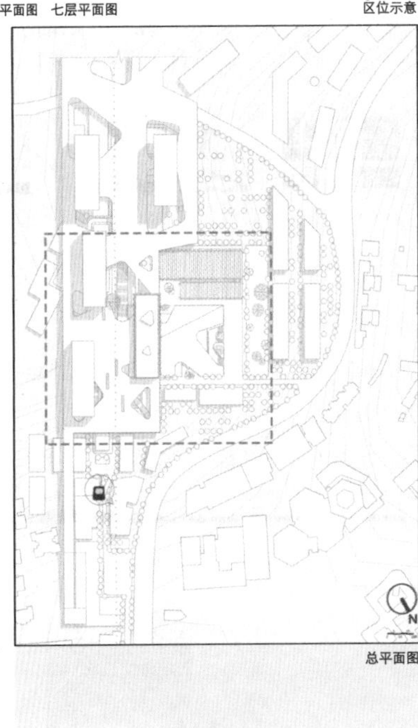

总平面图

B-B 剖面图

Hotel^mix

黄桷坪多功能、多样态酒店公寓设计

本酒店设计针对普通游客，创客与“黄漂”，旨在提供不同的居住体验模式。艺术天街将酒店分为上层的快节奏居住空间与下层的慢生活居住空间。上层居住与办公结合，形成共享办公与共享居住，适应现代生活。下层居住带有满足日常生活的大露台，适合长期居住的人群。天街层则包含餐饮、健身大堂等酒店附属空间。实现多功能，多样态的酒店模式。为城市带来更多的创造性与可能性。

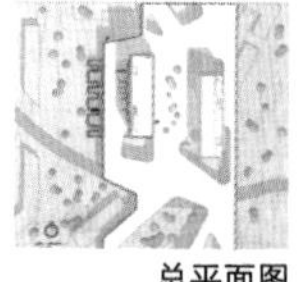

总平面图

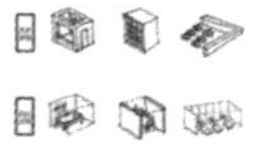

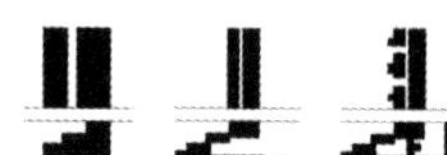

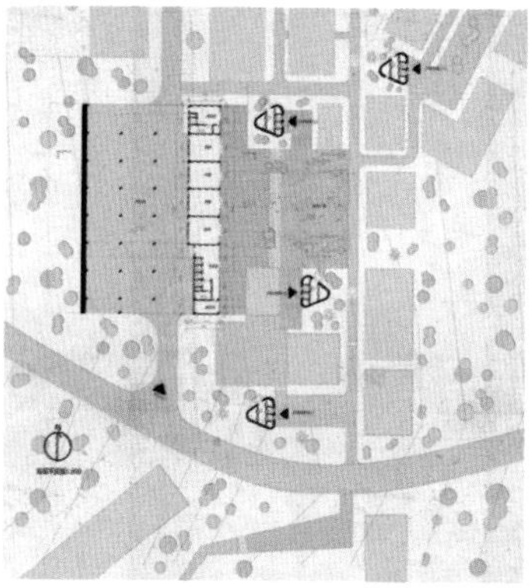

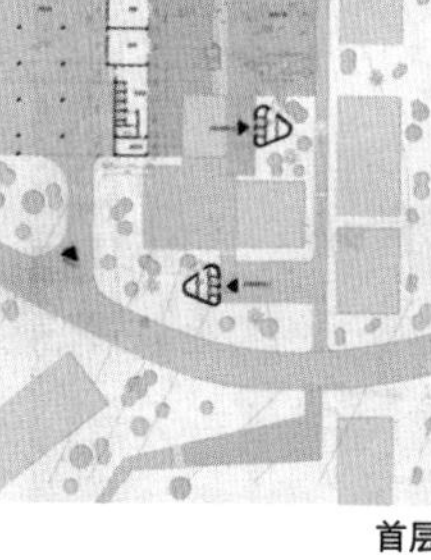

首层平面图

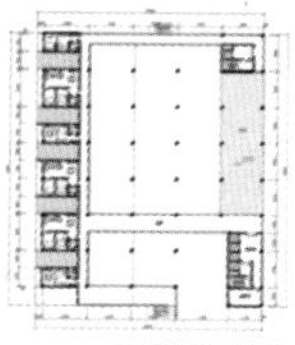

二层平面图

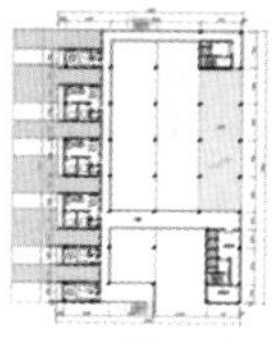

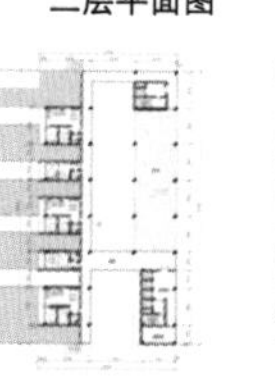

三层平面图

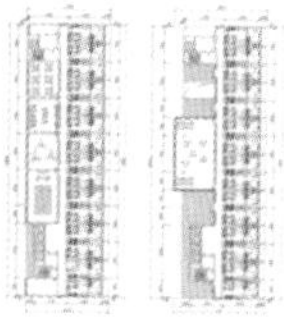

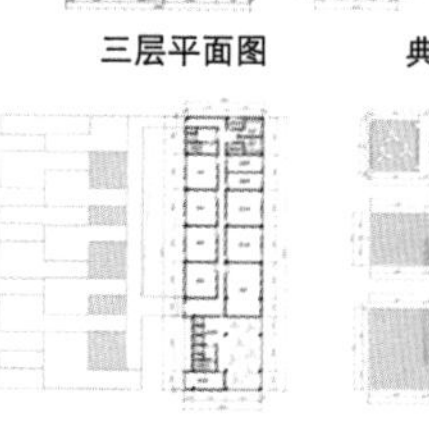

典型平面图

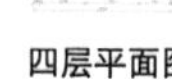

四层平面图

五层平面图

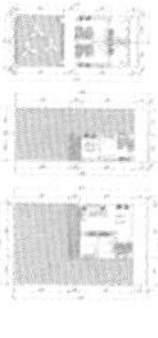

客房大样

六层平面图

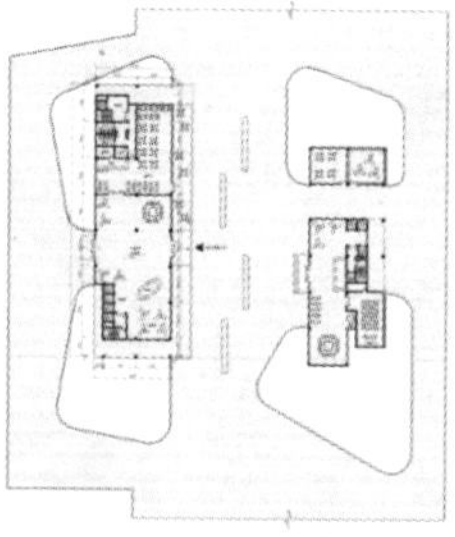

七层平面图

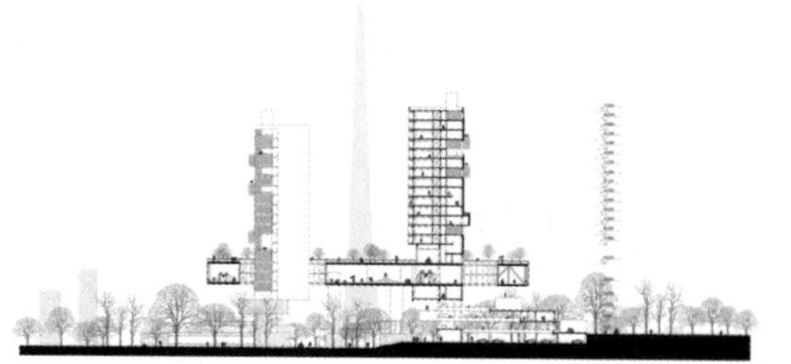

1-1 剖面图

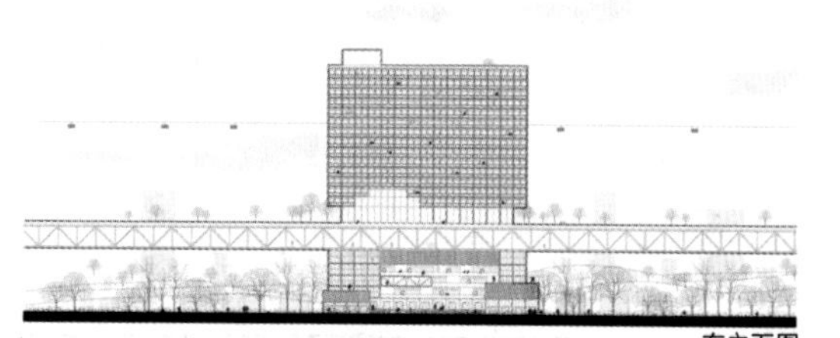

东立面图

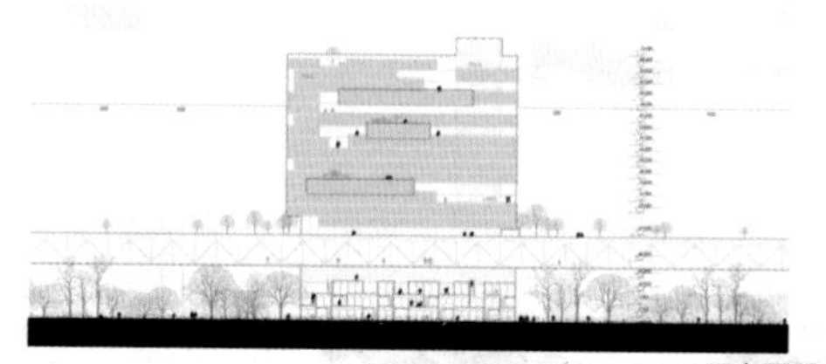

西立面图

WORKSHOP（mix）

本设计希望以烟囱作为场地的标志物，与天街相连，天街作为快节奏生活的发生器，形成当代年轻人的创意大工厂，利用川美老校区的艺术和资源和长江的景观优势，结合重庆山城的特色空间原型，形成丰富的建筑空间和独特的城市节点，有室外的路演剧场，供创客使用，大大小小的展览空间，给创客带来商机，旧工业厂房被改造，赋予新的活力，新旧建筑形成的院落成为城市公园，为慢生活提供丰富的土壤。轻轨站是场地的第二入口，为该区域带来源源不断的市民和游客，该设计作为城市触媒，希望给九龙坡地区带来新的机会和活力。

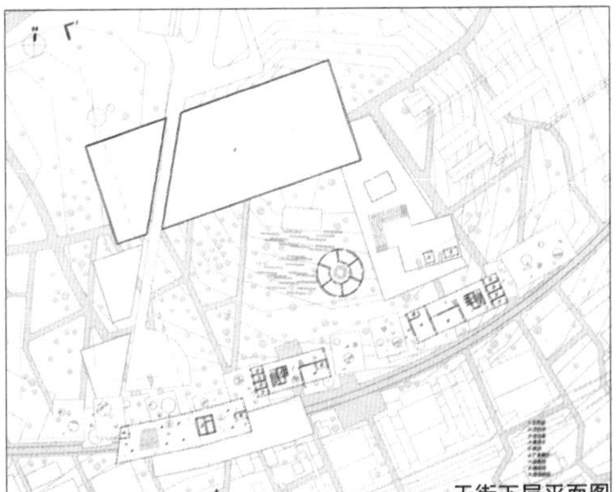

天街下层平面图

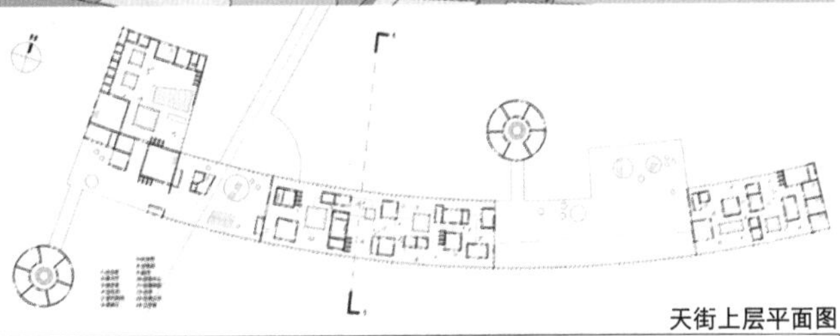

天街上层平面图

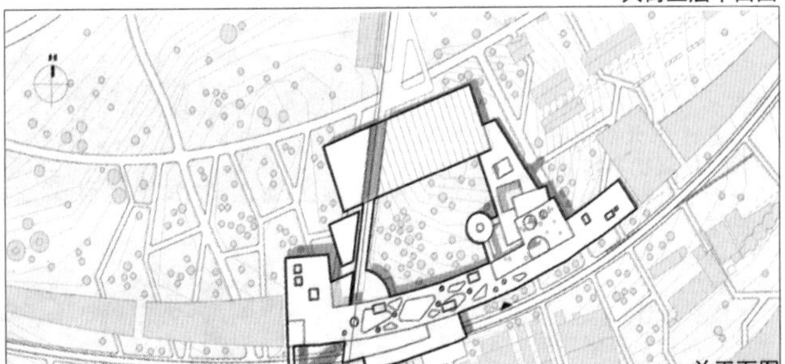

总平面图

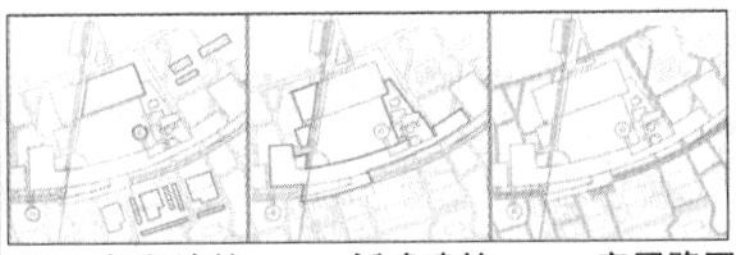

保留建筑 新建建筑 底层路网

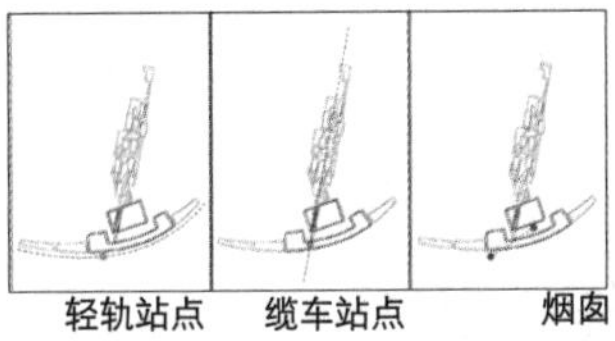

轻轨站点 缆车站点 烟囱

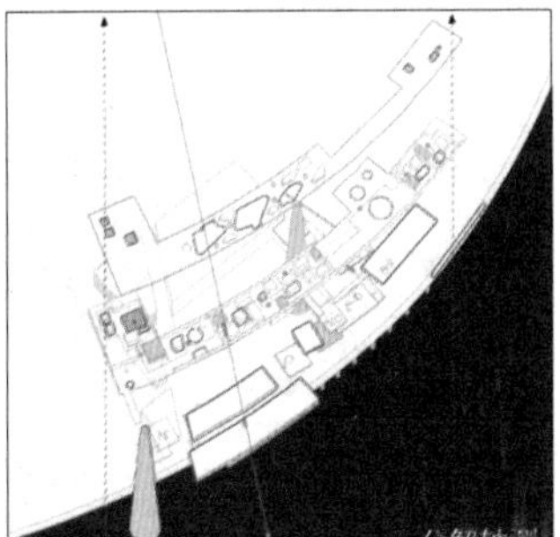

分解轴测

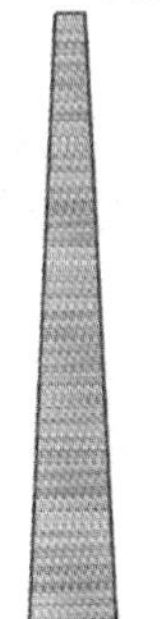

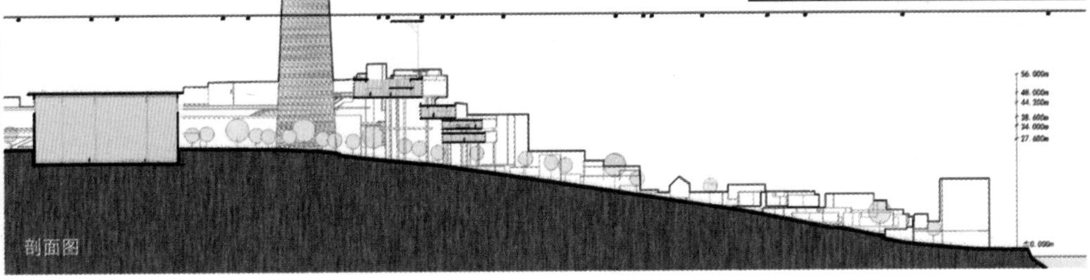

剖面图

城市起搏器
The pacemaker of city

沈阳建筑大学
设计：周嘉伦/于见鑫/赵思齐
指导：李勇/付瑶/黄勇/李勇/赵伟峰/孙洪涛

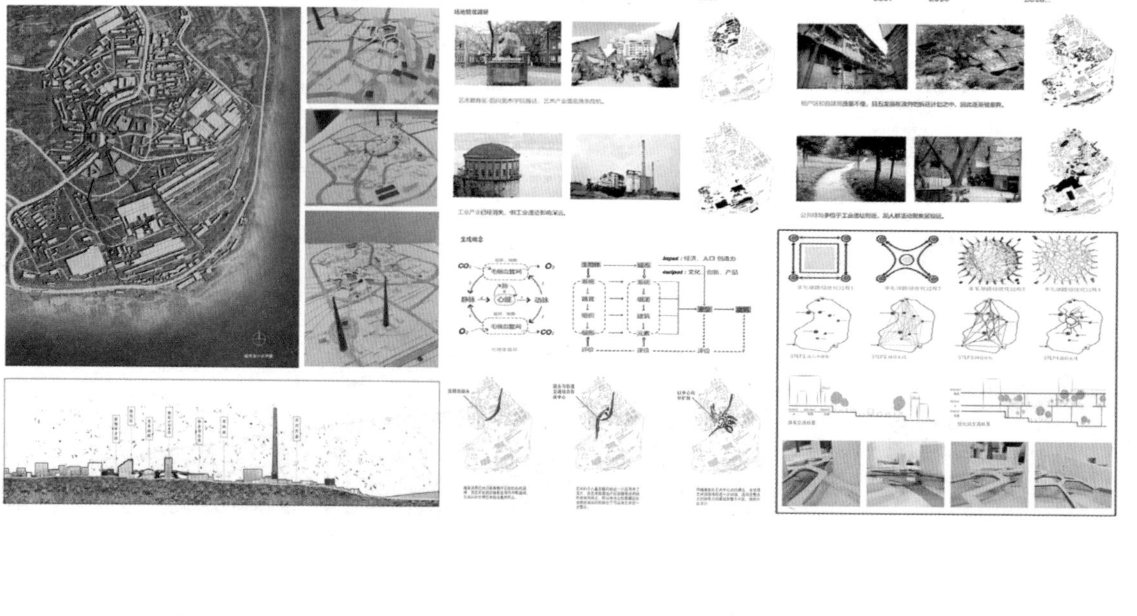

评语：

通过充分的调研，对黄桷坪现状有较深入的分析，针对该地区的发展提出了“城市起搏器”的构想，以期拉动城市活力。

依据设计构思及黄桷坪地区的发展规划确定了新建核心区的功能定位，通过可行性研究确定了规划方案，根据规划方案进一步确定了建筑性质、规模、道路系统等等。城市设计充分体现构思，以环形艺术中心建筑为核心，以引入的高架自行车快速路和地面道路为脉络，附以商业中心、市民服务中心、住宅、公寓等建筑，构建新的城市形象和经济增长点。

单体建筑设计方案功能合理，形式统一且有个性，与场地有较好结合。艺术中心方案汲取部分地方建筑元素，保留部分原有建筑，特色较突出。商业中心方案体量关系较好，内部空间较丰富。市民服务中心方案结合原有砖窑的改造，形成特色。

黄桷坪2025复兴计划——从涂鸦街到艺术环

基于城市运动与城市探索的再创造

艺术环以文化创意产业为主体，意图跨界整合各类社会资源，创造一种将运动休闲、文化艺术、时尚创意有机融合的本土生活集群空间，满足多元化的现实需求，成为持续激发黄桷坪的城市起搏器。秉承“当代手法、历史记忆”的建筑理念，尝试将这种带有集体主义理想色彩的社区空间模式转化到艺术环当下的建筑模式与设计语言中，融集体记忆、地域特色与现代生活方式于一体，为现代城市的多样化生活提供一种更具当代性的社会容器。

概念生成

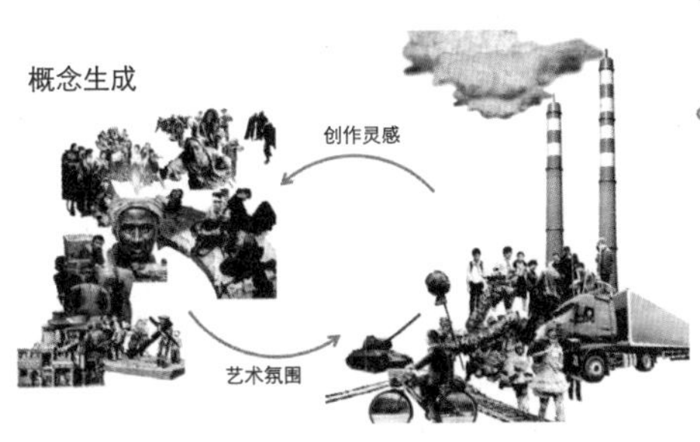

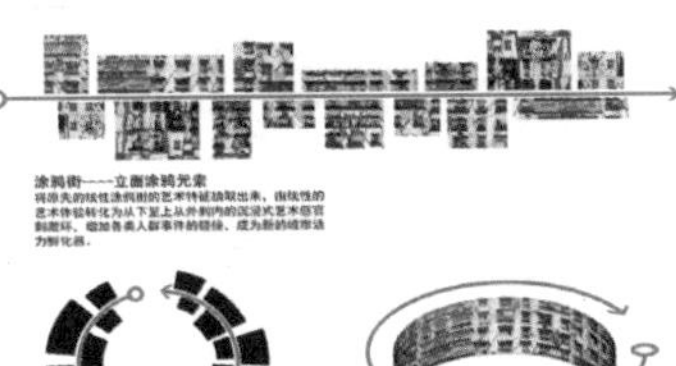

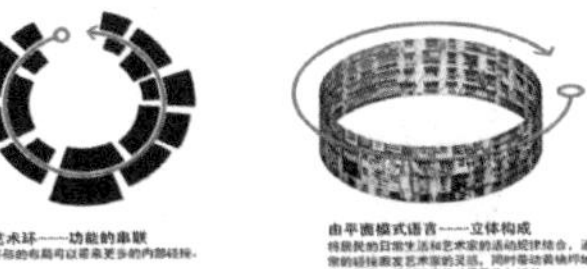

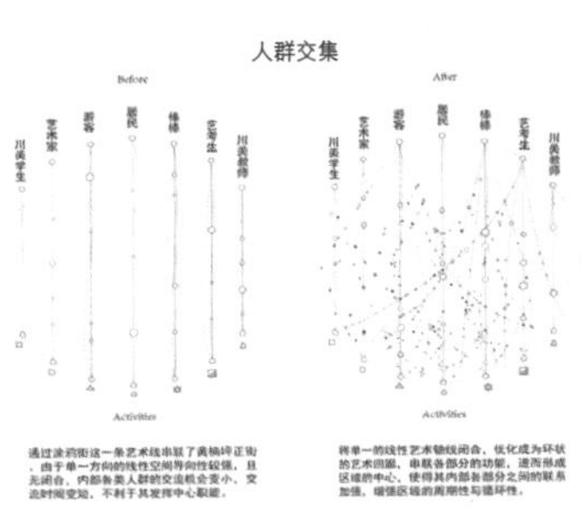

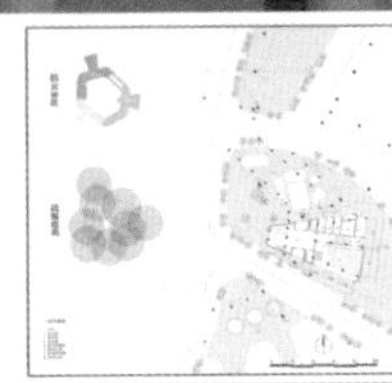

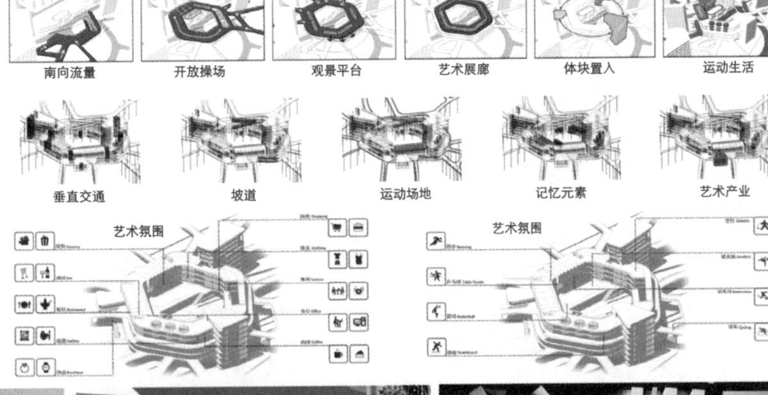

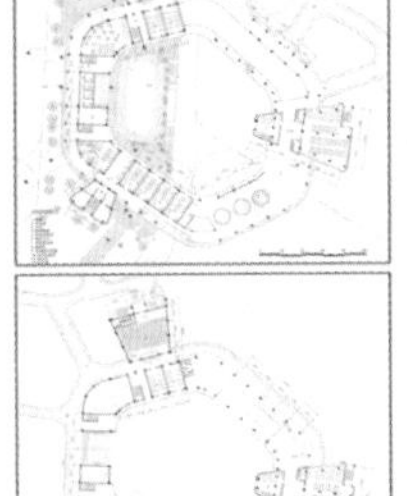

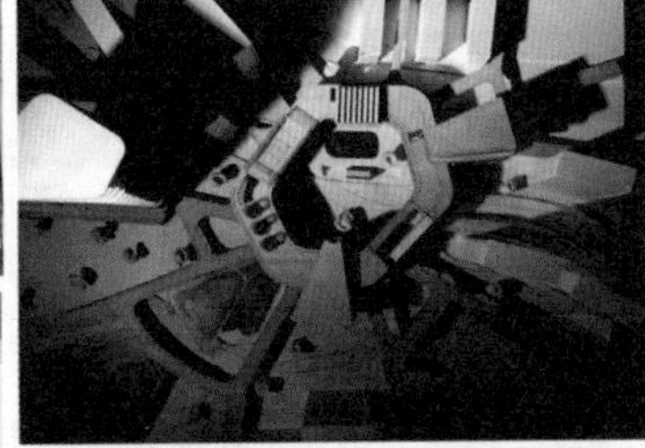

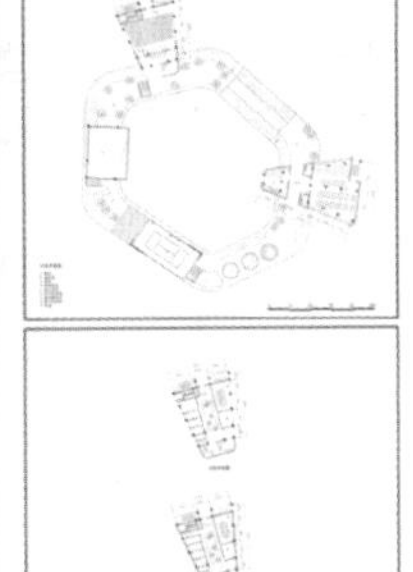

黄桷坪2025复兴计划——商业叠合体

复合型公共健身及文化中心

随着黄桷坪地区的由艺术环为中心的城市更新升级的完善，城市的空间格局必将由片区中部核心区向外发展。基地位于艺术环南侧，基地的西侧将担负对接城市空间，接纳城市主要人流、车流、物流以及信息流，而基地南侧新规划的城市道路以及城市轨道交通站点也在西侧龙吟路汇聚，故而为基地处的商业行为提供了强有力的客流保证。

建筑分为三个主要体量，东南侧体量为零售和餐饮，并将三层对城市开放空间进行放大，增强其公共性。中间体量为商业空间与城市空间的接驳部分，功能定位主要为超市。店铺、体验展览及影院，城市空间在二层与三层介入，将内部空间激活，退台式的形体顺应山地空间特色。东北侧体量下部仍为商业部分，上部为办公高层，毗邻东侧公园，视野开阔，并具有良好的景观条件。

在城市设计阶段对城市空间的断面层次进行重新梳理，基于整合之后的断面层次，整个外部的空间层次更加有条理。便于城市公共空间从不同层次介入到建筑之中从而加强建筑与城市的关系。

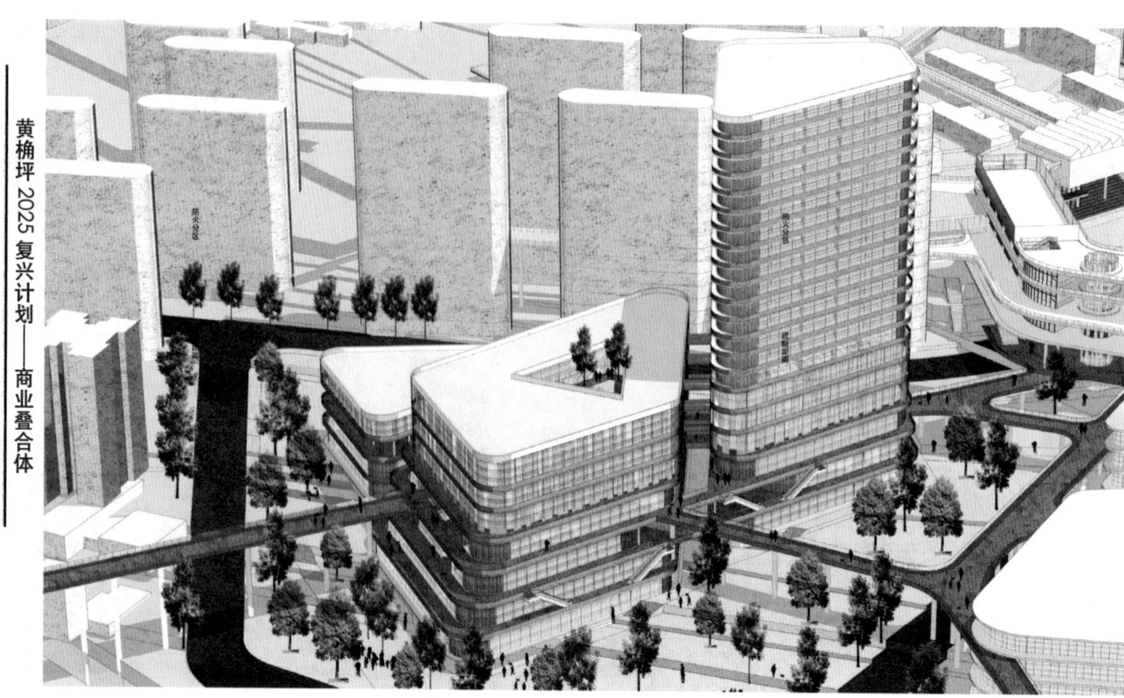

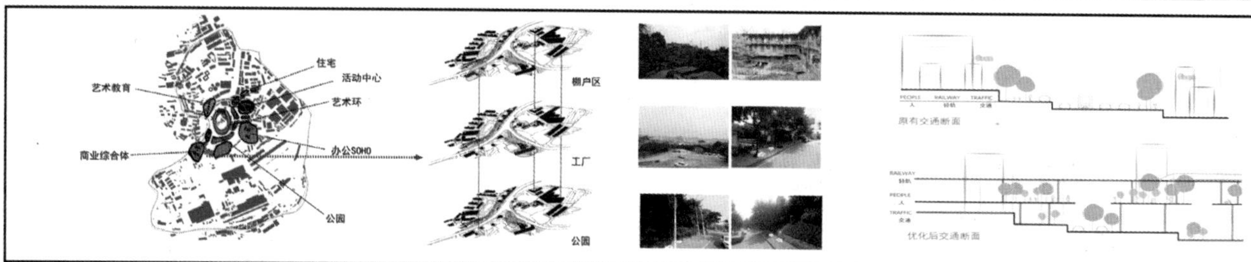

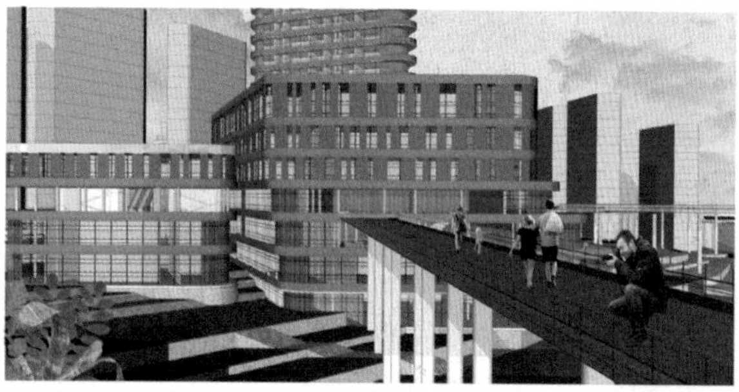

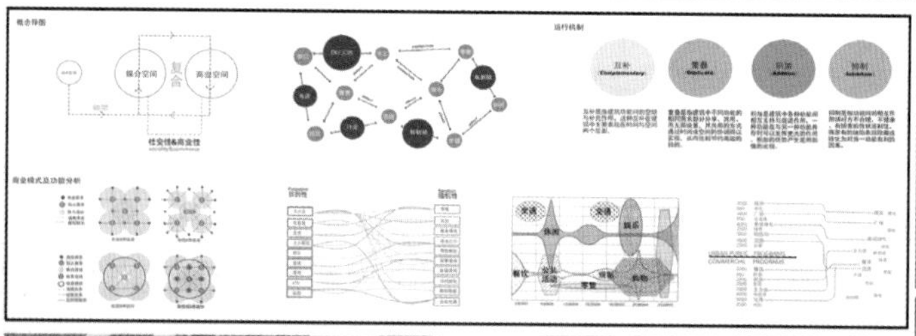

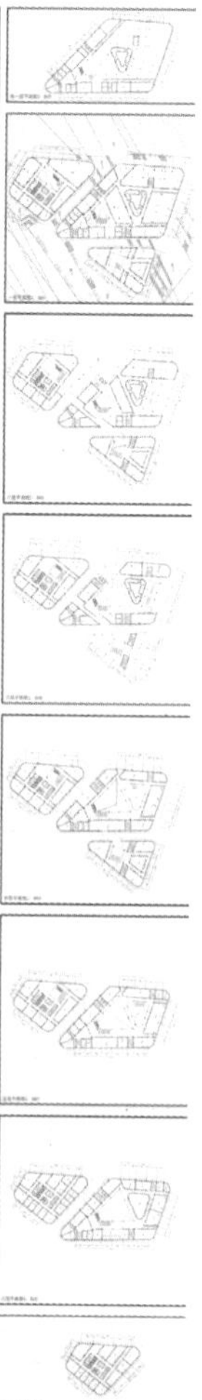

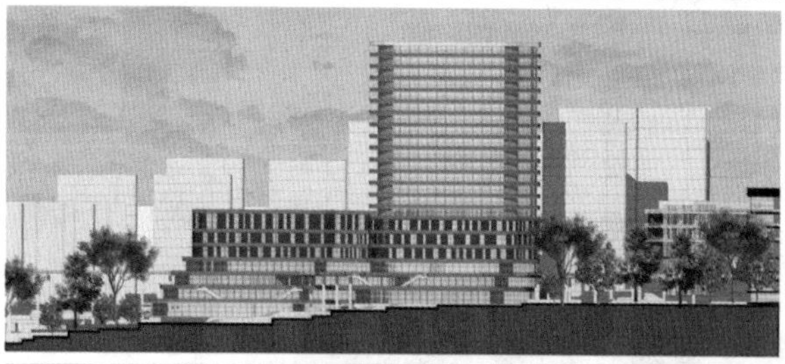

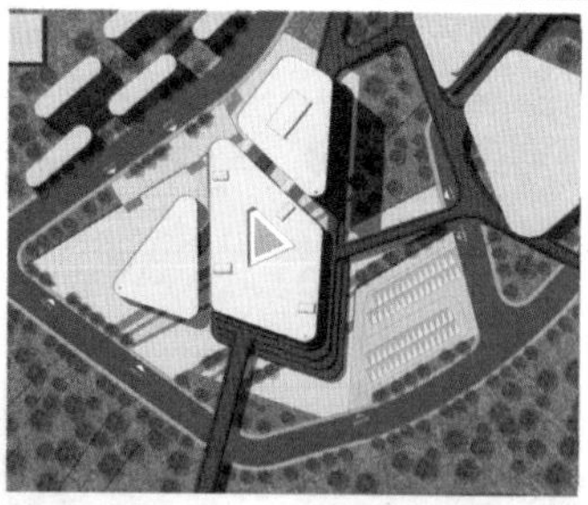

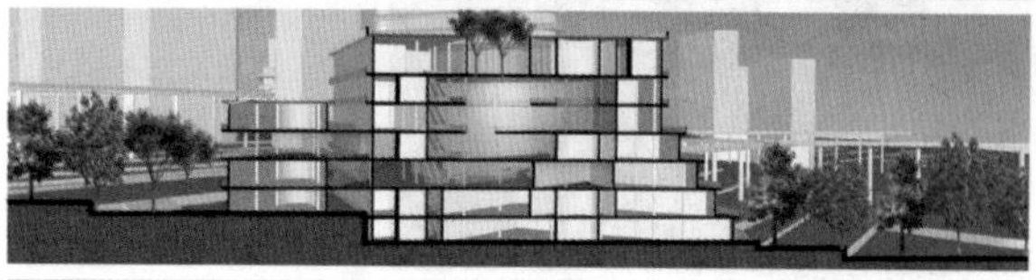

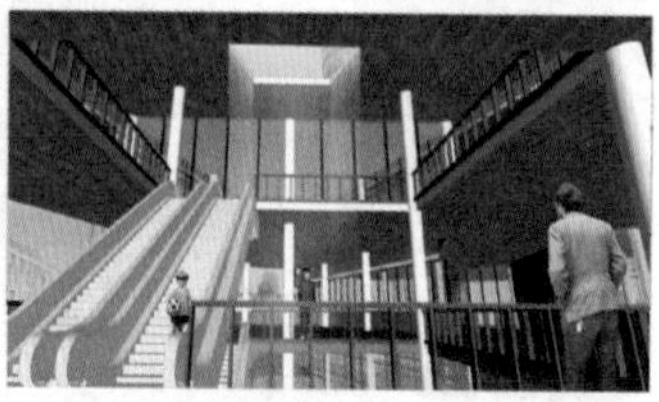

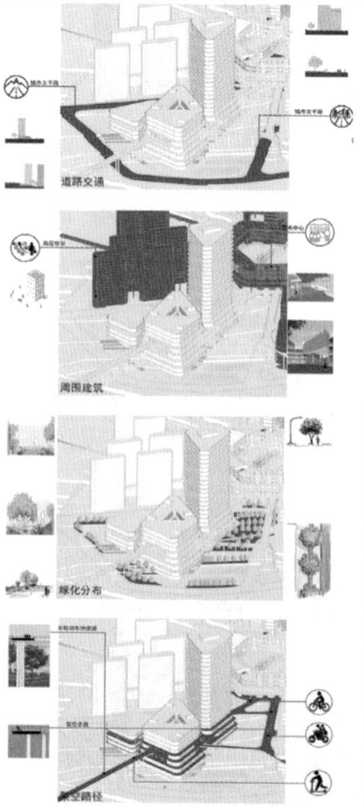

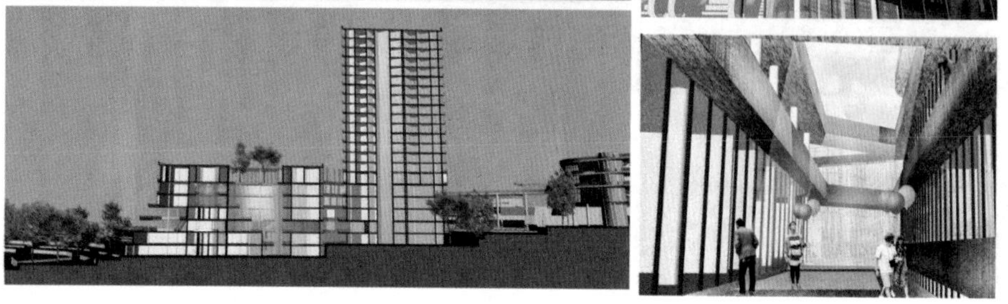

以重现黄桷坪地区生活场景、改善市民休闲环境为设计理念，旨在从交往空间、共享空间、休闲活动空间之间的关系探究在新时代下的市民活动中心空间及功能的组织模式；使市民在活动中体验生活场景的再现和黄桷坪地区特有的市井文化。同时，深入研究山地空间设计中城市公共空间与市民活动空间的结合方式。

设计运用了底层架空、屋顶活动平台形成开放空间的手法，延续山水相连、城乡一体的规划和设计理念。结合城市设计中的步行网络体系与艺术环，发掘建筑单体与城市空间的关系，使城市开放步行体系有机的介入单体建筑之中。在顶层放置自行车道入口，并设计了自行车停车。保留场地内部原有砖窑作为历史文化元素并重新赋予其商业景观、交通等功能；提取出空间要素应用于公共交往空间，形成下沉的演艺厅。

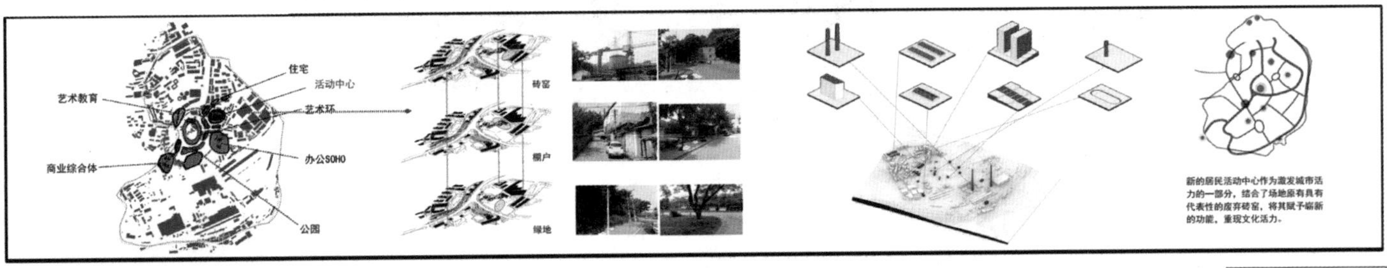

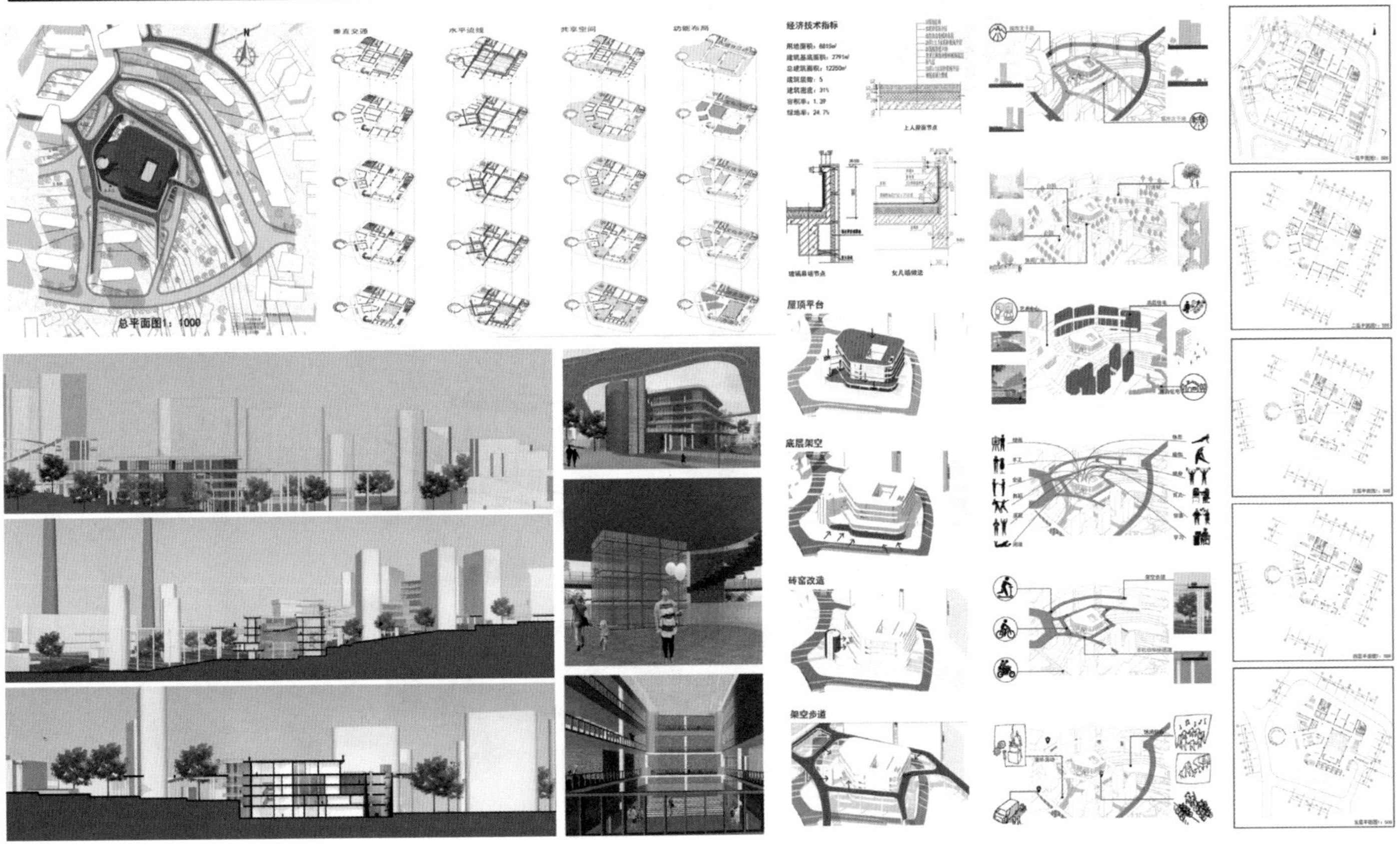

黄桷坪 2025 复兴计划——半岛文化再现

复合型公共健身及文化中心

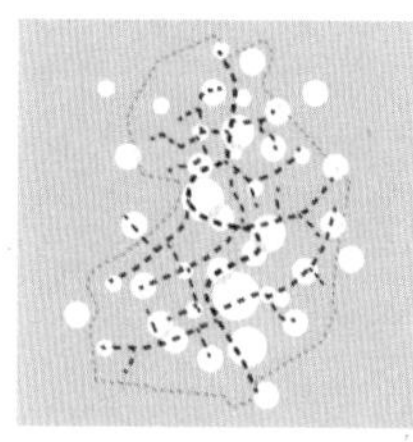

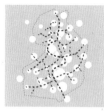

城市叠合——复合城市网络

沈阳建筑大学

设计：曾庆健/林永杰/孙慧

指导：黄勇/李勇/赵伟峰/付瑶/孙洪涛

城市叠合——复合城市网络

我们通过调研发现在整个场地中有许多等待着改变的单一建筑系统，比如老旧的居民区棚户区以及废旧的工业遗迹。而我们希望提取场地的基本元素与人的行为活动，并且加入新的活力源，进行叠加组合。我们在城市中植入一些片段，将城市中的商业、文化、交通、绿化、历史遗迹等一系列功能体联合起来，通过这些片段的植入来使这些片段也形成一个动态演变的网络，重新激活城市的活力。

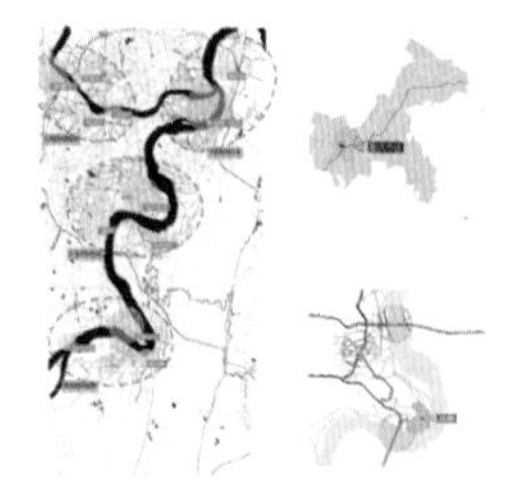

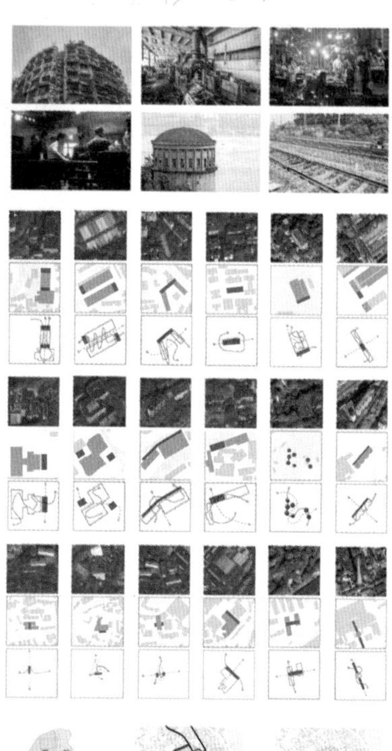

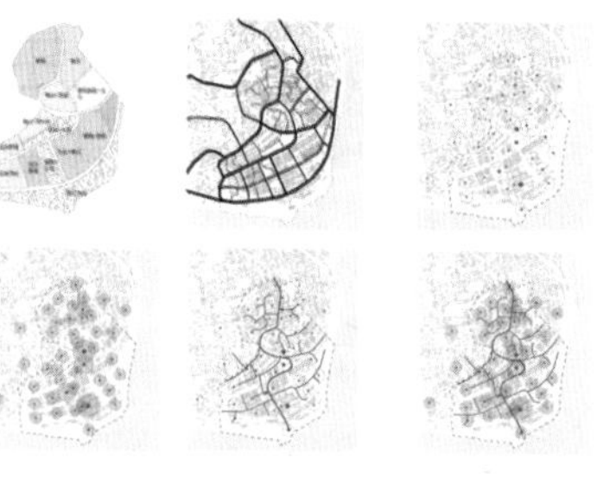

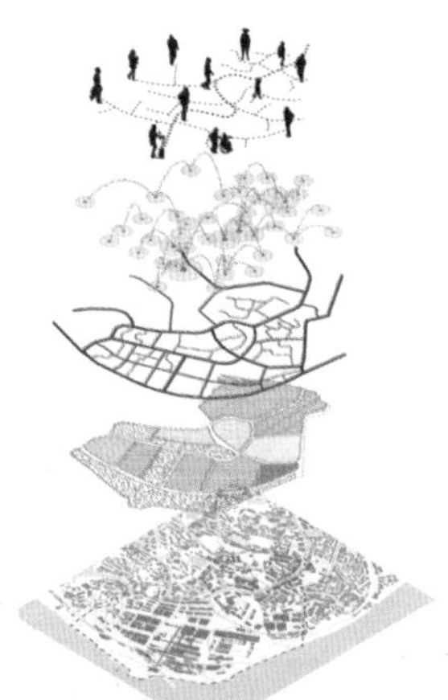

评语：

艺术介入城市，一个平凡而又充满挑战的题目，同学们充分发挥了自己的特长，精诚合作。城市叠合，充分体现出既有的问题思考和对未来发展的考量。将艺术这个熟悉又陌生的主题通过不同的方式展现在整个设计内容之中。单体建筑从地域和文化入手，在场地内选择代表性的点，进行不同体量不同功能的设计，贯彻城市设计的概念，最后展现出一个完成度很高的方案。

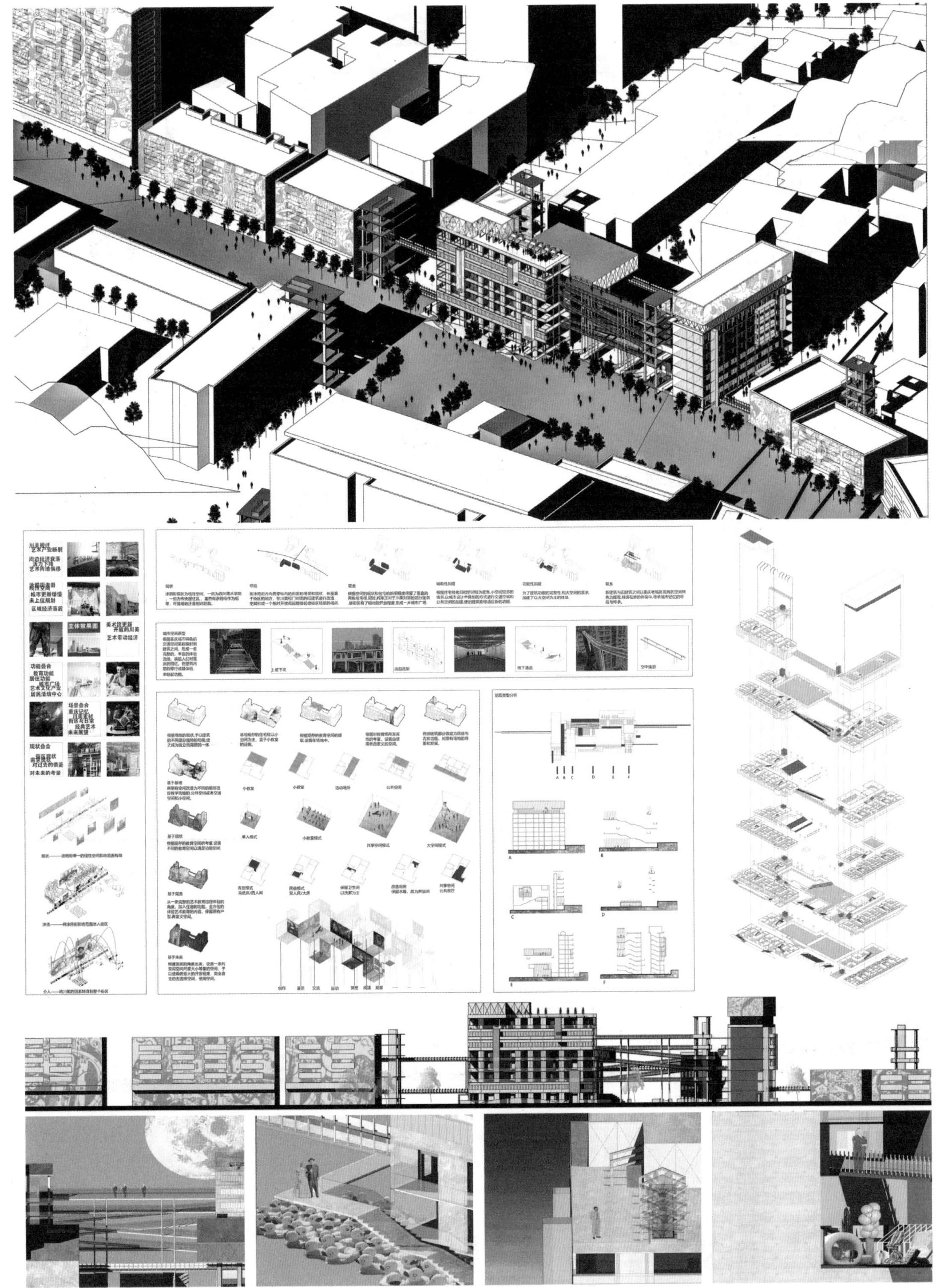

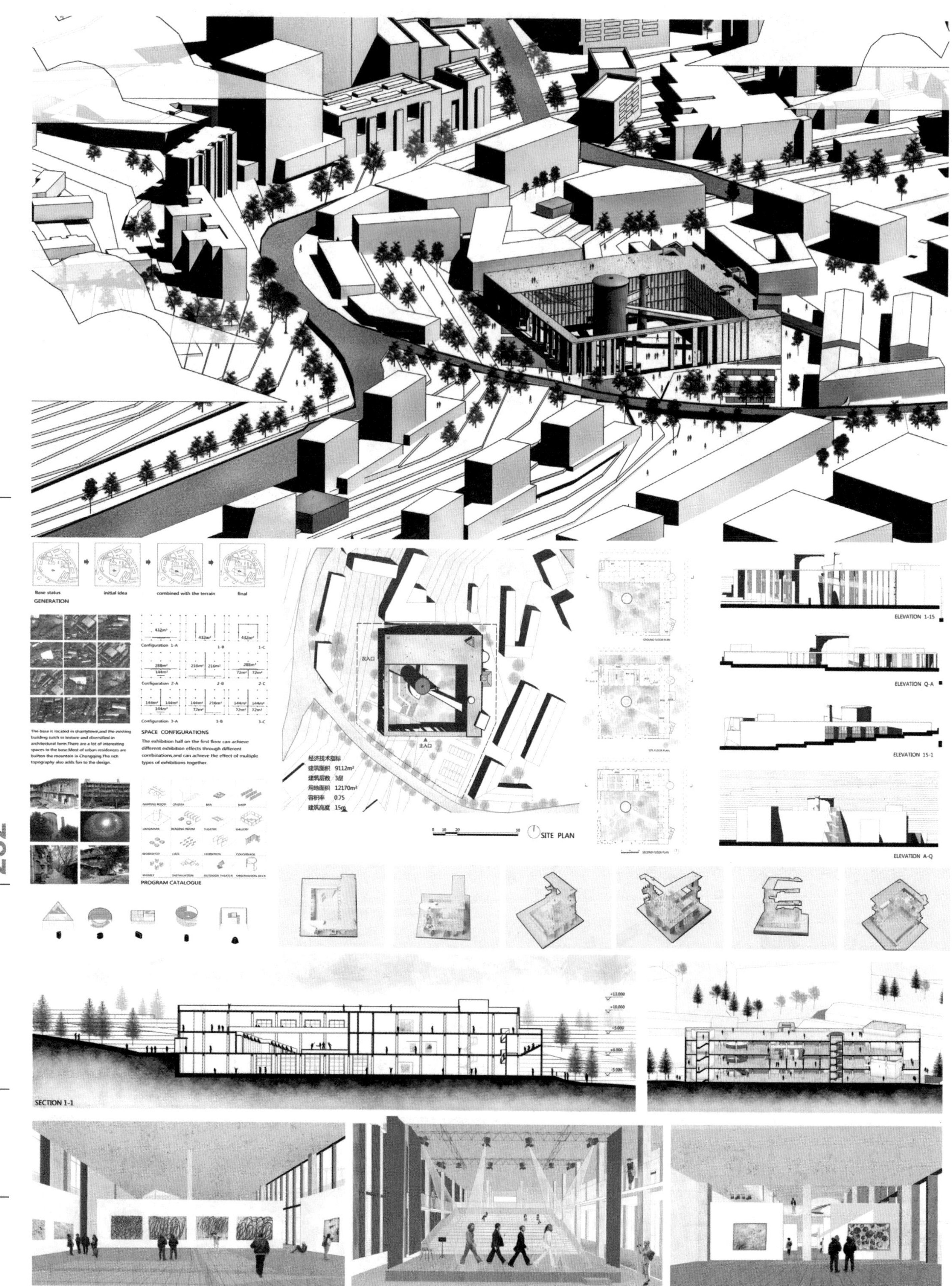
Base status
initial idea
combined with the terrain
final
GENERATION
Configuration 1-A
1-B
1-C
Configuration 2-A
2-B
2-C
Configuration 3-A
3-B
3-C
The base is located in shantytown,and the existing building isrich in texture and diversified in architectural form.There are a lot of interesting spaces in the base.Most of urban residences are builton the mountain in Chongqing.The rich topography also adds fun to the design.
SPACE CONFIGURATIONS
The exhibition hall on the first floor can achieve different exhibition effects through different combinations,and can achieve the effect of multiple types of exhibitions together.
PROGRAM CATALOGUE
次入口
主入口
经济技术指标
建筑面积 9112m²
建筑层数 3层
用地面积 12170m²
容积率 0.75
建筑高度 15m
SITE PLAN
ELEVATION 1-15
ELEVATION Q-A
ELEVATION 15-1
ELEVATION A-Q
SECTION 1-1

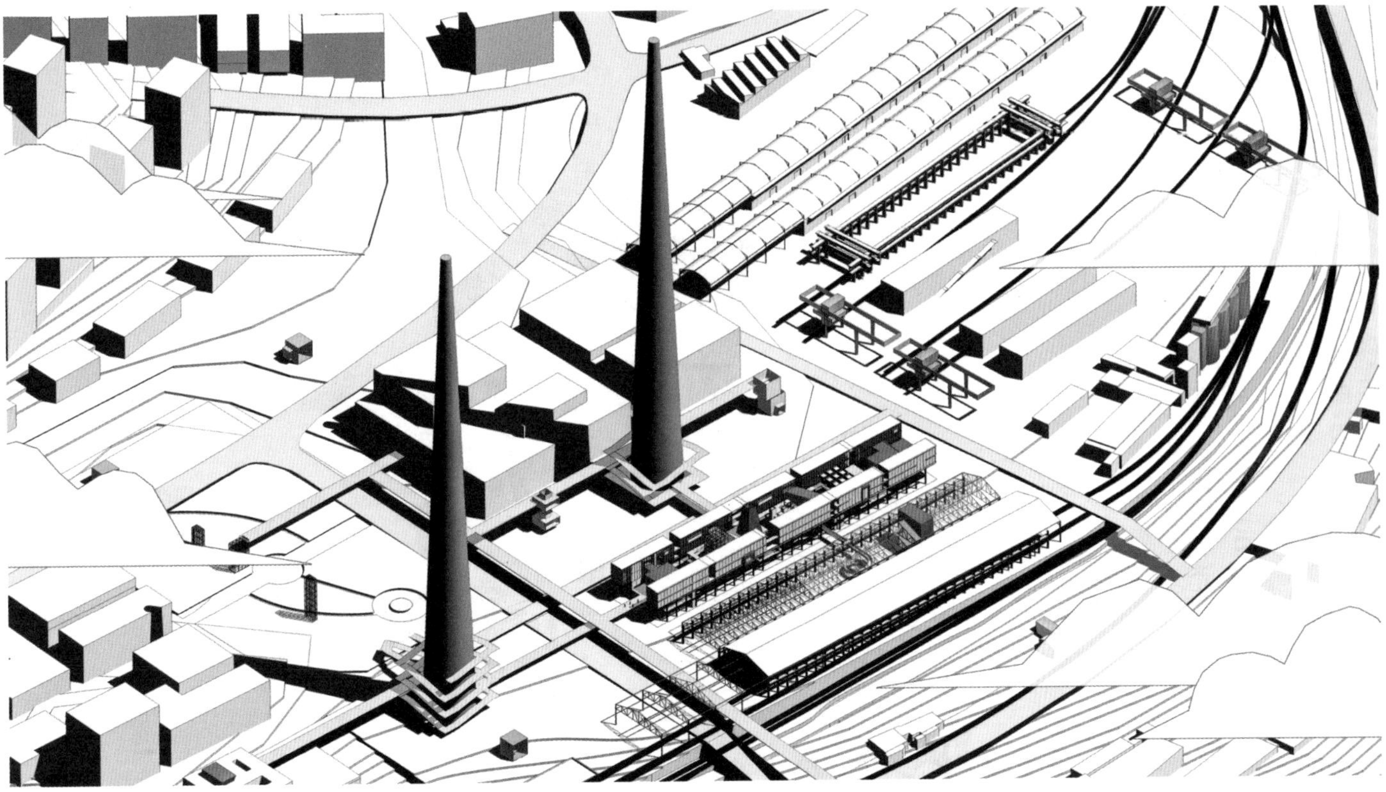

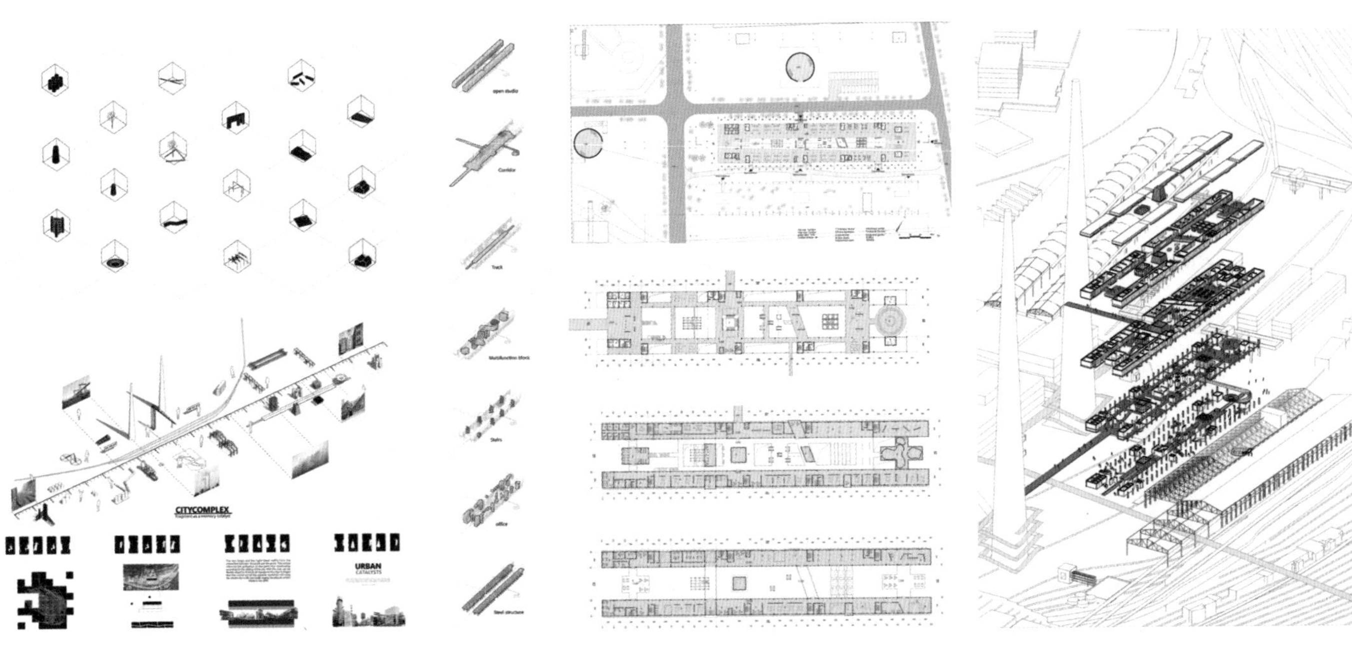

Track plays an important role in architecture. It is an important time and space clue in my space and behavior organization. It is also an important element space of tandem fragments.

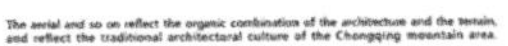

The aerial and so on reflect the organic combination of the architecture and the terrain, and reflect the traditional architectoral culture of the Chongqing mountain area.

Forming a between space around the track, as a medium to connect the whole building, is also the main line of the narrative.

The base of the base is the old school area of Sichuan Fine Art Institute with a long history and cultural tradition and high reputation, and on the other side is a power plant building with two top Asian chimneys.

茶馆+自下而上的城市复兴

Teahouses + bottom-up urban renewed

沈阳建筑大学
设计：刘沐鑫/闫岩/管怿杭
指导：付瑶/李勇/黄勇/赵伟峰/孙洪涛

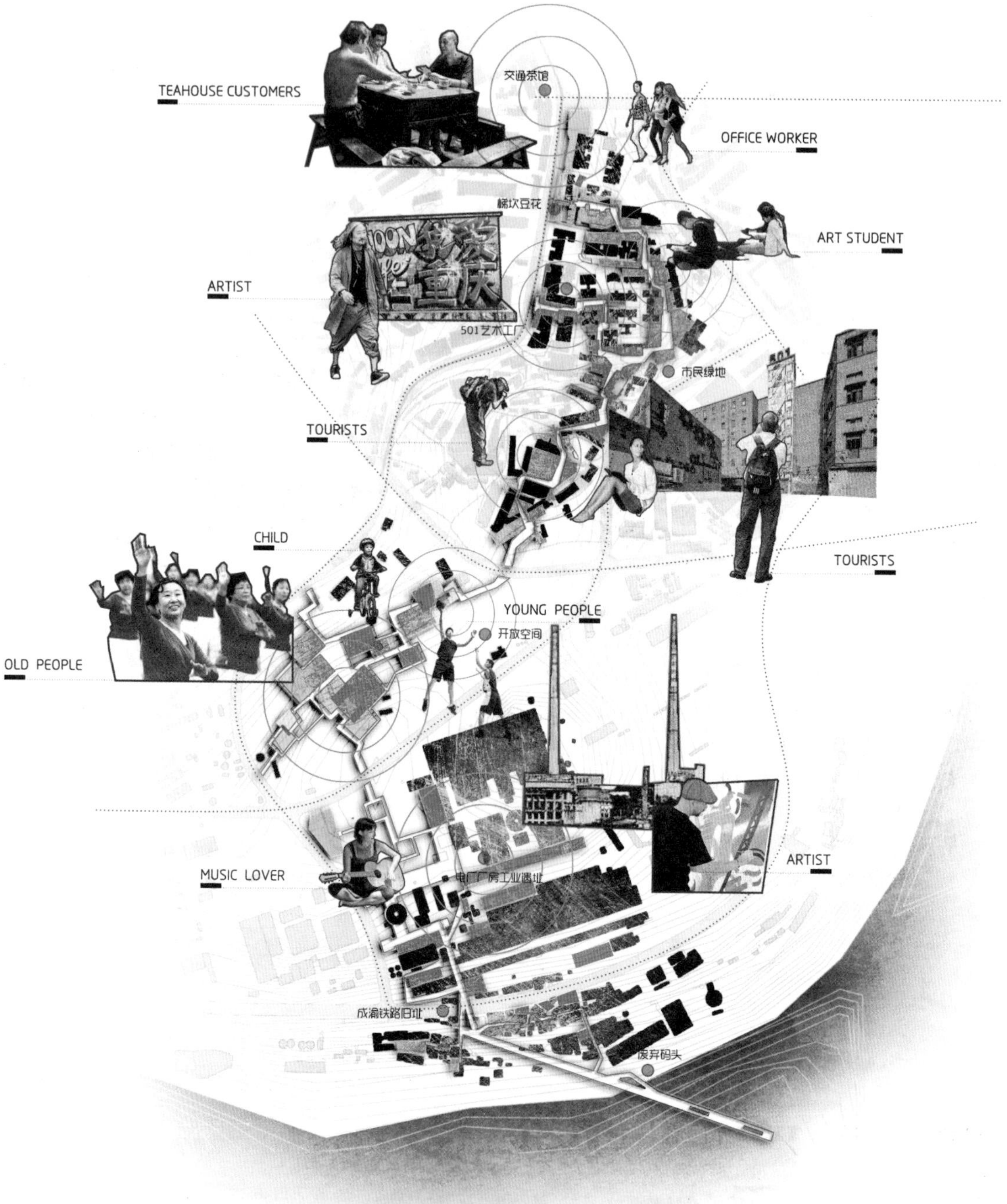

城市设计总平面示意图以及人员构成

评语：

本次毕业设计选址在重庆市九龙坡区黄桷坪。该方案以“茶馆+”设计构思，在城市设计阶段从分析基地内城市基础服务设施、交通系统等进行设计，对老百姓日常需求与访谈获得实际需求信息，建构以步行为交通方式，以满足市民日常生活需求为功能需求的城市网络系统。在建筑设计方面分析了重庆城市肌理，提出山地建筑空间特征，在市民图书馆、市民活动中心和艺术中心设计中依循山地空间模式进行深入设计，较好地实现了山地街巷空间与建筑的结合，富有地域特征。

为什么是“茶馆+”？

茶馆对于重庆来说是很重要的存在，它承载了恩多历史记忆和生活场景，是当地人民生活的缩影，是不可舍弃的生活方式和场所。但即便茶馆这样重要，传统老茶馆还是在逐渐消失，保留下来的屈指可数。究其式微原因，我们认为是周边人员的组成的变动，茶馆自身的类型和规模限制其发展，所以我们提出“茶馆+”的概念，以此来实现场所的复兴。

“茶馆+”应该加什么？

茶馆应该加哪些功能呢？这里我们通过城市规划和千人指标，当地人群需要，产业定位作为依据，来确定我们需要设计的建筑类型：文教类、体育类、艺术类、商业类。最终我们锚定了三类人群：上班族、当地居民和艺术家作为我们建筑的主要服务人群。而三个建筑很难改善整个基地现状，于是我们将其他承载生活和历史记忆的节点进行串联，形成我们现在的路径。

在建筑定点时，我们将：地形地势、城市人口热力图、交通便利情况、可视性、可达性五个因子作为我们选择建筑位置的依据，最终将文教类建筑、体育类建筑和艺术商业类建筑分别定位在居民区、城市开放区和商业艺术区。

“茶馆+”应该怎么加？

我们将交通茶馆作为我们设计的原型，对其进行分析和研究，并提取出其中的结构以及进行拆解，作为我们后续设计的元素之一。而我们更想要延续的是茶馆其承载的精神内涵，也就是二次功能。

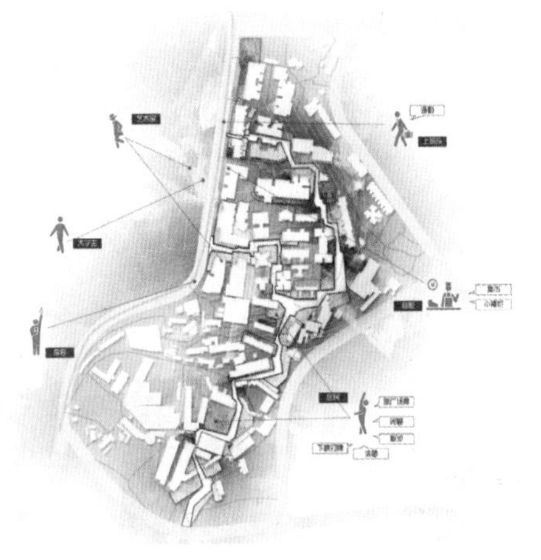

城市设计居民区部分平面图

对于不同的人来说，归属感有不同的含义，有的人归属感来自于自己，属于自己独处的空间，和自己的对话；有些人的归属感建立于他人的认可，以及集体活动。通过观察和分析，我们发现在茶馆中就有这样的两类人，他们所对应的活动也是不尽相同的，而他们的活动空间也略有差别。而对于图书馆而言，也有喜欢讨论和交流的人和喜欢安静阅读人群的区别，所以对应不同的活动在这个图书馆也设置了相应的大空间和小空间，这其实与茶馆中喜欢安静和喜欢喧闹的人群一致。

书本来就与灵魂相通，会让人从中获得慰藉。所以在这个建筑中，作为灵魂空间的“茶馆”演化成为多个空间，这其中有安静的场所，也有便于交流的场所。归属感就是这个图书馆在精神上和茶馆的相通之处。

而我们之前也对茶馆进行了结构元素的提取和拆解，在建筑设计中我们就对此进行了演化和使用，在视觉方面会让人们看到的时候和交通茶馆直接产生联想。

那么归属感究竟是什么呢？可能当你身处其中的时候就会找到属于自己的安全感，以及适合自己的空间吧。

茶馆 + 林先生下班后的安身之所

城市设计中，我们根据上位规划拟定了不同地块的用地性质，基地北端的地块性质为居民区。这里的建筑散乱无序，而且布局较为局促，但也因此，其山地步行空间较为丰富，其中有很多台地空间，重庆山地空间特征明显。

我们较大程度地保留了原有建筑，为了减少对当地居民的影响，多数建筑为山墙面对面路径。路径在涂鸦街和 501 工厂有两处入口，方便居民进入，其中 501 艺术区的入口也面向游客，方便他们深度体验重庆人的生活。

我们将通过这条路径和台地与周围的建筑围合成的空间，根据其开放性质的不同大致划分为较为私密空间、半开放空间、开放空间这三类。根据城市规划和千人指标，居民需求和产业定位，这里需要的公共设施功能的载体可能为建筑、场地和节点。然后我们将这些功能以其相匹配的形式置入这些空余空间中，为其拟定位置。

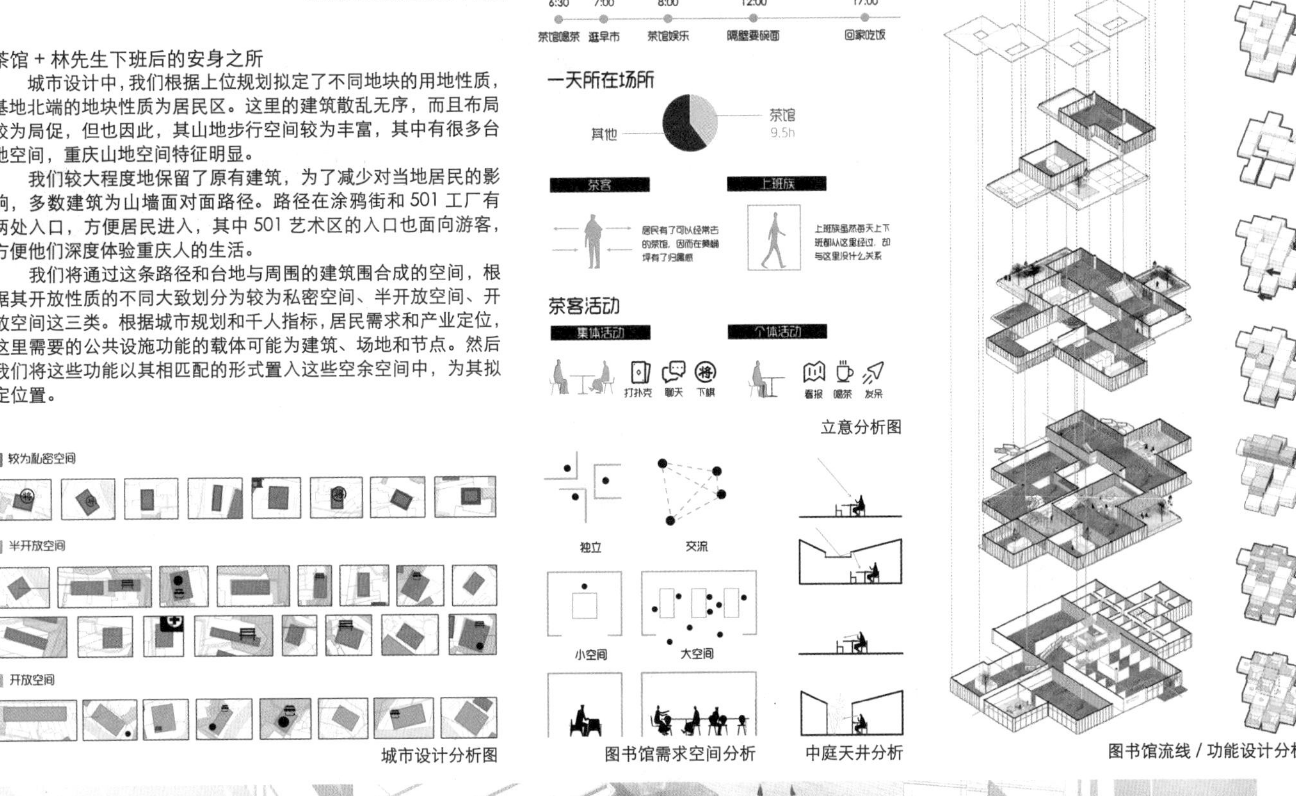

城市设计分析图

立意分析图

图书馆需求空间分析

中庭天井分析

图书馆流线 / 功能设计分析图

人视点效果图

(一) 设计区位

我选择的建筑类型是市民活动中心，位于川美北侧的原城市绿地和废弃厂房区域，场地高差密集，在整理过的山地道路和台地上放置市民活动中心。

(二) 设计原因

在前期调研的过程中，我们走访里老旧居住区，并对居住区内主要的中老年居民进行了问卷调查。居民们认为区域内的主要问题是日常活动场地的缺失，茶余饭后进行广场舞等活动的场地少之又少，甚至很多个广场舞团队只能分时间段轮流进行广场舞活动，非常的影响退休后的日常休闲活动。这些调研中发现的问题让我产生了要结合绿化场地做一个市民活动中心的想法。

(三) 场地设计

场地设计部分我对重庆传统街巷空间进行了调查和研究，提取街巷空间重的台地和台阶，台地设置在绿地上作为居民的室外活动场地。台阶结合路径沿高差布置串联用于活动进行的大大小小的台地。而活动中心的建筑主体放置在其中一些较大的台地上。

(四) 针对人群

活动中心主要服务人群有两类：

1. 四川美院学生为主的青年人，主要服务内容是一些年轻人的活动例如：球类运动、极限运动、健身游泳、表演活动等。

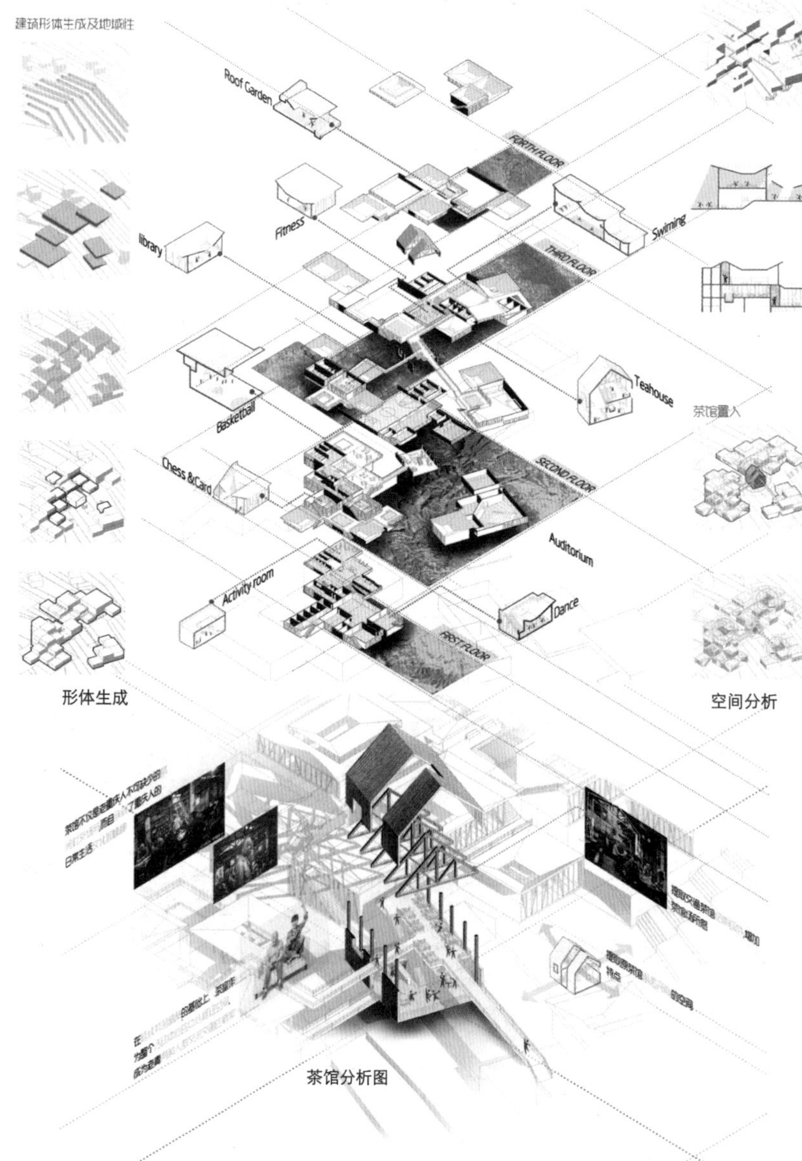

茶馆分析图

2. 以当地居民为主的电厂退休人员和中老年人。主要服务内容是日常中老年活动和重庆本地特色活动例如：跳广场舞、喝茶、打麻将等。还有一些满足讲座功能和展览功能的空间供两类人使用。

(五) 空间设计

建筑的空间试图实现一种重庆山地的特色街巷空间特点，巷口檐下的麻将桌，喝茶的老人，来来往往上下班买菜的人等特点。建筑体量较为破碎，有利于重庆炎热气候的通风散热，同时也更好地形成街巷空间的特点。功能的布置由于两种人群活动类型活动方式差距较大，我将对应两种功能的体量分开布置，分别设置出入口，同时对老人部分建筑进行无障碍优化处理，方便一些体力身体状况不太好的居民也能参与到日常娱乐活动中去。

建筑的空间处理手法上应对重庆的气候特征，设置了冷巷、出檐较长的坡屋顶中庭天井空间等手法来解决重庆炎热气候调节建筑小气候的问题。

(六) 茶馆置入

茶馆作为重庆人民的一种精神符号，我们将它的功能进行部分保留的植入到建筑中，在这里使之成为一个让大家进行休息休闲活动的场所。同时我将它设置在两个主要体量的连接位置，用于加强两种人群的联系，让茶馆在今天焕发出新的生命，成为一个联系两种人群的媒介。茶室的置入试图让人们在这里找回在茶馆中的归属感。

设计说明：

在建筑设计上，我选择了艺术中心这样的命题，利用老厂区遗留的烟囱作为符号载体，结合茶馆和台地特色进行设计。烟囱作为光筒，在其内部设置了远眺平台、交易演艺厅以及入口门厅。在烟囱东西两侧各设置了一个大的体量分别作为展厅空间和艺术工作室。使得整个艺术中心内部形成一个产业循环，由艺术创作到艺术展示，再到艺术交易，一体化。空间上，整个建筑底层采用大面积的架空设计使得人群能积极地进入艺术中心的建筑范围，然后通过各个入口的配合将人流引向融合了山地特色的各个平台和台地上，这些平台既可以作为艺术品展示的室外或半室外展场也可以作为人们室外活动，景观欣赏的场所。

切入点：

1. 在黄桷坪，艺术就是它的固有属性，很多艺术家认为黄桷坪是艺术的中心，这里的很多居民都会默认茶馆是生活的中心，在这里的人们可能不会很清楚的界定艺术和生活。

2. 在茶馆里，混杂着各种各样的人；不同的人会有不同的生活场景、不同的活动，而这些活动，是可以成为艺术家和学生创作的素材的。茶馆不单纯只是一个喝茶的地方，他与艺术有着紧密的联系。

3. “茶馆”作为精神的符号，除了在内涵上的一致外，在功能上，也将茶馆作为一个个休息交流室，分布到建筑和烟囱的各个部分，让人们行走于茶馆和艺术之间一边观赏一边交流。

设计策略：

他们在茶馆里除了吃茶以外，做得最多的是聊天交流。那么在艺术中心里面，我希望通过设置丰富的交流空间，给艺术家和艺术家，艺术家和受众，受众和受众提供交流的空间，与此同时，他们各自的活动场景也将作为艺术创作者们的素材被采集。如此形成这样一个循环，将艺术与生活紧密结合。

针对人群：

活动中心主要服务人群有三类：

1. 片区内的艺术家，他们可能是各个艺术分类的艺术家，主要为他们提供艺术创作和交流的场所。

2. 当地居民中老人居多，小孩子也多，艺术中心可以为他们提供吧休闲参观以及活动的场所。

3. 游客，慕名涂鸦街和川美而来的游客，又多了一个欣赏艺术的殿堂。

空间设计：

在整个设计上，分为场地空间设计和建筑内部的空间设计，二者的设计是建立在整体考虑的前提下进行的。

在场地内有着黄桷坪的标志——大烟囱。在建筑体量上对烟囱进行了退让，以此保持烟囱周围空间的纯粹性，在场地与建筑一层的设计上充分体现出山地建筑的台地特点，在高差上进行找平，同时也丰富场地空间。

烟囱作为场地的中心，在它的功能和形态处理上，希望加入茶馆休息室这样的功能，同时用廊道把烟囱与建筑相连，加强整体性，并在建筑二层部分配合廊道形成环状外廊。

在展览馆和艺术家工坊的体量中加入中庭和一层架空，形成丰富的交流空间。在架空部分，设置了山地特色的各个平台和台地上，这些平台既可以作为艺术品展示的室外或半室外展场也可以作为人们室外活动，景观欣赏的场所。

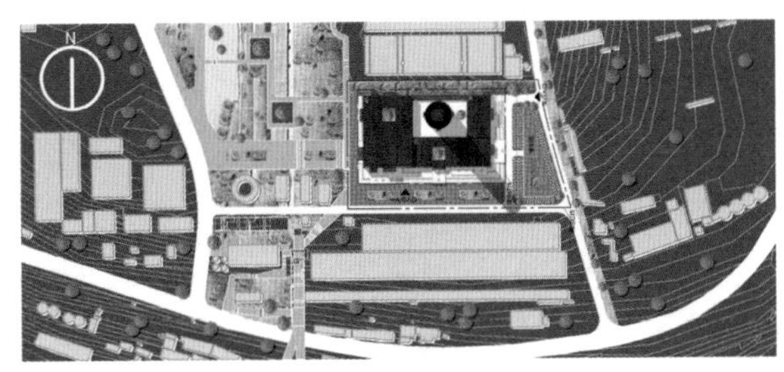

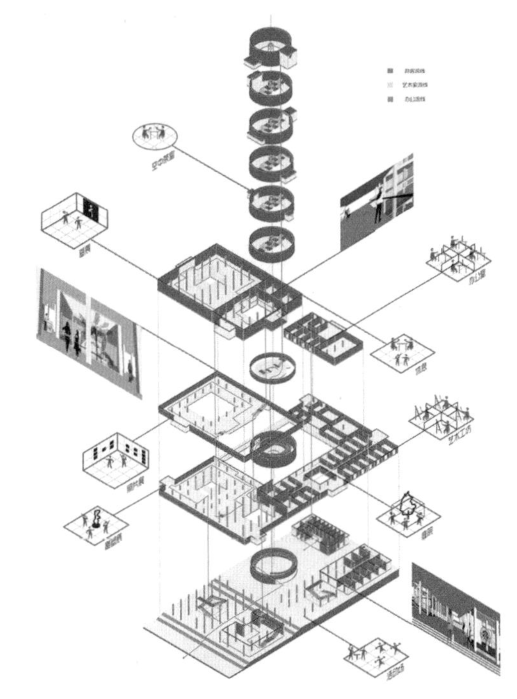

茶馆+

黄桷坪艺术中心

HJP Art Center

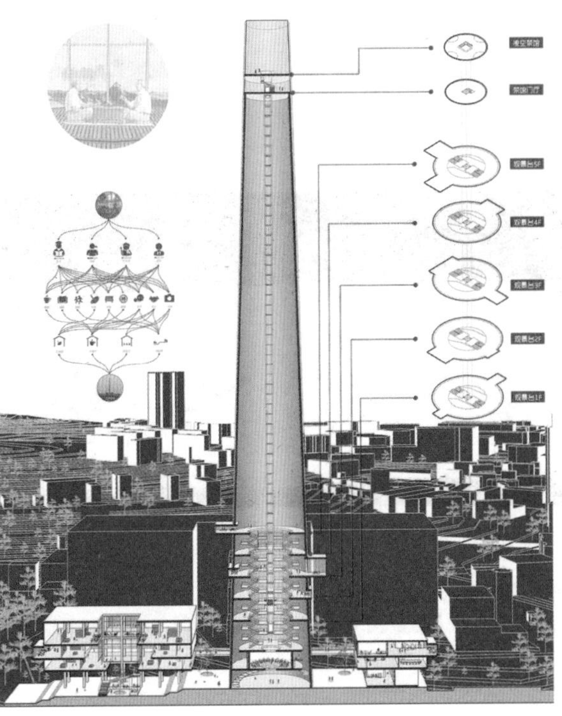

茶馆置入：

“茶馆”作为精神的符号，除了在建筑内涵上利用它所包含的交流的精神内核之外，它本身的功能，也是我设计的一个部分，将茶馆作为一个个休息交流室，分布到建筑和烟囱的各个部分，让人们行走于茶馆和艺术之间，在观赏艺术的同时还能有地域特色的茶馆可以作为休憩和交流的场所。

“茶馆”的分布，在设计上也是在遵循以烟囱为中心，四周发散的状态，烟囱作为基地，作为黄桷坪的标志物，作为场地的中心，同时也是我的灵魂中心——茶馆。

结束语：

此次设计基地位于重庆主城九龙坡区的黄桷坪街道，区域内有着丰富的艺术、历史、景观资源，是城市活力中心。我们通过对重庆地建筑特点和区域特色的调研，希望用艺术的手法解决区域内现存的问题。我们选择用重庆茶馆作为载体自下而上对城市进行复兴。我们通过对重庆传统街巷空间进行研究和提取设计要素，置入到场地和建筑设计中，来解决区块割裂和活动场所缺失等问题。

在解决城市问题的时候，我们不光是停留在城市尺度的解决方案，而是由大及小，落实到实际的建筑空间，甚至是人的尺度下的活动空间。这我们即将毕业的重要一课，也是我们作为建筑师的第一课。

刘沐鑫

闫岩

管怿杭

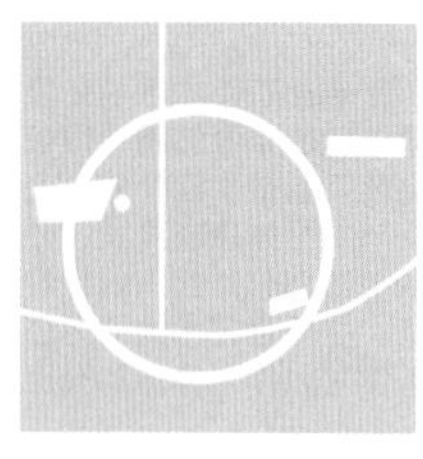

艺井之源

Ark of the lonely art

沈阳建筑大学
设计：常晓丹 / 于舸 / 刘阳
指导：孙洪涛 / 付瑶 / 黄勇 / 李勇 / 赵伟峰

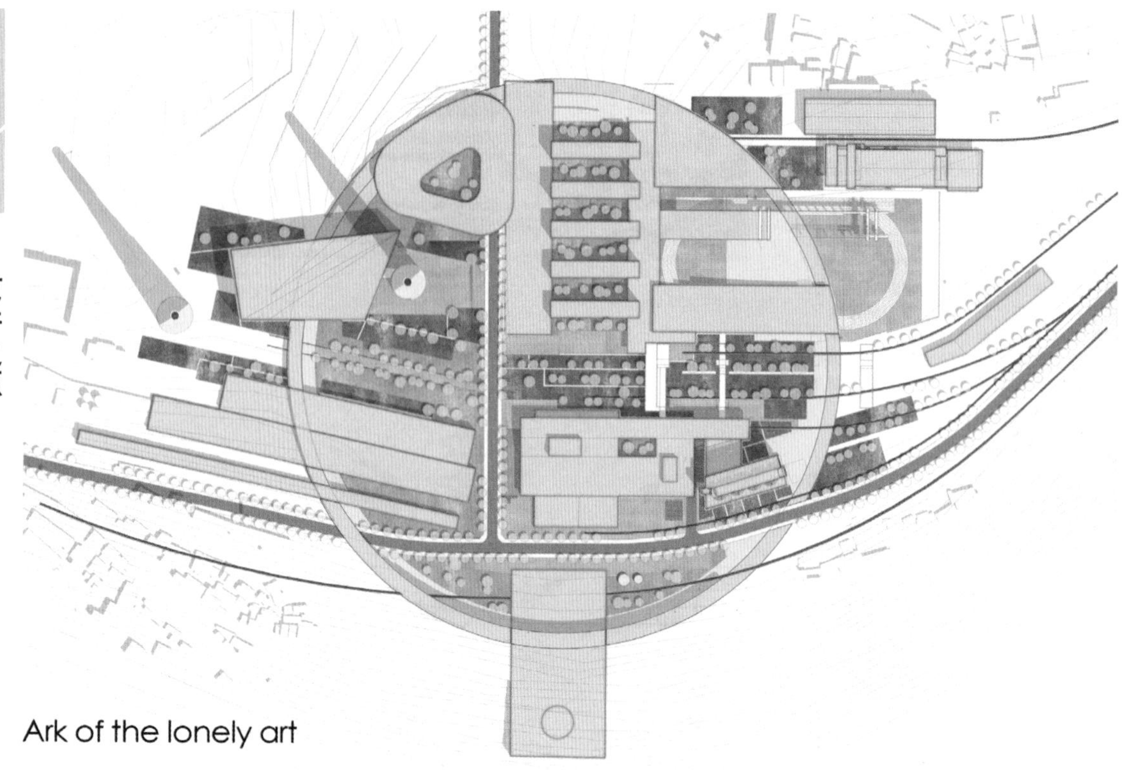

Ark of the lonely art

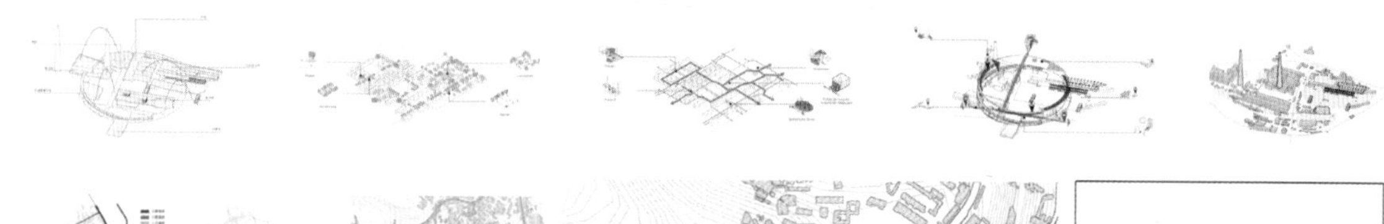

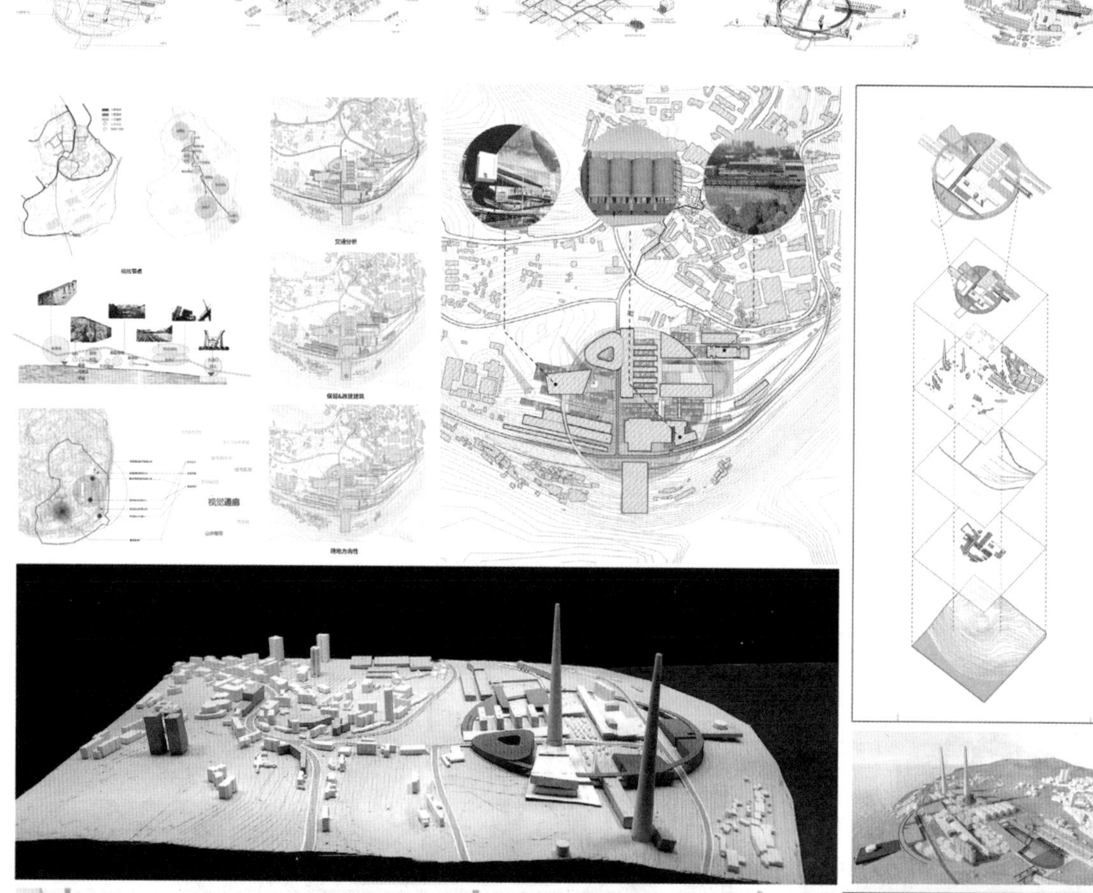

团队设计感想：

我们把旧黄桷坪的状态理解为一口井。这个意向在我们看来既象征着黄桷坪的困境，也象征着该区域生存发展的希望。

在川美搬迁后，这里失去了一大艺术创作的活力源头。该如何创造新的活力源泉是本方案着眼的主要问题。黄桷坪江畔的工业区象征着黄桷坪昔日的繁盛，现虽已衰败，可其中体现出了极高的工业生产功能的丰富性。

另外，其阻隔了人们的亲水活动，亟待改造重组。因此我们创造了一个环形构筑物，这是一条带状的活动路径，经过了由原有不同功能的不同工业建筑群改造而成的和艺术活动以及市民活动紧密相关额公共建筑如体育公园。在精神上，这个异化的圆形象征了黄桷坪地区新的艺术活动的源头。同时我们注意保持并加强了场地原有的方向感。

艺术产业和艺术活动借助工业遗骸得以重生，同时接近民众日常生活，真正实现艺术介入城市。

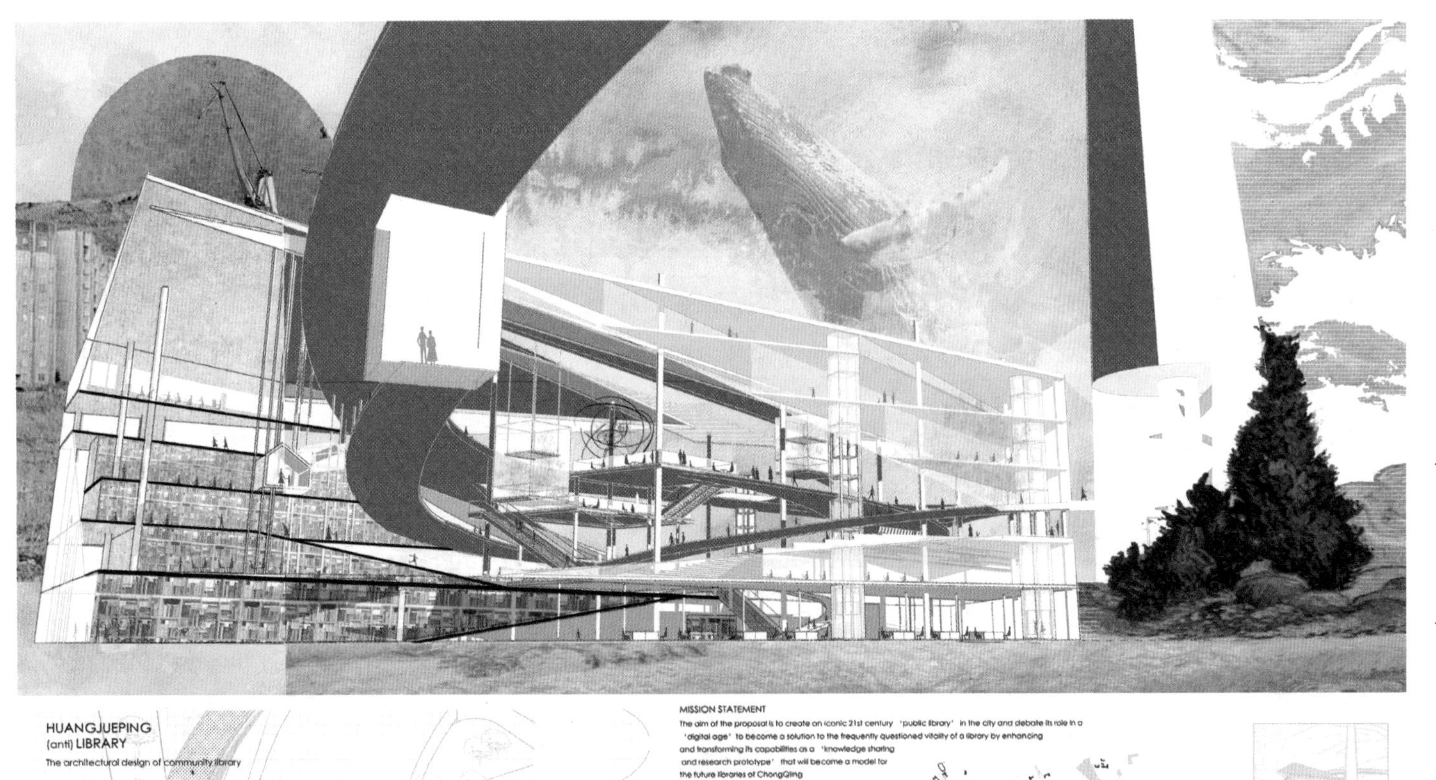

HUANGJUEPING (anti) LIBRARY

The architectural design of community library

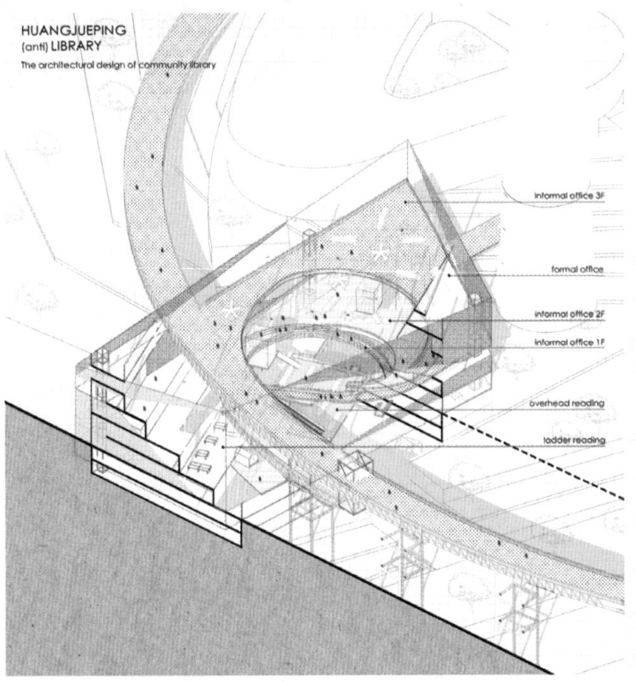

MISSION STATEMENT

The aim of the proposal is to create an iconic 21st century 'public library' in the city and debate its role in a 'digital age' to become a solution to the frequently questioned vitality of a library by enhancing and transforming its capabilities as a 'knowledge sharing and research prototype' that will become a model for the future libraries of ChongQing

A new response for a 'public library' through architecture. As the roles of libraries change, so will the physical buildings they occupy. A library that lets people eat, drink,and converse while they share information could be a "strong mission statement" for a new-age library .. More open, dynamic and permeable architecturally so that it could attract more and more people, to break down the rigidity of traditional library space and create an informal learning environment for the end users.

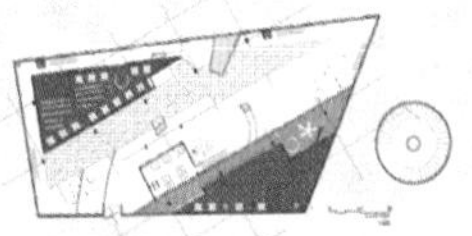
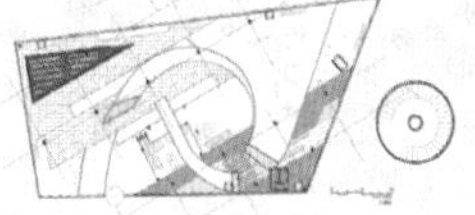
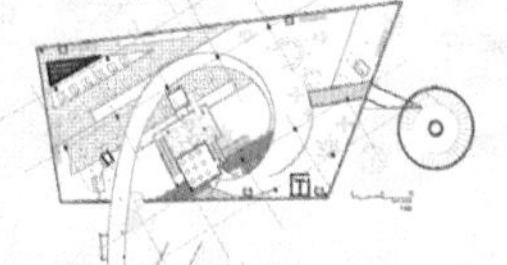
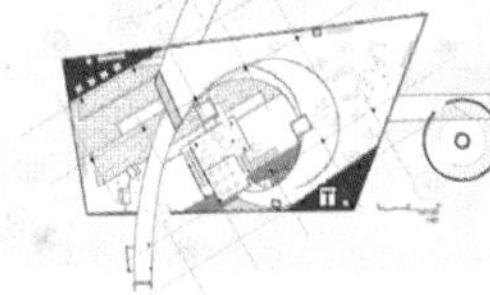
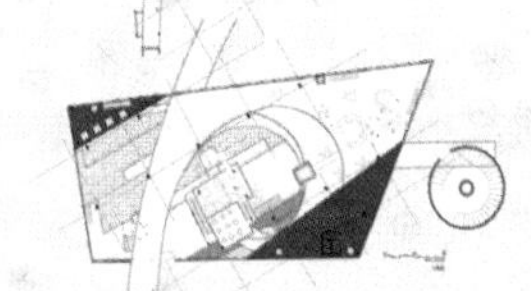

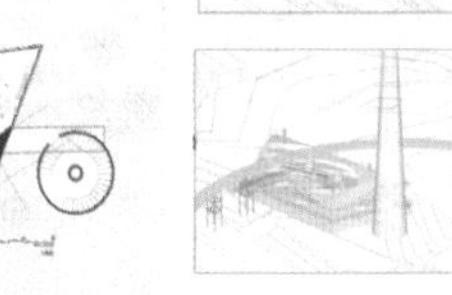

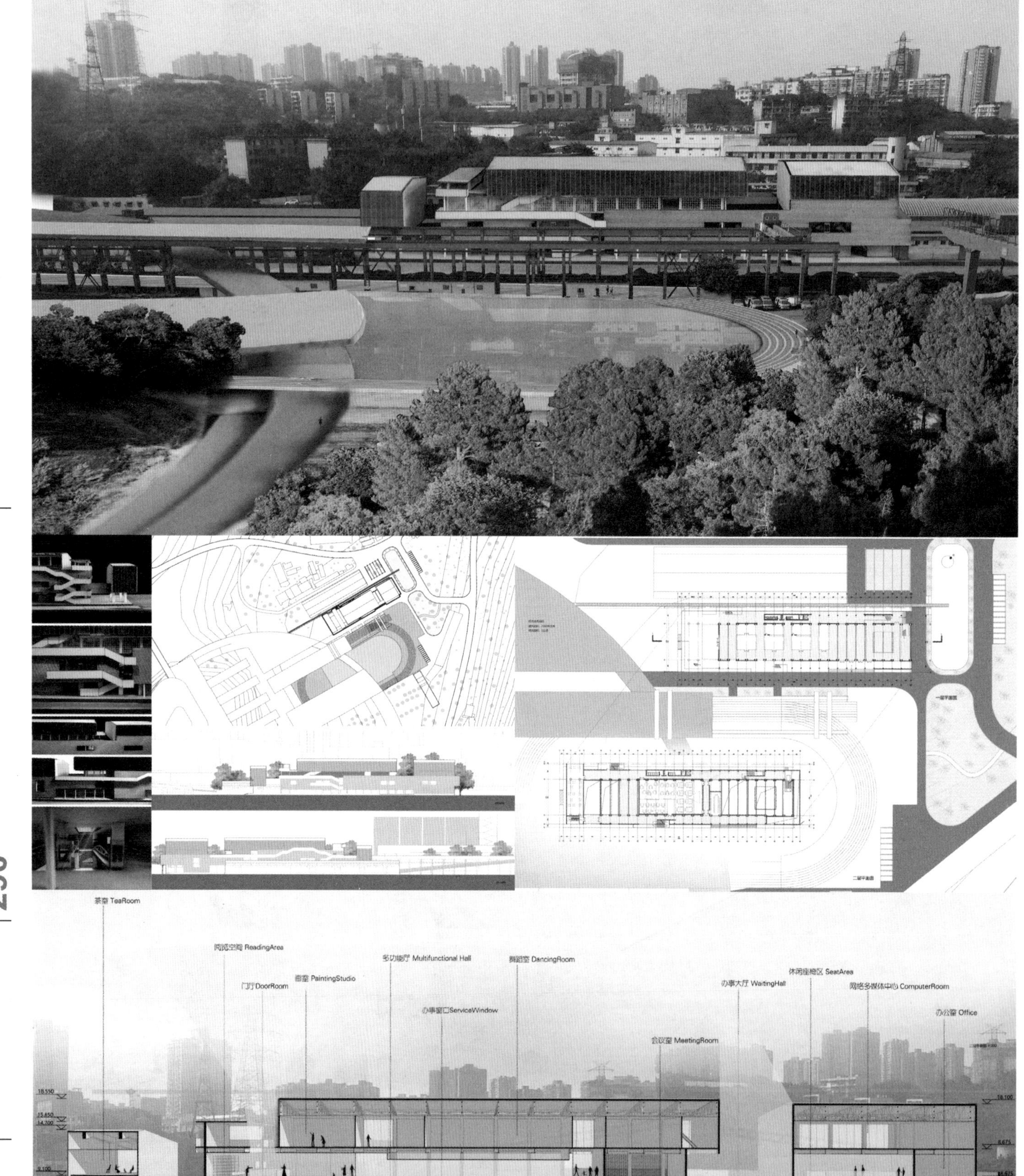

二层平面图
茶室 TeaRoom
阅览空间 ReadingArea
门厅 DoorRoom
画室 PaintingStudio
多功能厅 Multifunctional Hall
办事窗口 ServiceWindow
舞蹈室 DancingRoom
会议室 MeetingRoom
办事大厅 WaitingHall
休闲座椅区 SeatArea
网络多媒体中心 ComputerRoom
办公室 Office

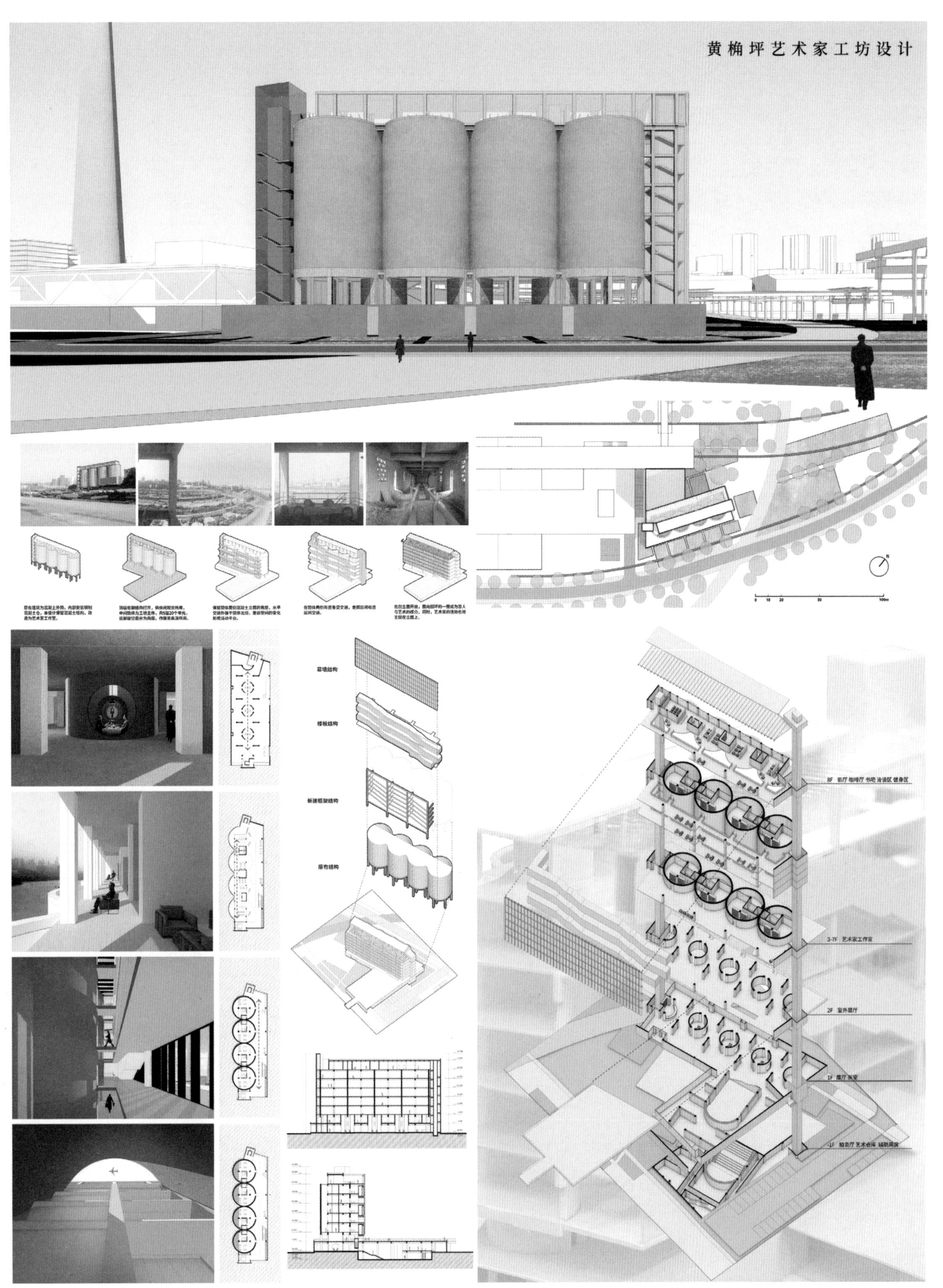
黄桷坪艺术家工坊设计
幕墙结构
楼板结构
新建框架结构
原有结构
8F 影厅 咖啡厅 书吧 洽谈区 健身区
3-7F 艺术家工作室
2F 室外展厅
1F 展厅
-1F 拍卖厅 艺术仓库 辅助用房

291